全国机械行业职业教育校企合作典型案例与优秀论文集

机械工业教育发展中心
全国机械职业教育教学指导委员会 **组编**

机 械 工 业 出 版 社

本书是机械工业教育发展中心联合行业内企业、学校等单位组织征集、编写而成的,旨在抛砖引玉、搭建桥梁、展示成果、提供借鉴,推动机械行业职业教育产教融合、校企合作的创新实践。

本书共分两个部分。第一部分为校企合作典型案例。从校企合作体制机制创新、校企共育人才、实训基地共建、校企协作服务4个方面,遴选了近年来机械行业职业院校和相关企业在校企合作方面内容丰富、形式多样的实践创新案例和成果,很具典型性,值得学习、借鉴和推广。第二部分为优秀论文集,收录了各个院校和企业投稿的优秀论文,也体现了相关职业院校和企业在校企合作方面的有益尝试和优秀成果。

本书可供各相关职业院校和企业参考借鉴,进一步创新产教融合、校企合作新机制。

图书在版编目(CIP)数据

全国机械行业职业教育校企合作典型案例与优秀论文集/机械工业教育发展中心,全国机械职业教育教学指导委员会组编. —北京:机械工业出版社,2018.1

ISBN 978-7-111-59015-6

Ⅰ.①全… Ⅱ.①机… ②全… Ⅲ.①机械工业—职业教育—产学合作—研究—中国 Ⅳ.①TH-4

中国版本图书馆CIP数据核字(2018)第016043号

机械工业出版社(北京市百万庄大街22号 邮政编码100037)

策划编辑:赵志鹏   责任编辑:赵志鹏

责任校对:刘 岚   封面设计:鞠 杨

责任印制:常天培

涿州市京南印刷厂印刷

2018年4月第1版第1次印刷

184mm×260mm·34.5印张·884千字

0001-2900 册

标准书号:ISBN 978-7-111-59015-6

定价:128.00 元

前　言

　　为了深入贯彻党和国家加快发展现代职业教育和实施《中国制造2025》战略的决策与部署，抢抓产教融合、协同发展新机遇，以提升制造强国战略支撑和保障能力为核心，开展机械行业现代职业教育创新实践，机械工业教育发展中心联合行业内企业、学校等单位组织征集、编辑了《全国机械行业职业教育校企合作典型案例与优秀论文集》（下称《案例与论文》），旨在抛砖引玉、搭建桥梁、展示成果、提供借鉴，推动机械行业职业教育产教融合、校企合作的创新实践。

　　《案例与论文》从校企合作体制机制创新、校企共育人才、实训基地共建、校企协作服务等方面，精心筛选，汇编成集。从编入的案例来看，涵盖了近年来机械行业职业院校和相关企业，根据自身特点和发展需要开展的"职业教育集团化办学"、建立"校中厂""厂中校""产学研共同体""多功能实训基地"等内容丰富、形式多样的实践创新，很具典型性，值得学习、借鉴和推广。《案例与论文》中还收录了各个单位投稿的优秀论文，也体现了相关职业院校和企业在校企合作方面的有益尝试和优秀成果。

　　重视教育和人才培养历来是机械行业的优良传统，也是为产业发展历史所证明了的宝贵经验。在当前经济建设新常态下，我们要充分发挥行业、企业在职业教育人才培养中的重要作用，进一步创新产教融合、校企合作新机制，实现产教协同育人、协同创新、协同发展。我们相信，在当今经济全球化日益深入、科技与产业革命孕育突破的新形势下，机械行业职业教育的改革创新，必将为机械行业现代职业教育体系建设、人才培养质量提升以及机械工业的振兴发展做出新的、更大的贡献。

目　录

全国机械行业职业教育校企合作典型案例与优秀论文集

实训基地共建篇

校企合作优秀论文

全国机械行业职业教育校企合作典型案例与优秀论文集

校企合作

典型案例

体制机制创新是有效开展校企合作工作的重要动力和根本保障。如何理顺校企合作过程中各主体之间的利益关系、明确各参与方的权利与义务、完善校企合作的制度与规范、营造校企合作的良好环境，这些都将激发校企合作的活力，增强政府、学校、行业企业及其他社会主体参与校企合作的动力和激情，对进一步加深校企合作深度、拓展校企合作范围、提升校企合作质量至关重要。

多年来，机械行业各成员单位通过组建职教集团、"筑巢引凤"、积极探索现代学徒制，努力构建校企"双主体"办学，形成多元参与、形式多样的办学模式。通过成立校企合作理事会、校企合作工作站（组）、专业理事分会等管理机构，优化管理方式，充分发挥行业企业、二级教学单位在人才培养中的作用，形成了校企长效合作的运行机制。

该篇共收集15篇案例，主要围绕集团化办学、政行企校四方联动、多元投入、理事会运行、资源共享、"双元制"办学模式实践、校企协同育人等主题，分别从不同角度探讨校企合作体制机制创新的具体形式和实践做法，从实践和理论两个层面对校企合作主体的利益分配、责任分担、校企合作的具体运行机制和操作规范以及校企合作过程中存在的问题进行梳理和剖析，以期对校企合作体制的完善与创新有所启迪。

体制机制创新篇

德国"双元制"模式高职本土化的创新与实践

陈　宽　周　泓　马林旭　杨中力　方　力
赵　峰　赵新杰　赵秀玲　贾长明　孙学娟

从2008年开始举办至今的"麦格纳双元制班",再到2011年开始举办至今的"博世力士乐双元制班",天津中德应用技术大学与世界高端制造知名企业——麦格纳(Magna)和博世力士乐(Bosch Rexroth)集团公司紧密合作,成功地将"中国高职教育"与"德国双元制职业教育"进行了有机结合,探索出一条德国"双元制"模式高职本土化的创新之路,到目前为止,两个"双元制班"先后培养了123名高质量的优秀毕业生(现在校生人数94名)。培养质量受到了企业高度认可。

一、校企合作背景

1. 德资企业在华遇到的问题

据德国商会对在华德资企业进行问卷调查统计结果显示,各种类型技术技能人才紧缺位列被调查企业最关注问题的首位。其中,百分之八十以上被调查的德资企业表示:一是从学校毕业生中或在人才市场上很难招聘到企业想要的高技能人才;二是被招聘人员所学的知识和技能与企业要求严重不符,无法达到岗位要求;三是适应岗位时间长,企业需要花费大量的人力、物力和财力进行再培训;四是对企业忠诚度差,人员不稳定等。另外,还有很多企业表示:高技能人才紧缺已经成为制约德资企业在华发展的瓶颈。

上述这种现象,在其他所有制类型的企业中也普遍存在。

基于上述原因,为了在华企业的发展,具有百年以上学徒培养经验的博世力士乐集团和具有德国基因的麦格纳集团很想将其在德国培养学徒的成功经验运用到其在华企业高技能人才培养之中,希望与学校合作,共同培养符合企业需要的高技能人才。

2. 合作伙伴遴选

首先,企业依据自身发展规划和对高技能人才市场供给情况分析,提出未来3~5年对高技能人才需求的数量和质量要求。然后,由企业主管领导、人力资源、培训和生产等部门负责人组成的企业考察组,对相关高职院校进行考察。通过交流,考察师资队伍、实验实训条件情况等形式,了解学校的职教理念、教学方法、教学手段以及校企合作经验等方面的情况。最后,企业根据考察结果,通过对比遴选,最终确定合作院校,并邀请学校回访企业,确定联合培养合作意向。

自1989年以来,天津中德应用技术大学在引进、吸收和消化德国双元制职教模式,并结合当时的中国国情进行了卓有成效的创新与实践,培养出了近万名符合企业需求的高技能人才,其培养能力和水平受到了企业的高度认可,完全符合企业遴选合作院校条件。

二、目标与思路

1. 目标

一是通过德国"双元制"模式高职本土化的创新与实践,使校企双方共同培养出来的学生符合企业要求，并且具有良好的职业道德和职业素养；二是通过引入国际化专业标准，带动其他专业人才培养改革；三是为其他企业参与职业教育提供可以参考的范例。

2. 思路

众所周知，在德国，企业是双元制职教模式的办学主体，而职业学校则起着辅助作用。因此，"企校"合作不是件难事。然而，在我国，高职教育的办学主体是学校，不是企业，企业主动参与高技能人才培养的意识不强，或者说，参与度不够。所以，真正做实校企合作并不是一件容易的事。

面对中国与德国在职教办学主体上存在着的本质差异，要想实现德国"双元制"模式高职本土化就必须首先要解决办学主体问题，即解决学校这一目前中国高职教育的"办学主体"和企业这一"市场竞争主体"如何进行合作的问题。

通过麦格纳和博世力士乐双元制班的实践证明：在学校和企业对高技能人才培养具有相同的价值观、理念、责任和义务的前提下，校企双方可以通过签订具有法律效力的、长期的联合培养协议，使校企双方形成责任和利益共同体，建立起校企合作办学机制即"双主体"办学机制，可以有效地解决办学主体问题。

在"双主体"办学机制下，校企双方可以根据企业发展战略共同制订符合企业需求的人才培养方案，制订学生遴选、师资配备、考核、质量监控等系列标准，保障高技能人才培养质量。

三、内容与特色

1. 内容

合作机制的具体内容如图1所示。

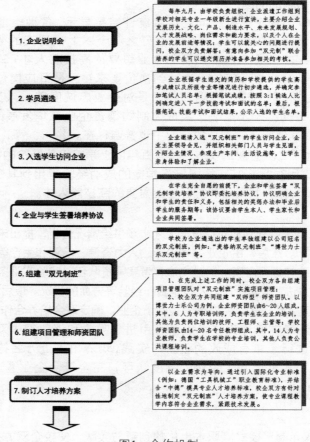

图1　合作机制

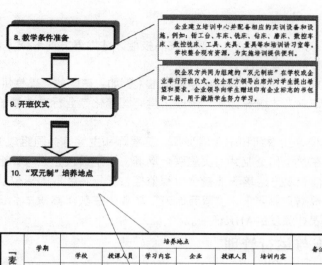

8. 教学条件准备

> 企业建立培训中心并配备相应的实训设备和设施，例如：钳工台、车床、铣床、钻床、磨床、数控车床、数控铣床、工具、夹具、量具等实训讲习室等。学校整合现有资源，为实施培训提供便利。

9. 开班仪式

> 校企双方共同为组建的"双元制班"在学校或企业举行开班仪式。校企双方领导出席并对学生提出希望和要求。企业领导向学生赠送印有企业标志的书包和工装，用于激励学生努力学习。

10. "双元制"培养地点

	学期	培养地点						备注
		学校	授课人员	学习内容	企业	授课人员	培训内容	
「麦格纳双元制班」培养模式	第一学期	3天/每周	"中德"教师	理论、实验课程	2天/每周	"麦格纳"培训师	基础技能训练	过程监控
	第二学期	2天/每周			3天/每周			
	第三学期	2天/每周			3天/每周		专项技能训练	该年四月参加AHK中期考试
	第四学期	2天/每周			3天/每周			过程监控
	第五学期	1天/每周			4天/每周	"麦格纳"培训师、主管、工程师	在岗培训	过程监控
	第六学期	0			5天/每周		轮岗实习毕业设计	该年七月参加AHK毕业考试

	学期	培养地点						备注
		学校	授课人员	学习内容	企业	授课人员	培训内容	
「博世力士乐双元制班」培养模式	第一学期	100%时间	"中德"教师	理论、实验课程和基础实训	2天	人力资源工程师	企业和专业认知	过程监控
	第二学期	100%时间			0			
	第三学期	40%时间		专业理论、实验课程	60%时间	博世力士乐培训师、工程师	专项技能训练	该年四月参加AHK中期考试
	第四学期	40%时间			60%时间			过程监控
	第五学期	20%时间		专业理论、实验课程	80%时间	博世力士乐培训师、技师、主管、工程师	在岗培训	过程监控
	第六学期	20%时间			80%时间		轮岗实习毕业设计	该年七月参加AHK毕业考试

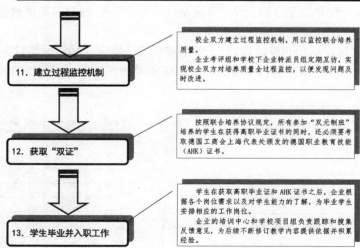

11. 建立过程监控机制

> 校企双方建立过程监控机制，用以监控联合培养质量。
> 企业考评组和学校下企业特派员组定期互访，实现校企双方对培养质量全过程监控，以便发现问题及时改进。

12. 获取"双证"

> 按照联合培养协议规定，所有参加"双元制班"培养的学生在获得高职毕业证书的同时，还必须要考取德国工商会上海代表处颁发的德国职业教育技能（AHK）证书。

13. 学生毕业并入职工作

> 学生在获取高职毕业证和AHK证书之后，企业根据各个岗位需求以及对学生能力的了解，为毕业学生安排相应的工作岗位。
> 企业的培训中心和学校项目组负责跟踪和搜集反馈意见，为后续不断修订教学内容提供依据并积累经验。

图1 合作机制（续）

全国机械行业职业教育校企合作典型案例与优秀论文集

2．特色

（1）在"双主体"办学机制下，校企双方在高技能人才培养方面形成了责任和利益共同体，保证了校企合作深入和可持续发展。

（2）根据企业需求，通过引入国际化专业标准（例如：德国的"工具机械工"职业标准），并结合"中德"模具专业人才培养标准，形成了具有国际化专业标准要素的"双元制班"人才培养方案。

（3）一是通过学校专业教师和企业培训师、工程师和主管等共同组成的双师型师资团队，按照教学计划，分别在学校和企业共同实施联合培养；二是通过企业考评组和学校下企业特派员组定期互访，实现校企双方对培养质量全过程监控；三是将考取国际公认的职业资格证书引入到高职教育之中。根据企业要求，"双元制班"毕业生在获得高职毕业证书的同时，必须考取德国工商会上海代表处颁发的AHK证书。

四、组织实施与运行管理

学校方面：面对高端制造业对高技能人才的需求和高职教育发展现状，学校在认真总结以往成功举办"双元制教育"的经验基础上，从管理层面上对高职教育融合"双元制"培养模式进行顶层设计，与合作企业成功地构建了"双主体"办学机制，有效地破解了"双元制"最关键的办学主体问题，使校企合作办学有了机制保障。为确保德国"双元制"模式高职本土化的有效实施，学校方面还成立了由"校企合作办公室"牵头的项目管理组，将"双元制班"纳入项目管理。在项目组的领导和协调下，整合资源，提供实施保障。负责具体实施的二级学院与企业的培训经理、培训师以及工程师共同商讨人才培养方案，构建课程体系，确定教学内容，组织教学实施。同时，通过企业考评组和学校下企业特派员组定期互访，实现校企双方对培养质量的全过程监控。

企业方面：成立了由企业负责人、培训中心经理和人力资源专员以及部门经理组成的项目管理组。企业投资在企业内部建立了专门的"学徒培训中心"，配备了先进的教学设备；建设了一支企业培训师队伍；全程参与学生选拔、企业内培训课程实施、学生在岗培训和轮岗实习、毕业设计、AHK考试准备、组织与实施，以及毕业生工作岗位安置等，并与学校一同对人才培养质量进行全程监控及课程效果反馈和后续改善等工作。

五、主要成果与体会

1．主要成果

（1）从2008年开始举办至今的两个"双元制班"先后培养了123名高质量的优秀毕业生（目前在校生人数94名）。培养质量令企业非常满意。

（2）2010年12月，从2009级模具3班（普通高职班）挑选了10名学习较好的学生，与2009级麦格纳双元制班的10名学生同样采用2007级AHK中期考试试题进行了一次对比考试，考试结果如下。

1）实践考试，见图2。

麦格纳双元制班与普通高职班"实践考试"成绩对比图表
（采用2007年AHK中期模拟考试试题）（测试时间2010年12月）

序号	班级	实践考试限定时间为6.5小时			平均完成情况		
		最短用时	最长用时	平均用时	完成率	平均成绩	最高分	最低分
1	2009级麦格纳双元制班	4.5小时	6小时	5小时	100%	76.7	89	69.4
2	2009级模具3班	大于6小时	大于6小时	大于6小时	41%	38.3	46	29

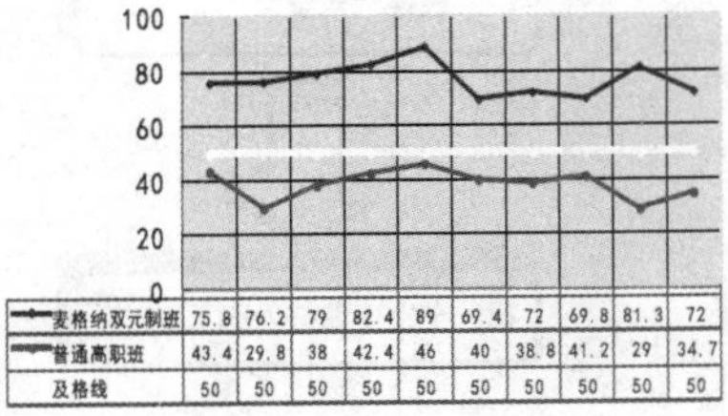

图2　实践考试

2）理论考试，见图3。

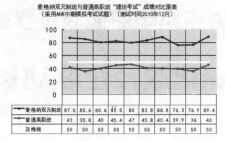

麦格纳双元制班与普通高职班"理论考试"成绩对比图表
（采用AHK中期模拟考试试题）（测试时间2010年12月）

序号	班级	理论考试规定时间为1.5小时			平均完成情况			
		最短用时	最长用时	平均用时	完成率	平均成绩	最高分	最低分
1	2009级麦格纳双元制班	1.3小时	1.5小时	1.4小时	100%	83.1	89.4	76.3
2	2009级模具3班	1.5小时	1.5小时	1.5小时	100%	42.9	47	35.8

图3　理论考试

从考试结果分析来看，双元制班学生掌握的理论知识和实践技能都远高于普通高职班的学生。另外，从校企双方任课教师反馈的情况来看，"双元制班"学生在思想道德、职业素养、专业知识和实践能力等方面也普遍高于普通高职班学生。

（3）由于在三年的学习期间里，学生有一半时间要在企业参加实训、在岗培训、轮岗实习和毕业设计等，因此，学生深谙企业岗位要求，入职快，能力强，真正实现了从学校到企业的"零过渡"。

（4）由于企业投入了大量的人力、物力和财力参与了人才培养全过程，因此，对这些学生十分重视，专业对口率很高。另外，由于"双元制班"的学生在一开始就具备了"双重身份"，既是学校学生，又是企业的"学徒"，因此，学生归属感强。

（5）"双元制"模式推动了企业培训中心建设和培训师队伍建设，同时，为企业全过程参与高技能人才培养提供了可参考案例。

2．体会

通过双元制班的培养质量证明，要想提升高技能人才培养质量，企业必须参与人才培养全过程。中国企业一定要学习国外先进的人才培养理念，把参与高技能人才培养视为企业的发展战略。因为，只有企业有了人才，才会有创新发展动力。

六、发展前景

（1）自2014年以来，博世力士乐公司根据公司业务发展需要，在保持现有培养规模的基础上，将合作专业扩展到机械工程、机电一体化等领域。麦格纳公司还继续保持每年同样的培养规模。

（2）在借鉴德国"双元制"模式高职本土化培养方式的基础上，大众自动变速器（天津）有限公司将于2017年9月与"中德"合作，启动"双·动力"项目。在2016级入学的新生中遴选180人组建"大众双·动力机电技师班、质量技师班和物流技师班"，实施三年的联合培养。2017年，将在原有规模基础上再增加机械技师班和热处理技师班，使"双·动力"项目一届在校生人数将达到300人规模。2018年一届在校生数人将达到500人规模。

（3）将"双元制班"的课程开发经验用于其他的校企合作项目之中，例如："大火箭订单班""空客订单班""西子奥的斯订单班""NZWL订单班"和"SCHLOTE订单班"等，同样取得了非常好的效果。

七、自我评价

2014年"德国'双元制'模式高职本土化的创新与实践"获得天津市教学成果二等奖。

该项成果具有引领性、示范性和可推广价值。为高职教育教学改革与实践中遇到的诸如：校企合作深度、课程体系和教学内容改革、双师型师资队伍建设、实验实训条件建设等方面存在的问题提供了解决方案。

内蒙古机电职业技术学院——

深化政校企联动长效机制建设　推进集团化办学水平提升

李青禄　徐　智　赫尉君

一、校企合作背景

内蒙古机电职业教育集团（以下简称集团）是由内蒙古机电职业技术学院牵头，联合具有独立法人资格的中高等职业院校、科研院所、行业协会和相关企业，按照平等互利的原则，自愿组成的产教联合体与利益共同体（职教集团），不具有事业单位法人资格，是一个非营利性的社会组织。集团以平等协商、互惠互利、诚实守信、交流合作、共谋发展的原则开展工作。集团组织机构实行理事会制，设理事会、秘书处等机构。理事会是集团最高权力机构，由学校、科研院所、企业等各理事单位组成。秘书处设在内蒙古机电职业技术学院，是集团的常设机构。

二、目标与思路

内蒙古机电职业教育集团以内蒙古机电职业技术学院为龙头，由行业内23所中职学校、8所高职院校、2家行业协会以及146家与学校重点专业密切相关的行业内外科研院所、知名企业单位组成。

职教集团坚持"对接机电产业，服务区域经济建设"的发展理念，力图通过加强行业、企业、城乡、学校之间的全方位合作，促进资源的集成和共享，有效推进职业院校依托产业办专业、办好专业促产业，真正形成产学研联合体。促进职业院校在人才培养模式上与企业实行"订单式培养"和"零距离对接"，形成院校与企业之间的良性互动，推动职业院校和企业共同发展，使院校办学和企业经营获得双赢，推进学院人才培养工作改革，以此提升职业教育的综合实力，促进我区机电职业教育向特色化、品牌化方向发展。

三、组织实施与运行管理——完善集团化办学有效运行机制

在内蒙古自治区经济和信息化委员会的大力支持下，内蒙古机电职业教育集团的体制机制建设得到有效推进，集团实行理事会制，将校企合作从"行业情结、情感维系"提升到"制度保障、互利共赢"的机制运作高度。集团设理事会、秘书处等机构，秘书处具体负责集团的日常工作事务。理事会是集团最高权力机构，由学校、科研院所、企业等各理事单位组成。理事会下设五个专业分会，专业分会下设9个专业建设委员会和7个校企合作工作站。职教集团通过召开年会和临时性工作会议的形式，解决内部的事务。集团定期召开理事会会议。职教集团全方位支持学院国家示范院建设，在学院国家示范院建设过程中，企业为

图1　内蒙古机电职业教育集团成立

学院提供新设备、新技术、新材料、新工艺，建设以研发为主的"校中厂"。

四、建设内容与特色——行业、企业提供发展支持

1. 政校企联动，整合资源投入

内蒙古机电职业教育集团在运行的过程中得到了集团各企业的大力支持。在资金和设备支持方面，集团公司积极调整行业内部教育资源，通过整合、融合、调拨等为职教集团内高职学院筹措建设资金，全力确保学生到企业做好实训实习。目前职教集团院校与集团所属企业建立了紧密型长期合作的大企业多达百余家；在院校兼职教师和技能型人才引进方面，每年在企业聘请兼职教师达到了百余人；在学生就业方面，集团公司积极支持职教集团院校的就业工作，要求企业优先选用职教集团（中心）院校毕业生，每届近50%的毕业生被集团企业吸纳。

2. 政校企联动，建立高水平技能大赛平台

内蒙古机电职业教育集团自成立之日起，不断探索和实践"联合办学、人才共育、责任共担、利益共享、合作发展"的有效路径。为贯彻《自治区中长期人才发展纲要（2010—2020年）》，落实自治区"8337"发展战略，加强内蒙古机电职业教育集团成员单位间的深度合作，2015年5月，集团成功举办"内蒙古机电职业教育集团2015年职业技能大赛"。大赛由内蒙古自治区经济和信息化委员会、内蒙古自治区教育厅联合主办，集团牵头单位内蒙古机电职业技术学院承办。大赛共设11个赛项，共有来自机电职业教育集团成员单位企业、高职、中职的37支代表队、357名选手参加比赛，规模宏大，盛况超前。

图2　内蒙古机电职业教育集团2015年职业技能大赛隆重举行

本次大赛成果丰硕，受到了集团成员单位的广泛响应。通过技术比武，评选出一等奖58人，二等奖86人，三等奖107人，优秀指导教师奖10人，优秀组织奖9家。大赛加强了内蒙古机电职业教育集团成员单位间的深度合作，在机电、冶金、能源、水利等行业选拔出一批爱岗敬业、技艺精湛的高技能人才，营造了尊重劳动、尊重技能、尊重人才、尊重创造的良好氛围，推动了全区机电行业职工技能水平的整体提高，同时也促进了各职业院校专业教师的技能提高，推动职业院校的教育教学改革，发挥了职业技能竞赛在高技能人才培养和激励中的引领示范作用，为人才强区战略做出贡献。

大赛组委会积极落实各项组织实施内容，全方位调动了集团内企业和院校的积极因素，让学生有成就、企业有展示、学院有光彩、社会有影响。一方面，自治区经信委和教育厅联合表彰奖励大赛优胜者；另一方面，组委会通过多种宣传形式，扩大对大赛及获奖选手的宣传，展示职业教育改革发展的优秀成果。技能大赛圆满闭幕、成效显著，这得益于主办单位的大力支持，和承办单位的有效组织领导、科学管理引导和服务工作到位。作为集团牵头单位，内蒙古机电职业技术学院今后将继续以深化产教融合和校企合作为己任，与集团其他成员良性互动，力争将内蒙古机电职业教育集团建设成为有特色、效果显著、影响广泛的现代职业教育集团。

五、主要成果——政校企联动，集团化办学取得新成效

（一）以职教集团为平台，共建专业

1. 校企合作专业建设取得明显成效

职教集团成员企业根据对人才的需求与成员院校合作进行专业建设，按照行业、企业

发展对人才的需求设置、优化专业结构，校企共同制定专业标准。与职教集团成员学校共建专业，积极探索中高职衔接联合培养模式，学院已与集团内中等职业学校合作完成了16个专业的人才培养方案与课程标准建设，从专业人才培养方案的设计、课程设置和课程体系的构建方面，注重中、高职在课程内容和评价方式的衔接。通过校企合作和校校合作共建专业，促进了专业与产业对接、课程内容与职业标准对接，提升了专业服务区域经济和社会发展的能力。

2. 建立专业动态调整机制

学院发挥集团化办学优势，主动适应内蒙古地区产业升级发展需要，建立专业动态调整机制，不断深化符合区域产业特点和学生职业成长规律的"校企融合、产教融入、双证融通"人才培养模式改革，构建以项目课程为主体的专业课程体系，加强实践教学的运行与管理，推进实施"教、学、做"一体化教学模式，增强实践能力，提升就业能力。

集团理事会成员企业积极参与学院的专业建设，在企业的参与和指导下，学院7个重点建设专业及专业群制订了22个专业人才培养方案。校企共同构建专业课程体系，开发工学结合的课程。电力系统自动化专业与理事会成员企业内蒙古电力科学研究院共同构建了基于发变组系统运行、维护与检修工作过程的课程体系，冶金技术专业与大唐国际再生资源公司合作构建了基于铝冶金生产过程的课程体系。校企共同开发工学结合的专业核心课程57门，其中新建自治区级精品课程10门，院级精品课程52门，校企合作编写专业课程教材104部。

（二）以职教集团为平台，共育人才

1. 积极开展"订单式"人才培养

机电职教集团促进了校企合作，学校与集团企业开展"订单式"人才培养，促进人才培养与企业岗位"零距离"对接。目前成员院校与企业合作开办了多个"订单班"和"冠名班"，校企共同制订"订单班"专业人才培养方案、课程教学标准，共同实施人才培养。如，学院与内蒙古大唐国际再生资源开发有限公司合作实施"订单式"人才培养，培养粉煤灰制取氧化铝方面的高素质技术技能型人才；与阿左旗腾格里工业园区合作实行"订单式"人才培养，培养园区急需的机电一体化技术高素质技术技能型人才。

2. 校企合作共同优化人才培养过程

在职教集团的积极推动下，学院主动与86家理事会成员企业合作办学，与企业共育人才，形成了校企合作办学的良好局面。冶金技术专业与大唐国际再生资源公司共建了"高铝资源学院"，机电一体化技术与阿拉善左旗政府、腾格里经济技术开发区企业共建政、校、企人才共育基地，设置机电一体化技术专业订单班，重点建设专业及专业群为理事会企业共设置8个"订单班"。校企深度合作促进了学院人才培养模式改革。机电一体化技术专业与理事会成员单位神华准格尔能源有限责任公司、神华北电胜利能源有限公司，实施了"理实一体，双境育人"人才培养模式的改革；电力系统自动化技术专业与内蒙古京隆发电厂合作，创建了"四阶段、三递进、二学境、一贯穿"的"4321"式人才培养模式；电厂热能动力装置专业与内蒙古丰泰发电有限公司、内蒙古能源金山热电厂合作实践"学训结合、四段递进"的人才培养模式。

（三）以职教集团为平台，共同培养专业教学团队

职教集团成立以来，学院重点建设专业及专业群已从理事会成员企业聘请兼职教师143人。企业技术和管理人员承担专业课教学达到68777学时。理事会成员企业接受学生顶岗实习达到17 830人月。企业技术人员参与学院的教学工作，带动了专业教学改革，提高了教学质量。同

时，也带动专业教师提高了专业实践能力。

（四）以职教集团为平台，共同开展培训和科技研发

学院充分利用机电职教集团的教育资源优势，面向企业、学校和社会合作开展专业技能培训，为集团企业培训员工21 000人次，进行职业鉴定14 600人次。学院为集团成员学校培训专业教师560人次，提升了教师的职业教育理论水平和专业实践教学能力。同时为集团成员学校鄂尔多斯职业技术学院、乌海职业技术学校等8所学校设计专业实训室，提高了集团成员学校实训室建设的科学性和适用性。学院与集团企业合作开展技术革新和研发25项，其中与"内蒙古纳顺工程技术有限公司合作的XJDF-（250/2007）/200三复合工程巨型胎面生产线研发"项目获得了呼和浩特市科技进步二等奖；与内蒙古大唐国际再生资源开发有限公司合作的"高铝粉煤灰制备隔音微晶玻璃工艺与性能改进和工业推广的研究"等4项科研课题已被自治区科技厅立项，4项课题已获得专利。

机电职教集团的有效运行，取得明显的社会效益。解决了集团成员学校毕业生的就业问题，学院有70%的毕业生在集团成员企业就业，学校也优先向集团企业输送优秀毕业生，同时也解决了企业技能型人才短缺问题，实现了集团成员的合作共赢。机电职教集团在合作中相互促进，相互支持，促进了集团成员的发展，包头市机电工业学校等6所学校成为中等职业学校国家级示范学校。

（五）以职教集团为平台，共建校内外实训基地

校企共建"校中厂""厂中校"和校企合作工作站。学院与呼和浩特众环集团、内蒙古方圆铝业有限公司和内蒙古环城汽车技术有限公司合作，建成3个"校中厂"；与内蒙古丰泰发电有限公司、神华北电胜利能源有限公司、鄂尔多斯市天地华润煤矿装备有限责任公司、内蒙古京隆发电厂和内蒙古黄河工程局股份有限公司共建9个"厂中校"实训基地，解决了学生校内外实训和顶岗实习问题，为专业教师实践锻炼、合作科研搭建了平台。"校中厂"和"厂中校"累计接纳学生实习5 600人月，接纳专业教师实践锻炼138人次。学院选派48名教师到"厂中校"授课，与企业指导教师共同指导学生实习和共同管理学生。理事会成员企业共建立7个校企合作工作站，有28名专业教师进入工作站参与企业的科研和技术服务，校企合作立项各类课题25项，为企业解决生产难题16项。

专业共建　资源共享　人才共育

周　伟　赵建华　赵　杰

职业教育因其开放性、职业性和实践性，与企业合作成为必然。德州科技职业学院与禹城市外资机械施工有限公司共同建设机电设备维修与管理专业，重点培养、培训机电设备维修和管理工作的高级技术应用性专门人才。

一、合作的背景

德州科技职业学院2001年开始举办高等职业教育，是德州市最早举办高等职业教育的学校。学院所在地——禹城市，素有"施工机械之乡"的称号，禹城市外资机械施工有限公司是该市成立最早、规模最大、资质最高的机械施工公司，拥有各类大型工程施工机械700余台套。2013年，学院对当地社会人才需求进行调研，在调研中发现，诸多工程机械施工企业设备维修人员存在数量不足、技能水平偏低的现象，严重影响施工机械的有效利用率。在此基础上，学院结合多年开设机电一体化技术、机械制造与自动化专业技术等相关专

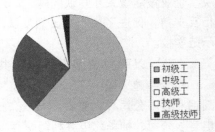

图1　机电设备维修人员技能分布

业的基础，主动与禹城市外资机械施工有限公司探讨如何开展校企合作，实现合作共赢，经过多次磋商和论证，最终双方达成共建机电设备维修与管理专业协议，当年共同申报该专业并顺利通过省教育厅专家组评审。

二、合作的总体思路

立足当地支柱产业需求，遵循高等职业教育的规律，以企业为依托，在资源共享、优势互补、共同培养、互利共赢的原则基础之上，企业投入部分资金、设备和师资，建立校内实训基地，进行股份制专业建设，创新"校企合作　工学结合"的人才培养模式，实现学校与企业、毕业与就业的零距离。

三、合作的内容及特色

1. 优化课程体系

学院与企业共同组成的专业教学团队共同分析职业岗位和职业能力，以工程施工机械维修为核心能力，按照能力递进的原则，突出学生应用能力训练和职业素养养成。按照学院教师和企业技术人员共同制订课程体系——共同制订课程标准和教学方法——进行教学实施——企业调研——反馈调研情况，优化课程体系

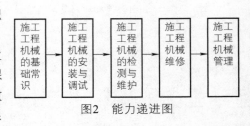

图2　能力递进图

的闭环设计，每学期对课程体系进行优化。经过几年的实践，该专业课程体系与企业人才需求

有较高的吻合度。

2．改革人才培养模式

在课程设置与岗位能力相衔接的前提下，如何保证教学过程能够被学生所接受，成为人才培养质量的关键。该专业通过摸索、实践制订了基于现代学徒制的人才培养模式，大量采用自编讲义，将课堂引入车间。施工工程机械基础常识部分，采取"0.5+0.5"的模式，半天在教室学习必需的理论知识，半天在车间实习；其他的技能模块全部采用"0.8+0.2"的模式，白天全部在车间跟随师傅学习设备安装、调试、检测、维护、维修和设备管理的现场知识，晚上时间进行理论知识的学习。采取这种教学模式，整个专业的实践与理论达到3:7的比例，而且学生对理论知识的渴求比以往更强烈，对技能学习兴趣更高涨。

图3　维修车间

3．共建实训基地

机电设备维修与管理专业的专业技能培养需要大量的专业实训设备和基础实训设备，校企双方根据专业需求，由学院出资建立了金工、电工电子等基础实训基地，由学院提供场地，企业提供设备建立了挖掘机维修实训车间、建筑机械维修实训车间等校内实训基地，同时共建的实训基地双方共同对社会开展服务。

4．师资队伍建设

该专业的专业课师资基本实现了老师、师傅一体化，企业的维修车间建在学院内，且学院有大量的企业所不拥有的实验设备，企业维修技术人员在学生上课期间就是指导教师，而学院教师在设备维修时就是企业技术人员，共同打造了一支专兼结合、数量充足、技能过硬的师资队伍。

5．社会服务建设

在完成人才培养和企业自身的维修任务基础上，校企双方借助资源优势积极开展社会服务。一是共同对社会开展施工机械操作培训，自2014年至今已培训挖掘机机手、塔吊操作员等技术人员300余人；二是依托专业共同成立了鼎禹机械维修有限公司，开展大型工程机械的维修、改装和配件销售业务。通过开展社会服务支持了双方在设备上的投入，又激发了学生创业的热情，为学生毕业后自主创业积累经验。

四、合作的组织实施与运行管理

为保证双方合作的有序深入，双方共同组成了合作领导小组，合作小组由学院院长任组长、企业常务副总经理任副组长，合作小组下设办公室，由学院常务副院长担任办公室主任，办公室具体负责双方合作的日常事务。领导小组定期召开会议，探讨、解决在合作推进中遇到的问题。在领导小组的指导下成立了专业建设指导

图4　校企合作领导小组商谈会

委员会，具体负责专业建设、课程建设、队伍建设、教学资源库建设等工作。共同成立的鼎禹机械维修有限公司由禹城市外资机械施工有限公司常务副总任经理，完全采用股份制模式运作。在成立合作机构的基础上，双方共同制定了系列校企合作的文件和规章制度，

保证了合作的持久性、有效性。

五、合作的成效

通过三年的摸索与实践，机电设备维修与管理专业的校企合作取得了初步成效，校企合作的效果已经凸显，2016届作为首届毕业生于第六学期初已全部就业，对口就业率达到了创历史的96.2%，学生在取得毕业证前的平均薪资水平为3 753元/月。合作企业的27名技术人员，三年内有6人取得了技师资格，4人取得了高级工技术等级，7人进行了学历提升。通过合作，该专业教学团队获得省级教学团队的荣誉称号，3门课程评为省级精品课程，学生在专业技能大赛中获得一等奖。双方共同成立的鼎禹机械维修有限公司在市场下滑的情况下，积极拓展业务，实现利润连续增长。

图5　合作的成效

六、下一步的规划

在目前合作的基础上，校企双方共同制订了下一步的发展规划。

（1）加大教学资源库建设，争取在2017年建成省级专业教学资源库和精品在线课程。

（2）加大校本教材的开发力度，开发系列机电设备维修与管理教材。

（3）加强信息化建设，倡导教师运用微课、慕课等现代教学方式，形成对现有教学的有效补充。

（4）加强对在校生围绕本专业创业的指导，在技术、资金上对学生进行扶持，培养适应社会需求的"双创"人才。

校企共建埃斯顿机器人学院的实践

舒平生　段向军　单以才　韩邦海（企业）　骆德云　赵海峰　颜　玮　朱方园

一、校企合作背景

《中国制造2025》提出重点发展高档数控机床和机器人等十大领域。到2020年，工业机器人装机量将达到100万台以上。江苏省也将机器人及智能装备产业列为重点发展领域和主攻方向之一。机器人成为制造业转型升级的重要技术手段，工业机器人行业孕育重大发展机遇。到2020年，中国至少需要20万从事工业机器人应用系统运行维护、设计、集成、编程、安装、调试等从业人员。目前，工业机器人技术技能人才的培养质量和数量都无法满足产业转型升级发展需求。

为了满足工业机器人产业对技术技能型人才的需要，助推学校先进制造装备技术类专业群转型升级，提升专业群社会服务能力，在江苏省经信委的指导下，2014年南京信息职业技术学院与南京埃斯顿机器人工程有限公司合作，签署战略合作协议，成立了埃斯顿机器人学院，提出共建工业机器人产教融合实训平台，联合开展工业机器人技术技能人才培养、社会培训、技能鉴定、售后服务、工业机器人应用技术服务。一期工程已投资300余万元，其中南京埃斯顿投入了110余万元。

图1　校企共建埃斯顿机器人学院

2016年5月江苏省职教活动周，江苏省人民政府副秘书长陈少军、教育厅厅长沈健等一行参观了南京信息职业技术学院职业教育成果展，对埃斯顿机器人学院的办学模式给予了赞赏。

图2　领导参观工业机器人实训中心

二、目标与思路

1. 建设目标

在江苏省和南京市经信委的指导下，面向工业机器人产业链，校企合作成立埃斯顿机器人学院，共建工业机器人产教融合实训平台，持续更新中心的技术和设备，联合培养从事工业机器人制造、系统集成和应用的高素质技术技能人才。打造高水平校企混编师资团队，开展工业机器人销售与技术服务、社会培训与职业技能鉴定，开发优质课程和教学资源，显著提升人才培养质量和社会服务能力。

2. 建设思路

按照学院UPD校企合作模式，以服务学生、服务企业转型升级为宗旨，按照共建共享原则，成立埃斯顿机器人学院，通过在工业机器人技术技能人才培养、技能鉴定、社会培训与技术服务等方面的深入合作，服务全省制造类企业对工业机器人应用人才和技术的需要。硬件上，通过升级和扩建省先进制造技术实验实训基地，共建工业机器人产教融合实训平台。软件上，整合政校行企资源，组建校企混编师资团队，参与制订工业机器人职业标准，开发培训课程和实训项目，建设数字化教学资源，搭建工业机器人技术信息化学习平台。

三、项目合作内容

1. 成立理事会，落实"埃斯顿机器人学院"体制机制建设

按照共建、共享、共管、共担原则成立了埃斯顿机器人学院，施行双主体办学，成立了埃斯顿机器人学院理事会，制订了理事会章程。理事会设秘书处，挂靠南信院机电学院。理事会是专业群建设的决策机构，对专业群建设的战略定位、发展规划、规章制度等重大事项进行决策，督促、检查和监督建设进展，按照专业建设评价体系对结果进行评估，统筹调配建设资源，指导专业建设的各项任务。

2. 打造大师领衔、专兼结合的"校企混编"教学团队

埃斯顿机器人学院聘请南京埃斯顿机器人工程有限公司总经理韩邦海为校外专业带头人。埃斯顿公司派1人常驻南信院办公，联合校内专任教师共同开展埃斯顿机器人学院工作。目前，埃斯顿机器人学院校企混编的团队有18人，其中埃斯顿员工5人，校内教师13人。校内专任教师"双师"素质比例100%，高级职称5人，博士2人，在读博士3人，江苏省"青蓝工程"骨干教师及培养对象4人，江苏省"青蓝工程"中青年学术带头人1人。该团队是学院科技创新团队，技术创新与服务能力强，近5年团队成员申请发明专利18项，完成教育厅产业化推广项目2项，横向经费到账70余万元。承担了吴江经济技术开发区技师培训与鉴定、亚德客员工培训等项目，经费到账100万元。

3. 共建工业机器人产教融合实训平台

在现有江苏省先进制造实验实训基地的基础上，建设以校企混合所有制、公司化运营、技术服务与职业教育双功能、线上线下相结合为特色的开放、共享型工业机器人实训平台，集机器人应用示范、销售、售后服务、培训与技能鉴定、系统集成功能于一体。

目前已经完成了工业机器人示范展示中心一期建设，建有机器人结构原理实训室、离线仿真实训室、装配工作站、码垛工作站，校企联合投入300余万元，其中埃斯顿公司投入了110万元。开发专业课程4门，编写教材3本，建设信息化教学资源若干。

图3　工业机器人示范展示中心

4. 开展"工学交替、校企对接"的人才培养模式

校企融合，开展"工学交替、校企对接"的人才培养模式改革，共建"厂中校"，实施工学交替、订单培养。2015级工业机器人技术专业学生共42人，2016年招生计划扩大到90人。校

企双方共同制订人才培养方案、课程标准，共建实训平台，共同开展教学。两年来，机器人专业教师获江苏省信息化教学大赛二等奖2项，学生获机器人竞赛二等奖2项。

图4　专业论证与学生埃斯顿学习

图5　教师与学生获奖

5. 成立机器人培训学院，合作开展社会培训

成立了机器人培训学院，开发培训课程和资源，开展客户培训、师资培训、社会培训。2015年以来，已经分别开展了埃斯顿客户培训、高职院校教师培训、江苏省经信委急需紧缺人才（工业机器人）专题培训，参训学员160余人次。

图6　工业机器人培训

四、项目特色

（1）学院与工业机器人技术链上游企业合作（南京埃斯顿），共建先进制造技术公共服务平台（埃斯顿机器人学院），为技术链下游企业提供人才和服务。这种模式可以满足上下游企业不同的合作诉求，并且能发挥出平台的集聚效应，较好地解决了校企合作中学校"一头热"

的难题，同时为相关专业提供了实训基地、混编师资、创新平台和就业市场。

（2）运用"工业机器人+专业"建设理念，聚集有效资源，支撑"十三五"期间学院先进制造装备技术类专业群协同转型升级。

五、组织实施与运行管理

1．董事会管理，公司化运营

埃斯顿机器人学院实施董事会领导下的总经理负责制。成立项目建设领导小组，加强项目建设的组织领导。成立项目建设办公室，具体指导项目建设。成立子项目建设工作小组，具体负责各子项目的建设工作。成立管理办公室，负责日常管理、教学安排、对外服务。平台的对外服务实施公司化运营。

2．校企资源协同，社会服务与人才培养并举

埃斯顿机器人学院兼具技术服务和人才培养功能，并将通过服务平台的集聚效应和滚动发展，汇聚更多的企业支持相关专业的建设，实现全程校企双主体人才培养。校企资源协同、合作育人主要通过以下途径落实。

（1）协同设备资源，使实训平台具有产、教双功能。

（2）协同人力资源，使校企"混编师资团队"具有教学与技术服务双功能。

（3）企业先进技术资源引入课程，以保障教学内容的实用性和先进性。

六、发展前景与自我评价

埃斯顿机器人学院，面向工业机器人产业链，培养从事工业机器人制造、应用、系统集成等岗位的高素质技术技能人才，打造高水平校企混编师资团队，同时承担社会培训、技能鉴定，为江苏省制造业转型升级输送高质量工业机器人应用领域高级技术技能型人才和提供技术咨询与服务，具有重大现实意义。待工业机器人4S中心建成，每年可承担社会培训600人次，向社会输送毕业生500人，"四技"服务年均到账120万元。

校企合一，深度融合创新实践

戴路玲　蒋李斌　张鹏高　陶　洁　董　健

一、校企合作背景

南京科技职业学院制冷与空调技术专业创办于1995年。专业岗位职能明确、针对性强、操作技能要求高的特点，决定了专业人才培养必需始终坚持以能力培养为本位，坚持校企合作、工学结合。近年来，专业积极顺应市场需求，依托校企合作平台，为满足自身发展需要和发挥自身专业特点，全面铺开以职业岗位能力培养为主线的工学结合教学改革实践，并取得成效。学院与好享家舒适智能家居股份有限公司、南京国睿博拉贝尔环境能源有限公司、南京天加空调设备有限公司、南京久鼎制冷空调设备有限公司、大金空调（苏州）有限公司、南京华鼎空调设备有限公司等企业在专业建设、人才培养、师资团队打造、实习实训基地建设、科技攻关与技术开发等方面开展多方位合作，发挥各自资源优势，取得丰硕成果，开创了校企共赢新局面。

二、目标与思路

专业坚持软件建设与硬件建设并重，构建突出职业岗位核心能力的专业人才培养；建立一支特色鲜明、专业结构合理的"双师型"师资队伍；坚定不移地走"产、学、研、培"相结合的道路；依托行业优势，深化校企深度整合，建设集教学、职业培训、新技术推广、技术研发与应用多位一体的现代制冷专业实践教学基地和公共技术服务平台。通过强化学生顶岗实习实现与企业岗位的真正"零对接"，为企业培养"适销对路"人才。

三、内容与特色

1. 以现代学徒制试点为龙头，实施产学融合的高技能人才培养

专业坚持多渠道、多层次、多机制地开展校企合作，逐步建立了理论课程"学做一体"、实践课程"工学结合"的课程体系与人才培养模式，有效地保证了人才培养质量。为满足学生在设备运行、安装、维修、制造、设计、销售等制冷空调行业主要职业岗位充分得到技能锻炼的需要，专业建立起"一对多"的现代学徒制人才培养新模式，将学生在岗受训由单个企业向企业群拓展。

2. 校企一体，成就优秀"双师"教学团队

在多年的校企合作实践中，专业造就了一支教育教学改革领先、专业建设领先、教科研实力强劲、校内外专兼具备、团结进取的教师团队。同时，也建立起一支由20人组成的稳定的兼职教师队伍，他们全部为本专业校外实践教学基地合作企业的技术骨干或能工巧匠，分别承担着校内课程教学、企业实习、暑期专业实践和顶岗实习等环节的教学工作，也是开展学生校内、外技能竞赛的评委和指导老师，为技能型人才培养提供了有力保障。此外，制冷专业聘请了企业专家作为本专业指导委员会成员，并且每年邀请专家到校进行专题技术讲座，受到学生普遍欢迎。

3. 校企携手，攻关克难，互惠共赢

近年来，双方以产学研合作为平台，携手前行，共谋发展。专业教师深入到企业生产第一线，发挥自身知识、技术方面的优势，积极参与中小企业技术服务和技术攻关，为企业排忧解难，每年完成横向课题研究经费到账超过50万元。同时，通过校企合作，制冷专业不断更新专业建设理念，通过服务企业赢得企业资金和技术上的支持。

四、组织实施与运行管理

专业坚持每年分派在校生在春夏行业"旺季"到企业进行不少于两个月的专业实践，使学生得以在真实的岗位上锻炼职业技能，培养职业素质，同时为企业创造效益。2015年6月至8月底，专业联合了包括南京国睿博拉贝尔、南京天加、苏州大金、南京久鼎、南京华鼎、南京明润机电和南京爱康暖通在内的共10家大中小型企业，分派2013级制冷专业共84名学生到这些企业在岗训练，通过企业师傅手把手地教，学生"真刀真枪"地练的"师带徒"形式，使学生职业技能得以充分锻炼和提高，许多学生提前与实习单位签订了就业意向书。通过校企联合培养，不仅拉近了企业与专业的距离，加深了企业对制冷学生的认识，并且解决了企业用人之需，为多家企业创造经济效益共达上千万元。2016年初，本专业又与五星旗下好享家舒适智能家居股份有限公司签订深度合作协议，在2016级新生中开展"双主体、五融合、六转变""招生即招工"的现代学徒制人才培养，校企双方共同制定培养方案，共同建设基于典型工作过程的专业课程体系和基于工作内容的专业课程，人才培养实行双导师制，在不同的学习阶段，根据企业生产要求，学校和企业共同设计灵活的教学过程及形式，实现学业、就业零对接，为企业培养适销对路的高素质、高技能应用型人才，实现新一轮人才培养革新发展。

图1　学生在国睿博拉贝尔实习

图2　学生在海信电器实习

图3　学生在久鼎公司实习

为提升专业教师的职教能力和工程实践能力，积极推进产学研合作，本专业建立起"一个教师紧密联系一家企业"的制度，每年都有专业教师到企业挂职锻炼，或通过带学生校外实习深入企业一线，获得生产实践第一手资料，掌握企业先进技术，促进理论知识和生产需要相结合，并在实践中寻找感兴趣的科研方向，树立服务企业的意识。董健老师很早便自己创办制冷空调维修公司，是空调维修领域的专家，他的公司也成为本专业学生校外实习的稳定教学基地。戴路玲老师通过在企业做高级访问工程师实践，将暖通行业工程设计软件引进课堂，开发了多项校内实训项目。蒋李斌老师与人合作承包了学院教学楼空调维修业务，带领学生开展工程实践。

图4　学生在大金公司实习

由于资金投入有限，学院制冷专业校内实践教学条件一直以来相对缺乏，工位数严重不足，制约了学生校内专业技能的锻炼和提高。2014年，制冷专业与南京国睿博拉贝尔环境能源有限公司合资共建了"南京化院-南京国睿博拉贝尔空气调节实验室"。2015年，又与江苏奥林维尔环境设备有限公司签订了产学研合作协议，由企业投资在校建设"高精度恒温恒湿空调系统"工程实验室。2016年初，制冷专业与好享家公司开展深度合作，由学院提供250平方米的场地，企业提供上百万元的设备、材料和工具，在校内建成"舒适智能家居工艺工程产学研合作基地"。基地不仅极大弥补了本专业校内实训条件的不足，而且引入了企业的先进工艺与技术，为双方开展长期合作搭建了稳定的科研与教学平台。

图5　校外实践基地协议书

图6　产学研合作基地协议

图7　工程实验室协议

图8　横向课题合同示例

五、主要成果与体会

三年来，专业与16家企业签订了校外实践基地，它们也成为专业毕业生的就业基地。在专业创新人才培养模式下，本专业学生完成4项江苏省高等学校大学生实践创新训练计划项目，2项毕业设计获江苏省高校优秀毕业设计，7名学生在全国技能大赛中取得佳绩。制冷专业学生管志明同学在校期间便创办了"制冷设备维修部"，多名学生毕业后自主创业，如今事业有成。校企双主体一体化育人帮助学生实现了学业到创业的蜕变，拓宽了学生就业渠道，提升了就业质量，制冷专业毕业生就业率连年稳居100%。专业教师编写并出版校企合作教材、企业培训用书和基于工程教育理念的教材共16部，其中"十二五"职业教育国家规划教材1部、江苏省"十二五"重点建设立项教材1部，获中国石油和化学工业优秀教材二等奖2部、优秀科技图书二等奖1部。专业教师立足行业前沿开发具有自主知识产权的仿真培训软件2套、专利9件，获江苏省机械工业科技进步二等奖1项。专业与企业良好的合作基础也为本专业立项主持职业教育《制冷原理与装置》国家教学资源库课程建设提供了大量鲜活的案例和丰富的资源。2014年和2015年，专业教学团队连续两次被评为学院"优秀教学团队"。2016年，专业被列为学院品牌专业。

南京科技职业学院制冷专业与企业多层次、全方位的产学研密切合作，促进了高技能、高素质应用型人才的培养，成就了一支专兼具备的优秀"双师"队伍，拓展和优化了校内、外实践教学场所，提升了专业建设水平，解决了企业用人之需，增强了企业经济效益，真正实现了校企双赢。

"双向互动"全方位校企合作的实践与探索

胡俊平　王新华　崔志达　王利民　董　麟　赵翱东　刘志刚　郭　琼

一、校企合作背景

无锡职业技术学院控制技术学院现有机电技术系、自动控制技术系、机器人技术系、供热空调技术系、技术基础部、实训部及机器人技术研究所等7个系部，专兼职教师100多名，现有在校生2 400名。施耐德电气（中国）有限公司（以下简称施耐德电气）助力中国地区建设提质升级，传递绿色能效的理念和价值，主要业务包括电力、工业自动化、基础设施、节能增效、能源、楼宇自动化与安防电子、数据中心和智能生活空间等业务领域，已经确立了中国市场的领先地位。

控制技术学院于2006年就建成了基于施耐德电气产品的交流调速系统实训室、运动控制实训室。2008年施耐德电气大学计划对无锡职院全面开放，包含技术、产品、案例、培训等施耐德资源实现共享；双方协同共建的《运动控制安装调试与运行》课程于2009年成为国家精品课程，2012年升级为国家精品资源共享课程。

2014年10月15日，施耐德电气（中国）有限公司与无锡职业技术学院签署校企合作协议（图1），以培养一流的电气及自动化专业人才。这是施耐德公司首次选择一家高职院校正式签署合作协议，此次合作施耐德捐赠了价值80余万元人民币的电气及自动化实验实训设备，共建运动控制实训室，用于学生在《交流调速系统及应用》《PLC技术及应用》等课程教学和学生创新活动，并作为施耐德电气华东区自动化技术实验室，进行产品展示及用户培训。

图1　签署校企合作协议现场

目前，施耐德电气已经面向无锡职业技术学院开放自动化技术人员认证课程，全方位配合学校进行人才培养，并通过共建平台促进知识共享与经验交流；无锡职院则发挥自身优势和资源支持施耐德市场和业务活动及应用研究，双方合作已经进入了一个更高的层次。

二、目标与思路

学院聚焦智能制造，围绕无锡地区先进制造业的两化融合和产业升级需求（图2），确立在智能制造透明生产领域，以自动化集成技术、工业机器人技术和生产过程数字化管控技术为突破口，通过"双向服务""双向引进""双向培训""双向宣传"，全面提升与施耐德电气校企合作的广度与深度，最终实现双向互动、共赢并建立长效机制，提升专业水平和人才培养质量，为无锡地区制造业特别是高端装备制造业的产业发展、升级输送高技术技能型人才。

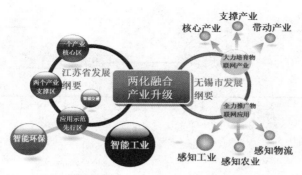

图2　校企合作产业背景

三、内容与特色

（一）内容

1．双向服务，服务人才培养及企业转型需求

随着区域产业的转型，企业对控制技术类高端技能型的人才需求更加迫切。其中，既有控制系统安装调试、小型控制系统集成等控制系统的销售及售后服务等共性岗位的需求，也有自动化生产线调试维护、机电气液高度融合的机电一体化设备安装调试维护及管理等特有岗位的需求，同时还有先进控制设备、控制系统安装调试及技术服务等岗位的需求。

通过依托分布于江苏区域的施耐德电气售后及客户资源，学院联合企业共同进行人才需求调研（图3），施耐德电气发挥自动化类设备的市场优势，梳理了多年来毕业生就业岗位的情况，提炼出了高职院校毕业生岗位变迁的大致规律，归纳出主要就业岗位与次要就业岗位，按照"调研、归纳、排序、重组"这一顺序构建专业课程体系。同时，双方共同分析施耐德电气的"So-Machine"认证资格证书知识、技能及素质要求，通过同级比照，同类整合，同课优化等方法，对接、开发核心课程主要内容，最终形成以职业素质为核心的人才培养方案。

图3　人才培养方案研讨及调研

控制学院以省级共享型实训基地——智能制造工程中心、江苏省中小企业工业机器人产业公共技术服务平台、工业AGV无锡市中小企业服务平台、施耐德员工培训基地等优势资源为平台，以院省级科技创新团队为项目技术研发骨干，成立工程服务中心。

工程服务中心聚焦智能制造领域，以自动化集成技术、工业机器人技术和生产过程数字化管控技术为突破口，主动为施耐德电气及其供应商提供技术、人才和智力支持。近年来，先后承接施耐德电气售后项目10余项，如江苏恒立液压股份有限公司制造执行系统设计（图4），宁波更大集团有限公司等20余家企业的制造执行系统（MES）的设计、实施项目等。同时也积极为区域机械电子、汽车零部件等行业企业提供技术服务与项目开发，近两年四技项目到账500万元，为企业创造经济效益2 600万元以上。

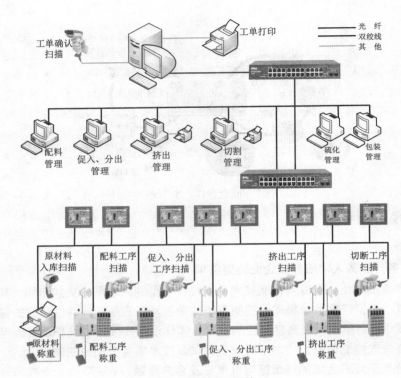

图4　恒立项目拓扑图

2. 双向引进，共同完善实践条件并实施及企业顶岗实习

系统建设符合课程建设及区域经济发展的校内外实践基地是实践为主导的课程体系中至关重要的一个环节。近年来，施耐德电气先后捐赠100万多元自动化设备，共建了"运动控制实训室"（图5）、"交流调速实训室"，目前该实训室已成为控制学院校内实践体系的重要组成部分，在订单班、自动化综合实践、无锡市大学生技能绿卡等课程及项目的教学、企业员工培训等项目中发挥了重要的设备支撑作用。不仅如此，施耐德电气也在国家精品课程《运动控制安装调试与运行》共建过程中提供了很多优质的企业案例，在《交流调速系统及应用》《PLC技术及应用》等课程实施过程中，安排了10余名经验丰富的工程技术人员先后通过订单班、专家讲座、企业顶岗实习指导等多种方式为学生授课，取得了很好的效果。

图5　施耐德运动控制实训室揭牌

同时，控制学院也与施耐德签订了顶岗实习协议，除了安排相关专业学生进入施耐德及主要代理商企业进行顶岗实习及就业外，每年也选派教师进入企业挂职锻炼，深度参与企业工程项目实施，并为校企联合进行四技及纵向项目申报进行牵线搭桥。基于良好的合作关系，2015

年，一名老师被施耐德电气工业事业部聘任为荣誉顾问，一名老师被聘任为荣誉员工，学校也成为施耐德2015年度OEM解决方案合作伙伴。

3．双向培训，共同实施师资培训及员工培训

控制学院充分发挥施耐德电气华东区自动化技术实验室的示范引领作用和学校人才智力优势，定期进行产品展示及用户培训（图6），并通过共建平台促进知识共享与经验交流。利用周末及寒暑假，双方共同开展自动化技术人员认证、技能提升培训等，年均培训施耐德代理服务商及售后工程师250人次，滨湖区工会企业培训550人次，省内外同行院校师资培训250人次等。

图6　施耐德员工智能制造及技能培训

此外，结合中央财政支持"电气自动化技术专业服务能力提高"项目的实施，控制学院先后选派了8名骨干教师、青年博士进入施耐德电气及其代理商企业进行顶岗实习，并深度参与施耐德售后、自动化系统集成等工程项目实施，大大提高了骨干教师的工程服务能力及执教水平，教师团队申获各类专利100多项，先后申获省青蓝工程优秀骨干教师2人、中青年学术带头人培养对象1人、"333"高层次人才培养工程1人、无锡市优秀青年科技工作者3人、无锡市技能大师1人，团队申获省科技创新团队等。

除了师资及社会培训，由施耐德赞助，控制学院每年举办学生PLC技能比赛。实施过程中，校企双方从比赛题目确定、比赛实施等方面精诚合作，学生踊跃参加，整个比赛取得了很好的示范效应。特别是针对控制学院PLC品牌齐全但台套数有限的现状，考虑到参赛学生的人数及覆盖面，比赛所用PLC不限品牌，但最终施耐德电气仍然全额发放奖品及奖金，体现了施耐德电气长远的目光及企业文化融入学校教育的理念，通过这一活动的举办，大大提高了学生的学习兴趣及自主学习的动力。

4．双向宣传，丰富校园文化内涵

通过多年互赢合作，施耐德电气与控制学院就人才培养理念达成高度共识，通过邀请学校参加企业年会、技术交流会、在校内共建的华东区自动化技术实验室进行产品展示、用户培训、媒体宣传等多种方式，宣传学校的办学理念、人才培养水平等。

同时，控制学院也通过订单班实施、企业工程技术人员指导创新项目、实训中心长廊设置企业文化宣传板（图7）、施耐德技术资料向全体学生开放、新生进企业专业实习等多种方式，充分展示、宣传施耐德电气企业文化，以企业文化感召学生，学生就业之前已经充分接受了企业文化，这些活动的开展，大大提高了就业学生对企业的接

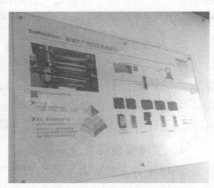

图7　校内企业文化宣传

受度，也进一步丰富了校园文化内涵。

（二）特色

1．将企业工程案例转化为优质教学案例，丰富教学资源，提高教学有效性

通过"双向互动"，引入企业一线新技术、新工艺、新设备，并将企业工程案例转化为一批优秀教学案例；骨干教师通过顶岗实习，提炼开展的技术开发和服务项目，形成系列应用研究课题，并采用任务驱动和项目导向引入课堂，反哺教学，有效提高了课堂教学效果。

2．锤炼了教师的业务水准，有效提高了教师工程应用能力

通过"双向互动"，团队教师及时跟踪当前技术发展方向，找准技术开发和应用的切入点，深度参与企业信息化升级顶层设计，主持企业智能制造技术应用项目，支持区域企业核心竞争力提升，提升了教师工程应用能力，打造出一个技术引领型的省级科技创新团队。

3．丰富了工学结合人才培养内涵，提高了毕业生市场竞争力

"双向互动"使得专业课程内容与施耐德电气工程师职业培养内容对接，课程教学过程和工程师工作过程紧密结合；校企共同指导学生创新项目训练、企业实习、技能比赛、工程项目助研等，丰富了工学结合人才培养内涵，有效提升了学生工程实践能力和创新创业能力，毕业生在企业自动化关键岗位就业竞争力得到加强。

四、组织实施与运行管理

为建立"双向互动"的校企合作机制，做好校企合作相关事宜，双方共同成立了校企合作委员会、教学与培训项目组，学生创新活动项目组、工程服务及项目开发组等工作机构，工作机构人员由施耐德电气及控制学院相关人员共同参与，定期协调并推进合作。

1．校企合作委员会

校企合作委员会全面协调双方立场及诉求，确定校企合作的指导思想及宏观思路，每年召开会议，确定该年度校企合作的内容及具体项目，对具体项目进行指导，督促具体项目的实施进程，并根据项目实施过程中发现的问题及时形成反馈信息，并在实施中持续改进。委员会主任由施耐德电气华东区总经理崔志达、无锡职业技术学院控制技术学院院长黄麟共同担任，成员由双方相关人员共同组成。

2．教学与培训项目组

教学与培训项目组主要负责订单班管理与实施、教师进入企业顶岗实习任务的确定及具体操作、师资及企业培训项目的管理与实施、专业建设评价及毕业生质量评价等，并共同制定了相关制度文件。由施耐德电气OEM事业部经理董迎宾、无锡职业技术学院控制学院院长助理胡俊平担任对接负责人。

3．学生创新活动项目组

学生创新活动项目组主要负责学生进入企业顶岗实习活动的安排、选拔学生进入企业进行创新活动或创新制作及具体指导、校内竞赛活动的组织与实施、省大学生创新训练计划项目指导、学生毕业设计课题确认及指导教师确定、优秀毕业设计的推荐等工作。由施耐德电气OEM事业部经理周利国和无锡职业技术学院实训中心主任陆荣担任对接负责人。

4．工程服务及项目开发组

工程服务及项目开发组主要负责双方合作开展工程项目的确定与实施、省市级科研课题的联合申报、同行企业技术开发及服务等工作。由施耐德电气华东区工业事业部经理王利民和控制技术学院院长助理刘志刚担任对接负责人。

五、主要成果与体会

（一）主要成果

1．形成系列优秀教学成果，服务专业建设

校企合作共同开展课程建设，在课程中引入真实工作案例，在实训室营造企业工作环境，建成《运动控制系统安装调试与运行》国家精品课程及国家精品资源共享课程1门，省精品课程2门，合作编写教材3部，企业案例转化为教学案例32项。近年来，先后建成江苏省"十二五"重点专业群——控制技术专业群，无锡市职业教育重点专业群——智能装备技术专业群，电气自动化技术专业先后建成中央财政支持高等职业学校提升专业服务产业能力项目建设专业、江苏省特色专业、无锡市职业教育现代化品牌专业等。

2．提高教师双师素质，取得较好经济效益及社会效益

2010年开始，控制学院定期派遣教师进入施耐德电气进行顶岗培训，培训岗位涉及技术服务、产品维修、技术支持等，涉及产品有PLC、HMI、变频器、伺服控制器等，取得了非常好的培训效果。骨干教师与施耐德电气公司共同承担自动化领域企业的工程认证和技术支持，先后成功地承接了江苏恒立、宁波更大等企业制造执行系统（MES）的设计实施等20多个工程项目，项目成果得到企业的好评，黄麟老师也被施耐德电气工业事业部聘任为荣誉顾问，奚茂龙老师被聘任为荣誉员工（图8），教师团队也申获成为2015年省科技创新团队。

图8　施耐德电气工业事业部荣誉顾问、荣誉员工证书

3．企业品牌推广效果良好

通过校内共建实训室中理实一体教学实施，企业实习、顶岗实践、校内企业文化宣传等实施，学生深度了解施耐德产品性能、品牌价值及企业文化，走上工作岗位后，使用该品牌PLC进行系统控制的意愿明显提高；通过教师培训和共同实施项目，教师们体验了施耐德品牌自动化系列产品的强大功能、严格的生产管理及质量控制过程和严谨的企业文化，从而全面提升了施耐德品牌的影响力。

4．建成全面合作伙伴关系

在双方的合作过程中，将企业的产品研发生产、自动化产品成功应用案例优势与学校教师学科背景齐全、校内实践体系完善、先进的数字化校园、每年800名毕业生为潜在客户等优势得到了进一步的整合，共同进行学生、员工、师资培养、基地建设、技术合作等双向互动、全方位合作，达到双方共赢。无锡职业技术学院也是唯一获得2015施耐德电气事业部颁发的OEM解决方案合作伙伴证书的全国高职院校（图9）。

图9　OEM解决方案合作伙伴证书

5．有效提高毕业生就业质量

校企合作建设专业、共同实施工学结合、顶岗实习、订单班的开设及有效实施、企业导师指导学生创新制作及创新活动、学生直接参与具体工程项目、企业文化的融合等措施，进一步丰富了学生的培养途径。

近两年来，学生通过参与企业工程项目获得工程实践能力训练后，显著提升了职业素养和工程实践能力。先后获江苏省大学生挑战杯一等奖、三维数字化创新创业大赛特等奖等；学生参与项目实施后，将其升华作为毕业设计选题，获省级毕业设计一等奖5项，团队毕业设计3项，其他各类省级二等奖以上奖项30余项等（图10），近年来，应届毕业生签约率均达到95%以上。

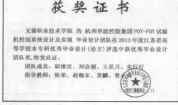

图10　学生获奖证书

（二）体会

实践证明，构建双向互动、合作共赢的校企合作模式，是拓展校企合作的深度和广度的重要保障，控制学院通过近年来持续开展校企"双向互动"，使得校企合作从单一的人才培养合作逐步发展到人才培养、产品开发、技术应用、平台建设等全方位深层次的合作；同时，通过校企合作深化人才培养合作、校企协同深化科技研发合作、校企携手深化工程项目合作，双方优势互补、资源共享，又可以提高校企合作的黏性，促进合作层次和成果的进一步提升，最终提高学生的职业素养和工程实践能力，服务于区域经济转型发展的人才需求。

广西石化高级技工学校——

构建校企合作新机制 服务广西工业大发展

孙杰利　曾繁京　关国爱　徐景伟　何局锋

一、校企合作背景

校企合作是职业教育发展的必由之路，也是构建现代职教体系的着力点。广西石化高级技工学校作为首批国家中等职业教育改革发展示范学校，近年来深化校企合作，为广西"14+10"产业发展提供了强有力的技能人才支撑和智力保障。该校创新人才培养模式，每年向广西北部湾经济区、广西石化企业和有色金属企业输送技能人才3 000多人，为企业培训鉴定职工4 000人。同时，在职教师师资培养、产学研一体化方面走出一条新路。

二、目标与思路

广西石化高级技工学校以构建"政府主导、学校主动、行业指导、企业参与"的办学模式为目标，按照"全面合作、深度融合、互利共赢"的思路，增强办学竞争力，提高职业教育服务区域经济发展的贡献率。

三、内容与特色

（一）校企合作培养技能人才

广西石化高级技工学校开设石油化工、机械制造、电气自动化、信息服务四大系20多个专业，形成了与石化、有色金属、冶金、汽车、机械、电子信息等广西千亿元产业紧密对接的专业体系。近年来，每年招生3 000人以上，在校生9 600人，成为名副其实的广西技工教育"航母"。学校在广西北部湾经济区、广西石化企业和有色金属企业中可谓"家喻户晓"。每年向企业输送3 000多名合格毕业生。毕业生初次就业率98%，85%在区内就业，真正为区域经济发展服务。

学校大力开展"订单"式培养，开设"钦州炼油班""田东石化班""金川冶炼班""百色氧化铝班""中信大锰班"，校企共同制订教学计划，实现招生、教学、实习、就业无缝对接。几年来，学校为南宁经济技术开发区、钦州石化产业园、防城港企沙工业园、百色铝工业园、田东石化产业园培养了5 000多名石油炼制、化工工艺、氧化铝人才；为区域汽车、机械制造、电子信息产业培养了4 000多名焊接、数控、模具、钣金、仪表自动化、机电一体化、维修电工等专业人才。2012—2015年，钦州石化、中信大锰、金川集团、华锡集团等18家大型企业订单委培3 400多人。

（二）校企合作培养师资

广西石化高级技工学校通过校企合作，搭建一条教师素质提升的快速通道。

在岗培训，提高教师技能水平。学校实行一体化课程教学改革，被人力资源和社会保障部认定为"全国技工院校一体化师资培训基地"。学校与13家大型企业签订师资培训协议，规定教师两年内下厂锻炼实践不少于3个月。2012年至今，派出200多名教师到121家企业调研、实践锻炼；培养了国家级教学名师4人、自治区优秀高技能人才2名、全区技术能手13人、全区技工学校专业带头人26人。

智力引进，改善师资结构。该校开展"百名企业家进校园"活动，邀请企业专家、职教专家到校授课、讲座、指导，使学生零距离接触新技术、新工艺。聘请46名行业专家、能工巧匠担任实习指导教师。目前，"双师型"教师占专任教师总数的78%，实习指导教师100%具有高级职业资格。

（三）校企合作培训员工

广西石化高级技工学校是人力资源和社会保障部批准的"全国技工院校师资培训基地""国家高技能人才培养示范基地""国家级高技能人才培训基地"，承担为社会、企业、职业院校培训高技能人才的任务。每年培训企业职工、大学生、职业院校教师、农民工、危化品作业人员4 000人次。仅2013年，就为广西建工集团第一安装有限公司、南宁化工股份有限公司、鹿寨化肥厂等企业培训高级工、技师820人；开办大学生就业创业技能培训班，为600多名大学毕业生培训数控、维修电工技能，使他们顺利拿到职业资格证书，为大学生就业提供了帮助。

（四）产学研一体化

广西石化高级技工学校与近20家企业、科研院所共建生产实习基地，开展项目研发、技术创新和产品生产加工，每年创造经济效益200多万元。该校的石油化工实训基地是石油和化工行业职业教育与培训全国示范性实训基地、广西大学化工学院学生生产实习和技能培训基地。学校与南宁化工股份有限公司共建氯碱产品检验中心，开展氯碱产品分析检验业务；为南宁农威饲料添加剂有限公司建设实验室，研发"简易式无氧操作箱"，为企业节约设备投入20万元，并荣获第十届全国技工院校教学教研技术开发成果一等奖；与广西轻工科学研究院共建自动化实训中心，合作研发的"糖汁锤度检测装置"获国家专利，应用于广西农垦防城糖厂、石别糖厂，每年为企业增加近百万元的经济效益。该校教师研发的"正压滤清空气发生器"获国家专利，被南宁天星饲料厂、明阳生化科技有限公司等企业使用。为南宁佰什盛能源设备有限公司研制"生物质燃烧机"，推广新能源技术。发挥国家级技能大师工作室（焊接）作用，为广西建工集团一建公司生产加工矿仓，总吨位达130吨，产值80多万元。

该校"模拟炼油厂"项目被自治区教育厅、财政厅列为广西中等职业教育示范特色学校建设计划2013年重点项目，是广西首个模拟炼油教学项目。项目建成后，可满足该校石油化工专业的教学实训、技能考核鉴定、企业员工培训、技术研发等需要，为广西石化产业发展培养更多的科技创新型人才和技能型人才。

四、组织实施与运行管理

广西石化高级技工学校在广西壮族自治区工信委主导下，依托广西工业职业教育集团，成立校企合作指导委员会，130多位政府部门、行业协会、企事业单位的专家担任委员，为该校的校企合作进行诊断、咨询和指导。学校借助广西北部湾经济区的资源、技术、信息优势，与南宁经济技术开发区、北海出口加工区、防城港港口区签订校政企合作协议，提供人才培养、技术改造、员工培训服务。南宁经济开发区投入100万元在该校建设高技能人才培养基地。学校与广西石油化工企业管理协会、广西焊接学会、广西自动化学会、广西计算机学会紧密合作，发挥行业在产业对接、人才供需、专业建设方面的指导作用。与区内外100多家企业签订合作办学协议，构筑了校企合作办学联合体和长效运行机制。

五、主要成果与体会

经过多年的探索和实践，广西石化高级技工学校构建了"全面合作、深度融合、互利共赢"的校企合作新机制，增强了办学竞争力，培养了大批高技能人才，促进了劳动就业。学校紧密对接"14+10"产业体系，主动融入广西北部湾经济区建设，提高了职业教育服务地方经济发展的贡献率，成为广西高技能人才培养和技术服务的重要基地。

行业引领的"三方联动、协同育人"职业教育模式

龙昌茂　张婉云　杨启杰　肖　勇　黄　斌

一、校企合作背景

南宁市焊接协会是由南宁市从事焊接工作的个人及单位自愿组成的行业性社会团体，成立于1980年8月，目前拥有会员168名，均为来自广西区内大中型企业及院校的焊接技术专家或能工巧匠。其宗旨是团结和带领广大专业同行，积极开展焊接新技术和新工艺的应用研究与推广，为企业开展技术攻关、提供技术服务等，引领企业技术进步，推动行业发展，引导企业积极参与职业教育，助力职业教育的发展。为促进区域内的经济建设和助力职业教育的发展做积极贡献。

1988年南宁市焊接协会联合广西焊接学会，结合区域内行业发展对焊接技术人才的需求，指导广西机电职业技术学院开设了广西第一个焊接专业，并遴选出区内骨干企业和协会会员积极参与焊接专业的建设与人才培养。同时，结合行业技术发展与企业人才需求情况，引导焊接技术与自动化专业不断调整和修订专业人才培养方案，提升专业人才培养质量，确保专业人才培养适应社会发展的需求。

1995开始，协会的理事长和秘书长均由广西机电职业技术学院焊接技术与自动化专业教师担任，秘书处设于该院焊接技术中心。学院和专业充分发挥协会的桥梁作用，与区域内企业开展校企紧密合作，从行业发展与企业实际需要出发，开展专业建设和人才培养，效果显著。图1为本专业发展历程。

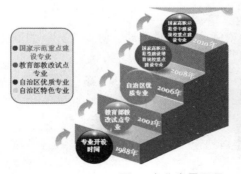

图1　专业发展历程

二、目标与思路

1. 合作目标

合作目标是结合区域内行业发展对焊接技术人才的需求，开展职业教育与培训，培养适应社会急需的焊接高技术技能型人才。

2．合作思路

广西机电职业技术学院与南宁市焊接协会联合区域内行业企业专家成立了焊接技术与自动化专业理事分会（图2），为专业在人才培养方案制订与实施、课程体系构建、核心课程开发以及校内外实训实习基地建设等方面进行指导，同时将专业理事分会工作会议纳入协会的理事会议程并常态化运作（图3），保障了专业理事分会工作的正常、有效进行。通过技术引领实现校行企（学校、协会、企业）自然合作，如：与中国焊接协会、广西焊接学会以及南宁广发重工集团有限公司等行业企业在学院焊接技术中心共同建设了"中国焊接协会机器人焊接（南宁）培训基地""广西焊接与切割高新技术应用研发推广中心"以及"南宁广发重工集团压力容器公司广西机电分厂"等利益共同体，搭建人才培养平台、完善联合培养机制（图4），形成"技术牵引、行业统领、共同发展"的校企合作长效运行机制，为校会企三方长期顺利有效的合作打下了坚实的基础。

图2　焊接技术及自动化专业事理分会成立仪式　　图3　校企合作理事会工作会议

图4　校企共建教学、培训与技术推广应用平台

三、合作内容与特色

1．创新职业教育模式

创新职业教育模式，形成行业引领的"三方联动、协同育人"的职业教育模式，如图5所示。

2．创新校企合作机制

充分发挥专业教师在行业协会任职和专业技术的优势，以行业为桥梁，校行企共建利益共同体，激发企业主动参与专业建设与人才培养，形成"行业引领、技术牵引、共同发展"的校企合作长效运行机制，从而达到校企自然合作、工学自然结合。

3．创新人才培养模式

创建了行业引领的"三方联动、工学交替"的人才培养模式，探索并实践行业引领的"三方联动、工学交替"现代学徒制人才培养模式，如图6所示。

4．创新师资队伍建设

通过跨专业、跨校企的专业教学团队建设（图7），创新高职院校教学团队建设的组织与管理模式以及师资队伍能力素质培养的有效途径和措施。

图5 "三方联动、协同育人" 　图6 "三方联动、工学交替" 　图7 跨专业教学团队获自治区
　　　职业教育模式　　　　　　　　人才培养模式　　　　　　　教学成果一等奖

四、组织实施与运行管理

在学院校企合作理事会的体制下，由系部校企合作工作组牵头，依托南宁市焊接协会和广西焊接学会的桥梁纽带作用，由南宁广发重工集团有限公司、广西柳工机械股份有限公司等一批区内行业骨干企业，以及唐山松下机器产业有限公司等国内行业知名企业参与，共同组建由行业、企业、学院相关负责人和专业部分教师组成的"焊接技术及自动化专业校企合作理事分会"（以下简称"理事分会"），制定和完善了理事分会章程与工作职责，为专业在人才培养方案制订与实施、课程体系构建、核心课程开发与教材建设以及校内外实训实习基地建设等方面提供指导。同时专业理事分会工作会议被纳入南宁市焊接协会和广西焊接学会理事会议程并常态化运作，保证专业理事分会工作的正常有效进行。

理事分会设理事长1名、副理事长1名、秘书长1名、会员若干名。

1．理事分会的主要职责

（1）制定理事分会的章程及运行管理等规章制度。

（2）明确理事分会各成员的职责。

（3）商议专业与企业合作的办法与措施，提供校企合作的思路。

（4）审议与制订专业发展规划和专业人才培养方案。

（5）商议与制订专任教师企业实践和企业兼职教师兼课计划。

（6）商议与制订校内共建生产性实训基地、在企业共建教学点的办法和管理措施。

（7）商讨合作技术开发、技术推广项目的可行性和实施方案。

（8）商讨企业技术培训、技能培训、岗前培训实施方案。

2．校企合作理事分会运行

理事分会作为专业层面上校企合作的最高决策机构，其具体运行如下。

（1）把先进技术研发与推广、人才共同培养与交流、校企资源共享以及社会服务等推动行业进步的举措作为行业发展规划的核心内容，进行系统设计，并通过校企合作组织实施。

（2）每年至少召开一次会议，组织对方案、章程、运行管理制度等进行研究、修订与完善。

（3）指导专业校企合作工作的运行，审议、评估校企合作的运行效果并提出持续改进意见。

（4）组建由行业、企业、学校（专业）人员组成的跨专业、跨校企的专业教学团队，作为校企合作、专业建设与行业发展的常备执行力量，具体实施校企合作专业建设、人才培养、技术研发与推广等实际工作。专业教学团队每年召开不少于3次全体工作会议，并向理事分会汇报实际工作的执行情况。

3．校企合作长效运行机制

学院、南宁市焊接协会与中国焊接协会、广西焊接学会合作，在广西机电职业技术学院设立了"中国焊接协会机器人焊接(南宁)培训基地"和"广西焊接与切割高新技术应用研发推广中心",并以此为平台,深化校企合作,通过充分发挥专业科技创新教学团队在区域的技术优势,专业与企业合作开展焊接新技术的应用研究、技术攻关、横向科研和技术推广应用等,推动企业技术进步和发展,使企业受益,促进企业积极参与专业建设与人才培养、接纳毕业生就业等,形成"技术牵引、行业统领、共同发展"的校企合作长效运行机制。

4. 校企合作运行管理

在理事分会的领导下,由理事分会组织制定并完善《焊接技术与自动化专业理事分会的章程》《焊接技术与自动化专业理事分会运行管理制度》《专业学生职业认知管理制度》《专业学生顶岗实习管理制度》《专业兼职教师评聘管理考核办法》《专业校内实训基地管理制度》《专业校外实习基地管理办法》等一系列规章制度及合作协议,以保证校企合作的顺利开展及人才培养质量的不断提高。

五、主要成果与体会

1. 专业建设稳步提高,国内领先

在南宁市焊接协会的积极参与和指导下,学院焊接技术与自动化专业的专业建设取得显著成效,在全国职业院校同类专业中处于领先地位。2001年焊接专业获教育部国家改革试点专业,2006年获自治区优质专业,2008年获教育部国家示范重点培育院校建设财政支持专业,2010年获教育部国家骨干建设院校建设中央财政重点建设专业,2010年获全国机械行业技能人才培养特色专业,2012年获自治区特色专业,2014年获自治区示范特色专业及实训基地项目建设专业。

2. 引入行业标准,创新人才培养模式和课程体系

在学院国家高职示范重点培育及骨干建设期间,由协会牵头,带动企业协助学院焊接技术与自动化专业开展人才需求调研,引入行业标准并将行业标准与职业资格标准融入专业核心课程,创建了"三方联动、工学交替"的人才培养模式和职业岗位能力与素质并重培养的课程体系,并由校行企三方联合研讨、论证,制定了焊接与自动化专业的人才培养方案,且全程参与人才培养过程以及质量监控和考核评价。

多年来,焊接专业校企合作共完成了《焊接生产管理》《焊接结构零件制造技术》《焊接结构装焊技术》《焊接自动化技术及应用》《数控切割技术及应用》5门专业核心课程的开发与教材建设,正式出版教材5本、校本教材1本。其中:《焊接生产管理》获国家精品课程及"十二五"规划教材(2013年出版);《焊接方法与工艺》获全国机械行业精品课程和自治区级精品课程;《焊接自动化技术及应用》为职业教育"十二五"规划配套教材(2015年3月出版);《焊接结构零件制造技术》与《焊接结构装焊技术》是基于典型焊接结构(压力容器)生产过程开发和编写的典型的一体化课程与教材,分别于2011年和2012年出版。图8、图9分别为校企合作开展专业核心课程建设研讨现场与所完成的特色教材。

图8 行业企业专家参与专业核心课程建设研讨

图9　校企合作完成专业核心课程特色教材编写

此外，协会组织企业"校企合作"完成了焊接专业的专业教学资源库建设，该资源库拥有大量的标准、视频以及技术文件等，资源丰富，实用性强。

3. 专业人才培养质量高，技能过硬，达国际水准

本专业在校生多次参加南宁市、广西区、全国和国际级的各类焊接大赛，与来自企业的众多高手同台献技并荣获各级各类奖项达36人次。其中，连续七届共18名专业在校生代表中国参加国际焊接技术大赛，多次荣获团体一、二、三等奖和个人第一、二、三名的优异成绩，人才培养质量获国际同行认可。图10为专业学生参加国际焊接技能大赛部分合影。

专业毕业生也以技术精、能力强、素质高、成为技术与管理骨干快，深受全国企业青睐，历年毕业生均供不应求。

图10　专业学生多次代表中国赴国外参加国际焊接技能大赛获奖

4. 创建双专业带头人引领，跨专业、跨校企教学团队，师资"双师素质"高，能力强

学院充分发挥协会在行业企业的影响力，引导企业参与专业团队建设，从协会会员中遴选1名资深专家作为焊接技术及自动化专业的兼职专业带头人，与校内专任专业带头人共同指导、引领专业的建设与发展，从协会中遴选了25名企业技术专家和能工巧匠纳入专业兼职教师资源库。创建了校企双专业带头人引领的以"行业专家+技术能手"为核心的跨专业、跨校企的专业教学团队，为专业人才培养提供保障。2008年专业教学团队获广西壮族自治区"优秀教学团队"，2012年该团队的建设荣获广西壮族自治区级教学成果一等奖。

通过跨专业、跨校企的科技创新团队建设，专业团队教师的教学、科研和实践能力得到快速提高。目前，团队教师中具备"双师素质"比例达96%。其中：广西教学名师1人、学院教学名师2人；2人具备高级工程师资格，4人具备工程师资格，4人具备焊接高级技师资格；1人获"广西突出贡献高级技师奖"、2人获"广西技能大奖"、4人获"广西技术能手"等称号。图11为专业教师获奖合影。

图11　专业教师"广西五一劳动奖章、技能大奖和技术能手"合影

5．合作共建校行企利益共同体，打造实训基地开放、共享的高端技术服务平台，专业社会服务能力不断提升，技术支持辐射东盟

专业根据教学、生产、技能培训与鉴定、新技术研发与推广、社会服务等综合功能的建设目标要求，依托协会，校行企共同开展校内实训基地软硬环境的建设，增添了一批国内外最先进的焊接与切割设备，引入企业"6S管理"和"精益生产"管理理念，完善基地设备的系统性和先进性，增强基地的管理水平，提升基地的综合服务能力，提高了专业人才培养和对外技术服务质量。依托南宁市焊接协会与中国焊接协会、广西焊接学会，并与北京嘉克新兴科技有限公司等企业合作，校、行、企共建"中国焊接协会机器人焊接（南宁）培训基地"等利益共同体，为专业建设、人才培养和行业企业发展等提供优质的技术支持，将校内实训基地建成功能综合、技术先进、对社会开放共享的高端技术服务平台。2009年被评为自治区级示范性实训基地，在国内同类院校中处于领先地位。

多年来，在校企合作理事分会的组织下，专业充分发挥自己的技术优势和龙头作用，带领专业群在区域内为企业开展焊接新技术和新工艺的应用研究与推广、技术攻关和解决生产技术难题，为职业院校开展对口帮扶等，推动企业技术进步，助力职业教育发展。同时，积极开展国内外同行交流，对越南等东盟国家开展合作办学、技术培训和技术服务等项目，将专业的技术优势和社会服务能力辐射向全国乃至东南亚地区。

多年里，专业共为企业开展新技术、新工艺推广以及技术攻关、解决生产技术难题等服务达60多项；为社会培训与鉴定焊接高技能人才10 000多人次；组织和承办市、区级各类焊接技能竞赛等活动20次；实施对口支援，帮扶兄弟院校建设12所；开展国内外同行交流18次；对越南等东盟国家合作办学、技术培训和技术服务等项目共6项。

图12为专业教师与企业合作研发的管板自动化焊接系统和焊缝激光跟踪系统。

图12　专业教师与企业合作研发的管板自动化焊接系统（左）和焊缝激光跟踪系统

6．创新人才培养，共同探索行业引领的现代学徒制人才培养模式

2015年，广西机电职业技术学院联合南宁市焊接协会组织区内企业、协会牵头共同申报了教育部职业教育现代学徒制试点项目——《探索以行业引领的"校企合作、工学交替"现代学徒制人才培养模式》，获教育部审批为全国首批现代学徒制试点单位。该试点工作的实施，可以更好地整合学校与企业的教育资源，提高企业参与职业教育的积极性与主动性，从而提高技术技能型人才培养质量。同时，也为探索我国职业教育现代学徒制的实施积累宝贵的实践经验。

六、发展展望

行业引领的"三方联动、协同育人"的职业教育模式，使广西机电职业技术学院焊接技术与自动化专业的人才培养切合职业教育的"五个对接"，人才培养质量高，毕业生深受社会欢迎。今后，学院和专业将继续深化与行业企业的合作，深化产学融合，积极开展行业引领的"三方联动、工学交替"现代学徒制人才培养，探索和总结职业教育人才培养的新途径、新模式，为推动我国职业教育的快速发展做出贡献。

创新校企双主体办学模式 实现产教深度融合

周哲民 史道敏 阳桂桃 万秋红

一、合作背景

1. 校企合作是高职院校特色发展的必由之路

校企合作是高职院校职业性特征的核心内涵与关键表征。随着产业升级和结构转型对高素质技能人才的迫切需求，构建校企双主体办学模式，整合校企资源，成为提高职业教育质量的关键，也是高职院校实现特色发展的必由之路。

2. 企业办学是学院创新校企合作的天然平台

主办企业湘电集团将学院作为集团的人才"血库"。在集团母公司的主导下，统筹规划集团内的校企合作计划和资源，在办学经费、设备、场地、师资等方面能提供全方位的支持，有利于解决院校生产性实训和师资力量不够等现实问题。

二、目标与思路

1. 目标

通过创新校企双主体办学模式，加强校企深度融合，力争将学院建设成为产教深度融合、人才培养模式先进、学生素质过硬、服务能力卓越，能推动和提升产业发展的省内领先、国内一流、具有一定国际影响的拥有服务产业集群发展的"三基地、三中心、三示范"的示范性高职学院的典范。

2. 思路

依托湘电，产教融合，以学院风电技术和电梯工程技术两个重点建设专业群的建设为抓手，以实施校企双主体办学模式为路径，加强与行业企业的深度合作，积极实践现代学徒制人才培养模式改革，努力提高人才培养质量和提升社会服务能力。

三、内容与特色

1. 创新校企双主体办学机制，实现了校企深度融合

针对"校企合作机制"难题，系统提出并实践了校企双主体"二级学院"的办学机制、形式、制度、目标和任务。校企双主体"二级学院"凸显了企业在人才培养的主体地位，是职业教育既满足教育属性又满足产业属性的成功范例。

2. 创新工学一体人才培养模式，做实了五个对接

基于"产教融合落实到工学一体人才培养模式改革的核心环节"的职业教育理念，扎实推进教育与产业、学校与企业、专业设置与职业岗位、课程内容与职业标准、教学过程与生产过程五个紧密对接，提供了促进教育与产业在办学理念、办学思路、专业改革、课程建设、基地建设、顶岗实习、教师培养、教学质量监控与保障体系等方面深度融合的解决方案。

3. 创新校企文化融合机制，实现了文化育人

开辟了产业文化融入职业院校的主渠道，把产业文化的精髓与学校的专业课程及实践环节进行深度融合，并最终落到学生的职业素质和职业价值观培养上，实现了教育教学过程与产业

发展相结合，人才培养和文化传承相结合，学生专业技能培养和职业素养养成相结合，打造了校企合作培养高素质技术技能人才的高职校园文化品牌。

4. 推动"八个共建项目"建设，发挥了校企共同体优势

校企双方推动"八个共建项目"（即"共建专业、共建教学团队、共建课程、共建实训基地、共同开展教学、共建数字化教学资源、共育校园文化、共同开发产品"），促进"校企一体"双向深度融合。

四、组织实施与运行管理

1. 与湘电股份公司电机事业部联手共建"湘电电机学院"

2012年5月4日，学院与湘电股份公司电机事业部联手共建"湘电电机学院"。电机学院作为校企合作体制机制创新和人才培养模式改革的实验区，成为推动企业发展的核心力量。

图1 "湘电电机学院"揭牌仪式

2. 组建"全国机械行业新能源技术装备产业职业教育集团"

2012年5月31日，由全国机械教育发展中心牵头，组建了湘电集团等6家大型新能源企业、湖南电气职业技术学院等6家高职和6家中职为核心的"全国机械行业新能源技术装备产业职教集团"，形成了"行业指导、企业参与、中高职协调"全国职教组织新模式。

图2 "全国新能源技术装备产业职教集团"揭牌仪式

3. 与湘电风能和湘电动能公司联合成立"湘电风能学院"

2013年4月17日，与湘电风能和湘电动能公司联合成立"湘电风能学院"。湘电风能学院实现校企共同建设专业，全面提升了培养紧贴市场需求的高素质风力发电设备制造与安装和风电场运行与维护专业人才能力。

图3 "湘电风能学院"揭牌仪式

4. 与海诺电梯有限公司共同建立"海诺电梯学院"

2013年11月28日，与海诺电梯公司本着"资源互用、优势互补、平等合作、利益共享"的原则，共同建设了校企一体海诺电梯学院。进一步充分发挥了学校、企业的教育资源与教育环境优势，为培养适应市场需求的高素质电梯制造和安装维护专业人才做出贡献。

图4 "海诺电梯学院"揭牌仪式

5. 与省特检院、海诺电梯共建电梯从业人员培训基地

2014年7月11日，学院与省特检院以及湖南海诺电梯有限公司共建电梯工程技术人才培养和培训基地，此次合作共建还包含了电梯质检员培训、电梯从业人员考证培训、电梯从业人员职业资格证培训、行业电梯检验检测人员培训、全国中南地区电梯检验员统一考试等重大项目。

图5 "校行企共建电梯从业人员培训基地"揭牌仪式

6. 携手奥的斯电梯公司共建OTIS电梯实训基地

2015年6月15日，学院与奥的斯电梯公司就校企共建OTIS电梯实训基地事宜进行洽谈并签订合作协议。根据"资源互用、优势互补、平等合作、利益共享"原则，共同构建集电梯技术技能人才培养、职业培训、特种设备操作培训与考证、电梯职业技能资格培训与考证多功能于一体的具有国内示范引领作用的电梯实训基地。

图6 "校企共建OTIS电梯实训基地"揭牌仪式　　图7 奥的斯电梯实训中心现场合影

五、主要成果与体会

（一）主要成果

1. 激发了企业参与合作育人的积极性

近三年，共开展订单培养1 500名学生，解决了企业高素质技术技能人才短缺问题，充分调

动了企业的积极性。湘电电机公司投入130万电机工艺设备用于电机工艺实训室建设；湖南海诺电梯公司支持学院建设电梯实训基地，共计投入电梯实训设备价值200余万元；湘电风能股份有限公司支持学院建设大型风机联调设备实训室，投入设备价值400余万元2兆瓦风机主机一台；奥的斯电梯管理（上海）有限公司将投放价值800万的电扶梯设备及各种零部件作为实训教学设备。

2．迸发了教育教学改革和应用技术成果

三个二级学院近3年主持和参与教研科研课题共68项，累计资金达1 200多万元，开展技术服务和培训累计18 000人次，获全国机械高等职业教育教学成果奖7项，湖南省高等教育省级教学成果奖7项，获省部级科技进步奖6项，获专利授权27项、计算机软件著作权2项；公开发表论文367篇；校企共同编写并出版了教材15本；编写校本特色教材、实训指导书84本。"凸显企业办学优势，实现校企深度融合"获得国家级教学成果二等奖和湖南省教学成果一等奖。

3．提升了毕业生职业素养和专业能力

学院被评为"湖南省高职高专招生就业先进单位"和湖南省毕业工作就业"一把手"工程优秀单位。学校毕业生就业率超过99%，企业满意率达到95%以上。近三年，学生参加各类技能竞赛获省级以上奖励55项，其中，国家级特等奖1项、一等奖2项、二等奖6项、三等奖2项，省级一等奖7项，二等奖16项。在2013年的全省技能抽考中，湖南电气职业技术学院电气自动化技术专业获得"优秀"。

4．大幅提升了社会服务能力和社会美誉度

组织开展了50期维修电工、工具钳工、电梯装配工、电机嵌线工、车工、铣工等31个职业工种的培训和鉴定工作，培训人数达1万余人。《中国青年报》以《校企文化立体融合提升学生职业素养——湖南电气职业技术学院校园文化建设巡礼》为题，专版报道了学院校园文化品牌建设和"校企融合，全程育人"的特色。2015年学院当选全国新能源装备技术类专业教指委主任委员单位。

（二）体会

1．创新机制，增强企业满足感是校企合作的驱动力

企业和院校只有找准彼此的利益需求，产生利益共振，才能校企"共舞"。创新校企合作体制机制，完善和优化合作模式、培养模式，形成"串联式"的合作共同体和联合培养模式，校企合作在业务教育、培训、服务等方面实现一体化，从而实现合作共赢。

2．加强学院内涵建设是激发企业参与合作的原动力

校企合作是产教跨界利益共同体，作为学校要加强内涵建设，切实提高技术技能人才培养质量，培养适销对路人才，为企业发展提供持久动力，从而把自身的吸引力和辐射力转化成企业参与合作的原动力。

3．发展混合所有制，增强双主体可持续发展能力

探索混合所有制改革，吸引企业以资本、技术、管理和设备等多种要素投入参与学校办学，明晰产权结构，清晰界定产权归属，使企业真正成为学校办学的利益主体和责任主体，才能有效激发学校的办学活力，实现产教深度融合

"双园融合" 校企合作模式案例选编

李爱萍　徐耀鸿　张　健　李　军

一、序言

校企合作是高职院校实施工学结合人才培养模式，全面提高人才培养质量，推动区域经济社会进步，实现和谐发展目标的重要途径，是高职教育科学发展的必然要求。湖北工业职业技术学院经过多年的探索与实践，形成了特色较为鲜明的"双园融合"校企合作办学模式。

"双园"是指校园和校内产业园。产业园占地200亩（1亩=666.7m²），用于引进以汽车零部件制造为主的先进制造类和现代服务类企业，搭建校企深度、全程、紧密、持久的合作平台。"双园融合"是指学院资源与企业资源配置及利用、教学与生产、校园文化与企业文化等方面高度融合，校企共建生产性实训基地，共育高素质技能型专门人才，共训教师和员工，共谋学生就业，共担人才培养责任，共研新技术、新产品、新工艺，共享优质资源和发展成果，形成真正意义的"厂中校"和"校中厂"。

目前，学院在产业园内已建成25 000m²生产性实训车间，校园区已建成10 000m²生产性实训用房。按照"技术含量高、发展前景好、企业实力强、与相关专业匹配度高"的原则，秉承"他方中心"理念，已引进6家企业的分公司及相应的生产线入驻，企业捐赠建设厂房15 000m²，捐赠设备总值1 200万元。与十堰市企业家协会合作共建的"十堰市企业家培训中心（基地）"、"十堰市产学研工程技术中心"，与十堰市旅游局合作共建的"十堰市旅游行业从业人员培训基地"已落户学院，与十堰市经济和信息化委员会、市电子信息行业共同组建的"十堰市电子信息工程中心"已在学院挂牌。随着"双园融合"校企合作模式的日趋成熟，校企合作体制机制的进一步健全，"政、校、行、企"和谐互动局面的逐步形成，合作质量的稳步提高，合作规模的日益扩大，我们有信心把学院建成特色鲜明的高素质高技能专门人才培养的骨干基地，成为合作办学、合作育人、合作就业、合作发展的典范。

学院在推进校企合作的进程中，积极争取政府、行业、企业的大力支持，初步形成了政、校、行、企和谐互动的良好局面，构建了较为坚实的校企合作平台。针对企业、专业的具体情况和特点，采取了多种合作方式：一是依托十堰市经济与信息化委员会、市企业家（协会）在学院建立的企业家培训中心（基地）和产学研工程技术中心，政、校联手服务行业企业和地方经济社会发展的"政、校、行、企和谐互动模式"；二是学院建厂房、购置设备，企业支付设备折旧费的"亨运模式"（汽车工程系与湖北亨运集团合作）；三是学院建厂房，企业购置设备的"星源模式"（机电工程系与十堰星源科技有限公司合作）；四是学院提供土地，企业建厂房、购置设备的"欧亿模式"（汽车工程系、机电工程系等与十堰欧亿实业有限公司合作）；五是艺术设计系、建筑工程系、旅游与涉外事务系等实施的"系企一体模式"。

二、四方联姻，和谐互动

湖北工业职院依托三个"中心"，实现政校行企和谐互动。实现"政、校、行、企"和谐互动，是实现校企深度合作的重要保障。学院在推进校企合作的进程中，积极争取政府、行业、企业的大力支持，依托十堰市经济与信息化委员会、市企业家（协会）在学院建立的十堰市企业家培训中心（基地）、十堰市产学研工程技术中心以及十堰市电子信息技术工程中心，初步形成了政、校、行、企和谐互动的良好局面，构建了较为坚实的校企合作平台，创造性地探索并实践了四方联手，服务合作企业和地方经济社会发展的"政、校、行、企和谐互动模式"。

（一）四方联姻——实现政校行企和谐互动的创造性举措

"政、校、行、企和谐互动模式"，是指在推进校企合作的进程中，学院依托地方政府、行业、企业（协会）成立具有多重身份或背景的技术研发、培训机构，形成坚实的校企合作平台，以此积极争取政府的各种倾斜性优惠政策（如入校企业税收减免、相关规费减免、企业贷款贴息等）、专项经费支持以及落实校企合作的相关制度等，并与行业企业共同寻求能实现服务地方经济社会发展、帮助企业技术进步的技术服务项目和社会培训内容，从而达到优化办学环境、提高校企合作质量，实现"政、校、行、企"和谐互动的合作办学模式。

1. 十堰市电子信息技术工程中心

2010年6月11日，由十堰市经济和信息化委员会授权的十堰市电子信息技术工程中心在学院正式揭牌（图1：十堰市人大常委会副主任陈冬芝与学院党委书记共同为中心揭牌）。该中心将联合政府、学校、协会和企业，通过优势互补、开展联合创新，推动产业发展，实现各方共赢。中心依托学院电子工程系和十堰市电子信息协会，依靠企业家参与，共同组成理事会运营管理，逐步实现科教兼顾、产业研究、科技服务、开发创新、技术咨询、业务培训一条龙服务。探索出一条科技化、产业化、市场化的发展之路，将该中心打造成产业化应用开发的公共创新服务平台。

图1　十堰市人大常委会副主任陈冬芝与学院党委书记共同为中心揭牌

2. 十堰市企业家培训中心（基地）、十堰市产学研工程技术中心

2010年7月30日，十堰市企业家培训中心（基地）、十堰市产学研工程技术中心（图2）同时在学院挂牌成立。十堰市经济与信息化委员会副主任杨少俊担任这两个中心的主任，市企业家协会副秘书长、市电子信息协会会长、市电子科学研究所所长苏平与学院校企合作办公室主任田平分别担任副主任。两个中心由学院提供办公场所，十堰市经济与信息化委员会提供办公设备。十堰市企业家聚集了十堰市95%以上的中小企业家和部分地方大型企业。以此为背景成立两个"中心"，为以后学院开展校企合作奠定了坚实的基础，打通了合作渠道。

图2　十堰市产学研工程技术中心

（二）探索与实施过程

通过"政、校、行、企"和谐互动，逐步促进学院与市内科技界、产业界、企业界进一步实现资源共享、优势互补和技术创新，从人才培养、人力资源配置、新技术推广应用、产品研发、产业孵化以及市场培育等方面形成"链条式"发展模式，推动地方经济社会和谐发展，为

十堰市构建区域型中心城市做出积极贡献。

（1）2010年6月12日，中国汽车工程学会汽车电子技术分会主任、十堰市政府信息产业发展顾问、原东风汽车工程研究院副院长陈光前教授，应学院邀请，在学术报告厅做了题为《汽车电子技术发展及应用》的学术报告（图3）。时任院长魏文芳向陈光前教授颁发了客座教授的聘书。

（2）2010年10月14日，十堰市企业联合会十堰市企业家协会副秘书长、十堰市电子信息协会会长、十堰市电子科学研究所所长、高级工程师苏平做了《教育与产业共舞 高校与企业齐飞》专题报告（图4）。

苏所长结合多年的科技工作和在学院的教学工作，以十堰市产业为背景，生动地讲解了高校实现产学研结合的意义及措施。他引导教师如何融入企业、研究市场、研究需求；将教学与产业结合起来，学会利用市场搞教学与科研，运作项目，实现校企携手、优势互补、共创双赢。

图3　学术报告　　　　　　　　　　　　图4　专题报告

陈光前：我国著名汽车电子专家、东风汽车研究院前副院长、十堰市政府信息产业发展顾问、中国汽车工程学会汽车电子技术分会主任、国家工业和信息化部汽车计算平台专家、国务院政府特殊津贴专家，对国家汽车电子产业的发展贡献突出。近20年来，多项科研成果荣获国家汽车工业科技进步奖和国家科技进步奖。

苏平：十堰市"十二五"信息产业及信息化规划咨询专家、课题组成员；湖北省政府、十堰市政府电子设备和信息工程评标专家，湖北省科技创新领军人物；学院聘任的"车城技能名师"。

（3）2010年10月27日，由十堰市经济和信息化委员会、市企业联合会企业家协会、十堰职业技术学院主办，市中小企业服务中心、市企业家培训中心、市产学研工程技术中心承办的，以"促进工业经济发展，帮助企业积极开展项目开发、项目规划、项目立项、项目包装和项目申报"为主题的工业企业项目申报专题培训会在学院学术报告厅举行。十堰市各县市区经信局、各县（市、区）工业企业、十堰市企业联合会企业家协会会员单位相关负责人参加了培训（图5）。

图5　十堰市工业企业项目申报
专题培训会

（三）实施效果

（1）积极争取到各种有利于学院发展及校企合作的倾斜性优惠政策和专项扶持资金，落实各项制度。如2010年7月，国家启动骨干高职院校立项申报工作后，省政府决定将本建设项目纳入全省"十二五"经济社会发展规划；拟成立专门组织，加强对国家骨干高职院校项目建设的管理，严格督查，认真实施；将逐年提高项目建设单位的生均经费标准，并保证足额到位；优先安排项目建设单位开展单独招生考试试点；进一步完善相关制度，落实兼职教师教学补贴、实训耗损补贴、顶岗实习工伤保险补贴以及学生顶岗实习待遇和补助等制度。作为学院的举办方，十堰市人民政府对学院建设国家骨干高职院校项目也给予了诸多的鼓励和支持，如承诺：继续把十堰职院作为全市职业教育的龙头加以建设；支持学院根据地方产业结构调整升级优化专业结构，建设期间投入1 200万元专项资金保证足额到位；制订鼓励政策，支持地方企业参与学院的人才培养工作，开展校企合作，优化办学环境。

（2）拓展了合作企业的发展空间。通过"政、校、行、企"和谐互动的平台，学院找到了能够真正帮助企业实现技术进步的研发项目，提高了企业的可持续发展能力；通过制度化、经常化的企业员工"入校培训"，解决企业人才"瓶颈"，提高了员工的整体素质；通过四方联姻，也帮助企业进一步拓宽市场和生存空间。

（3）帮助政府建立完整的产业链。通过"政—校—行—企"的链条式联动效应，积极促进学院与市内科技界、产业界、企业界进一步实现资源共享，优势互补，技术创新。地方政府通过行业、企业、学院在人才培养、人力资源配置、新技术推广应用、产品研发、产业孵化以及市场培育等方面的支持，初步形成了"链条式"发展模式，从而为其做大优势产业、做强品牌产业提供了从上游到下游的完整产业链。

三、依托优势产业，办好强势专业

（一）强劲雄厚的产业背景——"车城"十堰的区位和行业优势

十堰因车而建，因车而兴，是世界三大载货汽车生产基地之一，是东风汽车公司的"诞生地"和商用车生产基地，是我国重要的汽车工业城市。目前已有汽车整车和汽车零部件生产企业500余家，已形成完整的汽车产业链，年产值逾千亿元。汽车及零配件生产是十堰地方经济的支柱产业，目前汽车及相关产业的产值占全市国民生产总值的70%以上。十堰还是全国最大的汽车零配件集散中心和全国唯一的关键零部件产业基地。其中，中国（十堰）汽配城是全国唯一一家以"中国"命名的汽配销售市场。在《十堰市经济社会发展战略纲要》中，市委、市政府把汽车产业作为地方经济的主导产业。

作为我国重要的汽车产业基地和国内最大汽车走廊——"上海南京武汉重庆等长江流域汽车走廊"的核心地带，十堰市对汽车检测与维修技术等专业人才需求尤其旺盛。汽车工程系充分依托区域性的产业优势，与以湖北亨运集团为主的大中型企业开展校企合作，取得了累累硕果。

（二）企业介绍

湖北省亨运集团有限责任公司是十堰地区具有强劲发展态势的交通系统龙头企业，公司已成为客货运输，汽车维修，试验试制改装，汽车配件及汽车销售，技术服务，产品加工，出租车业务，驾驶培训，食宿旅游服务，建筑安装，小商品零售批发，房地产开发综合性企业集团（图6）。拥有鄂西北地区最大的长途客运中心站和物流中心站，有十堰一流的一级驾驶员培训学校、东风神龙汽车A级技术服务维修中心、国家认可"炎龙"牌汽车改装目录等。

图6　湖北亨运集团有限公司高速客运中心

（三）合作方式

（1）学院提供科技产业园土地10余亩，并建厂房、购置设备。

（2）企业支付设备折旧费，承担实训实习等教学任务，并支付学生相应的劳动报酬，对于考核优秀的学生毕业后直接留用。

（3）系企管理层实现人员互聘，交叉任职。

（4）校企合作开发课程、教材，共同开展应用技术研究。

（5）合作期满，企业投资的所有设备归学院所有（图7）。

2009年7月31日，学院与亨运集团汽车销售服务有限公司、汽车驾校有限责任公司签署了两份校企合作协议。

图7　学院与十堰亨运集团签订校企合作协议

图8为2009年12月28日，"亨运集团十堰职院汽车维修中心"在产业园中央财政支持的实训基地——汽车维修实训基地落户。

校企双方将在技术研发、人员培训、技术服务、课程开发、实习实训等方面开展深度合作，实现管理层交叉任职、人员互聘（图9、图10）；使该实训基地成为集专业教学、社会服务、生产经营和职业资格鉴定四位一体的综合实训基地；使汽车检测与维修技

图8　汽车维修实训基地落户

术专业的生产性实训比例达到90%以上，每年能够为周边地区职业院校培训教师15人次以上，为行业企业培训各类人员人次达到本专业在校生人数的2倍以上，进行职业技能鉴定1 200人次以上，每年完成企业技术服务与技术攻关项目4项，为合作企业创造的经济价值不低于300万元，技术服务年收入不低于30万元。

图9　亨运集团董事长张建忠向汽车系主任叶波颁发公司副经理聘书

图10　魏文芳院长向亨运集团王勇经理颁发汽车系副主任聘书

（四）具体做法

（1）充分依托十堰市汽车产业，以校内产业园的区位、政策和人才优势，加强与企业的沟通与联系，搭建深度、全程、紧密、持久的合作平台。在资源配置与利用、教学与生产、校园文化与企业文化等方面高度融合，使企业与专业相互渗透、相互依托、融为一体，形成校企共

建生产性实训基地，共育高素质技能型专门人才，共研新技术、新产品、新工艺，共享优质资源和发展成果，共担人才培养责任，共谋学生就业的紧密型合作办学长效机制。

（2）拓展校企合作平台的规模和强化校企合作平台的功能。企业专家、能工巧匠、技术人员等全过程、全方位参与专业人才培养目标、规格和课程内容确定，人才培养方案、专业教学标准的制定，课程、实训基地、师资队伍建设以及质量保障与监控和人才质量评价。

（3）进一步深化系内人事制度改革，形成互为开放的用人机制。系企双方实现交叉任职，并广泛吸收企业人员到系担任兼职教师和兼职管理人员，参与人才培养与评价的全过程。落实专业专任教师下企业锻炼制度，要求每一名教师联系1名以上企业的专业兼职教师，共同承担专业课程建设、实训基地建设、人才培养方案的修订、技术服务、员工培训等专业建设工作。引导和激励教师主动为企业和社会服务，开展技术研发，促进科技成果转化，实现互利共赢。

（五）合作效果

（1）企业入驻产业园，基本上满足了汽车工程系开展实习实训教学工作的需要。

通过"融入式"校企合作，拓展了"教学合作、管理参与、文化融入、就业订单"的合作模式，扩大融入式合作培养的规模；通过建立一个开放的、系统的、可持续发展的管理平台，形成了校企合作、工学结合的长效机制。目前基本解决了汽车工程系学生认知实习、生产实习、顶岗实习和毕业实习的需要，学生半年顶岗实训比例达到60%以上。

（2）学生与企业零距离接触，培养了学生的职业素养。

学生通过企业真实的生产环境，了解企业的大概运作过程、企业的技术水平、生产流程、岗位的技术要求和职业素质要求，感受到了独特的企业文化。学生在实习实训过程中既是学校的学生，也是企业的员工，这种双重身份要求其既要遵守学校的规章制度，又要以企业员工的标准要求自己，做一个合格的"职业人"。

（3）帮助企业解决了人力资源短缺和技术力量薄弱的问题。

学生在亨运集团实习实训期间，企业严格按照员工的标准进行教育和管理，并发放一定的劳动报酬，对于考核优秀的学生，毕业后直接留在企业工作，成为企业的正式员工。同时，企业充分利用学校的技术优势，校企合作共同进行技术革新、项目改进、技术攻关等，帮助亨运集团解决了技术力量薄弱的问题。

（4）校企合作取得了上级行政部门的认可。

2012年，湖北省教育厅启动了"高校省级实习实训基地"建设工作，湖北工业职业技术学院与湖北亨运集团合作育人，推动实践教学改革与创新，促进优质实践教学资源整合，优化与共享的模式与做法得到了省厅的高度认可，被誉为"湖北高校省级实习实训基地"。

四、在合作中实现学校、企业、学生的"三方共赢"

（一）模具产业的沃土——校企合作的区域和行业背景

作为全国汽车产业化程度最高、产业集群优势最为明显的地区，十堰市汽车产业的强劲发展和汽车产业技术的提升极大带动了十堰模具企业的快速发展。目前十堰拥有大、中、小型模具企业100余家，从业人员3 000余人，2007年产值约6.8亿元人民币，并以每年增加1亿元以上的速度递增。十堰模具企业聚集程度较高，汽车冲压模具已成为国内公认的四大聚集地之一，模具年销售收入、质量水平和拥有大型数控铣床的台数都在中西部中等以上城市中居首位。

其中，东风模具和先锋模具已进入国内模具十强企业，在业内享有良好声誉。《十堰市"十一五"科技发展纲要》将"提升模具工业及装备制造业科技创新水平，进一步提升汽车覆盖件模具、精密冲压模具、精密塑料模具等模具的研究和生产水平，建成国内有重要影响的模具研发基地"作为科技发展的重要任务之一，并在《十堰市工业企业投资导向目录》中，将"大型、精密模具及汽车模具设计与制造"和"非金属制品模具设计、加工制造"列为鼓励投资、发展的项目。正是在这样的产业政策导向下，十堰模具产业发展势头强劲，环境、装备、人才及产业基础均优于湖北其他地区。十堰模具工业已经进入快速发展的机遇期。

随着十堰汽车工业的快速发展，模具的需求量日益增大，对模具人才的需求也日益旺盛。同时模具企业对掌握计算机辅助设计、虚拟加工、装配和试模，并能熟练利用数控加工及计算机辅助制造新技术的高技能人才需求越来越大，为机电工程系开展校企合作提供了可行的战略依据。

（二）十堰星源科技有限公司——校企合作的肇始

十堰星源科技有限公司是一家总资产达4 000多万元的中型汽车零部件生产企业。公司主要从事汽车零部件的设计、制造及营销业务，公司现有模具设计与制造、冲压、机加工、焊接组装、涂装5条生产线，产品品种230多种，具有年产6万辆（份）各类自卸汽车液压油箱和15万辆（份）底盘、发动机类汽车零部件的生产能力。

（三）合作方式

（1）学院提供科技产业园厂房11 000m²。

（2）企业购置设备、支付设备折旧费，承担实训实习等教学任务，并支付学生相应的劳动报酬，对于考核优秀的学生毕业后直接留用。

（3）系企管理层实现人员互聘，交叉任职。

（4）校企合作开发课程、教材，共同开展应用技术研究。

（5）合作期满，企业投入的所有设备归学院所有。

（四）合作过程

2008年7月10日下午，院长魏文芳与该公司董事长谢平签订校企合作协议书（图11）。

2010年4月19日上午，学院首个生产性实训基地——星源（十堰）悬架有限公司正式揭牌。这标志着学院与十堰星源科技有限公司共建的首个校内生产性现代制造技术实训基地正式投入使用。企业双方管理层实现了人员互聘。（图12）

图11　校企合作协议签订　　　　　图12　魏文芳院长为星源公司
副总经理颁发机电工程系副主任聘书

建在学院实训中心内的星源（十堰）悬架有限公司，由学院提供场地和技术支持，星源公司按照学生实训基地和企业产品研发生产的标准投资建设，主要从事悬架的研发和生产，可为学院机电类专业学生提供真实的工作环境，让学生在实训的过程中就能生产出真实的产品，提高学生实训教学环节的学习效果。

（五）合作效果——实现了学校、企业、学生的"三赢"战略

通过校企合作，探索和实施了"职业活动导向的技能三段式人才培养模式"，不仅对学生的成才、教师教育教学水平的提高、教学模式的改革等有着长远的作用，而且能够给企业带来多方面实实在在的好处。真正实现了学校、企业、学生的"三赢"战略，获得了社会和学生家长的一致好评。

"职业活动导向技能三段式"人才培养模式（图13）是以模具设计与制造专业岗位职业活动为导向，通过对模具设计与制造职业岗位能力分析，确定人才培养目标、知识、技能和素质要求，将这些知识、技能和素质要求分析归纳为基本技能、专业技能和综合技能三个技能层次。第1～2学期，以校内各种教学资源为依托，进行基本知识学习、基本技能训练、基本素质培养。在第一学年暑期，安排学生到企业进行第一次顶岗实习，目的是让学生熟悉企业、了解市场，认识技术、技能的重要性，找准自己将来的定位，激发学习热情。第3～4学期，以校内各实训中心为依托，进行专业知识学习、专业技能训练、专业素质培养。第5学期，以校内生产性实训基地为依托，为学生提供第二次顶岗实习训练，使学生初步具备职业岗位综合能力。第6学期，以校外深度合作企业为依托，安排学生第三次顶岗实习，进行学生综合职业能力的进一步训练和培养。从学生入学到毕业，经过三个时段的培养分别达到三个技能平台所要求的技能，并以不同层次技能等级标准进行考核。整个培养过程以学生综合职业能力形成为主线与企业全程合作，工学交替进行，实现与职业岗位的无缝对接。

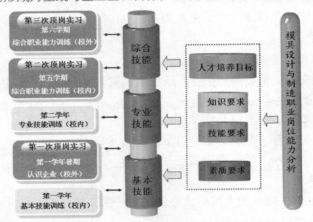

图13 "职业活动导向技能三段式"人才培养模式培养流程图

（1）学校与企业的"双赢"——引企入校的办学模式，提升了学校的办学实力，也使企业拓展了发展的空间。

企业直接入驻学院的科技创业园，使得企业与学校"零距离"对接。一方面，企业资金的进入，盘活了校园资产，开辟了新的办学资金来源，提升了学校的办学实力和办学水平。另一方面，企业入驻科技创业园，也拓展了生存的空间。十堰星源科技有限公司本是一家地处偏远县城的模具企业，交通不便，在入驻学院科技创业园以后，企业生存空间实现了从县到地级市的跨越，毗邻市行政中心，获得了很多便利的条件。同时，也解决了长期以来困扰企业的技术问题，学校专家和企业专家共同开发和立项技术服务项目，从而使企业直接从学院获得了技术扶持。

教室与车间的零距离对接，一方面便利了教师进企业锻炼的途径，增加了教师的"双师"经历和素养；另一方面，企业直接利用学校的优势人才资源开展技术革新培训和员工培训，缩短了人力资源的培训时间，降低了培训成本，提升了技术革新的周期，提高了利润空间。

（2）企业与学生的"双赢"——学生与企业"零距离"的对接，既培养了学生的职业素养，也直接缩短了为企业创造了利润的周期。

学校根据企业、行业对人才的要求和岗位技能的特征来培养人才、开设课程，进行现场教学，使学生在真实的生产环境中了解企业的运作方式，感受独特的企业文化，在生产实践的过程中增长知识，提高动手操作能力，明确学习目的，从而使学习的针对性、时效性大大提高。企业将学生以"员工"标准进行管理和教育的方式，也使学生毕业后能够直接胜任所在的工作岗位，缩短乃至取消了大学生在刚进入企业的"适应期"，直接就能够为企业创造利润。

产教融合 建产学研平台
助推装备制造产业转型升级

李登万

一、校企合作背景

四川工程职业技术学院地处中国"重大技术装备制造业基地"——四川德阳，是1959年国家与中国二重、东方电机等重装企业一起布点建设的学校，50多年来，与重装企业风雨同行、唇齿相依。学校2006年被评为国家首批示范性高职高专建设院校，并先后荣获国家技能人才培育突出贡献奖、全国五一劳动奖状、全国普通高校毕业生就业工作50强等荣誉称号。近年来，由于政府职能转变，行业引领职业教育的功能逐渐削弱，行业协会、企业、科研机构对职业教育参与的积极性不高，高职办学与产业发展逐渐远离，造成了人才培养与企业需求"脱节"。目前存在的问题主要有：一是人才培养与产业发展的实际吻合度不高。包括学科专业设置与产业发展脱节、人才培养过程缺乏行业企业的直接参与、毕业生就业率和就业质量不高。二是政产学研用一体化缺乏机制保证。包括学校没有形成资源汇集的产学研平台，政府、行业、企业和学校没有形成"育人"合力。

二、目标与思路

近年来，学校始终坚持"装备制造业产业结构调整到哪里，学校办学就跟进到哪里；装备制造业需要什么样的技能人才，我们就提供什么样的人才支撑"理念，围绕区域经济建设和产业转型升级需要，按照"政府统筹、行业引领、学校搭台、多方参与"原则，整合设在学校的省市级技术服务中心、行业技术中心、小微企业孵化器、企业研试中心等公共技术服务平台，大力推进产学研建设，形成人才培养、技术服务、科技创新和大学生创新创业等的协同服务体系，创新直接服务区域经济建设和产业转型升级的体制机制和人才培养模式。

三、内容与特色

1. 开放办学，融入产业，成为重装企业战略合作伙伴

近年来，省经济和信息化委员会组织所属学校与100家大型企业、10个重点产业园建立对接；省发展与改革委员会组织、学院牵头，联合行业协会、装备制造企业、职业院校、科研院所，组建"四川装备制造业产教联盟"。引入行业技术标准，校企联合制订人才培养方案，建立"快速反应、同步跟进、动态调整"的创新机制。

2006年，中国二重研制世界最大的800MN大型航空模锻压力机，学院和中国二重及时开设了模锻专业，按照"厂中校"模式实施培养，该专业毕业生成了大型模锻压力机试运行的首批操作者，实现了"项目建成，人才到位"。2008年，东方汽轮机厂产品结构发生重大调整，急需焊接高技能人才，学校主动跟进，通过"校中厂"模式，引入欧洲焊工标准，连续两届联合培养了142名毕业生，全部进入核电设备生产的关键岗位。

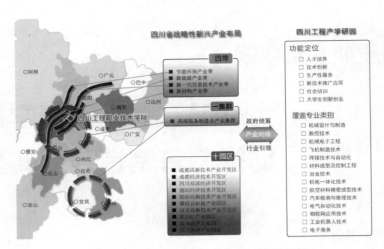

图1　建产学研园，实施产业对接的框架

2．省市共建，创新改革，推动政产学研用一体化

2006年，学院由省经信委和德阳市实行"省市共建"，使学院直接服务"重装产业"的渠道更加畅通。"十二五"期间，学院按照"体制创新、省市共建、产业对接、校企合作"原则，规划497亩（1亩=666.7m²）地，投入8亿元，与行业、企业共建"四川工程产学研园"。整合行业技术创新中心、企业研试中心、区域技术服务中心等资源，协同实施高技能人才培养、科技成果转化、新技术推广应用和创新创业等，形成直接服务产业发展的创新体系。

（1）产教融合，与中航集团共建航空材料检验检测中心。该中心是中航集团在四川省的6个军民融合工程项目之一。领军团队由我国著名材料时效分析专家陶春虎、800MN模锻压力机总设计师陈晓慈和学校材料学科带头人组成。联合中国二重、东方汽轮机股份公司、中国工程物理研究院九院、420、624等企业科研院所，开展航空金属材料的检验检测技术研究，承接航空材料检验检测专业人员培训与西南地区检验检测服务。

图2　中国航空学会、中国航空工业集团公司检测及焊接人员资格认证管理中心、北京材料分析测试服务联盟的三个"培训基地"分别落户学院航空材料检验检测中心

（2）国际合作，与德国KUKA共建"四川省工业机器人应用创新中心"。该中心是由省政府推动，省经信委和德阳市政府共同支持，学院承办的项目，针对四川省工业机器人应用需要，通过国际合作，开展高端技术技能人才培养、机器人应用研发，引领推动德阳国家高端装备智能制造示范基地建设。

图3　学院与德国KUKA公司、成都环龙公司共建"四川省工业机器人应用创新中心"

（3）政产学研用融合，建德阳中科先进制造创新育成中心。该中心是由中科院成都分院、德阳市政府和学校三方共建。开展共性技术研发、科技成果转化、高端人才培养等工作，为德阳装备制造产业转型升级提供人才和技术支撑。目前先进制造数字化设计中心、产业技术创新信息中心、德阳装备制造业"云制造"服务平台、微波能中试基地等先后入驻。

（4）融入产业技术创新体系，建"省级工程实验室"。由省发改委批准，学院在省经信委、德阳市政府的支持下，联合装备制造大企业、大集团，投入6 000万元，共建"装备制造机器人应用技术、高温合金切削工艺技术、航空材料检测与模锻工艺技术"三个"省级工程实验室"，在这三个领域开展基础性、共性技术研究，开展技术创新服务等。

3. 创新模式，立德树人，弘扬"大国工匠"精神

2002年，学院与中国二重、东汽等联合开展的"制造类高职人才培养的新模式"探索和实践，通过"校中厂"，把企业引入校园、产品引入实训、工程师引入课堂；通过"厂中校"，让教师进入车间、学生进入工段、教学进入现场，用原汁原味的技术技能，提升学生的实践技能、职业素养，将工学结合、知行合一落到实处。同时，注重基础理论知识和实践技能的全面培养，推行"双证书制度"、实施延伸培训。该成果荣获"第六届高等教育国家级教学成果一等奖。

图4　企业工程技术人员在为学生进行实训教学

2011年起，学院创新班级导师制度，在辅导员、班主任基础之上，为每个班级配备一名班级导师，由学院领导、中层干部、教授担任，树立报国理想、规划人生目标、改进学习方法、指导就业创业，做学生健康成长的引路人。在学生顶岗实习期间，与企业基层党组织建立"双汇报、

图5　"大国工匠"高凤林大师在进行焊接专业实训教学

双考察"制度，开展思想政治教育，先后与16家企业共同培养新党员329人。

通过产学研园，汇聚和整合行业优秀人才资源，建立了600余人的兼职教师库，学校聘请"大国工匠"、高技能人才楷模高凤林，中国二重副总工程师、800MN航空模锻压力机总设计师陈晓慈，中航工业北京航空材料研究院副总工程师、中航集团材料失效分析首席专家陶春虎、旅美人工智能专家师克力博士等大师、专家，直接参与专业建设和教学实施，用精益求精、脚踏实地、吃苦耐劳的大国工匠精神培养塑造学生。

1996年机械制造专业毕业的刘尚明，现就职解放军5719厂，先后荣获全国技术能手、成都市技能大师、空军装备部优秀共产党员。2004年，东方电机在研制三峡电站500t"巨无霸"转轮时，组建的40人"焊接技术攻关队"中，包括队长在内的29人都是学院的毕业生，攻关队队长鄢志勇已成为东方电机副总经理。

四、组织实施与运行管理

针对政府、行业、企业、科研院所投入主体不同，而带来的资产所有制、绩效考核、业务管理等不同的问题，创新混合所有制的股份制运行机制和模式，形成"政府统筹、行业引领、学校搭台、多方参与"的高职产学研园建设的创新格局。按照"建好一个平台，引入一批项目，

锻炼一支队伍"的思路，建立教师在产、学、研岗位上的轮训制度，改革科研和技术服务管理办法，调整薪酬分配制度，充分调动教师从事产学研的积极性。积极开展校企联合的技术研究项目攻关、纵横向项目引进，开展面向行业企业的新材料、新工艺、新技术的研究和成果转化孵化等，大力提升教师科研技术和工程实践能力。学院成立由院党委书记、院长任组长，分管产学研、基本建设，教学的相关副院长任副组长，产学办、教务处基建办和相关系部主要负责成员的建设，产教融合工作领导小组全面负责建设事宜，全面加强项目建设的全面管理和有序推进。

五、主要成果与体会

1. 学生的专业能力和综合素质明显提升

目前学院开设的专业覆盖四川省"十三五"重点产业的在校生规模占学院招生总规模的83.5%，产学合作企业总数达到259个，校企合作专业覆盖率达到100%。2013年起，联合东方电气集团、西华大学开展了高端技术技能型本科人才培养改革试点。随着产学研一体化模式的全面推广，人才培养质量持续提高，学生在各类技能大赛中屡获大奖，毕业生100%获双证，受到用人单位普遍好评，总体就业率持续保持在98%以上。2014届毕业生主要的行业流向为工业成套设备制造业，发动机、涡轮机与动力传输设备制造业，电气设备制造业，汽车保养与维修业等行业。近三年，学院向高端装备制造骨干企业输送毕业生4 884名，占制造类毕业生总数的67.2%；向航天、航空、核工业等国防军工企业输送毕业生1 716名，占制造类毕业生总数的23.6%。

2. 助推装备制造业转型升级能力明显增强

学院依托产学研平台，围绕装备制造业转型升级，校企合作、积极开展技术创新和技术服务。"汽轮机菌形叶根四轴联动加工技术研究及应用"获得省级科技进步二等奖、"T320落地镗床研究开发"获得省级科技进步三等奖。在技术创新与服务上，依托中科德阳先进制造创新育成中心、四川省装备制造业产业集群技术创新中心等技术服务平台，积极承接企业工艺技术研究、产品试验试制、技术改造、机电产品几何量及表面质量检测等技术服务；积极承接行业发展规划的编制、科技成果的转化、高新企业孵化、创新创业服务等。近两年，参与了某发动机叶轮、深海钻头、高速导轨和某型无人机整流罩、向家坝电站发电机组罩壳等20余项关键零部件试验试制和工艺设计，与华远焊割设备、德阳乐业电站设备、振邦机械等合作完成了切割机数控系统、汽轮机载荷分布检测系统、纸机流浆箱和互联网智能生活服务终端机等30余项新产品的研发、设计等，完成科技服务239项、获得国家授权专利249项，获得省级科技进步奖2项，市级科技进步奖6项，在提升区域创新能力，助推产业转型升级上发挥了重要作用。

3. 建产教联盟，促进中高职衔接的人才培养贯通体系建设

为了推进中高职衔接，系统培养技术技能人才，在省发改委、教育厅、省经信委等的指导下，由学院牵头，联合成都市工业职业技术学校、四川机电高级技工学校、德阳安装技师学院、德阳市黄许职业中专学校、九州高级技工学校、宜宾市职业技术学校、泸州市职业技术学校、广元利州中等专业学校等8所办学水平高且有装备制造相关专业的中职高职院校，东方电气集团等10家装备制造大企业集团，中科院成都分院等3家科研院所，以及四川省机械工业联合会等4家行业协会和学会，组建四川装备制造业产教联盟。推进联盟内中等和高等职业教育在培养目标、专业布局、课程体系、教学过程等方面全面衔接，系统构建从短期培训、中等职教、专科层次高职和本科层次高职相互衔接贯通的培养体系，促进人才成长"立交桥"建设。

校企协同"双主体",创新人才培养机制,促建共赢

潘晶莹 杨思俊 汪宏武

本文主要介绍校企合作"双主体"模式育人机制,详述了人才培养机制的创新、校企文化的融合、学生能力的培养、专业建设、师资队伍建设、企业标准的引入及学生就业等,内容翔实,观点新颖。

一、校企合作背景

校企合作是以市场和社会需求为导向,学校和企业双方共同参与人才培养过程的教育模式。国务院总理李克强2月26日主持召开国务院常务会议,部署加快发展现代职业教育,审议通过《事业单位人事管理条例(草案)》。2014年度职业教育与成人教育工作会议3月25日在京召开,教育部副部长鲁昕对加快构建以就业为导向的现代职业教育体系进行新的工作部署。切实开展校企合作,建立校企间良好有效的合作机制,是高职教育发展的必然趋势,是高技能人才培养的必由之路。

二、目标与思路

学院根据现代职业教育体系发展要求和高等职业教育创新发展计划,积极开展校企合作,电子工程学院响应国家和学校号召,以摄影测量与遥感技术专业为基础,积极与企业洽谈,2013年与陕西国一四维航测遥感有限公司开展校企合作,在人才培养模式创新、校企文化的融合、学生能力培养、专业建设、师资队伍建设、企业标准与课程标准融合及学生就业等方面进行了合作与开发,走在了高职院校的前列,经过三年合作,已经取得了非常好的效果,创新性的构建了校企协同"双主体"育人机制,已在电子信息工程技术、太阳能光热技术与应用等专业推广。现在和未来,学院将与企业在人才培养、专业建设、企业项目引入、学徒制及混合所有

图1 学校王宏斌副院长及电子工程学院汪宏武院长、夏卫东书记到陕西测绘地理信息局调研

制办学等方面开展深度合作,真正做到以企业标准培养人才,为企业输送源源不断的高技能创新人才,使学院的校企合作案例成为高等职业教育的典范,供兄弟院校学习和借鉴。

三、内容与特色

近年来,学院提升办学思路,改革教育理念,大力加强教育教学改革,特别是在工学结合、校企合作方面加大了建设力度,在校企合作、专业建设、课程改革、顶岗实习、人才培养、社会服务等方面不断创新发展,学院的办学更贴近市场,人才培养质量稳步提高,为企业解决技术难题并输送优秀人才,又促进了学生的就业,实现了学校、企业及学生的三方共赢。

四、组织实施与运行管理

（一）引企入校，搭建"协同"育人平台

2012年10月，学院王宏斌副院长、电子工程学院汪宏武院长、夏卫东书记等赴陕西国一四维航测遥感有限公司、陕西测绘地理信息局等企业进行调研，2013年5月，学校与陕西国一四维航测遥感有限公司（简称"国一四维"）正式签订合作协议，启动航空摄影测量与遥感技术"订单班"。

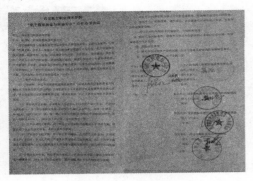

图2　校企合作协议

图3　陕西省测绘地理信息局生产实训基地文件

随后，国一四维将生产设备搬进学院，协作建成"陕西省测绘地理信息局生产实训基地"，建筑面积500m²，有34台数字摄影测量工作站、16台编辑工作站及相关仪器设备，可容纳80位学生同时实训，可完成4D产品的采编及制作，能满足学生生产实习及测绘地理信息从业人员职前生产实训。并于2013年9月17日正式挂牌，共同搭建育人平台，作为企业从业人员生产基地和学生实习实训基地，为"订单班"学生提供优越实习环境。由企业选派技术人员对学生提供技能培训、实习指导和支付劳动报酬。

图4　在学院建成的陕西测绘地理信息从业人员岗前生产实训基地

在合作过程中企业看中的是学院优质的人才资源，学院看中的是直接参与企业生产设计的真实的教学平台和实训、顶岗实习环境，学生在老师的指导下，经过真实的生产设计训练，能真正做到从学院到岗位的零距离对接。

学生的实训地点就是企业的生产车间，实训的课题就是企业的生产任务，采用的技术是企业最前沿的生产技术，企业的技术人员就是学生的实训指导教师，实现了教学与企业生产的零距离对接。

（二）校企联动，构建"双主体"育人机制

根据现代职业教育体系要求和职业教育理念要求，学院与企业相互联动，协同互助，作为人才培养的"双主体"，构建育人机制，试点现代学徒制培养模式，共同培养技术技能人才，学院与企业统筹兼顾，各有分工，具体如下：

全国机械行业职业教育校企合作典型案例与优秀论文集

1. 学院制订"符合企业人才规格"的人才培养方案及课程体系

学院根据企业要求，在充分调研的基础上，制订符合高等职业教育发展规律和企业行业需求的人才培养体系，包含人才培养方案、课程设置、课程标准、考核标准等相关标准级文件制订，对人才进行培养。同时，学院负责学生管理和课程、实训、顶岗实习等工作的协调与安排。

人才培养方案中的课程设置、课时分配、理论课与实践课的配比等，遵从高等教育规律、企业需求，突出学生应用理论知识能力与实践能力的培养，课程体系包含航空摄影测量、遥感技术、数字测图技术、地形测量、工程测量、控制测量与GPS卫星定位技术、计算机制图（CAD）、计算机图像处理、地籍测量等。随着合作的不断深入，校企共同开发培训教材、实训教材。

2. 企业参与人才培养方案的制订及人才培养全过程

企业安排经验丰富的技术骨干或能工巧匠作为学院专业委员会委员和学院兼职教师，参与学院的专业建设、人才培养方案制订、课程建设、实训室建设、课程体系开发、编写课程教材，与学院的骨干教师建立一支专业素质过硬的教学团队，为教学建设及人才培养提供支撑。

图5 经验丰富的企业专家

学院在专业人才的培养目标方面有了较深层次的理解，在企业专业人才的直接参与下，学院与企业共同开发教材及课程，构筑以生产任务为导向的课程体系，对整个生产过程进行梳理，分解成若干个独立的环节，并对每个环节需要掌握的职业能力进行归纳和提炼。他们提供的信息直接来源于生产一线，摒弃传统培养方案片面强调理论体系完整性的做法，在课程总量及课时分配上真正做到以能力为中心的按需分配。围绕企业技术岗位的核心技能技术的特定要求来设置课程。将无关紧要的课程进行彻底的清除，把有限的时间用在最需要的地方，发挥时间和知识的最大效用。

图6 用人单位领导为学生介绍企业文化及人才标准

企业参与人才培养全过程。企业提供高水准的实训师资、实训及顶岗实习环境，学生按岗参与实训、顶岗实习，完成生产任务，老师及企业专家手把手指导。同时，企业接收学院相关专业教师到企业进行社会实践，开展科研课题及项目开发等。为企业和学校解决实际问题，推进成果在生产服务和教学实训领域的应用，也为企业提供技术服务和培训。

3. 融合企业文化，营造"学校工厂"氛围，践行"学徒制"机制

（1）融入企业文化，积淀特色文化。学院与陕西国一四维航测遥感有限公司在订单培养的过程中，坚持学校、企业文化的融合，帮助学生了解、熟悉、认同企业文化，积淀职业文化素养，培养与岗位相适应的职业道德、职业素养，尽快实现由学生到职业人的顺利过渡。在技能训练、课堂教学等环节，多措并举、潜移默化，实现文化的熏陶与浸润。帮助学生积淀企业文化的素养、接纳企业

图7　校内实训基地

的精神内涵，从思想深处培育学生的企业认同感、增进服务企业发展的信心、激发学生创业发展的主观能动性。同时把行业知识纳入培养方案，即要放眼行业，从为整个行业培养人才的高度看待"订单式"培养。使学生对整个行业现状、发展趋势、行业规则等有比较全面的了解与较为深刻的认识，对于开阔学生视野，促进其成长与发展至为重要。

（2）引入企业生产任务，营造"学校工厂"氛围，践行"学徒制"。在人才培养过程中，学院将企业生产任务引入学院，作为学生实习任务或课题完成，在任务完成的过程中，每位学生就是"员工"，各有岗位、各有分工，其中，老师或企业专家能手手把手指导，就像师傅带徒弟，使任务能够按时、保质保量完成并交付企业。

（3）学生入企顶岗，实现"员工"梦想。在完成课程及实训后，学生赴企业顶岗实习，企业为学生安排合适岗位，并安排师傅一对一指导，起到"传、帮、带"作用。学生成为真正的员工，从学生变为职业人。

校外基地

序号	校外基地名称	序号	校外基地名称
1	陕西国一四维航测遥感有限公司	4	国家测绘局第一地形测量队
2	西安四维航测遥感中心	5	西安华测航摄遥感有限公司
3	国家测绘地理信息局第一航测遥感院	6	国家测绘地理信息局培训中心

五、主要成果与体会

1. 校企协同"订单"培养促就业，用人单位认可"争抢"专业人才

学院与陕西国一四维航测遥感有限公司签订就业协议，共同努力促进就业质量，陕西国一四维航测遥感有限公司是由陕西四维航测遥感有限公司、国家测绘地理信息局第一航测遥感院、国家测绘地理信息局第一地形队、陕西省测绘地理信息局西安华测航空摄影有限公司四家联合挂牌成立，公司在编54人，其中高级测绘工程师为7人，测绘工程师为14人。公司为产业协会副会长单位，高原董事长担任产业协会第一副会长。丰富的资源保障了学生的就业质量。

校企合作"航测订单班"已培养三期，毕业两届学生，有国一四维、西安华测航摄遥感有限公司、中煤航测遥感局、西北勘测设计研究院等多家用人单位，将两届84名学生全部签下，学院、企业及学生都满意，校企合作取得了阶段性成果。

图8　"航测订单班"招聘会现场

2. 优势资源互补，促建共赢

"产学结合、校企合作"发挥学院和企业的各自优势，共同培养社会与市场需要的人才。西航职院电子工程学院与陕西国一四维航测遥感有限公司达成的"订单式"人才培养模式就业导向明确，企业参与程度深，能极大地调动学院、学生和企业的积极性。校企共同培养的航空摄影测量与遥感技术专业以服务生产单位为宗旨，以就业为导向，培养"直接上岗、用得上、留得住"的高端技术技能型人才为目标。走产学研结合发展道路，创新体制、机制，切实推进合作办学、合作育人、合作就业、合作发展道路，突出人才培养的针对性、灵活性和开放性，增强办学活力，丰富办学特色，提高人才培养的针对性和实用性。

3. 自我评价

学院严格的管理和高质量监管人才培养过程，使企业获得优质人才资源，从而降低企业培训人才的成本；企业为学院提供了行业先进的实训设备、经验丰富的企业技术人员来保证人才培养质量及专业的可持续发展；优秀的毕业生为企业的发展提供原动力，企业为学生的职业成长提供广阔的平台。实现学院、用人单位与学生的三方"共赢"。

陕西工业职业技术学院——

校企联手创新纺织类专业"三轴联动"合作模式的探索与实践

贾格维　潘红玮　赵双军　姚海伟　李　扬

一、校企合作背景

陕西工业职业技术学院纺织类专业有悠久的办学历史，多年来与30多家企业都进行过校企合作，但由于大多仅仅停留在输送学生和对学生在顶岗实习阶段的培养上，没有深入到学生的教育教学过程中，学生学习内容和企业实际需要脱节，学生对企业先进的管理理念和文化缺乏了解，教师知识与行业发展脱节，因此学生就业的适应期长且不稳定，因此针对这些问题，在原有校企合作的基础上，从2011年开始，筛选典型企业进行深度合作，学习引进不同企业的先进技术和管理经验，构建纺织类专业"三轴联动"合作模式，深入推进教育教学改革，取得了良好的办学效果。

二、目标与思路

该项目针对职业院校普遍存在的校企合作模式单一，缺乏内涵和深度，仅仅停留在企业接收学生实习的浅层次上，没有深入到教育教学内容、课程教材及产品研发等深层次合作，造成人才培养质量与企业需求不能有效对接，学生就业率高但就业稳定性差等问题，结合专业实际，创新性地提出了纺织类专业集团化办学联手企业"三轴联动"合作的模式，即实施"龙头企业——学校——地方企业"三轴联动校企合作模式。通过不同类型企业建立密切深层次合作关系，合作进行教材建设、课程改革、实用性项目研究和成立学生创新小组进行教学内涵建设，同时积极试点实施校企双赢的现代学徒制试点等措施，提高纺织专业人才培养质量和服务地方经济的能力。

三、内容与特色

1. 探索和创新了纺织类专业"企—校—企"三轴联动的校企合作新模式

第一个"企"是指国内两家著名纺织企业：鲁泰纺织股份有限公司、广东溢达纺织有限公司。鲁泰纺织股份有限公司是行业技术的典范，广东溢达纺织有限公司是行业管理的楷模。第二个"企"是指陕西纺织行业领军企业，"校"指学院。"企—校—企"三轴联动，即学校作为主体，分别与上述两类企业进行不同形式和内容的合作，同时为两类企业架设沟通合作的平台。"企—校—企"三方合作活动渗透到人才培养和社会服务的各环节、全过程，并以实训培训平台和合作协议制度为主要保障，形成利益共享的新合作模式，见图1所示。

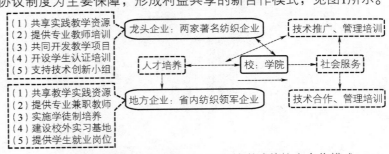

图1　纺织类专业"企—校—企"三轴联动的校企合作模式

2. 全方位加强合作的内涵建设，有效实现了"四个对接"

将学生培养目标确定为企业的准员工，引导企业与学校全面融合，参与专业的课程设计、项目开发，教学组织、学生评价等各个环节；聘请企业管理人员和技术骨干参与专业教学指导，实现行业标准与育人标准对接、生产项目与教学项目对接、工作过程与教学过程对接、企业规范与人才评价机制对接。

3. 联合开展现代学徒制探索，实施招生招工一体化模式

结合专业发展和企业需求，与地方实力企业和特色企业联合启动现代学徒制试点，实施招生招工一体化模式，进一步优化校企集团化三轴联动校企合作模式，提高校企合作的针对性，校企双方充分发挥各自优势，深度融入专业技术人才培养全过程，提高学生的就业质量。

四、组织实施与运行管理

1. 校企联手，形成"校企对接、工学交替"人才培养方案

成立由学校专业带头人、骨干教师等和合作纺织集团技术骨干、贸易经理等组成纺织专业人才培养方案委员会。依据校企联合招生招工的岗位标准，综合分析、研讨、确定出了纺织专业的培养过程，校企联手合作共同优化课程体系，建立课程教学内容的动态优化机制，重点建设专业核心课程，形成与"企—校—企"三轴联动办学模式对应的"校企对接、工学交替"的人才培养体系。

2. 联手龙头企业，开发教学项目

项目第二负责人与咸阳纺织集团公司技术人员合作编写《纺织工艺设计与计算》教材。项目第三负责人与广州溢达、雅戈尔公司外贸人员合作编写《纺织品跟单综合实训》校本实训教材（图2），教材紧紧围绕工作岗位的典型工作任务选择教材内容，提高教材内容与岗位实际工作任务的关联性。该模式注重以学生为主体、以培养职业能力为核心目标，强调工作岗位操作综合能力的训练。"校企对接、工学交替"的人才培养方案如图3所示。

图2 与溢达合作开发教材

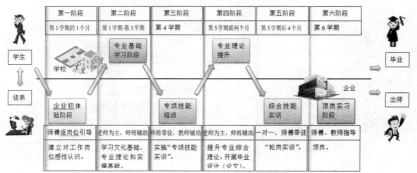

图3 "校企对接、工学交替"的人才培养方案

3．校企联合，开发研究项目，学生创新小组积极参与

在实施导师制的基础上，成立产品开发小组，共同开发实践项目，形成了以自主合作为主的学习方式，培养了学生解决问题的能力，提升了学生的创新能力。师生合作申报外观专利两项。项目负责人与纺织公司研发人员共同完成科研课题"棉与莫代尔、竹纤维混纺系列织物的开发及服用性能研究"，开发新产品。项目第二负责人、第三负责人联合西安纺织科研所工程技术人员联合进行纯钢丝纤维的纺纱研究，如图4所示。

图4　创新小组学生参加项目开发

4．联手地方企业，探索现代学徒制试点

为了提高就业质量，学院结合专业发展和教育部启动职业教育开展现代学徒制试点的工作，进一步深化了集团化三轴联动校企合作模式，积极与地方企业如咸阳纺织集团、西安纺织集团等四家企业联合开展现代学徒制试点的探索。经过招生招工宣传，组织考生参加陕西省高职单招考试，校企共同对考生进行招生招工综合面试，针对符合要求的学生，学校发放入学通知书，同时企业发放招工预录通知书，组建纺织专业现代学徒制试点班。2015年10月开始联合西安纺织集团等共同制订招生招工简章，计划招生与招工30名。实现学院和企业实行招工与招生一体化，构建纺织专业校企联合协同育人机制。目前已与西安纺织集团、雅兰纺织签订现代学徒制试点协议书，如图5所示。

图5　纺织专业现代学徒制试点协议书和宣传彩页

5. 校企共育学生职业素养

定期邀请企业技术专家来校做讲座，帮助学生在校园积淀企业文化素养，实现校企文化融通，培育学生职场素养。邀请姚穆院士、西纺集团董事长顾宪祥等来院做专题讲座，谈企业发展战略、质量理念及企业人才标准等，将合作企业的管理理念全面融入人才培养体系，如图6、图7所示。

图6　西纺集团董事长顾宪祥来院做报告　　　图7　姚穆院士为学院师生做学术报告

五、项目产生的效应和成果

该项目从校企合作的需要出发，设计构建了纺织专业联手企业"三轴联动"校企合作模式，在学院纺织类专业经过三年的探索与实践，在教材建设、技术开发、教育教学改革、学生创新能力及职业素养的培养、中国纺织人才培养基地申报及现代学徒制试点等几个方面取得了显著成绩。

1. 锻炼了师资队伍，教育教学成果不断涌现

在试点和实施纺织专业联手企业"三轴联动"合作办学实践项目中，与企业联合开发理实一体化教材2部；科研项目2项，教研项目1个，教科研论文7篇；教改项目6项；承担教育部"现代纺织技术"专业教学资源库建设项目2项，承担纺织教育学会信息化教学资源建设项目6项，中纺联教改项目立项7个。两个教研项目分别荣获中国纺织工业联合会教学成果奖二等奖、三等奖。"校企深度融合，培养适用人才"案例入选2015全国纺织人才建设案例。项目组研究成果获"中国职业技术教育优秀理论研究奖"（图8）。

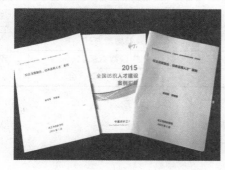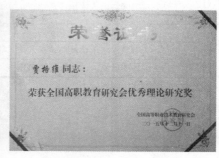

图8　专业案例和研究成果获奖

2. 历练了纺织专业学生，创新能力和综合素质明显提升

如图9所示，2014—2015年在全国"纺织品设计""纺织品检验""纺织品外贸跟单"等技能大赛中共计获得1个一等奖、4个二等奖和6个三等奖；获得团体二等奖2个，团体三等奖5个。申请外观专利2项。纺织类学生一次性就业率连续三年在98.80%以上。

3. 夯实了办学实力，合作办学能力不断提升

该项目的试点和实施，促进了专业改革和办学方式的转变，学院的办学实力也得到行业和

上级部门的认可和表彰，如图10所示。具体如下表所示。

图9　学生在各类比赛中取得佳绩

图10　纺织专业办学实力获得行业认可

上级和行业的表彰

获得年份	获得项目	授奖部门	获得年份
2014年	中国纺织人才培养基地	中国纺织工业联合会、中国纺织服装教育学会	2014年
2015年	省级综合改革试点专业	陕西省教育厅	2015年
	教育部现代学徒制试点	中国教育部	
	全国纺织行业人才建设先进单位	中国纺织工业联合会	

校企融通　多元发展

李　军　王　燕　周瑞龙

一、校企合作背景

"中职学校能否为快速发展的电梯行业培养安装工、维保工、制造工？"武汉东菱电梯公司杨晓峰总裁在2001年与武汉市交通学校校长的一席对话，促进该校电梯专业的开办。十五年以来，校企合作一直是电梯专业发展的核心推动力，学校从被动、弱势的合作方逐步成为企业平等、互利、长期的合作者。

通力电梯是全球电梯和自动扶梯行业的领导者之一，1996年进入中国，因2008年为北京奥运会主场馆、上海国际金融中心及国家大剧院等著名建筑提供电梯，企业进入快速发展，对一线电梯维护人员的需求急剧增加。

2010年中期，学校与通力电梯武汉分公司开展以"订单培养、学岗直通"为核心的合作洽谈，2012年3月，成立"通力电梯"订单班。双方共同派出最好的教师和核心技术人员对学生进行培养，2012年7月学生进入顶岗实习，获得公司各方面好评，并引起通力电梯（中国）总部的关注，双方的合作进入更高的层次。

二、目标与思路

2012年中期，在通力总部对学校的考察沟通中，双方的领导层认识到"电梯行业快速发展已经由技术质量为核心的竞争转向技术服务质量竞争为核心"，这意味着一线技术服务人员的技术能力与综合素质将极大地影响企业今后的发展。这一共识成为校企的合作基石。培养高素质的一线技术服务人员成为双方合作的首要目标。

三、内容与特色

学校在规范教学、综合素质提升、设备实用性等方面的"沉淀"得到通力总部的关注，企业在专业技术与专项设备方面的资源优势也对学校产生吸引力。双方在此基础上确定了长远、稳定的合作机制：确定了学校、企业的高层、中层、执行层的沟通对话平台，对生产实习学生管理、毕业生的吸收安置等进行了明确的规定，确定了企业在学校投入专项设备建立企业技术实训中心；企业培训机构为学校教师提供培训等项目。这为校企合作融通指明方向。

四、组织实施与运行管理

（一）"专业化"融通——促进校企合作稳步进行

1．课程内容——岗位标准融通

根据双方协作框架，学校重点对通力电梯公司一线技术人员的典型工作内容和流程进行调研。在企业技术人员的参与下，利用能力图表的分析方法重新确定专业培养目标；在重点分析解构电梯专业人员的基础人文、科技、身心素质、职业基础能力素质、职业核心能力素质基础上，构建以素质培养为核心的课程体系；同时，进一步明确了课程的培养标准与内容。重新构建的职业核心课程直接对应电梯一线工作岗位的作业内容，并按照岗位的发展能力要求设计课程教学的顺序。同时，以电梯行业技术人员的岗位意识为教育教学的契合点，将职业素质的培养纳入课程的要求中，重点突出电梯企业提出的安全意识、规范作业意识和责任意识的培养要求。实现了课程与岗位的融通，形成了专业建设中的课程内容模拟工作岗位技能的特色。

2．实训环境——工作环境融通

在通力公司的支持下，学校对实训室环境进行改造。实训室作业环境按照实际作业岗位条件进行布置，安全防范和规范作业的保证条件与实际作业岗位一致。学生在这种实训环境下养成的职业习惯可以直接带到工作岗位上。毕业生上岗后的安全意识与规范的操作获得企业的好评。这种合作深入体现职业学校基地建设融入企业要素的特色。

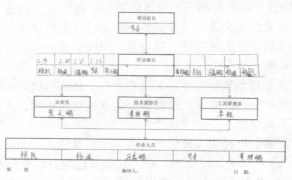

图1　仿企业管理的实训管理架构

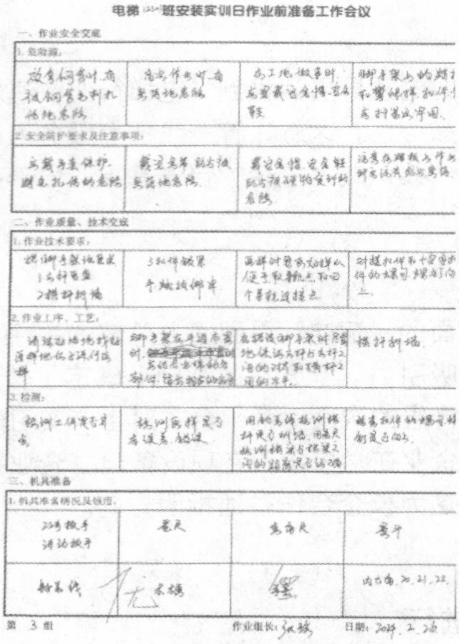

图2　仿企业的流程管理

小组互评	操作评价	□熟练独立操作课题□基本能独立操作课题 □由他人指导协助完成□无法完成
	表达能力	□清晰完整的表达课题内容□基本能表达课题内容 □只能表达部分课题内容□表达课题内容混乱
	理论知识	□能熟练运用知识□掌握并做到基本应用 □掌握并由他人指导应用□不能理解运用
教师评价	技能评价	□熟练独立操作课题□基本能独立操作课题 □由他人指导协助完成□无法完成
	学习态度	□主动认真□被动学习□不愿学习
	学习能力	□能力强并有创造性□能力强□一般□还需训练
	表达能力	□清晰完整的表达课题内容□基本能表达课题内容 □只能表达部分课题内容□表达课题内容混乱
	安全意识	□能主动发现并纠正安全隐患□具有安全意识并能安全操作 □能在他人的提醒下安全操作□安全意识淡薄
	与人合作能力	□善于沟通且合理协调工作□能配合他人工作 □沟通有障碍但能完成工作□无法与他人合作
	组织能力	□具有较强的组织能力□组织能力良好 □组织能力一般□不具备组织能力
	遵守纪律	□遵守纪律并纠正他人违纪行为□自我严格遵守纪律 □在他人提醒下遵守纪律□不能遵守纪律

图3　综合评价

3．课程考核——作业标准融通

在通力电梯公司的技术人员指导下，对电梯职业核心课程的考核进行改革，对学生在每个教学项目或任务的操作进行评价，而评价的标准来自企业同项操作的规范与检验标准，同时对作业中的相关素质表现给予综合评价，形成课程考核与作业标准的融通。这种课程考核，对学生职业习惯的养成起到了极大的促进作用，也保证专业建设教学特色的彰显。

（二）"多元化"融通——保障校企合作长期发展

1. 师资融通

为了保障校企合作的长期运行，通力电梯公司对学校电梯专业的教师进行专项技能培训。安排教师参与一线的作业和企业内部的员工培训，了解企业的技能要求和作业内容，获得一线操作的经验，系统规范地学习专项技能，学习企业岗位培训方式的精华，现场体验通力公司企业文化，为学校人才培养的改革提供经验。经过一段时间培训，共有五位教师通过通力培训师考核，获得企业培训师资格。同时，学校把企业专家请到学校来兼职教学，通力公司定期派技术人员到学校进行教学上的专业技术指导；不定期地派相关人员到学校进行企业文化或专业技术讲座，提升学生的专业自豪感与专业学习兴趣；指派专人对顶岗实习学生进行技术培训，强化企业的操作规范。通过师资力量的相互融合，既保证了学生专项技术的培养又保证了学生职业素养的提升，提升了专业建设的师资特色。

2. 培训融通

2013年，在深入研究和比较的基础上，通力公司决定委托学校承办其全国新进员工的入职培训。在参考学校实训设施的基础上，2015年5月企业投入设备在学校建成员工培训基地，同时稳步地重构了员工培训教学计划，并利用培训基地开展非学历模式的现代"学徒制"试点。建成的培训基地成为通力公司在亚太地区的示范培训基地，港台等多地公司来校学习观摩。截止至2016年8月，共举办了三十三期入职培训，三期管理人员（储备干部）业务培训以及多期扶梯安装维护短期培训，培训总量达290 000余人·日。培训内容涵盖电梯上岗证取证培训、电梯操作三级安全教育培训、基础操作规范培训、电梯保养工艺操作培训、通力企业文化、产品概述等方面。学校参照在校学生的素质培养模式，对培训过程进行严格管理、对学员职业行为进行养成训练，入职员工的职业素养有了大幅提升，入职后的表现得到各分公司的一致好评。

图4　通力人员在学校授课　　　图5　学校教师参与企业员工培训

目前，学校成为通力公司全国性的重点人才培养基地。同时学校通力订单班持续为中部区域的通力公司输送人才。这种培训上的融通，是校企双方利益的保障，能促进校企合作长期稳定运行，也促进学校特色进企业的形成。

图6　通力培训结业　　　　　图7　通力入职员工培训

3. 实训条件融通

为了确保能稳定地培养适应通力电梯独特性技术需求的技术人员，通力公司投入近百万元的专用设备，在学校内建设通力电梯实训中心。学校日常教学可使用该设备，通力公司在学校的入职培训可以使用学校其他教学专用设备和该实训设备。学校引入企业的设备优势，企业借用了学校的实用性教学设备，双方在实训条件上相互融通。为培养技能水平更高的专业技术人员奠定了硬件基础。形成实训室建设的又一特色。

图8　企业赠送的设备　　　图9　企业文化墙　　图10　规范化的实训场地　　图11　企业培训基地设备

五、主要成果与体会

学校与通力电梯公司的校企合作主要经验有以下几点。

（1）校企沟通中达成了双方合作共赢的共识，成为合作中最牢固的基石。

（2）建立良好的沟通机制，为合作的稳定发展提供了良好保障。

（3）校企双方明确展示自身优势并愿意提供帮助是合作发展的必经之路。

（4）职业学校在合作中需要用长远发展的态度对待合作，不能只顾当前得失。随着合作的深入，学校自身的教学实力与水平也得到发展，能为企业进行更多的服务。

下一步，校企双方将开展互联网+技术与培训的融合，通过职校信息化建设引领企业岗位培训；技术与服务的融合，引领一线操作规范；教师与师傅的融合，开展现代学徒制的探索。

无锡信捷电气股份有限公司与无锡职业
技术学院深度校企合作案例

徐少峰　王正堂　王　洋　郁永艳

一、校企合作背景

无锡信捷电气股份有限公司位于无锡市（国家）工业设计园，是一家专业从事工业自动化产品研发与销售的高新技术企业。公司先后被评为"江苏省民营科技企业""江苏省高新技术企业""无锡市高新技术企业""无锡市领军型创新企业"。信捷作为无锡市机器人和智能制造协会会长单位、全国机器人职教集团理事单位、中国智能制造职教集团会员单位、江苏省工程技术研究中心、研究生工作站等，一直致力与各个高校建立深层次的、可持续的、多方共赢的校企合作模式。

图1　无锡信捷电气股份有限公司

无锡职业技术学院控制技术学院4个系部及一个机器人技术研究所，专兼职教师100多名，在校生2 400名左右。专业的开设围绕无锡地区先进制造业展开，为无锡地区制造业特别是高端装备制造业的产业发展、升级输送了大量的高技术技能型人才。

图2　无锡职业技术学院

二、目标与思路

校企合作是学校与企业建立的一种合作模式。在合作办学、合作育人、合作就业、合作发展中推动职业教育集群发展，实现高职改革集成创新，最终达到职业教育多元、开放、合作、共赢的目标。

通过建立"校中厂""厂中校"等校企合作载体，以实施项目合作为纽带，将企业管理理念与现代学校教学制度相结合，以学校为场地，以企业为技术及设备支撑，就教学、培训、技术应用与创新等开展校企间的"产、学、研"合作。校企双方互相支持、互相渗透、双向介入、优势互补、资源互用、利益共享，打造校企利益共同体，采取这种方式弥补传统教育重理论而轻实践的缺憾，实现理论与实践并重的完美模式，实现校企互利双赢。

校企合作的宗旨是和学校共同搭建平台，培养适应新社会形势下的具有实践能力和创新精神的优秀人才。

校企合作的目标是把校企合作平台建设成多功能平台。

1．成为校企开展专业合作的平台

把教育由院校"孤军奋战"转变为校政企行"集团作战"，将会有效推动校企深度融合、工学紧密结合，整体推进教育教学改革，切实提升人才培养水平，取得诸多显著成果。

以"三基于"（基于横向项目合作的业务外包、基于形成业务实践能力的学生顶岗实习、基于提高业务技能的企业项目综合实训形式）为特征的"项目"培养形式，实现教学做一体化的形式创新。以"创建产教结合经济实体"为特征的"公司"培养形式，实现才培养的载体创新。

合作开展企业人力资源的开发与管理，进一步提升企业人力资源价值。内容包括企业人员进校组班培训、教师赴企业授课培养、合作进行技术开发培养以及合作项目培养。

2．应用型研发基地

开展"四技"服务，在"四技"服务中锻炼队伍，换取合作。"四技"内容包括与企业合作开发技术、进行技术转让、开展技术咨询以及开展技术服务，以学院技术知识优势为企业解决特定的技术问题等。

3．社会服务

对学校来说校企合作的最终目的一定是推动学校教学发展，为社会提供有价值的高科技人才，则平台搭建意义不只是在于对在校人员与员工进行培训，而是在于社会广泛人员技能的提高，它面对的是一个更广泛更开放的群体。实现多方的信息交流、资源整合、利益共享，实现社会的广泛参与，为提升人才培养水平奠定了新型的组织基础。

校企双方利用实训中心共同面向江苏地区企业开展技术服务（含技术培训、技术中介）及市场推广，更好地培养应用型、技术技能型人才，为长三角经济产业发展服务。

4．共建教学资源

合作共建企业信息资源库，内容包括企业机构信息、资源信息和供需信息等。这些信息能有效满足不同企业需求，促进企业发展。

5．合作就业建设

树立合作就业观念，加大合作就业力度，拓宽合作就业渠道，创新合作就业模式，形成校企合作共担就业与校校合作共担就业新模式，实现共赢目标。校企合作共担就业方面，与企业深入合作，通过建立"源头合作"关系、"中间合作"关系，扩大企业对职业教育教学的实质性参与，逐步实现高技能人才有序流动。

6. 合作开展职业技能鉴定

一方面，利用学校现有的优势，加大对合作企业的在职人员开展职业技能鉴定，可以为企业提升人力资源的质量和水平。另一方面，合作企业在职业技能鉴定方面有一定的场地等条件优势，可以为院校的学生参加职业技能鉴定提供一定的条件和支持，为学生尽早适应职场要求提供资源。

三、内容与特色

1. 共同确立高端技能型人才培养方案，培养区域发展急需人才，提高人才培养质量

区域产业的转型，使企业对控制技术类高端技能型的人才需求更加迫切。其中，既有控制系统安装调试、小型控制系统集成、控制系统的销售及售后服务等共性岗位的需求，也有自动化生产线调试维护、机电气液高度融合的机电一体化设备安装调试维护及管理等特有岗位的需求，同时还有先进控制设备、控制系统安装调试及技术服务等岗位的需求。

2. 共同实施"实践为主导"的课程体系

控制学院专业群借鉴了无锡职业技术学院获全国教学改革一等奖的课题成果，按照"调研、归纳、排序、重组"这一顺序构建专业课程体系。特别是在这一专业课程体系构建过程中，信捷电气股份有限公司给予了很大的帮助，结合该公司自动化设备生产的特点，梳理了多年来毕业生就业岗位的情况，提炼出了高职院校毕业生岗位变迁的大概规律，根据控制技术类专业的特点，提出了主要就业岗位与次要就业岗位。在课程实施过程中，信捷电气安排了经验丰富的工程技术人员提供了大量的工程应用案例，特别是2009年开设的订单班，每周二及周六均有信捷电气工程技术人员为学生授课，取得了很好的效果。

图3　共同实施课程体系

3. 共同完善校内实践教学条件

构建以实践为主导的课程体系，系统建设符合课程建设及区域经济发展的校内外实践基地是至关重要的一个环节。信捷电气与控制技术学院签订了工学结合协议，多年来一直接受相关专业学生进行顶岗实习，不仅如此，信捷电气先后在2010年捐赠36万多元自动化设备，共建了"信捷电气自动化综合实训室"。2012年，根据技术的发展，再次投入6万多元设备，2015年根据实际行业发展情况，信捷电气又追加投入80多万元的实验设备。目前"信捷电气自动化综合实训室"成为控制学院校内实践体系的重要组成部分，在信捷订单班、自动化综合实践、无锡市大学生技能绿卡等课程或项目的教学中，发挥了重要的设备支撑作用。

4. 共同实施高职院校师资培训计划

2011年，控制技术学院与无锡信捷电气股份有限公司共同申报教育部、财政部支持的"高职院校师资培训项目"，并获教育部批准。

此外，每年控制技术学院派遣教师进入企业进行顶岗实习。结合中央财政支持"电气自动化技术专业服务能力提高"项目的实施，其中两名教师参加了为期3个月的信捷电气顶岗实习，提高了年轻骨干教师的工程意识及工程服务能力。

在这一过程中，争取了中央财政支持经费40多万元。

图4　共同完善教学条件

5．共同申报纵向科研课题

2012年5月，无锡信捷电气与控制技术学院联合申报了无锡市经信委"物联网云计算"项目"基于信捷PLC的Z-BOX系列工业物联网产品的产业化"。2012年9月该项目获批。目前无锡市财政支持的首批80万元资金已经到位。

目前该项目进展顺利，特别是信捷PLC，在自主品牌的销售排名中名列第一。基于信捷PLC的工业物联网产品的销售顺利，连续承接了物联网舞台灯光群控系统、网络化音乐喷泉控制系统等物联网工程。

6．共同成立工程服务中心，承接自动化工程项目

目前信捷电气股份有限公司共有工程技术人员250多人，无锡职业技术学院控制技术学院共有专任教师70多人。双方协商以信捷电气股份有限公司售后服务部和控制技术学院自动控制技术系教师为主，组成自动化工程服务中心。

图5　共同成立服务中心

7．共同实施技能竞赛，建立企业奖学金制度，提高学生学习兴趣与学习效果

在技能比赛的实施过程中，校企双方从比赛题目的确定、比赛的实施等方面精诚合作，特别是信捷电气提供了2万元的奖学金及相关奖品，使学生踊跃参加，整个比赛取得了很好的示范效应。特别是针对控制学院目前的教学现状，考虑到参赛学生的人数及覆盖面，比赛所用PLC不限于信捷型号，但最终信捷电气仍然全额发放奖品及奖金，体现了信捷电气公司长远的目光及企业文化融入学校教育的理念。通过这一活动的举办，大大提高了学生的学习兴趣及自主学习的动力。

图6　提高学生学习兴趣

8．共同宣传企业文化，丰富学校文化内涵

通过订单班的实施、进入企业后由企业工程技术人员担任导师指导创新项目、在实训中心长廊张贴企业产品宣传板介绍企业文化、企业网站以及相关资料向学院开放、在新生入学阶段安排进企业宣讲专业活动，充分展示企业文化，以企业文化感召学生，学生进入企业就业之前

已经充分接受了企业文化。这些活动的开展，除了进一步丰富学校的文化内涵，同时大大提高了就业学生对的企业接受度。

四、组织实施与运行管理

1．校企合作委员会

校企合作委员会全面协调双方立场及诉求，确定校企合作的指导思想及宏观思路，每年召开会议，确定该年度校企合作的内容及具体项目，对具体项目进行指导，督促具体项目的实施进程，并根据项目实施过程中发现的问题及时形成反馈信息，并在以后的实施中加以改进。同时，信捷电气股份有限公司专门设立"校企合作部"负责校企合作相关事项。

图7　校企合作委员会

2．教学与培训项目组

教学与培训项目组主要负责订单班管理与实施、教师进入企业顶岗实习任务的确定及具体操作、国家师资培训项目的管理与实施等。项目对接负责人主要由信捷电气校企合作部部长徐少峰、无锡职业技术学院控制学院实训中心主任陆荣担任。

3．学生创新活动项目组

学生创新活动项目组主要负责学生进入企业顶岗实习活动的安排、选拔学生进入企业进行创新活动或创新制作及具体指导校内竞赛活动的组织与实施、学生毕业设计课题确认及指导教师确定、优秀毕业设计的推荐等工作。

图8　学生创新活动（一）

4．工程服务及项目开发组

工程服务及项目开发组主要负责双方合作开展工程项目的确定与实施、省市级科研课题的申报等工作。项目主要对接负责人由信捷电气技术研发部部长邹骏宇、无锡职业技术学院控制技术学院副院长奚茂龙担任。

五、主要成果与体会

1．形成了系列优秀教学成果

校企合作共同开展课程建设，在课程中引入真实工作案例，在实训室营造企业工作环境，建成《运动控制系统安装调试与运行》等国家精品课程。

图9　学生创新活动（二）

2．提高了教师双师素质，同时取得较好经济效益及社会效益

2010年开始，控制学院每年派遣教师进入信捷电气进行顶岗培训，培训岗位涉及技术服务、产品维修、技术支持等，涉及信捷产品有PLC、HMI、变频器、伺服控制器、机器视觉、新型机器人等，取得了非常好的培训效果。

图10　工程服务及项目开发

3．企业品牌得到进一步提升，自主开发的自动化产品接受度提升

通过订单班的实施，学生体会了自主品牌的性能及便利，走上工作岗位后，使用该品牌进行系统控制的意愿明显提高；通过教师的批量培训，教师们体验了自主品牌自动化系列产品的性能和严格的生产管理及质量控制过程，对自主品牌的接受度明显提高。目前信捷PLC在自主品牌中的市场占有率为全国第一，提升了自主品牌的影响力。

4．双方资源得到进一步整合

在双方的合作过程中，企业的产品研发生产优势、成功的自动化产品应用案例、学校教师学科背景齐全优势、学校完善的校内实践体系及先进的数字化校园优势、每年800名毕业生分布于全国各地等各自优势得到了进一步的整合。

5．提高了毕业生的就业质量

通过校企合作建设专业、共同实施工学结合、顶岗实习、订单班的开设及有效实施、企业导师指导学生创新制作及创新活动、学生直接参与具体工程项目、企业文化的融合等措施，进一步丰富了学生的培养途径，提高了学生的就业质量，几年来控制技术学院各专业连续多年毕业生签约率达到95%以上。

校企共育人才篇

校企合作育人是职业院校开展高素质技术技能型人才培养的必然规律。本篇共收录43个案例，从合作育人的角度，在人才培养模式改革、专业和课程建设、学生评价、学生管理等多个方面，展示了职业院校破解合作育人瓶颈问题的成功经验。

人才培养模式改革方面，在学习、吸收国际先进职业教育经验的基础上，进行了双元制、现代学徒制等探索与实践。人才培养方案制订方面，响应了当前供给侧改革的新形势要求，目标定位向"以企业需求为目的，以促进就业为导向"等转变，有效的激发了企业、用人单位参与人才培养的积极性。在课程与资源建设方面，加强了课程内容与职业标准的对接，整合了行业企业等社会资源，合作开发课程与教材，提高了教学内容的针对性和有效性。专业教学团队建设方面，注重校企混编教学团队建设，丰富了教学团队建设内涵，共享了优质人才资源。学生评价方面，校企合作创新了学生专业能力和职业素养的评价要素和评价方法。学生管理方面，建立了与学习场所变化相适应的学生管理、班级管理等模式，有些职业院校还探索了二级学院、虚拟学院等个性化管理模式。

引进国际专业标准，培养高端汽修英才

蔡丽娜　李晶华　王　昆　李海斌　张玖泽　朱　朋

一、校企合作背景

围绕国务院印发的《中国制造2025》提出的产业发展规划，"一带一路"国家战略的实施，以及京津冀地区汽车行业产业发展现状，天津职业大学瞄准汽车产业高速发展带来汽车市场各类人才急剧增加的契机，着力培养产业发展急需的具备传统汽车的实战经验、懂得新能源汽车电池、电机、混合动力和控制系统的维修和保养等知识的门类齐全、技艺精湛、具有国际视野、通晓国际规则的汽车维修技术技能人才。本着校企合作育人的理念，天津职业大学陆续与东风日产乘用车公司、长安福特汽车有限公司、江铃汽车有限公司、德国五大品牌（奔驰、宝马、奥迪、保时捷、大众）开展校企合作，建有长安福特华北培训中心、东风日产培训基地、江铃天津技术培训中心，形成了"德、日、美三大车系并存，汽油车、柴油车并举"的合理布局。

二、目标与思路

2013年6月天津职业大学以排名第一的总成绩成为中德职业教育汽车机电合作项目（SGAVE）第三批试点。项目建设以国际化综合要素深度融入教育教学全过程为建设目标，以将国际先进工艺流程、产品标准、技术标准、服务标准等融入教学为建设途径，开发基于汽修工作过程系统化的课程体系，提升以SGAVE为标准教师国际化教学水平，开展以"任务引领、工单引导、问题导向"的教学方式，实行国际化标准考核学生，建立一整套与德国汽车机电技师职业培训标准

图1　教育部SGAVE项目授牌

质量相符的认证体系。使学生毕业时可同时获得毕业证与SGAVE国际证书双证书。同时依托长安福特等合作单位，以行业协会为载体，不定期举办人才供需见面会、校企对接会、论坛等活动，实现学校与企业间的需求对接和信息共享，深化产教融合、校企合作。

三、内容与特色

（一）与国际化企业深度合作，实现专业与企业岗位对接

建立健全校企合作机制，增强校企之间的沟通协调。通过整合实践资源，在企业建立教师实践基地，推动专业教师到企业实践，企业技术人员到学校教学，促进学校紧跟产业发展，教育与产业、学校与企业深度合作。

（二）以国际化标准构建课程体系，实现课程内容与职业标准对接

采用由中德两国专家共同开发的行动导向型教

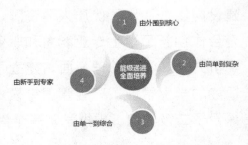

图2　课程体系构建思路

学计划，变传统的"切西瓜"式为"剥圆葱"式，构建工作过程系统化的课程体系，使学习内容紧贴生产实际，实现课程内容与职业标准对接。

（三）将国际化企业标准融入教学，实现教学过程与生产过程对接

秉承"师资先行，理念为本"的基本思路，4位教师赴德国学习先进的教学理念，多次赴大众汽车学院、保时捷、戴姆勒培训中心参加厂商培训。引进了世界先进的课程体系，带回了世界前沿的汽车技术，促进了教学理念和管理方法转变。

全面推行"一引二导"教学做一体化教学模式，即以"任务引领、工单引导、问题导向"开展教学。教学内容与工作任务要求紧密结合，实现教学过程与生产过程对接。

图3　SGAVE项目教师培训

（四）用国际化认证标准考核学生，实现毕业证书与职业资格证书对接

在第四和第六学期安排中期和结业两次考核。由保时捷以国际化认证标准进行命题，考核过程中由两名考官（职业院校教师+企业技师）逐个对每位学生从分析、计划、执行、检查四个方面进行过程性考核，同时与学生展开专业对话，全面评价学生掌握知识与技能的程度。每个工位（5个工位同时进行）学生考核时长75min。班级30名学生，需历时40h完成考核。考核合格后可以同时取得毕业证书和SGAVE项目证书。

四、组织实施与运行管理

（一）组建专兼结合师资团队

1．设置专业"校企双带头人"

管理形式上实行专业"校企双带头人"模式：1名校内专业带头人，1名行业企业带头人，二人共同对专业进行指导与管理。目前学校积极拓宽渠道，培养出校内专业带头人1名，柔性引进企业兼职专业带头人1名，形成"双带头人"的良好机制。

2．建立骨干教师队伍

目前专业教师全部通过了长安福特和东风日产的培训认证，取得了企业讲师资质；4名教师赴德培训，取得了SGAVE项目师资认证资格。

图5　校内教师的企业认证证书

3．选聘兼职教师队伍

近三年聘请来自行业企业一线的技术总监、培训师、能工巧匠12名，组成了高水平的稳定的兼职教师队伍。

（二）实施SGAVE项目实验班

学校于2013年9月成立了SGAVE项目实验班，引进了德国先进的汽车维修专业基于工作过程的课程体系，按照适合中国国情的"双元制"教学时段分配模式和8大学习领域课程体系实施人

图4　SGAVE项目学生考核

才培养。教学实施中，改革教学方法，体现学生主体，采用小组讨论、角色扮演、头脑风暴、卡片教学等教学方法，注重学生综合能力培养。

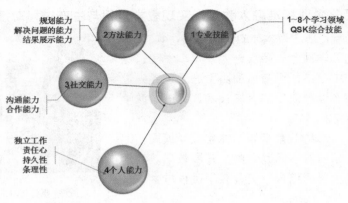

图6　学生综合能力培养

五、主要成果与体会

（一）教学建设与改革成果

专业培养出天津市教学名师1人，天津市黄炎培杰出教师奖3人；主持完成国家级精品课2门，正式出版"十二五"规划教材1本，校企共编教材6本；完成全国教育科学规划"十二五"课题1项、完成省部级教学改革研究课题7项；全国多媒体课件大赛一等奖4项，并在第十四届全国多媒体课件大赛中获得最佳技术实现奖；完成校级资源库1个，在天津市青年教师教学基本功大赛中获得一等奖1项、二等奖1项；在天津市信息化教学设计比赛中获得二等奖1项、三等奖1项；顺利完成天津市高等职业院校提升办学水平建设项目。

麦肯斯调查表明：学生对实习实践环节硬件设施、组织管理、学习效果等方面的满意度较高。九成学生对实验、实训场地、实验设备、教师指导、实践和理论教学比例分配非常满意，普遍认为对自己职业技能水平的提升作用明显。

学生学习积极性大幅度提高，对专业的感知力和向心力增加。近三年新生报到率平均为91.5%，平均就业率99.6%，就业对口率100%，就业质量高。通过专业建设，不但提升了教师教学能力，而且增加了学生的实践操作机会，学生技能水平得到有效提升。近三年学生取得汽车中、高级维修工人数达到了676人。

近三年在各级各类竞赛中，本专业学生共32人次获得各级各类奖项。其中：全国汽车故障诊断与排除职业技能大赛三等奖4项；天津市职业技能大赛一等奖3项、二等奖8项、三等奖9项；行指委大赛获得一等奖2项，二等奖2项；校企合作订单班学生技能大赛优秀奖4项。

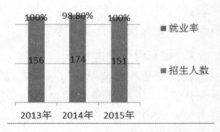

图7　近三年招生及就业情况

（二）校内实训基地建设成果

校企共建共享企业化实训基地，建筑面积10800m²，建有长安福特华北培训中心、东风日产培训基地、江铃天津技术培训中心以及长安福特整形技术车间。基地获得2011年中央财政支持，融教学、企业员工培训、职业技能鉴定和技术服务四位一体，配有14个整车维修工位，6

个"教学做"一体化教室。拥有包括迈腾、锐界、卡罗拉在内的整车44辆，各类设备总成215台套，设备、专用工具等价值1940.78万元，其中企业捐赠920万元。

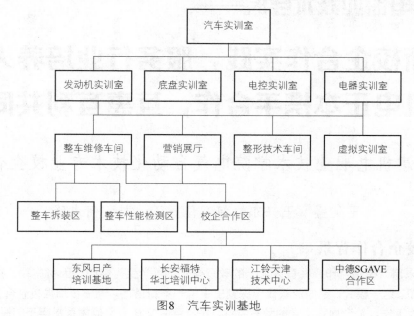

图8　汽车实训基地

（三）技术研发能力和社会服务水平

1．技术研发能力

教师技术研发能力的不断提升，在服务产业发展同时，将最新科研成果引入课堂，充实教学内容、提升教学质量。近三年完成"基于东风日产合作模式下——校企深度合作机制的研究与实践"等科研课题14项，其中国家级课题1项，省部级课题7项，横向课题2项，校级课题1项。获得"发动机拆装试验用台车"等实用新型专利2项，申报发明专利2项。先后发表《Analysis of the drive of 01NAT based on the lever method》等论文16篇，其中9篇EI检索。

2．社会服务

通过深化校企合作，以三大校企合作基地为平台，显著提升专业社会服务能力。近三年培训合计5096人，其中完成职业技能鉴定676人、长安福特校企合作院校师资43人、中职专业带头人的国培项目7人。天津教育报、人民网、新华社等相关媒体对天津职业大学汽车专业都进行了相关报道，社会反响良好。

天津机电职业技术学院——

创新校企合作实践，服务行业培养人才，机电正本携手合作，互惠互利共同发展

——天津机电职业技术学院电气自动化技术专业校企合作案例

王延盛　王兴东　何　佳　王　喆　何琳锋

一、校企合作背景

目前，采用"校企合作，共育人才"的教育模式，以学生为中心，因材施教，在社会上掀起一股教育风潮。这一模式，是职业教育中探索出来的一条新道路。进一步加强校企合作，促进高职院校实践育人工作，是全面落实党的教育方针，把社会主义核心价值体系贯穿于国民教育全过程，深入实施素质教育，大力提高高等职业教育质量的必然要求。对于深化教育教学改革、提高人才培养质量、服务于加快转变经济发展方式、建设创新型国家和人力资源强国，具有重要而深远的意义。

二、目标与思路

天津机电职业技术学院携手天津正本电气股份有限公司进行校企合作，结成紧密型校企合作伙伴关系，共建电气自动化技术专业，共同制订人才培养方案，树立"校企合作、共同育人"的教育理念，确立"崇尚实践，回归岗位"的人才培养新观念，立足电气行业，依托广泛的校企合作企业，着力培养学生的工作意识、工作素质和工作实践能力，培养创新能力强、适应企业发展需要的电气自动化技术人员。自2014年，校企双方互建"师资培训基地"与"职工培训基地"，企业为学校教师提供挂职锻炼的机会，学院为企业提供职工培训的机会，互惠互利，共同发展。

三、内容、特色与组织实施

（一）对接校企双方需求

天津机电职业技术学院是天津市示范性高等职业院校，电气自动化技术专业是该校老牌重点专业，为了培养更多的符合当今社会所需的技术技能人才，就需要有具有较强社会责任感、乐于服务于院校且在自动化专业具有一定实力与影响力的企业与学院进行合作，协助学院提升人才培养质量。

天津正本电气股份有限公司作为天津市最大的电控柜及配套产品的设计、生产、销售民营企业，同时也从事自动化控制系统的设计、安装、运行、维护等业务，急需大量技能人才。公司为使企业走上可持续发展之路，迫切需要吸收优秀的技术技能人才，并渗透到人力资源的开发中，就需要有能够提供企业所需人才的院校与其合作。

（二）设计技能人才培养路径

为了进一步深化工学结合人才培养模式改革，与天津正本电气股份有限公司进行校企合作，共同制订人才培养方案。在一体化教学的基础上，围绕岗位工作能力，学生第一年主要在

校内进行基础理论的学习。校内专业主干课程（"电气控制系统安装调试与维修"等）要全部进入实训场所，做到边讲边练、讲练结合、学做一体。第二年起，安排电气自动化技术专业的学生分批到天津正本电气有限公司进行为期4周的企业顶岗实习，在4周内全程参与企业的实际生产，实习由企业技术人员和学校教师共同指导，在岗实习成绩由企业和学校共同评定，企业为实习生承担意外伤害险等基本实习人员保证条件。第三年起，安排电气自动化技术专业的学生到天津市各大合作企业进行顶岗实习，由企业给学生发放"实习工资"，企业为实习生承担意外伤害险等基本实习人员保证条件。

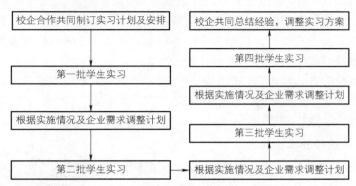

图1　企业认知实习实施方案制订调整流程图

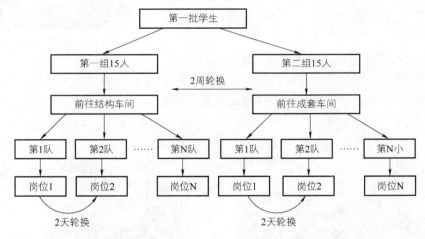

图2　学生企业认知实习岗位轮换流程图

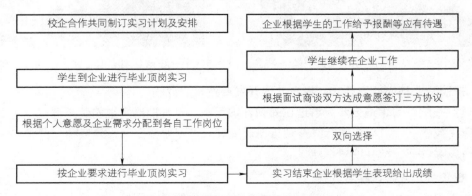

图3　学生企业顶岗实习实施流程图

（三）整合校企资源，互利共同发展

1．共同探讨人才培养规格及岗位关键能力

以自动化设备维修调试工、设备售后技术支持、程序设计人员等关键岗位为发展目标，培养熟练掌握电气自动化专业核心技术，具有良好的职业道德和服务意识，适应从事自动化设备的生产、维护、修理、质量检验与运用等工作岗位的实践能力、就业能力和创业能力的技术技能人才。

2．开发岗位能力标准，全过程引入职业素质教育

由行业、企业专家和学校教师组成教学指导委员会，共同对电气自动化技术专业核心岗位群必须具备的职业能力进行分析，根据工作任务和能力标准确定教学模块和教学内容。在职业能力标准化基础上制订或完善课程标准、技能标准。

引入企业管理机制，在学校营造良好职业氛围，全面开展职业素质教育。在学生进行顶岗实习过程中，完全按照天津正本电气股份有限公司的规章制度、生产管理制度、日常作息制度、宿舍管理制度等对学生进行管理。

3．建设高水平的校外实训基地

与企业联合建立校外实训基地的管理机制。保证校外基地充分发挥"传技育人"功能，使实训基地的建立、顶岗实习的组织、实习期间的学生管理和劳动报酬、工学结合课程的教学组织和考核、实习总结、鉴定和成绩评定等工作有章可循。

图4　校企双方领导进行挂牌仪式

4．校企合作，共育优质技术技能人才

在一体化教学的基础上，围绕岗位工作能力，探索开展"2+1"的人才培养模式。学生入学第一年主要在校内进行基础理论的学习；第二年起，安排电气自动化技术专业的学生分批到天津正本电气有限公司进行为期4周的企业顶岗实习；第三年起，安排电气自动化技术专业的学生到天津市各大合作企业进行顶岗实习。

图5　学生在认真的安装BPS机柜散热风扇　　图6　学生在认真地听取企业王洪新工程师讲解

5．按照专业核心能力要求，校企共同开发专业核心课程

通过实践的学习，进一步完善理论知识，按照把"电气控制系统安装与调试""可编程序控制器应用技术""自动化生产线安装与调试"等六门专业核心课程建成精品资源共享课程的思路进行建设，并带动其他课程建设。

6．校企合作开发课程与教材

与正本电气公司企业合作，与企业技术专家、岗位能手共同制订课标与教材。围绕项目教学法的开展，打破传统学科体系教材模式，以项目为主线编排课程内容，由项目引出相关知识点和技能点；反映当前的电气自动化技术的现状和发展趋势，引入新技术、新方法、新理念。

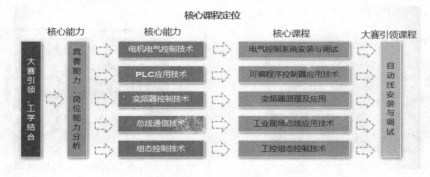

图7　电气自动化技术专业核心课程定位

图8　校企合作进行课程建设

7. 互建师资培训基地与职工培训基地

为了提升学院教师专业技术水平，同时提升企业新入职员工与在职员工的专业技术水平与理论知识内涵，校企双方经过多次洽谈，达成深层次合作意向，互建师资培训基地与职工培训基地，在院校教师赴企业挂职锻炼、企业员工岗前培训与职业技能培训鉴定等方面进行深层合作。

图9　师资培训基地挂牌及教师企业　　　　　图10　李秀梅老师对正本员工
　　　挂职锻炼培训证书　　　　　　　　　　　　　进行岗前培训

8. 联合行业，校企合作，共育师资

借助电气自动化技术专业优越的办学条件，通过与全国机械行业教育教学指导委员会、天津正本电气有限公司进行紧密合作，共同开展"电气自动化类专业教师企业顶岗培训班"，自2013年开始累计举办了三期，其中2013年共计培训来自全国各地的职业院校教师9人，2014年

全国机械行业职业教育校企合作典型案例与优秀论文集

共计培训相关教师16人，2015年培训相关教师多达41人，通过与行业协会、企业进行三年的合作，学院与正本公司总计对66名来自全国高职教育领域的教师进行了电气自动化专业教师培训，并受到了广泛的好评。

图11　校企合作开展国家级企业顶岗培训项目　　　　图12　来自全国各地的教师培训后喜获证书

四、主要成果与体会

通过"十二五"期间校企双方的共同努力，电气自动化技术专业在校企合作方面取得了一定的可喜成果。创新了电气自动化技术专业"大赛引领、赛训一体、工学结合"的人才培养模式，"十二五"期间电气自动化专业累计获得各赛项国赛一等奖8人次、二等奖4人次，获得天津市市赛各赛项一等奖14人次，达到国内一流水平；校企双方结成紧密型校企合作单位，通过订单班的组建，为电气自动化专业学生提供顶岗实习以及就业的机会；互建师资培训基地与职工培训基地，搭建起了良好的双师素质培养及交流的平台；校企合作共同开发多门专业核心课程，建设课程资源形成网络资源共享课程，合作出版教材2种；通过与全国机械行业教育教学指导委员会合作，校企双方共同承办了三届"电气自动化类专业教师企业顶岗培训班"，为来自全国各地的数十位教师提供了企业顶岗锻炼以及相互交流学习的机会，受到了各界的好评。

在未来"十三五"期间，适应"中国制造2025"战略，创新校企合作实践，服务行业技术技能人才体系建设的需求，双方还将围绕产业转型升级以及区域经济发展的需求，不断深化产教融合、校企合作，在校企合作实践中不断探索新理念、新内涵、新机制和新模式，并将在校内实训条件建设、天津市百万福利培训项目、国家中西部师资培训基地项目上继续通力协作，为职业教育做出更多的贡献。

天津机电职业技术学院——

校企合作订单式人才培养

赵之眸 钱 灵 苏 磊 闫 坤 燕骥超 王 薇

一、校企合作背景

一直以来，国内用人市场对于拥有技术和经验的网络工程人才一直处于匮乏状态，资料显示，2013年国内对此类人才的需求量高达320万。但是，虽然有如此高的需求量，可很多上市的企业却面临着招不到满意的、有经验的人才的情况。如国内一线知名的网络设备生产厂商：星网锐捷、杭州华三、华为、天融信等。他们的产品销往全国乃至全世界，为了保障其设备正常运行，厂商会招聘大量的有技术、有经验的网络工程技术人员对其设备进行维护、对客户进行运维方面的帮助。不仅如此，除了厂商以外，遍布全国的大量网络工程集成商也是对此类人才求贤若渴，其中知名企业有：神州数码、中盈优创、亚信集团、大唐电信等。同时一些不太知名的地区性网络工程集成公司也对相关人才有明显需求，这类公司在全国范围内承接大大小小的网络工程，为了保证项目质量和项目的进度，这类公司经常需要招聘技术人员去实施，维护项目。除以上人才出口外，小集成商、企业网管等对优秀的网络工程人才需求也非常巨大。近几年的人才需求布量如右图所示。

图1 网工人才分布

二、目标与思路

天津机电职业技术学院与四川育杰科技有限公司天津分公司希望通过共同探索校企合作订单式人才培养的新模式及可推广的方法，在实现企业自身对网络人才需要的同时也向所属行业及上游企业提供高质量的专业人才。

校企合作组织的技能实训，以企事业单位对网络人才的技能要求为标准，以来自现实社会发展对网络的典型需求为案例，结合现实工作对人才综合素质的要求，加以独特的教学手法，着力提高学员的专业技术能力、自主学习能力和综合素质水平，引领学员迈好踏入社会的第一步。

三、内容与特色

订单班面向学院信息技术应用系的全体学生，从中选拔勤奋好学、态度认真、勤于实践、长于思考的学生，按照用人单位人才订单的要求对其进行综合训练，使其从专业技术、实践经验、综合素质等方面全面贴合用人单位需求，实现对口就业。

订单班实训内容包括专业技术训练和综合素质训练两方面，专业技术训练涵盖了网络基础、路由交换、无线技术、服务器技术、网络安全等方面；综合素质训练涵盖了面试技巧、沟通技巧、团队建设、团队间协调配合等方面。经过实训的学员，在专业技术方面拥有设计构建小型网络、运营商网络、大型园区网络、无线网络及各种专用网络的能力；在综合素质方面具备较强的交流沟通能力以及团队内协调、团队间协作的能力。

自2014年10月，天津机电职业技术学院与育杰科技携手合作，校企双方坚持秉承"以教为本、以训为纲，提升专业技能、传授实践经验"的原则，为社会输送高素质的网络专业人才。

校企双方历经了磨合之后，进一步在学生实践训练全面提升、云课堂辅助教学项目研发、现代学徒制探索实践等方面展开更加深度的合作。

四、组织实施与运行管理

（一）组织实施

育杰科技首先根据订单企业统一的用人基本素质要求，对进入订单班的学生进行基本素养面试，通过面试的学生即可以参加订单班训练计划。在订单班第一阶段第二阶段训练结束后，育杰和订单企业会有一个联合考评机制，该机制确保学生在训练期间认真吸收各项技能。通过考评可以决定学生是否能参加订单企业。其流程图如下所示：

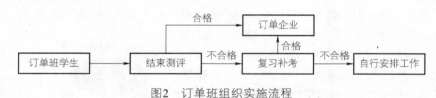

图2 订单班组织实施流程

（二）运作流程

订单班的运作流程按如下图所示：

图3 订单班运作流程

（三）实训周期

学生实训周期为4个月，分为两个阶段，第一阶段是技术训练，持续三个月，主要训练工程现场所用到的技术；第二阶段为岗前培训，持续一个月，主要训练工作中用到的综合技能。

表1 实习每周安排

	星期一	星期二	星期三	星期四	星期五	星期六	星期天
上午	技能训练	技能训练	技能训练	技能训练	技能训练	技能训练	休息
下午	技能实施	技能实施	技能实施	技能实施	技能实施	技能实施	
晚自习	知识总结	知识总结	知识总结	知识总结	知识总结	知识总结	

（上午8:30～11:30；下午13:30～17:30；晚自习18:30～20:00）

（四）实训场地

实习场地如图所示。

图4　实习场地

五、主要成果与体会

校企合作订单班自2015年开班以来，先后有百余名学员经实训合格后就业上岗，就业率达到100%。

根据每年订单企业对人才需求的数量不同而发生变化，依据订单企业当年公司的发展情况以及人才需求饱和程度而定，育杰科技到目前为止已经累计向各大企业推荐学生达500人次。

经过多年的沉淀，育杰科技建立"高端雇主联盟"。在联盟中有厂商、集成商、运营商、外企、国企等，以下是联盟部分成员的名单。所有订单企业均承诺转正以后专科学历的学生薪资待遇不低于3500元；本科学生的薪资待遇不低于4500元，部分优秀学生的薪资待遇根据实际情况不设上限。就业地点原则以学生意愿为准。

表2　中国工厂雇主联盟部分成员

中国IT雇主联盟部分成员	
思科中国	华为
微软中国	亚信集团
爱立信	三星电子
中国质量监督检验检疫总局	神州数码股份有限公司
KDDI通信技术有限公司	北京软通动力信息技术有限公司
北京华胜鸣天科技有限公司	北京电信工程局
北京同天科技有限公司	北京神州新桥科技有限公司
北京市华锐思成科技有限公司	北京爱可生通信技术有限公司
大唐电子	北京顺鸿嘉讯科技有限公司
北京蓝色星际软件技术有限公司	北京希嘉万维科技有限公司
北京恒智财富投资管理有限公司	北京亚康环宇科技有限公司
北京康邦科技有限公司	北京天地和诚科技发展有限公司
北京鸿远腾达信息技术有限公司	天帆创新（北京）科技发展有限公司
北京宏盛高新技术有限公司	北京紫金支点技术有限公司
天津金硕集团	天津先特网络系统有限公司
天津神州浩天科技有限公司	天津市天房科技发展股份有限公司
……	……

　　天津机电职业技术学院与育杰科技共同展开对现代学徒制的探索实践活动。在网络工程师订单班的实训过程中，已经有意识地加入了现场实训环节，选择部分优秀学员参与到育杰科技承接建设的网络工程项目中，使学员通过在真实工程项目环境中的学习，提升专业技术、积累实践经验，充分利用学院的教育资源优势和企业的工程项目实践优势，取得了良好的学习效果。

　　通过多年的实践，天津机电职业技术学院与育杰科技携手走过的校企合作之路是成功的，共同实现了为学生成才服务、为社会输送英才的目标。展望未来，我们还将偕同更多的企事业单位，把社会发展对职业教育的更多需求带进学院，在教学、科研、项目研发、知识成果转化等方面形成全面深度合作，共同为祖国发展贡献力量，创造更加辉煌美好的明天。

从合作到融合
创新"二三四一体化"育人新模式

王国贞　李月朋　张淑艳　赵立蕊　张惠荣　袁维义　臧胜利　赵　晓

"二三四一体化"育人模式简述。

"二三四一体化"中"二三四"的含义：充分借鉴了"双元制"和"学徒制"的优点，结合国情和校情，逐步形成了"双主体、三同步、四融合"具有现代学徒制特征的人才培养模式，真正实现了学生到员工的零距离。

图1所示"二三四一体化"中"一体化"的含义是：在明确两个主体的责任、资源供给、权益后，在人才培养时，双方开展一体化合作模式。

图1　"双主体、三同步、四融合"
的人才培养模式

一、校企合作背景

河北工业职业技术学院——国家100所示范性高职院校之一。2011年，以"优秀"成绩顺利通过教育部、财政部对国家示范建设院校的项目验收，成功跻身全国优秀高职院校50强。2012年，在教育部高职高专院校综合评比中排名第一。2014年，被教育部评为"全国毕业生就业典型经验高校"。

博世西门子家用电器集团——世界排名第三、欧洲排名第一，享誉全球的百年白色家电制造商。其产品在中国市场的占有率稳居第一。

随着业务量的扩大，集团急需大量技术服务人员，而普通应届毕业生无法满足公司对员工的高要求。博世西门子家用电器集团决定寻找高职院校合作，联合培养一批高级技术人员，为高端用户提供产品技术服务，在经过多方调查后，选定河北工业职业技术学院作为北方合作伙伴，如图2所示。

合作历程及关键节点如图3所示：

国家示范院校牵手
国际品牌公司

图2　联合办学签约

| 2012年 接触洽谈直至达成合作意向 | 2013年 达成意向协议招收第一批学员30名 | 2014年 签订正式合作办学协议全面开展合作 | 2015年 开展联合招生第一届30名毕业生顺利入职 | 2016年 第二届40名毕业生入职，第一届毕业生反馈良好 |

图3　合作历程

二、目标与思路

（一）目标

总目标：学生就业、企业用人、学校发展，如图4所示。

具体目标：

1）构建"校企一体化"合作办学机制。

2）创新校企联合招生、联合培养、一体化育人的具有中国特色的现代学徒制育人机制，实现学生到员工零距离。

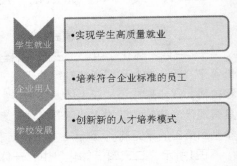

学生就业　•实现学生高质量就业

企业用人　•培养符合企业标准的员工

学校发展　•创新新的人才培养模式

图4　合作目标

（二）总体思路

充分借鉴博世西门子家用电器集团在"双元制"职业教育方面的经验，结合河北工业职业技术学院在示范建设中的先进理念，构建"校企一体化"合作办学机制，按照"责权利一致，优势互补"的原则，划分和约定双方的责任、义务和权益，通过一体化合作办学、学徒式培养，共同推进具有现代学徒制特征的人才培养模式，真正实现学生到员工的零距离。

三、内容与特色

（一）建设的基本内容

1．建立"校企一体化"合作办学运行机制（图5）

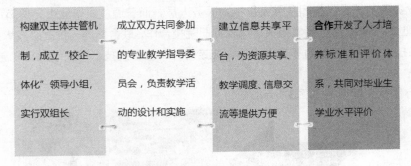

构建双主体共管机制，成立"校企一体化"领导小组，实行双组长

成立双方共同参加的专业教学指导委员会，负责教学活动的设计和实施

建立信息共享平台，为资源共享、教学调度、信息交流等提供方便

合作开发了人才培养标准和评价体系，共同对毕业生学业水平评价

图5　办学运行机制

2．创新现代学徒制人才培养模式

融合了"双元制"和"学徒制"的可行之处，逐步形成了"双主体、三同步、四融合"的现代学徒制人才培养模式，实现了学生到员工、毕业到就业的零距离。

双主体：两个独立实体构成育人共同体，双方地位、责任和义务对等。

三同步：招生计划和招工计划同步、学生身份和学徒身份认定同步、毕业时间和就业时间同步。

四融合：企业文化和学校文化融合、课程标准和岗位标准融合、学历证书和资格证书融合、学习内容和工作任务融合。

图6是以学生和准员工身份上门服务，既是实习又是工作。

图6　上门服务

3. 打造出一支既是"教师"又是"技师"的师资队伍，学徒式指导

根据校企教师的不同特点，开展补短板、促提升活动，打造出了一支理念先进、教育教学能力强的真正"双师"型教师队伍。

图7是指导教师授课及手把手、学徒式指导学生实战化训练。

图7　学生实战化训练

4. 建成了融"教、学、做"一体的"博西家用电器客户服务中心实训基地"

由学校提供场地和教学基本环境，由博世西门子家用电器集团提供产品、工具等，目前累计投入产品等价值达50余万元。图8展示的是校企共建的"博西家用电器客户服务中心实训基地"。

图8　博西家用电器客户服务中心实训基地

5．建立了基于学习成效的评价体系

创新考核评价制度，以学习成效为标准，从评"考试分数"到评"学习效果"。

（二）特色

1．层次高

合作双方代表了各自国家的水平。

一方是国家示范建设优秀院校；一方来自职业教育世界领先，"双元制"发明国德国，公司实力国际领先。

2．融合紧

双方合作融合度非常紧，从两国职教理念、校企双方文化的融合到人才培养方案制订、师资队伍、实训基地等各方面建设，在人、财、物等各方面都大量投入，形成了办学共同体。

3．成果实

经过几年的建设形成了一批实实在在的成果，很多成果具有示范性、借鉴性、推广性。如：双方合作机制、学分认定和转换办法、人才培养模式等。

四、组织实施与运行管理

校企双方成立了"应用电子技术（智能家用电器方向）专业教学指导委员会"负责教学活动的组织和实施。在具体的教学任务实施时，采用谁承担谁负责的原则。

该教学指导委员会负责教学计划的制订、教学任务的落实、日常教学检查、师生座谈、教学效果评价等。

学生的终极评价由教学指导委员会负责。

五、主要成果与体会

（一）主要成果

1．学生、企业和学校实现了三赢

学生实现了高质量就业；企业获得了满意的员工；学校的社会声誉和教学水平得到提升。

2．创新了现代学徒制人才培养模式

该模式充分吸收了德国双元制、瑞士学徒制中适合中国国情的做法，又充分考虑了中国国情和校情，形成了现代学徒制的新模式。形成了相对完善、运行良好、具有中国特色的校企合作育人机制。

3．完善了一批可供借鉴的教学文件和制度

编写了《应用电子技术（智能家用电器方向）专业毕业生培养标准》《学分转换和认定办法》及基于学习成效的评价体系等。

（二）体会

我们已经进入了一个对高等教育的需要和要求急速增长的时代。面对社会变革给高职教育带来的挑战，面对企业和考生对高职教育新的需求，高职教育工作者必须主动回应社会的挑战和需求，我们需要用新的观念去创造新的学习模式和机制。

确定合作伙伴很重要，双方利益切合点越高，资源弥补度越高，合作成功的概率越高。

在合作时，学校的态度很重要。因为学校是连接企业和学生的纽带，既要为企业和学生服务好务，又要维护双方，特别是学生的利益。因此既要讲"契约精神"又要讲"人情世故"。

数控技术品牌专业建设案例——
"校企合作，实境育人"

万晓航　王丽芬　安建良　张文灼

一、校企合作背景

河北工业职业技术学院数控技术品牌专业建设紧密围绕京津冀协同发展战略，以《中国制造2025》和《高等职业教育创新发展行动计划（2015—2018年）》为引领，以京津冀产业布局调整和产业链重构为契机，与新兴能源装备股份有限公司、中国科技集团第四十三研究所、中车集团石家庄车辆厂等企业开展深度合作，组建产教合作委员会，深入开展人才培养模式改革、课程体系改革、教学手段与方法改革，共建优质教学资源库，实施订单培养，不断提高人才培养质量。

二、目标与思路

河北工业职业技术学院数控技术品牌专业建设面向京津冀装备制造业，不断深化"校企合作实境育人"人才培养模式改革；打造"省级教学名师"侯维芝教授引领的专兼结合的数控技术国家级教学团队；以产教融合智能化、绿色化机械制造实训基地为载体，优化以职业岗位能力为导向的专业课程体系，并使中高职有效衔接，同时注重学生的可持续发展；创新设计专项技能实训项目，促进学生的可持续发展；探索产教融合校企合作实训基地建设模式；利用现代信息技术进行教学手段改革，实施项目教学；建立系统的三方评价制度，全面提高人才培养质量。

三、内容与特色

（一）校企合作体制机制建设

为促进校企深度合作，增强办学活力，依托京津冀经济圈重点发展的制造产业，由河北工院和相关企业组建数控技术专业建设委员会和就业指导委员会，机构组成如图1所示。

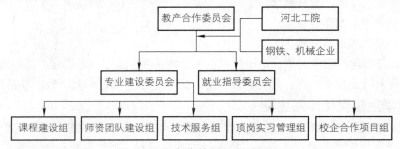

图1　校企合作体制机制建设图

（二）人才培养模式改革

为主动适应区京津冀高端装备制造业的发展，对数控技术专业人才知识、技能和素质要求的变化，进一步深化"校企合作，实境育人"人才培养模式的改革，如图2所示。

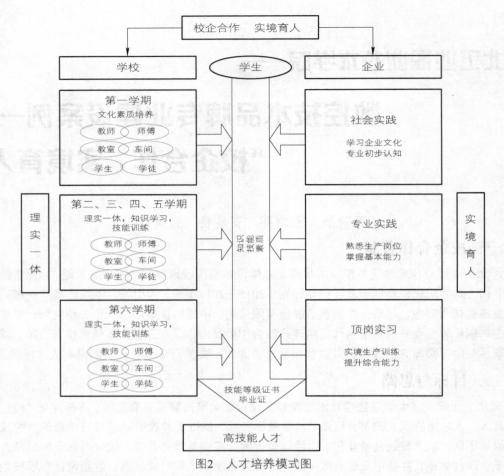

图2 人才培养模式图

（三）课程体系与教学内容改革

1. 课程体系构建

遵循"逆向设计，正向培养"的设计思路，构建课程体系，如图3所示。

2. 网络教学资源库建设

依托学院建设的"教学资源平台"，运用现代信息技术，改革教学模式，创新教学手段（如多媒体教学、网络教学、虚拟实训教学等），

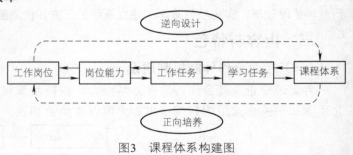

图3 课程体系构建图

提高教学效率，开发电子教学方案、电子教材、多媒体课件、专业技术规程、试题库、技能鉴定题库，收集录入能源行业技术标准、规范、规程等。为学生自主学习和教师教学准备搭建服务平台。

（四）教学质量保障体系建设

依据学院教学运行管理和教学质量监控等制度，实施全程教学质量监控，对教学运行的各环节做出明确的管理规定：教学任务安排、授课计划的制订和实施、课程教学、调课、停课、代课。对违反制度不同情节做出明确的处罚规定。在系部的组织下，由教务科、教研室实施管理，通过日常教学督导检查、听课、评教、学生座谈、实践教学检查与评价等手段对教学质量进行分析和评价，并提出指导和改进意见，及时反馈。对各类教学活动进行全方位的质量监督与控制。

（五）实践教学条件建设

1. 校内"3+1"实训基地建设

加强实践教学改革，探索校企共建"校中厂"和"厂中校"的体制机制，建成三个中心一个服务站即"3+1"实训基地。

2. 校外实训基地建设

在校外实训基地建立"企业工作站"，实现"厂中校"的功能，搭建企校合作平台，是校企合作的真实操作体现。校外实训基地建设中建立"企业工作站"创新形成校企合作模式。

企业工作站的基本构架如图4所示。

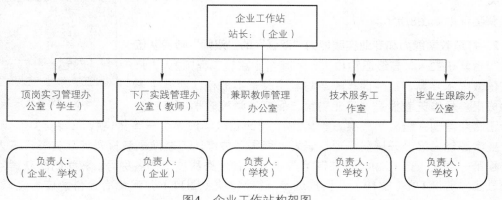

图4　企业工作站构架图

四、组织实施与运行管理

1. 建立了"三会"校企合作组织机构

河北工业职业技术学院数控技术专业与合作企业组建了产教合作委员会，委员会下设专业建设委员会、实践专家委员会和就业指导委员会。

2. 深化"校企合作，实境育人"的人才培养模式改革

通过行业、企业、毕业生跟踪调查等方式开展专业调研，深入了解京津冀地区机械行业企业高技能人才需求及毕业生就业状况，围绕不断提高学生培养质量为主题，持续在"探索途径→改革课程→强化教学设计→固化培养模式"的过程中，构建以"专业理论、职业技能、品格素养"为支撑的人才培养方案，不断深化"校企合作，实境育人"人才培养模式改革，如图5～图7所示。

图5　凌云集团调研长城汽车调研　　　图6　太行机械有限责任公司调研人才培养方案研讨

图7　课程体系修订校企合作签约

五、主要成果与体会

河北工业职业技术学院是国家示范校，经过多年的发展，数控技术专业学生遍布京津冀，并覆盖全国，在高职教育教学改革，教学团队建设，以及实训基地建设中取得了丰硕的成果。该专业群通过改革人才培养模式、构建课程体系、改革教学手段与方法、增强社会服务能力、实施订单培养以及建设优质教学资源等，实现了毕业生就业质量高，就业率高，受到用人单位的好评，在京津冀区域制造类技术技能人才培养工作中发挥着非常重要的作用。

1. 数控技术专业人才培养方案获全国高等职业教育教学成果三等奖

获奖证书如图8所示。

2. 打造教学能力和专业实践能力"双强"的"双师"师资队伍

师资队伍22人，高级职称13人，外聘企业高级工程师2人，师资队伍教学水平高，抓住课程改革与教法改革不放松，取得了丰硕的成果。侯维芝教授是"河北省第二届高等学校教学名师"，

图8　教学成果奖

教学团队获得国家级教学成果二等奖2项，河北省教学成果奖一等奖1项，三等奖3项。师资队伍专业实践能力强，开展科研项目研发，取得了成绩。万晓航副教授是河北省三三三人才培养工程第一层次人选（图9），获得第八届河北省优秀科技工作者称号。教学团队获得河北省科技进步一等奖1项（图10），科技进步三等奖3项（图11），河北冶金科学技术奖二等奖2项（图12），三等奖2项。

图9　河北省三三三人才培养工程一层次证书

图10　河北省科学技术奖一等奖证书

图11　河北省科学技术奖三等奖证书

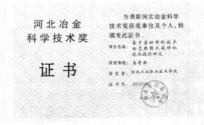

图12　河北省冶金科学技术奖二等奖证书

3. 坚持可持续发展，构建"理论和实践能力的双系统化"精品课程体系

按照职业能力培养规律，从"公共基础课、专业基础课、专业核心课"不同知识性质的要求出发，开展基于工作技能系统化的精品资源共享课程群建设。国家级精品课程"数控编程与零件加工"课程2013年转型成为国家级精品资源共享课（图13），"液压技术"建设为省级精品课程（图14），"通用机械"2015年建成院级精品资源共享课，构建成专业理论与职业技能相互支撑的"双系统化"的精品课程体系。

图13　国家级精品资源共享课　　　　　　　图14　"液压技术"省级精品课

4．校企深度合作，紧抓技术前沿，共建实训基地

根据企业需求，引进高档数控加工机床、工业机器人，校企合作，建设智能化数控加工实训基地（图15～图23），包括：数字化创新设计实训室、数控加工实训室、柔性制造实训室、数控机床故障诊断实训室、机械零件测量实训室、模态分析实训室。建成融教学、培训鉴定、技术服务、创新创业等功能于一体，具备"数字化、柔性化、信息化、智能化"智能制造特征的国内一流岗位专项技能实训基地。

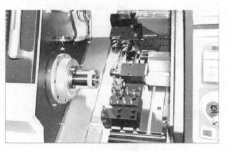

图15　强大泵业教学基地　　图16　中车车辆有限责任公司教学基地　　图17　石纺机教学基地

图18　五轴加工中心　　　　图19　数控自动化加工单元　　　　图20　车铣复合加工中心

图21　三坐标测量仪　　　　图22　加工中心　　　　　　　图23　CAM机房

5. 注重成果转化，提升技术服务能力。

针对企业急需解决的技术难题，充分发挥机电系数控技术专业优势和科研团队优势，开展校企合作，不断提高技术服务能力。

近两年主要研究项目见下表。

序号	项目名称	项目来源	年度	立项经费(万元)
1	中厚板轧机振动特性与故障诊断研究，项目编号：A201400308	河北省人社厅人才培养支持计划项目	2014	3
2	化工设备维修管理信息系统开发研究，项目编号：141131261A	石家庄市科技局科技项目	2014	25
3	基于三维可视化的化工设备管理信息系统开发研究，项目编号15210101D	河北省科技厅科技支撑计划	2015	30
4	轧制工艺对碳纤维弥散强化铜基复合材料性能的影响研究，项目编号15211018D	河北省科技厅科技支撑计划	2015	30

6. 全面提高学生培养质量，成果丰硕

经过多年来不断的教育教学实践和改革，毕业生具有良好的职业素养和岗位能力，双证取得率平均达98%以上，得到了社会的高度认可，近年来毕业生就业率保持在98%以上，对口就业率保持在95%以上，数控专业学生成为单位的技术骨干。2009届数控技术专业毕业生曹元军，在首钢股份公司工作，在每年一度的制造业盛会——中国企业管理高峰会上荣获2015年"中国精益匠人"称号（图24）。2011届数控技术专业毕业生耿海涛，现工作于中国电子科技集团公司第四十五研究所，主要从事数控加工工艺编制、数控加工、质量检验工作，他钻研业务，工作业绩突出，成为技术骨干（图25）。2010届数控专业毕业生牟晓月，现工作于新加坡，担任质量检验员工作（图26）。2010届数控专业毕业生闫桂彬在北京格瑞力德空调科技有限公司工作，从事中央空调机组研发工作，任职研发中心，担任研发部经理，荣获两届"优秀员工"称号（图27）。

图24　优秀毕业生曹元军

图25　优秀毕业生耿海涛

图26　优秀毕业生牟晓月

图27　优秀毕业生闫桂彬

深化政校企联动长效机制建设　创新校企合作育人机制

——内蒙古机电职业技术学院校企合作案例之三

李青禄　徐　智　赫尉君

一、校企合作背景

内蒙古机电职业技术学院坚持"开放、开门"和"校企携手，锻造塞外能工巧匠"的特色办学理念，联合区内外百余家企业及院校，创建内蒙古机电职业教育集团，确立理事会运作长效机制。在校企合作体制机制创新中，学院努力实现办学机制和管理机制的转型；完善校内生产性实训基地的校企一体化运行管理制度，创新校企合作模式；发挥集团化办学优势，主动适应内蒙古地区产业升级发展需要；建立专业动态调整机制，构建以项目导向为主体的专业课程体系，不断推进"校厂一体，产学结合"的人才培养模式改革。

二、目标与思路

依托于内蒙古机电职业教育集团和校企合作理事会的优势平台，内蒙古机电职业技术学院致力于走"创新办学体制机制，实现政校企深度融合"的学院特色发展道路，推进职业教育集团化办学，增强服务区域发展能力，实现职业教育集约化发展、中高职协调发展，为自治区区域经济发展做出贡献。

三、组织实施与运行管理——以制度和信息化建设为保障，巩固政校企联动长效机制

（一）校企合作制度建设

2015年，修订完善学院校企合作相关章程及制度共计15项，通过进一步梳理政校企合作管理制度，不断加强师资队伍建设和实训基地管理，鼓励教师参加企业锻炼，完善企业教学环节基本规范，将顶岗实习管理工作落到实处。制度建设强化了学院加强校企合作办学的主动性和自觉性，理清了政校企合作办学思路和工作路径，有力地推进了学院实习实训基地建设等各项工作的开展。

（二）校企合作专题网站建设

2015年，进一步加强校企合作专题网站建设工作。职教集团技能大赛期间，该专题网站作为大赛官方信息发布平台，有效提高了大赛组织实施效率。通过不断更新展示政校企合作工作的最新建设成果，促进了校际、校企的良性互动沟通，进一步推进对政校企合作体制机制建设工作的引导和协调。

四、内容与特色——政校企联动，创新校企合作育人机制

（一）加强对外合作交流

学院与中航国际股份有限公司合作，进一步拓展国际交流合作，先后为肯尼亚、加纳、赞比

亚、乌干达等非洲国家在职业教育方面提供技术支持与服务，选派教师到非洲国家实地考察，并制订、编写实验实训室建设与师资培训方案，指导实验实训室建设，设计、建设项目涉及机械、电子电工、汽车、焊接、土木、计算机6大类别、100多个实验室。对肯尼亚高教部16位大学教师进行了为期4个月的培训，对非洲30位大学校长进行了为期两周的培训。培训内容涉及公差配合与测量、普通机床加工、CAXA制造工程师软件、数控机床加工、液压与气压传动等项目。参与培训的专业教师根据培训内容编写了中英文培训教材，并全部用英语授课。学院还先后派出10位教师到肯尼亚大学授课，先后为肯尼亚培训专业教师427人次，对促进非洲职业教育的发展做出了贡献。

（二）专业教师深入企业进行社会服务

以职教集团和校企合作理事会为平台，学院专业教师主动深入企业，依托学校和企业的科研资源，与企业合作开展实用技术研究和科研攻关，累计立项科研项目40项。专业教师主动到企业一线锻炼，提高了实践教学能力，培养了一批"双师"素质教师。建立了兼职教师资源库，从企业选聘兼职教师198人，提高了实践教学质量。专业教师与企业合作开发专业核心课程57门，合作合编工学结合的专业核心课程教材52部，使课程内容更加贴近企业的工作实际。

五、主要成果

1. 汽车维修技术中心正式启动

2015年10月，内蒙古机电职业技术学院采用"引企入校"的合作新模式，与内蒙古利丰企业集团有限公司合作建立了"内蒙古机电—利丰汽车维修技术中心"，构建校企深度融合发展的新平台。实现学生专业能力培养与岗位的零距离对接，引进企业整体经营管理模式、企业文化等，实现校企共赢。学院根据教学计划，阶段性地将学生送到企业实习，企业技术人员直接参与实践教学，学生直接参与产品生产与检验等全过程，实现教学、实习、培训全真化，进一步促进现代学徒制的建立。通过师傅带徒弟的模式，打通和拓宽人才培养和成长通道，全面提升技术技能人才的培养能力和水平。

图1　郝俊副院长代表学院与利丰集团
签订校企合作协议

2. 国内首个智慧旅游产业产学研孵化基地落户

2015年10月，内蒙古机电职业技术学院与呼和浩特市旅游局、内蒙古中商国际旅行社共建"智慧旅游孵化实训基地"。该基地是国内首个智慧旅游产业产学研孵化基地，是智慧旅游创新体系和现代服务业创新的综合服务平台。基地占地约650m²，陆续投入近300万元，由"智慧旅游+住""智慧旅游+食""智慧旅游+行""智慧旅游+游"和智慧旅游呼叫中心等模拟实训室组成，配备了自助旅游体验终端、多媒体教学、智慧酒店前台、客房、餐饮等实训设施，以及智慧导游、旅行社管理等软硬件设备。孵化基地将借助中商国旅资源优势，提升旅游专业实习实训水平，实现教育教学与工作岗位零距离对接。

图2　张铭花副局长、张美清院长、
邢志艳总经理共同开启政校企共建
智慧旅游孵化实训基地启动仪式

3．以职教集团年会为契机，建立政校企深度沟通机制

2015年5月，按照职教集团和校企合作理事会的年度工作计划要求，学院积极开展校企合作论坛等专题活动，举办"内蒙古机电职业教育集团2015年年会——中高职衔接座谈会暨校企合作论坛"，加强与理事会和职教集团各成员单位的交流，收到很好的社会效应。

（1）年会活动之一——校企合作论坛。

2016年5月28日，内蒙古机电职业教育集团2015年年会活动之一——校企合作论坛在内蒙古机电职业技术学院举行。集团成员内蒙古大唐国际再生资源开发有限公司、武汉华中数控股份有限公司、内蒙古利丰企业集团有限公司等单位代表分别作了大会交流发言。内蒙古机电职业技术学院教务处处长李文博发表了题为《校企合作是职业教育发展的必由之路》的交流发言，介绍了内蒙古机电职业技术学院校企合作模式的探索与创新之路，通过深化校企合作，助推职业教育发展，才能培养出适应企业和社会需求的技术技能人才，提升其培养质量。

图3　内蒙古机电职业教育集团2015年
年会活动之一——校企合作论坛

（2）年会活动之二——中高职衔接座谈会。

2016年5月29日，内蒙古机电职业教育集团2015年年会活动之二——中高职衔接座谈会在内蒙古机电职业技术学院举行。集团成员单位内蒙古机电职业技术学院、乌兰察布职业学院、呼和浩特市商贸旅游职业学校、呼和浩特市和林格尔县职业高级中学、包头机电工业职业学校、包头机械工业职业学校、包头财经信息职业学校、乌海市职业技术学校、巴彦淖尔市职业技术学校、杭锦后旗职业技术中心、赤峰市松山区职教中心、赤峰市华夏职业学校、扎兰屯市职业高级中学等来自全区各地中高职院校的主要负责人共聚一堂，围绕中高职如何有效衔接进行广泛深入探讨，就中高职衔接的方式、方法和模式各抒己见。

图4　内蒙古机电职业教育集团2015年
年会活动之二——中高职衔接座谈会

内蒙古机电职业技术学院将继续发挥国家骨干高职院校示范引领、辐射带动作用，对中高职衔接做出总体设计和规划，建立全区基地，进行示范性教学，为构建现代职教体系做出有益探索，从而推进现代职教体系构建进程。

内蒙古机电职业技术学院——

现代学徒制试点工作的探索与创新

武艳慧　刘敏丽　关玉琴　刘志文　武俊彪　陈启渊　雷　彪　王荣华　吕名伟

一、校企合作背景

2015年8月内蒙古机电职业技术学院被教育部批准为现代学徒制试点单位，为积极推行现代学徒制试点工作，学院机械制造与自动化专业结合前期对合作企业的调研和遴选，最终确定与呼阀科技控股有限公司合作实施现代学徒制培养模式。

二、目标与思路

为构建了校企双主体的育人机制，真正实现校企一体化育人。内蒙古机电职业技术学院与呼阀科技控股股份有限公司多次就现代学徒制培养模式的实施、课程体系的构建、教学设计、教学考核评价等方面进行了座谈和研讨。经过近一年的努力，校企共同构建了"学校课程+企业课程+校企联合课程"的现代学徒制课程体系，明确了教学实施过程中的责任主体、组织形式及考核评价方式等，制订了现代学徒制人才培养方案。

三、内容与特色

（一）校企共同构建"学校课程+企业课程+校企联合课程"课程体系

校企双方结合机械行业岗位、任务、专业课程对应关系，以机械零部件加工工艺编制能力、机械零件加工制造与检测能力、机电设备安装调试与维护维修能力为核心，构建了"学校课程+企业课程+校企联合课程"的课程体系。根据行业标准共同制订课程标准，确定训练项目，将企业的生产任务转变为学生的学习内容，并按照企业员工的技能要求开展学生的实践技能培训。

1．学校专业课程

在校内开设"机械识图与绘图""公差配合与技术测量""机械设计应用""液气压控制""三维建模与加工""电工电子技术应用""机床电气控制与PLC应用"7门专业基础课程及专业课程。

2．企业专业课程

在企业开设"识岗实习""零件测绘与检测""产品压力检测及性能试验""顶岗实习"4门企业课程。

3．校企联合课程

校企联合开设"典型零件普通加工""典型零件数控加工""机电设备装配与维修""专业综合实训"4门专业课程。其中"典型零件普通加工""典型零件数控加工""机电设备装配与维修"在学校进行专业理论知识学习以及基本技能训练，在企业进行跟岗训练提升专业技能"专业综合实训"以企业实际项目为载体，学徒亲历工程图绘制、工艺与数控程序编制、零件加工与检测以及产品装配等工作流程。

（二）合理配置教学资源，校企对接实施现代学徒制培养模式

为降低现代学徒制运行与管理成本，学校课程和校企联合课程部分内容依托技能大师工

作室和实训室，充分利用学校资源，引进企业科研项目与生产任务，校企双导师完成校企联合课程的教学工作。4门企业课程和校企联合课程实践操作内容在呼阀科技控股股份有限公司进行。现代学徒制培养模式见图1。

图1　现代学徒制培养模式图

四、组织实施与运行管理

（一）校企联合成立本专业学徒制工作小组

在专业建设指导委员会的指导下，联合合作企业，由职教专家、企业人员、专任教师组成学徒制工作小组，一方面，负责人才培养方案的制订、专业课程的建设、教学方法的创新、学生学业的考核评价、教学管理与质量监控评价体系建设等内容；另一方面，负责选派优秀的技术工人担任学生的师傅。

（二）试点班的选取与组建

在与呼阀科技控股股份有限公司签订了现代学徒制人才培养合作协议的基础上，在2015级专业班级中经自愿报名、择优推荐、企业面试等方式遴选20名学生成立了2015级机械制造与自动化专业现代学徒制试点班，组织签订了学校、企业、学生三方协议，并在呼阀科技控股股份有限公司隆重地举行了开班仪式。现代学徒制校企合作协议签订与试点班开班仪式见图2。

图2　现代学徒制校企合作协议签订与试点班开班仪式

（三）现代学徒制课程体系的实施

第一学期主要在学校进行公共课程和专业基础课程学习。

第二学期开设两周企业课程"识岗实习"和"零件测绘与检测"。"识岗实习"使学生（学徒）了解企业概况、企业文化、生产设备、生产管理、工艺流程、安全生产等基本情况；培养学生（学徒）安全意识、环保意识与团队协作、沟通协调能力，养成热爱劳动、不怕苦、不怕累的工作作风。"零件测绘与检测"通过对蝶阀D343W-16P/GKD962X-2.5C产品各零件的测量及产品图的绘制，让学生（学徒）按照标准的检测过程对零件进行综合检测，使学生（学徒）能够熟练掌握基本测量工具的使用，培养学生正确绘制产品图与识图能力，同时培养学生（学徒）认真负责、严谨细致的工作态度和工作作风。企业课程学习图片见图3。

第三、四、五学期，以自然周为单位按照1:1的比例安排学生在学校和合作企业进行专业知识学习和基本技能训练，学生将会接触到车削加工、铣刨磨加工、设备维修等工作任务，在专业知识、职业素质和技能培养等方面达到预期目标。

第六学期安排学生以员工的身份进入合作企业进行顶岗实习，全方位熟悉相关岗位能力的工作要求，为更好地走上工作岗位、更快适应社会奠定基础。

图3　企业课程学习图片

（四）学徒管理与指导

实施"双导师"制，学生在学习期间全程接受学校和企业的双重管理，企业和学校共同评价考核。在校学习期间，企业要派遣技术人员担任兼职教师，指派能工巧匠担任学生的师傅，与专任教师一起，全程参与学徒班级的理实一体化课程教学；在企业学习期间，由企业教师担任学生的师傅，专任教师负责学生的日常管理。同时校企合作组织各类技能竞赛并设立各类奖学金、助学金，激励学生学习专业知识和技能，为企业储备人才。

（五）课程考核与评价

改革以往学校自主考评的评价模式，将学生自我评价、教师评价、师傅评价、企业评价相结合，分别对学校课程、企业课程和校企联合课程进行考核。

1．学校课程考核与评价

学校课程的总评成绩由结课考核成绩和平时成绩综合进行评定。考试课程按百分制记分，结课考试成绩占总评成绩的50%，平时成绩占总评成绩的50%；考查课程按优、良、中、及格、不及格五个档次记分，结课考核成绩评定以过程控制为主，由任课教师综合评定，其成绩结合课堂出勤、平时作业、小测验、实验报告、课程总结、笔试、口试、答辩、上机操作等综合衡量。

2．校企联合课程考核与评价

校企联合课程采用项目导向与任务驱动的教学模式，以职业能力培养为目标，以学生为主体，充分调动和发挥学生自主学习兴趣，考核采取"结课考核+过程考核"的方式，结课考核占30%，过程考核占70%。过程考核按照项目与任务分别考核，考核时依据学习态度、知识技能、成果或报告等进行评价；在课程结束后，由专兼职教师根据课程的教学目标进行命题，完成结课考核。

3．企业课程考核与评价

本环节由校内指导教师和企业师傅按照校企共同制订的《教学质量监控与评价制度》，结合学生（学徒）在生产实践中的工作态度、工作业绩、技能水平、实习报告完成情况，按优、良、中、及格和不及格五级记分制评定成绩。

五、主要成果与体会

（1）通过"现代学徒制"的探索与创新，有力地推动了课程体系的改革，教学方法更加符合职业教育的特点及学生认知规律，使学生的技术技能更加贴近企业生产岗位的需要。

（2）激发了学生的学习兴趣与学习积极性，改变了以往教师教课难、学生学习难的局面。

（3）依托技能大师工作室，对外承接专业相关项目，开展社会服务与培训，拓展专业相关业务，以真实项目通过传帮带承担教学职能，探索创新"现代学徒制"人才培养模式，降低了现代学徒制培养模式实施成本。

紧贴支柱产业　依托科技平台
校企共育技术技能人才

—— 以温职院浙江省温州轻工机械技术创新服务平台为例

王向红　余胜东　马金玉　苏绍兴　陈大路

一、校企合作背景

浙江省温州轻工机械技术创新服务平台经浙江省科技厅批准于2011年11月建立的从事轻工机械领域技术创新服务与成果转化的科技创新服务平台。该平台由温州职业技术学院牵头组织实施、浙江大学（龙湾）食品与制药装备技术转移中心和华中科技大学温州先进制造技术研究院共同参与建设，面向温州轻工机械（包装机械、食品与制药机械、制鞋机械）生产企业开展服务。

平台立足温州地区，辐射周边各市，为企业、创业者和相关机构提供轻工机械研发和推广、检测试验、咨询培训等方面的全方位的一站式服务，包括①为企业提供技术创新、产品开发、工艺开发与机械零件表面强化服务。②为企业提供成果转化与应用服务。③为企业提供产品质量检测、品牌建设和企业标准制订服务。④为企业提供人力资源培训和人才引进服务。⑤为企业提供信息咨询服务。

图1　浙江省温州轻工机械技术创新服务平台

平台建设本着"整合、共享、服务、创新"的宗旨，以"政府搭建平台、平台服务企业、企业自主创新、创新推动升级"为指导思想，结合浙江省温州轻工机械行业现状，坚持"立地式"研发，服务温州企业特别是中小微企业的发展需求，走出一条高职院校推动科技创新与产业发展紧密融合的新路子，探索了整合校企资源、保障产学研一体的实践教学基地有效运行的新机制，为培养技术技能型人才打下坚实的基础。

二、目标与思路

高职教育产学研结合体现在人才培养的目标定位上，是培养科学技术向现实生产力转化的专门应用型人才,即高职教育培养的学生不是一般的操作工,也不是基础性的研究工作者,应该是既能动手,又能动脑的技术应用型人才。高职教育的根本目的是让人学会技能和本领,技能/技术型专门人才在教室里是教不出来的,以教室为主的校园形态适用于知识的传授,而不适应技能的训练,学会技能的基本路径是加强实践性教学;再者根据当前高职学生的生源特点,学生不适合长时间在教室里传授知识,专业课最合适的教学模式是"教、学、做"一体化,所以科研平台是适应高职专业教育的理想场所。

现代高职教育要求融入企业文化,对接区域产业,将理论知识学习、职业技能训练、实际工作经历三者结合起来,要有真实的工作环境体验和融入,以研发平台为依托,以企业真实项目为载体,开展学生毕业设计的"做、展、评、聘"。平台通过与企业项目对接,为学生提供企业真实项目作为毕业设计课题;学生在平台科研人员和企业技术人员的双导师指导下,完成毕业设计任务,培养学生的动手能力和解决实际问题的能力,提高学生的就业水平,达到校企共育技术技能人才的目标。

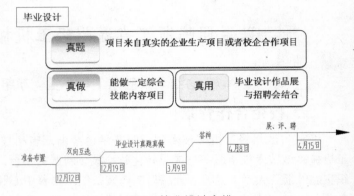

图2　毕业设计安排

三、内容和特色

毕业设计是实现培养目标的重要教学环节,是教学过程的最后阶段,是学生实现从学校学习到岗位工作的过渡环节。从知识角度考虑,通过毕业设计,可以使学生对所学的基础理论和专业知识进行一次全面、系统地回顾和总结,起到巩固、扩大、加深已有知识的重要作用。从能力角度考虑,通过毕业设计,可以培养学生的开发和设计能力,提高学生综合运用所学知识和技能,去分析、解决实际问题的能力,也是培养学生创新能力和创业精神的重要实践环节。从素质角度考虑,通过毕业设计,掌握正确的思维方法,增强事业心和责任感,促进学生建立严谨的科学态度和团结协作的工作作风。因此通过依托科研平台指导学生毕业设计,通过三个"对接"能够实现校企共育技术技能型人才。

自2010年起,平台承担对应专业学生第六学期留校完成以真实项目为主的毕业设计,由校企双师共同指导两个月以上。在学生完成毕业作品后,参加学院主办的"做、展、评、聘"相结合的毕业作品展暨就业招聘会,并且聘请行业协会和企业专家给毕业作品打分。已有学生毕业设计作品成功获得授权发明专利,也有直接转化成了企业生产和销售的商品,赢得企业高度认可,2015年有539名学生在正泰、德力西等知名企业成功就业。

图3　"做、展、评、聘"现场

（一）科研机构对接企业项目

平台结合行业发展中遇到的关键技术难题，设计一批攻关项目，解决一批技术难题，采用委托研发、联合攻关等多种形式，为企业提供技术创新、产品开发、工艺开发、机械零件表面强化服务等，如多轴工业机器人、基于送料机械手的全自动车床、多孔多角度自动化钻攻设备、各种工具刀具模具精密零配件等镀多种超硬膜层等，为学生提供企业真实项目作为毕业设计课题。

（二）平台科研人员和企业技术人员双导师对接学生

指导学生毕业设计采用平台科研人员和企业技术人员相结合的"双导师"制度。实行"双导师"，旨在让校外导师与校内导师共同配合，针对同一名学员的教育培养，运用其各自所擅长的理论知识或实践经验，双渠道对学员进行学术指导或实践训练，实现导师知识、能力和优势的互补，从而强化技术技能人才的培养，不断提升技术技能人才的创新能力和应用能力。

一方面平台将科研人员培养与指导学生毕业设计有机结合起来，充分发挥平台科研人员的引领作用，平台为科研人员提供指导学生所需的必要的工作条件，同时明确科研人员带学生毕业设计的任务，即以平台科研人员指导学生毕业设计为载体，提高平台科研人员的综合应用能力，又可以提高高职学生毕业设计的质量；另一方面企业技术人员在生产工艺和企业需求等方面为学生毕业设计提供指导，使学生毕业设计更贴近企业生产实践。

（三）项目对接学生毕业设计课题

毕业设计留校实施"做、展、评、聘"。学生第六学期留校毕业设计，校企双师共同指导两个月以上，选题来源于企业项目、校企合作项目或科技服务项目，项目即毕业设计课题，学生进入平台科研人员的研发工作室，让学生有开阔面向产业发展的长远眼光，在参与研发的过程中逐渐让学生形成创新的思维和研究的方法，从而培养学生的动手能力和解决实际问题的能力，提高学生的就业水平。

图4　部分学生毕业项目

四、组织实施与运行管理

加强产学研结合，高职院校与企业能否长期合作，取决于能否寻找与把握到双方利益平衡点，高职院校在现有政府的产学研鼓励政策下，积极探索体制机制改革，校企通过建立合作组织机构，健全和完善运行管理制度，明确校企双方合作期间的责任权利及相应的规章制度，尤其是明确企业在学生顶岗实习过程中的教学功能，通过签订校企合作协议书规范各自的职责。

学院出台了《应用研究与技术服务机构暂行管理办法》等相关文件，给予机构负责人副处级待遇，并提供经费和岗位津贴支持，要求机构团队将科技服务项目与学生毕业设计相结合，在技术研发和社会服务中培养学生实践能力和综合素质。

五、主要成果与体会

（一）平台建设期间，工艺开发、产品开发、成果推广等技术创新服务工作成效显著

平台研发人员获得国家发明专利28余项，实用新型专利72项；帮助企业创办14个研发中心，承担国家自然基金项目5项，省、市级的纵向科研技术项目58项，经费总额超过200多万元，承担横向科研项目137项，经费总额超过2 900万元，举行技术交流活动20次；开设各类培训班35次，培训4 133人；帮助企业制订和修订标准16项；为企业增加上亿元的经济效益。2015年6月至今，本团队与地方、企业的合作项目16项，总经费220多万元；在聚合物材料及表面改性方面鉴定验收科研成果1项；发表论文16篇，其中被SCI收录10篇。产学研合作的省科技重大专项近10项，获得专利20项，授权发明专利4项，实质审查发明专利3项，服务了10家企业，技术帮助4家，获得30万创新券。

图5　校企合作协议签订

（二）在校生专业综合实践能力和社会能力明显提升

近三年学生技能竞赛获得国家一等奖12项，省一等奖及以上33项；学生毕业设计作品"工业机器人辅助电气产品自动化装配系统"获2016年"挑战杯-彩虹人生"全国职业学校创新创效创业大赛一等奖，并授权发明专利三项。2013年获得团中央西部计划办的2012—2013年度大学生志愿服务西部计划优秀等次项目办。

图6　在校生社会实践

（三）毕业生就业竞争力增强。

近三年制造大类新生报到率逐年提高，2013年上升到98.66%，毕业生就业率均在98%以上，企业对毕业生的满意度均达到98%以上，毕业生进名企率均超过30%。自动化专业2015届毕业生，阮潮波、叶文雷等同学进入某公司研发部，第一年月薪5 000元，更有同学毕业工作三年不到，已是30万年薪。

产学研合作是一个经济和技术相结合，市场、技术、资本和经营管理等相融合的复杂过程。它的合作是互惠互利、共谋发展的，平台利用研发人员研发的新技术新产品或通过专利许可转让给企业等，由企业为主体进行产业化和市场开发，或者"让企业家、产业界出题，由平台科技人员带领学生破题"，共建创新实体，让科技成果转化为现实生产力。

基于现代学徒制的"双基地、分阶段"企业订单人才培养实践

刘正怀　杨杭旭　戴欣平　戴素江　陈天训

一、校企合作背景

"中国制造2025"提出：坚持把人才作为建设制造强国的根本，建立健全科学合理的选人、用人、育人机制，加快培养制造业发展急需的专业技术人才、经营管理人才、技能人才。技术、技能型人才培养离不开企业的积极参与，我国《职业教育法》要求各职业院校要不断完善和细化校企合作、工学结合人才培养模式的相关规章制度。

众泰控股集团是区域内民营汽车整车制造企业，有着企校合作育人的强烈需求。2010年5月，金华职业技术学院与众泰控股集团共同成立了"众泰汽车学院"，校企双方本着"资源共享、优势互补、责任共担、互惠双赢"原则开展深度合作，开展汽车制造技术技能人才的订单培养合作。

"现代学徒制"是推进校企合作的一项育人模式。通过实施现代学徒制，促进了众泰企业主动参与订单人才培养全过程，推动了职业教育体系和就业能力体系互动发展，打通和拓宽了技术技能人才培养和成长通道，产教融合、校企合作，工学结合得到了进一步深化，人才培养特色进一步显现。2015年，学院众泰汽车学院的汽车制造与装配技术专业被列为教育部现代学徒制试点专业。

二、目标与思路

（一）目标

汽车制造与装配技术专业众泰订单班（下称"众泰班"）重点培养面向众泰汽车制造一线，培养具有良好的思想品质和职业道德，能运用汽车结构、汽车制造与装配工艺等知识，会整车装配作业、过程检验及部品检验、装配工艺设计、企业生产管理等，具有责任意识、创新意识和可持续发展能力的高素质技术技能人才。

（二）思路

根据学生的职业成长规律，结合"双基地轮训、分阶段培养"课程教学需求，构建校内基于认知的课程专项实训以及校外基于"认识实习——分类轮岗——顶岗实习"三段式实践教学体系。实践教学体系模块化设计，汽车装配、调试技术复杂程度逐渐增加，知识运用逐步综合，能力培养逐步提高。

通过校、企、生三方签订培养协议，实行现代学徒制培养方式，目的是为了加强学校教学与企业实践的联系，培养针对性人才，稳定学生就业思想，做到真正校企共赢。

三、内容与特色

（一）校企联合招生，签订校、企、生三方协议

根据企业人才需求，校企双方共同编制招生要求和计划，参与招生的面试环节，在提前招生批次中招收订单班学生，实现招生即招工。为明确众泰班人才培养各方的权利和义务，要求学生在报考众泰班时要与众泰企业、学校签订三方协议书，协议书中明确校、企、生的权利与义务。学生除享有普通在校生的权利以外，还享有众泰奖助学金、实习工资和保险、工装、销售提成和就业后的优先发展机会等权利，同时履行接受"双基地、分阶段人才培养"方式，毕业后在众泰下属企业至少服务2年的义务，企业给予学习期间的学生"准员工"的待遇。

（二）"双基地、分阶段人才培养"，企业全程参与人才培养过程

高职教育传统的人才培养过程大多为"2.5+0.5"，即两年半在校学习，半年到企业顶岗实习的培养过程，学校教学与企业需求易脱节。真正的合作培养应该是全过程的，在人才培养方案制订时，合作企业就应该主动参与，与学校共同制订培养目标和课程体系；培养中，专业认知、职业道德、综合项目教学、实训、毕业设计和顶岗实习等都离不开企业这一主体。因此，将人才培养过程可分为"基本知识和技能培养、综合项目知识和技能培养、岗位综合知识和技能培养"三个阶段，实行"分阶段"培养：基本知识和技能培养、综合项目知识和技能培养两个阶段，以学校为学习基地和主体，合作企业协作；岗位综合知识和技能培养阶段，合作企业为学习基地和主体，学校协作。

"双基地"是指校内和众泰企业的校内外学习基地，校内建有以众泰车型为主的校内实训基地，众泰企业承诺每下线一款新型汽车，优先向校内基地提供1～2辆新车作为教学用车，共同开发教学项目，使教学紧跟众泰企业产品技术发展。此外，企业除给予学生上线实践安排以外，企业在厂区内建有实践生产线和培训教室，可以很好地满足"校外基地教学化"的要求；企业参与校内部分专业课程内容的教学，开设专业技术讲座和企业文化讲座；实施校企"双班主任""双专业带头人"制度，弥补管理和学业指导中存在的真空现象。只有校企双基地、双主体科学合作，才能培养出行业企业真正需求的高质量人才。

众泰班"双基地、分阶段人才培养"过程

时　　间	校内阶段安排	校外阶段安排	备　　注
第一学期	校内公共课程学习	企业认识实习	企业认识实习安排在学生军训以后（时间1周），目的在于了解企业的文化，了解未来工作环境、岗位
第二学期	校内公共课程学习以及汽车发动机、电气等前导专业课程学习	企业岗位体验实习	企业岗位体验实习安排在学期中（时间1周），在学了几门专业课程基础上到企业进行岗位体验、重点围绕总装岗位进行
第三学期	汽车底盘、汽车车身等专业课程学习	一阶段轮岗（弹性学分制）	该阶段分类轮岗与二阶段轮岗实行弹性学分制（一、二阶段轮岗可2选1，要求学生完成4周轮岗，并通过企业岗位实践考核），该阶段轮岗主要集中在教学周后三周+寒假一周（共4周时间），轮岗开始前完成定导师、顶轮岗岗位
第四学期	汽车性能检测、汽车制造装配工艺等课程学习	二阶段轮岗（弹性学分制）	该阶段分类轮岗主要集中在教学周后三周+暑假一周（共4周时间），轮岗开始前完成定导师、顶轮岗岗位
第五学期	专业拓展课程学习	定岗实习、毕业设计	校内完成6周专业拓展课程学习，确定毕业环节课题，最后到企业定岗实习
第六学期	/	毕业实习	众泰企业岗位毕业实践，在校内和众泰基地导师的共同指导下，学生结合岗位完成毕业设计（论文）

双基地轮训实施图如图1。

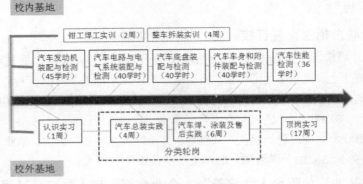

图1 众泰班双基地轮训实施图

（三）"师徒结对"，现代学徒制培养企业针对性人才

学徒制是在实际生产过程中通过师傅的言传身教，使徒弟获得知识、技能及经验的教学模式。众泰班的现代学徒制培养方式，首先体现在对师傅选拔要求的严格上，师傅除了必须技术精湛以外，还需有职业操守，热爱岗位工作，懂得教育教学的基本规律；其次，除了给每位学生安排企业师傅外，也安排校内具有较强工程能力的专业老师担当学生的校内师傅，且不同学习阶段安排不同的校内外结对师傅，使学生博采校内、校外众师傅所长；第三，师傅对结对学生的指导是全过程的，学校专门开发了现代学徒制微信应用，在系统中师傅与徒弟可以随时随地沟通，学校和企业对师徒开展定期考核。

四、组织实施与运行管理

为保证现代学徒制正常实施，学院开展了"四方选择、三段结合、双线管理"的现代学徒制实施与管理制度。

"四方选择"是指学校选择合作企业、企业选择师傅、学生选择企业与师傅、师傅选择徒弟等四个方面的选择，通过"四方选择"，学校与企业、学徒与师傅进行充分沟通，促进相互了解。"三段结合"是指根据岗位能力培养规律，将岗位能力培养大体分为"专业认识实习""分类岗位轮训练"和"顶岗实习"三个阶段，这三个阶段贯穿于学生的整个学习过程，学习内容由认知到熟练，由专项到综合，学校学习内容与企业学习内容相互关联。"双线管理"是指学校对学生的管理、企业对师傅与学徒的管理二条管理主线，使学校和企业的管理职责更加明确，强化了校企之间的沟通与联系，保证现代学徒制实施效果。实施路线如图2。

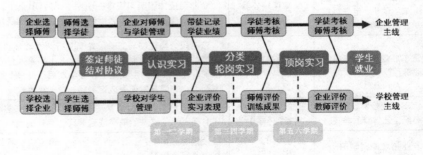

图2 现代学徒制实施框图

同时，为适应现代学徒制的开展，对专业课程体系和实践教学体系进行优化，满足现代学徒制的开展与考核的要求。学生可根据所选职业方向，有意识、有针对性地进行学习，提升岗位职

业能力。"双线管理"不是割裂学校管理与企业管理,而是使二个主体管理职责更加明确,在实施过程中还需校企双方经常性的沟通与联系,以保证现代学徒制实施效果。

五、主要成果与体会

(一)人才培养方式获学生和企业认可

从2012级开始,众泰班开始了校企联合招生并签订校企生三方协议的招生方式,至今已招收5个批次225名学生,培养了2个批次共90名毕业生。三方协议固化了三方的权利和义务,同时开展现代学徒制培养试点工作,企业更多地介入人才培养过程,与学校一起共同关心学生成长,学生的专业思想、学习实践态度得到了进一步稳固,对自己的"众泰准员工"身份认同度有了明显的提高,在众泰集团就业的仅2015届毕业生就有20余名已成为班组长、段长等一线骨干,企业对学生的满意度有了很大的提高。

(二)相应配套的管理制度和机制不断得到充实和完善

在众泰班"双基地、分阶段"现代学徒制培养过程中,制订了《"现代学徒制"管理细则》《实习导师管理规定》《师徒结对协议书》《现代学徒制实习安全注意事项》等管理制度,制订了《师徒结对任务书》《学徒评价表》《拜师卡》等管理量表。

(三)"双基地、分阶段"现代学徒制人才培养改革配套教学得到进一步完善

对专业人才培养课程体系、教学内容、教学评价等进行了相应改进,减少了专业知识、技能教学与众泰企业生产及管理上的冲突与脱节现象。

(四)"双基地、分阶段"现代学徒制人才培养获得教育专家及教育主管部门的认可,2015年被批准为教育部现代学徒制试点专业

携手高端品牌，寻求集群效益

张美娟 冯 渊 沈明南 吕 玫 陈晟闽 刘冬威 宋睿智 邱 平

一、校企合作背景

（一）汽车在中国的发展出现了量变和质变的飞跃

2012年，中国汽车产量连续第四年蝉联全球第一，德系车市场份额首超日系车。德系大众、奥迪、宝马、奔驰、保时捷五大品牌汽车在中国的销量逐年增加，图1为2011年和2012年德系五大车企在中国的市场销量及增长率。

图1 2011和2012年德系五大车企在中国的销量情况

近年来，中国市场的汽车质量和技术复杂程度也有了很大的飞跃，对汽车服务人员的素质要求越来越高，汽车技术人员不能适应汽车技术的发展，出现了车辆在维修厂搁置4个月也无法修理的现象和图2中的现象。

（二）中国职业教育面临改革

2011年初，德国汽车生产商在保时捷经销店对中国新毕业的汽车领域学生进行了调研，调研结果如图3所示，中国式职业学校培养出的学生能力在50以下，全部不及格。

2012年9月开始，无锡职业技术学院作为第二批10所合作院校之一，参加了由中国教育部副部长鲁昕、五大汽车厂（奥迪、宝马、奔驰、大众、保时捷）和德国国际合作机构（GIZ）共同推出的国际化校企合作项目—中德汽车机电合作项目（SGAVE），

图2 不满汽车售后服务的豪车车主怒砸汽车

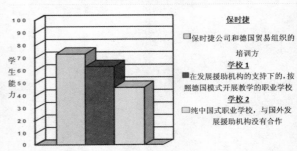

图3 不同教学模式下的学生能力分析图

以此为契机，学校进一步加强与汽车厂商和长三角地区一群高端品牌企业群合作，共同在人才培养模式、课程大纲、教学内容、考核评价等方面开展本土化研究，培养卓越技术技能人才，以满足汽车服务市场对高素质人才的需求。

二、目标

通过与汽车生产商和长三角地区一群高端品牌企业群合作，调整汽车技术技能型人才的培养方案，提高汽车机电技术人才职业教育的水平，使之适应现代汽车技术的需求。

三、内容与特色

（一）主要内容

1．"分阶段，多岗位"训练的"2+1"工学结合人才培养模式

学生在校累计学习2年，校外累计实习1年，共计3年。第3学期至第6学期分别有20%、30%、70%、80%的学时到企业分阶段实习，工学交替，如图4所示。

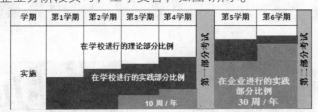

图4　教学进程安排表

2．开发具有国际水准的"三导向"课程大纲和教学内容

课程大纲和内容具有"以客户为导向、以实践为导向和以能力为导向"的特点。教学内容紧跟国际汽车技术发展趋势，均是来自企业的客户问题，毕业生正是要解决客户的问题，目的性很强，教学内容与工作内容高度融合。

3．企业参与学生的校外实习管理和培训

学校通过召开信息日活动，向经销商发布学生生源地、实习安排、实习要求等信息，开展专场招聘会，确定实习单位。实习期间，校内外教师共同管理学生，企业师傅负责辅导学生的工作任务和学习任务，并对其表现评价，校内教师负责定期跟学生、企业师傅和人事经理进行沟通，确保"分阶段"的校外实习顺利进行。实习各环节部分场景如图5所示。

经销商赴学校参加信息日活动

奔驰来校招聘实习生

保时捷中心来校招聘实习生

学生在保时捷中心实习

学生在奔驰实习

学校教师定期赴企业沟通、指导

图5　学生校外实习场景

4．校企共同考核学生

（1）选拔学生考核　通过实践操作、理论考核、面试三个环节选拔学生，考核试题由宝马厂方开发，厂方和经销店代表参与项目宣讲和面试，校企共同选拔学生（图6）。

（2）阶段性考核　考核分为中期考核与终期考核。试题由保时捷厂方开发，采用基于客户委托、与企业工作过程相符的过程考核方式，全面考察学生的专业知识、操作技能、职业素养、安全意识等综合素质。每个项目由两名通过保时捷厂方培训和资格认证的考官监考，其中，一名考官来自企业，另一名考官来自学校，每个考核项目需要完成任务分析、任务计划、任务实施、任务检查四个步骤，耗时75min（图7）。

奔驰厂商代表项目宣讲现场　　　学生实践操作考核　　　学生理论考试　　　学校、奔驰厂商和经销商代表给学生面试

图6　学生选拔场景

图7　阶段性考核场景

5．构建"任务引领、工单引导、问题导向"新型生态课堂

以企业客户委托为载体，按照知道、理解、应用、解决问题的顺序，由浅入深、循序渐进地开展教学，具体如图8、图9所示。

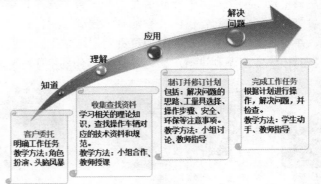

图8　教学过程

小组制订计划　　　教师点评　　　角色扮演　　　理论知识学习

图9　课堂教学场景

6．企业培训、考核评价项目教师

教师经过信息发布会、教学法培训、培训师学校辅导、技术培训、厂商考核等环节，成长为有卓越素养、卓越教学学术水平、卓越实践动手能力、良好课程设计综合能力、多种教学方法、最新技术的卓越教师，如图10所示。

教师在同济大学参加信息发布会　　　教师在德国接受行动导向教学法培训　　　奔驰厂商培训师给教师现场辅导

奔驰厂商培训师给学校教师和领导反馈　　　教师参加奔驰厂商技术培训　　　教师参加大众厂商技术培训

图10　教师培训

7．企业考核评价学校项目运行情况

学校定期接受项目组考核评估，评估组成员来自五大厂商代表和其他项目学校老师。通过实地考察、听课、访谈、查阅资料等环节，全面考核学校项目运行情况，如图11所示。

评估组听课　　　　　学生访谈　　　　　评估组成员实地考察　　　　　评估组项目反馈

图11　学校接受项目组考核评估

（二）特色

1．组建了包括37家高端品牌企业的合作群，开展校企合作，企业全程参与人才培养全过程

企业群中，包括国际知名汽车制造商和一批豪华品牌汽车经销商。企业参与学生选拔、教学计划制订、师资培养、学生考核、学生实习等人才培养全过程，如图12所示。

2．企业对师生和学校开展评价

企业对学生开展以工作任务为载体的实践性、形成性考核评价；全面考核教师的技术专业性、教学方案、方法和软技能等能力；对学校开展每年一次的评估，如图13所示。参与考核的企业代表均是经过制造商认证的培训师。

图12　奔驰经销店技术总监赴学校指导学生　　　图13　企业代表赴学校开展人才培养方案研讨

3．开展"分阶段、多岗位"训练的工学结合人才培养模式

第三学期开始，企业实习和校内学习交替进行，具有德国双元制模式的特点。

四、组织实施与运行管理

成立项目管理小组，设有组长、副组长、秘书、组员，包括项目教师、实训中心主任、就业办公室主任、企业代表等，组长由校领导担任，负责项目的重大决策；副组长由项目负责人担任，负责项目的运行与管理、与企业合作群的协调与沟通；秘书由学院教学秘书担任，负责学生选拔、阶段考核、项目评估等管理事务；实训中心主任负责项目教学、阶段考核中设备的准备、维护与保养；就业办公室主任负责学生实习环节的管理事务，项目组根据每年通过自评和项目评估反馈意见，进行整改，不断提高项目的运行质量。

五、主要成果与体会

（1）企业获得了一批高质量的、忠诚度高的卓越汽车机电维修工　已毕业的60名学生中，70%的学生赴五大品牌经销店就业，学生刚毕业，就能单独工作，综合素质高。

（2）深化了人才培养模式改革，推动了教学模式、课程建设、学生评价等内涵建设　"借鉴SGAVE项目教育理念探索卓越技术技能型人才培养模式"获江苏省重中之重课题并通过鉴定，"'3+3'汽车运用类专业中高职教育衔接课程体系的研究"获省课题并通过鉴定，"SGAVE项目理念下卓越技术技能型人才培养模式的改革与实践"获校级教学成果一等奖。

（3）教师获得了成长　教师的专业知识能够及时更新，提高了教学能力和研究能力，教师发表论文12篇，申获专利8项，其中，发明专利2项。在学生评教中，教师的评分名列前茅，其中，项目教师被评为校首届10位"学生最喜爱的老师"之一。

（4）学生就业质量高　学生均赴高端汽车品牌经销店工作，毕业生平均工资达6000元/月。2016年，已推荐其他班级85名学生赴高端品牌经销店就业。

校企携手培养高层次网络技术人才

——与华三通信的深度合作

肖　颖　于　鹏　刘全胜　王　欣　吴　伟　高琪琪　高　雅　江一磊

一、校企合作背景

　　学院计算机网络技术专业于2002年开始招生，由于计算机网络技术专业是高新技术专业，在专业的发展初期遇到了很多困难，在人才培养方案的制订、课程设置、师资配备、实验实训设备、学生就业等多方面都不尽如人意。在专业建设过程中，为了解决这些问题，学校开始考虑是否能与行业内国际知名企业开展合作。

　　杭州华三通信技术有限公司（以下简称H3C）原来属于华为技术有限公司，主要从事IT基础架构产品及方案的研究、开发、生产、销售及服务，拥有完备的路由器、以太网交换机、无线、网络安全、服务器、存储、IT管理系统、云管理平台等产品。在企业网络市场国内占有率为第一，国际占有率第二。但是企业也遇到了非常大的人才短缺问题，人才市场上对于高技能高层次的网络技术人才缺口非常大，企业缺乏需要的人才。从2003年开始，H3C公司推出"H3C网络学院"，推广以网络技术为主要内容的教育计划。该计划依托H3C公司处于业界前沿的网络技术和产品，以"专业务实，学以致用"为理念，助推各类院校网络技术教育和人才培养，以满足国家对网络技术人才的迫切需求。

　　鉴于学院计算机网络技术专业的情况，以及H3C公司推出的合作教育计划，从2008年开始，学院计算机网络技术专业正式与杭州华三通信技术有限公司签订合作协议，成立"H3C网络技术学院"。

图1　网络学院铜牌

二、目标与思路

　　学院计算机网络技术专业加入"H3C网络技术学院"后，确定了建设目标与思路，即专业建设和人才培养要借助于企业的实力和技术优势，全面深入与企业进行合作，在专业加快发展的同时，人才培养要贴近企业实际需求，培养出来的学生要能够解决企业对于高技能高层次的网络技术人才的缺口。

三、内容与特色

　　学院计算机网络技术专业与H3C公司的校企合作与一般的校企合作不同，一般的校企合作是在某一方面进行合作，能够合作的内容也较少。而此校企之间的合作是全方位和深层次的，在师资培养、课程建设、实训基地建设、"双证书"人才培养、技能大赛、学生就业等多方面进行合作。

四、组织实施与运行管理

　　学院加入"H3C网络技术学院"后，成立专门的机构与企业人员进行对接。由二级学院院长亲自担任网络学院负责人，负责总体工作；由系主任助理担任网络学院培训接口人，负责与企业院校项目负责人进行联系；由系主任担任教务负责人，负责具体合作的事宜及学生的培养工作；由院系教师担任认证讲师，负责学生教学工作。

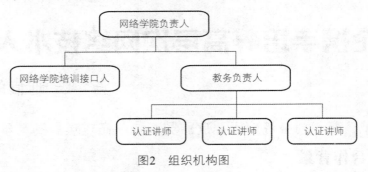

图2　组织机构图

五、主要成果与体会

通过与H3C公司近8年的深度合作，使得学院计算机网络技术专业得到了长足的进步和发展。本专业在2016年江苏省高职院校创新发展任务（项目）实施方案中列为骨干专业进行建设。以下为获得的主要成果。

（一）拥有企业认证资格的教师队伍

教师是高职院校人才培养的核心。H3C提供了非常完善的教师培养机制。针对教师提供多种课程的免费培训及全国办事处的教师实习岗位。学院教师先后有5人参加网院1～2学期培训，2人参加网院3～8学期培训，2人参加IPv6课程培训，3人参加无线网络课程培训，1人参加网络安全课程培训，2人参加云计算及数据中心课程培训等，并且多名教师到企业的办事处进行顶岗实习。通过企业的培训实习及认证考试，本专业的教师大大提升了自身的专业能力和教学水平。同时企业每年还对优秀教师进行评比，促进了教师教学能力的提升。为了促进各个院校间的交流，H3C每年还组织各种院校间的交流会和研讨会，使得各个院校的教师间能够积极交流教学及专业建设。

图3　讲师认证证书

图4　讲师获奖证书

（二）与实际工作接轨的培训课程

学院教师通过培训后，掌握了企业中实际应用的主流技术，对专业课程的设置进行了调整，更多地将企业的培训课程直接嵌入到计算机网络技术的人才培养方案中作为必修课，让学生在学校就能学到与实际工作接轨的技术。本专业先后在"网络设备配置与调试""无线网络部署专用周""网络安全技术""网络工程项目实训""高级路由交换技术""云计算平台部署实训"等课程中嵌入H3C网络学院的培训课程，并且选用企业的培训教材及全套教学资源。同时，教师根据教学需要也与企业合作编写教材《网络规划与组建》，于2014年9月由高等教育出版社出版，获得"'十二五'职业教育国家规划教材"称号。

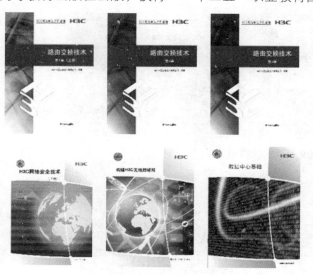

图5　企业教材

图6　校企合作编写教材

（三）完善的实验实训条件

为了保证学生具备较强的实践动手能力，学院与H3C公司合作建设网络技术实训室，充分满足学生实验实训需要。网络技术实训室目前拥有路由器35台、交换机40台、无线AP设备10台、防火墙3台、服务器6台。完善的实训环境、真实的工作流程、梯度的认证体系都保证了计算机网络技术专业的教学的良性循环，提高了学生学习的兴趣。

图7　网络技术实训室

（四）实施"双证书"人才培养

H3C公司提供全面、专业、权威的网络技术认证培训。H3C认证培训体系是中国第一家建立国际规范的完整的网络技术认证体系，H3C认证是中国第一个走向国际市场的IT厂商认证，在产品和教材上都具有完全的自主知识产权，具有很高的技术含量，并专注于客户技术和技能的提升，得到了电信运营商、政府、金融、电力等行业客户和高校师生的广泛认可，成为业界有影响的认证品牌之一。

图8　H3C认证体系

学院计算机网络技术专业的学生在学习完企业的培训课程后，都可以参加相应的认证考试，并能够申请到比市场上更加便宜的考试折扣券，通过认证考试后可以获得含金量较高的企业认证证书，为今后就业打下基础。本专业先后已有500多名学生获得中高级以上的证书。对

119 ◄

全国机械行业职业教育校企合作典型案例与优秀论文集

于通过认证的学生，企业每年还会提供奖学金和助学金，帮助其完成学业。到目前为止累计已有60人获得68 500元奖助学金。

图9　学生获得认证证书

图10　学生获得奖助学金证书

（五）技能大赛获得佳绩

通过与H3C公司的校企合作的人才培养，学院计算机网络技术专业的学生技术能力出众，在近三年中参加各级各类网络技术技能大赛获得优异的成绩。其中，参加江苏省教育厅组织的高等职业院校技能大赛计算机网络应用赛项获得2次一等奖第一名，1次二等奖；参加教育部组织的职业院校技能大赛高职组计算机网络应用赛项获得2次一等奖；参加思科、华三等国际知名企业组织的全国大赛获得5次一等奖、10余次二等奖。

图11　2014年国赛第一名

图12　2014年国赛一等奖获奖证书

图13　2016年国赛第一名

图14　2016年国赛一等奖获奖证书

（六）学生就业情况良好

H3C公司从2008年通过与其合作的企业组建了H3C人才联盟，经过6年的发展，实现了从线下到线上，从网站到移动终端的全面覆盖，形成一套完整的IT人才资源循环体系。通过H3C人才联盟的引荐，为学院计算机网络技术专业的学生提供实习、就业的机会和场所，大大提高了毕业生的就业竞争力。毕业生就业率平均超过99%。计算机网络专业的毕业生普遍就业于网络系统集成企业、外资企业及各种企事业单位，担任网络工程师、网络管理员、系统集成工程师等工作，经过3～5年的发展，职位向项目经理、网络规划师等岗位迁移。其中，有2名优秀学生直接进入H3C公司（公司一般只招收本科生），另有100多人进入了与H3C公司合作的本地区的销售代理商企业进行工作，解决了本地企业对高层次网络技术人才的需求。同时，本专业部分优秀毕业生就职于北京、上海、南京等一线城市，职业发展趋势良好。也有部分毕业生选择自主创业，开办网络及弱电系统集成公司。

　　鉴于与H3C公司的良好合作情况，学院计算机网络技术专业也获得了H3C公司的充分认可，在每年的H3C网络学院年度评比中，学院已经连续六年荣获"H3C优秀网络学院"称号，连续六年荣获"H3C网络学院优秀管理者"称号，四人次获得"H3C网络学院优秀讲师"称号。

图15　优秀网络学院铜牌

图16　师生与华三通信全球技术服务部
　　　副总裁刘小兵先生合影

图17　网络学院优秀管理者

图18　网络学院优秀讲师

常州机电职业技术学院——

校行企协同跨境电商人才培养模式创新实践

易善安　陈建新　屈大磊　滕翔宇　王菲菲

一、校企合作背景

近年来，随着电子商务和全球贸易的不断发展，国际贸易的实践和模式都发生了重大改变，跨境电子商务企业的创新为新形势下传统外贸企业发展创造了新的机遇，然而，跨境电商人才缺乏成为制约跨境电商发展的重大因素。跨境电商人才需求具有复合型人才需求的特点，面向国际经济与贸易、商务英语、电子商务、艺术设计等专业的学生，要求具备国际商务交际能力、电子商务运营操作能力、外贸单证处理能力、图片美工处理能力等实务操作能力。在满足复合型专业知识与能力的同时，合格的跨境电商人才需具有较高的实操经验，这通常要求学生具备在企业真实的业务背景下，以实际参与项目的形式开展项目运营的经验。这种人才需求已经是单一在校人才培养模式所不能满足的，必须得到政府、行业、企业的多元参与才有可能得以满足和实现。

二、目标与思路

学院自2015年起，积极探索跨境电商人才的培养模式和教学方式改革，与商务部中国对外贸易经济合作企业协会、常州市商务局、常州市国际贸易促进委员会、常州跨境电子商务协会、常州市跨境电商产业促进会等政府行业协会、阿里巴巴网络科技有限公司、四海商舟电子商务有限公司等互联网平台企业、常州梳篦厂有限公司、常州悠乐远户外用品有限公司等常州地方跨境电商平台用户企业合作，积极开展政校合作、校企合作，通过校行企协同，进行跨境电商、创新型跨境电商人才培养模式的探索。在探索过程中，秉承"培养适应行业需要并具有职业发展能力的优秀应用型现代商贸物流人才"的培养定位，不断拓宽校行企合作渠道，创新产学合作和人才培养模式，逐步形成了订单式、企业服务、孵化器等多种合作模式，也将校企合作延伸到人才培养的全过程。

三、内容与特色

（一）校行企协同跨境电商"订单式"人才培养

2015年，学院率先与常州跨境电商协会开展合作，探索跨境电商订单班人才培养方式。2015年3月，学院与常州跨境电商协会会长单位常州久贤汇商贸有限公司签订跨境电商订单班人才培养协议。由学院与常州跨境电商协会共同组建教学团队，共有跨境电商协会14家企业参与订单人才培养方案的制订和课程教学资源建设，建立并完善跨境电商订单班课程共计11门，总课时数256课时，其中主要由企业端教师授课的课程有《跨境电商实训》《客户拓展与维护实务》《网络营销技巧》《产品图像信息技术与策划》等，由学校端授课的课程有《跨境电商业务实务》《互联网安全与法律规范》《跨境电商就业指导》等。在课程建设的基础上，形成跨境电商订单班课程体系（见图1）。此批培养跨境电商订单班学生共51人，其中37人已于2015年8月进入订单企业从事跨境电商业务员的顶岗实习工作。经了解，订单班培养的学生中已有多人成为订单培养企业的业务骨干，部分优秀学生已经承担企业培训、人事招聘等核心管理岗位。

跨境电商订单班式人才培养体系

跨境电商企业顶岗实习
（跨境电商业务员顶岗实习、项目化社会培训）

大三	
大二	跨境电商订单班 共计256课时 （跨境电商业务实务、平台业务实操、分组团队项目教学等）
	专业专项能力课程 共计160课时 （外贸单证、商务谈判技巧、国际货运代理、国际市场营销实务） 专业基本能力课程 共计96课时 （国际金融、商务英语函电）
大一	基本素质课程 共计270课时 （英语、经济数学、思政类课程、计算机基础等） 专业基本能力课程 共计248课时 （经济学基础、会计基础、国际贸易实务 电子商务实务、商务礼仪、国际经济与贸易法规）

图1　跨境电商订单班式人才培养体系

学院与常州跨境电商协会合作开展的跨境电商订单班项目，在取得成效的同时，也取得了一些社会效应。2015年4月—5月，跨境电商行业龙头企业阿里巴巴网络科技有限公司组织寻梦之旅，共有多批次来自全国各地数百家企业的跨境电商负责人前来学院考察跨境电商订单班人才培养模式（见图2）。与此同时，学院以此为契机，与阿里巴巴网络科技有限公司建立了良好的联系和合作渠道。阿里巴巴网络科技有限公司于2015年6月2日在全国启动了跨境电商人才培养的"百城千校"计划，学院作为首批试点院校于2015年5月底在全国范围内率先与阿里巴巴签约（见图3）。签约后，学院引入阿里巴巴跨境电商初级人才认证体系，参与跨境电商初级人才认证的教学资源建设，截止到2016年6月，学院共培养学生超过300名，完成阿里巴巴跨境电商初级人才认证。2016年底，阿里巴巴网络科技有限公司授予学院"阿里巴巴跨境电商人才培养基地"荣誉称号。

图2　全国相关企业负责人前来
学院跨境电商订单班考察

图3　加入阿里巴巴启动百城千校
跨境电商人才培养计划

（二）校行企协同开展跨境电商人才培养社会服务

在学院开展跨境电商人才培养取得一定成效和社会效应后，学院积极对接政府相关部门和行业协会，寻求拓展跨境电商社会服务培训项目。2015年4月起，商务部中国对外贸易经济合作企业协会授权学院在江苏省内承办开展跨境电子商务师培训认证项目。2015年至2016年7月，学院承办全国跨境电子商务师培训项目四期，培训来自全国各地高校和企业的相关人员超过100人次。2015年7月起，学院与常州市商务局及其下设的常州市国际贸易促进委员会开展合作，开展常州市跨境电商实务社会培训项目，从2015年下半年至今，常州市国际贸易促进委员会委托学院承办常州市跨境电商实务培训班2期，分别就跨境电商亚马逊平台和易贝平台实操业务开展培训，累计培训常州市跨境电商企业人员200余名（见图4）。

图4　常州市跨境电商实务培训班

123 ◀

全国机械行业职业教育校企合作典型案例与优秀论文集

（三）校企协同打造跨境电商校内孵化器

2016年，学院在跨境人才培养领域取得一定成绩后，积极探索与企业开展在跨境电商领域的深入合作。2016年3月，学院与常州梳篦厂有限公司和常州悠乐鹏户外用品有限公司签订校企合作协议，由学院指导教师指导学生团队承接企业的跨境电商平台店铺的运营业务。2016年4月～7月，学院在校孵化大学生跨境电商运营团队两支，分别运营常州梳篦厂有限公司和常州悠乐鹏户外用品有限公司的跨境电商速卖通平台店铺。在学院指导老师的指导下，运营团队成员积极与企业开展业务衔接，独立完成速卖通平台的店铺注册、图片美工、产品上传、网络营销、包装与物流发货等跨境电商流程业务（见图5）。三个月累计完成两个跨境电商速卖通店铺订单处理80余单，累计成交金额超过6 000美元，运营成效得到了委托企业的好评。在此基础上，2016年学院着手起草跨境电商创新创业人才培养方案，以指导学生承接企业跨境电商运用项目为主要形式，学院出团队，开展项目化教学，指导老师与企业业务主管共同参与团队的培育和业务指导，真正实现工学结合，培养学生跨境电商集创新、创业、实操创业为一体的综合业务能力。

图5 学院与常州梳篦厂校企合作、共育跨境电商人才模式

四、组织实施与运行管理

在校行企协同跨境电商人才培养模式创新实践中，实现了人才培养全流程、全方位校行企合作。例如，在订单式和孵化器人才培养中，校行企联合制订人才培养方案，共建实践设施、设备与技术；企业方植入前沿实践课程、提供企业讲师；行业提供高校培训认证师资；学院依托企业资源开展大量的第二课堂活动、真实企业业务实践和实习项目。在毕业设计环节上，学院也开展了工学结合的毕业设计改革，要求学生结合实习、实践、创业经历进行真题真做，并抓住选题、开题、撰写、定稿、答辩等关键环节进行实践导向的改革。提出了"以企业实际需求为内容的毕业设计"改革思路，其实施步骤包括：合作企业提出需要研究的内容、领域和题目；学生在教师和企业导师指导下选题、开题、到企业实地调研、设计、撰写；学校与企业联合组织答辩、评估、评价。此毕业设计符合企业需求和标准，具有实际价值的选题成果提交企业进行孵化或成果转化。在校行企合作过程中，结合用人单位的需求及学生自身发展的诉求，学院提出多元合作、工学结合、鼓励学生创新创业的人才培养模式，将多元合作、工学结合整合到人才培养方案中，起到培养目标的改造、改进、改善作用。

五、主要成果与体会

通过这段时间的创新和探索，学院成功摸索出多元合作、工学结合的创新型跨境电商人才培养模式。对接商务部中国对外贸易经济合作企业协会、常州市商务局、常州市国际贸易促进委员会、常州跨境电子商务协会、常州市跨境电商产业促进会等政府、行业协会8家，与阿里巴巴网络科技有限公司、四海商舟电子商务有限公司等互联网平台企业，常州梳篦厂有限公司、常州悠乐远户外用品有限公司等企业44家开展合作，共育跨境电商人才。在此基础之上，学院先后成为常州市跨境电商产业促进会副会长单位和常州市跨境电商协会理事会员单位，取得一定社会影响力。累计培养校内跨境电商初级人才476人次，向合作企业输送跨境电商人才86人次。累计完成各类跨境电商社会培训672人次，累计签订校企合作技术服务合同6项，已经初步打造出校行企协同的跨境电商人才培养创新模式。教与学密切协同及融合，学生在教学满意度、学习投入度和精神面貌方面都有较大的改善；教师开阔了专业视野，掌握行业前沿发展态势，提升了职业水准。常州市商务局对学院跨境电商人才培养模式、人才培养质量以及跨境电商社会培训所取得的社会效应给予充分肯定，2015年9月，常州市商务局副局长韩雪琴、常州市国际贸易促进委员会长张进等一行专程前来学院考察并调研学院跨境电商人才所取得的经验（见图6）。2016年常州商务局授予学院"常州市优秀跨境电商人才培养基地"称号。2016年3月学院被常州市商务局授予"常州市优秀跨境电商人才培养基地"称号（见图7）。2016年7月学院被教育部中国职业技术教育学会国际商务教育研究会授予"全国高校跨境电商师培训基地"的荣誉称号（见图8）。

图6 常州市商务局副局长韩雪琴等一行前来我院考察跨境电商人才培养

未来的校行企合作从人才培养、教育教学模式创新及研究、产学合作与社会服务三方面设定发展目标，并制订了具体的产学发展措施：建立行业企业参与共同管理的学院治理结构；与常州及周边区域的企业合作，搭建产学研联盟；打通教学培养过程，主要和关键教学环节均实现校企联合培养；校企联合开展大学生创新创业实践项目计划。

图7 2016年获得常州优秀电子商务人培训基地　　　图8 2016年获得全国高校跨境电商师资培训基地

"双主体"培养共育人才

苏伯贤　蒋庆斌　徐文媛　马雪峰　王月阳（企业）

一、校企合作背景

输变电产业是常州市的特色产业，也是市支柱产业之一。常州市苏文电能科技有限公司作为产业新秀，是一家集电力设计、工程安装、设备制造于一体的骨干企业。随着公司业务发展，对人才的需求日益突出。2011年至今，常州机电职业技术学院与常州苏文电能科技有限公司校企深度融合，探索实践"双主体"培养共育电力人才项目。

二、目标与思路

"双主体"培养的核心目标是为了进一步培养电力行业的优秀高技能人才，使之更好地服务于常州市电力产业的结构调整与发展，与电力企业岗位无缝对接。同时，也是深化校企合作内涵建设、人才培养模式改革的重要举措。

"订单班"（"定制班"）是"双主体"培养校企共育人才的重要途径之一。项目实施的主要思路是"四共同"，即人才培养方案共同制订、办学经费共同投入、教学过程共同参与、学生发展共同规划。

三、内容与特色

"双主体"培育充分实现了校企深度融合，使双方形成合力。2011年至今，电力技术专业与苏文电能科技有限公司合作开办"苏文"订单班三届（以下简称"苏文班"），校企联合实施"四共同"人才共育，主要体现在以下几个方面。

（一）人才培养方案——共同制订

企业和学校共同制订在校3年期间人才培养方案和毕业后专接本（应用型本科）培养方案。"苏文班"除了执行学院人才培养方案外，还单独制订"苏文班"人才培养方案，两份方案并行运行，互不干涉。"苏文班"方案主要落实学生"基础加强""专业拓展""实践能力提升"三个部分的教学安排，整体提升学生的综合能力（见图1），基础课程及拓展课程的授课时间一般安排在晚上。在校3年期间，整体实行"工学交替"。学生在企业，按照"1对2"的"师徒制"模式，每两名学生配备一名师傅，由师傅量身定制学生的学习计划；学生在学校，企业参与人才培养过程。

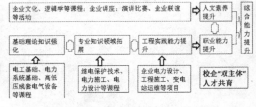

图1　"苏文班"能力提升路径图

（二）办学经费——共同投入

新生入学，企业和学校共同选拔"苏文班"学生，该班学生正常参加授课并经考核合格，第一学期发放5 000元助学金（每人），后三个学期每学期递增1 000元（每人）。2011年，公司通过常州市"光促会"在学院设立"苏文百万光彩创业基金"（见图2），2014年追加助学经费30万元（见图3）。学生高职毕业后，根据三年大专期间综合成绩考评，"苏文班"学生与企业进行双向选择，符合企业要求的学生将获得继续深造的机会，企业每年给予8 000～10 000元奖学金。

图2　百万光彩创业基金捐赠仪式　　　　图3　苏文30万教育助学金捐赠仪式

（三）教学过程—— 共同参与

专业邀请公司技术骨干（专家）共同开发专业核心课程，参加课程标准编写，研讨实验实训项目，联合编写专业教材。学院教师和企业专家实行岗位互聘，共同承担"苏文班"教学工作，在学院期间，企业工程师来学校给学生上"企业文化""逻辑学""电力施工"等课程；在企业期间，教师给学生上"电力系统分析""继电保护与二次回路""变电所设计"等课程。图4为苏文奖学金常州机电职业技术学院第三期发放仪式，由企业负责人、"苏文班"班主任及任课教师共同举行。

图4　苏文奖学金常州机电职业技术学院第三期发放仪式

（四）学生发展—— 共同规划

校企共同制订"苏文班"学生的发展规划，学生在学校修完大专课程，第三年到公司顶岗实习，第四年开始学生与企业进行双向选择，符合企业要求的学生进入企业定点人才培育基地（应用型本科）继续学习。教学之余，"苏文班"还经常组织企业专家讲座、演讲比赛、企业联谊等活动，以丰富学生的课余生活，提升人文素养。图5为苏文班表达能力演讲会留影。

图5　苏文班表达能力演讲会

四、组织实施与运行管理

学院十分重视"苏文班"的订单培养工作，组织了"苏文班"组班动员会议。二级学院成立"苏文班"教学管理领导小组，设立企业、学校负责人，学生管理及质量监控人员，教学管理人员，材料员，班主任辅导员以及跟班的企业学校专业教师，责任到人，落实到位。校企双方共同签订"苏文班"产学研合作协议，明确了校企双方的责任和义务。制订了"苏文班"人才培养实施方案，详细安排"苏文班"各个阶段的教学组织实施、考核要求等内容，确保"苏文班"教学管理工作的有效进行，相关文件见图6。同时，每位学生建立个人学习档案，包括每月学习总结、每月考评试卷、每月跟班教师与企业教师的评价表等资料。

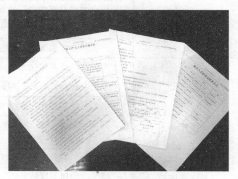

图6　"苏文班"教学管理文件

五、主要成果与体会

（一）成效成果

1. 学生综合能力显著提升

三年订单培养，"苏文班"学生学习目标明确，学习方面的主动意识和责任意识明显加强，学习积极性高，很好地带动了班级的整体学风建设。订单班学生在完成学院教学任务的同时，在基础理论知识、专业知识、实践能力等方面也得到了很大的提升。学生在进入企业后，岗位适应能力强，企业忠诚度高，受到企业领导的一致认可。目前，该专业多位学生已工作在苏文公司的各个岗位上，其中有2位学生获得"苏文最佳年度人物"，有3位学生已走上公司技术管理岗位和电力施工现场管理岗位，有力地助推了公司业务发展。同时，电力专业在毕业生就业率、毕业半年后薪金、对母校的满意度等方面明显高于全省平均水平，相关数据见表1。

表1　专业麦可思数据（2014届）

专业	毕业半年后就业率（%）	毕业半年后月收入/元	本专业对母校满意人数（%）
电力技术	100	3 650	92

2. 专业取得丰硕成果

三轮订单班运行，学校和专业老师积累了丰富的教学实践经验。校企共育对专业建设的方方面面均产生了积极和深远的影响，主要体现在：专业人才培养的定位更有针对性和合理性，实验实训条件建设更趋科学性，企业技术人员参与教学丰富了专业兼职教师资源库，团队教师在科研方面及工程实践方面的整体水平有了较大提高。校企深度融合共育人才也取得了较多的理论与物化成果，有效地扩大了专业在产业内的知名度，同时也提升了专业服务产业的能力。

校企深度融合共育人才取得了一定的理论成果：校企联合制订了"苏文班"产学研合作协议、"苏文班"人才培养实施方案、"苏文班"教学运行管理方案等指导性文件，有效保障了教学管理工作得以正常高效开展。

校企深度融合共育人才取得了较多的物化成果（见表2）。

表2　校企共育人才相关物化成果

成果类型	成果名称
教材	公开出版《10kV变电站整体设计》教材1部，2014.6
	联合编写《供配电实验实训指导书》校本教材一部，2013.10
论文	《高职供用电技术专业课程改革探索与实践》，中国电力教育，2011.12
	《高职供用电技术专业实践教学体系建设研究》，职业教育研究，2012.07
	《校企共建"厂中校"建设模式的探索与实践》，中国电力教育，2013.6
	《高职电力系统自动化技术专业人才培养定位及课程体系构建》，内江科技，2015.1
	《产教融合视阈下专业产业对接实践研究》，内江科技，2016.1
课题	"高职院校供用电技术专业课程体系建设研究"，常州市科教城基金项目，2011~2012
	"校企共建'厂中校'建设模式的研究与实践"，院级教研课题，2013
	"电力系统自动化技术专业人才培养定位及课程体系构建的研究与实践"，院级教研课题，2014
	"高职电力系统自动化技术专业与常州电力产业对接实践研究——以常州机电职业技术学院为例"，常州大学，2014
平台	常州市科技基础设施计划申报，常州市智能电网技术研究中心，2016.5
省优秀毕业设计团队	"道路收费PLC控制系统"，2011.12
	"基于PLC与组态软件的SCADA配电监控系统设计"，2012.4

3．企业人才储备显著增强

"苏文班"学生由顶岗实习到成为公司的正式员工，极大地增强了企业的人才储备，公司根据学生的能力特点，将他们安排在各个不同的工作岗位，为公司的业务发展注入新的活力。近几年来，公司业绩连年翻番，业务发展呈现良好局面，订单班学生的职业能力也受到公司领导的一致认可。

（二）评价与应用

校企深度融合共育人才"苏文班"项目得到学院、公司和社会各界的高度重视，公司捐赠的奖助学金经由常州市光彩事业促进会予以监管，该项目在市区级媒体进行了多次报道。"双主体"培养共育人才项目的建设，开创了"生校企"三方共赢的良好局面。

"双主体"培养共育人才是深化校企合作内涵建设、人才培养模式改革的重要举措。项目实践所提供的理论成果具有一定的普适性，也为专业人才培养模式改革提供了具有可操作性的方法体系，有利于在各类专业推广应用。

常州机电职业技术学院——

引入德国AHK标准
探索现代学徒制人才培养模式

马雪峰　吴正勇　高建国　张江华　战崇玉　杨红霞

一、校企合作背景

为深化教学改革，提高人才培养质量，学院自2008年机械制造与自动化专业与博世力士乐（常州）有限公司开展第一期订单班开始至今已有8届187名学生，2013年11月引入德国AHK，机电一体化技术专业开始探索现代学徒制，并逐渐推广到常州曼恩机械有限公司、江苏艾为康医疗器械科技有限公司等多家企业和多个专业，形成机电类专业现代学徒制人才培养模式。

二、目标与思路

针对当前中国职业教育校企合作的特点，引入德国双元制AHK人才培养认证体系，结合现代学徒制的要求，解决机电类人才培养过程中面临的"企业培养主体地位缺失、学校教学过程与企业生产过程相对脱节、双师素质教师队伍水平不高、人才培养与社会需求不适应"等突出问题，形成了以"双元主体""三个场所""两重身份""一个体系"为主要内容的"校企共育、工学交替"现代学徒制人才培养模式。

三、内容与特色

（一）构建了"校企共育、工学交替"的现代学徒人才培养模式

从学院"三合一、全过程"的内涵出发，学院与企业共同开展人才培养，企业签约"准员工"，实现"学生与学徒"的双重身份转换，形成校企共育共管"双元主体"，实施学校、企业培训中心、企业岗位"三个场所"的工学交替培养，系统构建了"校企共育、工学交替"的人才培养模式。

（二）系统总结了校企共管的"现代学徒制"运行管理机制

企业参与学院教育教学全过程，学院制订制度，双向考核；实施"校企共同负责、共同管理、专人具体实施"的分层管理模式；"双主体、多元化"的考核评价体系为实现校企双赢提供环境保障。

（三）开发了基于职业标准的项目课程体系，引入第三方考核评价机制

对接岗位职业标准，引入企业项目，共同开发和重构以工作过程为导向的项目课程体系。以能力培养为主线，分别在学校和企业开展理实一体化专业技术技能的培养，"第三方"的考核评价体系和企业"淘汰制"，为人才培养质量提供保障。

四、组织实施与运行管理

（一）建立多元参与、互惠互利的"校企共管"运行机制

根据合作企业的需求，校企双方明确岗位要求、企业用工人数、学徒待遇和教学组织实施

形式等合作事宜内容，签署校企合作现代学徒制协议。如图1所示为学院与企业现代学徒双元制人才培养签约仪式。

图1　学院与企业现代学徒双元制人才培养签约仪式

　　成立由学院领导和企业高层、行业专家组成"双元主体"的现代学徒制专门委员会，明确校企双方的职责和权益，制订校企合作双方管理和运行的合作制度，开展校企合作、工学结合顶层设计和各项原则的商讨，负责现代学徒制的运行监督考核评价工作；由具体二级学院(系部)领导和企业人事部主管成立教学管理和学生学徒专项管理部，明确学徒的经费和管理，协调教学计划和进度，落实具体实施过程，确定参与工作的教师和培训师，明确教学交替的时间和周数；由具体专业和企业具体人事负责人员成立专业工作室，负责现代学徒制"准员工"教学工作的具体实施。如图2所示为现代学徒制组织机构图。

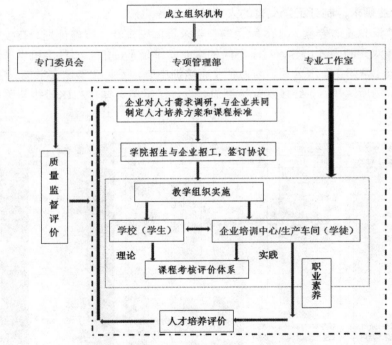

图2　组织机构图

　　由专业工作室负责在校学生的动员宣讲工作和学徒选拔的考核工作，经理论和实践考核后确定学徒名单，予以公示后组班，并调整寝室便于统一管理，校企双方对具有"双重身份"的学校的学生和企业的学徒共同实施管理。图3所示为各组织机构的功能图。

　　企业参与学校教育教学全过程，建立工作预防和实时监控的监控制度，学院制定制度，双向考核。实施"校企共同负责、共同管理、专人具体实施"的分层管理模式；"双主体、多元化"的考核评价体系为实现校企双赢提供环境保障，激发企业兴奋点，破解"企业培养"如何管的难题。

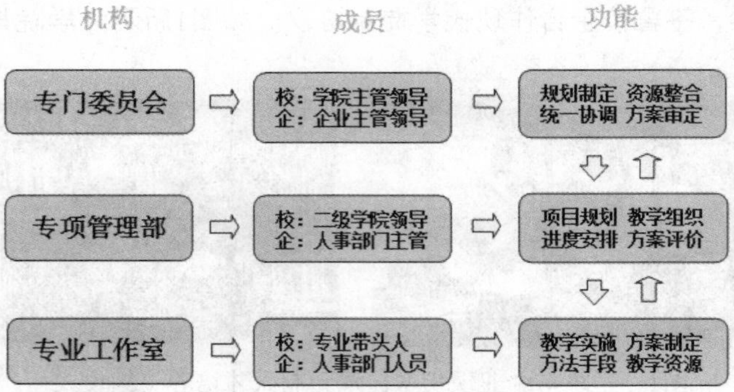

图3　功能图

（二）探索“校企共育、工学交替”的人才培养模式

从学院“三合一、全过程”的内涵出发，根据现代学徒制的要求，学校与企业共同开展人才培养。学生通过选拔签约企业“准员工”，享受企业“学徒”薪资待遇，解决现代学徒“双重身份”转换问题；为满足企业对员工的要求，企业与学校共同制订培养方案，共同管理学生，共同完成学生与“准员工”的培养过程，形成“校企共育、工学交替”的现代学徒制人才培养模式。

1．根据企业需求，制订工学交替的人才培养方案

根据企业实际情况，专业人才的能力培养要求具体安排专业实施计划，在校企间交替开展学生—学徒交替双元制人才培养，对于不同的企业安排是不同的。如对接机电一体化技术专业的莱尼电气线缆（常州）有限公司，因为企业有培训中心，因此教学是在学校、企业培训中心、企业车间“三个场所”开展，经多次交流商讨，设计了机电一体化AHK班级与莱尼合作时的教学进程，如图4所示。

Year	第一学年						第二学年							第三学年				
Month	第一学期			第二学期			第一学期			第二学期				第一学期			第二学期	
Week	1-18	19-20		1-10	11-20		1-10	11-20		1-7	8-14	15-20		1-5	6-15	16-20	1-14	15-24
专业学习	基本素质课 专业基础课	专业认知实习	假期	基本素质课 专业基础课	钳工实训 机加工实训 电工实训 电子实训	假期	专业课	机械安装实训 电气实训	假期	液压与气动实训 PLC 实训	专业课	机电综合实训	假期	第一次企业顶岗实习	电气安装综合实训	专业课 毕业设计	第二次企业顶岗实习	机电综合联调实训 毕业考试
场所	校内理论	企业培训中心		校内理论	企业培训中心或校内实训基地		校内理论	企业培训中心或校内实训基地		企业培训中心或校内实训基地	校内理论	企业培训中心或校内实训基地		企业车间	企业培训中心或校内实训基地	校内理论	企业车间岗位	企业培训中心或校内实训基地

注：□为在学校内上课；■为在学校企业培训中心或者校内实训基地实训；■为在企业顶岗实习。

图4　莱尼班教学安排

对接机械制造与自动化的博世力士乐（常州）有限公司因企业没有培训中心，企业采用与学校共建企业培训中心的形式开展教学安排。如图5所示为博世班的教学安排表。

学年	第一学年					第二学年（含7月小学期4周）					第三学年			
周数	1	2-15	16-20	21-35	36-40	1-10	11-18	19-27	28-40	41-44	1-12	13-17	18-38	39-40
地点	企业	学校	实训中心	学校	实训中心	学校	实训中心	学校	实训中心	学校	企业	学校	企业	学校
内容	岗位认知实习	基本素质能力课程 专业基本能力课程1	专业基本能力训练1	专业基本能力课程2	专业基本能力训练2	专业专项能力课程1	专业专项能力训练1	专业专项能力课程2	专业专项能力训练2	专业综合能力课程1	专业综合能力训练1	专业综合能力课程2	顶岗实习毕业设计	毕业考试签约企业

注：学校—理实一体化教室，实训中心—校企共建实训中心，企业—企业车间

图5　博世班教学安排

从教学进程表中可以看到，校企交替培养，企业参与人才培养全过程，学校和企业共同成为人才培养的双元主体，解决双元人才培养中"企业培养主体地位缺失"等难题。

2．依据职业标准，校企共同重构课程体系

依据企业生产的实际岗位和生产过程，对接岗位职业标准，引入企业项目，共同开发和重构以工作过程为导向的项目课程体系。以培养职业素养为主线，制订课程标准，解决"课程体系与企业需求不适应"的难题。如图6所示为博世班引入钳工和机加工实训项目。

图6　钳工和机械加工实训项目

3．形成"行动导向、工学交替"理实一体的教学模式

以能力培养为中心，以学生为主体，以团队为单位，以"行动导向"为出发点，培养学生专业能力，开展以项目为载体的教学，理论融于实践，"做中学、学中做"。"准员工"在学院、企业培训中心（共建实训中心）、企业岗位"三个教学场所"开展工学交替学习与工作；企业培训中心的引入解决了"企业生产计划与学校教学计划难以调适"的矛盾。

如图7所示为行动导向教学和三个教学场所的教学展示。

图7　三个教学场所的教学展示

4．设立专业教室，开展具有淘汰制的教学评价与考核

引入德国机电一体化工AHK职业标准作为人才培养质量的考核评价机制，采用德国AHK"第三方"的考核评价体系，为人才培养质量提供保障。在人才培养过程中，企业实施"淘汰

制"，解决了"学校培养人才质量与社会需求差距大"的难题。

五、主要成果与体会

历时3年的系统推进，建立了多元参与、互惠互利的"校企共管"运行机制，探索了"校企共育"的人才培养模式，根据企业实际需求，制订不同的工学交替人才培养方案；依据职业标准，校企共同重构课程体系，形成"行动导向、工学交替"理实一体的教学模式，开展具有淘汰制的教学评价与考核；校企共建教学资源与实训基地；校企共赢，实现学生、企业、学校共同发展。

（一）学生受益

通过现代学徒制的探索，人才培养质量得到全面提升，学生的综合职业素养和就业竞争力得到全面提高。学徒班学生的能力受到企业认可和好评，现有67名学徒成为企业技术骨干和中层领导。学生参加企业技术考核，通过率为100%。三年来获得《全国三维数字化创新设计大赛》等赛项一等奖1项，二等奖3项；获得江苏省职业技能大赛《现代电气控制系统安装与调试》一等奖1项。

（二）学校受益

1. 校企共建"混编"专兼教学团队

由学院专任教师和企业培训师共同组建"混编"专兼教学团队。利用观摩、示范等多种培训途径，开展师资培养，重点培养教师专业技术和职业素养，以满足教学要求。开展"一帮一"活动，把教学能力提高作为年终绩效考评标准之一，破解了"师资队伍不稳定""教学能力不足""专任教师的技术与企业脱节""双师素质水平与教学要求不适应"的难题。如图8所示为德资企业外籍教师和学院教师与企业师傅帮带图。

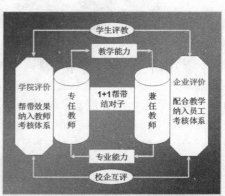

图8　德资企业外籍教师和学院教师与企业教师帮带图

2. 校企共建教学资源

在双元现代学徒制人才培养实施过程中，企业时刻关注学校课程的有效性，企业会主动提供教育教学案例、实训设备、技术支持、考核方案、过程材料的规范性标准等，逐步形成教师工作页、学生工作页和备料清单等一系列的教学资源，如图9所示为机加工实训项目教学资源。

3. 校企共建教学实训基地

为满足教学要求，对于企业没有独立实训中心的可以采用校企共建实训中心。学院先后与13个企业共建实训中心，如图10所示为博世力士乐（常州）有限公司与学院共建的液压与气动创新实验中心。

图9　教学资源

图10　液压与气动创新实验中心

135 ◀

本项目的实施，使得专兼"混编"师资团队的整体教学水平得到极大的提高，与企业共建的实训基地节省了学院开支，提升了双方专兼教师的教学能力，整体提高了学院的人才培养质量。

（三）企业受益

参与现代学徒制人才培养的企业，提前渗透企业文化，择优选择优秀员工，企业职工队伍稳定，为企业的快速发展注入活力；学院为企业培训在职员工，与企业一起编写员工培训教材；教师参与企业的技术研发，为企业解决难题，为企业的后续发展提供技术支持。

常州信息职业技术学院——

携手NI，共育创新型人才

李 晴 朱 敏 钱声强 吴以岭 陈 琳 牛 杰 王 露 史丽娟

一、校企合作背景

美国国家仪器有限公司（简称NI）是全球虚拟仪器技术的领导厂商，同时在工程教育领域有完整的院校支持计划和实践经验。常州信息职业技术学院与NI公司深入合作，在虚拟仪器联合实训室、省级精品课程、十二五规划教材、国家专业资源库项目、在线开放课程等方面取得了一系列的建设成效，并以LabVIEW俱乐部、名师工作室等为平台，探索NI工程教育理念在高职院校的实践途径，积极创设条件实施创新性人才培养。

二、目标与思路

以实训基地和培训中心为合作平台、以课程建设和科技项目为合作载体，以团队建设与科学规范管理为合作保障，进一步引入企业资源，开展全方位合作活动，巩固学院在全国高职院校虚拟仪器教学领域中的领先地位，形成国际知名公司的校企合作示范中心，共同培养高职创新型人才。

三、内容与特色

通过与NI公司十余年的持续合作和活动开展，目前，校企合作内容已涵盖到课程教学和人才培养的方方面面。

图1　常信-NI校企深度融合图

（一）共建实训基地

以共建实训基地和培训中心为契机，搭建了坚实的校企合作平台；学院于2004年建成NI虚拟仪器联合实训室后，又经过国家示范性院校建设和江苏高校品牌专业建设，先后完成了实训室从纯粹满足教学需要到集教学、科研、学生课外科技创新活动支撑等功能为一体的实训室升级改造。实训室目前已建有实训工位50个，配备了NI ELVIS教学套件36套以及PXI、c-RIO、c-DAQ、myRIO、myDAQ等各类工业采集设备，在同类院校中技术领先、利用率高，在课程建设与专业能力培养中发挥了巨大作用。实训室连续三年被评为院级优秀实训室。同时NI企业客户也为学生校外实习、就业提供了平台和岗位。

图2　虚拟仪器联合实验室

（二）共同开发课程

以课程开发与科技项目合作为载体，寻求长期的合作共赢。校企合作共同制订课程标准、开发课程项目，创新开发了"AAA"跨界型课程架构，将课内学习与课外拓展系统结合。双方合作出版了国家"十二五"规划教材《虚拟仪器应用技术项目教程》，合作建成了省级精品课程《虚拟仪器应用技术》。目前正在合作编写新形态一体化教材《基于LabVIEW的物联网应用程序设计》，合作建成的国家级教学资源库建设子项目《基于LabVIEW的物联网应用程序设计》，于2016年下半年投入使用；计划年内完成初稿并后续申报国家十三五规划教材。同时教师的各类纵向与横向课题在NI公司的共同参与指导下正源源不断为课程提供着新鲜的教学内容与项目载体。校企合作的过程中，学校无形中为NI公司吸引了大量新的用户，并为企业用户培养了一大批技术人才。

图3　开发课程和教材

（三）共同培养师资

加强团队建设与科学规范管理，提供有力的合作保障。校内专任教师均参加过NI公司的专业技术培训并取得NI CLAD全球工程师认证。教师承担的教研课题、企业攻关项目等也得到了NI的技术支持。NI公司的5位区域工程师长期担任学院兼职教师，定期参与校内的虚拟仪器课程的教学、实训指导，教学团队被评为院级优秀教学团队。学院一名教师被NI授予全国教学园丁奖、2名教师获省青蓝工程青年骨干教师、3名教师获院级金讲台教师称号、4名教师获院级优秀教育工作者称号、8人次在校级以上教学竞赛中获奖。

图4 共同培养师资

（四）共同培育学生科技社团

在NI支持下，常州信息职业技术学院建成了一个具有广泛影响力的常信LabVIEW学生俱乐部，该俱乐部不仅在校内有俱乐部实体，还在网上有俱乐部论坛、QQ群。NI每年组织的全国高校LabVIEW俱乐部高峰论坛活动和校际间俱乐部交流互动活动，为学院学生提供了广阔的视野和学习平台。学院作为全国28所LabVIEW学生俱乐部唯一的高职院校多次承办了全国Student Day常州站活动、华东地区高校俱乐部交流活动，在华东地区高校的俱乐部联盟中享有较高声誉。企业指导和参与下的学生俱乐部活动得到了健康稳步发展，学生自主管理、积极主动性高，结合特长工作室、名师工作室、兴趣小组等多种形式的活动，使得学生课外科技活动组织得有声有色、成绩显著。

图5 共同培育社团

（五）共同指导各类科技竞赛、毕业设计、学生专利申请

学院每年举办虚拟仪器技能大赛，大赛期间NI工程师全程参与担任评委，开展技术专题讲座等。同时NI举办的两年一届的全国虚拟仪器大赛和每年举办的全国优秀毕业设计大赛也为高职院校学生与本科名校学生同台竞技提供了大好舞台。常信院代表队不仅连续三届在全国虚拟仪器大赛中成为入围决赛的唯一高职院校代表队，还取得了特等奖1项、二等奖1项、三等奖4项的优异成绩，大赛不仅培养了学生的创新能力，更为高职学生在与本科甚至研究生的就业竞争中建立了自信。近五年来学生基于虚拟仪器技术的毕业设计获得了省级优秀毕业设计二等奖4项、三等奖2项，学生为第一作者获得实用新型专利12项。

图6 指导竞赛

（六）共同开展培训认证与技术服务

校企合作建立CLAD（LabVIEW助理开发工程师）授权培训中心，对通过认证考试的学生颁发NI公司的全球CLAD认证证书。学院先后共有65名学生取得该认证，目前在国内有效持证者仅有929人。同时在NI支持下，常州信息职业技术学院还多次承担了暑期国家高职骨干教师培训、企业员工培训等项目。教师承担的科技服务项目和教学研究课题在NI的参与和支持下成果丰硕。

图7　开展培训

通过全面发挥师生在校企合作中的主体地位，营造了良好的科技文化氛围，通过虚拟仪器技术的学习，教师自身的业务水平不断提升，学生的专业学习兴趣越来越浓厚，每年均有学生在大赛、毕业设计、创新创业大赛中获奖，学生取得关于虚拟仪器、智能测试方面的专利也呈逐年上升的态势。

四、组织实施与运行管理

双方团队均有专人负责各项合作事宜，使得校企合作的各项工作均能有序推进，成果显著。NI公司作为一家外企，十分重视校企合作，专门设立了高校市场部负责与全国高校的合作与交流，公司不仅每年出资组织高校教师交流会、学生俱乐部峰会等为高校师生免费提供培训与交流的机会，还为LabVIEW学生俱乐部免费提供设备租借、大赛活动经费捐赠等。区域工程师定期来校提供技术支持、参与课程开发、实践指导、开设讲座等，更是不断为学院的人才培养注入了活力。同时学院虚拟仪器教学团队也长期稳定发展，以青年教师为主、老中青结合的师资队伍不仅在教学研究、专业建设、课程开发、学生培养等各有所长，而且也通过多年的校企合作提升了自己的业务水平。

五、主要成果与体会

通过双方多年的深入合作，已形成了一种合作共赢的紧密合作关系。师生作为校企合作的主体，通过校企合作都找到了自己的发展空间和兴趣爱好，因此能积极主动参与各项教学科研活动。经过共同努力不仅将学院虚拟仪器相关课程打造成了一门有影响力的专业核心课程，配套的教材、课程资源网站等也逐步向全国推广，以供更多学校提供参考与借鉴。多年来合作培养的学生不仅在技能竞赛、毕业设计、专利申请等方面硕果累累，很多毕业生还在虚拟仪器技术领域成为企业技术骨干。主要的成果有：合作出版"十二五"规划教材一部、合作建成教指委精品课程一门、合作建成国家级教学资源库子项目一个、合作编写新形态立体化教材一部、培养了一支优秀的教学团队、近五年来共同指导学生获省级以上技能竞赛和创新创业大赛三等奖以上达50余人次，获省级优秀毕业设计二等奖4项、三等奖2项、实用新型专利12项。每年指导江苏省高等学校大学生实践创新训练计划项目不少于2项。通过打造国内一流的专业核心课程，将企业资源与专业建设、课程建设紧密结合，校企合作共同培养创新人才真正落到了实处。

每年的校企合作主要成效如附1图示。可见校企合作首先是基于双方获利的基础之上；其次只有使师生都在校企合作中学有所得，将师生真正作为校企合作的活动主体才能充满生机和活力，创新人才培养也才有了落脚点。最后，深入而有成效的校企合作不是一蹴而就的，也不是一厢情愿的，更没有固定的合作模式，只有在长期的磨合与相互沟通了解中才能找到真正符合双方利益和需求的合作模式。

以实训基地和培训中心为合作平台、以课程建设和科技项目为合作载体，以团队建设与科学规范管理为合作保障，全面发挥师生在校企合作过程中的主体地位，可以使校企合作深入到专业课程改革的方方面面，全面提升校企合作的内涵，充分发挥企业在学院人才培养和社会服务中的作用。学院通过与NI的长期深入合作取得了一些教学成果，培养了一批优秀毕业生，相信随着今后的持续建设与合作，将为学院专业建设与创新人才培养创造新的业绩和荣誉。

附1：常信院-NI校企合作历史沿革图

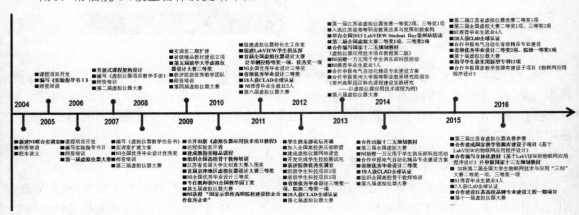

附2：合作企业简介

NI在40个国家中设有分支机构，共拥有5 000多名员工。在过去连续十年里，《财富》杂志评选NI为全美最适合工作的100家公司之一。作为最大的海外分支机构之一，NI中国拥有完善的产品销售、技术支持、售后服务和强大的研发团队。30多年来，美国国家仪器公司帮助测试、控制、设计领域的工程师与科学家解决了从设计、原型到发布过程中所遇到的种种挑战。通过现成可用的软件，如LabVIEW，以及高性价比的模块化硬件，NI帮助各领域的工程师不断创新，在缩短产品问世时间的同时有效降低开发成本。如今，NI为遍布全球各地的25 000家不同的客户提供多种应用选择。

探索"现代学徒制"人才培养模式
推动产教研深度融合

——以沙洲职业工学院机械制造专业群为例

张福荣　严　锋　邓朝结　汪　磊

一、校企合作背景

（一）高等职业教育人才质量的提升，必须走"工学结合"之路

2012年3月教育部职业教育与成人教育司在浙江湖州召开的"中国特色现代学徒制试点方案研讨会"上指出，"现代学徒制"是高等职业教育"工学结合"教育模式的一种实现形式，是"校企合作"人才培养工作的进一步深化。

（二）高等职业教育必须与区域经济发展相适应

张家港市以钢铁冶炼为主导的经济发展模式正在转型，钢铁企业面临着产品转型、技术改造升级的突出问题，同时伴随着中国制造2025的实施，目前许多智能装备制造类企业到张家港投资，企业对从业人员提出了更高的要求。为适应区域经济转型升级趋势，必须创新人才培养模式，培养大批高素质高技术技能型人才才能满足企业需求。

（三）机械制造类专业在现有体制机制下，存在着突出的问题

机械制造类专业必需大量生产性实训设备，资金筹措难度大，造成适应新型工业化要求的先进生产性教学设备不足，仅靠政府或学院投入难以解决，单靠企业直接出人、出钱、出设备也存在着体制障碍；适合开展生产性实训的产品载体寻找难度大；教师的工程实践能力较差；学生专业基础知识不够系统、实践技能训练不够过硬。

针对以上问题，该项目的研究适应了学院人才培养模式改革发展的需要，要以建立机制、创新模式、搭建平台、寻求项目为突破口，建立适应产业转型和换代升级导致的高端关键产品零部件所呈现的特殊性要求的"现代学徒制"人才培养模式是必经之路。

二、主要目标与思路

（一）建立校企深度融合机制

发挥政府的职能，形成政、产、教、学、用相结合的机制，在政府的引领下，与企业形成合作共建、共享、共赢机制，充分整合企业人力、设备资源，从根本上解决实施"现代学徒制"的条件保障问题。

（二）校企合作搭建校内外生产实训平台

按照"校中厂"模式引入企业文化、车间制度、工艺规范、典型产品、兼职"师傅"，建立校内教学型实习工厂，按照"厂中校"模式建立校外实训基地。共享企业人力、设备、产品

生产资源,搭建适应"现代学徒制"要求的实训平台。建立教师深入企业实践制度,从根本上解决"双师型"教师队伍结构,提升教师为企业服务的能力。

(三)探索并形成具有区域特色的"现代学徒制"人才培养模式

依托"机制"和"平台",探索并形成具有区域特色的"现代学徒制"人才培养模式。学生在课堂聆听教师的讲解,在实训平台拜师学艺,学生既是学员,也是企业准员工;教师在课堂上是老师,在实训场所是企业员工;企业员工既是师傅又是老师。真正实现学校教师、企业员工的角色互换,组成由学校和企业双主体育人共同体,实现双赢的战略构想。

(四)校企合作开发"现代学徒制"培训资源

校企合作确定"现代学徒制"的培训内容、培训安排,修改完善专业学徒制人才培养方案,开发有特色的培训教材。

三、内容与特色

(一)建机制、搭平台,创新并实践"现代学徒制"人才培养模式

"现代学徒制"是产教融合的基本制度载体和有效实现形式,它是通过校企合作与教师、师傅联合传授,对学生以技能培养为主的现代人才培养模式。结合学院实际情况,采用沙工东力式的"校中厂"和金鸿顺式的"厂中校"的"现代学徒制"人才培养模式。学院与企业共同制订教学计划,学生自主选择校中厂或厂中校实习,并与企业签订实习协议,校企双方共同担负人才培养任务,专业教学与现场实践紧密结合。图1为质检部经理指导学生正确使用量具实战,图2为工艺部经理和学生一起分析工艺实战,如图3所示为公司总裁企业文化知识讲座。

图1　量具使用实战　　　　图2　零件工艺实战　　　　图3　企业文化讲座

(二)依托平台、强化教师能力

学院的青年教师大多来自于工科大学的硕士和博士研究生,有较深的理论功底,但没有经过系统教育理论的培训,教学把控能力不强;没经过企业锻炼,操作和动手能力较弱,与现代高职院校"双师型"教师要求还有较大的距离。实施"学院+企业"师徒结对的培养模式,充分利用本校和本地企业现有的资源,对青年教师的教学能力和实践能力进行有针对性的培养。

(三)依托平台、提升学生技能和强化职业素养

"东力校中厂"是把企业生产分成龙门加工中心、卧加加工中心、数控镗铣床、数控立车、立式加工中心和项目管理6个岗位,由6个部门经理负责,根据生产岗位开发6门课程,把到企业顶岗实践的学生分成6个小组。"沙东力校中厂"把顶岗实践分成两个阶段:第一阶段轮岗,时长两个月,由各部门经理直接任师傅。第二阶段为定岗,先是各部门经理根据轮岗的学生表现和学生自愿双向选择。

"金鸿顺厂中校"校企合作成立组织机构,负责制订学生实习、就业及其他校企合作计划,共同开发专业课程和教学资源,共同指导学生实习实训和就业,形成人才共育、过程共管、成果共享、责任共担的紧密型校企合作机制。根据企业需求,对学徒制学生分成了设计部、机械加工部、模具

部和项目部。校企双方鼓励技术能手加以重奖，优先录用晋级。学生学习积极性大为提高。

通过"现代学徒制"的实践，形成了政府指导、行业引领、校企合作、产教融合的长效机制；形成了"学院+企业"双主体育人的"现代学徒制"人才培养模式，促进教学内容与实际工作内容的无缝对接；建立了"校中厂""厂中校"模式的实训平台，为教师提供了锻炼平台，为学生提供了企业真实的实训场景。

四、组织实施与运行管理

（一）成立"现代学徒制专项工作领导小组"

成立由学校领导、相关部门负责人及数控专业负责人组成的"现代学徒制专项工作领导小组"，全面指导协调现代学徒制开展的各项工作。

（二）落实学校现代学徒制的具体工作

1．招工招生

依据校企双方实际情况与需求，制订校企联合招工招生方案，并签订《校企联合培养框架协议》。做好招生招工宣传和学徒报到相关工作，定期去企业回访、调研。

2．教学管理

制订校企联合的学徒培养方案；采取校内学习、企业师傅带徒弟等灵活多样的教学方式实施教学，建设校企"双导师"教师团队。

3．学徒管理

配备班主任，一方面负责学徒校内的日常管理，另一方面协助企业师傅做好企业实训管理工作。

五、主要成果与体会

（一）教师能力得到大幅提升

几年来，教师先后完成了"动物尸体粉碎机""圆盘剪剪切能力开发研究"和"自动行进式电动钢板坡口机研制"等横向课题，部分横向课题产品见图4。

图4　教师参与研发部分产品

2013年获《全国职业院校现代制造及自动化技术教师大赛》高职组"数控加工中心装调与维修"比赛一等奖。2015年"GF加工杯"全国职业院校模具技能比赛教师组微课赛项获二等奖；2013年"全国机械职业院校实践性教学成果"获一等奖。部分教师获奖见图5。

图5　青年教师获奖

（二）学生技能和职业素养提高

在基于上述两种模式的实践中，学生技能水平得到了很大的提高，并在技能大赛中取得了一定的成果。2013年，学生获"凯达杯"全国职业院校模具技能大赛冲压拉延模CAD/CAE比赛二等奖；2014、2015和2016年，学生先后获"自动化生产线安装与调试"江苏省高等职业院校技能大赛和全国职业院校技能大赛一等奖。部分学生获奖见图6。

图6　学生获奖

（三）形成了特色鲜明的"现代学徒制"教学资源

与东力公司校企共同开发了《机械零件的数控车削加工》和《机械零件的数控铣与加工中心加工》双证融通教材；与苏州金鸿顺汽车部件股份有限公司和中天模塑集团公司共同开发了《冲压成形工艺与模具设计》和《塑料模具设计项目教程》项目驱动教材，见图7。数字化加工多媒体课件2013年获江苏省高校优秀多媒体课件二等奖。学生毕业设计获省高校优秀毕业设计二等奖、三等奖各两项。

图7　校企合作项目驱动教材

通过这几年"现代学徒制"人才培养模式的探索，推动产教研深度融合，提升了教师职业能力和学生职业技能，取得了预期的成效。

校企合作模式创新，深度融合互惠多赢

徐 宁 张 明 王翠凤 何用辉 张伯楠 刘思默 林茂用 黄龙明

一、校企合作背景

福建信息职业技术学院是由原福建省三所国家级重点中专合并组建，2003年经省政府批准、教育部备案，以工科为主、工商结合、以信息技术为特色的全日制普通高职院校。学院成立以来，正赶上国家大力发展高等职业教育的重要战略机遇期。2008年学院被福建省教育厅确定为首批省级示范性高职院校，同年被教育部、财政部确定为"国家示范性重点培育的高等职业院校"，2010年确定为"国家示范性骨干高职院校建设单位"，2013年顺利通过骨干院校建设验收。机电工程系是学院的骨干教学系，是省级示范和国家骨干院校重点建设项目单位，在示范性职业院校建设过程中，紧扣职业教育发展的特点，积极开展校企合作的探索和实践，总结和提炼校企合作中的特色，形成了一些校企合作的成功案例。

二、目标与思路

为全面贯彻落实《国家中长期教育改革与发展规划纲要》《国家高等职业教育发展规划纲要》所提出的目标任务，突出高等职业教育特色，坚持"以服务为宗旨，以就业为导向"，走校企合作、产学研结合发展道路，建立校企互动，大力推进合作办学、合作育人，合作就业、合作发展的校企合作新机制。结合学院实际，充分发挥学院办学特点、专业特色、与地方行业协会、企业及政府部门开展校企合作，努力实现校企人才共享、设备共享、技术共享、文化互补、管理互通的校企深度融合关系，将福建信息职业技术学院建设为办学质量优良，特色鲜明的高职学院。

三、内容与特色

近几年来，在校企合作过程中，学院始终坚持以"企业需求优先，校企合作共赢"的原则，主动与企业交流和沟通，根据不同企业的需要，采取不同的合作模式，深度融合、互惠多赢。机电工程系与五十多家企业建立了校企合作关系，从人才培养入手，到共建实训基地、建立"厂中校"运行机制、开展科研项目合作等，积极探索校企合作的成功经验，找出校企合作运行中存在的问题，提出解决问题的方法和思路，总结和提炼特色，逐步形成了订单培养的"骏鹏模式"、基地共建的"GE模式"、厂中校的"集力模式"和科研合作的"劲菱达模式"。

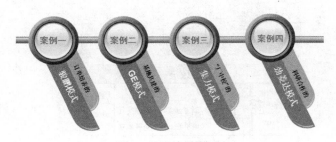

图1 校企合作模式

四、组织实施与运行管理

（一）订单培养的"骏鹏模式"

2007年起学院机电工程系与福建骏鹏通信科技有限公司开展合作，签订了订单培养合作协议，命名为"骏鹏班"，开展了"两个不间断、三个零距离"人才培养模式的探索，由校企双方共同制订人才培养方案，共同开发专业课程，共同编写工学结合教材，共同开展教学和实践，共同培养高技能人才。

图2　骏鹏订单班

图3　骏鹏班学生顶岗实习

图4　骏鹏班培养方案研讨

图5　与骏鹏合作编写工学结合教材

"骏鹏班"从一年级开始，根据企业的需要分成若干个实习小班，实施校内学习与企业实习不间断的工学交替模式。一年级开展企业认识实习和轮岗实习；二年级开展企业生产实习；三年级开展顶岗实习。该班实行"学生+学员+员工"的管理模式，学院和企业各派一名专职人员管理"骏鹏班"，企业为每位学生建立了实习档案，并设立了十万元的"骏鹏奖学金"，奖励在企业实习期表现突出的学生，在企业实习期间除包食宿外，每月支付一定的工资，同时骏鹏公司还资助部分贫困学生的学费。在校企合作过程中把企业文化带到校园，将企业的经营理念、生产工艺、设备产品等做成展板挂在教室，同时又将校园文化带到企业，与企业员工开展球类比赛、帮助企业出宣传板报等，这种模式受到企业、学生和家长的欢迎。由于学生在三年的学习过程中对企业的生产、工艺、管理等比较熟悉，毕业后直接上岗，很快就成为企业的骨干。

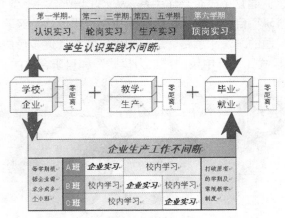

图6　两个不间断、三个零距离的"骏鹏模式"

此外学院连续五年与富士康公司合作开办了"富士康机器人定向班"，连续两年与厦门大博医疗设备有限公司开办"大博数控订单班"，共同培养工业机器人专业和数控专业人才。"富士康定向班"学生在参加2013年全国职业院校技能大赛"工业机器人与智能视觉系统应用"项目和富士康公司举行的首届全国"工业机器人创新应用大赛"中，均以第一名的成绩荣获一等奖。

图7　富士康机器人定向班

图8　与富士康公司合作开展教学

图9　工业机器人竞赛获奖

图10　大博数控订单班

（二）基地共建的"GE模式"

2009年学院与世界500强企业美国通用电气（GE）公司签订校企合作协议，由GE公司提供1 440万元的最先进的自动控制系统软件和硬件设备，学院配套投入450万元，共同建设了具有国内先进水平的"GE自动化控制系统集成实验实训室"。在GE实训基地共建过程中，利用GE的控制软件和控制器与企业合作研发智能立体车库、运动控制系统、过程控制系统、柔性生产线控制系统、智能清洗系统、智能搬运系统等十余种自动控制对象。同时通过选派骨干教师到GE公司参加学习培训，合作编写培训教材，邀请GE的工程师来学院开设技术讲座，参加GE公司举行的创新设计大赛等，很快提高了骨干教师的专业能力。此外利用基地的条件，成功申报了福建省发改委"制造业信息化工业控制软件应用平台"项目，为企业开展了多场技术推广研讨会，为社会开展技术培训和技术攻关等。

与台湾地区电脑辅助成型技术交流协会开展合作，成立了"两岸模具CAE技术应用服务平台"，台湾科盛科技股份公司等多家企业联合向学院赠送了五种总价值人民币1 050万元的模具CAE等应用软件。与富士康公司合作共建"工业机器人实验室"，富士康公司赠送了价值近100万元的工业机器人。与广州超软公司合作，开展数控仿真软件的应用、开发、教学活动。

图11　与GE公司共建自动化实训基地

图12　与台湾科盛公司共建模具CAE技术平台

图13　与富士康公司共建工业机器人实验室

图14　广州超软公司赠送数控仿真软件

（三）厂中校的"集力模式"

2008年学院与模具行业技术创新中心集力研究所签订了校企合作协议，在福州市金山工业园区建立了"福建信息职业技术学院产学研基地"，该基地按照企业化生产运作模式，学院投入了数控加工中心、数控车、电火花、线切割等价值约150万元设备，实行"厂中校"的管理，与集力配套为福州市中小型模具企业提供模具设计、产品加工制造和技术咨询等服务。同时组织专业教师到产学研基地挂职锻炼，提高教师的双师素质，组织学生到基地开展生产实习，开展就业、创业教育。在基地开办了"集力函授大专班"，为工业区周边企业的员工提高素质、提升学历开展培训服务。该大专班采取"菜单式"培训，由企业根据需要选择相关专业技术课程，学院派教师到企业或到现场开展教学服务，该培训模式受到了企业的好评。目前学院正在与集力公司合作，开展"卓越技师"人才培养方案的研究和实践，从二年级在校生中选拔10%左右的有较强社会适应能力、工程实践能力和创新创业能力的学生，组成卓越技师班，由学校和集力公司选拔优秀的教师和企业的能工巧匠，采取导师制和项目化教学，将技师的职业资格标准融入教学实践中，使培养的学生基本具备技师的任职资格和水平。

"集力模式"是学院建立"厂中校"运行管理机制的一种有益尝试，学院将把产学研基地建设成为对社会服务的窗口、师资实践训练中心、学生的创业教育基地和产、学、研合作平台。

图15 福州金山工业园区产学研基地成立

图16 产学研基地主要功能

（四）科研合作的"劲菱达模式"

2013年学院与福建劲菱达电机科技有限公司合作，共同申报了福建省重点科技计划项目"风光互补发电应用系统"，该项目以闽海风光充足的资源优势开发利用清洁能源。通过校企技术合作，研制风光互补发电系统。为沿海及岛屿的路灯、景观灯，以及航标灯、监控探头、通信基站等系统供电，并推广应用于海上渔排生活用电，具有很好的经济和社会效益。目前学院已成功研发了与风光互补发电系统配套的智能控制器、48V直流光波炉、小型逆变器等，在福建省第九届中国海峡项目成果交易会上成功与企业对接。这些配套产品都具有自主知识产权，获得发明专利2项，实用新型专利4项，现已进入小批量生产阶段。

学院还与多家企业开展了类似的科研合作，如与福州聚丰五金有限公司合作开发的"汽车电器开关插座组件冲压注射组合模具"参加第十三届中国（上海）国际模具技术和设备展览会，并被中国模具工业协会评为"精模奖"一等奖。

图17 海上渔排养殖基地风光
互补应用现场

图18 光波炉、控制器、
逆变器应用

图19 中国模具工业协会
"精模奖"一等奖

五、主要成果与体会

福建信息职业技术学院机电工程系在校企合作中，经过多年积极的探索和实践，取得的主要成果如下：

（1）"骏鹏模式"的订单式人才培养改革项目获福建省第六届教学成果一等奖。

（2）2009年机电工程系获教育部"全国教育系统先进集体"荣誉称号。

（3）连续三年被富士康科技集团公司评为校企合作"优质合作学校"。

图20 福建省教学成果一等奖

图21 全国教育系统先进集体

图22 优质合作学校

（4）与企业合作开展的"现代学徒制"试点工作分别获全国机械职业教育教学指导委员会和福建省教育厅立项单位。

（5）与企业合作开展的"卓越技师"人才培养教学改革试点项目获福建省教育厅立项。

（6）2015年8月机电工程系的"校企合作、双轨育人"典型案例分别在福建电视台新闻频道和综合频道的《新闻启示录》栏目播出。

（7）与企业合作开展的科研项目申报，获省级课题3项、厅级课题15项、市级课题5项，获发明专利8项、实用新型专利20余项。

（8）校企合作共同编写教学改革出版教材12部，编写校本教材6本。

图23　机电系主任接受省电视台记者采访

图24　部分校企合作出版教材和校本教材

机电工程系与50多家企业建立长期、稳定的人才培养、科技合作关系，实现了高校与企业在人才培养和科技创新方面的紧密结合。实践证明，在校企合作过程中，只有通过校企双方的深度融合、彼此信任、责任共担、成果共享，不断创新校企合作的新模式，才有可能达到学校、企业、学生、社会互惠多赢的局面，推动高等职业教育向前发展。

培养焊接现代学徒　服务汽车工业发展

——广西石化高级技工学校试行现代学徒制案例

孙杰利　曾繁京　单永舜

一、校企合作背景

现代学徒制是产教融合的基本制度载体和有效实现形式。为贯彻教育部《关于开展现代学徒制试点工作的意见》，提升技术技能人才的培养能力和水平，在多年校企合作的基础上，2014年8月，广西石化高级技工学校与我国著名微车生产企业柳州五菱汽车工业有限公司试行现代学徒制培养高技能人才，设立"焊接机器人现代学徒班"。通过试点项目的实施，校企双方将完善校企合作育人机制，创新技术技能人才培养模式，不断满足产业升级对新型技能型人才的需求，为广西的汽车、机械和先进装备制造业的发展培养高技能人才。

二、目标与思路

为建设现代职业教育体系，创新高素质技能型人才的培养模式，广西石化高级技工学校与柳州五菱汽车工业有限公司校企合作试行现代学徒制培养高技能人才。双方通过订单培养、实训基地建设、教学资源共享、教师队伍共建等方式，提高焊接机器人技能人才培养质量，取得良好效果。

三、内容与特色

（一）招生与招工一体化是开展现代学徒制试点工作的基础

学校与柳州五菱汽车工业有限公司签订的人才培养方案中提出校企联合招生、双课堂教学、双导师授课、双基地实训。学校与五菱公司共同制订招生方案，落实好招生招工一体化，明确学生与学徒的双重身份，以"订单班"形式首批招收焊接、涂装、钳工等专业学生，每年都招生300人左右。企业参与招生考核和录取，学生入学即承诺实习、就业有关事项。两年来，学校共向柳州五菱汽车工业有限公司输送1 000多名焊接、汽车维修、机械设备维修、模具、钣金、起重、机电一体化、维修电工等专业学生。因学生技能水平高，职业素养好，上岗能操作，深受企业欢迎，很多学生已成长为班组长。

图1　曾繁京校长与五菱集团
汪旭副总经理签约

（二）工学结合人才培养模式改革是现代学徒制试点的核心内容

试点班采取"定期轮岗，工学交替"的教学模式，将焊接机器人焊接加工生产项目作为学生学习任务，基于工作过程系统化，通过项目化教学使学生具备实际工作的专业知识、技术能力和职业素养。试点班在工学结合人才培养模式上，形成以下四个特点：在管理上，在校学习和企业实习合一，学生实习培训由校企双方共同介入；在时间上，形成在校学习、企业实习、考证"1.5+1+0.5"三段推进，分阶段落实人才培养计划；在身份上，学生也是学徒，构成"学生—学徒—员工"三位一体的人才递升模式；在评价上，改变传统评价方式，实行德技双评价、校企双评价，促使学生知行合一、德技双优。

图2　学生在学习操作焊接机器人

（三）教学资源共享是开展现代学徒制试点工作的重要保障

校企双方投入优质资源建设教学实训平台。焊接专业是广西石化高级技工学校的品牌专业，也是全国技工院校一体化课程教学改革试点专业。该校焊接实训中心是广西中等职业学校面积最大、功能最全、设备最先进、培养培训能力最强的实训基地，也是全国技工院校师资培训基地。柳州五菱汽车工业有限公司是该校主要的校外实训基地，每年接纳该校学生顶岗实习500多人次，接纳教师企业实践锻炼20多人次。五菱公司将最先进的设备提供给学校用于教学实习和生产，2015年5月，柳州五菱汽车工业有限公司投资120万元在学校建成汽车焊接制造实作培训基地。该基地按照五菱汽车部件生产过程，设计成为一个真实部件焊接生产工段。按照现代学徒制模式教学，"真刀真枪"地开展技能训练和生产加工，每年可为广西汽车制造培养、培训焊接机器人操作员600人。优质实训资源的共建共享，意味着学生在学徒期间，会在校企之间变换不同的地点接受"真刀真枪"的培训和实践。

图3　学校领导与企业专家研讨焊接机器人现代学徒培养方案

（四）校企共建师资队伍是现代学徒制试点工作的重要任务

为了保证教学质量，校企双方实行现代学徒制下的"双导师"制，学校教师和企业师傅互聘共用、双向挂职锻炼。学校组织多名专业教师到企业挂职实践，对学生进行跟踪管理和指导。企业派出工程师、技术能手到校担任指导教师，把技术要点、生产流程、企业精神传授给学生，指导学生训练技能和参与生产，提高人才培养针对性。双方发挥各自所拥有的王兴平、郑志明国家级"技能大师工作室"的作用，促进技术创新和高技能人才培养。学校依托焊接技能大师工作室培养出多名焊接高手。学生参加全国技工院校技能大赛、全区中等职业学校技能比赛、全区技工院校技能大赛荣获多项个人一等奖和团体一等奖。韦雨忠同学荣获第三届全国技工院校技能大赛第一名，成为全国焊接"状元"。学生组队参加第三届（2014年）北京"嘉克杯"国际焊接技能大赛，荣获"优秀团体奖"。2015年4月，冉毅立、陆龙增同学在捷克举行的第十九届"林德金杯"国际青工焊接大赛上，分别荣获钨极氩弧焊、火焰气焊两个赛项的冠军。其中，火焰气焊赛项是欧洲国家的传统强项，我国在该项目上首次获奖。

图4 陆龙增同学荣获
第19届国际青工焊接大赛火焰气焊赛项第一名

图5 冉毅立同学荣获
第19届国际青工焊接大赛钨极氩弧焊赛项第一名

四、组织实施与运行管理

学校成立现代学徒制试点工作领导小组，制定人才培养方案，明确校企联合招生、双身份学习实践、双基地教学、双导师授课、学业双评价等内容。现代学徒班实现了专业设置与产业需求对接，课程内容与职业标准对接，教学过程与生产过程对接。学校组织人员开展《现代学徒制培养技能人才的研究与实践》课题研究，推进人才培养和技能培训。

图6 曾繁京校长（中）看望在柳州五菱汽车工业有限公司工作的毕业生

五、主要成果与体会

广西石化高级技工学校在推行现代学徒制的过程中，带来了人才培养模式的四个变革：一是实习计划从学校一方制订变成校企共同制订，探索建立了岗位技能达标和轮岗培训制度；二是实习导师从企业师傅一人变成师傅和教师双导师，实现了校企共同培育人才的目标；三是实习考核从学校自主考核变成学校、企业双方考核，建立了科学的评价机制；四是学生身份由单一身份变成"学生—学徒—员工"身份，通过接受现代企业的管理和现代企业文化的熏陶，提高了职业素养，增强了职业归宿感。

校企共建专业课程　对接企业人才需求

——广西机电职业技术学院电子商务专业校企合作实践案例

邱　琳　钟　明　刘　茗　潘彦先

一、校企合作背景

当前电子商务正加速与各行业产品相融合，国家在政策、资金等方面都给予了电子商务行业政策的扶持和投入的力度，中国的电子商务行业正面临着前所未有的发展机遇。

电子商务近年来在广西发展迅速，南宁入选了全国首批21个"国家电子商务示范城市"；南宁高新区入选首批"国家电子商务示范基地"。因此借助行业发展东风，深化校企合作，创新校企合作的模式与思路，是推进学院电子商务专业建设和高素质技能人才培养的必由之路。

二、目标与思路

通过加强与电商行业、企业融合，开展基于企业真实的项目任务的教学，进行项目教学做一体化教学，校企共建专业课程，共同培养专业人才，从而推动专业建设与改革，培养电商企业适用的高技能人才。

三、组织实施与运行管理

（一）校企联动，构建"基于企业项目实战"的专业人才培养模式

依托多年与行业、企业的联系，通过与华南城、阿里巴巴、象翌微链等著名电子商务企业深度合作，依托校内外的生产性实训基地，以全真创新创业环境和企业真实环境下的职业岗位训练为核心，以中小企业电子商务应用过程的真实项目作为学生实训的内容和载体，创新人才培养模式，构建基于企业全真项目实战的人才培养模式。

（二）建立校企合作、工学结合、项目导向、任务驱动、逐级递阶的课程体系

1. 以企业电商核心岗位为依据，重构课程体系

通过深入企业调研，与企业专家解构电子商务核心岗位业务，重构出学习项目，每个项目能够有对应的企业实际项目，每个项目能有1家以上的企业全程参与，并对每个项目教学内容进行组织与安排，将职业岗位工作任务化繁为简、变难为易，使得学生毕业后能直接胜任相应工作任务，直接上岗。

与阿里巴巴合作，引入阿里巴巴平台企业的业务项目，将网店经营、B2B平台运营、跨境电商运营都纳入课程内容中，将企业真实业务项目与课堂实践相结合，使企业真实鲜活的业务内容成为学生上课实操的内容。

目前，《网店经营与管理》《网络贸易》《网络营销》等课程已与企业合作，共同开发课程内容，共同编写实训教材，学生实操练习的项目均来自企业的业务。比如通过与淘宝大学合作，引入淘宝电子商务运营专才认证课程，将《网店运营与管理》与企业网店经营实际对接，

学生通过学习就能掌握网店业务运营的实操技能。

对于实践项目的选择，逐级递进，从简单到复杂，从基础到综合，逐步深入到综合实践项目，每年级都有综合的实践项目让学生进行训练。

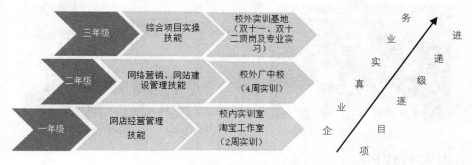

图1　逐级递进的实训项目

2. 以企业项目为导向，实施教学做一体化教学改革

在教学过程中，在校内外真实环境下进行逐级递进的实习实践，实践的项目内容均来自于企业真实的电子商务项目应用，学生以小组团队的形式，在教师的指导下，完成企业真实电子商务项目的实践与操作，教师围绕企业真实的工作任务，指导学生达到专业各项核心技能的训练和培养。依据工作任务的项目化教学和校内"企业"式现场教学、基于企业真实项目的实践，使教、学、做合一。教学中以学生为主体，教师从过去的满堂灌以及实训过程中的单纯辅导角色转变为对教学项目的策划、辅助与评价。另外，由于是企业的真实项目，在实训教学评价中还可以引入企业评价作为学生成绩的一部分。

（三）公司入校、课堂外移，拓展工学新领域

1. 代理企业技术业务

寻求校企合作契合点，采取"公司入校""课堂外移""订单培养""项目合作"等灵活多样的合作模式。与淘宝合作，学生利用课余时间在线为淘宝的客户提供云客服服务；与广西当地企业合作，在淘宝上代销企业的产品，开展第二课堂，培养学生的创业意识。

2. 引入真实企业项目

将企业项目引入学生第二课堂，开展以真实企业项目为背景的技能竞赛。近三年，电子商务协会在专业的指导下举办了电子商务文化宣传周、校园商品展销会、网络营销大赛等一系列活动，在学生中间引起了巨大的轰动和热烈的好评。如从2012年至今，已连续成功举办三届以企业产品或业务项目为载体的网络营销大赛，引进企业产品开展真实网络营销，将近400多名学生参与了比赛，电子商务专业的学生参赛面达到70%，使广大学生获得了体验企业真实业务，参与网络营销技能实战的机会。

图2　厂中校华南城进行专业实习

图3　丰富的第二课堂活动

3．以工作室形式开展电商项目运营

建立了学生网店经营、网络营销等工作室，在教师的指导下以团队的形式完成企业真实项目的运作和实施，锻炼学生解决问题分析问题的能力，培养学生的创新创业意识和团队协作的精神。

图4　淘宝云客服项目入校宣讲　　　　图5　淘宝大学讲师进课堂

四、内容与特色

（一）探索校企深入合作、共同培养符合企业实际需求的高技能人才培养之路

围绕电商行业的市场需求，紧密地与之进行配对，积极探索校企合作人才培养模式的实现方式，创新性地开设了这种以企业真实项目为校企合作载体的校企合作模式，一方面解决了企业的业务人才需求，为企业解决了技术问题，另一方面学生和老师通过企业项目的实践，锻炼和提高了电子商务实操的技能，开拓了一条双师型教师队伍的培养道路。

（二）构建了"基于企业项目实战"的电子商务人才培养模式

通过与企业深入合作，将企业的真实业务引入专业教学中，解决了当前电子商务作为交叉学科中出现的课程之间分离过多，特别是电子商务专业中出现电子与商务分离的"两张皮"现象，把所有的专业技能有机地结合在一起。

通过基于企业全真项目实战的教学模式的实践，改革封闭教学的传统习惯，将教学与实际企业的运作情况结合起来，将学校与社会（特别是企业）结合起来，将求学与就业岗位结合起来，将教学、科研、企业实施应用结合起来，建立起开放型的有利于培养高等应用型人才的学、产、研结合的新途径。

五、主要成果与体会

（一）主要成果

通过实践，初步形成了校企联合"双主体"育人模式，校企基于工作过程，共同开发教学内容、共同培育专业技能人才。

1．建立了一系列的实训基地

专业建立了一系列校内外实训基地，与阿里巴巴、华南城、象翌微链、多迪网络科技有限公司等10多家区内外企业建立了校企合作关系，同时与广西中小企业联合会、广西电子商务协会、中国互联网协会等建立了紧密的联系，依托行业的纽带作用，不断充实合作的企业资源库。

图6　象翌微链科技有限公司参观学习　　　　图7　教师赴阿里巴巴学习

2．技能竞赛成绩卓越

学生在全国各类电商大赛中不断崭露头角，取得了优异的成绩。比如在全国网络商务创新大赛获得全国总决赛二、三等奖；获得电子商务模拟经营大赛全国总决赛二等奖；2015年职业技能大赛电子商务技能赛项全国总决赛三等奖（广西高职院校唯一获奖者）。

3．就业质量好，创业有技能

学生就业质量逐年提高，就业率一直保持在95%以上。目前在校学生人人都有淘宝网店，很多同学店铺的信誉都到了钻级以上。很多同学足不出户，在学校就能利用专业知识进行勤工俭学，既锻炼了个人专业能力，又解决了生活困难。毕业生创业比例逐年增加，如电子商务07级的一位同学毕业两年即创业，一人开了两个天猫店，一年的营业额过千万。

4．教师队伍素质不断提高

教师的教学业务水平和专业技能不断提高，近两年有两人晋升副教授，1人评为高级工程师，目前教师团队的高级职称比例达到了75%，专业团队的双师率达到了100%。目前电子商务专业团队的教师都负责有企业的项目运营，多人被企业聘为技术顾问，一人被聘为南宁市青年创业导师。

5．服务成效

近两年对口支持职业院校、中职学校培训骨干教师100余人。在2015年暑假成功举办了全国高职高专电子商务专业骨干教师企业顶岗培训班，受到了学员们的一致好评。多年来共为10余家企业的二十多个项目提供项目支持与运营服务，为企业解决了双十一、双十二集中用人高峰的人才需求200人。

（二）体会

通过校企联动，以企业业务项目为中心，校企共同制订教学方案，共同参与人才培养，实现了学习实践即工作，连接了教学与企业工作实际，使得企业业务实际中需求的技能人才培养过程缩短，学生一毕业就能上岗。电子商务专业建立的以"基于企业项目实战"的人才培养模式，形成了校企资源共享、教学过程共管、互利共赢的人才培养机制，实现学生、企业、学校三方共赢。

反观实践过程总结：使企业在项目中获益这是该教学模式改革的关键，为了能够常年有稳定的实训项目，学校应与企业保持良好的校企合作关系，进行深入的校企合作。另外，实训基地的建设也很重要，建议可以采取借鸡生蛋、引企入校的方式，提供场地引进一两家电子商务企业，由此带进企业的真实业务，为学生提供一定的实训项目素材；校内也可以自行组建工作室，与企业洽谈，为企业开展电商项目运营和服务。

实施校企"双主体"合作育人，推进高职教育体制机制创新

马建军　曲令晋　王宏颖　张方方　张玉华　余淼

一、校企合作背景

校企"双主体"合作育人是在河南省教育厅、河南省国防科学技术工业局的大力支持下，借鉴德国"双元制"教育模式，由河南工业职业技术学院与合作企业共同推进实施而构建的具有我国高等职业教育特色的校企合作、工学交替人才培养模式。2011—2013年，学院先后分五批次组织考察组赴德国进行专题考察调研，形成了系统的调研分析报告。2012年，学院组织了大范围企业调研，广泛征求企业意见，将"双主体"育人专业扩大到11个专业，在校生420人，参与企业达到36家，构建合作招生、合作培养、合作就业的"招、培、就"一体化育人机制，形成了较为完善的招生就业、师资队伍、教育教学等管理体制和运行机制，培养效果良好。典型案例是2010年，学院电气自动化技术专业与河南陆德筑机有限公司共同组建"陆德班"，按照"双主体"育人模式培养，取得良好效果。

目前，"陆德班"44名毕业生已走上工作岗位，其职业能力和职业素质得到用人单位的高度评价。同时，"双主体"育人改革也得到河南省委组织部、河南省国防科工局、南阳市的高度关注，相关领导多次到学院进行调研，对"双主体"育人改革给予充分肯定，其成功经验也将为我国高职教育校企合作体制机制建设提供有益的借鉴。

图1　校企"双主体"合作育人签约仪式

图2　第二届陆德班开办典礼

图3　河南省委组织部副部长来学院调研"双主体"育人

二、目标与思路

通过实施校企"双主体"合作育人，赋予合作企业以育人主体的地位，让企业参与招生、培养、就业的全过程，最大限度地调动企业参与高职教育的积极性，充分利用校企双方两个教育主体的资源优势、人才优势，将校企合作、工学交替贯穿人才培养的全过程，构建合作招生、合作培养、合作就业的"招、培、就"一体化育人机制，探索出一条适合中国国情、具有较强推广价值的高素质技术技能人才培养道路，对推动我国高职教育的改革与发展具有重大意义。主要目标如下。

（1）校企共同构建基于"双主体"育人的人才培养模式。

（2）校企共同构建基于"双主体"育人模式的招生就业体系；

（3）校企共同构建基于"双主体"育人模式的师资队伍体系；

（4）校企共同构建基于"双主体"育人模式的教育教学管理体系。

三、内容与特色

校企"双主体"育人的核心是合作招生、合作培养、合作就业。赋予企业在育人中的主体地位，由学院和企业两个教育主体共同约定合作招生的专业和计划人数，共同制订人才培养方案并完成对人才的培养，学生毕业后回到企业工作，实现招生、培养、就业一体化。

（一）合作招生

根据国家高职院校单独招生政策，结合企业用人需求，学校和企业合作招生。按照企业的要求进行文化知识选拔考试，在文化知识考核合格的基础上，由企业人力资源专家进行面试，并最终确定拟录取的考生。

（二）合作培养

由学院和企业两个教育主体共同约定合作招生的专业和计划人数，共同制订人才培养方案，共同完成对人才的培养，学生毕业后回到企业工作。实行校企交替、分段式的教学组织方式，在学校完成基础理论学习和基本技能训练，以学院教师为主实施教学和考核；到企业在与专业相关的岗位上进行生产实习，以企业师傅指导为主，完成企业交给的工作任务，培养职业素质，提高专业技能。

图4　校企联合讨论人才培养方案

图5　学院成长报告会

（三）合作就业

学生按照要求完成学业，在校企双方对其考核都合格，毕业资格进行审查合格后，获得毕业证书。学生毕业后，按照与企业签订的教育合同主动到企业工作；企业优先接收签约学生，安排工作，也可按照双方商定意见办理。

四、组织实施与运行管理

校企共同组织招生，构建基于校企"双主体"育人模式的招生就业体系。学院与34家企业签订了《"双主体"育人协议书》，出台了合作招生指导性文件和制度。建立了校企"双主体"单独招生管理机构和合作企业信息管理系统，研究制订了校企"双主体"单独招生、就业、毕业生就业跟踪调查等制度文件。由学院教师和合作企业专家组成专家组，完成了2012年、2013年"双主体"育人招生任务，共录取"双主体"育人新生265名，2012届"双主体"试点班毕业生全部到合作企业就业，用人单位评价良好。

校企共同制订人才培养方案，构建基于校企"双主体"育人模式的教育教学管理体系。参照合作企业职业岗位任职要求和行业企业技术标准，校企合作制订了11个专业的"双主体"人才培养方案，构建学校教学与企业工作实习相互衔接的课程体系，建立适应校企"双主体"育人的专业核心课程标准和核心工作实习标准。制订了"双主体"育人教学计划管理制度、教学运行管理制度、质量管理制度与教学质量手册、教学保障条件标准、学生管理等文件，对"双主体"育人的教学环节、学习管理、安全管理、党团活动等方面做出了明确要求。

校企共同组建"双主体"育人管理及师资队伍。围绕"双主体"育人工作，完善了校、系、专业三级校合作组织管理机构；围绕理论教学和基本能力的培养，学校组建了"双主体"育人师资队伍；围绕专业技能和综合能力的培养，组建了合作企业指导教师队伍。校企共同开发建立了校企"双主体"师资队伍信息管理系统，研究制订了校内教师主动联系并服务企业的制度和企业指导教师的准入、培训、考核与激励制度，为"双主体"育人的教学实施提供了可靠保障。

加强"双主体"育人质量管理，校企共同构建基于"双主体"育人教学质量监控与评价体系。通过对毕业生就业及工作情况进行了跟踪调查，认真听取了毕业生和用人单位的意见；通过召开座谈会、发放问卷调查等方式，掌握"双主体"班级的教育教学进展情况，及时向有关单位提出建设性意见，促进改善工作，保证效果和质量。制订学生工作实习考核与评价办法。

图6　毕业学生与企业师傅合影

五、主要成果与体会

图7　《校企"双主体"育人模式的研究与实践》获河南省教学成果特等奖

《校企"双主体"育人模式的研究与实践》项目于2013年通过省级教学成果鉴定并获得河南省教学成果特等奖。

校企合作"双主体"育人模式的实施，将"企业的需要"作为人才培养的出发点和落脚点，通过学校和企业两个育人主体、两个育人环境，使教育教学贴近生产、贴近企业、贴近社会，使学生缩短走上工作岗位后的适应期，满足了行业企业对人才的需要。

（一）企业、学生、学校三方受益

对企业来说，有了考察、选择、培养技术人才的机会；对学生来说，一入学就知道自"学生"和"员工"的双重身份，明确了角色的转变，实现了学习与岗位零距离，同时也给毕业生带来了观念上的改变，培养了"敬岗、爱岗、适岗"的良好职业素质，使学生顺利地完成从学生走向社会人的角色转变；对学校来说，为校企合作、工学结合人才培养模式改革提供了典型案例和有益借鉴。

（二）有利于完善我国高职教育的理论体系

校企"双主体"育人是借鉴国际先进的职业教育经验，结合我国国情创建的具有中国特色的职业教育合作育人模式，丰富了我国职业教育改革的理论体系和实践体系，部分研究成果发表后在职业教育界产生了较大反响，对于促进我国高职教育的改革与发展具有重要参考价值和借鉴意义。

校企共建　产教互融　深化改革　工学一体

——"长安汽车装调现代学徒试点班"案例分析

徐荣政　王　浩　张宏阁　周　伟　杨雪玲　马建军　邵海泉
宋艳芳　桂　林　郭仓库　王明绪　曹乐南　马磊娟　石　磊
曾　川　王张勇　李　虎　王　渠　胡小祥

一、校企合作背景

河南工业职业技术学院汽车工程学院从2003年起就开始探索实施校企双主体育人的改革实践与探索，积累了一定的经验，有较好的基础。2015年，河南工业职业技术学院被确立为教育部首批100所现代学徒制试点单位之一（汽车检测与维修技术专业为试点专业之一），是汽车工程学院进一步深化教育教学改革、促进内涵发展的重大机遇。

2003—2004年，由汽车工程学院与西峡县内燃机进排气管有限责任公司进行校企合作，共同招收57名铸造专业学生。与企业共同制订人才培养方案、课程体系、课程标准，企业指定师傅带徒弟，效果良好，目前这些学员已成为企业中坚力量。2011—2013年，汽车工程学院继续校企合作，招收72名焊接、铸造专业学生进行合作培养。

图1　现代学徒制探索历程

2014年8月，与重庆长安汽车股份有限公司签订合作培养协议，校企联合招生（即学校先招生，企业在新生中招收学徒工），组建长安汽车检测班（2013年已先行开始招生32名），2014年招收33名，2015年招收50名，2016年招收45名。

2016年5月，与南阳威佳运通汽车销售服务有限公司、南阳南光汽车销售服务有限公司签订合作培养协议，组建"现代学徒汽车营销班"，招收首届学员24名。

二、目标与思路

通过实施长安汽车装调现代学徒试点班建设，加强与数量足够、理念认同、条件适宜的合作企业的联系，建立校企联合招生、分段育人、多方参与评价的综合人才培养机制，构建学院专业招生与企业招工一体化体系，深化工学结合人才培养模式改革，加强专兼结合师资队伍建设，推进资源共建共享，形成与现代学徒制相适应的教学管理与运行机制，通过现代学徒制试点工作的运行，总结提炼教育教学成果，并在汽车工程学院全院范围进行推广，使现代学徒制成为校企合作培养技术技能人才的重要途径。实现专业招生与企业招工的一体化、工学结合校企育人的一体化，形成学校教师和企业师傅双导师制，建立与现代学徒制相适应的教学运行与质量监控体系。

三、内容与特色

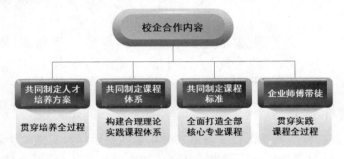

图2　校企合作内容框架

图3　与重庆长安签订合作协议

图4　长安汽车现代学徒试点班揭牌仪式

（一）完善健全的保障体系

汽车工程学院领导高度重视，成立现代学徒制试点工作领导小组，明确人员职责分工，制订现代学徒制试点工作运行管理制度，在教师选派、经费支持、信息交流等多方面保障试点工作的高效运行。

1. 耐心负责的班主任教师队伍建立

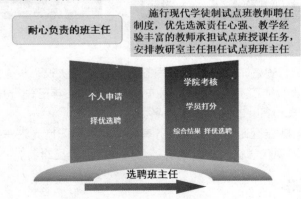

图5　现代学徒制试点班级管理体系

2. 政策及充裕经费支持制度保障

图6 政策和经费保障

3. 畅通的信息反馈系统构建

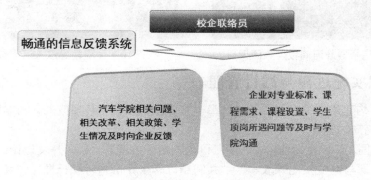

图7 教学反馈体系

（二）合作企业情况介绍

1. 重庆长安汽车股份有限公司

重庆长安汽车股份有限公司是中国汽车行业第一阵营、第一自主品牌、第一研发实力企业. 长安汽车位居全国工业企业500强、中国制造企业100强、中国上市公司20强。

主营业务为乘用车和商用车开发、制造和销售。目前总资产突破680亿、员工8万人，成为中国汽车工业自主创新的领军企业之一。现拥有重庆、江苏、江西、河北、安徽、浙江、广东、北京8个国内生产基地、27个汽车制造工厂和发动机制造工厂、6个海外生产基地、4个海外研发基地，与福特、铃木、沃尔沃、马自达建立了战略合作伙伴关系。

图8 长安汽车捐赠教学设备仪式

2．河南威佳汽车贸易集团

河南威佳汽车贸易集团是一家大型汽车营销服务企业，注册资金十亿元整。主营业务为汽车销售、汽车维修、保险代理、二手车经营、汽车租赁等业务。多年来，公司以"追求卓越、尽善尽美"为经营理念，致力于打造优秀的汽车经销商集团和服务品牌。截至目前，旗下员工达6 200余人，代理16个中高端汽车品牌，拥有72家4S专营店、1家物流园区、1家连锁快保机构、2家二手车销售公司、1家汽车融资租赁公司。

2014年11月，原汽车工程系与河南威佳汽车贸易集团进行深入交流，深入合作，并签订相关协议。

图9　学院领导赴河南威佳集团调研　　　图10　学院领导深入河南威佳集团调研

四、组织实施过程与运行管理

校企对接，构建实施"六五四""三二一"彼此衔接、相辅相成的具备学院特色的"现代学徒制"人才培养模式。

（1）"六共同"：校企合作，"共同制订人才培养方案""共同开发理论课与岗位技能课""共同组织理论课与岗位技能课教学""共同制订学生评价与考核标准""共同做好双师（教师与师傅）教学与管理""共同做好学生实习与就业工作"。

图11　人才培养方案设计框架

课程设置上体现课程与技能对接，校企合作构建模块化的课程体系，形成课程开发方案。以岗位职业能力标准和国家统一职业资格等级证书制度为依据，从培养学生的职业道德、职业能力和可持续发展能力出发，把岗位职业技能标准作为教学核心内容，实现课程与技能对接。

基础课、公共课模块加入企业文化内容，在校期间完成。专业课程模块，淡化理论课程和实践课程的界线，融理论和实践为一体，课堂、实训室和实训基地三位一体，形成"技能导向-模块化"的新型课程体系。

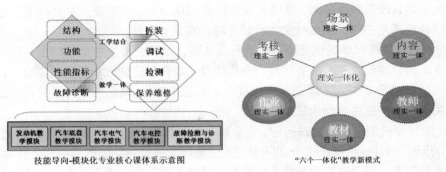

技能导向-模块化专业核心课体系示意图   "六个一体化"教学新模式

图12 教学课程体系和教学模式框架图

（2）"五落实"：落实工作岗位、工龄计算、学徒工资、社保费用、奖学金基金。

（3）"四融合"：做好教室与岗位、教师与师傅、考试与考核、学历与证书的四个融合。

（4）"三主体"：形成学校教师、企业师傅、在校学生3个主体共同参与的现代学徒制人才培养方式。

（5）"双育人"：签署校企合作育人协议，建立双元育人培养机制。

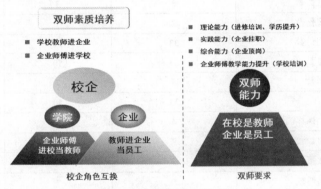

图13 双师素质教师培养

（6）"一中心"：校企以应用技术型人才培养为中心。

五、主要成果与体会

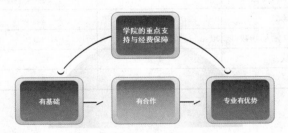

图14 拥有的现代学徒制优势

    汽车工程学院实施现代学徒制试点有基础、校企有合作、专业有优势，该专业为教育部批复我校国家级试点专业之一，并且学校在经费及政策上给予大力支持，现代学徒制试点专业实施以来，取得了不错的效果。

    2013级、2014级现代学徒制班级中的65名学生，现已毕业并顺利进入重庆长安集团工作，受到用人单位的一致好评，主要从事整车装配调试、整车强度试验、汽车使用环境试验等工作，根据工种的不同，收入有所区别，最低月收入也在4 500以上，表现优秀的同学更是进入到研究总院汽车试验检测所工作，例如杜文杰、靳鑫峰、高超等同学。

"长安汽车装调现代学徒试点班"的运行及实施，效果显著，在此基础上，汽车工程学院与威佳别克集团、南阳广汽丰田有限公司合作建立"现代学徒制汽车营销试点班"已经招生并按照协议及计划进行双向人才培训，与北京汽车集团于2016年4月份进行了前期沟通，并就合作达成相关意见，现正在合作洽谈中。

由此，现代学徒制有利于促进行业、企业参与职业教育人才培养全过程，是深化产教融合、校企合作，推进工学结合、知行合一的有效途径；是职业教育主动服务当前经济社会发展要求，全面实施素质教育，把提高职业技能和培养职业精神高度融合，培养学生社会责任感、创新精神、实践能力的重要举措，现代学徒制具有广阔的发展前景。

现代学徒制实施近三年来效果一览表

序号	项目	2014年	2015年	2016年
1	合作企业	重庆长安股份有限公司、河南威佳别克集团、南阳广汽丰田有限公司等		
2	年招生人数	30	30	30
3	培育合作企业数量	2	3	1
4	签订合作协议份数	2	1	1
5	签订教育合同份数	33	50	69
6	提供工作岗位数	33	50	69
7	企业提供师傅数	5	7	12
8	招生规模	33	50	69
9	校企合作开发课程门数	4	3	3
10	合作开发教材数量	2	3	3
11	实训指导书数量	3	2	2
12	聘请的带徒师傅数	5	7	12
13	专兼职教师数	5	7	11
14	校企联合技术研发项目数量	0	1	1
15	校企共建实训室名称及数量	2（长安汽车装调实训室）	2（汽车仿真实训室）	1（广汽丰田营销实训室）
16	校企共建信息化平台个数	1	2	0
17	企业领导做报告场数	2	2	3
18	校企合作开展文体活动场数	1	3	2
19	相关论文发表篇数	1	2	2
20	经验交流次数	4	5	3

推行现代学徒制试点　培养高素质工匠人才

——以"特电英才"现代学徒制班为例

史道敏　周哲民　陈　杰

一、背景

湖南电气职业技术学院作为全国机械行指委的现代学徒制试点单位，根据国务院发布的《中国制造2025》以及教育部发布的《关于开展现代学徒制试点工作的意见》（教职成[2014]9号）和《关于深化职业教育教学改革全面提高人才培养质量的若干意见》（教职成[2015]6号）等相关文件精神的要求，为了进一步推进产教融合，提升学院高素质技术技能人才培养的质量，结合学院企业办学优势，决定与湘电集团等企业合作共同推进现代学徒制人才培养试点改革。

二、目标与思路

（一）目标

依托湘电，校企融合，探索建立校企联合招生、联合培养、一体化育人的长效机制，完善学徒培养的教学文件、管理制度及相关标准，推进专兼结合、校企互聘互用的"双师型"师资队伍建设，建立学校、企业、行业和社会中介机构参与的评价机制，切实提升学生岗位技能。健全现代学徒制的支持政策，逐步建立起政府引导、行业参与、社会支持、企业和职业院校双主体育人的现代学徒制，打造机械行业现代学徒制人才培养的成功范式。

（二）思路

以学生（学徒）技术技能培养为核心，以校企深度合作和教师、师傅联合传授为支撑，全面提升学生的技术技能和职业素养，推进招生制度、管理制度、教学模式、人才培养模式和评价制度改革，特别是促进职业教育人才培养模式由学校主导向校企双主体育人过渡，建立具有企业办学特色的现代学徒制度，确保现代学徒制人才培养模式改革工作取得实效，为机械行业企业培养急需的高素质技术技能人才。

三、主要内容与特色

（一）校企"双主体"共同育人，构建人才培养机制保障

湖南电气职业技术学院作为国有大型企业湘电集团主办的高职院校，在开展"现代学徒制"人才培养模式改革中具有得天独厚的优势。2015年8月，学院经过与湘电集团特电事业部多次洽谈协商，确立了校企共同参与的现代学徒制培养模式，并签订了《现代学徒制班培养协议书》，在电机电器专业中经过层层选拔正式成立"特电英才班"，该班级的每个学员都与企业和学院签订了三方协议，确定了学徒和准员工身份，也明确了企业和学院各自的责任。

图1 "特电英才班"开班仪式

在"特电英才班"的培养过程中，校企双方形成了利益共同体，学院和企业领导亲自领衔，双方在共同制定人才培养方案、共同进行教学资源建设、共同实施教学管理、共同开展技能培训考核等方面进行了深入探索，明确了校企双方的责权，构建了合作办学、合作育人、合作就业的长效机制，有效保障了现代学徒制培养全过程的顺利实施。

（二）校企"双导师"合作育人，强化"工匠精神"培育

"特电英才班"的教学任务由学校教师和企业师傅"双导师"共同承担。学院与特电事业部共同组建了由校内骨干教师与企业师傅组成的20人的专兼结合专业教学团队。制定了企业导师管理办法，明确了企业师傅的聘任条件、工作职责、待遇、聘用与考核标准，选聘在企业一线岗位工作的工程师、技术骨干和技术能手担任企业师傅；同时对校内导师也提出了更高的标准和要求，比如专业素养、下企业锻炼、信息化和项目化教学能力等等。

学校课程教学实施小班制教学，以理论和理实一体教学为主，主要采取任务驱动、项目导向教学，由学校导师负责组织教学实施与考核评价。为更好地组织教学实施，提高人才培养质量，学院派出骨干教师下企业一线跟踪生产岗位全过程，通过切实参与岗位锻炼和深入调研岗位技能需求来完成课程体系的重构以及课程内容的重组。

企业课程以实践教学为主，主要采取做中教、做中学，强化岗位技能训练和职业素养培育，由企业师傅负责组织教学实施与考核评价。特电事业部采取分项目师带徒的形式将班级分为三个项目组，每个项目组由1名师傅负责1～2名学员。经过师傅手把手地悉心指导，在短短的一个月时间内，每个学员就完成了从岗前培训到边看边做，直至独立上岗的转变。每位学生从企业工程项目中遴选和提炼毕业设计课题，实现了毕业设计选题"来源于现场，又高于现场"。

校企"双导师"合作，不仅实现了课程内容与职业标准、教学过程与生产过程的无缝对接，同时通过全方位、全过程、全身心融入职业情境，企业技能大师言传身教，学生培育了精雕细琢、精益求精的"工匠精神"，唤醒了职业心理意识，提高了职业成熟度，实现了专业教育与职业素质培养双螺旋提升，让学生锤炼为"准职业人"。

图2 "特电英才班"企业合影

（三）校企"双身份"交叉育人，推进学生职业综合素质提升

"特电英才班"师生实行双岗位轮换、双身份管理，教师既是学校专任教师，又是企业技术或管理人员，学生既是在校学生，又是企业的预备员工。学生采取周期为两个月左右的校企"双身份"交叉培养，学员在学校以学生身份，在校内导师指导下，完成专业基础理论学习和基础技能、专业单项技能与综合技能的训练，掌握企业岗位生产的基本理论和技术，然后带着学习任务进入特电事业部实习。学员在企业以学徒身份，需要对所有岗位进行轮换实习，同时对应多个不同岗位的多个师傅，完成岗位技能的训练。通过现场教学的方式，在师傅的示范指导下，学员完成了学习任务，掌握相应的职业实践技能并积累实践工作经验，再回到学校课堂，进一步巩固和提升。

学员通过以学生和学徒的双重身份在学校与企业的交叉学习，在提升专业理论知识和岗位技术技能的同时，职业素养和企业忠诚度也开始逐渐积累形成，职业综合素质不断提高，为今后更好地融入企业打下了良好的基础。同时，创新考核评价制度，建立以能力为核心，行业企

业共同参与的学生评价模式，引导学生全面发展。

四、主要成效

（一）充分调动了企业参与人才培养的积极性

通过此次合作，企业真正感受到了学徒制培养模式的可行性和有效性。企业对这批试点班级的学员表现出来的职业素养和专业技能给予了充分肯定，特电事业部左志远副总经理评价这批学生在企业的表现超出了他的想象，感觉特别能吃苦，能服从安排，学习努力刻苦，工作认真负责，能够胜任岗位工作，满足企业需求。同时表示要继续加强与学院的深度合作，实现学院、企业、学生三方共赢。

（二）推动了职业教育教学改革向深水区迈进

"特电英才班"现代学徒制试点在"校企一体，全程育人"的教育教学过程中，整体推动了以现代学徒制人才培养模式改革为核心的系列配套教学改革探索和实践，如小班制教学、职业活动导向的课程改革、学分积累与转换、考核评价、弹性制教学管理等。按照学院现代学徒制试点工作实施方案部署，根据企业需求，因地制宜，科学论证，先试点再推行，由点到面，在重点专业逐步推广现代学徒制试点，如"风电运维工匠班""奥的斯电梯精工班""吉利汽车匠才班"等等，坚持边试点边研究，及时总结提炼，把试点工作中的好做法和好经验上升成为理论，促进理论与实践同步发展，为机械行业职业教育推行现代学徒制提供可借鉴实践范式。

五、自我评价

实践探索表明，现代学徒制有效调动了企业参与职业教育的积极性，促进了学校与企业、专业与产业、学习场所与工作场所的融合，将职业教育内涵的发展落到了实处，提高了学徒综合素质与岗位技能，实现了学徒学习过程与职业生涯的融合，为毕业生和企业员工进一步提升构建了新的学习平台，拓展了发展的空间。但还有许多深层次的问题还有待进一步探索实践，例如现代学徒制人才培养的成本和风险问题，学校的教学组织、教学管理和企业的师傅津贴、组织管理等方面都需要增加投入。建议采取政府主导、多部门联动的方式，给予符合条件的学校和企业一定的优惠政策和资金项目扶持，推动校企合作的进一步深入发展，为培养具有"工匠精神"的高素质技术技能人才营造良好的职业教育生态环境。

校企携手共成长　实战培养铸英才

——与东风本田汽车（武汉）有限公司校企合作案例

胡春红　曾　鑫　邱翠榕

为培养出符合企业岗位需求、实操能力强、有发展能力的优秀人才，我校汽车工程学院在践行校企合作的道路上，与武汉本土知名企业——东风本田汽车（武汉）有限公司（以下简称"东本武汉公司"）一起走过了12年。自东本武汉公司成立以来，武汉软件工程职业学院与其共同经历了企业的壮大、学院的成长。

一、抓住需求开展合作

（一）快速发展的武汉汽车制造业和亟须人才的东本武汉公司

武汉是汽车制造综合实力最大的中部城市，整车生产企业显现龙头地位。近年来，汽车产业已经发展成为武汉第一大支柱产业。东本武汉公司成立于2003年，是武汉市四大整车生产企业之一，前后投产的两个工厂产能均已达到24万辆，就业岗位超过10万个。公司零部件生产及整车装配发展迅猛，人才需求逐年增加。

（二）立足武汉城市圈汽车行业的汽车工程学院

学院汽车工程学院在校生为1 500人左右，现有汽车制造与装配、汽车检测与维修、汽车电子技术等五个专业，专业紧密联系汽车产业需要，主要面向"武汉.中国光谷"核心圈和武汉城市圈，服务汽车整车及零部件生产制造企业、汽车售后服务企业。

二、及时调整校企合作思路

东本武汉公司制造、装配工种繁多，一线工作人员与管理人员需求较大。针对东本武汉公司的状况，学院切合企业发展的合作点，本着"校企共建、深度融合、工学交替、双赢机制"的指导思想，在人才培养方面与其产业需求相适应，推动专业设置与产业需求、课程内容与职业标准、教学过程与生产过程"三对接"。

2016年始，学院计划从武汉汽车产业的实际出发，乘"中国制造2025"之东风，全面推进课程建设与教学改革，深化与东本武汉公司的校企合作，谋划"十三五"汽车专业人才培养模式的改革。

三、合作模式创新从未停止

（一）深度对接企业：发展旧有合作模式

1. 改进人才培养方案

汽车工作学院组建了专家委员会，由学院专业带头人、骨干教师与企业负责人及行业专家共同探讨校企合作实施办法，并对人才培养方案进行深入论证（图1），对课程设置提出了建议。

图1　组织专家委员开展人才培养方案论证会

2. 引企入校

学院在实训楼建立了实训场所，东本武汉公司提供技术，并对师生进行专业培训，通过在校内实行"理论教学"和"实践教学"相结合的教学模式来完成工作任务。聘请企业及行业专家到校担任专业课教师，把实战知识引入到课堂，实现学校与企业、学校与市场的零距离对接。2014年，公司向学院捐赠一台东风本田思铂睿轿车用于教学，期待双方的长久合作。

3．引校入企

学院每年安排教师到东本武汉公司进行调研，公司负责对学院教师进行培训，教师在提升专业技能的同时，明确了学生进入企业前所需要具备的专业知识，从而调整教学模式与教学手段，达到提高教学质量的目的。

（二）职业发展规划：合作共育的创新

随着企业的壮大和学院的成长，双方针对学生职业成长规划联合开发新的人才培养方案，如图2所示，成立了"东风本田订单班"，每年人数为85人左右，实现了双方的深度融合，包括课程标准与企业标准融合、专任教师与兼职教师融合、学校资源与企业资源融合、学校学生与企业员工融合、学校评价标准与企业评价标准融合、学校文化与企业文化融合等。通过引入东风本田文化岗位的要求，为学生毕业后的职业发展提供一个良好的规划蓝图，让学生从一线操作工到班组长再到车间主任的不断进阶成长。

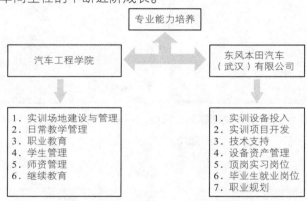

图2　专业能力培养方案

另外，学院利用开放教育平台为毕业生学历提升以及新技术培训提供支撑。目前，2011级及2012级约25名毕业生已经加入学院学历提升的队伍，这将为他们在企业的发展提供有利条件。

四、"校、企、师、生"四方共赢的累累成果

（一）提高了学生就业率和用人单位满意度

据"武汉软件工程职业学院应届毕业生跟踪调研"显示，学院总体就业率有上升趋势，但用人单位满意度不甚理想，个别专业离职率较高。与东本武汉公司合作培养的学生中，学生离职率相对较低，公司对学生评价相对较高（表1）。

表1　2015年订单班及各专业毕业生就业率、用人单位满意度比较

| 订单班/专业 | 毕业人数 | 毕业生就业情况 | | 毕业生用人单位满意情况 | | | | | |
| | | 就业数（人） | 就业率（%） | 满意或基本满意 | | 一般满意 | | 不满意 | |
				人数（人）	比例（%）	人数（人）	比例（%）	人数（人）	比例（%）
东风本田订单班	83	83	100	75	90.36	7	8.44	1	1.20
汽车检测与维修技术	136	126	92.57	99	78.65	18	14.60	9	6.75
汽车制造与装配技术	97	87	89.36	74	84.52	10	11.61	3	3.87
汽车电子技术	29	28	96.55	19	67.86	7	25.00	2	7.14

（二）提升了学生专业技能

与企业的密切合作，推进了学院的实践教学，也进一步构建和完善了科学合理的实践教学体系，学生有更多的机会在课堂中动手操作、在企业实习中提升专业技能。学院每年举办汽车专业技能大赛（图3），邀请企业专家担任评委，选拔优秀选手参加国家级比赛。在各项比赛中，学院师生成绩骄人。图4、5、6为参加比赛的部分成果。

图3　学院举办汽车专业技能大赛　　　　图4　学院学生参加第四届"中锐杯"全国
　　　　　　　　　　　　　　　　　　　　　职业院校汽车专业学生技能大赛并获奖

图5　2014年度全国机械行业高等职业院校"汽车空调检测与维修"技能大赛获奖

图6　2015年度全国机械行业高等职业院校"汽车空调检测与维修"技能大赛获奖

（三）提升了学校与专业知名度

与东本武汉公司的成功合作，为学院与本科院校联合培养技术应用型人才奠定了坚实的基础。2015年，学院成为湖北省唯一的汽车专业专本衔接人才培养院校，为学生进入更高阶段的学习提供了通道。5年后，作为高端技能型人才的"3+2"应用型本科毕业生在未来就业市场上将更加具有竞争力。图7为学院与武汉商学院就联合培养技术应用型人才进行探讨。

图7　学院与武汉商学院就联合培养技术应用型人才进行探讨

（四）提高了科研综合实力

为了让校企合作更上一个台阶，学院教师在实践中获得多项教学成果，并将校企合作作为长期的课题进行研究（表2）。

表2　学院教师基于校企合作的省级以上教学科研部分课题情况

序号	课题名称	课题负责人	委托单位	完成情况
1	湖北省教育教学改革试点专业建设	孙成刚	湖北省教育厅	已完成
2	基于校企合作的技能人才培养模式与实证研究	李刚	中国职业技术教育学会	已完成
3	中英汽车维修专业人才培养模式比较研究	曾鑫	教育部高职高专汽车类专业教指委	已完成
4	校企合作高职高专教学资源库建设研究与实践	李刚	湖北省教育厅	进行中
5	结合楚天技能名师岗位建设双师型教师队伍的研究	曾鑫	湖北省教育厅	已完成
6	高等职业教育人才培养质量保障及评价体系研究	伍静	湖北省教育厅	已完成

五、校企合作的自我评价与发展前景

（一）自我评价

学院与东本武汉公司的合作，使学院的办学模式与企业的用人机制紧密地连接在一起。对学生而言，校企合作的人才培养模式为其提供了良好的职业规划，学生走进企业，能更清楚地知道就业前应掌握哪些基本专业技能，从而依据职业规划在学习中不断成长；对学校和企业而言，双方共同参与人才培养，企业具备了人才储备库，节省了企业人力资源成本，增强了企业可持续发展的竞争力，同时也为学院学生的就业开辟了通道。

（二）发展前景

学院与东本武汉公司的长期合作，在人才培养方面是成功的，但是东本武汉公司对学生的需求在专业面上有一定的局限性，为了将学院与东本武汉公司多年的校企合作经验运用于汽车技术服务与营销等其他专业，2016年上半年，学院已先后成立了"威美"和"星威"订单班，为合作企业"量身定制"了课程设置和人才培养方案，计划2018年为企业输送符合其专业要求的毕业生。2016年3月，学院还成功举行了2016年湖北省普通高等学校招收中等职业学校毕业生单独招生考试，105人通过考试并被录取。至此，学院已有普通高职、专本衔接和单招三种教育模式，成功搭建了中高本职业教育立交桥，多样化的人才培养使学院的合作企业可以跨足于汽车行业的多个领域，极大地增加了合作面。从与东本合作的这扇门走出去，相信学院的校企合作之路将会百花齐放。

校企合作，共建互赢

—— 黄冈职业技术学院与TCL的校企合作

祁小波　方　玮　李　宁　韩贤贵　王生软　邵志刚　孙利敏　汪　浩

黄冈职业技术学院与TCL集团空调事业部自2006年开始校企合作，经过10年的发展，双方围绕技术技能人才培养，开展校企合作体制机制创新，校企共推人才评价与认证、课程标准建设、合作育人、专业与课程建设、实习就业基地共建、协同创新与就业、协作服务实施等方面，并取得了一定的成就。

一、校企合作背景

"校企合作，工学结合"是当前我国职业教育改革与发展的方向，职业教育面临着较好的外部环境，政府对发展职业教育呈现出前所未有的重视。学院深入解读国家职业教育发展文件精神，大力开展校企合作，旨在通过校企合作充分利用企业的信息优势、技术优势和设备优势，把企业和学校教育紧密结合起来，让企业在学校的发展规划、专业建设、课程建设、师资建设、实习教学、教学评价、研究开发、招生就业和学生管理等方面发挥积极的作用，使学校培养的人才能适应企业、行业、社会的需要，缩短员工与企业的磨合期，从而降低企业的培训成本和劳动成本，有力提升企业的竞争力。

二、目标与思路

以"合作办学，合作育人，合作就业，合作发展，人才共育，过程共管，成果共享，责任共担，发展战略共识，体制机制互融，思想文化互动，人力资源互用"为指导思想，实现人才培养模式的完善、专业教学模式的创新、师资队伍建设的提升、专业育人品质的提升，从而使学生获得"综合素养+职业能力+专业技术"，教师获得"业务素养+专业视野+核心技能"，专业获得"内外基地+特色凸显+精品办学"，企业获得"技术人才+生产效益+长远发展"。

三、内容与特色

黄冈职业技术学院与TCL集团空调事业部校企合作的内容如下。

（一）订单式人才培养

为解决毕业生到企业适应时间长而采取的一种提前介入、培养企业紧缺人才的模式。

（二）工学结合人才培养模式

以职业为导向，充分利用学校内、外不同的教育环境和资源，把以课堂教学为主的学校教育和直接获取实际经验的校外工作有机结合，贯穿于学生的培养过程之中。

（三）校企共建实训基地

利用学校和企业的先进设备和技术队伍建立实训基地，提高学生与教师专业能力。

（四）技术人员与教师一体化

通过参观、培训、互派人员指导工作，增强校企双方的人才队伍建设。

（五）校企文化融通

TCL文化进校园，与校园文化、红色文化相融通，校企双方积极开展各项文体活动，进行文化联谊。

通过校企合作，实现了教学理念一体化、教学模式一体化、专业教师一体化、教学环境一体化、教学设备一体化、课程设置一体化、教学方案一体化化，实现了学生零距离从学校到工业现场参加实际工作，学生零模拟从实训室到工厂现场操作培训合格就可就业；学生零时间参加工厂生产，避免学徒期；企业零费用使用需求人才。

四、组织实施与运行管理

学校成立了以主管教务校长为组长，教务为副组长，机电学院、校企合作处等为成员的校企合作工作领导小组，机电学院院长负责学生顶岗实习、实训、就业工作和社会培训工作，并制订了完善的规章制度，实现实习、实训、就业、培训工作规范化、程序化、制度化。

五、主要成果与体会

（一）建立校企双方均实用的人才培养模式

本专业在人才培养模式上采用订单培养和"1.5+0.5+0.5+0.5校企合作培养"人才培养模式，通过与TCL空调器（武汉）（中山）有限公司反复研究，共同探讨后，决定在人才培养模式上采用订单培养和工学交替、校企合作的人才培养模式。具体的实施为：学生第一、二、三学期在学校学习，由学校和企业共同选派教师进行教学，第四学期将学生送到企业进行综合实习。实习过程中，根据学生在校期间的表现和在公司实习期间的表现，选拔部分学生从一线岗位到二线岗位，在实习结束后，企业根据学生的实习表现，结合带队老师的意见，预备录用一批学生，作为企业的储备力量，第五学期回校继续学习，学习结束后再回企业工作，根据学生综合实习的结果和第五学期在校学习的情况，将学生分配到质量检测、营销、售后服务、生产管理、运行管理、工程技术等技术管理岗位工作，具体模式如下：

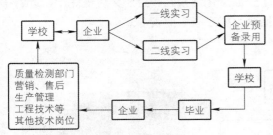

图1　工学交替人才培养模式

图2　顶岗实习

从2007年到2016年，学院与TCL集团空调事业部每年均开设"TCL空调"订单班，每年30人。学生到岗率保持在95%以上，满意度在90%以上。

图3　实习考核合格证书

图4　开设TCL订单班

（二）引入了企业文化，制订并开始开展了"鹰之系列"培养计划

与TCL集团空调事业部合作，以事业部人力资源部为主，将TCL文化引入制冷技术专业。对于大一的新生，针对新生的心理特点，开展"雏鹰计划"，TCL集团空调事业部和制冷技术教学团队共同为加盟的"雏鹰"量身定制个人发展计划，在学习发展中指定导师，在生活中配备师傅，通过军训、活力营、企业文化、职业ABC、拉练、以及岗前实习等完善的培养计划，帮助新生——未来的"飞鹰"迅速成长为"受人尊敬和最具创新能力的全球领先企业"的建设者。

对于每年刚进校的新生，第一堂课到企业里进行教学，第一位授课教师为企业技术人员，第一眼看到的是企业最优秀的部分，第一次集体活动是企业组织的拓展活动。通过以上活动，让学生感受企业文化，呼吸企业气息，逐步建立自己的职业规划。

对于大二和大三的学生，在大一的基础上，分两期来开展"飞鹰计划"。"飞鹰计划"实际上就是制冷技术专业的导师制，由TCL集团的精鹰——企业中层和高层后备人员以及制冷技术专业教学团队优秀教师，给雏鹰们充当导师，辅导并支持雏鹰们在学校期间的成长。精鹰作为雏鹰的导师，对雏鹰们进行为期一年半的辅导。精鹰们通过各种方法，为处于学习松懈期的雏鹰们提供各种职业发展的意见和建议，分享个人的经验与感悟，身体力行，言传身教，对雏鹰予以最切身的关心和辅导，帮助他们舒缓压力，排解负面情绪，以提升个人学习积极性。以"历练融合"为核心，主要围绕大学生"五力（学习力、执行力、计划力、沟通力和控制力）能力模型"设计展开。在持续不断的团队活动中，雏鹰们不断挑战自我，感悟着激情、责任、整体至上的团队精神；在TCL企业文化的课堂中，雏鹰们探讨对TCL企业文化核心理念的理解，感受着"敬业、诚信、团队、创新"的企业精神，认可TCL"诚信尽责、公平公正、知行合一、整体至上"的核心价值观。在职业化素养的训练中，雏鹰们认真体会职业人各方面的行为规范，领悟责任、专注、信任、勇于担当的职业精神。最后成长为飞鹰。

将企业文化引入专业教学之中，从而实现了企业文化进校园，企业文化进课堂，达到了企业文化和校园文化的融合。通过以上措施，帮助学生树立了职业素养。

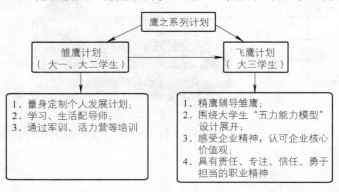

图5　鹰之系列培训计划

图6　新生进企业接受企业安排的拓展活动

（三）专业建设硕果累累

制冷技术专业以校企合作为契机，不断发展，不断壮大，取得了丰硕的教学教研成果：2007年被学校确定为九大示范专业之一。2010年8月份，《中央空调工程设计》课程被教育部高职高专能源类教学指导委员会确定为精品课，同年聘请制冷空调行业地源热泵权威、享受国务院政府特殊津贴的陈焰华教授级高级工程师为"楚天技能名师"，2009年被湖北省教育厅立项建设湖北省高等职业教育制冷与冷藏技术实训基地，2010年荣获教育部高职高专能源类教学指导

委员会首届教师说课一等奖。2011年6月，制冷技术专业被确定为湖北省普通高等学校战略性新兴（支柱）产业人才培养计划立项建设单位。2014年主持国家级职业教育制冷与冷藏技术教学资源库建设，2015年被湖北省教育厅立项为省级职业教育特色专业。

（四）校企共建实训基地，提升教师社会服务能力

TCL空调事业部积极参加湖北省高等职业教育制冷与冷藏技术实训基地的建设工作，2010年初，全资建立了TCL实训室，并在以后每年为该实训室不断地增加新的空调设备，确保该实训室的先进性。本专业老师以该实训室为基础，不断提高教学能力，并为TCL空调器（武汉）有限公司家用空调器外机组装工艺做了改进，双方共同完成集团公司横向课题《90后员工工作思想研究》，并为企业提供员工培训。

图7　TCL实训室

图8　学院专业教师为TCL空调员工培训

六、发展前景

学院与TCL空调事业部的校企合作前途良好，在双方合作的10年里取得了丰硕成果，校企双方实现了双赢，未来双方还会继续合作下去，并不断深入发展。

七、自我评价

通过与TCL空调事业部的校企合作，学院制冷与空调技术专业建成一支校内外技术人员组合的双师结构型教学团队，建立了稳固实习实训基地，建立并实施了订单培养和"1.5+0.5+0.5+0.5校企合作培养"人才培养模式，校企共建省级实训基地和特色专业以及职业教育制冷与冷藏技术教学资源库，加强了学生文化底蕴，提高学生实践能力。

学校校企合作工作取得了一定成绩，但离深层合作还有一定距离。此外，校企合作考核指标和奖惩措施及相关的保障措施还有待进一步完善。在今后的工作中，学校将继续探索校企"双赢"合作机制。

泸州职业技术学院——

基于校企深度合作的富士康"自动化机器人"定向班人才培养模式改革探索

贺元成　彭　涛　何　兵　李　刚　张安民　洪　震　陈小怡　洪兴华

一、校企合作背景

项目基于富士康机器人应用技术的快速需求，与富士康自动化（机器人）事业部开展深度人才培养合作。2011年泸州职业技术学院成为富士康西南地区首批自动化人才培养基地；2012年秋期，首届自动化定向班组建。教学处于摸索阶段，学生毕业后能否成为企业实用人才，"学""用"能否和谐一体，毕业生就业后能否与企业的发展合拍，都是值得深入研究的问题。

二、目标与思路

目标：校企双方立足富士康"自动化"机器人定向班，探究如何进行自动化机器人生产线的安装、调试、维修、管理等一线技术人才和管理人才的培养。双方通过深度合作，重点对合作人才培养模式中专业建设、课程设置及课程标准、师资培训、实践教学场所建设、实习实训项目开发等方面进行深入研究。

思路：校企合作是职业学院的生存与发展之本，也是培养高素质技术技能人才的必由之路。只有校企双方互相支持、互相渗透、互相融合，优势互补、资源共用、利益共享，才能实现教育与生产的可持续发展。

三、内容与特色

（一）主要内容

1. 校企合作打造专兼结合的师资队伍

企业拥有众多实践动手能力强、解决生产实际问题能力强的高技能人才，他们知道"怎么做"。学院教师具有系统的理论知识和教学能力，他们懂得"为什么这么做"。学院坚持"校企互通、专兼结合、动态管理"的原则，借助企业资源，校企双方共同培育优质师资，以实现优势互补、共同提高。学院每年选派多位教师积极参与合作项目的课程开发、教学研讨、专业进修等活动，参加企业培训师的资格认证。企业选派能工巧匠和自动化部分负责人担任客座教授、专业教师，实习指导教师。定期来校进行专业讲座、学术报告，并参与专业建设、课程教学、技能大赛和创新大赛的训练指导。

2. 专业建设和课程建设

学院坚持专业服务产业，产教融合开展专业建设。学院将企业的用人需求目标和学院的人才培养目标统一起来，组建由行业企业专家、一线技术人员和学院的专业负责人组成的专业建设指导委员会，定期调查、座谈、研讨。

（1）企业调研确定专业培养目标。以合作企业人才培养需求为导向，利用假期先后走访了深圳富士康、晋城富士康、太原富士康、郑州富士康等，通过交流和调研，了解就业岗位的主要工作任务和企业对高职学生从事工业机器人及自动化生产线安装与调试工作的专业技能、社会能力和职业素养的具体要求，确定专业培养目标。

（2）典型岗位分析确定教学内容。在企业实地走访调研基础上，通过调查分析确定工业机器人及自动化生产线安装与调试典型工作岗位包括：工业机器人及柔性自动化生产线操作工、维修工、编程调试工程师、自动化生产线班组长、车间主任或项目经理，提炼了"工业机器人安装与调试"典型工作任务。

表1　工业机器人典型工作岗位及其工作任务分析

典型工作岗位	典型工作任务描述
工业机器人及自动化生产线操作工	按照企业生产管理规范的要求，根据技术部门出具的SOP流程操作自动化生产线；自动生产线的启动检查（液、气、电）、启动自动生产线、状态监控软件的操作、检查并监控自动生产线运行状态和停止自动生产线；并且以口头或书面的形式汇报自动化生产线运行情况，形成记录，对遇到的简单故障能分析和处理
编程调试工程师	明确自动生产线的流程，工业机器人的动作要求，达到的任务指标；利用示教盒或工业机器人语言编程方式来改变操作机末端执行器的位置和姿态，完成工业机器人的预定任务，独立或协作完成西门子S7-300系列PLC编程，实现系统联调，并完成部分软件编制；进行上下位机的软件硬件操作
维修工程师	负责组织、实施工业机器人及自动化生产线的各级别维护、保养；组织、实施对故障工业机器人及自动化生产线进行检测、诊断和维修；与相关人员进行业务沟通和技术交流
管理岗位（车间主任或项目经理）	全面负责工业机器人及自动化生产线安装调试、维护、运行、开发和管理工作。包括与开发商或客户积极沟通，签订合作协议，协助开发商按时并优质完成自动化生产线的初始设计、预算、组装、现场安装调试等工作；下达自动化生产线日常运作及生产任务安排命令，以及监控运行全过程等

（3）构建"任务驱动，能力递进"专业核心课程体系。针对富士康FoxBot机器人生产制造及其应用，对工业机器人制造及应用岗位进行调研，明确就业岗位群：机器人自动化生产线维护和工业机器人安装调试。与富士康自动化机器人事业处（AR）共同制订人才培养方案。根据工业机器人应用岗位（群）进行工作任务分析，从识图、仪器仪表使用等基础能力，到现场编程、人机界面开发等专项能力，再到故障诊断、自动线安装、维护等综合能力，构建"任务驱动，能力递进"专业课程体系。

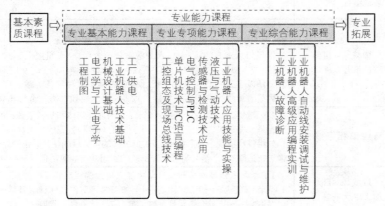

图1　"任务驱动，能力递进"专业课程体系

围绕职业岗位知识能力素质培养要求，以工作任务为中心，以项目为载体，引入行业企业技术标准开发项目课程和项目教材。模拟真实工作岗位，组织教学实施。引入合作企业技术标准，制订课程标准，校企共同建设项目化核心课程，共同编写具有行业产业特色的配套教材。

表2　定向班核心课程

序　号	课　程　名　称
1	单片机技术与C语言编程
2	电气控制与PLC
3	传感器与检测技术应用
4	液压与气动技术
5	工业机器人应用技能与实操
6	工业机器人维护与故障诊断

（4）核心课程资源库建设。为了建立良好的学生自学环境，构建了开放式教学网络学习平台。课程团队积极采用现代教育手段，提出了明确的要求，构建实物、模型、录像、多媒体课件、网络课堂等多维一体的教学平台，采用多维一体的教学手段和授课方式，激发学生学习兴趣和学习动机。

3．实训基地建设及其实训项目开发

（1）校企合作开展实验实训室建设。在校内实训基地的合作共建中，学院广泛听取企业专家对实训室总体布局、设备配置、环境布置等方面的建议，跟踪技术进步，按照企业实际工作环境，科学设计流程，基本实现了与企业的"零距离"对接。

（2）校企合作开发工业机器人实训项目。工业机器人技术实训项目是与富士康自动化事业部按照企业实际工作任务来进行设计、归纳、总结得到的，实行教学内容模块化。

表3　工业机器人实训项目

模 块 大 类	模 块 小 类	项 目 内 容
（一）工业机器人基础	模块一：机器人操作	1）工业机器人系统介绍；2）安全操作规范，紧急情况处置；3）使用示教器操作机器人，修改位置点；4）调用系统中的例行程序；5）程序备份和系统备份方法介绍，实践；6）机器人零位更新方法介绍，实践；7）手动模式下的机器人操作；8）机器人参数设置及操作实践
	模块二：机器人基础编程	1）手动模式下的机器人操作；2）工业机器人坐标系统；3）编程语言介绍及其基本指令；4）I/O信号介绍及配置；5）机器人系统重启指令介绍；6）程序保存，系统备份；7）机器人系统配置及安装；8）校正方式介绍；9）操作实践
（二）工业机器人维护维修	模块一：机器人维护维修	1）机器人中各电气模块功能及原理介绍。2）机器人电气知识简介，电路图讲解；3）机器人中各电气模块维护保养注意事项；4）机器人安全面板、主机箱中的指示灯状态介绍；5）机器人故障代码介绍；6）机器人不同启动方式的原理及介绍；7）故障排除实践；8）机器人本体硬件结构介绍；9）日常机械维护保养知识介绍及实践；10）各轴电机、电缆更换步骤讲解及实践；11）机器人齿轮箱、平衡装置更换方法讲解与实践；12）机器人精校准方法介绍与实践
（三）工业机器人工程应用	模块一：机器人离线编程系统的学习	1）创建工作站；2）创建系统；3）创建几何体和机械装置；4）创建工具、工件坐标系、路径点、轨迹；5）利用创建的组件和数据进行离线编程和仿真；6）使用相关组件模拟现场动态效果；7）机器人的可选项的使用，包括外轴（转台、导轨）、输送链追踪；8）学习离线编程系统的实用功能。包括信号分析器，文件传输
	模块二：自动化加工单元的学习	1）学习系统技术资料、自动化加工单元的组成和工作原理；2）装配工艺设计；3）制订安装顺序和工作计划；4）加工单元工作程序编写及导入；5）加工单元的组装联调；6）加工单元稳定性调整；7）加工单元验收

4．"自动化"定向班考核评价体系建设

为了使学生成绩考核工作更加科学、合理，并有效地提高教学质量和学生学习效果，改革课程的成绩考核：总成绩由平时成绩（20%）、实训成绩（30%）和期末成绩（50%）构成。平时成绩由上课出勤（1/3）、作业（2/3）构成。任课教师严格按照本规定要求执行，认真做好学生成绩的评定工作，使学生出勤率达到98%以上，并保留好原始记录。学生通过工学结合，

技能水平和应用技术能力得到很大提升，多次获得机器人技能大赛奖项。

图2　学生参加富士康全国机器人应用大赛

图3　学生参加工业机器人省技能大赛获奖情况

（二）主要特色

立足富士康"自动化"机器人定向班建设，校企双方深度合作，探究在合作人才培养模式中专业建设、课程设置及课程标准、师资培训与互派、实践教学场所建设、实习实训项目开发等方面进行深入合作互动，培养的人才完全符合企业需求，首批学生已成长为企业的技术和管理骨干。

四、组织实施与运行管理

成立由学院院长牵头，教学管理和招生就业分管副院长负责组织管理，教务处、招生就业处和机械系具体运行实施，并具体负责与合作企业对接，通过深度的校企合作的人才培养模式改革，共同开发工业机器人应用技术专业，建设相应的核心课程标准，共建实验实训基地，培训专兼职教师队伍。

五、主要成果

（1）专业核心课程《电气控制与PLC》《单片机应用技术》《液压与气动系统安装与调试》课程被评为学院精品资源共享课程，《机械制图与设计》课程于2014年被评为四川省精品资源共享课程。

（2）教改成果已在12～15级机电一体化技术专业自动化定向班逐渐实践，效果明显。

（3）富士康连续5年在学院组建定额为每班40人的自动化定向班。毕业学生在富士康下属企业从事机器人制造、安装、调试、维修以及售后服务等工作。学院连续4年被企业评为优质合作院校。富士康公司对学院捐赠的设备总值共计200余万元。

（4）校本教材《机器人技术及应用》完成校内试用，将择期在国家级出版社正式出版。

（5）成功申请省级课题2项，市级课题2项。发表教学改革论文1篇，核心期刊研究论文1篇，国际会议论文1篇，申请专利1项。

（6）教学质量逐年提高。在富士康全国机器人应用大赛中，18所院校参赛，4个院校获奖，泸州职业技术学院取得三等奖的佳绩；学生参加四川省"'工业机器人技术应用'技能大赛"分别获得大赛二等奖和三等奖，二等奖代表队代表四川省参加"全国工业机器人技术应用"技能大赛。

六、发展前景

学院与富士康机器人事业部的深度合作，为校企合作培养企业急需人才提供了生动案例。但学校需要进一步转变观念，从企业赢、学生赢、学校赢等"多赢"角度考虑校企合作。企业也需要根据自身发展战略，主动营造环境和提供条件，与学校共同培养满足企业发展的紧缺人才。双方合作前景良好，定向班人才培养模式还在持续深入研究，校企合作将向纵深发展。

七、自我评价

学院的富士康"自动化"机器人定向班建设表明，"校企合作"是发挥学校和企业各自优势，共同培养社会与市场需要的人才的有效途径。校企双方互相支持、渗透、优势互补、资源互用、利益共享，是实现教育与生产可持续发展的重要途径。同时，探索职业教育校企合作新模式需要加快完善法律规章，明确企业参与职业教育的责任与义务，在全面实践完善的基础上，探索从国家层面推进职业教育校企合作的持续发展。

跟进核工业急需，融合国际同业标准，培养数控"精致型操作工"典型案例

徐　益　钟富平　刘　虹　姜秀华　张光跃　谭大庆

一、背景与起因

在天津2013年全国职业院校学生技能大赛现场，中国工程物理研究院（简称：中物院，原称：核九院）为重庆工业职业技术学院设专场招聘会，录用了重庆工业职业技术学院12名获奖选手，成为赛场新亮点，正如核九院史智德副部长说："作为核武器研制生产的唯一单位，其产品、工艺都是'极限状态'要求，对技能人才录用极其严格，这样的学生就是我们急需的精致型技能人才。"

重庆工业职业技术学院作为全国首批国家示范性高职院校，瞄准以国防核工业基地为代表的高端装备制造领域，针对数控加工关键技术及数控设备调试维修两类高技能人才培养，以"需求驱动、精致培养"和基于先进技术、同业标准、生产过程、高端设备、严谨素养"五位一体"的教改理念和思路，引进德国AHK数控加工技师证书标准和日本FANUC数控系统技术规范，以融合国际同业标准为切入点，在多轴、复合型数控设备操作工职业标准构建、数控专业岗位能力标准开发、课程体系与教学内容优化、国际优质资源整合、能力考核评价及模式创新、职业素养养成等方面做了许多开创性的工作，人才培养质量显著提升。

二、数控"精致型操作工"培养模式构建与实施

随着制造业中加工精度、复杂程度、精细程度等极限要求的产品日趋常见，大量多轴、大型、复合化数控设备在企业广泛使用，其相应岗位需要的操作工，不仅要拥有熟练的一流操作技能，还需要十分投入、精细及严谨的职业素养，即"精致型操作工"。为此，学院按照"需求驱动、精致培养"和"五位一体"的思路，与核九院、长安集团等32家大中型企业深度合作，基于"精致型操作工"的培养目标，引入德国AHK数控加工技师证书标准和日本FANUC数控系统技术规范及先进设备，共同开发数控专业岗位能力标准，构建多轴、复合型数控设备操作工职业标准，优化课程体系与教学内容，整合国际优质资源，实施"团队+组件"能力评价模式，创新并实践数控专业"精致型"人才培养（图1），为企业提供特定规格人才，拓宽学生就业渠道。

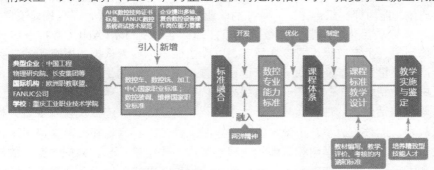

图1　"精致型操作工"培养模式构建

（一）校企共建岗位能力标准，确定人才培养目标和教学标准内涵

通过对32家大中型装备制造企业的生产流程和岗位调研，收集、整理和分析数控设备信息及岗位工作任务，整合出数控技术专业面向"数控设备操作员""数控加工工艺员（工艺、编程）""数控设备调试、维修员""数控加工质检员"四大岗位群；与EBG、核九院、长安集团等行业企业专家共同分析提炼出专业群面向的28种典型工作任务；对典型的工作任务进行梳理、整合，形成20项职业能力；以数控加工及数控装调维修国家职业标准为基础，引入德国AHK数控加工技师证书标准和日本FANUC数控系统技术规范，新增多轴、复合数控设备操作岗位能力要素，共同开发出数控技术岗位能力标准1套（43个能力单元），重庆市教育委员会认可并备案。数控技术岗位能力标准为课程设计、教材编写、教学实施、评价考核的内涵和标准提供准确依据，实现教学标准及方式与国际对接，满足跨国企业的用人要求。

（二）基于岗位能力标准，重构职业能力课程

课程是实现培养目标的重要载体，是决定人才培养质量的关键。通过分析企业流程、岗位群与课程模块的对应关系，根据岗位能力标准，校企合作构建"职业素质课程+职业文化课程+职业能力课程"的课程体系（见图2）。

职业素质	职业文化	基础技能	专业技能	综合技能
06. ……	09. ……	10. 磨工实训	10. 数车实训、数铣实训、电加工实训	07. ……
05. 职业道德与职业指导	08. 企业文化	09. 钳工实训	09. 数控机床故障诊断与维修	06. 数控职场英语
04. 入学教育、军训	07. 演讲与口才	08. 铣工实训	08. 数控机床联调	05. 毕业设计
03. 体育	06. 创新设计概论	07. 车工实训	07. PLC在数控机床中应用	04. 顶岗实习
02. 毛泽东思想和中国特色社会主义理论概论	05. 职场交谈技巧	06. 零件切削加工与工艺设备	06. CAM应用技术	03. 企业生产实践
01. 思想道德与法律基础	04. 应用文写作	05. 机械零件结构设计与实践	05. 数控机床电气控制	02. 计算机辅助工艺设计（CAPP）
	03. 计算机应用基础	04. 零件几何精度设计与检测	04. 数控加工编程及操作	01. 模具设计基础
	02. 高等教学	03. 电工电子应用技术	03. 数控机床机械部件的装调	
	01. 大学英语	02. 计算机二维绘图	02. 计算机三维造型基础	
		01. 机械制图及计算机绘图（含测绘）	01. 液压与气动控制	

图2 "职业素质课程＋职业文化课程＋职业能力课程"课程体系

借鉴发达国家能力课程开发经验，以企业高端设备、先进加工技术以及复杂产品加工工艺为载体，与企业专家、职教课程专家共同分析课程结构、整合课程内容，形成以"课程内容项目化、教学策略活动化、能力评价组合化"为特征的职业能力"三化"课程，课程构建流程见图3。

（1）课程内容项目化。借鉴德国数控加工技师标准以及日本FANUC数控系统技术规范，参照企业工作岗位、生产流程设置教学环节，以岗位能力标准为依据，以真实的任务或产品为载体，融入产品质量、成本及工期等生产过程要素，按照产品的生产工艺和流程"由浅入深、由易到难、由单一到综合"的认知规律重组教学内容，进行教学单元设计。

（2）教学策略活动化。课程实施符合生产流程，以企业工作流程及技术规范为标准，采用理实一体化教学，边教、边学、边做，理论与实践交替进行，直观和抽象交错出现，突出学生动手能力和精专技艺训练，学习和训练的过程与真实工作情境一致，并把"德国的严谨、日本的注重细节、中国核工业的严细融于一切"的职业精神，贯穿到学生职业素养、综合实训、创

新实践的教学活动中，培养学生严谨细致的职业素养和团队协作精神。

（3）能力评价组合化。比对AHK证书标准，以企业员工的职业能力标准为考核标准，构建职业化的考核评价体系。课程考核依据零件图样要求及工艺条件编写加工工艺、程序，学生进行零件加工、自检，考核学生专业理论知识与实践技能综合运用的能力。创新"团队+组件"评价模式，学生分工完成各自零件的加工任务，协作完成组件总装，以单件与组件均合格为评判标准，整个考核凸显生产化过程，培养学生的团队精神。

岗位群（4）	典型工作任务（28）	职业能力（20）	能力单元（43）	课程（21）
岗位一：数控机床操作员	产品零部件结构表达与测绘	读图、手工绘图、车间现场徒手绘图	绘制并解读草图	机械制图及计算机绘图（含测绘）
			解读技术绘图	
			准备基本的工程绘图	
			基本的工程绘图	
	使用AUTOCAD绘图	使用计算机绘图	计算机绘制2D图	
			手工和电路辅助绘制生产图样	
	电子产品的设计与制作	电子产品设计、制作	电工电子基础	电工电子应用技术
	机械零件结构设计	机械机构、装置设计	力学基础	机械零件结构设计与实践
			认识机械传动及联结	
			认识常用金属材料及热处理方法	
	机械零件几何精度设计	机械零件精度设计、检测	用标有刻度的设备进行测量	零件几何精度设计与检测
	机械产品质量检测		解读质量规格、手册	
岗位二：数控加工工艺员	机床液压、气动系统的安装、调试、维护	机床液压、气动系统的安装、调试、维护	建立基本气压系统	液压与气动控制
			建立基本液压系统	
	使用软件对机械产品进行设计	三维产品造型与设计	电脑辅助设计系统创建三维（3D）模型、CAM多轴联动编程	计算机三维造型基础
	机械零件的手工制作	零件加工	钳工作业	钳工实训
			职场安全	车工实训 铣工实训 磨工实训
			职场交流	
			进行一般加工操作	
	使用普通机床加工零件		使用普通机床进行基本操作	
			车床操作	
			车削加工	
			铣削加工	
			磨削加工	
	编制机械零件的加工工艺文件	编制机械零件加工工艺	使用和维护工具和夹具，基本转换，刀具干涉检查	零件切削加工与工艺装备
			认识数控加工工艺	
岗位三：数控加工质量检测员	PLC程序的编制与调试	可编程控制器应用	可编程控制器的应用	PLC在数控机床中的应用
	数控机床主轴电气控制的连接与调试	数控机床电气控制	认识数控机床的数控系统、多通道多联动数控系统	数控机床电气控制
	数控机床伺服进给电气控制的连接与调试			
	数控机床刀架电气控制的连接与调试		数控机床电气控制	
	数控机床面板电气控制的连接与调试			
	机床、数控机床运动分析及调整	机床、数控机床部件拆卸、装配、调整，机床、数控机床运动调整	应用基础的数字加工技术，双转台，双摆头，单摆头/单转台铣削机床	数控机床机械部件（构造）的装调
	数控机床机械部件的装调			
	机床、数控机床结构的调整			
	使用数控车床加工零件	零件的数控编程与工艺设计、操作数控机床加工零件	NC/CNC机床/程序的操作，自动换刀系统	数控加工编程及操作、数车实训、数铣实训、电加工实训
	使用数控铣床/加工中心加工零件		NC/CNC机床/程序的安装，多工序编程	
			NC/CNC加工中心编程，多轴编程	
岗位四：数控设备维修员	使用线切割机床加工零件	计算机辅助制造	电脑数控（CNC）金属线切割设备高级编程	CAM应用技术
	零件的计算机辅助编程与加工		刀具轨迹生成装置处理，多轴联动加工的刀具轨迹规划	
	数控机床机械故障诊断与维修	数控机床故障诊断与维修	检测和记录设备情况，在线测量	数控机床故障诊断与维修、数控机床联调
	数控机床CNC故障诊断与维修		关闭机器/设备（断电）	
			应用可编程序控制机的操作，全闭环位置控制	
	数控机床主轴驱动故障诊断与维修		测试和校准仪器系统和设备，和线性误差校验	
	数控机床进给伺服系统故障诊断与维修		诊断和修理模拟设备和零件	
			维护/保养模拟数控电子设备	
	数控机床综合故障诊断与维修		将机器和工程零件校水平	
			拆除、更换和组装工程元件、刀库、刀具系统	

图3　"职业能力课程构建

（三）制订多轴、复合型数控设备操作工职业标准

针对多轴加工工艺及编程，结合空间复杂曲面的加工解决方案及高速、高精度、复合加工要素，制订了多轴、复合型数控设备操作工职业标准，填补国家职业工种和鉴定标准空白。

（四）整合国际企业资源，创新实践教学平台

针对FANUC数控系统设备的市场份额在重庆约占70%、在整个中国约占60%的实际情况，学校及时引入FANUC国际知名企业技术规范、设备、企业文化、培训项目，跟踪国内外新技术、新工艺的发展，同时融入欧洲职教联盟（EBG）培训标准，建成教育部"重庆FANUC数控系统技术应用中心"，构建起具有真实职业情境的教学环境，实现教学内容与企业技术同步，夯实实践教学平台，成为重庆市职业院校师资培训、学生技能培训及技能大赛的区域性基地。并作为FANUC公司在西南地区唯一的售后技术服务中心，共同承担5期对外技术培训与技术服务。

三、成效与反响

（一）培养质量倍受好评，学子就业倍受青睐

所开发的数控技术专业人才培养方案、课程体系、特色教材和各种教学资源已在2012—2015级数控技术专业中实施，4届1 210名毕业生直接受益，就业率保持在99%以上，专业对口率达95%，毕业生双证书获证率97%以上，高级工通过率87%以上。毕业生成了先进装备制造行业抢手货。学生在全国、省级数控类技能大赛获一、二等奖30余个，连续6届包揽重庆市技能大赛一等奖。近20名学生赴德国应用技术大学进修深造，进入BSK德制工程师高职精英教育计划项目。学校成为核九院全国20所高职院校技能人才定点录用单位之一，也是重庆地区高端技能人才录用的唯一院校。

（二）教师能力显著增强，团队建设成效突出

采用"分层次滚动"的办法，选拔青年教师定期到FANUC公司、长安集团等企业一线进行顶岗锻炼，提高实践技能；实施"企业访问工程师"计划，参与企业技术开发工作，提升教师科研和技术服务能力；聘请企业技术骨干或能工巧匠担任兼职教师，主要承担实践教学任务，教学队伍中具有企业工作经历比例为78%，"双师型"教师比例为90%；近五年，新增教授4人，省级高技能人才2人；全国职业技能大赛优秀指导教师4人，重庆市职业技能大赛先进个人7人，重庆市职业技能大赛裁判员8人。

（三）服务能力显著提升，社会影响明显增强

近五年，利用优秀教学团队、FANUC数控系统应用中心等优质教学资源，搭建产学研结合的技术培训和技术推广服务平台，社会服务能力显著提升。积极开展了核九院、重庆理工大学、77100部队等单位共6 397人职业技能培训和鉴定；成了核九院技能人才培训基地。实施"园校合作"新模式，为两江新区培训农转城技术工人413人，提供工业园区人力资源；利用骨干教师国培项目基地、重庆市中职学校教师教育市级培训基地，培训"骨干教师""双师型实训教师"751人。

作为首批国家示范性高职院校，学院数控技术专业成为国家示范专业、机械行业特色专业，专业竞争力居重庆地区第一（重庆教育评估院数据）；现拥有国家级精品（精品资源共享）课程3门、国家资源库课程2门、省级精品课程4门、国家规划教材6种、省级教学团队1个；成为国家级数控实训基地、教育部FANUC数控技术应用中心；获得机械行业教学成果一等奖1个、二等奖2个、重庆市第四届教学成果一等奖、第八次优秀高等教育科学研究成果二等奖、国家级第五届教学成果二等奖。

重庆工业职业技术学院——

校企合作促进高职化工医药人才培养对接"中国制造2025"

文家新　李　应　粟彦哲　周永福　刘克建

一、校企合作背景

（一）国家政策及需求

2014年9月，李克强总理在达沃斯论坛上提出，要在祖国大地上掀起"大众创业，草根创业"的新浪潮，形成"万众创新，人人创新"的新势态。2015年，他在政府工作报告又提出："大众创业，万众创新，既可以扩大就业、增加居民收入，又有利于促进社会纵向流动和公平正义"。在论及创业创新文化时，强调"让人们在创造财富的过程中，更好地实现精神追求和自身价值"。那么，高职院校作为培养高端技术技能型人才的主阵营，如何通过校企合作培养具有创新创业能力的人才，是值得思考和探索的。

2015年5月，国务院印发的《中国制造2025》中明确了生物医药及高性能医疗器械为十大创新领域之一，主要发展针对重大疾病的化学药、中药、生物技术药物新产品及新技术。此外，《中国制造2025》中还提出了绿色制造工程，即组织实施清洁生产、节水治污、循环利用等专项技术改造；开展重大节能环保、资源综合利用、再制造、低碳技术产业化示范；实施重点区域、流域、行业清洁生产水平提升计划，扎实推进大气、水、土壤污染源头专项防治，从而实现部分重化工行业能源资源消耗出现拐点，重点行业主要污染物排放强度下降20%。由此可见，在中国制造2025背景下，要实现"制造大国"向"制造强国"转变，是离不开高素质的化工医药类技能型人才支撑的，但由于企业生产工艺技术的日新月异和学校教育资源的有限性，单靠学校是无法适应中国制造2025高职化工医药人才培养要求的，因此，通过校企联动，积极寻求合作，共同促进高职化工医药人才培养适应"中国制造2025"有着重要的现实意义。

（二）服务地方经济发展的要求

根据《重庆市工业转型升级"十二五"规划》（渝府发〔2011〕74号），化工医药被确定为重庆市"6+1"支柱产业之一，2012年8月重庆市政府又印发了《重庆市人民政府关于印发重庆市化学工业三年振兴规划的通知》，提出了以长寿、涪陵两大化工基地和万州等特色化工集中区为依托，构建十大百亿级化工产业链，培育产业核心竞争力，建成西部重要的综合性化工基地的发展目标，从而进一步明确了化工产业在重庆市产业发展中的主体地位。

与之不适应的是重庆化工医药专业人才尤其是生产和应用领域的技能型人才非常匮乏，根据《教育部关于全面提高高等职业教育教学质量的若干意见》（教高[2006]16号）文件中指出："高等职业院校要及时跟踪市场需求的变化，主动适应区域、行业经济和社会发展的需要，根据学校的办学条件，有针对性地调整和设置专业""高职院校要全面贯彻党的教育方针，以服务为宗旨，以就业为导向，走产学结合发展道路，为社会主义现代化建设培养千百万高素质技能型专门人才。"因此，一方面高职教育要主动与地方经济相融合，服务于地方经济发展的需要，这也是专业的发展机遇；另一方面高职技能型人才的培养应与企业生产实践紧密结合，加强实践教育，才能更好地满足产业发展对技能人才的要求，也才能适应"中国制造2025"人才培养需求。

二、目标与思路

（一）目标

培养岗位适应快，实践技能强，专业基础牢，职业素养好且具有创新创业能力的"中国制造2025"高端技术技能人才。

（二）思路

校企合作开展应用技术研究，教师、企业技术人员主导，学生参与，培养学生的创新能力；联合扩张中小型企业，以应用技术研发成果为依托，实施大学生创业训练，培养学生的创业意识和能力；定期选派学生和专业教师到行业企业或院所实习实训，培养学生的技术技能水平，提升教师的实践教学水平；与企业共建校内实训基地，加强学生的实践技能培养。

三、内容与特色

（1）依托重庆侨东美实业有限公司，双方共同组建博士工作站、中医药物化学研究所，培养创新型药品生产技术人才。

（2）教师承担重庆金山科技（集团）有限公司技术开发项目，学生参与研发过程，培养创新型化工人才。

（3）依托重庆博冠环保工程有限公司、重庆北碚山绪碳化物研究所，共同培育化工环保类创业人才。

（4）定期选派学生前往中科院重庆智能研究院三峡生态研究所、重庆出入境检验检疫局技术中心实习实训，利用其先进设备和实验技术人员，培养技术技能型人才。

（5）与重庆市移民局合作建设校内化工与制药工艺实训基地，加强学生实践技能培养。

（6）选派教师到行业企业顶岗实习，培养"双师型"教师，提升教师的实践教学水平。

四、组织实施与运行管理

（1）成立以院长、教研室主任、专业带头人、骨干教师、企业生产（研发）副总、技术骨干为主的校企合作实施小组。

（2）制订了《学生参与应用技术开发暂行规定》《学生科研辅助岗位规定》《学生参与专业社会实践暂行规定》《教师入住企业博士工作站暂行规定》等规章。

（3）定期或不定期与合作企业负责人联系，确保实施项目顺利开展。

五、主要成果

（1）与重庆侨东美实业有限公司成立了企业博士工作站、共建中医药物化学研究所，申请应用技术项目多项，并获得垫江县经信委的经费支持，接收20余名药品生产技术专业学生开展创新训练。

（2）与重庆博冠环保工程有限公司、重庆北碚山绪碳化物研究所联合培育创业人才，孵化企业一个，5名学生参加重庆市创新创业大赛获三等奖1项，学生获得授权专利1项。

 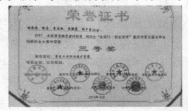

图1 联合共建中医药物化学研究所授牌　　　图2 学生获得重庆市创新创业大赛三等奖

（3）教师承担重庆金山科技（集团）公司高性能银/氯化银固态参比电极项目研发工作，学生积极参与，培养学生创新与实践动手能力。

（4）利用中科院重庆智能研究院三峡生态所、重庆市出入境检验检疫局技术中心的先进设备和实验技术人员，合作培养技术技能型人才20余名，其中6人留在生态所下属公司或市检验检疫局技术中心工作。

图3　学生在中科院接受
合作导师的指导

（5）重庆市移民局投资49万余元，学校自筹资金25万元，共建校内化工与制药实训基地，加强学生实践技能培养。

图4　重庆市渝北区移民局资金预算通知　　　图5　共建化工与制药实训基地揭牌仪式

（6）选派部分教师到行业企业参加顶岗实习，并获得培训合格证书及技师资格证书。

六、自我评价

积极寻求与行业企业、院所合作联动，共同组建研究所、创新创业平台和实习实训基地，合作实施项目开发与人才培养，这有利于提高教师的社会服务能力、学生的创新创业能力，提升学生的技术技能水平与岗位适应能力，促进了高职化工医药类人才培养，成功对接"中国制造2025"。

重庆工业职业技术学院酒店管理专业校企合作解析

麻红晓　匡　平　金渝琳

一、酒店管理专业校企合作背景

自2012年9月起，酒店管理专业依托重庆酒店业的快速发展，并通过借鉴美国的"合作教育"、加拿大的能力本位教育以及澳大利亚的技术与继续教育等国内外成功的职业教育经验，以工学结合为突破口，把培养国际化高素质技能型酒店服务管理人才作为目标，先后与重庆扬子江假日饭店、重庆洲际酒店、重庆JW万豪酒店、重庆国贸豪生酒店、重庆扬子岛饭店集团等进行紧密合作，引入现代学徒制理念，对人才培养模式进行了全面、深入改革。

二、校企合作组织实施与运行管理

（一）改革人才培养计划

自2012年9月与全球最大的酒店管理集团—— 洲际酒店集团（IHG）旗下的重庆扬子江假日饭店开展校企合作以来，酒店行业企业就参与了学院酒店管理专业人才培养的全过程。与重庆扬子江假日饭店深度合作的"3+2"工学交替人才培养计划（学生每周3天在酒店进行岗位实践，2天在学校进行理论学习的"工学交替"的培养模式，在洲际酒店集团内部被称为"New Apprenticeship Program"），如图1所示。

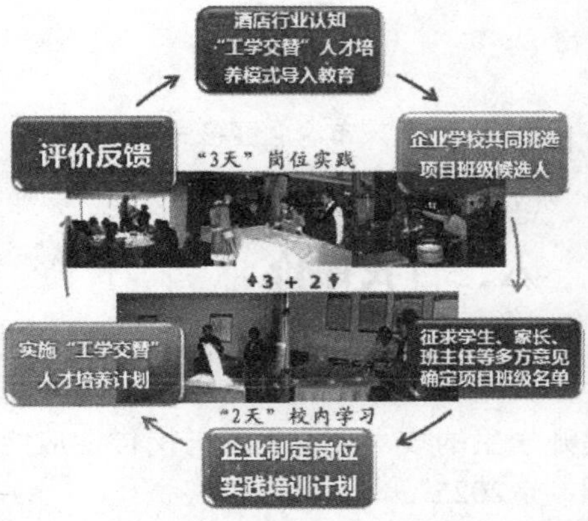

图1　"3+2"工学交替人才培养计划运行图

（二）制订单独的教学进程计划

学生三年在学校期间，每个学期的教学与实习计划均由学校和酒店双方共同制定，双方分别承担理论与实践的教学任务，以学生服务意识、服务技能、方法能力、管理能力、创新能力的培养为目标，每个学期的理论与实践教学有不同的侧重点，如图2所示。

第一学期	1——17周校内学习		18——19周行业认知	20周评估
第二学期	1——4周校内学习	5——19周"3+2"工学交替企业岗位实践		20周评估
第三学期	1——4周校内学习	5——19周"3+2"工学交替企业岗位实践		20周评估
第四学期	1——4周校内学习	5——19周"3+2"工学交替企业岗位实践		20周评估
第五学期	1——4周校内学习	5——19周"3+2"工学交替企业岗位实践		20周评估
第六学期	1——20周顶岗实习			

图2　"3+2"工学交替人才培养计划教学进程

（三）制订个性化的学生酒店实习计划

酒店前厅部、餐饮部、客房部、人力资源部、培训部5个部门联合为项目班级的每一位同学制定为期4个学期的"个人实践计划"，以重庆扬子江假日饭店为例，如图3所示。

学生：陈玲玲	培训时间	2007.1.8-1.12	2007.1.15-1.19	2007.4-2007.7	2007.9-2008.1	2008.3-2008.7	2008.9-2009.1
	培训部门	入职培训	中餐厅岗位培训	中餐厅	咖啡厅	客房部	前厅部
	培训导师	曹丽 人力资源部培训经理	雷敏 中餐厅烹调导师	朱大平 中餐厅烹调导师	朱大平 中餐厅培训导师	赖燕 客房部副经理	尹东 大堂副理
学生：陈洁	培训时间	2007.1.8-1.12	2007.1.15-1.19	2007.4-2007.7	2007.9-2008.1	2008.3-2008.7	2008.9-2009.1
	培训部门	入职培训	客房部岗位培训	客房部	中餐厅	前厅部	宴会厅
	培训导师	曹丽 人力资源部培训经理	刘小琴 客房部领班	赖燕 客房部副经理	朱大平 中餐厅烹调导师	尹东 大堂副理	朱大平 中餐厅培训导师
学生：周宇	培训时间	2007.1.8-1.12	2007.1.15-1.19	2007.4-2007.7	2007.9-2008.1	2008.3-2008.7	2008.9-2009.1
	培训部门	入职培训	宴会厅岗位培训	宴会厅	前厅部	咖啡厅	客房部
	培训导师	曹丽 人力资源部培训经理	赵珂 宴会厅领班	朱大平 中餐厅培训导师	尹东 大堂经理	朱大平 中餐厅培训导师	赖燕 客房部副经理

图3　重庆扬子江假日饭店为学生制订的个人岗位实践计划

（四）建立双向考核机制

酒店与学校共同建立了一套工学交替人才培养模式下的校企双向考核机制，如图4所示。酒店以其工作流程及标准、校企合作协议规定的相关制度为评价依据，学校以教学管理制度、学生管理制度为评价依据，分别对学生酒店岗位实践表现、在校表现进行考核。酒店每学期评选各部门"优秀学员"，给予一定的奖励，并提供外地酒店观摩实践的机会。这种学院和酒店双向考核的机制，不仅从制度上规范了"3+2"工学交替人才培养计划中学生的综合考评，而且对学生在"3+2"计划中的思想和行为都有正向的激励和引导作用。

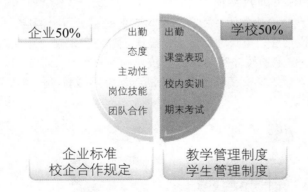

图4　学院酒店双向考核机制

（五）改革课程体系

改革传统的课程体系，构建基础能力与职业能力渐进式课程新体系。酒店管理专业以培养国际化高素质技能型人才为专业人才培养目标，培养学生的两个意识（职业认同意识、服务意识）、三项核心职业技能（前厅服务、餐饮服务、客房服务）、三种能力（方法能力、管理能力、创新能力）。改革原有的学科课程体系，构建了基础能力与职业能力渐进式课程体系，由"基础能力培养系统""核心职业能力培养系统""复合职业能力培养系统"3个子系统组成，如图5所示。

图5　酒店管理专业基础能力与职业能力渐进式课程体系构建图

三、校企合作人才培养模式改革取得的成效

（一）专业建设方面

建立了一个开放的、职业的教学管理平台，实现了学生岗位实践平台国际化和教育资源的国际化。

（二）建成了5门工学结合的核心职业能力课程和5门校级精品课程

建成了以能力为本位，基于工作过程系统化理念设计的《前厅服务与管理》《餐饮服务与管理》《客房服务与管理》《接待营销》《接待人力资源管理》5门工学结合的核心职业能力课程，并开发了5门相应的课程标准、教师指南、学生指南、鉴定工具、课件等教材配套资料，已在教学中使用，效果良好。建成了《宴会服务与管理》《前厅服务与管理》《餐饮服务与管理》《客房服务与管理》以及《职场健康与安全》5门校级精品课程。

（三）构建了完善的实训教学体系

酒店管理专业依托洲际酒店集团，积极开展与其他四星级以上酒店、知名餐饮企业的校企合作。目前建立了重庆悦榕庄、重庆洲际酒店、重庆长都假日酒店、重庆JW万豪酒店、重庆国贸豪生酒店等8个长期、稳定的校外实习基地。校外实习基地为工学交替项目班级学生设计多岗位的交叉培训计划，承担工学交替项目学生的酒店岗位实践教学任务与管理。酒店管理专业实训教学体系如图6所示。

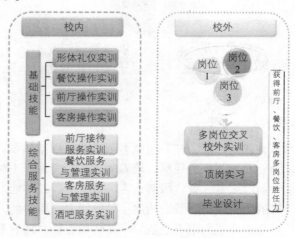

图6　酒店管理专业实训教学体系构建图

（四）完善了校内实训基地，社会服务能力明显增强

参照国际化酒店的标准进行校内实训基地的建设，建成了符合酒店运作实际、初步具备了生产性实训功能的校内实训基地。在酒店管理专业及专业群的学生前厅、客房、餐饮服务专业技能培训以及礼仪形体等综合素质培训等方面，发挥了巨大的作用。成为重庆酒店行业人力资源开发培训基地和酒店行业职业技能鉴定站，具备高级餐饮服务员、高级前厅服务员、高级客房服务员等国家级职业资格鉴定资质，并多次运用现有实训教学资源进行农民工培训和其他社会实训。

（五）构建了学校、酒店和学生"三方共赢"的合作机制

通过找准学校、酒店、学生三方合作的利益基石，成功构建"三方共赢"的合作机制，为校企合作、工学结合的顺利实施打下了坚实基础。

（六）社会影响方面

赢得了社会、学生及家长的高度认同。工学交替人才培养计划把课堂搬进了酒店，在真实的工作环境中"做中学、做中教"，显著提高了学生的岗位操作技能、沟通技能、职业认同感，学生毕业时实现了真正的"零距离"上岗，就业质量明显提高。这种创新的人才培养模式受到了同类院校、酒店行业企业、学生、学生家长等的一致好评，在重庆及西南地区被誉为"酒店人才培养领先模式"，重庆电视台、重庆时报、重庆商报等各大媒体多次报道。截至2015年7月底，项目班级的学生就业率为100%，在酒店及餐饮企业就业的占85%，在四星级以上酒店就业的占70%，其中13%的学生首次就业岗位为部门领班，并有10多名学生已升任四、五星级酒店的部门主管以上的职位。在2009年"开元杯"首届全国旅游院校饭店服务技能大赛"中式铺床"项目中取得了全国一个三等奖、一个优胜奖的好成绩。2011年至2013年连续三年获得全国"宴会设计与服务"职业技能大赛重庆赛区一等奖，并在2013年的全国"宴会设计与服务"职业技能大赛中，取得了一个全国二等奖的优异成绩。

四、校企合作人才培养模式改革面临的问题与改进措施

近年来，国家和各地先后制订出台了一系列鼓励高校开展产学研结合的政策，如《国务院关于大力发展职业教育的决定》《教育部关于全面提高高等职业教育教学质量的若干意见》等，但是现有政策还存在许多亟待完善之处。主要问题是这些规定比较宏观，不具体、明确，缺乏强制性，操作性不强，尤其是缺少鼓励的政策，包括税收政策、用工政策、分配政策。此外，政府在引导学校参与校企合作方面只停留在口头宣传上，也应建立相应的奖惩机制，以调动学校方面更大的积极性。

云南机电职业技术学院——

合办专业下的现代学徒制

——云南机电职业技术学院与云南雄风集团现代学徒制实施案例

黄晓明　周　明　杨晓春　刘春美　杨继玺　姜　伟　严学新

一、校企合作背景

立足云南区域经济发展，充分考虑边疆山高路弯的地域特点，高端车辆保有量大维修难，且东川泥石流带已成为成熟的东川泥石流汽车摩托车拉力赛赛点，云南雄风汽车工贸集团有限公司既是高端车及赛车维修重点企业，同时又是汽车拉力赛的组织和参与企业，云南机电职业技术学院以汽车检测与维修专业为合作载体，进行了校企合办专业的深度合作实践，2012年9月4日，李善华院长、麻俊昆董事长分别代表校、企双方签订合作协议，揭开了校、企双方探索现代学徒制的探索。2013年合办专业引入教育部支持的中德汽车机电合作项目（SGAVE），合作办学中植入了SGAVE项目的教学改革建设思路和课程资源。

二、目标与思路

（1）实施"双主体，一机制"的校企合作管理模式，探索"学校-雄风集团"校企协同育人机制，建立健全与现代学徒制相适应的教学管理制度。

（2）推进校企联合，招生招工一体化。利用学院自主招生的优势，与合作企业共同研制招生招工方案，探索建立复合式、多样化招生招工一体化方法。按照双向选择原则，学徒、学校和企业签订三方协议，明确学徒的企业员工和职业院校学生双重身份。

（3）完善人才培养制度和标准。坚持专业与产业需求对接，专业课程内容与职业标准对接，教学过程与生产过程对接，学历证书与职业资格证书对接，职业教育与终身学习对接的发展道路。

（4）建设校企互聘共用的师资队伍。在与雄风公司合办专业工学交替、互派基础上，完善专兼职结合的"双导师"制，建立"双导师"选拔、培养、考核、激励制度，形成校企互聘共用、双向挂职锻炼的管理机制。

（5）完善"双主体，一机制"的管理制度。

三、内容与特色

（一）建立"双主体，一机制"的校企协同育人机制

（1）完善学徒培养管理机制，明确校企双方职责、分工，推进校企紧密合作、协同育人。

（2）完善校企联合招生、分段育人、多方参与评价的双主体育人机制。探索人才培养成本分担机制，统筹利用好校内实训场所、公共实训中心和企业实习岗位等教学资源，形成企业与职业院校联合开展现代学徒制的长效机制。

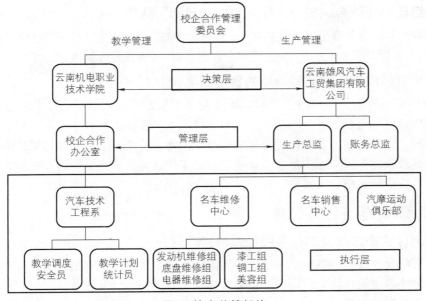

图1 校企共管架构

图2 云南雄风汽车工贸集团有限公司实训基地

（二）完善人才培养制度和标准

按照"合作共赢、职责共担"原则，校企共同设计人才培养方案，共同制定专业教学标准、课程标准、岗位标准、企业师傅标准、质量监控标准及相应实施方案。校企共同建设基于工作内容的专业课程体系和基于典型工作过程的专业课程体系，开发基于岗位工作内容、融入国家职业资格标准的专业教学内容和教材。

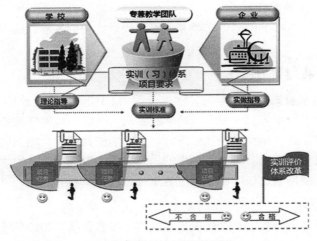

图3 现代师徒实训体系思路

（三）组建专兼结合、校企互聘互用的"双师"队伍

完善双导师制，建立健全双导师的选拔、培养、考核、激励制度，形成校企互聘共用的管理机制。校企双方共同制定双向挂职锻炼、横向联合技术研发、专业建设的激励制度和考核奖惩制度。

（四）建立体现现代学徒制特点的管理制度

建立健全与现代学徒制相适应的教学管理制度，制定学分制管理办法和弹性学制管理办法。创新考核评价与督查制度，制定以育人为目标的实习实训考核评价标准，建立多方参与的考核评价机制。建立定期检查、反馈等形式的教学质量监控机制。制定学徒管理办法，保障学徒权益，根据教学需要，科学安排学徒岗位、分配工作任务，保证学徒合理报酬。落实学徒的责任保险、工伤保险，确保人身安全。

四、组织实施与运行管理

（一）制订实施方案（2012年9月—2013年3月）

（1）在三年合办专业的基础上，学校与云南雄风汽车工贸集团有限公司及合作企业签订现代学徒制人才培养协议，组织调研，形成昆明市汽车维修行业调研报告。

（2）共同制订2013版汽车检测与维修专业现代学徒制实施方案，确认实施年级及教师，共同修订相关课程标准以及现代学徒制管理制度。

（3）按2013版现代学徒制人才培养方案，做好学校招生和云南雄风招工、"招生即招工、入校即入职、校企联合培养"宣传。

（二）实施方案阶段（2013年9月—）

（1）实施2013版现代学徒制人才培养方案，2013级学生在学校和云南雄风汽车工贸集团有限公司及合作企业交替式学习完成企业实习标准的编写，并投入使用，总结实施经验，2016年再次修订了人才培养方案。

（2）实施现代学徒制各项管理制度，运行质量管理体系，对教学质量进行评价和考核，保证学校与企业的教学质量。

（3）形成由用人单位等合理分担成本机制方案。

（三）总结推广（2016年9月—2018年9月）

（1）实施人才质量评价。

（2）撰写相关论文并发表。

（3）以汽修专业为龙头，带动汽车类专业群现代学徒制的发展，从而在全院其他专业群进行推广。

五、主要成果与体会

现代学徒制实行交替式培训和学习，学生一般用2/3的时间在企业接受培训，约1/3的时间在学校学习理论知识。学生与企业签订一份学徒合同，明确各自的任务和职责，企业指派一名师傅指导和督促学生在企业接受生产技能培训。企业学校共同制定培训内容。学生培训合格后取得国家承认的职业资格证书。提高了学生的学习兴趣，增强了学生的学习主动性，锻炼了学生的社会适应性，就业前景比较明朗，学生汽车维修获证率百分之百。

（一）标志性成果

（1）学生就业质量明显提高，学生在技能大赛中多次获奖。2012级汽车检测与维修技术专业共88名毕业生，目前，88名学生都与企业签订了就业协议，实现了学生百分百就业，其中在

雄风就业的学生有21名，通过校企合作，提高了学生的签约率，缩短了进入企业后的适应期。雄风班学生连续在省赛中获得一等奖。

竞赛现场

汽车故障诊断分赛项

汽车电气系统布线分赛项

01M自动变速器拆装与检测分赛项

我系参赛选手与指导教师合影留念

图4　雄风班学生参与省赛

（2）建立了"双主体，一机制"的校企协同育人机制。

（3）形成了符合现代学徒制的人才培养方案、课程体系、教学资源。

（4）通过现代学徒制的实施，提高了校企合作下的社会服务能力。

（二）体会

（1）通过良好的校企合作平台使现代学徒制得以落地。

（2）校企合作机制创新为现代学徒制提供了根本保障。

（3）现代学徒制的实施推动了人才培养方案、课程体系、师资队伍、教学资源的建设。

六、发展前景

合办汽车检测与维修技术专业，践行现代学徒制，为雄风集团培养了一批符合企业需求的高技能人才，企业凝聚了优质人才，4年内得到了快速发展，在行业内起到了示范作用，更多的企业有了校企合作实施现代学徒制的意向，为学院现代学徒制纵深发展提供了更多的机遇。

云南机电职业技术学院与雄风汽车工贸集团有限公司通过合办专业的探索，积累了经验，双方合作的最终目标是成立具有混合制特点的雄风汽车学院。

七、自我评价

在雄风集团与学院合办汽车检测与维修技术专业及SGAVE项目等优质校企合作项目的支撑下，学院的现代学徒制得以落地实施，服务区域经济发展，为云南省汽车后市场培养了一批高素质技能型人才，对相关专业群实施现代学徒制起到了带头示范作用，现代学徒制的实施是一个不断完善的过程，在课程建设、师资队伍建设，特别是企业实训项目建设和管理制度建设等方面还需不断完善。

"工学四合"育英才，"辽宁舰厂"展英姿

——西安航空职业技术学院与大连造船厂校企合作

党 杰 许 磊 惠媛媛 靳全胜 陈茂军 张凌云

一、校企合作背景

按照《国务院关于加快发展现代职业教育决定》提出的"发挥企业重要办学主体作用"的要求，鼓励各高职院校尤其是国家示范校"主动联系推动一批实际参与人才培养的企业"的指示，西安航空职业技术学院积极与大连船舶重工集团钢结构制作有限公司（简称"大船钢构公司"）多方面沟通联系，并实现联合培养学生。

学院焊接技术及自动化专业开设于2005年，为了适应培养高素质技术技能人才的需求，学院焊接专业大力开发与专业相关的企业，与企业进行多方商谈，以多种途径校企联合培养技术技能人才。

二、内容与特色

（一）合作意向

早在2010年初，学院萌发了与大连船舶重工集团（简称"大船集团"）合作的想法。2011年8月，学院首次到大船集团进行实地考察，双方对合作均有很高兴趣，并表示出很多很好的合作想法，这为后期的合作打下了良好的基础。

（二）签订协议

2014年5月，以焊接技术及自动化专业为主要合作专业，通过联合举办焊接技能大赛为纽带，西航职院航空材料工程学院与大船钢构公司签订了2012级校企合作顶岗实习协议。

2014年9月26日，西安航空职业技术学院院长、党委副书记赵居礼等一行3人前往大船集团，举行校企战略合作协议签字仪式，大船集团副总经理陈永义等出席仪式。双方本着"优势互补、资源共享、互惠共赢、共同发展"的原则，在"平等自愿、充分酝酿"的基础上，根据船舶领域及相关企业需求，按照"2+1"的模式，共同制订了人才培养方案及相关课程设计。

图1 赵院长和陈总签订战略合作协议　　图2 赵院长一行与大船订单班学生座谈

在签订协议的基础上，西安航空职业技术学院与大船钢构公司更深层次沟通，将大船钢构

公司作为西航职院重要的一个校外实训基地，进行校外实训基地挂牌仪式。

三、组织实施与运行管理

（一）首次合作，联合举办焊接技能大赛

2014年5月，西安航空职业技术学院第六届焊接技能大赛成功举办。每年一届的焊接技能大赛通过与企业的紧密合作，由企业优先选拔出该企业看中的学生，进入企业岗位进行对口的顶岗实习。

整个大赛过程受到大船钢构公司领导的高度评价，对学院的教学方式、为学生提供的大赛途径很是赞同，与70余名焊接学生签订顶岗实习协议。

（二）实习合作，为学生提供生产岗位

2014年6月，180余名学生奔赴大船钢构公司进行为期3个月的顶岗实习。学生到达单位后，进行3天的入职培训，之后分配至不同的工作岗位，开始岗位适应性锻炼和顶岗实习。大船钢构公司提供给学生们的工作岗位包括下料工位、装配线、焊接、检验、船坞部等10余个，学生们在各自的工作岗位上都能很快地适应，与单位配备的师傅们和睦相处，锻炼自己的各项能力。

（三）继续合作，成立"西航班组"

经过三个月的顶岗实习，有35名学生愿意留下来继续在大船钢构公司工作，成立了12级"大船订单班"。

2014年12月，首个西安航空职业技术学院学生班组——"西航铆焊复合型班组"在大船钢构公司正式成立，创新融合学校与企业先进班组管理模式，实行学生自主管理。公司将该班组放于曾获大连市劳模、连续两届集团劳模——段晓辉主任管辖的船舶分段制作车间，抽调技术过硬的铆、焊大工匠各一名进行业务指导，并明确规定铆、焊大工匠仅协助生产、不参与班组管理，待时机成熟后撤出。

双方共同努力将西航铆焊复合型班组建设成培育未来专业骨干队伍的摇篮，全力打造公司品牌亮点，为大船集团各生产部门输送一线核心技术岗位人才奠定坚实基础。

（四）深度合作，出版教材

在不断深入合作的过程中，校企双方都认为在联合培养中，编写一本学校和企业都能用得上的教材迫在眉睫，于是开始酝酿教材编写思路和收集素材。

2014年11月，西安航空职业技术学院选派焊接专业带头人、工程材料专业教师、机械制图专业教师组成学校团队，大船集团选派船研所设计专家、工艺专家、标准专家、钢构公司车间制造专家10多人组成企业团队，成立了《船舶概论与识图》校企合作教材编写委员会，经过6个月的整理资料、梳理思路，编写出教材初稿。

2015年5月20日—23日，航空材料工程学院院长党杰和焊接专业带头人惠媛媛老师应邀到大船钢构公司，进行校企合作教材《船舶概论与识图》定稿商讨。大船钢构公司总经理王常涛主持商讨会议，船研所宋佐强书记、工艺室窦钧主任、设计室李玉琦主任、标准室马玉龙主任、制造车间卢斌主任、材料学院党杰院长和惠媛媛老师共同讨论了所编教材的题材、格式、用语及教材结构，形成最终一致意见。

此外，党院长还与12级大船订单班的"西航班组"学生进行座谈，了解了学生的工作现状、想法及对工作的展望。

（五）再次合作，成立"LNG订单班"

2015年4月—5月，西安航空职业技术学院与大船钢构公司的第二次校企合作"LNG订单

班"。经过多次的面试和企业考核筛选之后，确定20名同学为"LNG订单班"成员。

大船钢构公司工会主席田晓伟和大连船舶重工集团货物围护系统总装部贺主任专程对"LNG订单班"成员进行动员及LNG项目知识普及，后期还要进行各项的专项培训和一年多的企业技能培训、技能考证等项目，"LNG订单班"成员才能进行正式上岗。

2015年5月28日，西安航空职业技术学院与大船钢构公司的校企合作LNG订单班开始进行《LNG货物围护系统》培训，此项培训受大船集团货物围护系统总装部及大船钢构公司的委托，由惠媛媛老师进行16课时的培训。培训内容涉及LNG及LNG船概况、薄膜型LNG船货物围护系统、货物围护系统施工流程、货物围护系统殷瓦焊接等。

为进行此项培训，大船集团货物围护系统总装部及惠媛媛老师都精心准备教材及课件，确保培训效果。

此次培训，将为13级大船订单班和LNG项目合作做好铺垫。

2015年9月1日，13级20名"LNG订单班"学员经过各项身体检查，办理大船钢构入职手续，已经开始进行工作，开启他们新的人生征程。

四、主要成果与体会

在逐步深入的合作过程中，校企双方共同建设教学资源。

为了方便《船舶概论与识图》课程的教学，西航职院教材编写人员还将教材主要内容做成教学课件，可供选用教材的学校及大船钢构公司员工培训进行多媒体教学。

在LNG项目培训中，大船集团货物围护系统总装部提供《LNG货物围护系统》培训教材，西航职院负责培训教师将教材主要内容做成教学课件，为大船钢构公司的其他合作学校的培训提供了方便。

五、发展前景

日历翻到2015年3月18日，西航班组已成立近百日，当再次回访12级"大船订单班"时，令人振奋的消息传来，西航学生班组已独立完成一个8800集装箱船预组分段和30万吨油船三个大底分段装配及焊接，并成功通过船东、船检的验收。班委会每一位成员都凭借着强烈的责任感施展着个人才能，每一名员工也不断加强业务学习，工作中面临的困难也被逐一攻破。

2015年9月，西航职院与大船集团深度合作开发的校企合作教材也正式出版，为造船行业的入门提供了一本很好的教材。教材通俗易懂，涵盖知识面广。通过对该教材的学习，可以了解船舶基础知识、建造流程及船舶图样识读。

六、自我评价

西安航空职业技术学院与大船钢构公司校企合作的成功充分验证了"工学四合"系统模式，即教育与产业结合、学校与企业结合、教学与生产结合、学习与就业结合。这是西安航空职业技术学院适应经济体制、教育体制的改革变化，利用得天独厚的基地优势，经过近十年"工学结合"的实践经验提炼而来的。它充分体现了富有实际成效的市场理念、人本理念、开放理念、系统理念及和谐发展理念。它把头绪纷繁的工学结合工作有序化、简明化，有力推动着学校与企业持续、健康地发展。校企合作是职业教育发展的有效途径，通过与合作企业的多方沟通、交流，跟踪在企学生的思想动态及工作状况，及时了解合作进展，有利于校企合作成果的进一步扩大。学院将进一步跟踪2013级大船LNG项目订单班的合作情况，愿学院与大船集团的合作走得更远。

西安航空职业技术学院——

顶岗实习-就业-订单培养的校企合作之路

——西安航空职业技术学院航空制造工程学院与中航飞机汉中航空零组件制造股份有限公司校企合作典型案例

冯 娟 郭红星 辛 梅 张瀚誉 白 蓉

一、校企合作背景

为充分体现学校"工学四合"的办学思想，更好地服务学生回报社会，航空制造工程学院大力加强校企合作关系，秉承"依托行业，增强实力，提升服务，创新模式"的办学思路，积极跟进航空企业对高端技术技能人才的专业技术与职业素质的要求，积极探索与中航集团相关企业的合作模式。航空制造工程学院在2015年与中航飞机汉中航空零组件制造股份有限公司（以下简称零组件公司）开展了深度校企合作。

零组件公司是由中航国际航空发展有限公司、中航飞机股份有限公司、上海新大洲投资有限公司、汉川数控机床股份公司、汉中融资投资管理中心共同发起成立，公司隶属于中航飞机。零组件公司注册资金2.5亿元，将主要从事飞机零组件制造、销售、原材料采购，进出口业务以及与此相关的技术支持与服务。公司通过创新金融资本经营，利用民间资本的融合方式，优化资本结构，通过产业引导实现聚集发展效应，将有效提升飞机零组件生产能力，逐步承接转包订单，发展成为国际民机零件转包合格供应商。公司现在已经成为波音、空客、势必锐、庞巴迪、赛峰的合格供应商。

二、合作内容-顶岗实习与就业

2015年6月，航空制造工程学院与零组件公司签订校企合作顶岗实习协议，规定了企业、学校、学生的权利与义务。2015年7月16日—9月16日，制造学院数控技术专业23名学生到企业从事专业相关的数控车工、数控铣工等岗位的顶岗实习。由于企业部分产品属于军品，一进厂，企业就根据岗位要求和实习学生的职业能力，对实习学生进行职业技能、法律法规、厂纪厂规、保密制度和岗位安全操作规程的教育和培训。

本次顶岗实习不仅锻炼了学生掌握专业知识提高专业技能，同时与企业建立了长期稳定的用工关系。零组件公司也成为学院的校外实训基地。

实习结束，有17名顶岗实习学生与企业签订了就业协议。同时由于实习学生展现出的踏实肯干、文明守纪的精神风貌和良好技能给企业留下了非常好的印象，零组件公司在2016届制造学院毕业生中招聘了69名学生。

图1 中航飞机汉中航空零组件制造有限公司挂牌

三、合作订单培养

2015年9月，根据自身发展需要以及之前学院顶岗实习学生的表现，零组件公司决定和学院开展订单培养。订单式人才培养模式是"依托行业、产学结合"的教育模式，体现"以服务发展为宗旨，以促进就业为导向"的职业教育办学方针。零组件公司在学院2014级机械制造与自动化专业、数控技术专业、机械设计与制造专业共计选拔了31名学生成立"机械加工"订单班。由学校、企业、学生签订了三方协议，明确了三方的权利和责任。

首先，学校和企业共同确定了订单班课程。其中由企业培训的内容有：零组件公司企业文化、质量安全管理、生产管理、数控加工基础、数控加工的特点（高速铣）、数控机床维护及注意事项、CATIA软件简介、手动编程理论及操作、数控机床结构及常用刀具、操作系统、现场操作要点介绍、现场操作要点介绍（壁板）等。企业专家一般在周末来校给学生上课，运行至2016年6月，已经有上述8门课程结束培训。

其次，双方达成一致意见。即在一个学年中，企业派资深工程师到学院举行2次讲座，介绍行业最新信息，宣传企业文化，强化学生的职业价值观，指导学生的专业实践活动；企业为订单班学生发放企业工作服，安排订单班学生到企业参观见习，了解企业，增强学生对企业的归属感；企业在订单班设立专项奖学金，以鼓励优秀学员。

订单式人才培养模式有利于学校做到教学过程中的三个协调，即专业设置与企业需求相协调；技能训练与岗位要求相协调；培养目标与用人要求相协调。订单式人才培养模式是校企双方互信互惠的一种新的合作关系，整合了学校与企业各自在人才培养中的优势。它有利于企业解决人才难的问题，有利于增强人才培养的针对性，有利于优化教师队伍，有利于明确学生的学习目的，有利于培养学生对企业的忠诚度和归属感，有利于企业对学院人才培养过程进行监督。实现人才培养的针对性、校企接轨的无缝性，有效推动职业能力培养的深化，真正做到职业院校与行业企业零距离接触，为学生提前铺通就业的绿色通道。

四、订单式人才培养的成效

（一）实现了学校、企业和学生的"三赢"

企业可以根据实际需要直接对学校提出自己的用人要求，通过与学校的合作培养，使学生在最短的时间内完成从学校到工作岗位的过渡，从而提高企业人力资源的使用效益；对学校来说，它保证了人才培养的有的放矢，针对行业企业的实际岗位需要，调整专业和课程设置，调整教学内容和教学方法，落实教学效果，提高毕业生的就业率；对学生而言"订单"的模式使其更明确企业的具体岗位所需的职业知识、能力与素质，增强了其学习的积极性和针对性，更重要的是签了订单协议，毕业后可直接进入就业岗位，解决其就业问题。

（二）学生的学习积极性高涨

订单班的学生由于就业岗位已经明确，所以学生的学习目标明确，学习的积极主动性极大增强，教师普遍反映学生上课听讲非常认真，对知识技能的学习精益求精，学习的积极性空前高涨。实习实训期间，学生着零组件公司工作服，个个精神饱满，不怕苦累，处处表现出职业精神，为其他学生树立榜样，成为校内学弟学妹们学习的典范。

图2 "机械加工"订单班开班仪式

五、主要成果与体会

（一）由顶岗实习开辟学生就业岗位

一开始，学校和零组件公司的合作只是学生顶岗实习。由于学生在实习期间表现特别优秀，和同去的其他学校学生相比，责任心、知识与技能、团队合作精神等都给企业留下了好印象。这也使得企业在应届毕业生中招聘了69名学生，又在下一级学生中选拔了31名学生做订单培养，这些数量足以说明企业对学校人才培养质量的高度认可。

（二）专业对口顶岗实习的重要性

过去的几年间，有不少高职院校会安排学生去一些电子厂等企业从事流水线工作，单一劳动对于提高学生技能没有特别好的促进作用。而专业对口顶岗实习不仅为学生积累了以后从事本职工作的经验，同时为学生在顶岗实习单位提供了很好的展示机会，让企业可以选择更合适的学生，也有利于促进学生就业。

总的来说，学院与零组件公司的校企合作效果显著，不仅表现在学生专业知识掌握和专业技能提高上，更很好地促进了学生就业，也为企业输送了他们需要的人才。同时，这批顶岗实习的学生更为学校其他二级学院的校企合作打开了新局面。如零组件公司与航空维修学院签订了两个"钣铆"订单班。相信在今后的校企合作中，依据"优势互补、互惠共赢、增强实力、共谋发展"的原则，双方的合作一定能取得更加丰硕的成果，实现双赢。

校企融合 "四共" 育人

——汽车工程学院校企合作案例

韩银锋 李 强 贾同国

一、合作背景

基于汽车产业发展状况及汽车人才市场的要求，西安航空职业技术学院决定以建设示范院校为契机，紧抓发展机遇，携手企业，共同建设全国一流的汽车专业。经过大量的考察和调研，在认真磋商，细致研讨的基础上，2008年学院与中锐教育集团就汽车专业方向签订合作办学协议。共同建设了西航中锐华汽教育合作项目，培养汽车专业人才，汽车专业的校企合作之路就此拉开帷幕。

二、目标与思路

依照陕西省"十二五"发展规划指导思想，结合学院"十二五"发展规划，以与中锐集团为龙头的校企合作为平台，以汽车专业建设委员会为纽带，以服务陕西省汽车后市场为宗旨，以内涵建设为抓手，坚持行业主导、企业参与，充分发挥汽车专业建设委员会、校内外实训基地和西安市机动车维修服务行业协会的作用，按行业企业技术标准开发课程，推进任务驱动、项目导向的教学模式，建立"校中厂、厂中校"的实习、实训基地。建立健全质量保障体系，全面提高人才培养质量，合作目标要达到学院、企业、学生互惠三赢，学院和中锐教育集团通过合作扩大办学规模，提升人才培养水平，建立全国性的汽车人才职业教育网络；企业获得高素质技能人才，促进行业的发展；学生能力全面发展，直通就业，前途保障。形成引企入校、就业直通、互惠三赢的合作教育模式。使学院汽车专业成为能跟踪汽车产业发展的、适应汽车市场需求的高技能人才的培养基地。

三、校企合作开展状况

（一）确定"四共"校企合作模式

根据企业对学生的需求，学院与中锐确定了校企"四共"的合作模式，即：共同培养、共同管理、共同建设、共同发展。

（二）校企资源融合，优化配置，共同建设大型现代汽车实训中心

学院与中锐合作建立了融实践教学、职业技能训练与鉴定考核、职业资格认证与职业素质培养等诸多功能于一体的校内实践教学基地。由学院提供总面积2 600多平方米教学场地和基本教学设施，中锐教育集团前期投入430余万元的教学整车和教学设备，校内汽车实训中心仿照汽车4S店模式进行建设，按照企业工位模式设立学生实训工位，实训中心分为9个实训区，能满足生产实训或仿真实训的需要。

（三）优化创新人才培养模式

全面推进以"订单培养"为驱动的"一主线、两平台、双通道"工学结合人才培养模式。

将学生向高端品牌化方向培养。

"一主线"即突出学生"职业素质和通用专业技能→岗位综合能力→职业能力"的能力培养主线。

"两平台"即按照学生职业能力的形成规律，将学生的培养过程分为"公共平台＋专门化方向平台"。公共平台（1.5年）主要培养学生的职业素质和专业通用技能，专门化方向平台（1＋0.5年）主要培养学生与岗位对接的专门化技能。

"双通道"即订单培养实现的途径，通道一依托大众、丰田、通用、宝马等品牌合作项目开设由厂家组织，面向全国售后网点的"大众班""丰田班""福特班""宝马班"；通道二依托广汇汽车服务股份公司、中鑫之宝汽车销售服务有限公司等知名企业，开设面向区域内中高端汽车售后网点的"广汇班""中鑫班"等，服务区域经济。

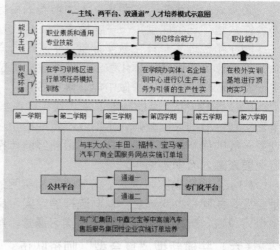

图1 "一主线、两平台、双通道"工学结合人才培养模式

（四）优化课程体系

汽车专业建设过程中紧紧围绕企业的生产实际和企业对人才的需求规格标准，大胆进行课程改革，聘请业内资深专家、企业领导、技术骨干参与课程及教学模式改革，对专业进行职业岗位工作分析，按照企业的工作流程、岗位技能和综合素质的要求，重构课程结构、选择课程内容，将企业最需要的知识、最关键的技能、最重要的素质提炼出来，融入课程之中，确保课程建设的质量。在充分调研的基础上真正将人才培养与产业发展深度融合，教育为企业所虑，为市场所需，真正做到"产""缺"结合。

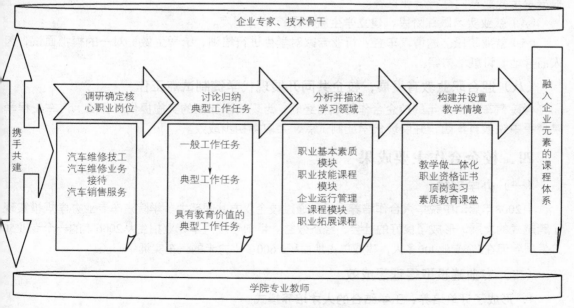

图2 校企共建课程体系流程

（五）高职教育与企业特色培训相结合，校企共育"三个课堂"

为实现打造汽车"零距离"人才培养的目标，保证学生接受卓有成效的技能训练，校企通力合作共建"三个课堂"——学校课堂、学校+企业课堂、企业课堂。

（1）学校理实一体化教学课堂。学院校内汽车实训中心仿照汽车4S店模式进行建设，按照企业的岗位模式设置一体化教室，按照企业工位模式设立学生实训工位，专业核心课程实行理实一体化教学，学生在"做中学、学中做"。

（2）学校+企业实训基地课堂。借用中锐集团的社会资源，从行业、企业聘请一大批具有丰富实践经验的兼职教师，定期或不定期给学生授课、开设讲座、做学术报告，把来自经营管理第一线的最新知识、最新技术、最新经验传授给学生，将产业要素、行业要素、企业要素、职业要素融入教学实施中。

（3）企业顶岗实习课堂。为解决顶岗实习的岗位，学院以挂牌的校外实训基地为依托，携手企业，共同举办双选会，双向选择确定实习岗位。并且成立了金花宝马、中鑫之宝、广汇等多个订单班，确定了多个企业顶岗实习课堂，解决学生的顶岗实习。

（六）共建新型"复合型"师资队伍

目前双方已共同构建了一支优秀的、新型的"复合型"师资队伍。其中学院专业教师共18名，中锐特派教师6名，这些特派教师都是具有企业工作经验的技术专家和技术能手，他们的加入大大充实了学院汽车专业教师队伍。同时聘请企业及社会上经验丰富的名师专家、高级技术人员、技师和能工巧匠担任教学顾问，增强了"双师型"队伍的教学能力。

（七）携手中锐"打包式"就业服务，做到就业直通

企业"打包式"就业服务分阶段进行。

（1）新生入学阶段。针对进入华汽合作培养项目的汽车班新生，一入校就与企业签订《推荐就业协议书》。校企共同完成新生入学教育。

（2）就业培训阶段。主要包括学期就业指导培训、岗前就业训练等。

（3）就业推荐阶段。学生根据个人需求，选择就业意向地区、企业、岗位等，就业推荐期根据学生就业意向进行就业推荐。

（4）就业实习跟踪阶段，建立学生就业跟踪回访制度。

（5）就业阶段。邀请汽车企业行业专家对学生进行培训，给学生做一对一的模拟面试，因人而异地制订就业方案。

（八）迎合职业教育发展，校企共同开展现代学徒制试点工作

学院汽车专业多年的校企合作基础与经验，为现代学徒制的实施提供了保障。汽车工程学院携手中锐教育集团，开展现代学徒制试点，并取得初步成效。

四、校企合作主要成果

（一）办学规模

自2008年启动中锐华汽合作培养项目，通过校企双方共同努力，学院汽车专业办学规模实现了跨越式的发展，形成了良好的社会、经济效益。目前学院汽车专业招生从2006年的一个专业50人发展到现在5个专业900多人，建成总占地面积2 600多平方米的汽车实训中心。

（二）专业建设取得理想成效

1. 形成了订单培养、工学结合的人才培养模式

学院在近些年的建设过程中，携手中锐教育集团，共同开发成立了金花宝马、中鑫之宝、

广汇汽车、一嗨租车、浙江吉利汽车等多个订单班。

2. 实现了六个"一体化"

完善了专业建设过程中的设备质量和数量的要求，给汽车专业学生实践操作能力提升提供了硬件支持；改变了传统的教学模式，实现了六个"一体化"，即：理论教学与实践教学场所一体化、理论教师与实训教师一体化、教学内容与生产任务一体化、学生与学徒一体化、教学和科研一体化、培训和鉴定一体化。

3. 实现了四个"零距离"

通过校企合作，围绕合作项目的人才培养目标，紧紧围绕企业的生产实际和企业对人才的需求规格标准，大胆进行课程改革，重构课程结构、选择课程内容、开发专业教材，将企业最需要的知识、最关键的技能、最重要的素质提炼出来，融入课程之中，实现了四个"零距离"：培养目标与企业用人标准"零距离"；教学与生产"零距离"；实践环境与生产车间"零距离"；教育理念与企业文化"零距离"。

（三）教学资源库建设

学院与中锐教育集团校企合作开发的教材，是专业教材建设的重要组成部分，是进一步加强课程体系和教学内容改革、提高办学质量的重要环节。为积极推进学院汽车专业教育教学改革，建设优质教学资源，促进教学质量和人才培养质量的不断提高，使专业教材建设工作更好地适应学校教学改革的需要，更好地适应社会发展和培养人才的需要。校企还共同开发了教材和与教学相配套的教育教学平台，提高教学质量。

（四）校企共建师资队伍

学院与上海中锐教育集团进行校企合作，校企共同构建了一支优秀的专兼结合的"双师型"师资队伍。积极引入企业文化和企业一线员工进行教学，在教学过程中通过教师互帮互助，企业老师带领学院教师积极开展实训课程，学院教师指导企业教师的备课等教学活动，让企业教师具备了教学能力，使学院教师具备了扎实和贴近于企业的实践能力，充分利用了企业资源。

（五）校外实训基地建设

中锐教育集团派专门就业专员开拓市场，为学院提供一大批校外实习基地，并由企业的业务骨干、技术能手、管理精英担任实习指导教师，让学生在真实工作环境中磨炼职业技能，同时在企业中完成毕业设计和毕业论文的撰写。通过校企合作共建课堂，形成了学院汽车专业高素质技能人才的培养机制。

（六）学生就业安置工作

携手中锐"打包式"就业服务，做到就业直通。学生就业对口，就业状况良好，2015届就业率达100%。大多数学生的收入都能在5 000元以上，比较出色的学生月薪能达到8 000～10 000元，部分同学已经成为企业的管理者。

（七）社会服务能力提升

近年来，学院着力开展社会服务能力建设，将社会服务能力建设项目列入国家示范性高职院校建设项目，根据社会、企业的需要，积极开展各级各类技能培训，开展多层次、多形式、多对象的专业岗位培训、职工技能培训，开展面向社会的职业资格培训、认定和考证工作。在为行业、企业和社会做好服务的同时，为兄弟院校培养"双师素质"教师，指导和帮助兄弟院校开展专业改革、课程建设，社会服务取得了一定成效，能力得以提升。

西安航空职业技术学院——

"西航职院——德润航空" 校企合作案例

石日昕　白冰如　尚　琳

一、校企合作的背景

按照《国务院关于加快发展现代职业教育决定》提出的"发挥企业重要办学主体作用"的要求，鼓励各高职院校尤其是国家示范校"主动联系推动一批实际参与人才培养的企业"的指示，西安航空职业技术学院积极与西安德润航空科技有限公司多方面沟通联系，并实现联合培养学生。

西安德润航空科技有限公司位于陕西省西安市阎良区。公司注册资金2 000万，成立于2015年2月25日。是一家集专业航空农林装备研发、航空农林机械技术培训、无人机电力巡线、无人机消防、警用无人机、农林业病虫害防治服务为一体的综合性无人机平台技术服务公司。

西安航空职业技术学院无人机应用技术专业开设于2011年，是全国第一个无人机应用技术专业；为了适应培养高素质技术技能型人才的需求，学院无人机应用技术专业从建立初期开始，就大力开发与专业相关的企业，与企业进行多方商谈，以多种途径进行校企联合培养技术技能人才。

（一）合作意向

早在2012年，学院就和珠海银通航空器材有限公司就校企合作进行商谈，珠海银通航空器材有限公司是银通集团旗下控股企业。公司地处珠海航空产业园区，是致力于无人飞行器及特种专用车辆的设计、研发、制造与经营的高科技企业。但由于种种原因，该合作未有实质进展；2014年底，北京吉祥曜华通航科技有限公司想进入无人机行业，通过时任珠海银通航空器材有限公司技术总监的李俊峰先生牵线，北京吉祥曜华通航科技有限公司副总经理杨风雷先生一行来学院考察商谈，他们对学院无人机应用专业的资源非常感兴趣，企业需要无人机应用人才，学院具有无人机应用人才的资源，于是，在2015年2月，北京吉祥曜华通航科技有限公司和学院合作成立了西安德润航空科技有限公司。

（二）签订协议

经过近半年的不间断沟通酝酿，2015年4月29日，西安德润航空科技有限公司在学院举行了隆重的签约暨揭牌仪式，西安德润航空科技有限公司董事长杨风雷，北京吉翔曜华航空科技有限公司董事长梁德鑫，部队代表，学院院长赵居礼、副院长王宏斌、李永刚、党委副书记车美娟等出席揭牌仪式。签约仪式后，与会人员在学院操场一同观看了精彩的无人机飞行表演。

签约仪式现场赵居礼院长和杨风雷董事长签订协议

二、目标与思路

（一）合作思路

合作旨在充分发挥校企资源优势，创新"校、企"联动的合作办学体制，共同构建"行业指导、学校主体、企业参与"的共建、共管、共享、共赢的合作办学长效运行机制，联合培养高素质、高技能的应用型人才，为化解高校培养人才与企业需要脱节的矛盾提供了新思路。

（二）合作目标

双方本着"优势互补、资源共享、互惠双赢、共同发展"的原则，把这个合作平台打造成无人机工程训练中心、无人机应用研发中心、大学生创业孵化中心、无人机连锁服务中心，通过开展产学研合作，提供技术服务，既可以提高学校教师的科研能力，又为企业发展解决实际问题，促进校企共同发展。

三、内容与特色

（一）合作内容

1. 校内实训

2014年6月，2013级无人机应用技术专业32人开始到西安德润航空科技有限公司实训，为了保证培训质量，公司准备了详细的培训计划，并对培训教员进行精挑细选，从理论上培训、模拟飞行到外场飞行，使培训同学对无人机操控整个过程进行体验，保证他们把理论和实际结合起来，真正学到飞行驾驶技术。

2. 顶岗实习

2015年7月18日，18名13级无人机应用技术专业学生奔赴深圳西安德润航空科技有限公司生产基地进行为期3个月的顶岗实习。学生到达单位后，进行3天的入职培训，之后分配至不同的工作岗位，开始岗位适应性锻炼和顶岗实习。

西安德润航空科技有限公司提供给学生们的工作岗位包括无人机装配、无人机调试等，学生们在各自的工作岗位上都能很快地适应，与单位配备的师傅们和睦相处，锻炼自己的各项能力。

3. 就业

2015年10月，西安德润航空科技有限公司在学院举行了隆重的招聘会，经过宣讲、面试等环节，德润公司最终挑选了16名无人机应用技术专业的学生成为德润航空的正式员工，占到无人机应用技术专业毕业生的50%。

4. 深度合作，出版教材

在不断深入合作的过程中，校企双方都认为在联合培养中，编写一本学校和企业都能用得上的教材迫在眉睫，于是开始酝酿教材编写思路和收集素材。

2015年10月，西安航空职业技术学院选派无人机应用技术专业带头人石日昕、教研室主任尚琳；德润航空选派培训部经理王胜杰共同组成团队，成立了《无人机综合实训指导书》校企合作教材编写委员会，经过2个月的整理资料、梳理思路，编写出教材初稿。

5. 职业资格证书培训

西安德润航空科技有限公司已经取得中国民航总局颁发的无人机驾驶员培训机构资质，学院学生可以以优惠的价格参加培训并取得无人机驾驶员资格证书。

（二）特色

1. 资源共享

西安德润航空科技有限公司是学院引企入校的企业，由于地域优势，校企双方共享共建教学资源。

2. 互惠互利

西安德润航空科技有限公司为学院无人机应用技术专业和士官班提供实训设备、实训场地、实训教学以及学生就业。

学院为西安德润航空科技有限公司提供学生资源，无人机应用技术专业的老师为德润航空公司提供理论教学，并以德润航空为平台，提升了实践教学技能，并参与无人机应用的科研。

校企双方优势互补，形成了完善的无人机驾驶员培养体系。

3. 教学内容和行业要求相结合

教学内容结合行业要求，学生不出校门就能轻松获得职业资格证书。

四、组织实施与运行管理

校企双方成立校企联合委员会，联合委员会为本合作项目的常设机构，负责合作项目的相关事宜，协调解决合作中出现的问题，联合委员会的成员由校企双方人员共同组成。

校企联合委员会应定期（每季度至少一次）召开会议，对双方合作开展情况、协议执行情况等事宜进行协商。

五、主要成果与体会

（一）成果

短短一年多的校企合作，已经取得很多成效。

（1）企业为学院学生供实训设备、实训场地、实训教学以及学生就业，减小了学院无人机应用技术专业学生的培养成本，提高了培养质量。

（2）学院无人机应用技术专业学生以德润航空为平台，进行创新、创业训练，2014级无人机班2名同学通过德润航空的培训，已经开始自主创业。

（3）学院无人机应用技术专业的老师通过德润航空这个平台，提升了实践教学技能，并参与无人机应用技术的开发科研。

（4）校企双方共建共享教学资源。

（5）西安德润航空科技有限公司已经成为学院无人机应用技术专业学生的主要就业企业。

（6）学生职业资格取证率达到80%。

（二）体会

西安航空职业技术学院与西安德润航空科技有限公司校企合作的成功充分验证了"工学四合"系统模式，即教育与产业结合、学校与企业结合、教学与生产结合、学习与就业结合。这是西安航空职业技术学院适应经济体制、教育体制的改革变化，利用得天独厚的基地优势，经过近十年"工学结合"的实践经验提炼而来的。它充分体现了富有实际成效的市场理念、人本理念、开放理念、系统理念及和谐发展理念。它把头绪纷繁的工学结合工作有序化、简明化，有力推动着学校与企业持续、健康地发展。

校企合作是职业教育发展的有效途径，通过与合作企业的多方沟通、交流，跟踪在企学生的思想动态及工作状况，及时了解合作进展，有利于校企合作成果的进一步扩大。

六、发展前景

近年来，无人机在军用和民用方面的应用越来越多，无人机已经进入我们生活的各个角落，在航空装备无人化、小型化和智能化的趋势下，未来20年我国民用无人机需求有望达到460亿元。无人机行业的发展，肯定会带来无人机应用人才的巨大需求，西航职院具有丰富的无人机应用人才资源，企业需求大量的无人机应用人才，这种互惠互利的校企合作模式会有非常美好的发展前景。

七、自我评价

经过一年多的合作，对合作的过程进行反思，既有成功的经验，也有很多的不足。

1．成功的经验

（1）校企合作一定要互惠互利，在学校和企业之间双方达成一个平衡点。

（2）把行业要求和教学内容相结合，这样培养的人才才能更好地满足企业对人才的需求。

（3）和企业深度合作，这样才能在教学过程、实训设备上满足人才培养的需求。

2．不足

（1）教学内容和行业需求有一定差距。

（2）教师的实践能力需要进一步加强。

（3）教材建设亟待加强。

联手跨国名企　共育一流人才

——陕西工院与亿滋中国创新"1+10"订单培养模式案例

南　欢　卢文澈　刘　清　张　旭　刘军旭　郝　军　段文洁　孙荣创

一、校企合作背景

亿滋国际（Mondelēz International）是世界500强企业，是全球零食领域的领先企业，总部位于美国。亿滋中国是亿滋国际在华子公司，总部位于上海，在北京、上海、苏州、广州和江门有八个生产基地。在相互考察和深入交流的基础上，2013年4月陕西工业职业技术学院与亿滋国际签订合作协议，开展订单培养。目前已连续三年为企业输送了200余名毕业生，第四期订单班已于今年6月开班。

二、目标与思路

校企双方经深入交流、充分论证，按照产业升级对一流员工培养的要求，提出了"共育世界一流员工"的战略目标，以机电类专业学生为主，不断为公司输送懂原理、会操作、能维修机电设备的高水平技术技能人才。

订单学生在学完本专业人才培养方案规定的全部课程及订单课程，经考核合格后，赴亿滋工厂进行为期半年的顶岗实习。实习结束经考核和综合评定合格后，根据个人意愿和综合表现，确定岗位并签订正式劳动合同，定岗后继续进行一年半的在岗培养，完成培养后实行晋级，成为企业的技术及生产骨干。

三、内容与特色

校企合作开展订单培养，满足企业发展对人才的需求，为企业提供源源不断的高素质高技能人才。

特色一：形成了"1+10"亿滋订单人才培养模式（见图1）。

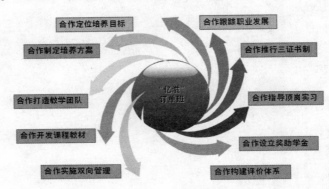

图1　"1+10"亿滋订单人才培养模式

特色二：形成了可持续发展的"0.5+0.5+1.5"三段式亿滋人才培养方案（见图2），特别是第三阶段企业1年半的在岗培训，为学生持续发展添加续航动力。

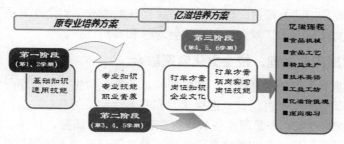

图2　亿滋订单人才培养方案

特色三：开创了"三维六位一体"顶岗实习管理模式。

特色四：开创了"三证书"制度，突出了校企合作中企业的合作主体地位。

四、组织实施与运行管理

（一）高层联合开启合作，建立各项保障措施

一是成立由公司高层和学院领导等高层管理者参加的校企合作工作委员会，做好顶层设计。二是组建订单培养工作委员会，确定人才培养方案、教学团队、课程设置、教材开发、构建评价体系、奖助学金发放等实施细则。三是建立订单管理的制度机制。四是建立校企合作订单培养的日常运行管理机构，分别由双方共同管理运作。

（二）合作定位培养目标，探索新型培养模式

校企双方开创了"1+10"亿滋订单人才培养模式。其中"1"代表"一虚拟""10"代表"十合作"。

"一虚拟"即组建的"亿滋"订单班为虚拟班级，学生原专业人才培养方案在原班级进行，订单所有课程和教学活动都在业余时间进行，二者相互独立、相互协调、相互促进。

"十合作"即"合作定位培养目标、合作制订培养方案、合作打造教学团队、合作开发课程教材、合作实施双向管理、合作构建评价体系、合作设立奖助学金、合作指导顶岗实习、合作推行三证书制、合作跟踪职业发展"。

（三）合作制订培养方案，充分利用校企资源

按照现代员工现场工作要求，结合企业生产设备特点和专业人才培养要求，形成全新的"0.5+0.5+1.5"三段式亿滋订单培养方案。

三个阶段培养分别是：在校订单课程学习（半年）、企业顶岗实习（半年）、企业在岗培养（一年半）。该培养方案的优点一是保持了学生原来专业培养方案的完整性，保证了订单学生知识结构的多样性。二是企业为学生提供了长达两年的顶岗实习和在岗培养，使学生走出校门后得到持续的培养和关注，为学生提供了可持续发展的人才成长成才和上升通道。

（四）优秀教师+企业骨干，合作打造教学团队

学院挑选优秀教师，企业选派管理专家、技术骨干，共同打造20余人的订单班教学团队。学院教师赴企业参观学习，企业管理层及技术骨干等来校深入实训室、参与人才培养方案制订，共同探讨教学资源的合理利用及教学方法手段，团队合作密切，教学过程深受学生的欢迎。

（五）合作开发课程教材，体现企业岗位要求

根据公司岗位目标知识和技能要求，结合学生在校学习的知识结构，合作开发了内容新颖的《食品机械》《食品工艺》等六门课程。参与课程开发的教师到企业进行了锻炼，对企业产品、设备、岗位和文化有深入了解，教材内容针对性和实用性强。

（六）合作实施双向管理，校企文化紧密融合

订单班实行"虚拟"班的管理模式。在校期间，各专业学生在原班学习和生活、利用课外和双休日等业余时间组织学生进行订单课程学习和开展活动。

"虚拟"班有以下特点：一是原专业教学计划不需要做出调整，保持了原专业人才培养方案的完整性。二是订单班作为企业的储备人才库，解决了公司对人才知识结构多样性的需求。三是虚拟班给不同专业学生提供了一个共同学习与交流的机会。

"亿滋"班设辅导员及班主任、班委会，由学校、企业双方共同管理。通过开展企业经理人讲座、观看励志电影、学生参与亿滋产品促销会等系列活动，实施"准企业管理"，在教学内容中加入企业价值观、职业素养、职业态度、职业认知、职业情感、职业道德等职业文化的教育，缩短了学生的上岗适应期。

（七）合作构建评价体系，形成质量改进螺旋

从招聘选拔、过程监控、技能考核、素质评价、顶岗实习、奖助学金发放等订单培养的全过程，建立起一整套与国际质量体系、职业技能标准、员工素质要求、生产现场评价等相结合的订单培养质量评价体系和激励机制。以定性分析与定量分析相结合的诊断方法，及时掌握办学过程中存在的问题并及时加以改进，形成了质量改进螺旋，使育人质量不断提升，校企合作持续稳定健康地发展。

（八）合作设立奖助学金，助力学生成长成才

公司设立"亿滋美味奖学金"和"亿滋美味助学金"，既激发了学生学习的动力，又为学生家长减轻了经济负担，得到了学生及家长的一致赞誉。亿滋奖助学金和学院奖助学金的评选发放互不影响，奖助学金使学生学会了感恩企业、感恩学校、感恩社会。

（九）合作指导顶岗实习，创新指导管理模式

在企业顶岗实习期间，校企双方全程全方位对学生进行"三维六位一体"指导和管理。"三维六位一体"指：企业为学生配备了导师（由各部门经理担任，主要对学生进行职业规划指导）、师傅（由技术过硬的一线骨干担任，主要对设备操作技能及实践进行指导）、伙伴（伙伴由优秀员工担任，主要从生活上给予指导）三级指导；学校安排了顶岗实习专业指导老师（指导技术）、班主任（学业管理及答疑解惑）、辅导员（指导就业政策及法规）三级指导。

（十）合作实施"三证书"制，突出企业合作主体

订单培养中，在"职业资格证"和学校学历教育"毕业证"双证书的基础上，增加由公司颁发"亿滋美味学院毕业证"，探索实施"三证书"制度。"三证书"制凝结了企业的管理智慧，体现了公司对人才培养的高度重视和全程参与，增强了学生的学习动力及对企业的信任和自信心。

（十一）合作跟踪职业发展，打开职业上升通道

根据"三段式"培养方案，学生从学校毕业后还有一年半的企业在岗培养期，完成全程两年半的订单培养后，通过综合评估、技术评级（岗位晋升），为学生职业发展打开上升通道。

五、主要成果

（1）形成了"1+10"亿滋订单人才培养模式。

（2）形成了可持续发展的"0.5+0.5+1.5"三段式亿滋人才培养方案，打开职业上升通道。

（3）开创了"三维六位一体"顶岗实习管理模式。

（4）开创了"职业资格证书+学校学历教育毕业证书+公司亿滋美味学院毕业证书"三证书制度。

（5）形成了学生顶岗实习、就业基地，涌现了一大批技术及操作能手。

六、合作体会

（1）职业教育离不开企业的参与。双方领导重视、企业全程参与是订单培养良性发展的基础。

（2）有针对性地开展丰富多彩的课外活动是提升学生综合素质，增强学生团结、协作、信任、沟通能力的最佳途径。

（3）企业价值观、企业文化是吸引学生的重要因素。

（4）企业对学生的关注度、学生对企业的认同感及归属感决定学生在岗的稳定度；加大宣传，尤其是加大面向家长的宣传是决定学生在企业去留的另一个重要因素。

七、发展前景展望

按照双方的合作构想，在订单培养的基础上，利用学校资源开展企业员工培训、开展现代学徒制试点、共建实验实训条件等，只要共同努力，陕西工院与亿滋中国合作育人一定会上升到一个更高的高度。

八、自我评价

校企合作订单培养模式，就业导向明确，企业参与程度深，能极大地调动企业、学校、学生、家庭、社会五方的积极性，形成"企业有效益、学校有活力、学生有能力、家庭有动力、社会有合力"的局面。实现"企、校、生、家、社"五赢发展，具有一定的推广价值。

长春汽车工业高等专科学校——

校企共赢，实现人才强企的创新与实践

——长春汽车工业高等专科学校DEP项目实施案例

张 军　焦传君　杨金玉　郭其涛　孙乐春

一、DEP项目背景

DEP项目（DEP是Dealer Elite Program "经销商卓越伙伴计划"的英文缩写）是一汽-大众公司与长春汽车工业高等专科学校共同联手打造的对应企业岗位需求、实施定向技术人才培养工程的"伙伴计划"。该项目于2008年正式签约。

随着一汽-大众公司的不断发展和生产规模不断扩大，面对售后服务网络对人才不断增加的需求，一汽-大众公司售后服务网络在2010年—2015年计划建设一级经销商800家，二级经销商300家，总计1100家经销商。每年需要新的维修技术人员将达到2 000人以上。DEP学校的建立可以满足一汽-大众公司的人力资源要求。

随着大众汽车技术的发展，汽车售后服务企业所需要的高技术人才的缺口越来越大，专业序列技师、高级技师，管理系列中的服务经理、技术经理等高级人才越来越缺乏，已经制约了大众公司售后服务质量的提高。因此，培养汽车高技术人才是DEP学校的主要任务。

二、DEP项目实现目标与思路

通过DEP伙伴计划实施，学校把人才培养目标与一汽-大众公司售后服务体系岗位直接对接，企业把DEP人才培养纳入一汽-大众人才规划体系，成为一汽-大众公司的人才培养的一个重要环节，突出体现了校企深度融合，实现"学校、企业、学生"多方共赢。

三、DEP项目内容与特色

（一）成立专家工作室指导DEP项目开展工作

长春汽车工业高等专科学校是一汽-大众DEP项目首家合作学校，为使DEP项目在全国范围内打造校企合作成功典范，学校成立了DEP专家工作室，由一汽-大众技术专家和学校教学专家共同组成。在专家工作室的指导下，目前主要开展如下工作：面向DEP合作院校，制订DEP人才培养方案和课程标准，将新技术新知识同步进入课堂；开发DEP项目系列培训教材；制订DEP项目教师与学生的培训与认证标准；DEP教学与实验实训设备开发；面向4S店维修技术人员及DEP院校教师开展汽车技术培训与新产品宣传；聘请企业专家对DEP学生开展讲座和提供就业指导。

（二）基于互惠多赢，建立长效合作机制

一是互惠多赢的校企合作，建立了基于优势互补的共享长效机制。学校为企业开展"订单"培养，为企业量身打造急需人才，并承担面向企业员工的培训任务；企业向学校提供先进的实习实训设备，并开展师资培训与认证，参与教学全过程；同时，企业还为学生提供真实的现场教学环境，为实习就业创造条件。合作使得"学校、企业、学生"三方进行全方位的互动，实

现多赢。二是深度紧密的校企合作，创新了校企合作运行与管理机制。

（三）通过标准认证，打造高水平师资队伍

大众公司将"DEP"纳入企业人力资源体系，按照经销商内训体系对教师开展培训与认证工作。通过DEP项目培养出一大批掌握先进教学方法和教学理念的中、青年骨干教师，为课程的开发与实施奠定了坚实的基础，一汽大众公司对DEP学校进行师资认证和高级师资培训认证，目前，通过认证的教师16人，他们将作为德国大众公司认证培训师，面向一汽-大众公司售后服务人员和DEP学校、SGAVE学校及大众公司其他所有合作院校的教师开展培训。教师通过承担培训任务和参与技术服务项目，极大地促进了双师队伍的建设，做到了校企师资资源的共享。

图1　中德大众汽车"车辆机电一体化"高级师资培训认证中心合作签字仪式

（四）校企共建实训基地，资源共享，功能互补

学校与一汽-大众公司共同建设DEP项目实训基地，近几年来，一汽-大众公司向学校提供大量教学车辆和各种教学设备价值600余万元，学校也相继投入600余万元共同建设DEP教学基地，面积2 500余平方米，可进行汽车保养、汽车拆装、零部件更换、汽车故障诊断等实训项目。

（五）合作订单培养，实现"两高"就业

DEP项目运行过程中，探索出系统化的"三阶段"订单人才培养模式。第一阶段以学校为主完成基础知识、基本技能培养；第二阶段导入企业订单课程，注重专业技能、应用技术、职业素质的培养，由校企合作共同实施；第三阶段到企业进行职业实践与顶岗实习，并有针对性地接受企业专项培训。

（六）DEP项目特色

作为一汽-大众公司首家DEP合作院校，经过8年的运作，在专业对接产业、课程对接岗位，创建校企融合的培养模式、能级递进的课程体系和工单引领的教学模式方面进行了积极的探索与实践，成功实现了与国际标准对接，形成一套完整的模式，截至目前，已成功推广到16所DEP合作院校，为校企合作、订单培养、课程改革起到了示范引领作用。

四、组织实施与运行管理

DEP项目由专门的项目组负责管理并设立管理机构，严格执行校、企共同制订的人才培养方案，制订各种管理制度，包括：组班制度、学生管理制度、设备管理制度、就业管理制度、认证考核制度。通过上述制度的建立与严格执行，保障DEP学生的培养质量。

五、主要成果与体会

（一）学生深受企业欢迎

学校每年5月份举行DEP专场招聘会，招聘会场面火爆热烈，每年约有全国50多家一汽大众公司特约经销商纷沓而至，企业非常珍惜这次招聘机会，总经理、副总经理、服务总监、人事经理、服务经理亲自上阵希望招到自己满意的人才，每年近200名DEP学生被提前预订。企业纷纷表示：DEP学生素质好、知识扎实、对大众技术掌握牢固、踏实肯干、非常好用，只要是长汽高专DEP的学生，我们每年都会要。DEP学生在很多企业已成长为骨干和精英，有的已走上了领导岗位，说明DEP战略切切实实满足企业的需求。

（二）参加全国大赛取得了优异成绩

在2012年和2013年举办的全国职业院校技能大赛高职组汽车检测与维修赛项（一汽大众杯）中，我校参赛选手连续两年获得"汽车综合故障检修""汽车自动变速器拆装""汽车电气系统检修"三项一等奖和一项团体一等奖的好成绩。参加大赛的8名同学中有6名同学来自DEP班。他们将一汽-大众汽车维修技能发挥得淋漓尽致，受到全国专家的好评。

图2 DEP学生获得全国职业院校技能大赛高职组汽车检测与维修赛项多项一等奖

（三）造就一支高水平师资队伍

通过DEP项目培养的青年教师已成长为技术骨干和专家，在课程开发和培训中发挥着重要的作用。他们既是学校的教师，也是企业的培训师，既承担着职业教育教学任务，也承担着一汽-大众公司的培训任务。同时他们也定期接受大众售后服务部提供的新技术培训。教学相长，师资队伍快速提升。

六、发展前景

DEP项目成功实施，给我们以启示：只有企业参与的高职教育才能成为真正职业教育，没有企业的参与，培养高技能高职人才只是一句空话，空中楼阁。因此，只有校、企真正做到深度融合，才能充分发挥高职教育的优势。政府要发挥职能，让企业承担起社会责任。分清责、权、利，才能办好职业教育，为国家真正培养高技能人才。

DEP项目是一汽-大众公司和长春汽车工业高等专科学校校企合作长效机制的人才培养项目。学校为一汽-大众公司培养大批汽车技术精英骨干，为提升一汽-大众公司的售后服务体系的服务水平打下坚实的基础。真正做到校强企强、校企共赢。为校企合作探索出一条新的发展道路，为我国的职业教育提供了可借鉴的经验。

能级递进教学模式改革与实践

李明清 田丰福 孙雪梅 杨金玉 孙乐春 郭其涛
徐广琳 夏英慧 何英俊

一、项目背景与目的

中德汽车机电合作项目（SGAVE）是2011年初由中国教育部副部长鲁昕、五大汽车制造企业和GIZ的董事共同签署的谅解备忘录。此次国际合作项目得到了所有中国相关政府部门的高度重视，它是中国政府着力发展中国职业教育体系，向德国的双元制迈进过程中的重要一步。教育部将把在此次项目中收集的经验和取得的成果运用到整个中国的职业教育改革中。

根据备忘录，中国教育部、德国五大汽车制造企业奥迪、宝马、戴姆勒、保时捷及大众与德国国际合作机构（GIZ）共同推出合作项目，目标是提高中国汽车机电技术人才职业教育的水平，使之适应现代汽车技术的需求。我校在2011年经过教育部以及项目组织的学校遴选，成为首批5所试点院校之一。

二、项目特色

（一）项目推进模块化

为了保证项目的顺利运行，中德项目在项目管理层将项目划分为10个工作包，负责不同的内容，每个工作包都至少有一名教育部官员、德方专家、中方专家，结合自身工作优势，共同推进项目的平稳顺利运行。

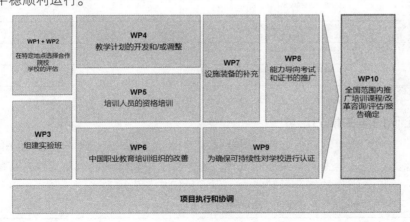

图1　中德项目管理层运作方式

德方专家会不定期到学校，对项目运行、教学进行指导，与教师、学生进行沟通，并协商解决学校的困难。

（二）校企共同参与人才培养

学生的教学过程注重理论与实践相结合，学校与企业共同制订人才培养方案，共同参与学生的培养过程。学生共有3年的学习时间，随着学习的深入，学生逐步进入合作企业，熟悉企业工作岗位及工作流程，实现理论教学与实践教学的平顺对接。

学期	第1学期	第2学期	第3学期	第4学期		第5学期	第6学期		总计
课时	280	360	480	480		700	700		3000
在学校进行的课时的比例（剩余的%都在企业进行）	100%	100%	80%	70%		30%	20%		

图2　中德项目教学计划

（三）创新课程体系

SGAVE项目的课程体系主要包含8个学习领域，每个学习领域在不同学期有不同难度、不同内容的客户委托，课程内容深度与难度逐步加深。借助于客户委托，展开以行动为导向的教学。通过6个学期的学校学习与企业学习达到项目设定的16项综合能力。

针对*汽车机电工程师*的资格培训图表（中国）

学习情境	学习领域1 汽车及其系统的维护与保养	学习领域2 发动机机械机构的诊断与维修	学习领域3 电气系统和能量/起动系统的诊断与维修	学习领域4 发动机管理系统的诊断与维修	学习领域5 传动系的诊断与维修	学习领域6 行驶与操纵系统的诊断与维修	学习领域7 替代燃料驱动系统的诊断与维修	学习领域8 维修站中的沟通与互动
1	准备为新车交付客户	检测、诊断、拆卸、安装和维修基础发动机	检测、升级、诊断和维修电气/电子电路	检测、诊断和维修废气排放系统	检测、诊断和维修发动机与传动系之间的连接系统	检测、诊断和维修车轮与轮胎	遵守安全规定，对高压设备进行操作	与客户的沟通和互动
2	按照制造商的规定进行保养	检测、诊断和维修发动机的配气机构	检测、升级、诊断和维修照明系统	检测、诊断和维修燃油供给系统	检测、诊断和维修手动变速器	检测、诊断和维修转向系统	诊断并排除电气化驱动系统的故障/问题	与上级的沟通和互动
3	根据法律法规检测车辆	检测、诊断和维修冷却系统	检测、升级、诊断和维修信号设备	检测、诊断和维修汽油发动机的混合气制备与点火系统	检测、诊断和维修不同的自动变速箱	检测、诊断和维修车轮悬架	诊断并排除天燃气系统的故障/问题	与同事/学员的沟通和互动
4	对二手车的处理工作	检测、诊断和维修机油供应系统	检测、升级、诊断和维修舒适系统	检测、诊断和维修柴油发动机的混合气制备与预热系统	检测、诊断和维修分动器与差速器及其传动元件	测量和调节四轮定位		在进行委托书处理工作时的沟通和互动
5			检测、诊断和维修空调系统	检测、诊断和维修增压系统		检测、诊断和维修弹簧与减震系统		
6			检测、诊断和维修气动和能量供应系统	检测、诊断和维修汽油和柴油发动机的管理系统		检测、诊断和维修制动系统		
7			检测、诊断和维修安全系统	诊断并排除起动/停止系统的故障/问题				
8			检测、诊断和维修联网系统					
9			读取、分配和更新控制单元配置及软件版本					
10			检测、诊断和维修诸如CAN、LIN、MOST等数据传输系统					
11			检测、诊断和维修驾驶员辅助系统					
12			检测、加装、诊断和维修信息娱乐系统					

图3　SGAVE项目课程体系

（四）全面的学生能力培养

根据岗位要求，学生培养目标设定既要求培养专业技能，又培养学生的方法能力、社交能力以及个人能力，保证学生素质的全面培养。考虑到学生工作环境以及工作内容的持续更新和岗位变换，注重培养学生的持续学习能力，保证后续成长发展动力。

表1　中德项目学生能力培养目标

专 业 技 能	方 法 能 力	社 交 能 力	个 人 能 力
01 专业地使用测量仪 02 专业地使用信息系统 03 维修时采取质量保证措施 04 拆卸并安装部件和总成 05 对不同材料的部件进行维修 06 遵守与委托书相关的工作和安全规定 07 采用与委托书相关的环保法规/回收利用	规划能力 解决问题的能力 结果展示能力	沟通能力 合作能力	独立工作 责任心 持久性 条理性

专 业 技 能	方 法 能 力	社 交 能 力	个 人 能 力
08 按照电路图和工作说明进行作业			
09 选取材料和备件并完成订购过程			
10 处理优惠和索赔委托任务			独立工作
11 处理客户委托一完整的行动	规划能力		责任心
12 使工作结果可视化并进行演示	解决问题的能力	沟通能力	持久性
13 独立计划并完成任务	结果展示能力	合作能力	条理性
14 执行逻辑化诊断			
15 保持工位的有序和整洁（5S或5A法）			
16 专业地使用诊断系统			

（五）创新教学模式

根据教学要求，对学生的培养定位不仅仅是一名机电维修工，更是具备更高素质、发展能力更强的售后企业人才。因此在教学理念上，打破传统的教育观念，教师已经不是课堂的主角，学生成为新的主角，教师需要为学生的学习准备适当的环境，并引导学生解决问题，学会如何学习。学生则要求更主动地参与到学习过程中来，甚至引领学习过程或环节，为自己的学习准备材料和资源。

教学模式采用"二引一导"理实一体化教学模式，即"任务引领、工单引导、问题导向"开展教学，有助于学生自主学习能力与问题解决能力的培养。

（六）校企共同参与执行的学生考核认证

项目引入了较为全面的学生评价体系，并引入学生证书。学生在完成学校学习和企业学习的基础上，还需要通过中期考核认证和结业考核认证，才能获得结业证书。

考核认证的内容及要求源于教学大纲的学习领域，而试题则由工作包负责企业保时捷聘请德国权威机构制订。中期考试偏向于简单的、单一系统的问题，结业考试则针对复杂的、多系统的问题，包含有知识、技能以及交流表达等综合能力的考核。考试由企业与学校考官共同执行，保证了考试的质量与水平。

三、运行与管理

中德项目在学校通过"五个专门"规范项目的运行管理，即专门的教学团队、专门的教学计划、专门的教学区域、专门的任务工单、专门的管理制度。

四、主要成果

项目自运行一直备受学校的重视，学校与学院也希望通过项目的运行，探索职业教育改革的新模式，并推动专业、学院乃至学校的教学改革。同时在师资队伍建设以及学生素质方面都有较大的突破。

（一）教学理念推动学校教学改革创新

中德项目的运行，教学及培养理念逐步影响到教师教学改革思想，项目团队成员在专业建设、课程改革以及专业技术方面都成长迅速，项目团队成员累积发表论文18篇，完成课题3项。

（二）师资队伍专业技术能力成长显著

通过中德项目，5大品牌厂商提供了厂家的多轮次的技术培训，保证了教师专业技术的及时更新以及技术积累。

表2　教师获得的专业技术认证

序号	项目	认证	教师	时间	单位	证明
1	普尔摩CTT创新培训技巧培训	CTT培训师	王慧怡			证书
2	大众培训师认证技术培训第一部分	大众TTT1	王慧怡 李明清 田丰福 孙乐春 郭其涛 杨金玉	2015.1	大众中国汽车学院	证书
3	大众培训师认证技术培训第二部分	大众TTT2	王慧怡、 孙乐春 郭其涛 杨金玉	2015.4	大众中国汽车学院	证书
4	大众培训师认证技术培训第二部分	大众TTT2	李明清 田丰福	2015.7	大众中国汽车学院	证书
5	大众培训师认证技术培训第二部分	大众TTT2	郭其涛	2015.8	大众中国汽车学院	证书
6	SGAVE项目考官培训	TTT	李明清	2014.4	中德机电合作项目	证书
7	SGAVE项目考官培训	考官认证	王慧怡 孙乐春 郭其涛 徐广琳 田丰福	2014.5	中德机电合作项目	证书
8	戴姆勒培训	培训证明	孙乐春 田丰福 李明清	2013.7	戴姆勒中国	证书
9	SGAVE项目	SGAVE师资认证	孙乐春 田丰福 李明清 杨金玉	2012.10	中德机电合作项目	证书
10	TQP项目	AQ1	李明清	2011.8	一汽大众销售有限公司	
11	TQP项目	TTT1	李明清 田丰福 杨金玉	2012.8	一汽大众销售有限公司	证书
12	TQP项目	TTT2	李明清 田丰福 郭其涛	2013.12	一汽大众销售有限公司	证书
13	TQP项目	AQ2	李明清 田丰福 杨金玉 孙乐春 郭其涛	2015.7	一汽大众销售有限公司	证书
14	博世项目	汽车电器与电子	郭其涛	2012.2	博世汽车公司	证书

15	大众师资培训中心	TT3	李明清 田丰福 杨金玉 孙乐春 王慧怡 赵振宁 夏英慧 孙雪梅 何英俊 杨莹佳	2015.11	大众中国汽车学院	证书
16	大众师资培训中心	能力中心高级教师培训—基础课程："问题解决型课堂中的自组织学习"	李明清 田丰福 杨金玉 孙乐春 徐广琳 杨莹佳	2015.11	大众中国	证书

（三）学生培养质量显著提高

以中德项目教学模式培养的学生，知识掌握更加扎实系统、设备操作更加熟练、思考解决问题更加全面、综合素质更强，每一届都有1～2名同学代表学校参加国家、省级汽车检测与维修技能大赛，并获得一等奖的优异成绩。

企业也在接收学生实习、工作后，对学生的能力予以充分的肯定。

（四）引入高端合作，推动学校迈向国际化

随着中德项目的开展，师资水平的提高，吸引大众中国与学校联合成立大众汽车高级师资培训认证中心，旨在为与大众集团合作的职业院校教师进行教学以及技术培训。目前，培训中心基础设施已经建设完成，教师经过国内和国外的认证培训，且已经完成了初级阶段的所有培训内容的开发以及验证工作，具备对外培训的能力。

五、项目展望

中德项目有效地促进了学校与兄弟院校的交流，加深了校企合作关系，推动了教学改革以及师资能力水平的提高。不过由于教学资源占用比例较大，所以在推广项目的时候遇到较大的困难。因此，需要将项目运行的经验与优势进行总结，将中德项目的教学模式在学院与学校内推广，带动学校的教学改革的整体进步。

长春汽车工业高等专科学校——

打造示范标准　培育高端人才

—— 奥迪高校合作定向培养项目

王泽生　董志会　任　玲　高腾玲　靳光盈　薛　鹏　许珊珊　杨秀丽

奥迪高校合作定向培养（英文全称：Audi College Cooperation，以下简称"ACC"）项目始于2012年，由一汽-大众奥迪销售事业部与长春汽车工业高等专科学校合作开展，旨在为一汽奥迪特许经销商培养高素质的汽车销售顾问。

一、合作背景

（一）"奥迪战略"召唤"工匠精神"

奥迪"2020战略"提出奥迪汽车要在2020年成为高档豪华汽车第一品牌，要实现这一宏伟愿景，需要众多具有工匠精神的、专业的、高品牌忠诚度的员工，高等职业教育刚好可以为企业提供具备这些特征的职业人才。

（二）"职教实力"吸引"高标奥迪"

长春汽车工业高等专科学校（以下简称"学校"）立足于汽车产业，依托中国一汽，在校企合作方面，始终坚持深入合作、持续发展，注重实效的合作理念，多年的校企合作卓有成效，学校的综合实力成为打动高标准奥迪的重要因素。

二、目标与思路

（一）培养卓越人才，服务区域经济

ACC项目立足东北老工业基地，主要为东北地区奥迪汽车特许经销商培养高素质的汽车销售顾问，通过优质人才的培养，拉动整个汽车后市场从业人员整体素质的提升，服务区域经济发展，服务东北老工业基地振兴。

（二）引领校企合作，打造示范标准

奥迪规划在全国建设12所ACC合作院校，作为全国第一所合作院校，学校与奥迪共同探索校企合作新模式，制订人才培养、定向课程、实施管理、企业实习等一系列标准，并将此标准推广至其他合作院校。

表1　奥迪规划合作院校分布

区域	东部区	南部区	西部区	北部区	东北区	浙江区	合计
计划合作高校数	2	2	2	2	2长春	2	12

（三）定位高端培养，带动专业建设

匹配奥迪品牌的高端定位，ACC项目从培养模式、课程定位、学员选拔与培养、实习与就业等方面均打造自己的高端特色，ACC项目经过几年的运行，实践证明这种培养模式更加受到经销商和学员的喜爱，学员的培养质量更高。现在学校已经开始用此模式辐射其他专业人才培

养以及其他校企合作项目。

三、内容与特色

（一）"精""新"建基地

为满足奥迪品牌高端人才培养的需要，融入"环境育人"，学校参考奥迪汽车销售展厅的建设标准，精心设计合作基地。基地在建设规模、设施设备等方面达到国内一流水平。奥迪销售事业部提供最新的奥迪发动机与变速器作为解剖教具，每年更新教学车辆。"新常态"的合作模式保证了每届学员都可以学习到最新的专业知识，实现从校园到企业的无缝衔接。

（二）课程创"新""高"

ACC学员在完成汽车营销与服务专业既定课程的同时，需完成8门定向培养课程，如图1所示。这些课程由奥迪培训部、经销商、培训公司和学校共同开发完成，相比于经销商员工需要参加的基础培训，ACC项目的定向培养课程内容更全面，体系更合理，学员的培养标准高于经销商内部的其他员工。

同时，为保证课程内容的更新始终与企业同步，ACC项目将课程更新制度化，奥迪产品知识课程每年更新两次，教师全员全程参与奥迪新产品的投放培训，其他课程每两年更新一次。课程的更新既包括教材与课程内容的更新，也包括教学方法的更新，如项目教师每年都会与培训公司一起开发教具等。

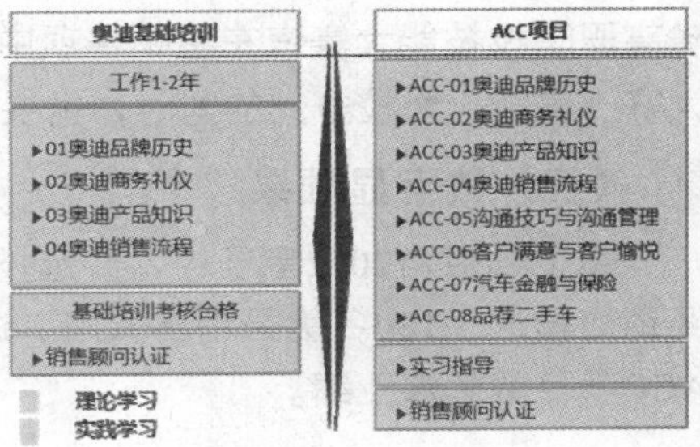

图1　课程体系

（三）全"诚"师带徒

ACC学员完成校内培养后，以"销售顾问助理"的身份进入企业实习，由店内资深销售顾问以"师带徒"的形式对学员进行培养，由经销商（内训经理）负责学员的实习工作管理与考核，培训公司与学校共同跟踪学员的实习进度、工作表现，并为学员制订相应的企业成长规划，以《学员手册》《内训经理手册》和《教师手册》作为培养工具和评价手段。经销商、学员与学校间实现互动培养、持续培养。

（四）"三高"创品牌

ACC项目教师全部通过奥迪培训部的选拔、培养和认证，达到奥迪认可的培训师标准并获得认证证书，由高技能的培训师按照奥迪高标准培养出来的ACC学员能够达到企业认可的高水平，学员在校课程考核合格后，不需要参加其他的员工基础培训，即可达到"认证"标准，即奥迪销售事业部与经销商同时认可ACC项目的学员培养质量。

四、实施与管理

ACC项目真正实现了校企深度合作，持续发展。通过校企间的科学分工、优势互补，实现全方位合作，多方共同努力，提高学员培养质量。ACC项目各参与方主要职责如下所示。

表2　ACC项目各参与方主要职责

序号	参与企业	主要工作
1	奥迪销售事业部	教学场地设计、教学车辆、教具提供、师资培养、学员实习推荐
2	奥迪经销商	实习岗位提供、实习管理与反馈、培养建议
3	奥迪代理公司1	课程内容开发与更新、师资培养
4	奥迪代理公司2	学员选拔与招聘、实习跟踪与管理
5	学校	学员选拔与招聘、学员培养、课程实施、课程更新、实习管理

同时，学校内部成立ACC项目组，项目的日常管理、学员管理、教学管理、实习就业管理等均由项目组完成，将管理工作纳入项目组教师的考核项目，以保证ACC项目管理的高效有序。

五、主要成果

（一）口碑促就业

ACC项目经过5年的发展，在奥迪经销商体系内形成了良好的口碑，在国内学员中涌现出奥迪最年轻的内训经理1名，金融经理1名；参加"奥迪之星"决赛1人次，初赛及复赛5人次；创造单月店内销量纪录9次，年度店内销量纪录4次……

出色的成绩、扎实的专业基础以及高品牌忠诚为ACC项目打造了良好的口碑，使每年的ACC学员供不应求，多次出现经销商提前一年预定学员的情况。

（二）大赛展实力

2012—2016年，在连续5年参加的全国职业院校技能大赛（高职组）汽车营销赛项和吉林省高职院校技能大赛汽车营销赛项中，ACC学员共有7人获得5次国家级大赛一等奖、5次省级大赛一等奖，为校争光的同时，也展现了ACC项目的培养成果。

（三）数字显硕果

ACC项目自2012年至今，共选拔并培养了5期学员，为全国24座城市，32家奥迪汽车特许经销商输送了120名优秀销售顾问。这些优秀学员在工作岗位上不断地创造着属于自己、属于ACC项目的辉煌业绩。

六、发展前景

（一）促成新的校企合作项目诞生

发挥ACC项目的辐射作用，在培养新车销售顾问的同时，与奥迪深化开展更多的定向合作，如奥迪ACC-UC定向培养项目（二手车销售/二手车鉴定与评估）已经启动并进入实施阶段。

（二）搭建职业人才向上发展通道

为学员提供更多更广的延伸培训内容，如"销售经理进阶培训"，保证学员从基层工作起步的同时，拥有一条终身学习的途径，为学员搭建更为顺畅的发展通道。

（三）提升社会服务能力

利用优质资源，提供更专业、更全面的社会服务，服务产业转型升级，如打造"奥迪长春培训基地"，为奥迪经销商员工和其他社会学习者提供培训服务、技能提升服务、开展奥迪员工认证工作等。

七、自我评价

在学校和合作企业的大力支持下，ACC项目已经取得了一定的成绩，在学员与用人企业间建立了良好的口碑，在ACC院校体系内和专业建设过程中正在发挥积极的引领作用。同时，各方的高度关注也对ACC项目提出了更高的要求，为项目发展提供了足够的动力。ACC项目在未来的建设中，不忘初心，精益求精，创新发展。

机械制造与自动化专业校企现代师徒制人才培养的实践与探索

王晓华　魏建军　颜丹丹

一、校企师徒制联合培养的背景与意义

近年来，国家全面推进职业教育的现代学徒制试点工作。在国家政策的带动引导下，长春汽车工业高等专科学校根据《长春市教育局关于推进职业教育现代学徒制试点工作的通知》（长教职字[2015]4）要求，第一批申请了学徒制试点工作项目，学校机械制造与自动化专业与大众一汽发动机（大连）有限公司发动机车间的平衡轴工段在校企师徒制人才培养方面进行了成功的实践与探索。

通过校企深度合作，加强校企内涵建设，加大人才培养方案的改革力度，校企共同制订人才培养方案，制订与企业接轨的教学内容，教师参与企业实际工作内容，学生以员工的身份感、使命感进行学习，学校适应社会需求的能力会大大加强，使职业教育突破了学校教育的围墙，实现了单纯的学校教育到企业实践相结合的转变，构建了以师傅带徒弟的工学结合人才培养模式。另外通过现代师徒制的试点工作，对积极推进招生与招工一体化的制度建设、校企双主体育人机制建设、深化工学结合人才培养模式改革、加强专兼结合师资队伍建设、形成与现代学徒制相适应的教学管理与运行机制、逐步增加试点规模、逐步丰富培养形式都具有重大的指导意义。

二、校企双主体育人机制的建立

师徒制人才培养中因为涉及的是企业、学校、学生三方，所以育人机制的建立对项目的合法化、程序化、依章办事提供了保障。

（一）师徒制培养中学生双重身份的落实

作为师徒制人才培养方面的主体——学生在被培养过程中，通过校企合作签约，校企共同制订招生、招工办法及学校、企业、学生三方签署协议，明确了培养对象的学生与企业员工的双重身份，使学生有企业主人翁的精神，极大地提高了学生的主动性与积极性。

（二）合作签约

2015年3月12日，大众一汽发动机（大连）有限公司与长春汽车工业高等专科学校校企合作签约暨班师徒制开班仪式在长汽高专培训楼隆重举行。

（三）招生招工办法及学校、企业、学生三方协议

校企双方在签约前共同制订了现代师徒制招生一体化用工办法，制订了招生招工流程。整个招生流程是：企业宣讲——企业经营情况介绍——用人岗位标准——工资待遇——未来发展方向——签订师徒班合同——企业实习——签订劳动合同。24名学生来自于2014级的机械制造

与自动化专业及数控技术专业300名学生中，经过考试、面试与自愿的原则组建成2014大发师徒班。此外还在学校、企业、学生三方签订了三方协议，协议中明确了师徒制班由校企共同制订人才培养方案，共同制订培养内容，明确了三方的权利和义务、三方的违约责任。

（四）建立运行及管理机制

在师徒制的机制的建立中，校企双方还共同制订了人才培养方案；开发了课程标准；制订了基于企业岗位用人标准和行业技术标准的专业课程考核标准；制订了学生企业岗位实习计划、考核标准、教学管理办法、实习管理办法与考核方法，在师资方面制订了校企人员互聘办法、教师到企业进修培养办法、校企双导师培养青年教师办法。这些机制的建立都为今后的人才培养奠定了制度保障基础。

三、人才培养方案制订及教学实施过程

（一）人才培养方案制订

根据学校、企业、学生三方协议，在人才培养方案制订中，企业提出具体要求，围绕汽车EA888发动机平衡轴生产线生产工艺，以侯学谦工长为技术领导牵头，与老师进行多次沟通协商，确定了人才培养方案。主要开设了《计算机制图与产品测绘》《公差与测量技术》《金属材料与热处理》《机械设计基础》《平衡轴工艺》《金属切削机床》《液压与气动》《磨削工艺》《汽车构造》《数控编程与操作》《电气维修基础》《金属切削机床拆装》《德语》《西门子840D操作与编程》《钳工操作》《企业实习》与《毕业实践》等课程。

（二）课程实施过程

1．组建了教学能力强的教师队伍

针对师徒班，首先组建了教学能力强的教师队伍，其中教授2名，高级讲师3名，副教授4名，优秀讲师3名，高级技师2名，长春市技能名师1名，外聘企业名师4名。这些教师都是学校或企业的骨干，是既具有理论又能进行实践的双师型教师。

2．教师到企业调研

学院院长亲自带队，到大连发动机进行现场调研，所有专业任课教师到生产一线学习了解生产情况，研究生产相关技术问题，为后面理论联系实际的教学做好准备。

3．采用理实一体化教学方法

所有专业课均采用项目教学法，实现理实一体化教学，从而提高学生的动手操作能力和分析问题、解决问题的能力。

4．企业提供教学资源

对于学校没有的教学资源，企业给予了大力的支持，如SIEMENS840D操作系统设备、德语教师等，企业提供了25万元的教学支撑。为保证培训的效果及质量，大众一汽发动机（大连）有限公司为本次培训提供了三台价值总计210万元的西门子840D模拟实训台，聘请了来自西门子公司经验丰富的工程师主讲，此次培训进一步深化了校企合作，印证了大发师徒班为企业量身定制，培养出来的学生能够与企业实现无缝对接的办班理念，为学生未来的就业奠定了坚实的基础。

5．校企与学校适时跟踪教学质量与管理

大连发动机与学校领导对大发班非常重视。经常到学校与老师、学生沟通，适时跟踪指导。发现问题和困难及时解决，体现了企业对人才培养的重视。

6. 阶段总结

2015年6月，举行了大发班座谈会，田杰部长及平衡轴工长侯学谦等企业代表与校长、学院院长、教务处长、学生管理部长、各位任课教师及24名学生共聚一堂进行了全面的总结与座谈。会上就在教学过程中的成绩与问题进行了阶段的总结与探讨，对存在的困难与问题企业、学校与学生三方进行了交流。

7. 日常管理

学院对学生除了专业技术方面的培养外，更进行了人文方面的教育。全班24名学生都深入学习了弟子规，从思想与行动上践行了做人的道理。入学以来他们很少有休息节假日，每天8个学时的学习任务，早晨6点跑早操，晚上8:30下晚自习，很多同学到寝室还要接着学习。他们刻苦用功，就是为了适应未来企业的需要。

此外所有学生统一着大发工装，提升了学生进入未来企业的荣誉感，全班学习风气浓厚，每位同学都具有强烈的集体感风貌，展示了未来大发人的精神状态。

8. 企业实习

学生整个三年的学习阶段分为学校学习与企业学习两个阶段，前一年半在学校学习，主要由学校管理，最后一年半在企业学习。在企业学习中，企业制订了师傅带徒弟的企业实习培养计划、考核评价办法。同时学校也根据实际情况对学生进行考核，如学生要写日记、周记及月总结。在企业实习期间，企业建立了由工段长、班组长负责的组织机构，为每位学生确定了指定的师傅。

实习情况总结图

同时学校也对学生在企业的实习情况进行实时跟踪，2016年5月16日，大众—一汽发动机（大连）有限公司举行了"现代学徒制班"企业考评会。侯学谦工长对平衡轴工段的组织机构以及"大发"现代学徒制班的培训内容进行了详尽的汇报，并针对在生产中遇到的实际问题提出了解决方法。校企双方一致认为"大发"现代学徒制班是践行现代学徒制的典范，双方将以现代学徒制合作为平台，进一步深化校企合作，创新人才培养模式，为培养高质量技能人才贡献力量。

四、教学成果

在师徒制的学生培养中，开发了基于平衡轴生产现场需要的相关课程及进行了相应的教材建设。如《金属切削机床》《液压与气动》《数控车床实训手册》《加工中心实训指导书》《普通车床实训手册》《平衡轴工艺》等。此外还积极培养学生的创新创业能力。在2016年9月9日的首届吉林省"互联网+"大学生创新创业大赛中获得了金奖。大发班张超群同学参加了本次大赛。此外经过大发班全体同学的努力，全部获得数控编程技能中级证书、数控车中级操作技能证书。这些证书的获得为他们今后的技术发展之路奠定了基础。

五、小结

通过机械制造与自动化专业校企现代师徒制人才培养的实践与探索总结，实现现代师徒制人才培养模式的成功条件是在国家政策指导的背景下，学校与企业要有共同的人才培养理念、强烈的合作愿望、相互的信任与真诚的合作，此外要有合适的项目，同时能获得学校与企业领导的多方支持。展望未来，企业发展，需要人才；学校助力，培养人才；校企合作，人尽其才；双方共赢，定出精才；中国特色的现代学徒制一定会结出丰硕的果实。

深化校企合作，探索工业机器人现代学徒制新机制

——校企合作"三高"职业人才培养案例

梁法辉　徐洪亮　孙　露　李光志　李明赫

一、校企合作背景

在工业机器人技术飞速发展的情况下，作为高职院校，培养高技能人才和服务社会是它存在于现代社会的价值与作用。实现这种价值、发挥这种作用最重要的在于科学确定学校定位、全力建设优势学科和精心打造特色专业，在地方经济建设中找到位置，在社会发展中做好服务，在服务中做贡献，在贡献中求发展。做大做强专业培训，优化资源配置，使得物尽其用、人尽其才，服务社会、服务地方经济，以取得良好的经济效益和社会效益，使学校和地方达到双赢。

为了充分发挥校企合作育人的优势，实现产教深度融合，提升人才培养质量，满足社会、企业对工业机器人领域高技能人才的需求，强化学校人才培养、科学研究和服务社会的功能，打破常规教学规律，发扬工匠精神，充分发挥其特点，达到"人才培养、成果显著"的目标。使学校真正成为企业人才培养的基地，更好地为地方经济建设和社会发展服务，长春汽车工业高等专科学校与长春市施耐利机器人系统有限公司本着优势互补、资源共享、互惠双赢、共同发展的原则，于2014年开始探索现代学徒制人才培养模式。

二、目标与思路

（1）与当地机器人集成厂商合作建立校内机器人技术中心，进一步完善工业机器人技术服务的硬件载体。同时与企业开展校企实训资源共享制度建设，为现代学徒制的开展提供平台。

（2）结合现代学徒制的特点，凭借项目团队成员在职业教育方面的丰富经验，创新人才培养模式，灵活组织教学，建立适合机器人技术快速发展趋势的课程体系。

（3）积极对机器人制造厂商，工程安装公司以及工业机器人应用企业进行调研、交流，精确把握人才需求以及工业机器人技术的发展动态，把技术发展与市场需求融入机器人人才培养当中，并不断调整完善基于现代学徒制的机器人弹性学制课程体系。

（4）充分发挥合作企业的社会资源，广泛开展工业机器人技术培训班，培养工业机器人高技能人才，进一步拓展现代学徒制的企业资源，同时也可以提高吉林本地区工业机器人技术的应用水平，提升本地企业的自动化程度，增强其市场竞争力。

三、内容与特色

（一）构建校企协同育人机制

学校牵头与长春市施耐力机器人系统有限公司针对企业人才需求现状，合作构建校企协同育人平台，签订联合培养人才协议，成立现代学徒制领导小组，负责"双主体"育人重大事

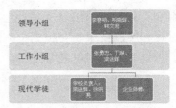

图1　现代学徒制领导小组框

項的决策。

（二）实行"1+1+1""双主体"人才培养模式

校企共同成立专业建设指导委员会，在对企业岗位任职资格进行深入分析的基础上，遵循企业岗位人才需求规律，确定专业人才培养目标。依据人才培养目标校企双方共同制订人才培养方案，确定"1+1+1"人才培养模式，即第一年在校进行基础知识及基本素养的培养；第二年在校进行专业技能的培养；第三年在企业进行师带徒模式的现场培养（长春施耐利机器人有限公司"师徒实习，岗位轮换"企业培养）。

（三）创建校企共享实训平台

校企双方共同出资，按企业的标准，融入企业文化合作创建共用机器人技术中心，开展针对企业现场管理的相关训练及专业技能训练，为学生技能提升提供保障，满足企业工作现场对人才的需求。同时，承担企业员工的培训任务，实现资源的共建共享。

（四）搭建"校企交融"的课程体系

校企双方以企业人才需求为目标，以岗位核心能力为重点，以技能训练为主线，搭建符合人才成长规律及企业员工能力素质要求的学校培养模块及企业培养模块的"双线交融"的课程体系。按照企业要求和标准，与企业专家一起开发现代学徒制试点班教学内容及教学资料。

（五）建设认证上岗的教学团队

校企双方共同制订师资管理相关文件，制订专任教师及企业师傅选聘、培养、考核标准，共同选拔优秀人员组成教学团队并按企业标准进行培训，考核通过后颁发资质证书，作为互聘互认、上岗教学的唯一依据。

经过层层选拔的现代学徒制试点班企业师傅，经考察合格后拿到了学校聘书。

（六）联合开发特色教学资源

教学团队把企业现场管理知识、安全操作知识、现场实用方法融为一体，将企业标准、能力素养、企业文化、企业精神融入课程建设之中，依据企业岗位典型工作任务和工作流程，开发课程标准及教学内容，设计教学情境及训练项目，创建案例资源库及课程资源网站，为人才培养创造良好条件。

（七）严格组织教学实施

按照人才培养方案，严格组织教学。学生在经过一年的基础学习后，由校企共同进行包括综合测评、笔试、面试等多个环节选拔工作，选出30名左右学生进入现代学徒制试点班，并由企业、学校、学生三方签订现代学徒制定向培养协议书，进行校企联合人才培养。先在校利用共建的实训基地进行专项技能提升，第三学年开始，经考核合格后由企业提供给学生参与实践的工作岗位，并为每名学生配备一位指导师傅进行师带徒指导，使学生达到企业工作岗位的要求。

（八）强化过程监督与管控

校企共同构建全过程的人才质量监控体系，学校依据教学计划、课程标准和教学内容，组织和实施教育与培养任务。企业定期对培养过程督导检查，学校向企业反馈各教学阶段的计划、进程和实施结果，并根据企业意见进行改进。考核试题及评价由企业进行，实行教考分离，从而保证教学质量与教学效果。

四、组织实施与运行管理

2014年长春汽车工业高等专科学校与长春市施耐利机器人系统有限公司签订机器人技术

中心联合建设协议。2015年，机器人技术中心初具规模。

定位：建设成一个面向社会、功能齐全、技术先进的工业机器人技术应用的研发与培训中心，致力于全省乃至全国的工业机器人技术高级人才的培养、工业机器人技术科研项目开发。

基于工业机器人技术应用中心的科研、培训、技术服务三大功能建设：工业机器人基础功能区、工业机器人实战功能区、工业机器人技术研发功能区。

（1）工业机器人技术研发功能区：与企业联合建设一个机器人系统集成研发中心，可进行非标机器人系统的研发工作，对外进行社会技术服务工作。

（2）工业机器人基础功能区：开展工业机器人技术基础培训，满足工业机器人基础编程、高级编程、电气维修维护等技能培训任务。

（3）工业机器人实战功能区：引进企业先进技术，实现教学培训与先进制造技术的发展与时俱进。开展工业机器人综合实战技能培训，满足企业在工业机器人应用领域定制化的技术培训服务。

同时根据校企合作协议规定，不仅校企共建的机器人技术中心可供现代学徒制试点工作开展技术培训和实训，长春施耐利机器人有限公司企业内部的实训资源以及所有客户工作现场也都对现代学徒制试点工作提供场地和案例支持。

（一）现代学徒制实施流程

通过学生自主报名及能力测试两阶段考核，对报名学员进行选拔后，合格人员进入现代学徒制实验班。学徒在企业通过现代学徒制师带徒的形式完成半年至一年的学习。

（1）学生进入各部门轮训前应由部门学徒制负责人介绍该部门各岗位的制度等基本情况，并进行相关安全培训。落实师傅，要求学生有固定师傅，学生在该部门各岗位进行轮岗实训，在师傅的指导下完成岗位的工作任务。

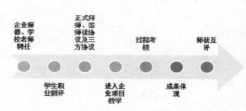

图2　现代学徒制组织实施流程图

（2）师傅要严格按岗位的工作程序和技能操作要领指导学生训练，尤其是难度大的工作，必须在师傅的引领和指导下完成，对学生独立完成的任务，师傅要严格把关。

（3）学生在每一岗位轮训结束时要认真写出个人学习小结，做到每日日总结，每周周总结，每月月总结，将各项操作次数记入实习手册，然后由部门负责人进行考核，并由师傅填写评语和考核成绩。

（二）建设制度保障

为保障现代学徒制能够顺利高效地进行，校企开展共商机制。共同制订了学徒企业管理制度、学徒考核机制、师傅选拔标准、师傅考核标准等各项管理制度，保证了试点工作的顺利进行。学院在学校统一部署下成立现代学徒制试点工作小组，协调和解决有关试点工作的相关问题，负责现代学徒制试点的具体工作。

五、主要成果与体会

（1）通过现代学徒制试点工作的运行，完善了工业机器人技术现代学徒制项目实施方案，为后续其他专业开展现代学徒制试点工作提供借鉴。

（2）通过参加现代学徒制试点班，定向培养，学生的学习方向明确，干劲十足，大大提升人才培养质量。尤其是引入企业师傅指导后，学生的学习积极性更高，不仅学习机器人实际案例所需的专业知识，而且积极参加各种技能比赛，并且取得不错的成绩。

校企合作，共建共享实训基地，达到资源利用最大化。尤其是合作建设了机器人技术中心，集科研、培训、教学等功能于一体，保证了技术实时更新，保持领先。利用基地的先进设备，培养了一批高素质双师型教师队伍。

六、发展前景

现代学徒制开展以来，专业培养立足于夯实必要的专业知识理论，掌握精湛的专业技能，培养高度负责的工作态度与责任。虽然开展时间较短暂，但是现代学徒制人才培养模式深受学生的欢迎，试点班学生学习积极性十分高涨，积极参加各类技能大赛，并获得了不错成绩，相信随着现代学徒制运行的不断深入，必将会取得更加辉煌的成绩。

七、自我评价

与当地企业的合作，不仅充分发挥了校企资源的互惠互利，培养了大批服务当地的机器人技术人才，同时校企共同开展技术培训以及技术服务工作，促进了地方经济的发展，达到了深度融合。现代学徒制在此环境下必将继续取得丰硕的成果。

长春汽车工业高等专科学校——

校企合作案例

——一汽技术中心订单班

赵晓宛　毕芳英　陈子谋　周　遊

自2015年06月长春汽车工业高等专科学校与一汽技术中心联合成立了一汽技术中心订单班以来，到2016年9月，已经建成了两期订单班，在以下各方面取得了一些收获。

一、人才培养模式改革与人才培养方案的制订

2015年06月一汽技术中心订单项目洽谈、成立和订单班组建，一汽技术中心与学校共同制订人才培养方案，共同实施教学计划，实现校企资源共享。

订单项目采取1+1.5+0.5的订单式培养模式，整个培养过程分为三个阶段，如图所示。

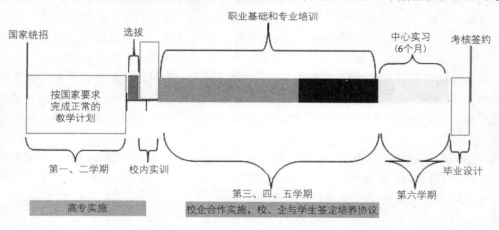

订单式培养过程图

第一阶段：学生在大学的第一、二学期，通用基础培训，接受学校通用专业知识与技能的培养，培养学生专业基础能力，即学校培养阶段。

第二阶段：学生在大学的第三至第五学期，职业基础和专业培训，一汽技术中心与学校共同制订针对中心实际需求的人才培养方案，按照订单培养要求，培养学生职业核心能力，即校企共同培养阶段。

第三阶段：学生在大学的第六学期，中心顶岗实习，培养和锻炼学生的动手能力、综合分析能力、独立完成工作的能力和应变能力等职业综合能力，既以企业培养为主，学校教育为辅阶段。

人才培养模式具有以下特点。

（1）校企合作培养：学校与技术中心共同制订教学体系，实施教学计划，资源共享，共建双赢，增强技术中心认同度和影响力。

（2）提高选人用人质量：以定向培养的方式选拔定量人员进行人才储备，提高校园招聘人才的适岗度并能保持持续的人才供应，支撑技术中心试验认证工作。

（3）高水平提前培养：定向定岗，对拟录用人员的系统理论知识和岗位技能提前培养，加快其成才速度，促进基础技能提升和技术中心文化融合，培养适合技术中心需要的汽车道路试验工。

二、加强制度建设，保证项目顺利运行

为了落实一汽技术中心订单项目洽谈成果，根据订单项目5个月以来的运行情况，与一汽技术中心相关人员研究制订了一汽技术中心订单项目管理制度，包括《一汽技术中心订单项目人员职责》《一汽技术中心订单班日常教学管理规定》和《一汽技术中心订单班6S管理规定》三个文件。订单项目管理制度对订单项目的规范发展提供了制度保障。完善了一汽技术中心订单项目组织结构图和相关人员职责，把相关责任落实到具体人员，并提供了联系电话。

三、校企双方共同努力，高质量保证人才培养

在学校的有关管理制度和一汽技术中心订单项目管理制度的指导下，订单班的教学规范有序地运行。

（一）利用一汽技术中心优势资源，采取丰富的教学形式

通过不同的职业课程、教学环节，促进学生职业能力与职业素质全面提升。组织了订单班学生整车试验部参观。为丰富教学内容，让订单班学生们了解熟悉将来的工作环境、内容，提升学生们的学习热情，由技术中心整车试验部吴楠工程师组织、汽车试验技术教研室毕方英、陈子谋老师带队，一汽技术中心订单班赴一汽技术中心参观学习。本次参观学习活动的主要内容有：了解车辆传感器安装与路试知识；参观排放试验室、冷启动实验室、性能实验室以及日光模拟热负荷（环境仓）实验室；倾听工程师对于试验过程、试验要求以及实验内容的讲解。最后是答疑时间，学生们积极踊跃问询对之前学习内容的困扰与参观实物的疑惑，并由工程师进行解答。

本次参观培训活动，学生们还学习了技术中心的企业文化、企业精神，他们从技术中心员工的工作状态中锤炼自身的品质，端正学习态度，并对于专业知识的积累产生了极大的帮助，也对学生们将来更快熟悉工作环境产生了积极影响。

邀请技术中心工程师座谈，计划邀请工程师吴楠到学校座谈。

（二）针对驾驶能力和资质的要求高带来的缺课采取补救措施

因为订单班学生将来的工作对驾驶能力和资质的要求比较高，所以学生应该在第三学期末拿到C1驾驶证，方能在毕业时拿到B2驾驶证，这样学生必须在驾驶训练方面投入更多的时间，个别时候会影响到上课。针对有些同学缺课的情况，建立了缺课报告制度，无论任何原因，凡缺课同学每次课必须写缺课报告，缺课报告内容包括缺课时间、缺课原因、所缺课的教学内容（学生自学、教师检查指导），如果缺课报告不合格，则要求学生重新写。

（三）促进学生的学习采用成果驱动方法

如果学生在学习过程中能够取得一些成果，会给学生带来成就感，树立自信心，本学期的学生的学习成果如下。

1. 学习之窗栏目文章

发动订单班学生撰写汽车技术文章，帮助学生选题并审阅，经过老师审阅后用于汽车工程学院网站的学习之窗栏目，目前已经发表了一篇《汽车新产品的定型试验和鉴定试验》文章，

汽车试验专题系列文章，由班长协调组织完成后续文章的撰写。

2. 汽车试验标准编制

由学习委员负责组建了一个《汽车试验标准汇编》编制小组，收集和整理了一些专业教学和学校将来的实验室建设要用到的汽车试验标准，便于以后的课程建设、实验室建设和学生自学。

《汽车试验标准汇编》编制小组还包括一年级的同学，这样对一年级的同学在专业学习方面也能起到"带""帮"的作用。

目前已经收集、编制的汽车标准如下。

汽车标准表

序号	标准号	名称
1	GB/T 12534-1990	汽车道路试验方法通则
2	GB 7258-2004	机动车运行安全技术条件
3	GB/T 12536-1990	汽车滑行试验方法
4	GB/T12537-1990	汽车牵引性能试验方法
5	GB/T12539-1990	汽车爬陡坡试验方法
6	GB/T18297-2001	汽车发动机性能试验方法
7	GB/T18285-2000	在用汽车排气污染物限值及测试方法
8	GB/T27840-2011	重型商用车燃料消耗量测量方法
9	GB/T19233-2008	轻型汽车燃料消耗量试验方法
10	GB/T19578-2004	乘用车燃料消耗量限值
11	GB/T20997-2007	轻型商用车辆燃料消耗量限值
12	GB/T12544-2012	汽车最高车速试验方法
13	GB/T28958-2012	乘用车低温性能试验方法
14	GB/T4970-2009	汽车平顺性试验方法
15	GB/T12543-2009	汽车加速性能试验方法
16	GB/T12547-2009	汽车最低稳定车速试验方法
17	GB/T17692-1999	汽车发动机净功率测试方法
18	ECE R24	柴油机发动机的排放及功率的测量
19	ECE R49	排放
20	ECE R83	排放污染物
21	ECE R84	节能
22	ECE R85	排放
23	ECE R101	节能

等到编制审阅完毕之后，就会印刷供教学、课程建设和实验室建设使用。在学校的有关管理制度和一汽技术中心订单项目管理制度的指导下，订单班的教学规范有序地运行。

学生听课状态良好，受到任课教师们好评，高明洋等同学还能够帮助赵振宁老师拆解汽车，绘制奔腾新能源轿车电路图。

每周五下午一汽技术中心施亦舟、王金松等工程师给订单班同学讲汽车试验技术知识，受到同学们热烈欢迎。

李文博同学获得了"2015年长春市大中专学生暑期三下乡社会实践活动先进个人"；班级获得了学校寝室文化节突出贡献奖；李洋、李文博参与组织了学校和长春医学高等专科、长春金融高等专科、吉林司法警官学院等学校共同参与的六校联谊活动；学校优秀大学生：李文博、高明洋、南飞、刘睿、路禹；学校优秀团干部：刘东洋、牛元宇、高明洋、王瑞宝；学校社会实践先进个人：孙羽、高明洋、王超；学校科技之星：王超；学校优秀学生干部：李文博、孙羽、牛元宇、寇汝杰、王瑞宝、吴嘉俊、王超、路禹、魏亮亮、骆星宇、谢强。

订单项目日志记录翔实，到目前为止共记录了13次项目相关的各种事件，如技术工程师做讲座、参与组织六校联谊活动等。

由于班级各方面表现优秀，被评为2015—2016年度学校十佳班级之一。

四、突出环境育人，彰显订单班教室文化特色

教室布置区域包括教室外墙，教室内部西墙、南墙、横梁等位置，内容包括项目简介、领导寄语、班级园地等。

五、利用企业专家资源，促进专业建设

利用一汽技术中心的优质人力资源，促进专业硬件条件建设。2015年10月12日下午，汽车工程学院邀请一汽技术整车试验部设备总监张伟军专家参加转鼓试验室建设研讨会。本次研讨会由赵宇院长主持，汽车试验技术教研室主任赵晓宛以及陈子谋老师参加了本次研讨会。本次会议针对转鼓试验室的功能、如何服务教学、建设方案和配套设施要求进行了讨论、梳理和论证，在这一过程中张总监耐心而细致地介绍了他们在转鼓试验室建设和维护方面的经验，解答了问题，还对转鼓试验室将来建设中可能会遇到的问题提出了宝贵的建议。

在订单班的教师团队中，由于吴楠工程师贡献突出，被评为2016年度校优秀兼职教师。

新能源汽车技术专业校企合作案例

杨舒乐　王慧怡　赵振宁　赵宏涛　蔡文博

在能源制约、环境污染等大背景下，我国政府把发展新能源汽车作为解决能源及环境问题、实现可持续发展的重大举措，各汽车生产企业也将新能源汽车作为抢占未来汽车产业制高点的重要战略方向。长春汽车工业高等专科学校紧密结合产业链与市场需求，于2012年开设新能源汽车技术专业，累计招生300人，拥有专职骨干教师6人，其中博士研究生1人、硕士研究生4人，分别从事纯电动汽车、插电式混合动力、电池电机等方面的研究。聘请了北京理工大学电动车辆国家工程实验室、一汽新能源汽车分公司、一汽技术中心电动车部等单位的技术、学术专家为本专业的兼职教师，定期开展专题讲座。自开设以来，本专业一直积极与企业沟通，开展了多项有效的合作，具备一定的亮点，取得了一些成果，但也存在一些不足。现将该专业在校企合作方面开展的工作总结如下。

一、企业调研并探讨合作内容

该专业在2012年成立之初，便选派专业教师赴一汽大众、一汽轿车、一汽技术中心、一汽新能源、北车长春电动客车公司、长春东环雷克拉斯4S店、长春富通汽车服务站等汽车制造企业、科研机构、售后服务企业调研与考察，并与这些企业建立了良好的沟通与交流。通过前期规划、及时跟踪等措施为后期的合作搭建好了桥梁。

二、校企合作共建实训基地

新能源汽车技术专业是新汽车工程学院重点专业。成立之初，实训基地与一汽技术中心合作筹建。本专业邀请了来自一汽技术中心的企业专家和来自吉林大学的高校教师等一起召开了多次会议，会议对本专业实训场地的建设、仪器设备采购等多方面进行了深入的探讨和论证。在近几年的教学过程中也始终与企业保持密切联系，共同合作开发实训设备。成立之初，企业也向学校赠送了多个纯电动汽车零部件。目前，新能源实训基地共有一汽新能源公司生产的B50纯电动汽车两辆、比亚迪公司生产的E6纯电动汽车一辆及一汽丰田生产的Prius混合动力汽车两辆。自成立至今，通过与企业的共同研讨，新能源专业共开发出电动汽车解剖台架5个、逆变器实训台架3个、电力驱动总成台架1个、减速器台架1个，价值约20万元，极大程度上丰富了新能源专业的实训教学内容，改善了教学质量。目前，学院新教学楼正在建设过程中，新教学楼主要以新能源专业实训基地为主，届时将会配备多个实训教室，包括一个专业录播室，实训车辆由现在的5台扩充为7台，增加两辆北汽新能源汽车E160，举升机、故障诊断仪、新能源汽车专用工具等实训设备的配备也会更加齐全。新学院建成后可以进一步拓展实训内容，完善本专业的优质资源，提高实训设备的利用率。

三、教师赴企业培训

在师资队伍建设方面，本专业一直秉承学以致用的理念，定期选派教师赴企业学习实际生产过程、参加新能源类师资培训及新能源汽车论坛等，通过学习与培训，可以提高教师的专业技术水平，使教学内容紧紧围绕行业发展的新动态新方向。2012年至今新能源汽车技术专业学生分赴一汽新能源公司、一汽大众、天津汽研等地实习。专业教师也积极参与新能源汽车的各种学习、培训、会议。如2013年专业负责人赵振宁参加了一汽技术中心的新能源技术培训；2014年赵振宁、赵宏涛赴一汽新能源汽车公司、北车长春电动客车公司、长春东环雷克拉斯4S店调研、学习；2015年王慧怡等参加"2015国际新能源汽车研讨会议"；2016年赵振宁、赵宏涛、蔡文博等参加比亚迪新能源汽车培训；杨舒乐、郝俊等参加上汽荣威新能源汽车培训。通过深入企业调研与学习，教师不仅加强了理论知识的学习，同时可以更好地把握行业发展的新动态，将一线生产实践经验融入教学中来。

四、与一汽新能源公司正式签约

经到企业调研后多次的沟通、探讨，2015年11月11日，长春汽车工业高等专科学校与中国第一汽车集团公司新能源分公司校企合作正式签约，由长春汽车工业高等专科学校校长李春明和一汽新能源公司总经理戴大力共同签署校企合作协议。本次校企合作在实训基地建设、人才培养、师资培训、教学实习等几方面达成了共识。

此次签约，标志着双方建立了稳固的战略合作伙伴关系，为新能源汽车职业人才的培养奠定坚实的基础，谱写了校企合作的新篇章，对学校新能源专业技术人才的培养具有重要意义，新能源汽车技术专业将继续发挥优势，为公司培养和输送更多高素质的应用型人才。

五、学生赴一汽新能源公司实习

2016年5月一汽新能源公司在2015级新能源汽车技术专业的学生中选拔69名赴企业开始了为期半年的教学实习，培养和锻炼学生的动手能力、综合分析能力、独立完成工作的能力和应变能力等职业综合能力，教学顶岗实习是以企业培养为主、学校教育为辅的阶段。在实习过程中，学生们全程参与了一汽奔腾B50HEV、B30EV的试制、装配、检测等生产流程，由于环境的不同，学生们不断地调整学习模式，将更多的精力投入到技能学习和实践动手能力上。在学生培训和实训过程中，学校专业指导教师利用企业休息时间，定期给学生开会，鼓励学生认真学习企业专业实操技能和企业文化知识，努力提高职业技能水平。通过企业专家和学校教师的共同指导，学生们不仅对整个企业的工作内容有了进一步的认识，同时在专业技术与实践能力方面也有了长足的进步。最后，于磊等6名同学在实习过程中表现优异获得了企业和学校的一致认可，荣获优秀实习生称号。此次校企合作联合培养学生的模式为本专业下阶段的人才培养调整了方向，为校企合作联合培养学生的教学模式积累了宝贵的经验。

六、名师工作室建设

为推动本专业师资队伍建设工作，根据《吉林省"长白山学者计划"和"长白山技能名师计划"实施办法（2015年修订）》的有关规定，经行政资格审查、省外专家初审、省内专家终审，2016年8月，学校客座教授全晓龙同志通过评审，被聘任为吉林省"长白山技能名师"。与此同时，以全晓龙老师为带头人成立了"全晓龙长白山名师工作室"，全晓龙老师是一汽大众大连捷仕达汽车销售服务有限公司的一名技术经理，现特聘为一汽大众公司的技术专家及内部培训师，曾多次获得汽车服务赛项全国冠军，并于2015年荣获在德国柏林举行的大众汽车世界服务技能锦标赛的亚太地区技术冠军，有丰富的汽车售后服务与培训经验。名师工作室成立以来定期开展视频教学及讲座，为本专业师生带来了许多由实践过程中不断积累的经验和精彩的课程。聘请全晓龙老师加入新能源汽车技术专业是为了进一步加强与企业的合作，充分发挥企业名师在教师队伍建设中的示范、引领和辐射作用，帮助青年教师快速成长，提高本专业的教育教学质量，促进职业教育优质资源共享和人才培养质量的全面提升。

七、总结

校企合作培养是学校与企业联合培养高技能型人才的一种有益探索。采用校企合作的方式可以更为清楚地了解行业的动态，并有针对地提出改进教学的意见，对企业合格准职业人才的培养做出积极贡献。采取与企业合作的方式也是加强专业建设、抓好教育质量的重要途径。通过与企业的合作可以有针对性地为其培养人才，同时也能更好地注重人才的实用性与实效性。校企合作推动了人才培养过程中的实践与理论相结合，鼓励学生将在校学习与企业实践相结合，是学校、企业与学生在资源、信息共享等方面的"三赢"。在今后的专业建设和教育教学过程中，本专业将继续秉承实践与理论同步抓的理念，总结已有的校企合作经验，坚持与企业合作的方针，应社会所需，与市场接轨，深化教育教学改革，为学校新能源汽车技术专业的发展注入新的活力。

校企双主体，学徒制人才培养实践

—— 湖南工业职业技术学院与博世汽车零部件（长沙）有限公司
校企合作案例

李德尧 刘 峥 彭跃湘

一、校企合作背景

2007年博世汽车零部件有限公司正式入驻长沙，随着公司生产的开展，一线技术岗位急需一批高素质、懂理论、操作熟练的技术技能人才。公司高层和人力资源管理层深谙德国"学徒制"人才培养之道，经过在湖南省内高职院校反复调研、考察，最终选择了湖南工业职业技术学院作为合作伙伴，以机电一体化专业为主体开展人才培养工作，到现在已历经9年。

二、目标与思路

校企合作是技术技能人才培养的必由之路。湖南工业职业技术学院与博世汽车零部件有限公司就企业岗位需要开展全方位、深度的校企合作，按德国"学徒制"（TGA）模式实施技术技能人才培养，实现校企双方互利共赢，合作办学、合作育人、合作就业、合作发展。

三、内容与特色

校企双方共同研究制订了TGA人才培养方案；完善了课程体系；构建了以项目为载体，小组协作为特征的立体交叉教学模式；建设了一支高水平、高素质、专兼结合的双师结构教学团队；校企共建实习实训基地；引入国际认证，形成了第三方参与的人才培养质量评价机制。

四、组织实施与运行管理

双方合作开始后，由企业（包括德方人员和中方人员）专家和学校专业教师共同组成TGA工作组，互派班主任、互派培训教师。2007、2010、2012、2014、2016年根据企业需求分别制订和修订了人才培养方案，调整课程体系和教学内容，完善实施计划。校企双方实施共管共育，在学校教学期间由学校为主，企业为辅；在企业培训期间以企业为主，学校为辅实施过程管理。

五、主要成果与体会

目前已为公司订单培养了7届，共计210名余学员，他们已进入博世公司成为关键岗位、关键工序的技术骨干。经过9年的实践，现已形成了一整套较为完善的机电一体化专业人才学徒制培养体系，2013年《基于"双元制"的TGA人才培养模式研究与实践》获得了湖南省高等学校教学成果二等奖，并作为《高职院校制造类专业"双能力、三循环、四合一"人才培养模式的研究与实践》的重要成果之一获得了2014年国家教学成果二等奖。

（一）校企共同制订项目化TGA人才培养方案

方案注重以循序渐进的项目引领学生技能水平的提高，三年的培训都是以项目化的方式进行。培训项目分别来源于博世公司学徒项目、AHK（德国工商会）认证考试项目和学院机电一体化技术专业的教学项目。经过教学团队的整合和重组，形成了以博世公司学徒项目为主线，专业教学项目为辅助，AHK项目为阶段性考核点的项目化教学体系。

（二）形成了以小组协作为特征的立体交叉教学模式

小组协作贯穿在每一门课程、每一个项目的教学过程中。企业技术骨干和校方专任教师利用学院和企业两个资源平台，立体交叉培养学员。

1．企业和学院交叉

前两个学期，学员在学院进行专业基本知识和基本技能的学习；第三学期和第四学期，学员先在校内学习4周，然后到企业进行认识性实践6周，再返回校内继续学习4周，最后在企业进行6周的综合技能实训，完成机械类项目的培训；第五学期和第六学期，学员在企业TGA中心进行生产实习并完成电器类项目的培训；并通过AHK认证考试。

2．专任教师和企业技术骨干交叉

校企双方实行教师和专业技术人员互派，企业技术骨干主要在企业对学员进行技能培训，第三学期和第四学期到校内对学员进行项目培训、技术指导。学院教师主要在校内进行教学，第三学期和第六学期到企业共同对学员进行现场指导。

3．企业项目和学院项目交叉

前两个学期主要围绕企业"气动机械手"项目进行教学，从机械手零件的测绘设计，应用数控机床加工机械手零件，直到零件组装，完成机械手设计、加工、装配和测试的全过程。同时穿插专业教学项目，使学员既加强基础性的训练，又达到博世公司的要求。第三学期和第四学期，围绕"气动机械手"的自动控制装置进行项目学习，并完成TGA中期测试。第五学期和第六学期企业顶岗实习和AHK终期测试。

4．"教""学""做"交叉

教学过程始终贯彻教、学、做合一，交叉推进。教学团队根据项目教学的特点，按照企业的要求，结合学员个人具体情况，因人制宜灵活安排"学"和"做"，最大程度调动了学员的学习兴趣和学习积极性。

（三）构建了完善的课程体系

构建了由人文素质课程平台、职业领域课程平台和持续发展课程平台组成的课程体系。"三平台"均留有"接口"，将企业文化、企业新技术及产品设备的更新升级等"企业元素"有机融入。

根据企业管理、文化、技术的最新发展与变化，在人文素质课程平台开设了选修课程和讲座形式课程，如"职业素质与企业文化""博世公司七大理念"等。职业领域课程平台主要由职业领域核心能力模块、职业领域拓展模块构成。职业领域核心能力模块包含专业工具与方法、专业基础技能、专业核心技能等方面的课程。职业领域拓展模块课程具有明确的职业发展方向，主要以选修课形式开设。职业领域课程平台主要培养学生胜任专业岗位工作的基本知识、基础技能和专业技能。根据企业技术和产品设备的更新与升级，嵌入最新的企业产品、企业技术等内容。

（四）校企共同编制培训教材

课程和教材全面引入博世公司TGA项目，机械类课程围绕博世气动机械手机械部分项目组织教学。如工程制图课程，以测绘博世气动手机械零件为载体组织教学；数控编程与加工课程，以气动手机械零件为载体组织教学；液压传动与气动技术课程，引入气动机械手气动回路项目；电类课程，围绕气动机械手控制部分组织教学。全面开展了精品课程建设，《可编程控制技术》等5门课程被确定为院级精品课程，《机床电气故障检测与维修》《变频器应用工程实施》课程成为教育部、行指委精品课程。

（五）建设了一支专兼结合的教学团队

在专业教师和企业技术骨干互派的基础上，通过教师赴企业岗位技术实践、行业资格认证培训，聘请企业技术专家和能工巧匠来校指导实践教学，并观摩学习专业老师的先进教学方法等方式，专业教师和企业技术专家互相取长补短，共同提高，建设了一支高水平、高素质、专兼结合的"双师结构"教学团队。参与教学的教师"双师"比例达100%，企业技术骨干和学校教师比例达1:1。培养了湖南省职业院校专业带头人2人，省级青年骨干教师2人，国家级教学名师1人。近3年来，教学团队成员有8人赴德国培训，20人次在国内进修学习，100%的专任教师在企业接受了3个月以上顶岗实践。

（六）共建实习实训基地

博世公司按照德国学徒制人才培养标准，投资300余万元，配置各类设备数十台，在公司生产现场建设了占地500平方米的TGA（长沙）培训中心，可同时容纳120名"博世班"学员开展项目实训。在建设TGA（长沙）中心的同时，以学校提供场地，博世公司提供各种实训设备并投资60余万元在校内建设了包括8套气动实训设备、各类刀具、工具、汽车部件等在内的"博世实训室"。学院投资40万元，在企业的指导下，扩建了机械拆装实训室和PLC实训室。

（七）国际认证的人才培养质量评价机制

引入国际权威认证机构德国工商会（AHK）下设的德中工商技术咨询服务（太仓）有限公司（GIC）作为第三方，签订"三方合作协议"，明确学校、企业、认证机构三方责权利，博世公司和GIC不定期到学院进行教学质量检查。

GIC采用德国工商会（AHK）组织的机电一体化技能鉴定项目，在培训中期（第三学期）和培训末期（第六学期）分理论考试和实训项目考核两部分进行两次测试，学员两次测试都通过后获得AHK职业岗位资格证书，技能水平达到国际认证标准。

校企合作　共筑未来

孙　帅　程　娜　班英群　李东来

国家战略与企业的关注融合在一起，才能够培养出符合市场实际需求的"多技能型"人才，过硬的技术队伍要从青年一代开始培养。中国的"现代学徒制"在教育部的积极推动下，正在逐步地探索实践中走向成熟。2016年8月2日沈阳机床（集团）有限责任公司（以下简称"沈阳机床"）被确定为全国机械职业教育（机械工业教育发展中心）"现代学徒制"试点工作牵头单位。为贯彻党的十八届三中全会和全国职业教育工作会议精神，深化产教融合、校企合作，进一步完善校企合作育人机制，创新技术技能人才培养模式，沈阳机床与全国多所院校签署了人才培养协议，"产教结合，校企合作"的人才合作模式既能发挥企业和学校各自的优势，又能培养出社会与市场所需求的人才，是企业与高校双赢的合作模式。

一、项目背景

现代学徒制是一种以校企深度合作为基础，将现行的职业教育与传统意义上的学徒教育有机融合的职业人才培养模式。现代学徒制比学校教育能更好地适应劳动市场需求。沈阳机床与沈阳职业技术学院联合打造的"现代学徒制——i5智能机床班"，以工学交替（理论与实践融合）的培养模式培养出高素质、高技能型人才，以应对行业市场对相关人才的需求。

二、项目目标

与沈阳职业技术学院合作共建的"i5智能机床班"，共有学生25名，沈阳机床择优录用考核合格毕业生或推荐给沈阳机床的上下游企业；校企双方联合成立"i5智能机床班"现代学徒制培养教学指导委员会，共同设计制订学徒制人才培养方案、共同开发核心课程、共同制订课程标准、共同开发数字化教学资源、合作开展技术研发项目、共同申请科研或教研课题、建立校企互聘共用"双师型"师资团队、共同制订现代学徒制管理制度。毕业生将获得职业资格鉴定证书和企业培训合格结业证书。围绕沈阳装备制造业和区域经济发展对高素质、高技能型人才的需求，培养出市场所需要的高技能型人才。

三、组织实施与运行

（一）探索校企协同合作育人机制

组建"i5智能机床班"校企合作领导小组和工作小组，成立教学指导委员会，明确校企双方各自的责任和义务等内容。

学校的责任和义务是：协助沈阳机床完成组建学徒制班前期宣传及学生选拔的组织工作；负责落实现代学徒制人才培养方案中安排在校内的教学任务；负责现代学徒制学生校内学习期间的学生日常管理工作；协助企业完成学生在实习期内的学生管理工作；负责为学生购买保险金额不少于20万元人民币的有效人身意外伤害保险及人身意外伤害医疗保险；负责企业在培养现代学徒制学生期间的人员、设备、工具材料、劳动防护用品等费用；负责学生在实习期间的来往通勤车费用等。

沈阳机床的责任和义务是：负责组建学徒制班前期宣传及学生选拔工作；负责落实现代学徒制学生的企业实践教学，安排实践岗位、实践教学任务、设备、工具、耗材等，并安排具有丰富实践经验的能工巧匠或技术人员以"师傅带徒弟"的形式给予学生相应的岗位培训和技术技能指导；负责依据沈阳职业技术学院学徒制管理相关规定进行考核管理，定期向学校反馈实习学生动态和实习进程，填写相关顶岗实习考核材料；负责为学生提供与其他在岗人员相同的劳动条件和劳动保护；负责为学生提供符合国家安全规定的劳防用品；定期对实施学徒制相关专业教师进行理论及实操的培训。

（二）建设校企互聘师资队伍

现代学徒制"i5智能机床班"实施企业技术人员和院校教师双向挂职，共同参与专业建设和人才培养过程，建立双导师制度，打通校企互聘共用师资队伍建设的渠道，建设结构优化的校企互聘共用师资队伍。校企双方根据人才培养方案和教学内容的要求，向对方提出教师人选，经领导小组审议通过后，学校按照《现代学徒制模式培养教师带徒津贴发放标准》向承担教学任务的教师发放带徒津贴，综合教师专业技术职称（或技能等级）和带徒教学内容，给予带徒津贴。

（三）建立体现现代学徒制特点的管理制度

沈阳机床与沈阳职业技术学院共同商讨制订了《现代学徒制招生招工一体化管理办法》《现代学徒制模式培养学分与弹性学制的有关规定》《现代学徒制模式培养校企互聘共用师资队伍建设有关规定》《现代学徒制模式培养教师带徒津贴发放标准》《现代学徒制模式培养教学资源建设的有关规定》《制订现代学徒制模式培养人才培养方案的有关规定》《现代学徒制模式培养学生管理办法》《现代学徒制模式培养专兼职教师聘任办法》等具有现代学徒制特点的规章制度，以保证"i5智能机床班"顺利开展下去。

（四）其他建设

沈阳机床与沈阳职业技术学院共同为现代学徒制"i5智能机床班"的建设细节做了大量工作，小到如学生服装的选择、防护用品的配备、教室的整体规划布局、展板的设计等，给学生创建一个全新的生活空间和学习模式，旨在把沈阳机床与沈阳职业技术学院共建的"i5智能机床班"打造成全省乃至全国职业教育的先锋团队。

（五）学生学习安排

第一学年：学生在校学习理论以及基本技能为主，在企业以"企业认知体验"为主，并沈阳机床集团的专家到沈阳职业技术学院给学生讲解企业文化、产品生产过程等内容，让学生提前感受企业的相关内容。学生在企业学习5周，主要学习内容为认识实习、企业文化和安全教育等，让学生对当今企业的工作环境有所认识。

第二学年：这一学年主要以实训项目和轮岗实训形式进行，学生在学校期间学习文化课以及专业理论课程，主要学习机械制图、公差、机械加工工艺、数控加工工艺、数控机床维护保养、数控机床操作加工的知识与技能，以使学生强化专业技能的知识。学生在企业学习8周，主要学习智能数控车床、加工中心等机床的编程、装配、调试、维修的基本知识与技能，让学生初步掌握毕业后可能从事的工作所需的技能。

第三学年：学生在学校学习5周，学校学习内容为巩固企业学习成果，为考取国家职业资格鉴定证书做准备，考取国家职业资格鉴定证书。还有校方对学生进行毕业综合能力的考核等内容。学生在企业顶岗实习24周。企业学习内容为加工工艺编排、现场技术管理、售后技术服务、生产实习，并取得企业培训结业证书。让学生未毕业就进入毕业后可能要从事的工作环境，减少毕业生对工作环境的适应时间。

四、结束语

制造业是国民经济的主体，是立国之本、强国之基。机床作为制造业的"母机"是整个制造业发展的基石。沈阳机床作为国内机床行业的领军企业，有义务也有责任为国家培养出高素质、高技能型人才。我们也深刻体会到了当今市场对于高技能型人才的迫切需求。例如，全国有很多企业在购买了i5智能机床的同时要求为他们提供智能产品的操作人员。可见市场对于具有高素质、高技能型智能制造人才的需求是多么迫切。鉴于市场对于高技能型人才的需求，沈阳机床领导研究决定与院校一起为行业企业培养具有高素质、高技能型智能制造人才。沈阳机床与全国多所院校签署的"现代学徒制培养协议"，就是要与各大院校一起为社会培养出具有高素质的高技能型智能制造人才。一方面，解决了市场对于这类人才的需求，另一方面，也解决了院校毕业生的就业问题。企业与院校的合作是共赢的，可以长久深入地开展下去。

实训基地共建篇

校企合作共建实习实训基地，已成为职业教育发展的新常态。基地的建设为职业院校技术技能型人才培养提供了贴近企业生产实际的教学环境，丰富了教学内涵，实现了资源共享，充分体现了合作办学、合作育人、合作就业、合作发展。

本篇收集的校企合作基地共建案例，从校企合作背景、目标与思路、内容与特色、组织实施与运行管理、主要成果与体会以及政策建议等方面，总结了不同地域、不同背景、不同规模的机械行业职业院校在多年的教育教学改革实践中，以校企合作为基础、以项目建设为载体、以人才培养为目标所取得的成效。形成了以《校企战略合作　共育国际化人才》《校厂一体　共育塞外能工巧匠》《校企行深度融合共建电梯实训基地》《与神龙相约，缔结"四共"之缘》等为代表的校企合作实训基地建设优秀案例，可供广大职业院校同仁们借鉴与参考。

"引企入校"——探索校企合作新模式

贺风云　陶丙彦　车遂光

一、校企合作背景

镜头拉回到2013年9月，北京金隅科技学校信息系只招了一个班学生。将近20名老师，虽然中职招生整体的大环境不是很好，但该系的问题更加严峻，我们面临的不是发展问题，而是生存问题。

通过与校内招生就业办老师座谈，学校深入企业调研总结出招生不好的原因。

（1）出路不畅，培养的人才与市场需求不太吻合。

（2）专业及课程设置没有形成自己的特色与亮点。

（3）教师的综合实践能力较弱，没有形成名师的品牌效应。

经过半年的思考、努力及准备，最后大家一致决定，唯有深度校企合作，即"引企入校"，才能解决目前的困境。

"引企入校"是一种全新的合作方式，即学校与企业共同招生订单班，通过企业的知名度、行业背景、提供企业奖学金、就业岗位等措施扩大学校影响力，学校提供场地、设备、学生等，企业与学校共同授课，培养的学生直接上岗就业，减少企业在培训上的投入。这样就营造一个学校、企业、学生三方都受益的环境。

二、目标与思路

1．建设目标

通过"引企入校"的实践与探索，预期达到如下目标。

（1）提高生源数量，解决招生难的问题。

（2）提高毕业生质量，解决高质量就业问题。

（3）提高教师的综合能力，解决教师实践能力薄弱的问题。

（4）探索校企合作新模式——"引企入校"。

2．总体思路

经过与多家企业接触，通过筛选、协商，最后确定"引企入校"的整体思路如下。

"引企入校"的整体思路图

三、内容与特色

校企合作班级均采用学校、公司共同管理模式，培养目标与课程设置在协议签署后由公司和学校共同制订。设备和场地按照公司要求的软硬件要求由学校配置。合作初期，教学任务主要由企业完成，教师一般是先跟着学习辅导，随着教学的深入，中后期逐步跟进。

1. "前店后厂"，了解客户真实需求

计算机与数码产品维修专业的学生，利用宏基维修站"前店后厂"的优势，轮换上岗，工作岗位从前台接待——维修技术人员——技术跟踪。实习的内容从最初的电话咨询开始，包括如何通过沟通了解客户需求、如何快速判断故障点、正确处理故障方法等。开始阶段是听工程师讲如何判断故障，看工程师如何操作，学生从基本操作——电脑除尘开始，干些力所能及的事情，不断积累经验，最后才能自己动手实际操作，工程师检验操作结果。同学们通过参与维修站的业务，接触到真实的客户，了解客户需求，拓展了知识领域，提高了专业技能，同时锻炼了与客户的沟通能力。

2. "公司入驻"，实现教学培训一体化

学校与畅科喜北京科技文化有限公司合作的动漫班的教学模式不同于其他班，在教学过程中完全打破传统的教学模式，该合作模式称之为"公司入驻"模式。学生就像公司的准员工一样，在公司技术人员的带领下，从基本的素描、速写基础技能开始，积累到一定程度后配以电脑描线、软件操作、实训练习，然后参与《智慧森林》动画片实战镜头制作。

公司技术人员会根据每个学生的学习进度，安排不同的内容，上手快的同学很快就进入实战阶段，另外，老师也不是全程指导，每周有一到两天集中辅导，其他大部分时间都是自己练习，学校对这个班的管理也比较宽松，完全按照公司作息时间。

3. 借助"360同城帮"，将学生打造成"民间专家"

"360同城帮"完全是借助于互联网，在360的平台上为广大用户解决各类电脑问题。计算机与数码产品维修专业，360线上服务遇到的问题很多，企业工程师作为师傅，引领同学们进入这个行业，开始真的是手把手教学生，从基础知识，到客户沟通的技巧，从模仿老师操作练习，到真正自己上网接单，实战操作，逐步将学生打造成"民间专家"。

四、主要成果

1. 前店后厂，服务教学

宏基电脑维修站自开业以来，每年平均接单70～80个，效益在1万元左右，最重要的是教学功能和社会功能。学生因接触到真实案例，提高专业技能，为今后就业上岗奠定了基础。同时，学校经常组织学生到社区开展义务维修活动，扩大了学校和专业的影响力。

2. 动画学员，实习上岗

学校与畅科喜北京科技文化有限公司合作动漫班的学员，已经有10名同学基本能独立完成工作，已被公司推荐到总部进行实习。

3. 线上接单，硕果累累

360同城帮线上服务，经过考核，现在已经有12名同学通过了网上测试，取得了线上服务的资格，自从2014年12月开始利用360网上平台，与客户进行沟通、接单、提供远程维修任务，截至2015年10月，共计接单339笔，营业额为8 700多元。

4．师资互挂，提升教师实践能力

企业专家及工程师亲自到校执教，为学生授课，校内教师参与辅导与组织，学生实习时，学校派教师到企业挂职，极大地提升了师资队伍的实践能力。

五、案例的创新之处

1．"引企入校"，形成校企合作新模式

引店入校、公司入驻、线上服务，这几种合作方式的共同特点都是将企业的理念、技术、运行模式、管理模式、学习模式以及员工和技术人员都引入到学校内部，让企业参与教学，参与管理，使校企合作深度融合。

2．共建实体，提升团队社会服务能力

团队与维达公司共建宏基电脑维修站，为学校内部免费修理电脑，并为周边群众提供维修服务。2014年年底，还组织师生到房山良乡昊天小区开展义务维修活动，经过两年的实践，该店为学校、附近社区居民以及周边企业带来经济效益的同时，也带来了社会效益，大大提高了团队教师的社会服务能力。

3．大师入校，提升学校影响力

学校与畅科喜北京科技文化有限公司合作，特别邀请了著名导演朱敏来学校上课。朱敏导演是动画片《三国演义》的总导演，著名青年动画导演，曾获全国优秀少儿节目"金童奖"一等奖、国家电影"华表奖"。与企业大师的合作，成为学校的特色名片，大大提高了学校知名度。

六、发展前景

1．"引企入校"是一种双赢的合作模式

企业与学校在合作中要做到优势互补，以协议形式，与企业建立契约关系，便于不同企业灵活入校，并在契约合同中明确各自的权利、义务与责任。

2．"引企入校"促进学校办学质量的全面提升

"引企入校"，不仅仅是引入企业的技术、设备、人员，同时也要引入企业先进的管理理念和企业文化，不仅是企业人员给学生上课，还要促进专业建设、基地建设，要促进教师与学生的共同进步，要全面提升学校的办学质量，不要变成为企业免费输送人才的培训基地。

3．"引企入校"运作与管理模式具有良好的发展前景

虽然"引企入校"的合作模式千差万别，不同企业需求不同，运行与管理机制也不尽相同，但是通过两年的实践，该种模式显示出了巨大的优势，取得了可喜的成果，并具有推广价值，在职业教育领域具有良好的发展前景。

总之，校企合作中"引企入校"的实践证明，校企合作是企业和学校的"双赢"之路，是学生成才就业之路，是促进专业发展提升办学质量之路。

天津机电职业技术学院——

开启校企合作新天地

——天津机电职业技术学院与蒂森克虏伯电梯公司校企合作案例

刘　勇　王兴东　李　旭　王　冰　于　磊

一、校企合作背景

天津机电职业技术学院在示范校建设之际，与蒂森克虏伯电梯（中国）有限公司签订了"紧密型校企合作"协议。校企共同负责培养订单班学生，校企共同制订人才培养方案，共同实施人才培养，各司其职，各负其责，各专所长，分工合作，从而共同完成对学生（也是企业员工）的培养。蒂森电梯订单班主要是培养电梯维保人员，为了更好地培养企业急需的人才，在订单培养、学院教师与企业员工培训、实训基地建设、顶岗实习管理等方面开展深度合作。

图1　签订"校企合作及订单班"协议

二、目标与思路

校企合作的目标是培养高技能人才，因此必须建立新的课程体系，实现课程内容的企业化。根据企业人才需求，确认核心岗位并制订相应计划。

表1　企业招聘核心岗位需求表

序号	核心工作岗位及相关工作岗位	岗位描述
1	机电产品生产现场操作岗位（电梯制造企业）	利用生产设备或工具加工组装电梯相关部件
2	制造类企业的机电设备维护与管理岗位	对企业机电设备进行维护、保养与管理
3	电梯的安装与调试岗位	对机电设备故障诊断与排除，机电设备安装、调试与维护
4	电梯日常保养与维护岗位（小区驻点服务等）	对电梯进行调试、运行管理与设备维护、改造
5	机电设备产品技术服务人员（销售及远程服务）	对机电设备进行维护与维修及电梯远程监控等

表2　电梯职业能力分析

序号	名称	能力要素	对应课程名称
1	专业基础能力	1．具有基本的力学计算能力 2．具有金属材料的基本知识，具有正确选择材料使用材料的能力 3．具有选择通用零件的能力 4．具有正确使用电工、电子仪表的能力，具有建筑电工的基本知识 5．具有建筑和机械图样的读图能力 6．典型机电设备安装与调试能力 7．具有维护设备与电气控制系统运行的能力	1．机械基础 2．电工电子应用技术 3．机电设备安装与维修技术 4．电机及控制安装调试技术 5．可编程控制器应用 6．电气控制系统安装与调试

序号	名称	能力要素	对应课程名称
2	专业实践能力	1．电梯的运行与调试能力 2．电梯机械设备、电气设备及安全保护装置的安装与调试能力 3．自动扶梯的安装与调试能力 4．电梯电气设备安装与电梯机械设备安装能力 5．一般电梯的配置选型和简单设计，电梯图样绘制能力 6．电梯专业施工图样的解读；施工现场的布置 7．电梯专业工程的维护与保养能力 8．具有机电施工安全防护能力	1．电梯技术 2．电梯安装与维修技术 3．电梯安全与保护 4．电梯电气控制与调试
3	专业拓展能力	1．具备施工现场平面布置与实施的能力 2．具备专业工程人力、材料、机械设备使用计划及施工进度计划、编制施工方案的能力 3．具备电梯施工的工艺标准、质量要求、安全保护的能力 4．能够按有关规范和标准完成电梯安装与维修保养；并能够填写、整理全套专业交工验收资料 5．有能力分析和解决专业工程系统运行出现的常见问题 6．能够参与工程的投标；熟悉施工合同文件	1．校内实训 2．企业内部培训 3．电梯上岗证培训 4．企业顶岗实习

三、内容与特色

通过与蒂森电梯校企合作，优化专业课程设置，建立突出职业能力培养的课程标准，把国家标准、行业标准融入专业课程中。按照教学改革和课程建设的要求，建成3门优质核心课程。《电梯技术》作为"十二五"精品规划教材正式出版发行。

表3　校企合作特色教材建设情况

序号	教材名称	对应能力	出版时间	主编	合作企业
1	《电梯技术》	基本能力	2014年	刘勇/于磊	奥的斯电梯司、蒂森电梯
2	《电梯安装与维修技术》	职业能力	2015年	刘勇/于磊	蒂森电梯、浙江天煌公司
3	《电梯电气控制与调试》	职业能力	2016年	于磊/刘勇	蒂森电梯、奥的斯电梯

图2　校企合作共同开发电梯实训室

图3　学院领导及专业教师到蒂森电梯调研

此外，将学生的学校课程搬进校外"企业实习基地"及企业优秀兼职教师承担课程教学。为更好地开展电梯专业教学，实现校企合作，将来自德国的蒂森电梯专业培训大篷车引入校园，为学院师生提供为期十天的理论实践一体化教学。蒂森电梯专业培训大篷车是世界上仅有的两辆电梯专业培训车之一，设备展开之后分上下两层，底层分为电梯部件展示区、门机调试区等实践区域，上层则主要作为理论授课区域，可为专业师生提供电梯设备模拟操作的培训与考核。新颖的培训方式和先进的实训设备让师生接受了一次难忘的企业培训，学习效果显著。

图4　蒂森电梯培训大篷车开进校园开展职业技能培训

四、组织实施与运行管理

电梯班采用"工"与"学"交替的教学组织和管理模式，以及校内实训、校外实训和顶岗实习递进式的系统的专业实践教学体系。由于蒂森电梯主要人才需求是电梯维修保养人员，与其他电梯企业不同，因此为电梯班制订了专门的"人才培养计划"，该计划由以往培养电梯土建、安装、维修等方面电梯人才转变为电梯维修保养人才。

图5　蒂森班学生在"电梯实训室"完成理实一体化教学

校企合作采用"现代学徒制"模式，由于教学空间由校内延伸到校外，参与主体的多元化，在教学管理运行中，做到了工学衔接合理。采用现代学徒制，让企业师傅带1～2名学生，企业制定了现代学徒制相关制度，徒弟每天有学习日志，每周有周报制度，企业不仅考核徒弟学得怎样，也考核教师教得怎样，由于师徒双方都有制度要求并计入业绩考核，现代学徒制效果显现。

电梯班在第二学期主要是在学院学习理论实践知识，第三学年的大部分时间将在蒂森电梯完成，学生真正感受到企业真实的工作环境。

图6　采用"现代学徒制"企业　　图7　采用"现代学徒制"在　　图8　企业制订现代学徒制相关
　师傅在给徒弟演示工作流程　　企业师傅的带领下岗前培训　　　制度并进行过程跟踪

同时蒂森电梯承诺每年为学院提供"电梯知识进校园"活动，该活动已开展多期，深受学生欢迎，参加活动的同学有机会获得蒂森电梯颁发的合格证书。

图9　蒂森电梯组织"电梯知识进校园"及校园招聘活动

五、主要成果与体会

在现代学徒制的制度框架下，建立以目标考核和发展性评价为核心的学习评价机制，有利于促进学生成长、成才。企业资助学生考取电梯特种设备上岗证和职业资格证书（全部费用约700元/人），并在顶岗实习阶段完成特殊工种体检（约300元/人）。其中国家特种设备作业资格证取证率达到100%。

表4 订单班学生岗位技能证书名称

序号	岗位技能证书名称	岗位技能等级	考核取证措施
1	维修电工技能等级证书	中级、高级	中级必考/高级选考
2	电梯操作技能等级证书	中级、高级	中级必考/高级选考
3	特种设备电梯作业资格证	上岗证	天津质检局组织（必考）

图10 企业资助考取电梯特种设备上岗证和职业资格证书

通过校企合作这一模式，学院和企业联合培养人才，能彻底改变以课堂为中心的传统人才培养模式，重构以能力为本位的人才培养模式。这种人才培养模式，专业基于市场需求设置，培养目标根据相应职业岗位能力要求确立，注重于行业、企业对人才的技能要求，吸收行业、企业专家参与和指导。目前校企合作实施效果显著。

图11 11—13级电梯班学生在企业顶岗实习

六、发展前景与自我评价

学院与蒂森电梯紧密型校企合作已开展了四年，校企双方受益颇丰、具有广阔的发展前景。今后在合作过程中要建立健全相应的政策法规，要明确学校与企业双方在培养技能人才方面的权利、义务和法律责任，要建立校企合作的协调机制，以推进校企合作健康有序发展。同时要建立校企合作激励机制，对企业现代学徒制的师傅要给予适当的奖励或课时费补贴，鼓励企业积极参与校企合作。

天津机电职业技术学院——

合作办学，校企共同发展

纪　红　段春红　李　鑫　杨靖伟　张振秀　曹方雷　王　欢
回健勇　赵春梅　陈　甫　高立霞　池金环　蔡　雷　吕　琳

一、校企合作背景

天津机电职业技术学院作为天津市示范性高等职业建设院校之一，不断深化校企合作办学模式的改革，把工学结合作为人才培养模式改革的重要切入点，培养切合"生产、建设、管理第一线"需要的高技能人才。学院强化与企业的合作，让"生产线进校园，专业入企业"，与企业共同设计人才培养方案，改革教学模式与教学形态，强化学生实习实训的教育作用，打造"双师结构"的教学团队，实施"基于工作过程的高职项目课程体系开发"工程，在探索及实践中，学院合作办学、合作育人不断取得新进展。尤其是与天津汽车模具股份有限公司的合作，成效显著。

二、目标与思路

自2008年起，学院就与天津汽车模具股份有限公司签订合作培养模具设计与制造、数控技术人才的协议，共同培养行业所需的高技能人才，取得了明显成效。这主要体现在：一是搭建了专业教学紧贴企业用人要求的开放管理平台，校企共同制订人才培养方案，教学评价由学校为主变为校企共同评价，实现了学生能力培养与行业技术水平、岗位要求相适应的教学目标；二是让专业教师挂职锻炼，身体力行地介入企业的生产经营和管理活动，与业内专家和一线员工进行交流，可以捕捉到行业发展的最新动态。共同组建"双师型"师资队伍。学院为"天汽模"培训员工，成为学校与企业互动的主要渠道之一；三是订单培养确保入企员工素质，服务于制造业，为滨海新区的发展提供有力保障。

三、内容与特色

"天汽模校企合作"人才共育、就业共担、资源共享，创新了课堂教学形态，弥补了专业教学资源不足，提升了专业服务能力、提高了人才培养质量。学院于2012年在模具专业与数控专业中推广应用，累计受益学生达200多名。

图1　学院与天津汽车模具股份　　图2　学院毕业生在天津汽车　　图3　学院毕业生在天津
　　　有限公司签约仪式　　　　　　　模具股份有限公司　　　　　　汽车模具股份有限公司

1. 校企共同开发课程体系

除了积极探索工学结合、校企合作的育人模式，学院在教学理念和模式上也相应进行了改革。课程体系改革以就业为导向，以能力为本位，以岗位需要和职业标准为依据，满足学生职业生涯发展的需求，形成了以任务引领为主体的现代职业教育课程体系。

2. 企业参与教学设计，确保专业课程内容与职业标准对接

在课程开发的基础上，由企业工程师和专业教师共同进行相关课程的教学设计。在这一过程中力求教学内容与典型职业活动相对应，突出职业活动核心内容，真实反映典型职业活动的工作过程。

3. 企业参与教学实施，确保教学过程与生产过程对接

专业课程改革强调以工作过程为导向，为了弥补教师企业实际工作经验不足的缺憾，学校在实践中改变了以往只由教师上课的形式，形成了教师为主、专家指导、企业工程师参与的新的课堂教学形式。其中教师以课堂组织为主，企业工程师以技术指导为主。

4. 企业参与学生评价，将职业标准融入课程评价过程

考核评价是教学过程的一个重要环节。在新课改的过程中，考核评价的形式、方法、主体、过程更加多元化，更加重视综合职业能力考核与评价，强调将职业资格标准纳入到考核过程中，强调企业、用人单位的考核和评价。

5. 校企合作订单班确定的工作流程

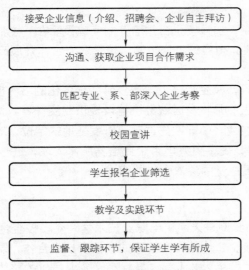

图4 校企合作订单班工作流程

四、组织实施与运行管理

在校企合作具体实施过程中，最为典型的是，在与"天汽模"进行校企合作过程中，学院根据企业用人需求与岗位需求，组建"天汽模"订单班。在订单班组建过程中，在学员选择上，采用双向选择的方式确定订单班学员；在课程设置上，依据企业需求、工作岗位需求设置相应的课程；在课程内容上，将产品设计或产品生产等实际内容融入教学课堂之中。

学院在组织管理订单班时，有相应的政策与制度作为保障。订单班在实施过程中，实行"班导师"制，教师定期到企业与学生进行交流与指导，无论是学生学习状态、思想动态、生活状态还是学习内容以及管理模式，都定期与企业进行广泛的沟通与了解。

五、主要成果与体会

1. 专项培训助推员工素质提升，企业实践促进教师技术进步

为尽快提升企业员工素质，学院提供了各类专项培训，有力地促进了公司的进一步发展。大大提高了企业员工的整体素质，解决了企业产业升级的一大瓶颈问题。

同时，学院借助企业相关平台，实施"专业教师下现场工程"。

这样的培训合作模式，企业和学校互惠互利。即使企业员工的技能水平和专业知识水平得到迅速的提升，为企业进一步发展打下坚实的人才基础，同时又使学校教师学习到一线施工技术。校企双方节约相应的成本。

2. 订单培养确保入企员工素质，服务于制造业

学校通过"订单培养"，为"天汽模"培养技能型人才，确保了入企员工的优良素质。学校按照人才培养规格要求，将企业现场生产要求和企业文化融入课程体系。"订单班"学生在校期间还接受了企业文化熏陶，提前了解企业，与企业建立了感情，归属感更强，就业稳定率也较高。订单培养的学生到企业后大都成为能独当一面的技术骨干，出现了高技能人才留得住、用得好的良好局面。学校为"天汽模"输送了大批优秀的毕业生，为企业的发展注入了新鲜血液，同时也解决了毕业生找工作的问题。校企人才的合理流动，方便了企业和学校之间的交流，创造了巨大的经济效益。

六、发展前景

（1）建立长效工作机制，加强校企合作培养制度建设。在"校企合作办学""提高就业质量"的办学观念实践中，建立相应的工作机制，校企双方合作开展高技能教育，促进学生高技能就业，成为高技能人才。

（2）校内强化前校后厂，校企合一，"产学研"一体化的培养模式。

（3）搭建平台，为广大教师投身区域经济建设提供制度保障。

（4）绕京津冀协同发展战略中国家先进制造研发基地的定位，对接"中国制造2025"，为顺应"互联网+"发展趋势，更多更好地为企业培养所需人才，进一步增进产教融合。目前正与"天汽模"探索更新、更广泛的深入合作的模式。

七、自我评价

"天汽模"合作成功的案例是天津机电职业技术学院众多校企合作成功案例之一。学院与"天汽模"的合作证明，校企合作是双向互赢的。校企技术合作，既提高了企业的技术水平，又促进了学校教材的更新；校企人才互培，既提高了企业员工的整体素质，又提高了学院专业教师的现场实践能力；校企人才共享，既为企业发展提供了技能人才保证，又为学院发展提供了技术骨干保障。立足行业办学，加强校企合作，是学院创新发展的必由之路，是学院服务产业升级的重要手段之一，既有利于学院的健康可持续发展，也有利于企业逐步实现产业升级。

在"校企合作"实践过程中，专业建设得到了进一步的完善；在人才培养模式上探索了一条培养适合企业需求的高技能人才之路；在师资队伍建设上，学院的专任教师得到了锻炼，教师在这一过程中积累了相应的实践经验，这是在书本中无法学到的。同时，组建了一支即懂生产又教学的兼职教师队伍。双师型队伍的建设为学院专业建设起到了不可替代的作用。

总之，切实可行的校企合作模式在学院专业建设与人才培养上起到了不可替代的作用。通过进一步的实施与探索，学院与企业在专业建设与企业发展上将有更广泛的合作空间。

校厂一体　共育塞外能工巧匠

关玉琴　刘敏丽　武艳慧　刘　玲　牛海霞　王　京　李满亮　成图雅　关海英

一、校企合作背景

内蒙古机电职业技术学院是教育部和财政部共建的国家骨干高职院校百所院校之一。机械制造与自动化专业把推行学院"校厂一体、产学结合"的人才培养模式作为提高人才培养质量的突破口，以创建国家骨干高等职业院校为实践平台，2011年与呼和浩特众环集团深度合作，建立"校中厂"——"众环集团——机电学院生产制造研发中心"。校企双方共同培育技术技能人才，本着共育共管、共同促进就业的目标，签订校企合作协议。

二、目标与思路

依托"校中厂"——"众环集团——机电学院生产制造研发中心"，根据学生在各阶段的培养目标要求，共同设计工学结合的学习进程，校企共同开发课程和实训项目，实施"四个一体"的培养模式，即教室与生产车间功能一体，作业与企业产品标准一体，学生和学徒身份一体，教师和师傅角色一体，共同完成学生识岗实训、单项技能训练和顶岗实习等三年不间断的实践锻炼，学生在做中学，在学中做。校企双方共育共管。

三、内容与特色

1. 机构设置

在学院校企合作发展理事会机械分会的指导下，与呼和浩特众环集团共同组建"校中厂"，即"众环集团——机电学院生产制造研发中心"。该中心设在内蒙古机电职业技术学院，由学院投入厂房、加工设备和师资，呼和浩特众环集团提供产品、技术人员和兼职教师，双方按照合同进行深度校企合作。

"众环集团——机电学院生产制造研发中心"下设生产管理部和教学管理部，每个部门均由一名学院人员和企业人员共同负责。该机构主要职能是协调校企合作、工学结合相关事宜。协调解决学生实训实习、教师下厂锻炼、兼职教师聘用、专业课程开发、技能培训与鉴定、技术研发等工作。组织校企双方共同制订"生产制造研发中心"管理运行办法。通过"生产制造研发中心"的运行，探索校企深度融合长效机制。

2. "四个一体"人才培养模式实施

在"校中厂"（众环集团——机电学院生产制造研发中心），根据企业的生产情况，在理论教学期间或理论教学完成后，弹性、灵活地安排数控机床操作加工等实践教学，在具有真实工作环境的生产车间让学生感受到企业文化的熏陶，即学生以工人身份接受生产任务，在指导教师的引领下，通过识读图样、编制工艺、机械加工、零件检验、部件装配等生产流程，使学生亲历完整的工作过程，提高学生的专项技能。

根据合作目标，专业教师利用业余时间与企业技术人员共同编制产品数控加工工艺、安全操作规程、生产人员岗位职责和生产车间管理制度等规程。企业不只是单纯的用工单位，而是具备生产经营与教育教学双重身份，对学生进行"双向培养、双向管理"。

（1）生产车间是"生产制造研发中心"的主体，直接从事作业活动，完成制造企业所有生产任务。除明确车间任务和生产纲领外，还体现企业文化，车间班组长副班组长工作标准、机床操作人员工作标准以标牌展现，营造企业文化氛围。角落摆放课桌、黑板，便于学生接受理论知识与生产操作辅导。体现了教室与生产车间功能一体，学生和学徒身份一体，教师和师傅角色一体。

（2）生产管理部严把质量关，要求对所加工产品质量控制，以确保满足客户的要求。因此"研发中心"以产品的标准要求学生完成机床操作，要按照工艺流程去完成零件加工，以学生加工的产品合格与否来评价学生的实操成绩，即作业与企业产品标准一体，培养学生严谨的工作作风。

"校中厂"实施"四个一体"人才培养模式实施流程如图所示。

实施"四个一体"人才培养模式实施流程图

四、组织实施与运行管理

"校中厂"加工产品零件是三爪卡盘的盘丝、盘体，材质为45钢（经过热处理），主要完成凹槽、螺纹的加工。

1. 教师组织分组，并记录评价结果

2. 学生小组制订工作计划，完成工作流程，由小组负责人检查每个工作任务完成情况

3. 加工产品过程

（1）学生应完成的任务。

1）分析零件的加工工艺性，与客户沟通，查阅装配图，了解零件的使用功能。

2）分析零件材料特性、零件结构特点，重点分析主要加工部位的技术要求。

3）学生撰写零件加工工艺文件，形成以下书面材料：

①确定的毛坯尺寸；②设计的工艺规程：定位基准、被加工面加工方法和加工方案、加工阶段的划分（确定工序集中与分散程度，确定加工顺序）；③选用的加工设备、夹具、工具等；④选择的刀具及切削用量；⑤核算的成本。

（2）教师指导内容。

1）教师重点指导学生填写机械加工工艺卡片、刀具卡片，应用数控指令。

2）重点观察学生使用已有资料的能力、工艺编制能力、编程能力、机床操作能力以及选择、使用刀具和工具的能力。

3）教师重点指导对不合格项目的分析。

4）组织各小组推荐代表进行简短交流发言、撰写任务报告、提交自评成绩。重点指导哪些工作可改进，如何改进，并记录成绩。

五、主要成果与体会

（1）校企一体，共育塞外能工巧匠；学做结合，学生专业综合素质显著增强。连续三年专业就业对口率达89.5%，就业率达到98%。

（2）校企双方资源共享，互惠共赢，促进学校与企业的文化建设。

（3）在校企合作中实现产学研一体化，提升了专业教师科研水平。

浙江机电职业技术学院与上海大众
校企合作典型案例

陈云祥　周巧军　杜红文

一、校企合作背景

为了能够让学院学生实现"好就业"到"就好业"的转变，近年来，浙江机电职业技术学院在深化现有的"订单式""工学交替""双证融通"等工学结合人才培养模式的基础上，形成了"校企共培、教训融合""校企融合，三阶递进""工学交替、能力递进"等特色鲜明的人才培养模式。到目前为止，已有近千家企业与学院保持良好的合作关系。尤其是2012年以来，学院连续四年与上海大众宁波分公司开展了"订单班"形式的深度校企合作。此次校企合作充分利用上海大众企业的信息优势、技术优势和设备优势，把企业和学院教育紧密结合起来，让企业在学院的发展规划、专业建设、课程建设、师资建设、实习教学、教学评价、研究开发、招生就业和学生管理等方面发挥积极的作用，为专业课程改革做出应有的贡献。

二、目标与思路

为了全面贯彻科学发展观，以服务为宗旨，以就业为导向。学院大力推进校企合作人才培养模式，突出实践能力的培养，加强中、高职院校为地方和区域经济社会发展服务的能力。深化校企合作融合度，更新教学理念，依托企业行业优势，充分利用教学资源，建立校企深度合作、紧密结合、优势互补、共同发展的合作机制，达到"共赢"的目的，以进一步提升和突破中、高职院校教育教学水平和人才培养质量，努力开创校企合作的新局面。

以下是浙江机电职业技术学院与上海大众宁波分公司的深度校企合作的流程与思路，如图1所示。

图1　校企合作的流程与思路

三、内容与特点

浙江机电职业技术学院与上海大众汽车有限公司宁波分公司开展的系列"订单班"合作。经过前期的笔试、面试、动手操作、体检等环节的筛选，以及学生的自主选择，近四年共有770余名同学（如图2所示）入选大众公司的"订单班"学员招募计划及相应的实习岗位。

为保证浙江机电职业技术学院学生安全、平稳、有序地前往上海大众汽车有限公司实习和"订单班"人才培养计划正式启动，学院产学办在相关职能处室、二级学院的协助下，完成实习前的专项生产安全学习，顺利组织完成各批次的实习学生接送工作。

学院与上海大众公司以"订单班"的形式共同开展校企合作人才培养工作。校企之间经过反复的沟通和协商，根据企业的培训计划和工作任务，围绕生产线机/电维修工、模具维修工、装配焊接工、质量检测等工种共同制订培养目标，以企业为主体制订了1年的以实践为导向的理论实践一体化课程。为保证学生职业发展的需要，以学院为主体在学生实习期间继续为电气自动化、机电一体化、机械制造及自动化、材料成型与控制技术、数控技术等专业学生开展核心专业课程教学（图3）。同时为确保该项人才培养工作高质量地完成，校方组织师资力量进驻大众公司，与企方共同组成学生管理机构，保障学生有效的日常管理和思想政治工作的全程跟进，在"订单班"的人才培养周期内实现校企合作育人。

类别 年度	应聘人数	录取人数	专业方向	招聘岗位
2012	403	244	机械、电气、材料、汽车	生产线操作人员、维修电工、维修机工、现场质量员
2013	520	357	机械、电气、材料、汽车	生产线操作人员、维修电工、维修机工、现场质量员
2014	502	102	机械、电气、材料、汽车	生产线操作人员、维修电工、维修机工、现场质量员
2015	256	67	机械、电气、材料、汽车	生产线操作人员、维修电工、维修机工、现场质量员

图2 近四年校企合作企业录取的学生数

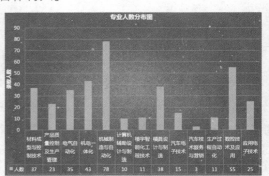

图3 录取学生的专业分布数

四、组织实施与运行管理

（1）企校共育的专业教学计划和课程教学大纲，其基本框架为第一至四学期，主要在学校学习文化基础课和专业基础课。第五学期在企业半工半读（与企校双方共同制订具体下厂实施计划和安排，交教学委员会审查）。第六学期完成毕业顶岗实习及毕业设计任务。

（2）成立由企校双方组成的5人教学委员会。教学委员会负责第五、六学期具体项目的执行，督导在厂期间教学计划和教学环节的实施，对教育质量进行评估。定期检查、评估项目的执行情况，总结合作经验，调整、完善合作方案。同时负责学生在厂期间的安全、生活的指导和保障。

（3）院方选派专业教师，厂方选派管理人员、工程技术人员为兼职教师，共同为学生授课。专业理论课程由双方的教师任教、考核；专业技能课程和厂方岗位技能训练课程由企业兼职教师授课、指导和考核，如图4所示。

图4 院领导及教师深入企业看望指导学生

（4）企业提供教学授课场地、学生住宿场所，落实学生的实习岗位，提供实习设备、场地和原材料，提供劳动工具和劳保用品，提供实习必需的技术资料和样品，如图5所示。

图5　学生在校企合作企业中工作实习

五、主要成功与体会

浙江机电职业技术学院与上海大众宁波分公司的校企合作工作实现了校企合作"四合一"，即教学与实践合一、教师与师傅合一、课堂与车间合一以及实训与生产合一。如图6所示。

图6　校企合作的优点

此次校企合作建立了"双赢"合作机制，转化校企合作的思路，确立"双赢"思想，通过合作既为企业带来利益，又让学生获得实践能力的锻炼，真正实现校企双方的"两情相悦"。即：一方面，教师自我素质得以提高。通过校企合作，学校将专业课的教师选派至实际工作中锻炼，直接参与企业生产、经营、科研、服务等活动，有利于教师把生产与教育紧密结合，提升其实践与科研的能力。另一方面，学生综合素质得以发展。通过校企合作，学生不仅掌握了理论知识，而且增强了实践的动手能力。更为重要的是，在企业的实践过程中内化了在学校教育中很难培养的职业素养。

通过校企合作使学校培养的人才能适应企业、行业、社会的需要，缩短员工与企业的磨合期，从而降低企业的培训成本和劳动成本，有力地提升企业的竞争力。

基于现代学徒制下的校企深度合作案例

——以杭科院—长安福特校企合作为例

罗晓晔　庄　敏　张朝山

一、校企合作背景

1．教育部的要求

根据教育部关于推进高等职业教育改革创新引领职业教育科学发展的若干意见文件精神，为适应杭州市新常态下汽车产业发展要求，推进产教深度融合，服务区域经济，深化汽车人才培养链与大江东汽车产业链的融合，杭州科技职业技术学院与长安福特汽车有限公司深度合作，共同组织实施现代学徒制改革，完善和制订现代学徒制人才培养方案，以推动教学改革，建设现代职业教育体系，充分发挥校企双方优势，为企业培养更多高素质技能的应用型人才，为学生实习、实训、就业提供更大空间。重点解决企业招工难、企业用工稳定、劳动者收入、劳动者自我价值实现4个问题，实现合作共赢。

2．杭州大江东汽车产业聚集区的人才需求

《杭州市"十三五"规划》对汽车等高端装备制造业有相当大的人才需求。根据规划，全国最大的汽车城将屹立于杭州大江东工业园区（图1）。2012年4月19日，世界领先的长安福特汽车公司在杭州建设新整车厂（图2、图3），作为汽车的龙头企业，工厂需要几千人汽车前市场人才（汽车模具、汽车制造、汽车电子技术、机电一体化的人才）和汽车后市场人才（汽车检测与维修、汽车电子、汽车维修电工、汽车钣喷、汽车美容、汽车装潢的人才）。长安福特汽车校内外实训基地的建立为学院汽车类专业（汽车模具设计与制造、精密机械技术、机电一体化、汽车检测与维修、汽车电子专业）提供了良好的发展基础。

图1　大江东前进工业园区

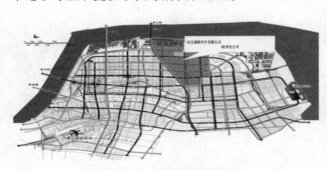

图2　大江东前进工业园区长安福特厂址

图3　航拍长安福特杭州新工厂

二、建设思路和目标

建设思路：示范性实训基地的建立要满足专业发展的实际需要，践行"以学生为本位""以能力为核心"的高职教育理念，学院示范性实训基地的建立将起到示范作用。

建设目标是提高产教效率和实践内涵、鼓励学生参与实践训练、重视教育见习与实习、强化技能训练、稳步落实毕业顶岗实习等，服务于学院各专业。在全程化实践教学体系中，专业认知、教学观摩、模拟教学、实训与岗位实践、学训互动等五个方面进行"五环交互"。在建设高水平师资队伍、精造实训内容、探索多元实训途径、加强过程与结果的管理，实现学生零距离就业等方面进行建设实践，从而成为具有一定知名度的示范性校内外实训基地。

三、内容和特色

（一）建设内容

1. 根据区域产业布局设置专业群

杭州科技职业技术学院是杭州市投资10个亿，占地710亩的教学区，2010年正式成立机电工程学院。为更好地服务杭州市十大产业发展总体规划和杭州十大产业布局（图4、图5）之一的高端装备制造产业。机电工程学院以汽车为载体开设了两大专业群5个专业（图6）：先进制造专业群含模具设计与制造、精密机械技术、机电一体化技术3个专业（服务汽车前市场：汽车制造、装备、调试）；汽车技术专业群含汽车电子技术与汽车检测与维修技术两个专业（服务汽车后市场：汽车维修、检测、保养等）。

图4　杭州市十大产业发展总体规划

● 杭州市十大产业布局

● 高端装备制造产业是杭州市十大产业之一，且产值为43%

图5　杭州市十大产业布局

以区域产业布局构建专业群

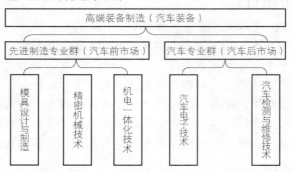

图6　区域产业布局构建专业群

2．基于现代学徒制校企共建汽车工程应用中心等校内外实训基地

（1）校内实训基地。

1）根据现代学徒制的人才培养模式的特点，在校内实训基地——汽车工程技术应用中心设立十大功能区域，分别是：长安福特汽车文化展示区、汽车接待区、整车检测区、汽车销售区、汽车维修区、汽车虚拟诊断区、汽车车联网和新能源教学区、汽车电气教学区、汽车电控教学区、汽车发动机拆装教学区。

2）长安福特捐赠。

为实现现代学徒制的人才培养模式，长安福特自愿向杭科院捐赠两部最新款锐界，一辆新款蒙迪欧，十八部福特试验用车，价值达250余万元，同时捐赠了数万元的服装及教材，花费了数十万元的文化氛围装修用于汽车工程技术应用中心的福特汽车文化建设，宣传福特文化，利于教学实践，共同建设校内实训基地。

（2）长安福特校外实训基地。

长安福特在公司内建立真实化生产实训主体区，并提供150平方米的系列真实化专业实训场所及提供课桌椅等其他基本教学设施；合作建设特色化专业实训室；参照学院的人才培养方案，双方合作建设柔性制造、精密制造、自动化检测安装等系统具有一定前沿领域的专业实训室，为学生的全方位技能实训提供便利条件。

图7为2015年建设完毕的冲压、焊装、涂装、总装、样车车间、能源中心、食堂、RDC、相关的公用动力设施及相关辅助设施。

3．开设现代学徒制长安福特定向班

开设的"现代学徒制长安福特定向班"作为教学改革创新试验区。校企双方共同制订人才培养方案，更好地为长安福特服务。

图7　长安福特厂区布置图

双方在创建学生实习实训岗位、学生顶岗实习、指导学生实际动手、保障学生实习实训质量等方面建立长效机制。建立实践教学管理平台，将实践教学活动纳入平台管理中。

（二）特色

1．建成高水平基于现代学徒制的示范性校内外实训基地

在建设高水平师资队伍、精造实训内容、探索多元实训途径、加强过程与结果的管理、实现学生零距离就业等方面进行建设实践，从而成为具有一定影响力和知名度的示范性校内外实训基地。

2．形成多批次的基于现代学徒制的学生实习场所

"现代学徒制"长安福特校内外实训基地是学院于2013年09月12日与福特公司合作建立的。2013年9月长安福特就接受学院40名学生；2014年5～7月份有20名学生；2014年9月份有80名学生；2015年9月有60余名学生；2015年10月有50名学生；2016年7月份有60多名同学到福特去实习实践。在三年多的时间里有200多名学生成为福特正式员工，其中十余位学生走上了长安福特储备干部的岗位，数十位成为长安福特不同部门的骨干。

3．现代学徒制双导师制式的"交互指导"

现代学徒制的双导师制式的"交互指导"模式指的是学院专业教师偏重于对学生的理论指导，实训基地导师偏重于对学生的实际操作指导。使学生在理论发展与实践技能的提高两方面都可以得到支持与帮助，并能将两者更快更好地结合进来。

四、组织实施与运行管理

基地是学生顶岗实习实践的场所，根据"服务教学、科研服务、专管公用、资源共享"的原则，机电工程学院与长安福特汽车有限公司共建基地管理团队，对实训基地资源进行优化组合和统一调度使用，建立了长效管理机制。管理团队的人员具体如下：企业方以吴怡（长安福特汽车有限公司杭州分公司高级经理）为主的成员有、张刘伟、贾尚斌；学校方以罗晓晔（杭州科技职业技术学院机电工程学院院长）为主的成员有：陈建松、蒋水秀、韩敏、谭小红、张朝山、庄敏等。

五、主要成果及体会

1．主要成果

（1）建立了现代学徒制汽车工程应用中心校内实训基地和长安福特—杭科院校外实训基地。

（2）形成了一套完整的"校企合作、工学结合"的高职人才培养方案和面向现代企业市场需求的课程体系。

（3）建立了一支高素质"双师型"教师参与的队伍对现代学徒制订单式人才培养模式共管共建。

（4）国家发改委项目——杭州大江东智能制造公共实训基地立项，国家投资5 000万，杭州市投资2.5个亿，共3个亿，共同建设杭州大江东职教小镇。

（5）国际知名企业（长安福特、东风裕隆）共同打造混合所有制办学。

（6）与德国奥斯特法利亚应用科技大学合作，资源共享。

（7）与德国西门子公司成立"UG考试中心"。

（8）与德国库卡公司成立"浙江库卡技术应用中心"。

2．体会

（1）要将现代学徒制下的校企深度合作案例引入到校企合作机制创新的过程之中，通过不断实践总结经验形成较为完整的系统理论。

（2）要不断深入研究现代学徒制下的校企深度合作校企共建创新平台，在创新平台的构建、目标、合作模式、层次结构、组织结构、构成要素的基础上，构建现代学徒制校企共建创新平台的结构，为平台长效运行机制研究提供理论依据。

（3）以点带面，以长安福特加以实证，带动其他学校及相关学院与企业深度合作，建立长效运行机制，服务社会。建立学校与用人单位之间人才共育、过程共管、成果共享、责任共担的现代学徒制校企合作长效体制、机制，形成学校与用人单位双主体育人的格局。

创校企融合协同育人机制　建全国
知名人才培养基地

严卫东　刘保彬　马　骞　殷　雷　王时静　王　兴　朱　颖

一、校企合作背景

长三角地区云集中央空调产业链的众多企业，多联机安装、维护和售后已成为高职院校制冷与空调专业毕业生的重要就业岗位群。符合高职学生职业定位的多联机教学领域必须有丰富的实践操作环节，这就需要有相应的设备与之配套。江苏经贸职业技术学院制冷与空调专业教学团队的优势是主要成员具有很强的安装、维修能力和丰富的现场操作经验，面临的难题是多联机设备价值高、技术更新速度快，已有的设备和不完全匹配的教材不能满足教学的要求。

三菱重工空调系统（上海）有限公司——以下简称三菱重工，在市场拓展过程中，在全国构建了由事务所、代理商、经销商和K店组成的规模庞大的销售和服务体系。为了良好地运营该体系，三菱重工需要解决两个问题，一是技术技能型人才的缺乏，二是已有技术人员水平不高以及动态化的产品更新换代引起的技术滞后。

2010年5月，三菱重工与江苏经贸职业技术学院签署校企合作战略协议，校企联合强化高素质人才培养，"三菱重工—江苏经贸"中央空调培训基地在江苏经贸职业技术学院落成。

图1　"三菱重工—江苏经贸"中央空调
培训基地外景

二、目标与思路

1．建设目标

校企合作兼顾双方利益，融合三菱重工和江苏经贸职业技术学院的资源和优势，建设"三菱重工—江苏经贸"中央空调培训基地，进一步提升教师工程实践能力和社会服务能力，校企联合强化高素质人才培养，服务区域经济，服务三菱重工企业发展，创新管理体制和育人机制，产教融合，教研相长。

2．建设思路

三菱重工与江苏经贸职业技术学院共建"三菱重工——江苏经贸"中央空调培训基地，以此为平台培养具备三菱重工多联机安装、测试和维修能力，具备良好的技术沟通和技术传达能力的高水平师资队伍。创新管理体制，实现"三同步"——培训设备紧追三菱重工市场步伐、培训内容针对市场阶段性问题、教师知识结构和思想理念保持同步更新。创新育人机制，校企联合开展技术技能型人才培养，通过订单式培养、顶岗实习、现代学徒制等手段，对接社会需求，提升实践教学的实用性和适用性，全面提升毕业生就业质量。

三、内容与特色

1．案例内容

校企合作的内容是由总部将学院教师培养成全面掌握三菱重工空调安装和维修技术的客座教授。三菱重工技术部负责更新设备与培训内容，教师负责培训与考核技术人员、解决工程问题、基地设备维护。三菱重工所提供的设备，同时用于实践教学，教学内容采用校企联合制订的培训教材。校企双方开展针对高职学生的技术和技能培养，提升学生综合竞争力，解决三菱重工用人需求。

图2　三菱总部培养中方技术人员的培训班合影

2010年5月至2017年，培训基地四次更新设备，总投入成本价值超过200万元，设备更新情况如表所示。为配合设备升级和市场变化，同步更新校企合作教材和培训手册共6部。

三菱重工设备更新一览表

设备投入（更新）时间	设备投入（更新）内容	设备成本价值
2010年2月	三菱重工KX4多联机安装、测试系统2套，自动控制测试系统1套	120万
2012年6月	KX6多联机安装、测试系统2套	60万
2015年5月	KXZ（2015上市同步设备）多联机安装、测试系统1套	40万
2016年8月	二氧化碳制机组 该机组符合欧盟标准，是从日本进入中国的首套设备，三菱重工空调系统（上海）有限公司尚无样机	

图3　"三菱重工—江苏经贸"中央空调培训基地现场

图4　三菱重工二氧化碳机组技术资料封面与铭牌

2011年至2013年开展了"订单式"培养，成立了"三菱班"；2013年5月至2015年5月，以江苏省高等教育教学改革项目契机，开展了制冷与空调专业"师徒制"实践技能体系的探索与实践。自2013年5月以来，有6名毕业生就业于三菱重工各地事务所管理层，35名毕业生就业于三菱重工代理商和经销商企业。

图5　三菱重工企业培训现场（最右为学院指导教师）

"三菱重工—江苏经贸"中央空调培训基地，作为三菱重工唯一的中央空调施工与售后服务技术人员培训中心，2010年5月至2016年8月，共开班46期，培训来自包括中国大陆和港澳地区的技术人员900余名。

图6　三菱重工技术人员培训部分管理文件

2. 案例特色

通过良好的管理、沟通与运行机制，使校企合作可持续发展。自三菱重工成立，校企建立了战略伙伴关系后，每年都有实质性合作内容，合作领域不断扩展，合作深度不断加强。

通过校企联合培养，显著提升了学生就业层次和就业质量。以基地为平台提升了基础实践技能的有效性，联合三菱重工及其代理商、经销商和K店开展岗位实践技能培养，学院制冷与空调专业毕业生就业层次与质量显著提升，多名毕业生进入国际知名的外资企业工作。

通过更新设备、技术与再培训师资，建成了与市场同步的全国知名中央空调人才培养基地。企业持续更新设备、更新技术培训内容，"三菱重工—江苏经贸"中央空调培训基地的设备始终紧随公司市场步伐，具有一流的设备和技术资料。学院教师作为企业培训主体，知识内容和实践能力不断更新，从而具备了与一流的设备和技术相匹配的师资力量。北京、香港、上海、广东、吉林等地都有学员来南京培训，使培训基地知名度扩展至全国各地。

四、组织实施与运行管理

1. 各方职责

在三菱重工与江苏经贸签订战略合作协议后，各方主要职责如下：

日本总部：师资培养、重大技术更新辅导中方人员（包括三菱重工技术部员工和学院培训教师）。

三菱重工：设备更新和安装、培训内容翻译和整理、技术沟通、培训组织，制冷与空调专业学生培养协调和组织，为优秀学生提供就业岗位。

江苏经贸：技术人员培训、技术传达、设备安装和维护、培训中心管理、培训内容审核与反馈，学生基础技能培养、顶岗学生日常管理。

2. 合作组织结构与运行管理

合作组织结构与运行管理见下图。

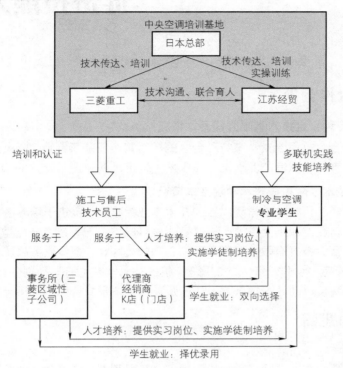

图7　合作组织结构与运行管理

五、主要成果与体会

在长达7年的校企合作历程中，深刻地体会到建立完善的合作与沟通机制是校企合作不断发展的前提条件，人才培养能力的与时俱进是核心。经过校企双方的共同努力，江苏经贸职业技术学院制冷与空调专业建设成果显著。

（1）以一个专业的力量，建成了制冷与空调领域全国知名的人才培养基地，拥有与三菱重工市场同步的最新设备、最新技术和优秀师资。

（2）以基地为平台，提升了行业的影响力，培养了符合企业需求的高水平技术技能型人才，学生就业质量位居全校前列。以2016年为例，有21名毕业生就业于三菱重工、大金空调、江森—约克等国际著名企业。

（3）获得企业设备投入，成本价值超过200万元，技术服务创收接近100万元。

校企合作，共建工装研制中心，促进技能人才培养

曹秀中　张　铮　徐安林　刘少怀　谈　盈

一、校企合作背景

1. 江苏永瀚特种合金技术有限公司基本情况

江苏永瀚特种合金公司专业从事特种合金的精密铸造及加工制造，以大型复杂高温合金结构件精铸技术为优势，涉及汽车发动机、工业燃气轮机、涡轮透平叶片的精铸件加工。

2. 无锡职业技术学院机械技术学院基本情况

无锡职业技术学院机械技术学院以数控技术专业为核心，聚焦于培养区域经济发展急需的工装和模具设计与制造、加工设备操作与保障、材料成型工艺等技术技能型人才培养。

江苏永瀚特种合金技术有限公司是处于初创期的公司，其主要业务领域与学院人才培养高度契合，有着与学校定向合作培养人才的愿望。机械技术学院也有与初创公司合作的成功经验。双方于2012年校企联合启动"无锡职院·江苏永瀚"人才定向合作培养项目。

二、目标与思路

1. 合作思路

双方本着"精诚合作、共同成长"的宗旨，"互利互惠、成果共享"的原则，以企业真实的工装为载体，校企联合设计、联合制造，筑牢校企定向合作培养的技术基础。

2. 合作目标

（1）成立无锡职院·江苏永瀚工装研制中心，共同参与，共同管理。

（2）为初创企业提供技术、设备、人员等条件的支持。

（3）参与公司项目工艺与工装设计，培养教师工程实践能力。

（4）资源共享，完成工装制造与装配，促进学生技术技能提高。

三、内容与特色

1. 项目内容

（1）合作成立无锡职院·江苏永瀚定向班。

定向班从机械学院五大专业中招收两期共61名学员定向培养，进入公司岗位实习以及校企合作指导毕业设计等，经过双向选择，15名定向培养班学生成为企业员工。

（2）合作成立无锡职院·江苏永瀚工装研制中心。

2013年，结合企业生产急需，校企双方签订了年价值200万元的工装合作研制项目协议，三年内完成100副工装的研制。

图1 外方专家团队负责人嘉马克进行验收检查

图2 工装中心研制的浇口杯模具

图3 工装中心研制的600mm叶片模具

图4 工装中心研制的浇注系统蜡模模具

表1 工装中心已研制完成的工装清单

序号	模具名称	模具图号	序号	模具名称	模具图号
1	试棒模具	19.00001.102A	13	浇口杯模具	13.00034.102A
2	排蜡块模具	13.00039.102A	14	浇口杯模具	13.00035.102A
3	流动性测试模具	18.00004.102A	15	校正模	19.00003.112
4	直浇道模具	13.00008.102A	16	三动叶片模具	19.00008.102A
5	浇口杯模具	13.00032.102A	17	单晶叶片底盘模具	13.000027.102A
6	28×300×8蜡版模具	13.00038.102A	18	单晶旁通道模具	13.000029.102A
7	20×300×8蜡版模具	13.00037.102A	19	选晶器模具	13.000033.102A
8	D11×300蜡棒模具	13.00036.102A	20	定向凝固蜡杯模具	13.000041.112A
9	环形流道模具	13.00006.102A	21	单晶底盘中心块模具	13.000045.101A
10	浇注系统蜡模模具	13.00014.102A	22	蜡芯撑模具	13.000052.101A
11	叶片蜡模模具	19.00003.102A	23	单晶型芯模具	19.00006.105A
12	叶片冷蜡块模具	19.00003.104B			

2．项目特色

校企共同改造了模具、材料、机制、数控五个专业的主干课程。将工装研制涉及的技术与技能内容转化为课程实践教学的主要教学内容。

校企共同建成了工装研制中心。工装研制中心投入使用后形成了产业化生产规模。企业通过工装研制中心项目，节省了工装研制成本和1 000万元的前期投入。学校借助于工装研制中心，提升了教师的工程实践能力，学生实现了生产环境下的实践能力训练，实现了校、企、生三方共赢。

校企共同设立了定向培养实训基地。校企共同建设的工装研制中心为模具、机制、数控等专业学生提供了四个车间18种岗位专项技术和工艺的轮训场所。

四、组织实施与运行管理

（1）设立合作项目领导小组。对项目运行进行监控、评估、协商与决策。

表2 无锡职院·江苏永瀚合作项目领导小组

成员姓名	职务/职称	职责
韦恩润	总经理/高级工程师	提出企业方议题，组织领导小组会议
张 铮	院长/教授	提出学校方议题，组织领导小组会议
贺 剑	人事处长/总工艺师	收集企业方议题，协调落实会议决定
曹秀中	院长助理/副教授	收集学校方议题，协调落实会议决定

（2）合作项目成立一个工装研制中心、两个项目团队。

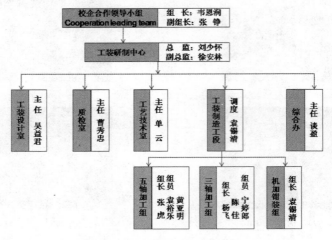

图5　无锡职院·江苏永瀚工装研发中心岗位图

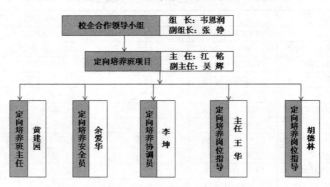

图6　无锡职院·江苏永瀚定向培养班项目团队

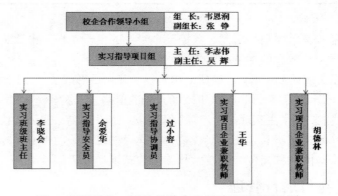

图7　无锡职院·江苏永瀚企业学习指导项目团队

（3）合作项目制订了可操作的校企合作培养机制。主要有如下7项规章制度。

1）无锡职院·江苏永瀚定向培养班教师聘任资格的规定。

2）无锡职院·江苏永瀚实习学生安全管理办法。

3）无锡职院·江苏永瀚实习学生管理规定。

4）无锡职院·江苏永瀚实习学生取消实习资格相关规定。

5）无锡职院·江苏永瀚定向合作培养专项经费使用办法。

6）无锡职院·江苏永瀚企业实习项目指导教师工作职责。

7）无锡职院·江苏永瀚企业实习期间保险购置规定。

五、主要成果与体会

（一）项目成果

1. 提高了人才培养质量

公司参与机械技术专业群人才培养方案开发、课程建设、实训室建设等工作。在江苏永瀚定向班实施过程中，企业结合实际，提供了12位学生的毕业设计（论文）课题，并选派了2名专业技术人员参与具体指导。

2. 形成了可操作的人才培养机制

根据校企双方签订无锡职院·江苏永瀚先进高温合金精密铸造模具开发与研制技术服务合同、无锡职院·江苏永瀚定向培养协议，设立了相关组织机构和项目团队，并形成了可操作的7项校企合作规章制度。

3. 惠及学生并锻炼了教师的工程实践能力

工装设计专家团队共同协作，在完成工装研制的同时，教师的工程能力得到了实践锻炼。合作项目启动以来累计申获7项专利，公开发表3篇中文核心期刊论文。

表3　工装中心已申获的专利

序号	专利名称	专利权人	专利号
1	数控机床无线手轮的无线充电装置	徐安林	ZL201220378543.3
2	一种数控机床激光非接触式寻边装置	徐安林	ZL201220378542.9
3	一种自动将弹簧套装在油封上的装置	吕伟文	ZL201220280545.9
4	一种铸造用铸型研磨装置	张清	ZL:201320222660.5
5	一种改良型铸造用铸型研磨装置	张清	ZL:201320222354.1
6	一种铸造涂料搅拌器	陈玉平	ZL:201320222442.1
7	一种改良型铸造涂料搅拌器	陈玉平	ZL:201320222354.1

4. 企业提供了定向合作培养学习场所

企业出资对工装研制中心按企业生产要求布置现场，构建了技术技能人才培养需要的具有企业真实环境的学习场所，提供了压蜡、制壳、浇铸、后处理四个车间18种实习岗位和以实习岗位主要技术与工艺为主题的系列教学资源。

5. 共同组建工装研制中心

工装研制中心启动了100副工装的研制工作，已经研制完成23副工装，并通过了外方专家团队的验收，工装研制中心形成了产业化生产规模，筑牢了校企合作的技术基础。

（二）体会

1. 合作共赢是校企合作的前提

企业通过工装研制中心项目，节省了工装研制成本和1000万元的前期投入。学校借助于工装研制中心，迅速提升了教师的工程实践能力，训练了学生在真实环境下的实践能力，实现了就业与预就业，实现了校、企、生三方共赢。

2．建立完善的管理制度是校企合作的保障

深入开展大型、复杂的校企合作，涉及大量的人、财、物以及项目的运行，离不开项目的组织、实施、运行和管理。项目建立了完善的项目管理制度，为项目运行中有效监控、评估、协商与决策提供保障。

六、发展前景

本校企合作项目为企业提供了定向合作培养学习场所的同时，探索并形成了可操作的人才培养机制，惠及学生并锻炼教师的工程实践能力，促进了人才培养质量的提高。

本项目的工装研制引领的机械技术专业群人才定向合作培养模式，具有明显的行业人才培养特色。并于2014年被评为"无锡市校企合作示范项目"（锡教高职〔2014〕71号），获市政府8万元资助。

该校企合作模式具有良好的运行与发展前景。

最近2～3年通过教师参与公司技术研发，相继申获2014年"碳纤维增强金属的柔性受压电铸制造技术研究"国家青年基金项目、2016年江苏省高等职业教育产教深度融合实训平台"数字化设计与制造实训平台"项目、"2015年度江苏高校优秀科技创新团队——新型材料成型加工技术"（苏教科[2015]4号），极大提升了合作项目在江苏高职教育界的影响力。

七、自我评价

1．合作项目的创新性

工装研制引领的机械技术专业群人才定向合作培养模式在全国范围内属于独创，实践中形成的一整套校企协商、共同指导、人才共育的操作性实施办法，并具有示范性和普适性，便于推广。

2．合作项目的可借鉴性

校企双方针对合作项目实施过程中的一系列难题进行顶层设计，并在操作过程中不断完善，有力推进了合作项目的落实、推进和不断深化，具有很强的可借鉴性。

引企入校，促进校企深度融合

黄敏高　刘　江　龚仲华　苌晓兵　赖立迅　沈大千

一、校企合作背景

职业教育的发展壮大，校企合作育人是必由之路。教育部大力倡导职业教育双主体办学，产教深度融合，通过学校与企业的深度合作，将企业的人才需求和用人标准引入到人才培养的各个环节，通过多形式的工学结合方法和途径，校企共同完成人才培养的全过程，使人才培养与社会、行业、企业的需求紧密结合，更好地适应地方社会经济发展的需要。

目前职业教育校企合作人才培养主要面临以下难题：一是企业在人才培养中的主体作用不突出，需激发积极性；二是校企合作人才培养运行机制不健全，需提高有效性；三是校企合作缺乏深层次合作与持续发展的纽带，需实现发展性。

二、目标与思路

常州机电职业技术学院以常州打造智能装备名城、实施"一核八园"战略为契机，依托学院完善的基础资源、优良的社会声誉和国家大学科技园的优惠政策，2007年将常州创胜特尔数控机床设备有限公司引入校园。借鉴"双元制"模式，校企共建"校中厂"，通过打造跨界协同利益共同体，探索双主体育人实践模式，实现双主体人才培养的目标。

三、内容与特色

（一）打造跨界协同利益共同体

1. 贯彻"四合作"理念，实现"引企入校"到"引企入教"的转变与升华

学院通过打造并发挥"常州工业机器人与智能装备应用技术研究中心"资源积聚优势，拓展学院服务企业功能，提升专业服务产业能力。企业向学院提供合作教育服务，参与专业建设和人才培养、社会服务等；享受学院提供的公共资源、人才支撑、技术支持以及政府、行业提供的优惠政策。校企以协议和相互参股等形式明确双方职责，成立协作组织畅通校企合作交换流程。通过内因驱动、外因约束，实现"引企入校"到"引企入教"转变与升华，从而形成了教学和生产场所合一、人员合一、任务合一的校企双主体环境。

常州创胜特尔数控机床设备有限公司是一家主要从事立式、卧式、龙门式加工中心等各类数控机床设备研发、生产、销

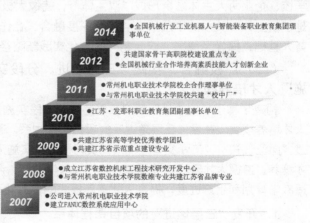

图1　公司参与办学历程

售和服务的现代化技术型企业——国家高新技术企业。公司2007年进入常州机电职业技术学院以

来，积极参与职业教育办学。

公司在合作办学中，每年在经费、人力资源、物力等方面都有较大投入，仅2015年就合计投入70万元。

表1　公司2015年参与办学资源投入一览表

项　　目	内　　容
创胜特尔奖教金	5万
创胜特尔奖学金	15万
"创胜杯"学生技能大赛	15万
"正五面加工中心（TOM-2203B）研制"等横向课题经费	35万
"教学岛"数控机床设备	8台
兼职教师参与教学的技术人员	8台

2013年公司与学院共同出资100万元共建"教学岛"——企业真实生产环境中的教学场所，相互调适生产计划与教学计划，打造成课程教学场所、实习实训基地和员工培训基地。

截至2015年，常州机电职业技术学院与常州创胜特尔数控机床设备有限公司合作培养数控类专业和机电设备类专业学生2 600余人，为长三角地区先进装备制造业发展提供了良好的智力支撑。还承担了全国高职数控维修专业骨干师资培训3期，江苏省中职机电专业骨干教师培训5期，助推了全国机械职业院校相关专业师资水平提升。

图2　教学岛示意图

2. 共建公共技术服务平台，依托项目协作推进校企深度融合

在地方政府支持下，校企进一步统筹资源，共建"江苏省数控机床工程技术研究开发中心""常州市数控机床精度检测与维修公共服务平台"和"国家级师资培训基地"。通过人员、资本、设备、技术到功能的相互渗透和高度融合，以技术研究、项目开发、社会服务等为纽带，丰富完善了技术协作机制。中心与平台承担了企业产品售后服务职能，提升了企业技术更新和产品研发能力，增强了企业核心竞争力。同时，学院师生参与中心平台项目，科研服务又反哺了学院教学。学校、企业两大主体融合形成"双主体"，就像太极图中的阴阳两极，每一方都在对方里面，这是"双主体"关系的本质所在。校企深度融合、合作共赢和持续发展，进一步夯实了"双主体"育人基础，探索了德国"双元制"本土化实践新路径。

（二）厂校融合，实践"三层递进、分段实施"人才培养模式

构建了基于"校中厂"的"三层递进、分段实施"人才培养模式，开发"三层递进"的项目课程体系，通过"岗位认知""工学交替""顶岗实习"分段实施人才培养，遵循人才客观培养规律，依托"教学岛"，调适教学计划和生产进度，提高人才培养模式的普适性。

1. 开发"三层递进"的项目课程体系

选择源于企业的岗位（群）典型工作任务为载体，遵循专业基本能力、专业专项能力、专业综合能力的

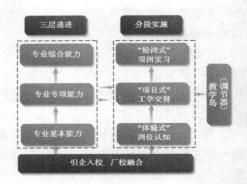

图3　"三层递进、分段实施"人才培养模式

能力渐进培养规律，开发"三层递进"项目课程体系。

2．形成"分段实施"的教学模式

教学过程对接生产过程，组织"岗位认知""工学交替""顶岗实习"分段实施人才培养。"校中厂"提供数控机床装调、维修和数控加工实训条件，学生在"企业导师"的指导下，依托"教学岛"，通过真设备、真项目、真环境，完善任务引领、项目教学条件，帮助学生完成专业岗位能力的学习、运用和提升，强化了岗位技能和职业素养。

（三）混编教科研团队，共建教学资源

通过校企人员互聘，教师加盟企业技术部，企业导师编入团队，打造"校企互通、专兼结合、教研相长"的"混编"教学科研团队，共同开发项目教材、生产案例等教学资源，研究新技术，实现双向服务。选择源于企业的"学习性工作任务、岗位性工作任务"等项目为载体，联合开发碎片化资源为主要形式的课程资源，全面推广课程教学进车间，实施任务引领、项目教学，实现学生主体，提高学习兴趣。

图4　校企双方人员互聘

四、组织实施与运行管理

在"政、行、校、企"合作理事会领导下，建立"专业建设合作委员会—合作办—项目组"三级管理运行机制。合理界定机构职责，明确决策、管理和执行的分工协作，立体协同推进校中厂的育人机制，具体出台《"校中厂"教学实施细则》《"校中厂"教学考核办法》等系列制度，保障兼职教师进课堂、课程教学进车间的顺利实施。进一步完善了"一条主线、三个层次、五大系统"为核心的实践教学体系，即以学生技能成长过程为主线，以专业基本能力、专项能力、综合能力三层次递进为路径，以专业实践教学目标体系、内容体系、管理体系、保障体系以及评价体系为五大系统，提高育人实效。

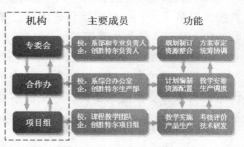

图5　"专委会—合作办—项目组"
三级管理体制

五、主要成果与体会

（一）人才培养成效显著

引企入校后，学院数控类专业在人才培养质量、专业建设、双主体育人实践模式推广等方面成效显著。

表2　数控类专业人才培养主要成效

数控类专业人才培养质量	毕业生就业竞争力指数91.6%
	毕业半年后月收入3 784元
	全国职业院校技能大赛一等奖3项
数控类专业建设	央财重点建设专业1个
	全国机械行业特色专业1个
	省级品牌专业2个
双主体育人实践模式推广	为2家"校中厂"提供了建设范式
	成果应用到25个专业
	全国机械职业教育优秀实践性教学成果一等奖
	牵头制订全国高职数控设备应用与维护专业教学标准
	"从引企入校走向引企入数"入选江苏省高等职业教育改革与发展创新案例

（二）企业效益明显提高

在成为常州机电职业技术学院"校中厂"后，常州创胜特尔数控机床设备有限公司也得到了飞速发展，企业规模、社会认可度和品牌形象等方面都得到较大提升。从2007年至今，实现销售收入及利税翻两番。2015年，企业生产总值达7 000万元，销售收入提高了约15%，企业利税提高约10%。

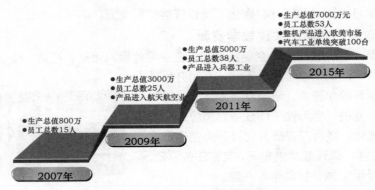

- 生产总值800万
- 员工总数15人

2007年

- 生产总值3000万
- 员工总数25人
- 产品进入航天航空业

2009年

- 生产总值5000万
- 员工总数38人
- 产品进入兵器工业

2011年

- 生产总值7000万元
- 员工总数53人
- 整机产品进入欧美市场
- 汽车工业单线突破100台

2015年

图6 企业近年发展主要数据

（三）助推地方经济社会发展

依托江苏省数控机床工程技术研究开发中心和常州市数控机床精度检测与维修中心等公共技术服务平台，校企混编科研团队三年来完成《大型动梁式数控龙门镗铣机床及关键技术开发》等常州市科技攻关课题3项；2013年江苏省高校科研成果产业化推进项目《TOM-L1062B/5X立式五轴联动加工中心关键技术研究与产业化》1项；常州市科教城科研基金重点项目《数控设备应用与维护专业综合化改革与研究》1项；《TOM-L1062B/5X五轴立式加工中心》项目获江苏省机械工业科技进步奖二等奖。累计获得授权专利32项，其中发明专利授权2项。

六、发展前景与自我评价

基于"校中厂"的双主体育人可以在更高平台、更广范围内予以推广实施。通过政、行、企、校积极打造协同创新平台，借助中国机械工业教育协会、江苏省教育厅等政府和行业的主导作用，发挥全国机械行业机器人与智能装备职业教育集团、江苏省机电职教集团、江苏·发那科数控职教集团等作用，在更大的集团体系内扩大社会交换功能，提升交换层次，面向产业，跨越区域，整合、积聚集团各成员单位的资源优势，推进产学研用相结合的创新实践，加强校校之间、校企之间的战略合作，促进优质资源广泛共享，全面提高人才培养质量，促进产教融合。

产教研融合的模具专业"校中厂"实践教学平台

宋志国　薛苏云　史新民　陈剑鹤　吴振明　叶　锋　于云程　莫盛秋

一、校企合作背景

　　常州信息职业技术学院模具专业是具有悠久历史的优势专业,2008年开始以国家示范重点建设专业为契机,深化教学改革,加强校企合作。通过持续投入生产实训设备,于2010年建设成生产设备先进的精密模具技术实训基地。为了充分发挥实训基地在教学、培训、生产和社会服务方面的示范作用,引入苏州荣威模具有限公司入驻,进行企业化运作,成立校企联合的"校中厂"实践教学平台。通过近五年的实践与探索,建成了"产学结合、校企共建、共用共管、产学互惠、三方受益"的共建生产性精密模具制造实训基地。

二、目标与思路

　　通过引企入校共建模具专业生产性实训基地,探索高职院校机械类专业校企深层次合作共建实践教学体系的模式。改变以课堂为中心的教学模式,实现产、教、学、做合一的有机融合,探索适合高职院校并符合企业生产实际的"校中厂"实践教学平台。本项目的主要建设思路如下:

　　(1)通过自建"生产车间",引入企业,形成"校中厂"的实践教学平台,总结校企合作的经验,探索"校中厂"的建设规划与途径。

　　(2)根据"校中厂"教学的特点,校企制订专业课程的课程标准、实施计划及考核办法。使相应专业课程实现真正意义上的理实一体化,实施计划与企业生产经营活动有机融合。

　　(3)通过"校中厂"的实际生产与实训运行的融合,完善相关的管理机制,探索"校中厂"运行管理模式。

三、内容与特色

　　基地按照企业生产要求布局,按照企业模具生产和班级实习需要进行岗位设置,兼顾企业生产和实训需要,建成模具"校中厂"实践教学平台。引入企业真实产品,将企业的生产项目作为校内实训项目,实施任务驱动式生产性实训;聘请企业技术人员为兼职教师,指导实训;专兼职教师合作为企业进行模具技术培训,使得实训基地具备实训、生产和服务社会等三重功能,如图1所示。

　　模具专业"校中厂"实践教学平台具有以下特色:

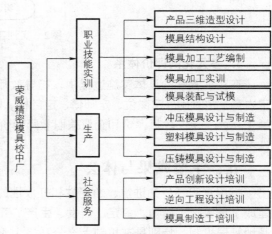

图1　"校中厂"实践教学平台的主要内容

（1）课程开发依据"理论与实践统一，实践与生产统一，生产为教学服务"的理念，建立了基于企业真实生产的工作过程系统化课程体系。

（2）通过引入企业真实产品，按照"教学实施项目化，实训环境车间化，专兼教师团队化，教学练做一体化"的原则实施工作任务驱动式生产性实践教学。

（3）学生在"校中厂"具有学生与学徒的"双重身份"，通过两种双重身份的不断转换，可使学生获得比以往更多的专业能力和职业素养，提高就业竞争力。

四、组织实施与运行管理

在"校中厂"的实际运行过程中，校企双方共同研究建立"校中厂"的组织实施与运行管理模式，从而确保实践教学质量行之有效。

1. 实训任务的安排

模具专业学生进入"校中厂"进行《典型模具制作》实训，组成多个实训小组，由校企组成的专兼职教师团队进行指导。要求学生在实训期间能够按照企业的管理制度和作业流程完成学习任务，培养良好的工作素养。

2. 实训过程的组织

实训内容由校企双方根据生产的实际情况进行设计，实训内容按照难度分为机床基本操作、综合性实训项目、模具制作三个阶段。在完成所有实训项目后，安排工作表现好且成绩突出的学生进行实训汇报，其余每名学生也要做相应实训总结，其实训工作过程如图2所示。

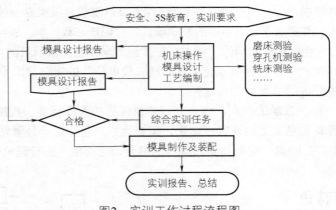

图2　实训工作过程流程图

3. 多元化的评价体系

在实训教学的具体实施过程中，指导教师和企业根据生产实际做到"六定"，即定计划、定内容、定时间、定岗位、定师傅、定目标。校企共同设计学生考核评价制度，做到学生自评、学生互评、专任教师评价和企业兼职教师评价，对学生的专业能力和职业素养进行全面的过程性考核。

五、主要成果与体会

按照真实性、先进性、通用性和开放性的原则建设的"校中厂"，探索校企组合新模式，建成了集教学、培训、鉴定、研发、生产"五位一体"的校内生产性实训基地，创新校内实训基地管理机制，特别是在机制上充分利用企业化运作的优势，按照"基地建设企业化"和"实践教学企业化"的原则,打造校企一体化特色实践教学模式,见图3。

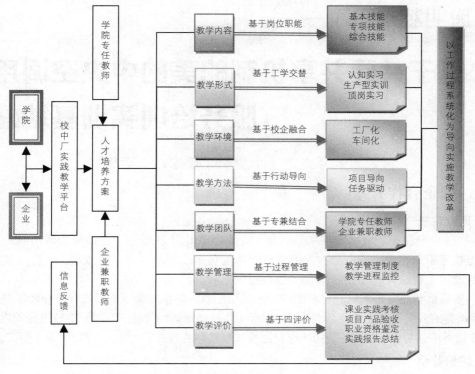

图3 实践教学实施体系

通过模具 "校中厂"实践教学平台的探索与实践,主要解决了模具专业职业教育中的以下问题。

(1)解决了实践环节与企业生产实际脱轨的问题。

(2)解决了专业教师进企业进行锻炼的问题,提高教师实践能力和参与社会服务、技术研发的能力。

(3)解决了职业教育实践教学环节的企业兼职教师的问题,从根本上提高了学生的职业能力。

基于共建共享机制的美的中央空调用户
服务培训实训基地建设

何钦波　郑兆志　余华明　李东洛　李锡宇

一、校企合作背景

1．建设背景

"美的中央空调用户服务培训实训基地"（以下简称"基地"）是由美的商用制冷设备有限公司与顺德职业技术学院联合共建而成。基地既可用于制冷专业学生教学，又可为美的国内外经销商进行工程设计、施工、维护等综合技术培训。

美的多联机和热泵热水机是目前国内技术的引领者，急需加强这方面工程及技能服务人才的培养。但是美的公司作为企业，不能很好地把握职业技能培训的规律，而高职院校已经积累了高职教育人才培养的优势，所以美的公司决心投巨资与我校联合打造"共建、共管、共享"型实训基地。

2．建设基础

该"基地"使用面积达1 200m²（如图1～6所示），2008年美的公司捐赠了价值109.9万的资产（包括各类多联机、热泵热水机及工具材料等），2015年美的公司再次捐赠价值190万的设备，对多联机、热泵热水机进行升级换代，并正式成立"美的中央空调用户服务培训实训基地"。目前基地拥有美的中央空调最新的产品及网络控制技术，同时配备了先进的多媒体教学设备，可同时满足150名学员实训。该基地也为2014年立项的国家职业教育专业教学制冷资源库学习体验中心的建设提供了有利的空间及设备资源。该学习体验中心利用先进的信息化手段和工具，实现从环境（网络基础、设备、课室等）、资源（课件、视频等）到活动（教、学、管理、沟通、办公等）的全部数字化，并进一步成为全国35所高职同类专业的"互联网+教学"示范中心。

图1　美的中央空调用户　　图2　基地平面效果图　　图3　多联机电气测试与诊断实训室
服务培训实训基地

图4　多联机培训上课场地　　图5　热水机电气测试与诊断实训室　　图6　热水机培训上课场地

二、目标与思路

1．建设目标

将基地建设成一个具有国际水平的、面向国内外制冷设备制造商和经销商以及高校学生开放的、集商用中央空调和热水机于一体的应用技术领先并同步实现更新的综合训练实训基地。

2．建设思路

（1）建设成为面向美的国内外经销商进行工程设计、施工、维护等综合技术培训的多功能培训基地。

（2）满足制冷专业工程方向的教学需求，保证培养的人才与岗位需求零对接，并促进美的定向培养班的开设。

三、内容与特色

1．建设内容

（1）空调工程设计施工与运行维护训练功能建设。

（2）设备拆装训练功能建设。

（3）关键零部件展示功能建设。

（4）制冷、电气控制系统综合学习训练功能建设。

（5）培训教学资料及环境建设。

2．建设特色

（1）创新体制机制改革，建立"优势互补、产权明晰、利益共享、互惠互利"的实训室运作模式。

本基地从机构设置和人员编制、设备管理、对外业务管理、教学运行管理等方面进行规范，建立资源共享、互惠互利的运行机制。将美的空调公司的技术、设备、人员优势与学院的职业教育优势结合，实施设备、人员、技术、培训四共享原则。

（2）基地的建设丰富了建构主义教学实践创新。

"基地"的建设为生产性实习、情景再现训练创造了条件。首先，做到所有的教学内容来自美的的典型产品及工作，并抽取其中的典型知识、技术和技能，再按建构主义进行教学内容的整合；其次，按照知识与技能的层次结构，以项目为导向，任务来驱动，设计教学内容。

（3）基地的建设作为校企合作的窗口促进社会服务。

由于该"基地"代表了多联机、热泵热水机最先进的技术和工程施工规范，美的集团的产业和行业影响力以及为之服务的从业人员和单位非常庞大，所以通过"基地"培训，带来许多围绕美的产品进行经营的产品供应商与制冷专业开展校企合作、工学结合、科研工作和技术服务等。

四、组织实施与运行管理

（一）组织保障

1．管理总体构架

本基地管理机构设置如图7所示。

2．人员分工及相应职责

为了降低基地的运作成本，同时满足工作需要，基地

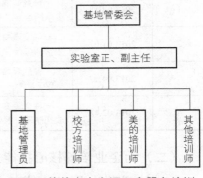

图7　美的中央空调用户服务培训实训基地机构设置

直接参与日常运作人员可由双方各出1名，其他人员暂由双方各职能部门兼任。

基地管委会：负责基地的人员任命，战略决策、设备投资管理，重大财务支出的审批。

基地主任：负责基地检验、业务开展、人员考核日常管理。

基地副主任：协助基地主任开展基地各项日常管理工作。

基地管理员：由制冷专业实验员专任，负责基地日常的设备使用维护等工作。

三方培训师：负责各个项目的培训工作，包括制订培训计划、编制培训资料。

（二）机制保障

学院十分重视实验实训室管理，以协同创新为引导，以服务专业教学、提升管理实效为目标，推进校一院二级管理体制改革，将实验实训室的建设、规划、发展真正落到专业层面，激发基层教学单位积极性，让实验实训室规划更贴近专业建设需求和实践教学需要，提升实验实训室管理的规范性和高效性。

（三）经费保障

本次共建基地，美的捐赠设备及材料价值共计300万，学院经费投入达50万，主要用于基地的环境改造和提升，使之更加符合职业教育的规律。

五、主要成果与体会

（一）校企联合开发实用仿真实训设备

利用此基地建设契机，制冷专业与美的公司联合研发设计了多联机、热水机制冷管路系统和电气控制系统仿真实验台，分别见图8、图9，并获得发明专利4项，见表1所示。其中"一种热泵热水机制冷系统教学仪"获得2015年广东省机械工程学会科技进步三等奖。

图8　多联机电气控制及管路综合训练台　　　图9　热水机电气控制及管路综合训练台

表1　开发的实训设备所获发明专利

序号	时间	名称	类别	专利号（授权号）	国别
1	2013.04.17	一种数码涡旋多联空调机制冷系统教学训练台	发明专利	ZL201110142312.2	中国
2	2013.01.02	一种交流变频多联空调机组教学训练台	发明专利	ZL201110141183.5	中国
3	2013.04.17	一种热泵热水机制冷系统教学仪	发明专利	ZL201110139789.5	中国
4	2013.02.13	一种交流变频多联空调机集成控制系统教学仪	发明专利	ZL201110141161.9	中国

（二）为企业培养核心技能人才

1．基地为学生提供了培养核心技能、成为带头师傅的训练条件

本基地的建设可以带动行动教学方法的设计应用，极大地提升学生主动性，真正培养了学

生的方法能力和社会能力，并促进了专业能力的提高。达到了学会核心技能，成为带头师傅。2014年9月佛山市顺德区美的暖通设备销售有限公司专门挑选了25名制冷毕业班的学生，组建定向培养班，专门为美的下属的各销售公司和工程公司输送中央空调维护、工程以及销售方面的人才。

2．为企业技术培训及技能鉴定发挥了重要作用

近三年通过技术培训及技能鉴定为制冷企业培养了大批技术骨干，详见表2所示。

表2　近3年对外技术培训、技能鉴定

序　号	项目名称	项目属性	培训对象	培训人次
1	多联机安装施工	技术培训	美的经销商及售后人员	400
2	热泵热水机安装施工	技术培训	美的经销商及售后人员	400
3	制冷设备维修高级工	技能鉴定	高校教师及企业技术人员	16
4	制冷设备维修技师	技能鉴定	高校教师及企业技术人员	32
5	制冷设备维修高级技师	技能鉴定	高校教师及企业技术人员	21
6	R290空调产品安装维修培训	技术培训	空调售后维修人员	220

（三）打造了一支高水平、专兼结合的双师团队

教师通过到校企共建的校内生产性实训基地实践、企业技术岗位顶岗、参与项目开发和技术革新、科研机构进修等形式，进一步提升技术服务水平，实现专任教师"教学双师型→校企双师型"的提升。2014年制冷教学团队被确定为广东省优秀教学团队建设对象。

（四）校企共建实训基地的一点体会

实训基地的建设是一个长期不断完善的过程，基地建设要充分考虑以下几个方面：①充分体现社会性功能。②实训室建设规划实施走出去并请进来。③校企参与实训基地整个建设过程。④基地建设始终体现专业的核心技能。⑤校内实训基地建设应走向综合型。⑥实训室建设要催生一些产业化的技术和产品，激发潜在资源。⑦实训室建设应与教材建设同步。⑧建成后，定期进行运行管理总结。

湖南机电职业技术学院捷豹路虎校企合作项目

胡元波　周李洪　邓加林　丁泽峰　袁振宇

2015年4月9日，捷豹路虎中国与湖南机电职业技术学院共同宣布捷豹路虎（长沙）卓越培训中心正式启动，也是捷豹路虎中国在华成立的第6所卓越培训中心，是占地面积最大、设施最好、设备最全的一所合作院校。引入了捷豹路虎全球统一的"卓越"级别认证体系，启动了机电维修、车身钣金两个板块的分级课程认证（图1为项目签约启动仪式现场）。

图1　项目启动仪式

一、校企合作背景

1. 合作项目有助力于企业高端技术技能人才储备

2014年，捷豹路虎在中国市场销售12.2万辆，是全球最大的单一市场。随着奇瑞捷豹路虎正式投产，捷豹路虎在国产化道路上有了显著发展。长沙是中国中部地区最具竞争力的城市之一，战略地位和重要性不言而喻。服务是豪华车市场竞争的重要手段，长沙卓越培训中心的成立将为中南地区的经销商源源不断地输送售后维修人才和钣金人才，助力于中南地区经销商的人才储备。

2. 合作项目有助力于学院汽车类专业群整体提升

作为捷豹路虎的明星项目，融合了捷豹路虎在校企协同、学徒制人才培养模式、国际职业标准认证体系、教学项目本土化处理等方面的成功经验。学院汽车类专业群在借鉴卓越培训体系既有的项目的基础上，结合学院自身特色，整合资源、打造团队，实施人才精细培养，培养一流人才，把汽车类专业打造成先进培养模式、辐射功能突出的品牌专业，引领湖南汽车专业发展。

二、目标与思路

聚焦汽车后市场，通过捷豹路虎卓越培训项目的建设，示范引领"旺工淡学、工学交替"的现代学徒制人才培养模式改革，引领项目化课程体系改革，引领对接国际职业资格的课程标准建设，成为"人才共育、过程共管、成果共享、责任共担"校企深度融合的典范。

密切校企联系，按照"围绕一条主线，突破两个难点，实现三个提升，实现四方共赢"的思路进行建设，即以培养汽车后市场产业一线需要的高端技术技能型人才为主线，突破校企合作体制机制建设和产学交融的现代学徒培养模式创新两个难点，实现专业教学质量、学生综合素质、实践教学条件三个提升，实现"上海捷豹路虎、学校、品牌售后、培训学员"四方共赢。

三、内容与特色

1. "旺工淡学、工学交替"人才培养模式改革

校政企行多元联动，搭建校企合作联盟，优化"旺工淡学、工学交替"人才培养模式，协

同育人（图2）。制订校企轮训方案，实施一学年四学段、小学期制教学组织形式，实践"订单培养"和"现代学徒制"培养模式，校内学习与企业轮训双管齐下，切实提升学生综合职业能力。

实施"现代学徒制"培养模式，借鉴捷豹路虎售后人才培养体系，开设捷豹路虎机电班、钣金班各1个。依照其学员评价体系，通过考试与面试等2个环节，确定现代学徒制培养计划的学生。融入国际职业标准、上海培训中心技术专家授课与飞行检查等措施确保教学质量，实现"老师与师傅合一、学生与员工合一、教室与车间合一"，学员毕业时基本通过捷豹路虎二级技术测评（表）。

图2 "旺工淡学、工学交替"人才培养示意图

表　捷豹路虎订单培养情况一览表

专　业	主要合作企业	订单班名称	班　级　数	学　生　数
汽车检测与维修技术 汽车电子技术 汽车营销与服务	捷豹路虎集团	机电班	1	30
		钣金班	1	15

2．"项目引领、能力递进"课程体系建设

以企业需求为导向，以培养学生职业能力提升和职业生涯可持续发展为重点，融入新技术、新工艺确定核心课程，以捷豹路虎典型工作任务为载体，采用项目化课程设计，构建"项目引领、能力递进"的专业课程体系（见图3）。依据项目类型，灵活调整教学方法和手段。

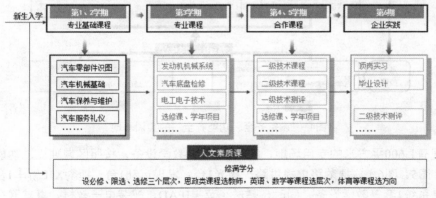

图3 "项目引领、能力递进"课程体系

3．实践现代学徒制教学理念

以现代学徒制为理念，推行"三个一"模式，即"结一个对子，下一个月企业，熟悉一个综合项目"；改革教学方法，将课堂转变为互动场所，通过引导、启动式教学、现场答疑等方式记录和解决问题，引导课中的讨论和知识讲解，实现部分内容学生课余完成，拉宽学习的宽度和维度。

创新"O2O"的教学方式，引进捷豹路虎技术认证与培训资源，依托卓越网在线学习课程账号及车辆维修信息在线查询网站账号等平台，通过知识点的碎片化处理，建设微课，MOOC等，推行翻转课堂等教学模式改革。

4．基于CDIO工程教育理念的创新创业课程建设

依托学院的"创客学院"，基于CDIO工程教育理念，改革人才培养方案，系统设计创新创业课程体系，满足学生个性培养。开设《智能小车设计与制作》等15门创新创业特色课程和30余个创新制作学年项目。建立学分转换制度，每完成1个学年项目奖2学分，可转换为毕业学分。

5．"设备齐全、功能齐全"的实训基地建设

借鉴捷豹路虎培训模式和实训基地建议理念，升级改造现有实训条件，共建"基本技能、专项技能、综合技能、岗位实践和技术研发推广"五大训练中心，实现专业教学、培训鉴定、生产服务、技术服务和成果孵化五大功能提升（图4）。

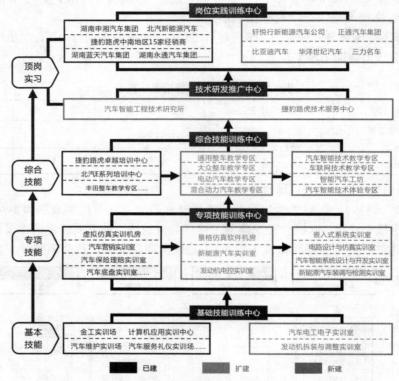

图4 "设备齐全、功能齐全"的实训基地

项目现有1 600平方米的专用场地，800余万元的教学设备，按照区域独立、功能配套建设教学单元（图5、图6）。捷豹路虎提供路虎极光1台、发现运动1台、捷豹XJL轿车1台、SDD在线诊断信息系统1套等教学设备，同时，赠送了苹果IPAD，配装电子教材，卓越网在线学习课程账号及车辆维修信息在线查询网站账号等，为信息化教学提供了优越的条件。

图5 捷豹路虎长沙卓越培训中心外景

四、组织实施与运行管理

1．企业化运作，精细化管理

严格执行项目计划，校企动态交流，及时反馈项目实施过程。推行"6S"管理，营造企业化的职业氛围，按市场化要求进行目标管理、生产成本和实训成本核算，加强项目运行管理，一年多以来，设备良好率100%，设备使用率100%。

落实巡查制度，建立了基于腾讯公众号的顶岗实习管理平台，通过专题汇报、个别谈话、查阅资料等方式了解学生实习情况，反馈落实到教学改革当中（图7、8）。

图7　长沙路德行调研　　　　　图8　与企业负责人和学生座谈

2．班组化运作，扁平化管理

在班级管理上，采用扁平化班级管理模式，推行班组负责制，形成四个班组。重点做好学习安排，处理日常班级管理存在的问题，组织票选月度优秀学员，开展团队拓展活动等事宜。通过绩效考核强化班组的团队凝聚力，形成良好的竞争氛围。

五、主要成果与体会

项目运行以来，推行"旺工淡学、工学交替"人才培养模式改革，构建了"项目引领、能力递进"课程体系，以现代学徒制为理念，推行"三个一"模式，创新"O2O"的教学方式，教学效果良好。

2016年，学员参加捷豹路虎精英学徒大赛，获一等奖2项，二、三等奖各1项，荣获2015卓越培训校企合作项目"最佳场地管理奖"。场地精细化管理模式受到企业方和其他合作学院的高度认可。学员在汽车维修技能大赛中获湖南省一等奖2项，国家级三等奖1项（图9、10）。学员认证测试成绩合格率达到100%，其中一级认证率100%，二级认证率达到85%。一期41名学员全部对口就业，部分学员起薪达到6 800余元。

校企合作是职业院校和企业发展的必然选择和业界共识。学院一直在努力践行"对接产业，工学结合，深度融入产业链，有效服务经济社会发展"的办学理念，在专业建设、课程开发、就业服务等方面具有较强的竞争力，特别是捷豹路虎合作项目的建设和实施，有效带动了汽车大类专业建设，教学理念先进，教学质量较好，学院的品牌与声誉得到了社会各界的广泛认可，前景广阔。当然，学院也更期待企业更多地参与到人才培养的全过程，系统设计校企双方的资源要素投入及成效保障体系，建立起优势互补、资源共享、利益互惠的合作与发展机制。

图9　捷豹路虎精英学徒大赛获奖合影

图10　湖南省汽修技能大赛一等奖获奖合影

校企行深度融合共建电梯实训基地

程一凡　温够萍　马幸福　周　献　陈　杰　李连军　陈炳炎

一、校企行合作背景

1. 中国已成为世界最大的电梯市场

伴随城市化的加速建设，电梯行业发展迅速。我国电梯产量、电梯保有量、年增长量均为世界第一，2007—2015年我国电梯产量分别为21.36万台、24.31万台、28.66万台、33.41万台、45.7万台、52.9万部、62万台、70.8万台、75.5万台，最近每年的增幅超过17%（图1）。

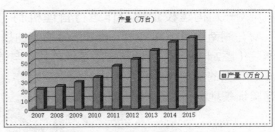

图1　电梯年产量分布图

2. 行业技术人员紧缺已成为制约电梯行业发展的瓶颈

由于电梯市场快速发展，电梯行业人员需求快速增长，现有人员根本无法满足行业发展需求。目前，我国电梯行业从事现场安装、维保的人员缺口达45万人以上。今后的3~5年内，缺口数将年增长15%~20%。

3. 八年电梯专业办学的经验为校企行合作建设打下坚实基础

自2008年起，学院与湖南海诺电梯有限公司开始合作培养电梯安装调试方面的人才，2009年正式开设订单班，筹建电梯实训基地。2013年成功申报电梯工程技术专业，全面实施电梯人才培养与专业建设。2014年与湖南省特种设备检验检测研究院、湖南特种设备管理协会、奥的斯电梯有限公司深度合作，共建电梯实训基地，共育电梯人才。

二、校企行共建电梯实训基地目标与思路

对接电梯产业链，通过校企行深度合作，构建"投资主体多元化、管理精细化、运行市场化"的机制体制，建成"实景职场、功能齐全、无缝对接电梯岗位"的实训条件，形成集教学、职业培训、考证与鉴定、技术服务多功能于一体的具有国内示范引领作用的校企行合作共建的电梯实训基地。

三、校企行共建电梯实训基地内容与特色

1. 校企行共建电梯实训基地内容

（1）构建"投资主体多元化"的机制体制。

（2）创造"实景职场、功能齐全、无缝对接电梯岗位"的硬件环境。

（3）组成一支"行家里手、专兼结合"的教师团队。

（4）形成"层次化"的实践教学体系。

（5）建立"开放化"的社会服务体系。

2. 校企行共建电梯实训基地特色

（1）建立政行企校"四位一体"合作机制。

建立政府主导、行业指导、企业合作、学校主体运作的"四位一体"的合作机制，实现资源互补、利益同享、发展共生的合作运行机制。

（2）构建紧密对接电梯行业岗位工作任务的实践教学体系。

按照电梯工程技术专业人才培养目标规格，以及电梯行业新标准、新规范、新技术等要求，设计"基础认知训练、实践技能训练、创新项目训练"三层次实践教学体系。

（3）打造真实电梯岗位的实训条件。

校企共同投资建设的电梯实训基地，集认知、实验、安装、调试、检测、仿真和远程监测于一体，并将电梯井道的实训项目进行平面模块化。

四、组织实施与运行管理

（一）构建校企行合作运行管理机制

与湖南海诺电梯有限公司开展紧密型的战略合作，建立校企双主体二级学院——海诺电梯学院（图2），全面协调和统筹基地的建设与管理。

与奥的斯电梯有限公司进行深层次合作，成立校企合作委员会（图3），协调解决校企共建实训基地运行过程中产生的各种矛盾。

图2 "海诺电梯学院"成立仪式

图3 校企合作委员定期召开会议现场

（二）建成"实景职场、功能齐全、无缝对接电梯岗位"实训基地

1．与湖南海诺电梯有限公司合作

2013年，湖南海诺电梯有限公司无偿提供设备，学院提供场所，共同投资建设电梯实训基地（图4～图9），本基地集认知、安装、调试、维保、检测、仿真和远程监测于一体。

图4 电梯认知教育室

图5　10井道电梯装调实训室

图6　电梯功能检测中心

图7　智能电梯装调实训室

图8　无障碍电梯实训室

图9　电梯构造实训室

2. 与奥的斯电梯有限公司合作

2015年，奥的斯电梯有限公司提供设备，学院提供场所，共同投资建设电梯实训基地（图10、图11），本基地集人才培养、职业培训、技能鉴定与考证、技术服务于一体。

3. 与湖南省特种设备检验检测研究院合作

2014年，学院与湖南省特检院深度合作，成立湖南省电梯从业人员培训基地（图12），从事电梯检验员培训、电梯从业人员培训与考证。

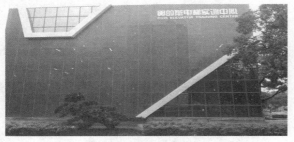

图10　奥的斯电梯实训中心外观

图11　奥的斯电梯实训内部布局　　　　　图12　2014年成立电梯从业人员培训基地

（三）共建教学团队

实行了"专业双带头人制"（图13、图14），在湖南海诺电梯公司建立兼职教师库，组建了管理团队、技术团队和车间团队（图15～图17）。

图13　校内专业带头人陈炳炎（教授）　　图14　校外专业带头人万海如（企业技术副总）

图15　管理团队

图16　技术团队

图17　车间团队

（四）形成"层次化"的实践教学体系

根据电梯安装、调试、维保、检验职业岗位和职业能力要求，形成"基础认知训练、实践技能训练、创新项目训练"三层次实践教学体系（图18）。

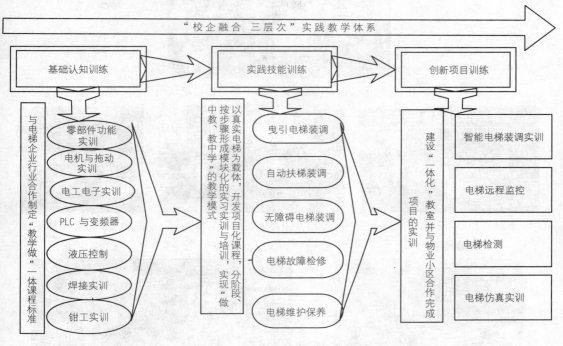

图18　"三层次"的实践教学体系

与湖南海诺电梯有限公司合作，编写专著1本，高职电梯专业教材3本，与奥的斯电梯有限公司共同开发了《电梯保养及维修基础与实践》（上、下册）、《自动扶梯保养及维修基础与实践》等特色教材（图19）。

图19　校企共同开发部分教材

（五）建立"开放化"的社会服务体系

1. 电梯培训与考证

依托湖南省电梯从业人员培训基地，借助电梯实训基地师资，学院开展电梯检验员培训、电梯从业人员培训与考证（图20～图25）。

图20　2014年湖南省首届电梯检验员培训

图21　2015年湖南省电梯
检验员培训

图22　2015年湖南省电梯
从业人员培训

图23　2015年电梯企业
员工培训

图24　2015年利比里亚电梯技术人员培训　图25　2016年奥的斯电梯有限公司各类电梯人员培训

　　学院成功申报全国电梯职业技能鉴定站（图26），利用站点资源对电梯企业员工进行职业培训与鉴定（图27）。

图26　2015年成功申报电梯职业鉴定站点　图27　2016年电梯维修工鉴定培训

2．为电梯企业提供技术服务

　　学院成立电梯技术研究所，为企业提供电梯核心技术、高速电梯开发等8个方面的技术支持（图28）。

3．承办全国电梯维修工技能大赛

　　2016年5月，学院承办湖南省首届电梯维修工职业技能竞赛暨全国第二届电梯维修工职业技能竞赛湘潭决赛（图29）。

图28 成立电梯研究所、校企签订电梯技术应用合作协议

图29 电梯维修工职业技能竞赛现场

五、主要成果与体会

（一）主要成果

1．建成电梯从业人员的培训、考试与竞赛中心

与机械工业职业技能鉴定中心电梯分中心、湖南省特种设备检验检测研究院、湖南省特种设备管理协会合作，把校企行合作的电梯实训基地建成电梯从业人员职业培训、职业鉴定与技能竞赛中心。

2．建成电梯工程技术研发与应用中心

依托学院"电梯技术研究所"，联合湖南省特种设备检验检测研究院、湖南德力通电梯等电梯公司进行科技攻关，为电梯企业提供技术服务。

3．建成行业知名的教学科研团队

通过引进和自培方式，优化团队结构、加强工程素质培养，提高教师队伍整体水平，组建了一支"行家里手、专兼结合"的教师团队。

（二）体会

1．电梯实训基地建设对接有深度

学院电梯工程技术专业紧紧抓住"产教融合，校企合作"主线，合作单位从一个企业延伸到几十家企业，延伸到整个电梯行业（图30）。

图30 签订捐赠协议、产学研合作协议、校企共建校外实训基地协议现场

2．促进了人才培养质量的提高

2013年以来，学生参加各类技能竞赛获省级以上奖励20项，其中，国家级一等奖1项、二等奖2项、三等奖3项，省级一等奖5项，二等奖9项。就业率连年走高，学校毕业生就业率超过99%，企业满意率达到95%。

3．促进了师资队伍实力的增强

"行家里手、专兼结合"的教学队伍不断壮大，教师科研实力和水平得到了提高。近3年，电梯教师团队主持教育教学课题6项，应用技术研究项目4个、获全国机械高等职业教育教学成果奖2项、省级教学成果奖2项，获专利授权4项，公开发表论文20篇。

4．社会影响力逐渐增强

2013年以来，红网、中国质量报、中国电梯杂志、湖南经视、湖南教育电视台等新闻媒体对学院校企行合作共育电梯人才进行报道28次。

随着学院校企行合作影响力的提升，20多所兄弟院校来校交流和学习校企行共建校内电梯实训基地的经验。

校企一体协同培养，提升学生综合素质

晋淑惠　王粉萍　魏小英　张　庆　李选芒　王永莲

一、校企合作背景

高等职业教育与企业是一种互惠互利的双赢关系。从教育学的角度来看，职业教育与企业结合，不仅能为企业培养高技能高技术人才，而且还可以为企业解决生产过程中的工艺流程、经营管理中的问题，为企业创造更多的效益；企业一线又成为高职教育最佳的实习课堂，促进了高职教育的发展。国家层面为职业教育提供了各种政策支持，鼓励校企合作，开创新的教学模式。在这种背景下，陕西工业职业技术学院先后与华润万家、北京布瑞琳洗染服务有限公司等省内外多家企业建立了长期校企合作办学关系，建立了国美电器、苏宁电器等校外实训基地，签订"人人乐订单班"3个，"老蜂农订单班"3个，"北京布瑞琳订单班"4个，"新荣记订单班"一个，并设立了"布瑞琳奖学金"，这些单位成为学生顶岗实习和就业的单位。

图1　校企合作成立布瑞琳班和新荣记班

二、目标与思路

1. 目标——创新人才培养模式，提升学生综合素质

近年来，借助校企合作共建的连锁运营体验店，打造创业性实践平台，形成全真项目运营、课程内容嵌入、经营实战轮训、工作学习交替的教学形式，创新"实境育人、校园创业"人才培养模式，提升了学生专业技能和综合能力，催生和孵化创业模式，真正实现学生"带薪上大学"的梦想。

2. 思路——校企共建经营性实训基地，提高学生综合素养

在2012年10月与陕西高川商贸有限公司合作建成了连锁运营体验店 Ⅰ ，在2013年8月分别与陕西高川商贸有限公司合作和北京布瑞琳洗染科技服务有限公司合作建成连锁运营体验店 Ⅱ 、Ⅲ 。三个店总占地500平方米。主要承担连锁经营管理专业实习，通过实训，全面提升学生的综合素质，为学生的就业成才奠定坚实的基础。

图2　学生轮岗训练、工作学习交替模式

三、内容与特色

1. 形成具有特色的"专业对接产业、企业项目进校园、校企互动、实境育人"的人才培养模式

依托校企共建的实境育人创新创业平台，通过项目运作、课程嵌入、轮岗训练、工学交替，创新了"实境育人、创新创业"的人才培养模式，构建了"理实一体——经营实训——顶岗实习——创业就业"人才培养体系，使学生在工作岗位上学习，在实境训练中创新，有效提升了学生的专业技能、创业能力和综合素养，初步形成了校企一体协同育人机制和项目实战、校园创新创业育人模式。

图3　学生经营教师指导

2. 构建"全真项目运作、课程内容嵌入、学生轮岗训练、工作学习交替"的新型教学体系

以专业对接产业、企业项目进校园的建设思路，实行项目引领，任务驱动。通过引进项目，将专业知识与技能融于项目实施过程中，按照公司机制设置岗位，把项目任务按岗位进行分解，让学生竞岗入职，工作岗位定期轮换，实行企业绩效考核。形成了各专业各班级按照"学习四周，工作四周"的工学交替学习模式。

图4　课程内容嵌入，融技能与实践

四、组织实施与运行管理

1. 人才培养模式的创新

依托校企共建的校园创新创业实践平台，力促经管类专业的教学过程与实体经济有机结合，采用"实体店+网店"的运营模式，建立"校企项目对接、线上线下交易、学习工作交替、企业绩效考核"创新创业能力培养机制，使学生在工作岗位上学习，在实境训练中创新，有效提升学生的专业技能、创业能力和综合素养，缩短学生上岗入职的周期。

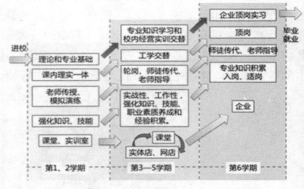

图5　"实境育人、校园创业"人才培养模式

2．校企携手开发"工学交替"的人才培养方案

在广泛调研分析的基础上，运用理论研究和比较研究的方法，明晰了重构高职连锁专业创新创业能力培养理论教学和实践教学体系的依据。有针对性地将创新创业的知识体系、精神理念、职业背景等嵌入以课程为基础的专业技术的语境之中，开发制订出连锁经营专业的新型人才培养方案。

通过企业调研以及对毕业生的回访，根据连锁企业的岗位要求，结合学生的职业生涯发展。

确定了能够担任部门主管、门店店长、区域经理的人才培养目标

图6　企业调研形成培养目标

3．搭建科学系统的人才培养体系

针对连锁专业的教学特点和职业岗位能力需求，以"校园创业、实境育人"培养模式为引领，按照行业具体工作过程和工作任务，搭建学生入职、转岗、提升岗位能力的平台，构建"一个平台，三个系统"的课程体系；开发"工学交替"的人才培养方案，搭建了科学系统的创新创业人才培养体系。

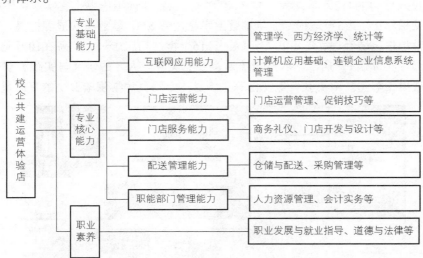

图7　专业课程体系

4．创建层次分段递进式实践教学模式

基于认知规律，打造"能力淬炼—实战操练—孵化培育"三层创新创业教育逐级阶进的实践平台，建立校内创新创业基地，让学生早进工作室、早申报专利、早参与技能竞赛，实现专项强能；建立工作室集群，由学生作为主体承接市场项目，作为经理人进行校园实体运营全真实战；借助校企共建的创新创业中心，对接省市生产力促进中心等机构，实现项目转换商品、

成果转化效益。

5．经营性实训基地的运行管理

体验店为学生提供了在校创业的环境，按照公司机制设置岗位，制订岗位职责，把项目任务按岗位进行分解，让学生竞岗入职，工作岗位定期轮换，实行企业绩效考核。按照"全真项目运营、课程内容嵌入、学生轮岗训练、工作学习交替"的运营模式，实行"学生经营，教师指导，月末核算，学院监督"的管理办法。真正形成了"店中校"和"校中店"，创新了在职能岗位上学习，在工作实境中训练的新型人才培养模式。

图8　层次分段递进式实践教学模式

图9　体验店岗位职责

五、校企合作共育人才培养新模式应用成效

1．专业对接产业、企业项目进校园的人才培养模式使人才培养质量和办学实力逐步提升

建设并投入使用的4门网络课程、5本特色教材、4本实训指导书也在实践中不断完善，使理论和实践互相修正。近3年连锁专业年均就业率超过98.5%，就业层次显著提高，其中有两个在北京布瑞琳担任区域经理，年薪20万元以上，16个担任门店店长，年薪在10万元以上。2015年《依托校园"实体店+网店"培养高职流通类专业实战型人才的研究与实践》获得陕西省人民政府教学成果二等奖。中央教育电视台等主流媒体专门聚焦学院毕业生的高质量就业。

图10　教学成果

图11　毕业生就业岗位

2．层次分段递进式实践教学模式使得学生技能大赛成绩喜人

分段递进式人才培养方式，加强专业能力培养，提升职业素质。学生在国家级职业技能大赛上获得在全国各类职业技能大赛上获得一等奖1项、二等奖2项、三等奖3项；在陕西省各类职业技能大赛上获得二等奖3项、三等奖3项，在全国大学生发明杯大赛上获得一等奖2项，二等奖2项。

图12　技能大赛

3．"全真项目运作、课程内容嵌入、学生轮岗训练、工作学习交替"教学体系提升了社会服务能力

以专业内涵建设和资源整合等作为基础条件，为社会发展提供多种形式的服务活动。面向在校学生及在职人员开展连锁经营管理师职业资格培训认证和技能鉴定，年培训人数100名以上；承担了《北京布瑞琳运营管理研究及应用》和《老蜂农企业连锁经营策略研究及优化》两项横向课题，资金总额14万元。课题的研发，提升了连锁专业老师的科研水平和连锁专业整体办学实力，增强了专业服务能力。

4．校外应用

几年来，中国青年报、陕西日报、西安晚报、陕西广播电台青春频道等多家报刊和媒体对学院服务业人才培养所取得的成果，进行了广泛的宣传和报道；浙江商职院、西安航空职院、陕西财经学院等省内外多所高职院校专程派相关人员前来交流取经。同时得到了各级教育主管部门和专家学者及社会各界的广泛关注和高度评价。

陕西工业职业技术学院——

校企共建汽车营销与服务专业校园4S店运行机制的探索与实践

李选芒　孙　菲　董建利　孟　妮　潘　毅

一、校企合作背景

陕西工业职业技术学院汽车工程学院与国内外知名汽车服务企业（汽车4S店）联合，

通过共建汽车营销与服务专业，探索校园4S店完善的运行机制，与多个品牌汽车销售企业共同制订适合学院汽车营销与服务专业的人才培养方案，以期实现校企之间的深度合作，创建"工学交替，校企互融"人才培养模式和校园4S店运行机制与管理模式，使学院汽车营销与服务专业对接西咸汽车产业群，全面提升职业教育服务产业发展的能力。

图1　校园汽车4S店

（1）为了通过校企深度合作，搭建校园汽车4S店全新平台，学院与汽车服务企业深度合作，依托校园汽车4S店，搭建校企合作全新平台。包括聘请企业兼职教师任课、企业经理人定期进行校园专题讲座、互相挂牌深度合作等。

（2）探索形成从学生进企业实习到企业入驻校园的实训实践教学新模式。如开展订单班、进行订单培养；为企业开展员工培训、比武等服务。

（3）探索校园4S店运行机制。完善"校中厂、厂中校"的运行模式、学生专业实训及顶岗实习、就业等。

（4）依托校园4S店，探索校企合作的长效运营机制。合作开展应用型研究、校企合作编写专业教材等。

（5）提升教师实践素质，打造"双师型"教学团队。通过教师进店实际运营、锻炼，提升教师的实践操作技能，推进实践教学体系改革。从专业长远发展的角度来看，汽车营销与服务专业必须打造一支具有战斗力的"双师型"教学团队。从事汽车营销实训指导的教师不仅具有较强理论功底，同时也应具备汽车营销的实战经验和实践技能指导能力。通过校园4S店的运营，积累实训指导经验，为推进教学质量工程目标实现，为"打造品牌专业，培育招牌教师，培养名片学生，铸就行业名校"做出贡献。

图2　实训实践教学新模式

二、目标与思路

（1）为了达到"无缝对接真实岗位、探索长效运营机制"的目标，在具体实施中重点解决目前汽车营销与服务专业教学与企业实际需要"无缝衔接"的问题。通过校园汽车4S店的实际运作及实践，总结提炼出由学院和合作企业双方联合制订的人才培养方案和课程标准。

（2）按照汽车4S店的真实岗位需求，设立校园4S店中的部门及岗位，校企双方共同开发课程和教材，既强调专业技术理论和商务理论的学习，同时突出培养学生的动手操作能力和实践能力，解决课程及教材开发滞后问题。

（3）通过校园4S店的真实运营，探索适合校园4S店的全新运营模式和管理机制，使学院在完成汽车营销类课程教学任务的同时，还可完成西咸地区汽车销售公司与4S店在职人员的培训，最大限度地发挥社会服务功能，更为全国兄弟院校高职汽车营销与服务专业乃至汽车类专业群的人才培养模式改革和专业建设起到示范、辐射作用。

（4）可以很好地解决学生实习与兼职工作在时间上冲突的问题。

三、内容与特色

（1）为体现"分段递进教学模式、互派教师参与专业建设"的项目特色，项目组通过校企深度合作，共建汽车营销与服务专业，进而探索校园4S店运营机制与管理模式；按照汽车4S店真实工作场景与实际需要设置职能部门与工作岗位，使学生在完全真实的企业环境下实习实训乃至自主创业。并在搭建校园4S店平台的基础上，探索出适合学院自身特色的校园4S店运行机制和管理模式。

（2）创建层次分段递进式实践教学模式。学院专业教学团队在汽车企业专家的指导下，推进全面素质教育，探索在建立校内汽车4S运营实体店的基础上，用企业标准对学生进行教学及实践评价，实现从教学标准到企业岗位具体要求的平滑过渡。及时总结推广校企共建校内汽车4S店的成功经验，重构汽车营销与服务专业课程体系，引导教师开发学习领域课程，在专业课和专业技能的实践教学中推进以工作过程为导向，实施理论实践一体化的教学。

（3）合作企业派出每年两名以上企业专家和公司主管全程参与专业建设和教学工作，不仅指导教学和培训教师，还亲自承担校内外实训课程教学，使教学贴近企业需求，促进教学与生产实际相结合，提高教师实践教学能力、工程实践能力和创新能力。汽车营销专业教师则通过编写体现以工作过程为导向的实训指导书和课程设计方案，自行开发学习领域课程，并在教学实践中开创性地采用新的教学手段和方法，实施现场教学、项目教学、小班授课、理论实践一体化等教学组织方式，在教学过程中落实全面素质教育，使学生方法能力、社会能力、职业能力明显提高，教师整体的教学水平和质量明显提高。

图3　校园4S平台

利用校园4S店平台，将技能大赛和考证培训融入人才培养方案，激发学生积极性和促进学生个性发展。在技能大赛和考证培训教学中，促进学生职业能力与企业、行业要求接轨，培训中师生探索边研究、边学习、边实践的探究式的教学方式，提高教学的针对性、实践性、互动性和趣味性等。

（4）通过以上校企合作以及集团化办学模式的实践与创新，将毕业生的就业竞争力明显提高的同时，最大限度地发挥学院汽车专业的社会服务功能。

四、组织实施与运行

在组织实施与运行阶段，建设汽车工程与服务技术训练中心，并在此基础上引入企业文化和植入品牌，建成"东风标致城市展厅"，发挥强大实战功能，以满足全天候汽车销售全流程的真实运营，能让学生身临其境地感受汽车销售全过程，让学生熟悉销售现场气氛，实现"双训融合"目标，为创新的人才培养模式提供物质保障。

例如汽车营销情境仿真实训教学系统，综合三维建模、影视编辑、多媒体动画等技术，将各个知识点集中讲解，能极大地提高学生的兴趣和学习积极性，从而改善教学效果。同时，系统将教学与考核有机地结合在一起，实现了过程考核，符合人才培养模式的要求。目前汽车商务训练中心可同时容纳2个教学班的学生进行各类汽车销售、衍生服务、维修接待等实训项目。一方面，可以为与汽车营销相关的专业群（汽车营销、汽车定损与评估专业）提供实训条件；另一方面，也可成为企业员工的培训基地和举办汽车营销技能大赛的基地。

图4　训练中心

1. 具体组织实施过程

（1）将学院原有的机加车间，扩建为汽车工程与服务技术训练中心，按照真实4S店模式建成"汽车商务训练中心+东风标致城市展厅"。

（2）建立并完善汽车营销实训基地运行机制，补充完善汽车销售实训项目。

（3）在原有的汽车商务教学软件的基础上，购买汽车营销情境仿真实训教学系统，实现虚拟情境教学。

（4）建设汽车营销仿真实训室，配合汽车营销情境仿真实训教学系统的使用。

图5　仿真实训室

2. 校园4S店建成之后的运行机制探索与实践

校园4S店（汽车工程与服务技术训练中心）必须探索实训教学模式的改革，摸索全新的运营机制。实行以行业和企业为依托，建立实训条件现代化、实训教学职业化、实训技能模块化、实训管理企业化、实训服务社会化等为主要特征的产学结合的开放式实训教学模式。将传统的以班级为基础的实训教学组织模式转变为以技能实训模块为基础的开放式的实训教学组织模式。实行以人为本的个性化的实践技能培养，因材施教，提高教学质量。

（1）实训教学与职业技能培养相匹配。

从研究职业标准（汽车营销专业群相关国家职业资格标准和企业岗位的任职要求）作为切入点，以学生应掌握的技能点及相关知识点为核心，以岗位工作过程为向导，从岗位能力分析入手对课程体系和教学内容进行改革与探索，对职业岗位进行能力分析，围绕职业能力构建课程体系，合理设计课程结构，明确专业基本能力、专业核心能力和专业拓展能力，并围绕专业核心能力的培养，对课程进行重新整合，形成《汽车市场营销》《汽车保险与理赔》《二手车定损与评估》三大模块课程体系，采用模块化现场教学方式进行教学，为适应课程改革和教、学、做一体化教学的需求，注重培养学生解决实际问题的能力。

（2）在实训教学中体现六个"一体化"。

理论教学与实践教学场所的一体化，打破传统的理、实教学分开、先理论后实践的教学模式，实行边讲边做，形成"学"与"做""知"与"行"的统一。

理论教师与实训教师的一体化。理、实一体化教学必然要求教师的理实一体化：教师担当真实岗位的职责，也承担实习学生的指导工作。

教学内容与生产任务的一体化。教学活动围绕真实职业岗位中的真实任务进行展开，即通过一系列理论与实践相结合的项目式、任务式课程，以任务的形式驱动学生完成专业学习。

学生与学徒的一体化。在生产性实训基地里，学生既是专业技能的学习者，又是生产一定有形或无形产品的学徒。在仿真、模拟或生产性实训场所，要求学生知识、技能、技术学习一体化。

教学和科研的一体化。教师在完成实训任务的同时，又能开展一些新产品、新技术研发。教师可以面向企业积极开展应用性的横向课题的研究，师生共同完成科研项目或学生完成毕业设计。利用校内实训基地，构建"结合教学搞科研，搞科研促教学"的创新平台。

培训和鉴定的一体化。可以进行学生的实训，进行企业和行业的培训，也可以进行劳动和社会保障部门、交通行业主管部门的职业资格及水平考核鉴定。

（3）整合现有资源，优化运行机制。

图6　汽车商务训练中心

当前汽车专业校内实训基地在建设资金尚不充裕的情况下，在实训基地设备的选型与购置上，既要考虑社会对实用型人才的需求，构建真实或仿真的职业环境，又要注意控制实训成本，以汽车商务训练中心的建设为例，基本满足汽车商务训练要求，设备尽可能配套完善且小型化，既方便教学，又降低了运作成本。此外为了更充分合理地利用资源，通过对现有实训场地的重新规划，归并与新建实训项目进行有效的资源整合和优化配置。

（4）强化实训基地内涵建设。

完善和创新学院汽车专业实训基地教学运行模式，规范校内生产性实训，制订管理规程、运行方式和考核办法，开发制订能力培训大纲、实训标准、实训教材、实训指导手册、技能试题库和实训考核标准等。开展实训教学改革研究与实践。建成符和工学结合要求的实训基地配套管理体系，形成适应汽车类各专业特点的长效运行机制。加强生产性实训组织管理，扩大社会服务功能，积极开展技术培训、职业技能鉴定和研发工作，保证实训基地的可持续发展。

五、主要成功与体会

1. 引领区域专业建设，满足企业用人需求

建设项目完成后，将成为西北地区乃至全国规模最大的汽车营销与服务专业人才培养基地，同时对区域和行业内院校的相关专业建设起到带动作用。

2. 完善有效合作机制，推动专业建设

通过开拓校企合作新渠道，完善"项目导向、双训融合"的人才培养模式，实现教学目标与企业需求的高度对接，推动汽车营销与服务专业向纵深发展，提高办学质量和人才培养水平，使专业成为具有全国影响力的品牌专业。

3. 促进双师素质建设，打造专兼教学团队

经过立项建设以来，形成了一支结构合理的双师教学团队，实现专业教师双师素质比例达90%以上，兼职教师承担的专业课学时比例达到50%以上的目标。具有双重身份的教师不仅可以满足学院教学需要，还对提升企业发展水平发挥重要作用，进而为陕西工院的腾飞插上坚实的翅膀。

大连市轻工业学校——

引企入校 推进校企深度合作的实践与探索

郑兴华 耿 健 赵秀娟 殷海龙 林 静 于 鑫 于 翔 杨朱兵

一、校企合作背景

近年来，教育部在推进职业教育改革发展的工作中明确提出，要跳出教育看教育。职业教育要随着经济发展方式转变而"动"，跟着产业调整升级而"走"，围绕企业技能型人才需要而"转"，适应市场需求变化而"变"。在这一思路引领下，大连市轻工业学校不断探索校企合作的新模式、新方法、新路子，广泛开展各种模式的校企合作，特别是经过全国首批示范校建设，学校与上百家企业建立了长期稳定的紧密型合作关系，并在某些方面也取得了一些成果。但随着大连的企业陆续搬离市区，远离学校，原先紧密合作的校企双方不得不面对现实，空间距离带来的诸多不便让大家重新思考，如何构建校企合作的新模式、新机制，发展职业教育，服务当地经济。在政府、行业、企业的共同努力下，学校实施了校内生产性实训基地的建设，引企入校、建立"校中企"，实现"企业进学校 车间设课堂"，实现校企"无缝"对接。

二、实施目标与思路

（1）引企入校，建立校内（模具）生产性实训基地。

（2）引企入校，实现职业教育的五对接，培养合格技能人才。

（3）引企入校，搭建师资培养新平台，实现校企岗位互换。

（4）引企入校，服务职教集团，发挥基地更大效应。

三、内容与特色

1. 推进"校企合一"运行模式的创新

以校内（模具）生产性实训基地为依托，通过引企入校，学校教育与企业经营、教学过程与生产过程的有效融合，建立校内（模具）生产性实训基地，形成"校企合一"的战略合作运行模式。

2. 促进"工学结合"培养模式的深化

以"基地"承揽的生产项目为载体，校企合作研发工作过程系统化课程，在参与技术生产过程中，培养学生岗位技能、职业素养和创新能力。实现人才培养从实训车间到技术生产现场、从学生到员工的转变。

3. 实现"产研一体"团队能力的提升

以"基地"为依托，校企合作通过专业教师入厂顶岗，能工巧匠进校任教，共同培养和建立"生产能力、研发能力、教学能力"融为一体的专兼结合的教学团队。

四、组织实施与运行管理

1. 引入企业进校园，共建校内生产型实训基地

共立精机（大连）有限公司是学校重要的合作伙伴。校企合作10余年间，学校培养输送的

近千名毕业生与企业共同经历了在低谷中求生存的危机考验，同成长，共发展，80%的毕业生成为一线生产技术骨干。共立精机（大连）有限公司作为主要从事精密金属压铸模具的设计、制造和修理的日资企业，从生产管理到模具的生产、制造均保持较高的水准。其设备产品市场占有率的显著提升，急需服务客户的模具生产、制造与维护的技术力量。基于校企良好合作的历史积淀和传承。2014年年初，大连市轻工业学校与共立精机（大连）有限公司领导班子联席会议决定，双方进一步深化校企合作，在互信互利、合作共赢的基础上，共建校内生产性实训基地，将公司"搬进"校园，成为"校中企"。

2．建章立制，全面保障"基地"运行

为确保"基地"有效运作，首先成立"生产性实训基地建设管理委员会"（以下简称"基管会"），"基管会"是由专业理论知识扎实、教学经验丰富的专业骨干教师和企业有关专家组成。"基管会"组织校企双方共同研究制订了《校企合作基地管理办法》《基地运行指南》和《生产实习管理办法》等制度，明确"基地"的职责和校企双方责任，从机制和制度层面保障基地的高效运行。

3．依托"基地"实施学生企业认知实习和顶岗实习

依托"基地"开展数控、模具等相关专业学生第三学期的为期4周的企业认知实习。企业人员依据教学计划安排，以讲座、参观、参加企业生产例会等形式针对本企业的组织架构与运营状况、经营理念与管理制度、职业态度与沟通技能、团队精神塑造与职业生涯规划等对学生进行企业文化和职业素养培训，培训结束，由"基管会"组织鉴定考核。

依托"基地"开展数控、模具等相关专业学生为期1年的顶岗实习。首先由企业到学校进行招聘预选，预选合格的学生到企业进行顶岗实习。由学校和企业一起制订实习计划和大纲，按照"师傅带徒弟"的教学模式，将企业指导教师与学生进行"师徒结对"。"师傅"针对零件加工、模具生产、装配与维修岗位技能进行培训，直至其独立顶岗，顶岗实习期满，企业考核优秀者，即被企业正式录用。

图1　学生的企业认知实习和顶岗实习

4．依托"基地"实施"校企岗位互换"师资培养

专业教师入厂顶岗。学校从数控、模具等专业选派骨干教师，分别为期半年，以企业员工的身份进入企业，分别针对零件加工、模具生产与装配岗位顶岗工作。提升了实践技能，积累了教学实例，丰富产教结合的知识技能储备，提升了工程实践和管理科研能力。

能工巧匠进校任教。根据企业提供的人员，企业与学校进行全面考察后确定杨朱兵等6名"能工巧匠"进校任教，学校分阶段、系统化地对兼职教师进行教育教学培训，帮助"能工巧匠"提高教育教学能力和教学基本素质，强化教书育人意识。两年来，6名企业兼职教师参与专业建设、专业教学，年均完成教学任务2 130课时。

图2 "校企岗位互换"师资培养

5．依托"基地"开设校企共育共管班

校企合作成立企业冠名班，即"13共立精机班"（13模具班）。企业兼职教师杨朱兵被聘为企业冠名班校外辅导员，与班主任共同管理班级的同时，参与班级班会、运动会等活动，并负责学生生产意识、岗位意识、企业文化的渗透。组织学生参与企业生产周例会、厂庆等活动，利用课余时间对该班实施企业文化与专业技能培训。

图3 校企共育共管班

6．依托"基地"开展职教集团校企对接活动

依托"基地"，在大连装备制造职教集团内开展各种形式的技能培训、技能大赛等活动，特别是每学期一次的企业家论坛活动深受院校师生的欢迎。不仅丰富了师生的生活，更架起了校企互动、互通、互信、互赏的桥梁，成为校企增进了解、达成共识、融通感情、激发热情、共同发展的平台。

五、成果与体会

（一）成果

1．引企入校　推进"校企合作"办学模式的创新

企业进学校，不仅带来了设备、技术、师资，同时也带来了现代企业的先进管理理念和制度文化，让学校广大师生真切感受到了现代管理的先进性和优越性。有效推进"校企合作"办学模式的创新，促进了学校办学理念、办学水平、办学质量的全面提升。学校的办学理念、育人机制、培养方案、管理模式、运行制度经历了深刻的变革，全面推进了学校各方面的发展。两年来，学校先后获得4个全国教育教学成果二等奖，3个辽宁省教育教学成果一等奖等荣誉。

2．引企入校　实现校企双赢

"企业进校园　课堂进车间"缓解了"校热企冷"的局面，让学校和企业在人才培养方面形成合力，实现资源共享和校企双赢。对学校而言，实训教学直接嵌入生产实际，提高学生技能水

平和成长速度；对企业而言，增加了企业知名度和职能，同时降低了企业的人力招聘成本，培养和造就了企业后备力量。生产性实践教学环节使得新技术、新工艺及时引入学校，推动了教学改革深度发展，促进了教学内容的不断更新，培养了一批动手能力强、实践经验丰富的师资队伍。同时校内有了相对稳定的技能实训场所，解决了学生校外实习管理难度大、形式单一、学生主动性差等问题，在收获同等教学效果的同时降低了教学成本。

3. 引企入校　助推学生成长

企业入驻学校，通过"基地"，有效实施了学生的企业认知、生产实习和顶岗实习教学模式改革。学生以准员工的身份参与岗位生产，接受企业文化熏陶，其职业能力与职业素养明显提高。多数学生提前被选入企业的工作一线。近两年来，在参加各级各类的专业技能比赛中共获6枚奖牌。

4. 引企入校　提升师资实力

以"基地"为载体，实现了"校企岗位互换"的师资培养。加工制造类专业教师能更便捷地深入生产一线，进行"真岗位、真任务、真要求"的技能训练，能及时了解行业形势、专业发展、明确自身水平能力提升方向；能及时了解和掌握企业对所需人才规格的要求；能把掌握的理论知识与实践更好地结合起来，从而强化了专业师资队伍建设，大大提高"双师"素质。企业兼职教师的引入，补充优化了专业师资队伍。校企合作开发模具特色教材2本，发表专业技术论文6篇。

（二）体会

（1）"引企入校"模式是实现专业能力培养与岗位对接零距离，构建技能型人才培养新模式的良好途径，只有校企互动，走产、学、研、鉴、赛一体化道路，深化校企合作运行的机制，才能真正地实现校企互惠双赢的宗旨。

（2）加强校企合作政策保障。校企合作离不开国家法律法规的强制执行，政府在建立校企合作领导机构的基础上，应尽快出台支持校企合作培养高技能人才的政策，要在具体的发展措施上进一步明确政府的任务和企业的责任，鼓励和推动企业和企业家担当起这种社会责任，使校企合作走上法制化、规范化道路。

创新引领 校企共建五星级实训中心

王凌飞　常玉成　张　鹜　王振宇

一、校企合作背景

实训中心是职业院校培养从事生产、服务与管理一线技能人才的主要教学场所。2008年，学校成为首批上海市职业教育数控技术应用开放实训中心建设单位，2009年，通过验收评估，并于2011年被评为三星级实训中心。2015年被上海市教委评估为上海市唯一五星级开放实训中心。

实训中心建成后，在实际运作中面临着如何提高学生岗位职业能力，满足企业需求；怎样发挥和拓展实训中心功能，增强服务社会能力；如何适应产业发展，实现从资金依赖型、资源消耗型向技术开发型、自身造血型方向的转变，提高运行绩效等诸多问题，成为实训中心进一步发挥作用的瓶颈，成为实训中心持续发展需要破解的难题。

图1　开放实训中心

二、目标与思路

实训中心以"立足教学、服务社会、技术领先、创新发展"为指导，坚持依托校企合作，主动适应产业发展的需求，重视人才培养质量。以人才培养模式创新为目标，深化校企合作；以专业建设为载体，构建教学核心团队；以促进学生全面发展为宗旨，推进素质教育；以实训基地机制创新为动力，增强服务功能。成为职业教育实训中心建设与运行的示范和标杆。

三、内容与特色

数控实训中心以提升运行绩效为抓手，通过外练内修，将打造一支师德优、技艺精、能力强的师资队伍作为实训中心发展的重要工作，实训中心以校企合作为载体，通过机制创新，绩效管理，实现服务社会，增强辐射的目标。

（一）教师培养路径创新

职业教育的性质决定了职业学校教师不仅应具备优良的师德、较强的教学能力，而且应该具有丰富的实践能力，具备从事产业生产的知识与技能，成为高素质的"双师型"教师，这也是开放实训中心高质量高效率运作的基础。为此，实训中心通过下列途径实现目标。

1. 以产促教提升专业技术应用能力

中心依托行业、企业，集聚社会资源，为教师参与企业实践活动有效和持续开展构建了一个平台，教师在参与"人工颅骨""脑外科手术导航系统""涡轮叶轮"等企业项目研发与生产过程中，不断受到企业生产技术、企业管理及文化的熏陶，获得了书本中无法得到的知识、技能与素材，潜移默化中形成了企业员工应具备的职业素养，掌握了数控专业主流新技术，逐渐培养了具有产业特征的专业能力，并使教师能力与企业需求接轨；在与德玛吉公司共同开发"数控五轴加工技术"培训课程并实施培训的过程中，提升了高新技术应用与推广能力。

2. 拓展视野提升教学综合能力

中心近年来派送教师22人次赴德国、日本培训，学习数控加工新技术和现代职业教育方法，7名教师赴企业培训，了解企业主流技术和所需技能。通过不懈努力，中心建设了一支师德高、理念新、能力强，有技术应用与生产项目开发初步能力，有较强的敬业精神和具有教育培训创新能力，理论联系实践的高素质教师队伍，为实训中心可持续发展奠定了基础。

（二）基地运行机制创新

1. 产教融合对接产业技术

实训中心围绕建设目标，着力构建"前厂后校"的格局，并将"产教融合"作为实训中心运作的主要模式，作为实现实训中心功能拓展、持续发展的重要载体之一。

学校建立了"产教融合"领导与工作机构；制订"产教融合"项目实施工作流程；制订"产教融合"项目管理规定，明确项目申报、评审与评价方法；完善学校奖励条例，采用激励机制，明确教师参与企业实践的义务与职责，通过奖励政策，鼓励教师参与"产教融合"工作；制订"产教融合"工作绩效评价方式，保障"产教融合"工作的实施质量。同时，建立合理的工作程序，有利于"产教融合"工作规范与高效运行。工作程序明确了在"产教融合"实践活动中各部门的主要工作内容与工作流程。近几年，先后承担了企业产品研发（图2），产教创收年均在200万元以上，使实训中心实现了部分资金保障。

图2 人工颅骨

2. 引凤筑巢，共营企业环境

实训中心依托行业、企业及徐汇区职业教育集团，集聚社会资源，深化校企合作，采取"引凤筑巢"的方式，丰富实训中心开放运作的内涵并实现新突破。近年来，成功引进三菱电机（中国）有限公司、德国德玛吉（上海）有限公司等500强企业作为校企合作战略伙伴，其中，由学校主要提供场地，三菱等公司提供价值约500多万元的一流加工设备，合作共建"校企双主体"数控电加工实训室；德国德玛吉（上海）有限公司提供数控多轴加工仿真软件系统及多轴加工师资培训。校企共育实训中心，不仅引进了企业主流生产技术、先进加工技术应用，而且带来了现代企业管理技术，人才需求及产业发展前沿信息，增强了实训中心技术应用能力，提升了软硬件水平，使实训中心设备先进，布局合理，企业资源丰富，为引领实训中心的内涵发展奠定基础。

图3 实训室

四、组织实施与运行管理

1. 组织实施

在实训中心的建设与发展中，得到了市教委等政府部门及上级领导的大力支持，主要包括财政资金保障，建设验收以及绩效评估指导等方面。徐汇职教集团也在实训中心特聘兼职教师从推荐、资助及培训等方面提供了优越的条件。三菱电机、德玛吉等国际知名企业在实训中心建设与运行中体现出了高度的热情，达成"合作双赢，共谋发展"的共识，以建立"双主体实训室"、冠名捐赠等各种方式支持实训室硬件建设；以建立战略合作伙伴、委派资深专家等方式全面开展人才培养培训工作。

2．运行管理

学校建立了实训中心管理机制，组织相关部门对实训中心的管理、运行等方面进行规划与有效实施。形成了政府部门主导、职教集团助推、企业高度参与、学校科学运作的良好格局。

学校以创新实训中心绩效管理为切入点，依托相关企业，在实训中心建立数字化工厂系统，该系统运用信息化技术，集实训中心设备管理、实训过程管理、实训物料与能耗管理以及运作成本核算管理于一体，实施实训中心运行绩效的数字化管理。同时，该系统融入先进制造业生产技术，形成数字化工厂体验中心，成为实训中心新的教学平台。

五、主要成果与体会

1．成就一批行家里手

学校拥有上海市职业教育名师1名，上海市模范教师1名，上海市杰出技术能手1名，上海市技能人才培养突出贡献奖1名，参加市级名师培养2名，高级技师5名，技师8名，全国技术能手2名，市级技术能手3名。培养的数控技术应用专业2012届学生任培强荣获上海市五一劳动奖章。

图4　成就一批行家里手

2．增强服务社会能力

近三年，中心在人才培养服务能力方面取得了显著成效，为本市及兄弟省市职业院校培训数控专业教师369人，其中，获高级技师49人，获技师41人。

近年来，中心在完成繁重的教学任务的同时，积极推广数控新技术应用，开设了《四轴加工技术》《五轴加工技术》《3D打印与逆向工程技术》等培训课程，培训人次达1371。

实训中心的"产教融合""开放运行"的运作模式，也吸引了更多的企业参与实训中心建设与人才培养，参与学校教学、技能大赛指导以及国家职业标准制订等。与GF、沙迪克等企业联合举办全国首届电切削工职业技能大赛，收获丰厚。

图5　服务社会

3．形成示范辐射作用

创新的运行机制和优秀的教师团体，使实训中心不断适应产业发展的需求，实现了可持续发展。在2014年上海市开放实训中心绩效评估中，一举荣获上海市唯一的五星级开放实训中心称号，并相继成为上海市中职数控骨干教师培训基地、上海市数控专业教师企业实践基地、第96国家职业技能鉴定站、机械工业高技能人才培养基地等，成为全国职业院校专业师资以及企业高技能员工的培训中心、具有从事企业产品数控加工与高新技术应用能力的生产基地。先后主持了教育部职业院校《数控专业教学仪器与设备配置规范》、上海市中职数控技术应用专业教学标准。

4．获得社会高度认可

连续三年荣获机械工业高技能人才培养先进单位；获上海市教委优秀中职骨干教师培训基地和上海市优秀教师企业实践基地；获机械工业高技能人才培养先进集体。在历届全国职业院校技能大赛展洽会上，实训中心师生的"产教融合"产品得到教育部领导及兄弟省市同行的高度赞赏，屡获金奖。

5．体会和畅想

校企共育高水准的实训中心，是职业教育开放建设专业实训中心，是实现可持续发展的必然途径。由此带来实训中心适应产业发展运行机制的创新，是引领实训中心不断提升内涵、增强服务功能、形成特色、产生辐射示范效应的原动力。学校数控开放实训中心以建设促发展，以发展求创新，为职业教育实训基地建设树立了标杆。

工业4.0和中国2025时代的到来，给我国的工业革命及职业教育发展带来新的机遇和挑战。适应产业升级的人才培养和技术更新的需求，将引导我们进一步完善和创新实训中心运行机制，探索实训中心发展模式，使职业教育实训中心在新一轮工业革命中发挥更大的作用。

与神龙相约，缔结"四共"之缘

——多领域深层次校企合作的探索

何本琼　简玉麟　黄贤文

一、校企合作背景

深化产教融合、校企合作是职业院校适应技术进步和生产方式变革以及社会公共服务的需要，也是实现与市场有效接轨、大力提高育人质量、有针对性地为区域产业培养高素质技术技能人才的重要举措。在校企合作、产教融合的广度与深度普遍还不够，创新驱动的实践与能力还亟待拓展与提升的大背景下，武汉市交通学校（简称武汉交校）与神龙汽车有限公司（简称神龙公司）强强携手，开展了十多年的校企合作。

二、目标与思路

（1）搭建产教深度融合平台。为实现职业教育和职业培训并举，职业教育与终身学习对接提供载体。

（2）开展多领域深层次全面合作。在教师实践与能力提升、课程开发与专业建设、职工培训与人才培养、资源开发与绩效提升等方面拓广度、挖深度、提效益。

（3）构建产教融合、校企合作新模式。通过实践，构建"共搭平台、共建专业、共育人才、共优管理"的校企合作"四共"模式，为兄弟学校和行业企业提供示范与借鉴。

三、内容与特色

武汉交校在与以神龙公司为代表的知名品牌企业深度合作过程中，从实践与理论两个层面实现了创新和突破，探索并形成了校企合作"四共"模式。

（1）共搭校企合作平台，产教融合得舞台。

（2）共建特色品牌专业，内涵建设得提升。

（3）共育技术技能人才，两种培养得并重。

（4）共同优化管理模式，校企合作得深化。

四、组织实施与运行管理

（一）共搭校企合作平台，产教融合得舞台

校企充分挖掘专业特色与历史积淀，共建全国首家"东风标致雪铁龙双品牌校企合作培训基地"——武汉市交通学校培训中心（简称中心）和"校中厂"——武汉德善汽车技术服务有限公司。依托两平台开发教学资源，为产教深度融合提供舞台。

（二）共建特色品牌专业，内涵建设得提升

以品牌专业建设为抓手，校企双方建立起稳固的合作机制。企方为校方教师提供一线实践岗位，掌握最新产品技术。校企联动课程开发，带动师资队伍提能，优化专业人才培养方案，

改革与创新教学与评价模式，提升专业建设内涵。

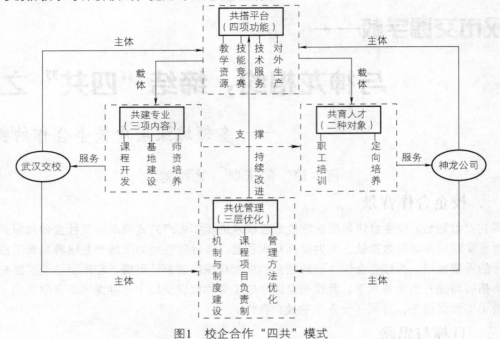

图1 校企合作"四共"模式

（三）共育技术技能人才，两种培养得并重

1．职工培训量身定做

神龙公司明确经销商（简称4S店）关键岗位设置与培训要求，学校按企业需求制订培训计划。培训教学以学校为主体，企业参与培训过程的跟踪及培训质量评价。中心为神龙公司双品牌旗下4S店关键岗位实施"多类分级"在职员工培训，其人力资源培训体系涉及4大类、3级别、5种关键岗位、15项培训课程。

2．定向培养有的放矢

在校企协同育人中做到双方共同确立定向班人才培养目标和标准，实现人才培养规格与企业需求相融合；共同制订人才培养方案，实现素质教育与技能训练相融合；共同构筑一体化教学平台，实现教学内容与工作过程相融合；共同营造职场氛围，实现定向班文化与企业文化相融合。在定向培养过程中，创新推出了"4321"定向培养路径。

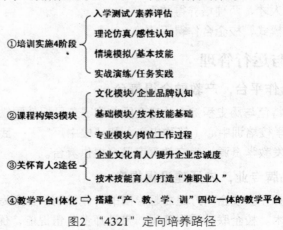

①培训实施4阶段 — 入学测试/素养评估
理论仿真/感性认知
情境模拟/基本技能
实战演练/任务实践

②课程构架3模块 — 文化模块/企业品牌认知
基础模块/技术技能基础
专业模块/岗位工作过程

③关怀育人2途径 — 企业文化育人/提升企业忠诚度
技术技能育人/打造"准职业人"

④教学平台1体化 ⇨ 搭建"产、教、学、训"四位一体的教学平台

图2 "4321"定向培养路径

（四）共同优化管理模式，校企合作得深化

1．机制与制度建设

将学校教育教学实践与企业生产经营有机结合，共同成立校企合作指导和管理机构，构建校企合作动力和保障机制。并根据教学特点，引入ISO9001质量管理体系，制订《校企合作项目管理手册》等管理制度，并不断优化，使校企合作机制与时俱进，发挥长效作用。

2．推行课程项目负责制

对员工培训与定向培养的课程实施目标管理，确定课程项目负责人，由其主导完成教学活动全过程。企业通过第三方对学员学习效果进行持续跟踪，做出质量评估。校方针对弱项数据进行分解，查找根源，分析问题，持续改进。

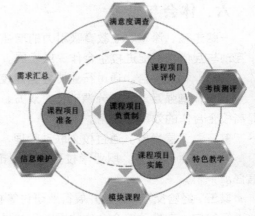

图3　课程项目负责制

3．管理方法优化

（1）师资队伍管理——企业"准入"制。师资选拔经企业集中培训取得资质，教师专业素养通过不间断培训持续提升，教师实践能力通过季度评审及下企业实践得到历练。

（2）设备设施管理——"套餐"制。设备设施管理与模块化课程联动，依据模块内容、工艺标准，形成模块化课程工具包，实现"课题化、工位化、程序化"的规范化管理。

（3）人才培养管理——动态调整机制。依据行业动态与企业发展需求，动态调整培养计划与实施方案；通过分级达标动态检测与跟踪学习效果；根据用人单位反馈，人才"回炉"与强化训练，使其管理循序渐进、持续改进。

五、主要成果

1．搭建了产教深度融合平台，丰富了学校教学资源

神龙公司为两个"平台"提供总价值近800万元的设备设施以及完整的技术资料和作业流程。联合开办的德善汽车技术服务有限公司面向社会提供技术服务，并兼具为在校学生提供实训实习基地的功能，为实现工学结合、产教融合提供了充沛的教学资源。

2．提升了教师队伍整体素质，提高了专业建设质量

神龙公司为学校汽车专业教师提供了实践锻炼的岗位和舞台。依靠不断成长的教师团队，汽车专业内涵建设得以提升。通过打造品牌汽车专业，带动学校其他专业建设与发展，并为国内部分兄弟学校的师资培养、专业建设提供了指导。

3．开辟了企业职工培训路径，强化了服务社会功能

武汉交校每年为企业培训1 800名关键岗位技术能手，提升了企业职工的业务素质。同时，还参与企业技术评估、咨询服务和精益化管理，增强了企业核心竞争力。由此带动武汉市机关事业单位和武汉市城投集团等企业的6 000名在职职工的继续教育培训任务由学校承担，实现学校教育和职业培训并举、职业教育与终身学习对接。

4．构建了校企合作推广模式，发挥了示范引领作用

在实践的基础上，探索并构建了校企合作"四共"模式，推广至全国与之开展校企合作的

20家职业院校，使其不仅在区域内开花结果，还通过其示范引领、经验借鉴，成为全国性校企合作的典范。

六、体会与思考

一路走来，深感职业教育吸引力的增强是持续、并不断深化的过程，校企双方需要加强合作互动与互信，以促进校企合作深层发展。

其一，构建平台。通过行业协会构建校企合作平台，为校方和企业提供更多的合作机会。

其二，增强互动。充分调动校企双方，特别是企业参与的积极性。增强校企双方的互动，提高校企合作的效率和效用。

其三，深层发展。通过校企联动管理，拓广度、挖深度，推进校企合作向深层次发展。

其四，主动作为。职业学校要主动到市场中去摸爬滚打，用真情和实绩取得行业企业的信任。

其五，经验交流。通过开展行业研讨等相关活动，将校企合作中的成功案例予以经验提取，并进行推广。在推动校企合作的同时，加强校企间、企业间、校际间的互动和交流。

面向企业冲压自动化的模具综合实践教学

赵战锋　游震洲　宋　荣　吴百中

一、校企合作背景

　　温州乐清作为中国低压电器之都，生产大量电类端子、接插件、接触器等电子类配件。由于其尺寸和表面精度要求很高，需要精密模具进行量产。随着企业生产的自动化要求提升和中国制造2025智能制造的兴起，多工位冲压模在温州机电类企业中得到广泛应用。合作企业温州宏丰是高科技上市企业，是国内电接触功能复合材料领域领先的一体化解决方案供应商。公司产品广泛应用于工业电器、汽车电器等领域，冲压自动化生产是企业重要的生产形式。

二、目标与思路

　　校企合作的模具综合实践教学的目的在于将传统基于模具工艺进行离散教学的模式进行企业生产化，解决中国制造2025新形势下模具生产的自动化、智能化，将模具的送料、工艺和检测等工序自动起来，培养具备适应企业自动化生产的高素质人才，促进企业的模具技术进步和生产效率提高。

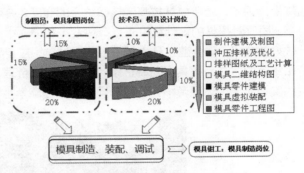

图1　知识技能与企业岗位能力关系

　　项目在实施中成立了由温州职业技术学院模具教研室主任和企业总工程师、模具车间主任等组成的校企合作小组。结合企业的技术创新要求和模具制造岗位技能要求，制订工作计划和综合岗位，将模具的设计和制造结合起来。结合学生的知识技术基础和工作意向，进行分层次的培养教育，对于基础好，创新能力强的学生，重点培养工艺排样、模具结构和自动化设备设计；对于勤学上进、细心有耐心的同学，重点培养三维建模、虚拟装配及工程图样的准备；对于设计基础差、动力能力强的同学，重点培养学生的模具虚拟装配、真实装配和物料清单制备等工作能力。

三、内容与特色

　　本次校企合作案例，从模具产品的终端应用开始，将产品进行零部件分解，每个不同的零件需要分别设计多工位自动化模具进行生产。设计项目的实施严格按照企业真实项目开发的流程进行。从模具制件和高速冲床的自动化运行条件开始，再到模具制造完成、模具自动化试模冲压产品结束，设计按照阶段任务的方式进行，每完成一阶段任务，进行技术和经济性指标评审，根据评审结果，进行改善、优化。完成优化后，才进行下一阶段任务的进行。

　　校企合作项目集成了制件冲压工艺分析、冲压生产排样、经济性指标计算分析、模具结构设计、零件三维建模、工程图样绘制、制造工艺制订、模具制造、调试。项目团队基于阶段任务评审情况和答辩情况进行成绩评审。本校企合作项目的实施、考核，完全与企业模具中心项目实施、员工业绩的考核保持一致。设计过程采用矩阵式任务安排法，按照制件、排样、模具标准件、模具结构、三维零件建模、三维装配、工程图样的模具设计流程，将冲压工艺的尺寸计算、压力计算、模具强度校核、冲床运行、模具信息化管理、图纸尺寸标注、技术要求、制造工艺统一结合起来。校企合作项目实施过程中，按照阶段任务安排，对项目小组学生进行设计技能训练。根据项目的需要和分层次人才培养和岗位核心技能要求，进行任务分配和团队内部检查。学生在综合实践教学中即是未毕业的学生又是企业的准员工，按照企业员工的要求去工作和考核。

四、组织实施与运行管理

项目在实施过程中，由模具专业教师和企业模具车间工程技术人员进行阶段任务评审和质量审核，确保项目成果能够直接应用于企业生产。项目中负责设计的学生需要定期汇报设计进度，并提出可能出现的技术问题，学校教师和企业工程技术人员共同参与研讨解决方案。对模具零件的制造过程，严格按照工业4.0制造中的工艺标准化、数据基准统一化的要求，将模具制造的毛坯磨平、钻孔、热处理、线切割和火花成型等加工工艺标准化，在模具装配阶段结合自动化模具攻丝和铆接的生产流程，认真装配、耐心调试，保证项目教学成果的实用化和生产自动化。

项目实施采取过程考核和结果考核相结合的方式。在设计过程中，采用学生小组互评互审、指导老师评审、企业模具技师考核相结合的制度，有效地保证了设计质量，体现了过程评价导向机制。同时对模具的设计结果采用口头汇报和书面编写设计说明书的形式进行结果评价。对于设计较好的成果，请企业设计主管进行二次评审，应用到企业的生产实际当中。过程评价和结果评价相结合的方式为模具面向制造设计、确保工艺合理、降低生产成本提供了保证。客观反映了学生的实训效果，体现考核评价的客观公正，提高学生实训效果，督促学生自觉完成综合实训。

图2　合作项目模具设计评审和制造装调

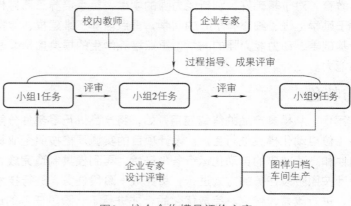

图3　校企合作模具评价方案

五、主要成果与体会

本案例的实施，取得了学校、学生和企业三方共赢的效果。学院方面，通过面向企业冲压自动化的模具综合实践教学，有效解决了传统模具设计与制造教学与中国制造2025条件下的模具自动化、智能化问题。设计的模具能够直接和企业的生产线进行无缝整合，进行自动送料、模具内部攻丝钻孔、模具内部复合铆接成型，将传统模具成型工艺和现在智能制造的自动化结合起来，实现教学内容和形式的创新；学生方面，通过校企合作，实现零距离深入企业模具冲压自动化线，学习模具的设计方法和先进制造、装配技能，并为提前就业提供了保障；企业方面，通过校企合作项目，实现补充技术人员和提升设计和制造水平的机会。通过校企合作，企业三维设计和制造水平明显提高，并从参与项目的学生中选拔了优秀学生作为企业的员工，取得了优秀技术后备力量。

本案例的成功实施，鼓舞了模具专业教师在中国制造2025条件下，以企业冲压自动化生产为契机，进行模具设计与制造教学内容和方式改革的信心，为企业的技术进步和人才储备建立了良好的基础。案例的顺利实施完美结合了高校师生的人才优势和企业模具中心的设备和经验优势，实现了学校、企业和学生三方共赢的美好结局。

案例代表性模具成果

图4 校企合作项目成果

六、发展前景

在中国制造2025的大环境下，模具设计与制造从传统的简单成型逐渐向全自动、多工位、复合成型的先进技术发展，结合机器人送料和取件技术的进步，冲压自动化逐渐成为智能、自动生产线的核心。模具设计专业课程教学，必须进一步加强和企业在智能制造领域的合作，培养既能掌握材料模具成型原理和方法，又能结合现在自动化、智能化技术，将模具融合到自动生产线中的新型高素质技术人才。随着中国制造的自动化和信息化的不断融合，面向企业自动化的模具综合实践教学必将在高职模具专业课程教学中得到更多、更广泛的应用。

七、自我评价

本校企合作案例，从中国制造2025的实质内涵出发，将模具专业传统的成型工艺和自动化生产结合起来，综合应用模具设计与制造先进方法和理念，将模具从传统教学的简单模具向多工位自动化模具发展，提高了模具效率，为企业进行模具自动化生产，设计了模具，培养了后备技术人才。模具专业学生在模具教研室教师和企业工程师、模具车间技师的共同指导下，能够完成自动化条件下的模具设计、制造和安装调试，实现了工学结合的人才培养，促进了学生技能的提高。案例团队认为本项目完全达到了预期目标，取得了企业、学生和教学的大丰收，在中国制造2025条件下，能为如何进一步深化校企合作、进行模具实践教学改革提供有益的借鉴和参考。

校企协作服务是以市场和社会需求为导向、以校企双方资源整合为基础的办学机制。一方面，通过校企协作服务，学校充分利用企业的信息、技术和设备等优势，把企业和学校紧密结合起来，让企业在学校的发展规划、专业建设、课程建设、师资建设、教学评价、招生就业、学生管理和科技服务等方面发挥积极的作用。另一方面，通过校企协作服务，提高了学校人才培养的针对性，缩短了毕业生与企业的磨合期，从而降低企业的人力资源成本，促进了先进技术的应用与推广，推动了企业的技术进步，有力地提升了企业的综合竞争力。

近年来，职业院校坚持以就业为导向，以服务为宗旨，积极探索多种形式的校企协作服务，形成了企业办学、职教集团办学、校企资源共享、厂校合一、科技创新服务、企业参股或入股和"双元制"等校企合作办学模式。为更好地总结、推广成功经验，探索具有一定特色的校企协作服务模式，推进职业院校与行业企业的合作办学，完善校企合作、工学结合的办学体制机制，本篇汇编了9个校企协作服务典型案例，供广大职业院校同仁们借鉴与参考。

校企协作服务篇

深化政校企联动长效机制建设
夯实职业教育办学基础

李青禄　徐　智　郝尉君

一、校企合作背景

内蒙古机电职业技术学院成立于2003年，是经内蒙古自治区人民政府批准、国家教育部备案的培养理工科高素质高级技能型专门人才的公办全日制普通高等学校，直属自治区教育厅。学院是"国家示范性高等职业院校建设计划"骨干高职院校立项建设单位，2014年以"优秀"等级通过国家教育部、财政部验收。学院坚持"立足内蒙古，辐射全国，服务能源与冶金行业，培养技术技能人才"的办学定位，积淀形成了特色鲜明的"校厂一体、产学结合"的人才培养模式，巩固和发挥在自治区能源、冶金、机械制造、水利行业高素质技能型人才培养的主渠道地位和优势。学院为生产、建设、管理、服务一线输送毕业生70 000多人，在内蒙古自治区工业、水利系统享有盛誉。

二、目标与思路

学院以创新校企合作体制机制为突破点，主动联合政府、行业、企业，并在政府的积极推动下，旨在形成"政府主导、行业指导、企业参与、学校实施"的校企合作体制机制，实施"政校企一体化"建设战略，为组建内蒙古机电职业教育集团奠定基础，为学院教育教学改革创造有利条件。

三、内容与特色——政校企合作，组建校企合作发展理事会

2011年10月，在自治区经济和信息化委员会的主导下，内蒙古机电职业技术学院校企合作发展理事会成立。共有139个企业加入理事会。理事会理事长由自治区经济信息委员会副主任担任，副理事长由行业协会负责人、神华北电胜利能源有限公司、中电投霍煤集团、大唐国际再生能源公司等自治区大型能源、冶金企业负责人和学院院长担任。理事会下设能源、电力、冶金、机械和水利5个二级专业分会，二级专业分会下设9个专业建设委员会和7个校企合作工作站。学院设校企合作部，作为理事会秘书处日常办事机构。理事会成员企业设校企合作工作站，具体负责校企合作的有关事宜。理事会自成立以来，已召开2次理事会大会和多次理事会成员协调会，落实行业、企业和学院的工作任务，促进了学院与企业在人才培养、专业建设等方面的合作，发挥了理事会在校企合作中政策推动、资源整合、规划指导方面的作用。5个专业分会召开了3次年会，促进了校企合作人才培养模式改革、课程建设、实训基地建设，推动了"高

图1　内蒙古机电职业技术学院校企合作发展理事会成立

铝资源学院"和"政校企育人基地"建设。5个二级专业分会组织学院22个专业开展了专业人才培养工作调研，校企合作制定人才培养方案，使人才培养更加适应行业、企业需求。理事会自组建以来，成员单位已由成立之初的139个增加至151个，形成了"政府主导、行业指导、企业参与、学校实施"的校企合作体制机制。校企合作发展理事会搭建起政校企联动发展的决策议事平台，为组建内蒙古机电职业教育集团奠定了组织基础。

四、组织实施与运行管理

1．政校企一体，共建"高铝资源学院"

2011年8月，学院与内蒙古大唐国际再生资源开发有限公司签订协议，共建"高铝资源学院"，该二级学院得到了内蒙古自治区经济和信息化委员会的大力支持。"高铝资源学院"制订了《"高铝资源学院"章程》及《校企合作管理办法》等项制度；校企双方组成了院务委员会，委员会下设办公室、专业与课程建设委员会和校企合作工作站，院务委员会例会决定"高铝资源学院"的重大事务，日常工作由办公室管理，办公室设在内蒙古机电职业技术学院；"高铝资

图2　学院与内蒙古大唐国际再生资源开发有限公司共建"高铝资源学院"

源学院"建成了2个"校中厂"和1个"厂中校"，形成了实训基地共建共管运行机制；实施了"人才共育、分项培养"的人才培养模式，实行了"订单式1+0.25+1+0.75"教学模式；校企合作制订冶金技术专业人才培养方案，合作构建基于铝冶金生产过程的课程体系，共同开发了5门专业核心课程，并制订了课程标准；校企共同培养双师素质教师，选送18名专业教师到大唐国际再生资源开发有限公司锻炼，从大唐国际再生资源开发有限公司聘请兼职教师6名，有7名专业教师进入校企合作工作站开展实用技术研究，已有4项课题立项。

2．政校企协作，完成"政校企育人基地"建设

2011年1月，学院与内蒙古阿左旗政府腾格里循环经济工业园区企业在工业园区共建"政校企育人基地"，组建由阿左旗旗长任主任的政校企合作委员会，负责"政校企育人基地"的建设与管理；制订了《政校企育人基地章程》《腾格里经济技术开发区奖学金评定办法》等制度，确保政校企合作顺利进行；阿左旗腾格里工业园区企业在学院设立"庆华""盾安"奖学金，吸纳优秀毕业生就业。在学院机电工程系设立贫困学生助学金，享受助学金的学生毕业后到企业工作，有52名学生获得了"庆华""盾安"助学金，有122名学生获得"庆华""盾安"奖学金，有326名毕业生到园区企业工作。

图3　学院与内蒙古阿左旗政府腾格里循环经济工业园区企业共建"政校企育人基地"

五、主要成果

1．政校企联动，组建产学联合体

在政府、行业企业的联动支持下，组建内蒙古机电职业教育集团。机电职教集团是以内蒙

古机电职业技术学院为龙头，与行业内23所中职学校、8所高职院校、2家行业协会以及146家与学校重点专业密切相关的行业内外科研院所、知名企业单位组成。集团是自愿组成的产教联合体与利益共同体（职教集团），不具有事业单位法人资格，是一个非营利性的社会组织。集团坚持"对接机电产业，服务区域经济建设"的发展理念，力图通过加强行业、企业、城乡、学校之间的全方位合作，促进资源的集成和共享，有效推进职业院校依托产业办专业、办好专业促产业，真正形成产研联合体。促进职业院校在人才培养模式上与企业实行"订单式培养"和"零距离对接"，形成院校与企业之间的良性互动，推动职业院校和企业共同发展，使院校办学和企业经营获得双赢，以此提升职业教育的综合实力，促进内蒙古自治区机电职业教育向特色化、品牌化方向发展。

2．政校企融合，架构组织保障体系

完成校企合作信息管理平台建设。建成了集校企合作门户网站、合作项目管理、学生顶岗实习、毕业生就业服务管理等功能于一体的信息平台，运行正常，服务于教学、科研和毕业生就业工作。

建立了校企合作制度保障体系。制订了《校企合作人才培养管理办法》等校企合作人才共育制度；制订了《"双师素质"教师培养认定办法》等校企合作师资队伍与合作培训制度；制订《教科研工作奖励办法》等校企合作科技开发制度；制订和完善了《教师教育教学质量评价办法》等校企合作激励与考核制度。

深化校企合作，实现创新发展

王景学　刘敏丽　刘　玲　关玉琴　武艳慧　王　京　雷　彪

一、校企合作背景

教育部教高【2006】16号文件精神明确指出，高职院校应深刻认识到全面提高教育教学质量的重要性和紧迫性。大力推行工学结合，突出实践能力培养，改革人才培养模式，校企合作，加强实践、实习基地建设是非常关键的。在此文件精神的指引下，内蒙古机电职业技术学院（简称机电学院）积极探索校外实训、实习基地的建设，寻求校企合作的机会，在多次调研、座谈、商讨的基础上，最终与国有大型企业内蒙古昆明卷烟有限责任公司（简称蒙昆公司）签订了校外实习基地协议，展开了一系列交流与合作。

二、目标与思路

为了构建校企双方协作育人的机制，真正实现校企协作育人，校企双方本着互惠互利的原则，机电学院与蒙昆公司多次就课程体系的构建、人才培养方案的实施、专任教师企业锻炼、企业员工培训等方面进行了座谈和研讨。经过近一年的努力，校企双方共同修订了人才培养方案，企业接收了专任教师下企业锻炼，为毕业生的顶岗实习和学生《识岗实习》《企业及其环境》课程提供了实践教学场所和指导教师，学校为企业输送了优质毕业生，并为其员工进行了培训，承担了企业员工的技能大赛，校企双方达到了互惠互赢。

三、内容与特色

1. 校企共同修订人才培养方案

校企双方结合机电行业岗位、任务、专业课程对应关系，以培养学生自动化生产线的安装、调试与维护能力为核心，根据行业标准共同修订了《机械设备的装调与控制技术》《PLC应用技术》的课程标准，并将《自动化生产线的安装、调试与维护》课程纳入到机电一体化技术专业课程体系中。将企业的生产任务转变为学生的学习内容，将企业员工岗位能力转变为学生的学习任务。并按照企业员工的技能要求展开学生的实践技能学习。

2. 校企共同培养，提升学生职业岗位能力

在校企双方共同修订人才培养方案的基础上，校企双方又对部分课程进行了共同授课。企业一方面接收毕业生顶岗实习，一方面又为《识岗实习》和《企业及其环境》等课程提供实践教学场所和指导教师，使学生在毕业之前就有更多的机会深入到企业的生产岗位，了解企业岗位要求和职业能力，为实现学生与企业岗位的零距离对接奠定基础。

3. 校企双方取长补短，人才互培

校企双方各有各的优势。学校机电一体化技术专业以培养学生自动化生产线的安装、调试与维护维修能力为目标，但专任教师企业实践能力匮乏，因此，学校将新入职的员工送到企业参加企业锻炼，并且不定期地将已入职的专任教师选派到企业，学习企业的先进技术，提高教

师的实践动手能力，将企业经验融入实践教学中，指导教育教学。企业以提高设备使用率，增加生产效率为目标，企业员工虽实践动手能力强但理论水平又有待提高，因此，一方面企业将生产技术人员派送到学校，学习理论知识，用理论指导实践操作，提高实践技能，另一方面，企业又以学校设备为载体，举办技能大赛，展示技能人才风采，促进生产。

四、组织与实施

1. 校企联合成立工作小组

在学院校企合作理事会专业建设指导委员会的指导下，由职教专家、企业专家、专任教师组成工作小组，一方面，负责课程标准的修订及人才培养方案的修订等专业建设内容；另一方面，负责选派企业优秀的技术员工担任学生《顶岗实习》和《识岗实习》课程的校外指导教师，选派管理人员及岗位技术能手承担《企业及其环境》课程的授课教师，选派优秀专任教师承担企业员工培训和技能大赛的理论及实践指导教师。

2. 深入企业进行专业调研，修订人才培养方案

在校企合作理事会的指导下，机电学院机电工程系专业教师团队仅2016年就4次深入蒙昆公司进行专业调研，实地考察其卷包、制丝车间和动力车间。了解蒙昆公司的企业文化、生产工艺流程、自动化生产线使用设备的种类、型号及设备操作、维修维护人员所需的职业岗位技能，与企业技术专家交流、探讨《机械设备的装调与控制技术》《PLC应用技术》等课程的授课内容及授课重点，进行了课程标准的修订，并且将《自动化生产线的安装、调试与维护》这门课程纳入到机电一体化技术专业的课程体系中。机电工程系专任教师赴蒙昆公司调研如图1所示，机电工程系专任教师与蒙昆公司企业专家座谈、讨论人才培养方案如图2所示。

图1 机电工程系专任教师赴蒙昆公司调研　　　　图2 机电工程系专任教师与蒙昆公司企业
专家座谈、讨论人才培养方案

3. 深入企业实践锻炼，提高实践操作技能

为了提高专任教师的实践操作技能，在今后的教育教学工作中理论与实际结合更紧密。机电学院机电工程系对2016年新入职的员工，根据所学专业及今后在专业教学中所从事的教学任务的不同，为其安排不同的企业不同的岗位进行实践锻炼。仅2016年，蒙昆公司就已经接收了机电工程系3名新入职员工为期3个月的企业锻炼，锻炼内容包括维修电工、焊工、班组长等工种和岗位，大幅提高了专任教师的实践动手能力。不仅如此，2016年蒙昆公司还分5个批次接收了机电工程系10名已入职员工为期15天的企业锻炼，使专任教师在完成教学任务的同时，及时掌握企业先进的技术反哺教学。

4. 企业接收学生参加顶岗实习

顶岗实习是学生在获得毕业证之前的最后一门必修课程，无论是对学校还是对学生本人都是至关重要的，尤其是对学生，不仅关系到毕业证的获得甚至关系到今后的发展前途和方向。

因此，毕业生都希望能够进入到大中型企业参加顶岗实习。2015年11月蒙昆公司就一次性接收了机电工程系机电一体化技术专业等4个专业的31名2013级毕业生参加顶岗实习，在今年的6月份又与全部顶岗实习的毕业生签订了用工合同，实现了学院校外生产实训基地将顶岗实习毕业生全部留下的最高纪录。

5. 企业为学生《识岗实习》和《企业及其环境》课程提供教学场所和指导教师

毕业生不仅要具有高水平的技术，还要具备相应的职业岗位能力和职业岗位素养，因此在课程体系中会将《识岗实习》和《企业及其环境》课程安排在大一的第二学期，使学生能够深入企业，了解企业文化、企业岗位需求等信息，在后续的学习中有针对性地去面对课程，增强学习的积极性和主动性。蒙昆公司就为学生提供了这样良好的实践场所和指导教师。在2016年，机电工程系的7个专业30余个班级的1 500余名学生先后深入到蒙昆公司进行《识岗实习》课程的学习，在《企业及其环境》课程中，蒙昆公司又先后派出4名技术专家及管理人员深入到学生课堂，以《希望从这里起航》《蒙昆公司企业发展历程》等为主题，就大学生应该如何角色定位、企业需要什么样的人、榜样是怎样炼成的等内容为学生授课，为学生的职业生涯和规划指明了方向。

6. 学校为企业员工进行培训，提高理论水平

4次深入蒙昆公司专业调研时，企业均提出员工的理论水平有待提高，后又经多次协商、机电学院机电工程系与蒙昆公司已经达成了钳工、电气维修、液压与气压传动技术和机械制造4个项目的培训意向，2016年机电工程系已经为蒙昆公司完成机械制造项目的培训2期，累计培训、考核学员120余人，教学工作量达100余学时。

7. 学校承办企业的技能大赛，展示企业风采

在校企合作更深入之后，2016年7月开始，机电学院机电工程系又为蒙昆公司的技能大赛摸底选拔进行了理论命题及评判，并以机电工程系的亚龙YL-335B自动化生产线实训考核装备为载体完成呼市能源化工机械制造工会、蒙昆公司联合举办的"践行新理念、建功'十三五'电工技能大赛"理论、实操培训考核2期，累计培训考核学员40余名，培训天数达10余天，得到了培训学员的一致好评。蒙昆公司电工技能大赛开班仪式如图3所示。

图3　呼市能源化工机械制造工会 蒙昆公司联合举办"践行新理念、建功'十三五'电工技能大赛"开班仪式

五、主要成果与体会

（1）校企深入合作有力地推动了课程体系的改革，提高了教师指导实践教学的能力，使学生所学的技术与企业的先进技术同步、所学的技能与企业岗位所需技能同步。

（2）企业提供实践教学场所及指导教师，同时将企业文化、企业技术引入课堂教学，增强了学生学习的积极性和主动性。

（3）校企双方取长补短，互相培养人才，相得益彰。

政、校、企协同 共育创新型技能人才

舒平生 段向军 李宗国（企业） 王春峰 任大萍（企业） 赫秀云

一、校企合作背景

为适应吴江制造业转型升级对高素质技术技能人才的需要，南京信息职业技术学院与吴江经济技术开发区合作，签署专业技师培训认证框架协议，协同园区企业开展吴江区紧缺职业（工种）技师培训与鉴定项目。

南京信息职业技术学院作为吴江经济技术开发区产业人才合作联盟成员，利用机械行业职业技能鉴定站这一平台，为园区企业开办技师培训班，并组织开展鉴定工作。经过四年的项目实施，形成了完善的项目管理体系、优质的技能培训教学资源、完备的技能鉴定流程和高素质的培训教师团队。政府搭建校企合作的桥梁，推进产业技术技能人才培养，完善企业职工培训制度，广泛开展岗位技能提升培训。通过技师鉴定的人员有资格享受吴江经济技术开发区政府的购房补贴政策，是稳定区内高素质人才规模、为园区经济发展做贡献的有效举措。

该项目对构建劳动者终身职业培训体系，依托各类院校、社会组织建立有利于劳动者接受继续教育和职业培训的灵活学习制度，推进江苏学习型社会建设具有一定的示范作用。

二、目标、思路与特色

目标是立足吴江经济技术开发区制造企业转型升级的需要，促进企业提质增效，优化吴江技术技能人才结构，加快技术技能人才培养，进一步提升企业员工技术技能水平。

思路是充分发挥各方优势、汇聚资源，吴江经济技术开发区政府成立产业人才合作联盟成员，技师培训与鉴定项目作为众多人才项目之一，由吴江经济技术开发区政府负责组织和发包，学院借助机械行业职业技能鉴定站平台人力和资源优势，与园区典型规模企业联合开展技师培训及鉴定工作，从而提升园区技术技能人才整体水平。

特色是政校企协同，搭建企业技能人才成长立交桥。政府设计技能人才从技师到高级技师再到大师工作室的路径，并配套购房补贴的政策支持，学校与企业发挥技术和师资优势，保证项目的高品质实施，技能人才真正实现自身的增值。

三、组织实施与运行管理

1. 突出优势、充分调研、积极寻求政、校、企合作

南京信息职业技术学院作为机械行业职业技能鉴定站，为在校学生开展技能培训和鉴定过程中，形成了完善的管理制度和实施流程，开发了一系列工种的培训教学资源，培养了一批高素质的教师团队。在此基础上，学院积极探索，通过走访企业、各开发区人力资源中心及政府部门等多种方式开展充分调研，发现吴江经济技术开发区、苏州工业园区等经济发达地区，对企业员工的技能培训与鉴定支持力度较大，目的是稳定区域技能人才规模，提升技能人才整体素质。

2012年，南京信息职业技术学院利用机械行业职业技能鉴定站这一平台，与吴江经济技术

开发区合作，签署专业技师培训认证框架协议，为吴江区紧缺职业（工种）人才培养开展技师培训与鉴定。

2．成立产业人才合作联盟

产业发展需要自主创新的强大驱动，自主创新呼唤产业人才的脱颖而出。为了更好地为产业人才发展服务，吴江经济技术开发区成立了产业人才合作联盟，成为苏州首个由政府搭建的政、校、企、才及培训机构新型合作平台。产业人才合作联盟，主要是以高校、职业院校、人才服务机构三个层次为合作体系，目的在于做好人才到项目的合作和对接。吴江经济技术开发区吸纳区内重点优质骨干企业，联合多家与开发区保持良好合作关系的院校和培训机构，建立起人才战略发展的新平台。南京信息职业技术学院成为吴江经济技术开发区产业人才合作联盟理事单位。

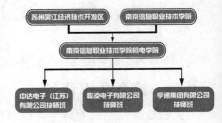

图1　政府搭建校企合作的桥梁，推进产业技能人才培养

3．优势互补、政校企联动，提高技能人才培养质量

学院作为技师培训鉴定项目的合作方，与吴江经济技术开发区及区内相关企业成立了项目组并明确分工。在政府制度保障下，吴江经济技术开发区负责项目的组织与协调，企业负责学员选拔与培训课堂的管理，学院利用培训鉴定课程资源优势、师资优势，负责培训课程的实施与考核。依据相关职业技能鉴定的标准，结合企业的具体需求，培训课程内容由校企共同开发，完成了四个工种优质而实用的技能培训教学资源建设。技能培训由学院"上门服务"，教学团队携带自主研发的可编程控制器实验台、传感技术实验台到企业开展现场教学，提高了教学实效，有效解决了企业的困难。通过三年的合作，形成了政校企联动机制。

2012年至2015年，先后为中达电子（江苏）有限公司、峻凌电子（苏州）有限公司、亨通集团有限公司分别开办了"可编程控制系统设计师""电子设备装接工""电线电缆制造工""光纤检测工"技师培训班，共培训317人，其中251人通过技师鉴定。2016年9月，将继续为吴江技术开发区内企业开展PLC技师、PLC高级技师、电线电缆制造工培训与鉴定。

学院为企业开展技师培训情况表

年　　份	企 业 名 称	工 种	培 训 人 数	通过鉴定人数
2012	中达电子（江苏）有限公司	PLC技师	30	28
	亨通集团有限公司	电线电缆制造工	32	30
2013	中达电子（江苏）有限公司	电子设备装接工	30	25
	峻凌电子（苏州）有限公司	电子设备装接工	40	34
2014	中达电子（江苏）有限公司	PLC技师	40	36
	亨通集团有限公司	光纤检测工	40	38
2015	中达电子（江苏）有限公司	PLC技师	30	22
		PLC高级技师	25	6
	亨通集团有限公司	光纤检测工	30	26
		光纤检测高级技师	20	6
合计			317	251

4. 及时总结，持续改进

每一期培训结束，合作三方都会召开总结交流会，及时发现合作中的亮点和不足，以便推广与改进，为后续合作提供借鉴。

四、成果与体会

1. 政、校、企协同，建成符合行业需求的技师培训鉴定体系

学院、开发区及园区企业协同创新、优势互补，政校企组建项目运行团队，建立完善的互动机制、项目运行文件和质量保障与反馈体系，开发了优质实用的培训课程资源和科学的技能鉴定流程，为园区技能人才的整体水平提高做出了卓越的贡献。

2. 技能培训与学历教育相互促进，提升了专业办学水平

将培训课程和设备有机地融入学院的专业教学，实现专业教学要求与企业岗位技能要求对接，课程内容与职业标准对接，教学资源与企业新技术、新工艺对接。该项目促进了教师业务水平的提高，提升了专业办学水平。

3. 拓宽合作领域，搭建毕业生就业平台

在良好合作的基础上，开发区及区内企业加大了与学院的合作领域。三年来学院为开发区内企业输送毕业生56名，遍布电子产品制造、装备制造、软件、信息服务、通信领域，成为开发区企业生产和管理一线重要的力量。

4. 合作模式受到关注，社会效益明显

学院受邀参加了吴江经济技术开发区产业人才合作联盟成立大会，成为理事单位，并与开发区签署战略合作框架协议。学院党委书记张旭翔作为高职院校代表围绕高技能人才培养做主题发言，强调政府主导，政、校、企协同，实现共赢的合作，在区域经济发展中扮演重要角色。2014年、2015年，学院连续两年荣获吴江经济技术开发区优秀校企合作单位光荣称号。

图2　学院获吴江经济技术开发区
产业人才合作联盟理事单位

五、发展前景与自我评价

随着江苏省工业转型升级的推进，企业技术技能型人才的能力提升需求会更为强烈，尤其是苏州、昆山、无锡等经济发达地区。该项目可以向上述地区进行推广实施，利用高职院校的人才优势、教学资源优势，为企业技能人才的再教育贡献力量。

广西工业技师学院——

打造校企合作"升级版"
服务区域经济促发展

——广西工业技师学院技术服务广西糖业发展典型案例

蒋祖国　曾繁享　庞广信　孙杰利

一、校企合作背景

职业院校主动为企业提供技术服务是现代职业教育的重要内容。广西工业技师学院瞄准广西糖业发展，利用电气自动化专业的技术和师资优势，针对企业生产中遇到的问题进行技术诊断，与企业共同开展技术开发、新技术培训和推广等服务，推动企业改进工艺流程，推动产学研结合向纵深发展，取得良好的效果。

二、目标与思路

校企合作是当前中职教育改革和发展的重点和难点，也是促进学校教育教学与社会人才需求无缝对接的重要途径。但当前体制下的校企合作大多是表层的"各取所需"的合作。如何有效地寻找到校企深度合作的突破口，成功突破校企合作中遇到的瓶颈，已成为中职学校在校企合作中苦苦寻求的良方。

中等职业学校专业教师的技术研发与技术服务能力一直是薄弱环节。在国家中等职业教育改革发挥示范学校建设项目实践中，广西工业技师学院通过与行业企业携手共同进行技术研发，为行业企业解决了多项生产技术难题，并获得多项国家实用新型专利，多项技术成果得到有效推广应用。一方面大大提高了企业生产效率和经济效益，更好地服务区域经济发展；另一方面，有效推进了学校的教研教改工作，成功寻找到了校企深度合作的突破口。因此，如果说校企共育技能人才是校企合作的基本模式，那么校企联合技术研发则是校企合作的"升级版"。这种合作模式的深化，对提高人才培养质量、有效服务产业发展、推动社会经济进步的作用更快速、更直接。

三、内容与特色

"想不到技工学校也能像大学一样开展技术研发工作，想不到你们能抓住我区千亿元产业开展相应技术服务，想不到这项科研项目能够给我区糖业带来如此大的影响。"2012年7月16日，时任广西壮族自治区人民政府副主席李康到广西工业技师学院检查工作时，驻足在"糖汁锤度在线自动检测装置"前仔细察看、询问，并用三个"想不到"对学校向广西糖业企业开展技术服务给予充分肯定。

图1　自治区领导对"糖汁锤度在线自动
　　　检测装置"项目给予高度评价

技术攻关，"甜蜜"的事业中蕴藏"苦恼"。广西是全国产糖第一大省（区），制糖工业是广西的一大支柱产业。广西现有100多家糖厂。广西工业技师学院教师在企业调研中了解到很多糖厂的制糖工艺落后，糖汁锤度检测主要采用人工检测方式，存在检测滞后、效率低、难以实现自动控制等诸多问题。开展科研攻关、攻克技术难题迫在眉睫。

校企合作，"甜蜜"的事业中发现"甜头"。制糖企业有技改资金和自己的技术研发人才，在制糖工艺革新方面有较高的研究水平，而广西工业技师学院在自动控制领域有较强的实践经验及研发能力。双方决定利用各自优势，合作研发"糖汁锤度在线自动检测装置"，破解技术难题。

2011年7月至2012年1月，广西工业技师学院委派教师与广西石别糖厂共同研发该项目。师生们深入多家糖厂和科研院所调研，与企业技术人员进行工艺分析、图样设计、检测装置的制作与试验。经过不懈努力，克服了跨行业研究难度大、工艺流程复杂、现场环境恶劣等困难，圆满完成了设备研制、安装、调试任务。

图2　广西工业技师学院教师在广西石别糖厂安装、调试设备

填漏补缺，"甜蜜"的事业中体现"含糖量"。"糖汁锤度在线自动检测装置"具备液体密度测量、锤度测量等6个控制系统，具有锤度测量范围0～750Bx、检测误差0～0.50Bx、显示时间20s/次、温度补偿范围0～80℃、积垢干扰小，不需预处理、速度快、操作简单、实时在线检测七大功能，填补了国内无能力在线测量高黏稠浆料密度的技术空白。2012年9月，该装置获得国家知识产权局实用新型专利；同年11月，在第十一届全国技工院校教学教研技术开发优秀成果评选会上荣获一等奖。

经济实用，"甜蜜"的事业中富含"营养价值"。糖汁锤度在线自动检测装置在广西石别糖厂试用一年，运行状态稳定，检测精度准确，为企业节省了人力物力，带来了可观的经济效益。专家评审后，认为该装置有很大的实用价值和行业推广价值。目前，该项技术已推广应用于广西崇左中粮屯河糖厂等制糖企业。在此基础上，研发团队还研制了"高黏稠浆料密度在线测试装置"，应用于广西农垦防城糖厂的石灰浆测试生产流程。

四、组织实施与运行管理

广西工业技师学院主动为企业开展技术服务，创新校企技术合作新机制。

首先，建立校企合作共赢的平台。企业将自身技术优势、设备优势、市场优势向学校开放。学校选准服务产业、服务企业的突破口，为企业实实在在地解决生产技术难题，培养合格技能人才。

其次，完善有效的激励机制。学校鼓励教师参加企业实践，提升创新能力和技术研发能力。作为受益方，企业要在技术研发资金和学生实习、就业方面给予大力支持。

再次，给予政策支持和引导。政府部门对中职学校开展技术服务提供更多政策支持、引导。鼓励中职学校和中小企业利用各自优势合作开展技术研发，将研发成果用于实际生产中。

五、主要成果与体会

"糖汁锤度在线自动检测装置"的成功研发，使企业、学校双方互利共赢，实现了企业科技含量和生产效率、学校内涵建设和服务区域经济的能力、教师创新能力和科研教学水平、学生实践动手能力和综合职业能力"四提升"。

1. 提升了企业科技含量和生产效率

糖汁锤度在线自动检测装置的应用，提高了白砂糖质量和提糖率，最大限度地减少了人为操作的偏差，降低能耗和人力成本，增加了生产科技含量。以日产8 500吨的糖厂为例，每年可为企业节省资金约80万元，提升了广西糖业在国内外市场上的竞争力。

2．提升了学校服务区域经济发展的能力

通过糖汁锤度在线自动检测装置的研发，学校更加了解企业的需求，找准技术技能研发和服务的起点，增强了技术服务的针对性。应用技术成果的转化，提升了学校服务区域经济发展的能力。

3．提升了教师创新能力和教科研水平

在研发过程中，教师参与处理企业实际生产问题，及时掌握学科发展动态及社会需求，开发出先进的教学仪器设备，将技术成果与教学相结合，提高了教师的科研和教学水平。

4．提升了学生动手能力和综合职业能力

经学校教师和企业工程技术人员指导，学生在完成工作任务的过程中，提高了综合职业能力，为就业创业奠定了良好的基础。参加研发项目的学生被企业争相抢"购"，成为企业"香饽饽"。

广西工业技师学院与企业携手进行生产技术研发，解决技术难题，服务区域经济发展，获得了专家和企业的好评。

广西自动化学会陶权教授在指导广西工业技师学院开展校企合作工作时，给予了高度评价："发展职业教育，校企合作是促进学校教育教学与社会人才需求无缝衔接的途径。广西工业技师学院与企业合作开展这样的技术项目，实现优势互补、资源共享，是一个成功的典范，值得学习和借鉴。"

广西石别糖厂对广西工业技师学院教师也给予了高度评价："该校老师肯钻研，能吃苦，技术好，动手能力强，在应用型技术研发方面很不错。今后我们将继续与该校合作，以研发提升企业生产效益，促进企业发展，实现校企合作共赢。"

河南工业职业技术学院——

校企合作协同创新，优势互补实现共赢

陆　剑　史曾芳　王　伟　王东升　马建军

曲令晋　张玉华　余　森　王臻单

一、校企合作背景

河南工业职业技术学院成立于1973年，具有重视校企合作的优良传统，建校40年来一直与行业、企业保持着良好的互信互助关系，始终坚持"立足河南、面向全国，依托军工、服务社会"的办学理念，以服务地方经济发展和中原经济区建设为己任，通过科技创新平台建设，建设了柔性制造河南省工程实验室、智能控制河南省高校工程技术研究中心以及6个南阳市重点实验室（工程技术研究中心），为行业、区域企业技术革新和产品更新换代提供了强有力的支持。

2012年南阳市组织部开展"百名人才下百企"活动，学院积极响应，推荐学院相关专家参加下企业帮扶活动，指派专人跟踪项目进展与落实。其中学院与南召县和平制动器有限公司开展协同创新项目——柔性铸造生产线一直合作至今，已经取得了不少应用成果。

二、目标与思路

南召县和平制动器有限公司初建于1994年，厂区占地面积3万平方米，建筑面积1.5万平方米，其中新建一条年产8 000吨优质球墨铸铁件的铸造生产线占地面积4 000平方米。拥有职工全员280人，固定资产总值3 100万元，年销售产值6 000万元，产品全部作为长城汽车的原车配套。公司成立以来，一直作为长城汽车公司的主要配套厂家，生产各种型号的前盘式制动器、轮毂、轴承座等产品。校企双方开展协同创新项目以前仍采用传统的半自动化半人工方式生产，工人劳动强度大、效率及合格率低、生产环境不佳，虽然早期得到了快速发展但近些年以来中大型铸造业相关企业通过设备升级、技术改造取代了传统半自动化生产模式，生产效率、产品合格率不断提升，市场竞争力不断加强，使得南召县和平制动器有限公司的市场竞争力逐年下降，企业发展出现停滞，企业生存出现危机。企业领导班子在分析市场行情、相关企业发展状况以及自身企业的特点，决定自主研制一套能够进行自动化生产的铸造生产线来取代现有的半自动化生产模式。项目名称为"柔性铸造生产线"，项目于2011年10月开始进行研制，企业技术部人员通过国内外的调研初步确定了"柔性铸造生产线"功能。企业的优势在机械设计与零部件加工，但在生产线自动化控制系统设计方面存在空白。2012年6月企业通过南阳市组织部开展的企业帮扶活动，通过双向选择决定与河南工业职业技术学院开展"柔性铸造生产线"项目的合作。学院高度重视和支持校企合作项目，本着实现企业生产方式升级转型、学院专业技术人员能够开展技术攻关、锻炼专业技术团队并支撑专业教学的思路来实现双方的共赢。

图1　2015年以前非自动化
生产车间

三、内容与特色

学院与南召县和平制动器有限公司开展的协同创新项目"柔性铸造生产线",学院科研团队主要负责生产线的自动化控制系统的研制与实施,项目分解为"造型机控制系统""自动脱套箱机械手控制系统""产线控制系统""混砂机控制系统"四大控制系统的研制。在控制系统的研制过程中往往需要与机械系统的研制相配合,项目的进展主要体现在机械与电气系统交替推进与不断完善的过程中。2014年9月,经过2年多的共同研制,项目总体结构包括控制系统已全部完工,但在运行过程中发现最主要的问题是设备各部件配合运行间隙精度难以达到生产要求,针对这一问题,校企双方科技人员共同分析问题原因,从机械与电气控制两个方面共同来提高精度,双方科技人员经过6个多月反复试验,在相关技术点上进行攻坚克难,最终达到了生产线进行产品生产的精度要求。2014年年底,"柔性铸造生产线"开始进行试生产,2015年6月"柔性铸造生产线"正式投产。

图2　校企协同研制的柔性铸造生产线局部1　　图3　校企协同研制的柔性铸造生产线局部2

四、组织实施与运行管理

学院为项目开展搭建合作平台,实现校企合作项目的无缝对接,学院坚持校企合作、产教融合的理念,不断健全校企合作平台建设,创新校企合作模式。2012年12月与美国通用电气上海有限公司合作共建GE实验室,通用电气为我院新建GE实验室并培训相关人员。GE实验室设备中包含了自动化控制系统中常用的逻辑控制器、伺服运动控制、总线控制、组态软件等,为下一步开展技术服务工作与项目的实验试验工作完善了科研条件。另外,2013年学院成功申请了智能控制河南省高校工程技术研究中心,组建了科学研究团队,制订了相关的规章制度,在项目合作洽谈、项目实施、进度管理、技术交流等方面提供了组织保障。

图4　智能控制河南省高校工程技术研究中心　　图5　与通用电气合作新建GE实验室

五、主要成果与体会

2015年9月,通过校企双方的共同申报,该项目被评为河南省校企合作示范性项目,作为示范性项目,在带动区域校企合作方面做出了表率。在为期近4年的研制过程中,通过项目研发锻炼了一批理论联系实际、动手能力强的专业教师,同时也带出了一批动手动脑能力强的学生。形成了一套丰富的自动化教学案例系统。对于企业,实现了生产方式的升级转型,2015年9月,企业中传统的半自动化半人工铸造厂房彻底关停。截至2016年6月,来自该企业的数据反馈表明，投入生产的"柔性铸造生产线"在运行一年后，在用工人数上较之前减少了三分之二，劳动强度上只有原先的六分之一，在人工成本上节约资金300万元左右；在产品合格率方面由之前的60%提高到90%；产量较之前提高了5倍多。企业员工人均收入普遍提高。企业在这一轮市场竞争中逐步走向恢复。另外，企业成功为生产线申请了专利（专利号ZL2011 2 0266072 2），创新发明了四工位静压自动造型机（发明专利号ZL2012 1 0056603 4），以及为之配套的快速加砂定量装置（ZL2012 2 0080570 2），铁水浇注机（ZL2011 2 0266073 7）等7项专利。

图6　项目研制中申请的专利

目前，该项目校企双方仍在合作当中，今年通过技术攻关，提高了生产线工作速度，加强了生产线信息化建设程度，同时对生产线各个部件开展了质量跟踪，逐步形成完备的技术资料。下一步，企业正在谋划装备制造产业，注册了新企业"南召和平重工"，企业正朝着将双方协同创新研制的铸造装备产品推向市场的道路前进。2015年9月，该院的"智能控制河南省高校工程技术研究中心"以良好的成绩顺利通过省教育厅验收，2016年6月成功申报省级工程技术研究中心——河南省工业嵌入式网络控制工程技术研究中心，扩展了研究领域，充实了专业科研队伍，提升了科研项目的研究层次。

校企深度融合 技岗完美对接

夏继军 方 玮 李 宁 黄国祥 倪祥明

一、校企合作背景

黄冈职业技术学院自1999年组建以来，广大师生员工发扬老区精神，艰苦奋斗，通过长期的探索与实践，确立了"服务社会设专业、依托行业建专业、校企合作强专业"的专业建设思路。为了将校企合作落到实处，切实提高学校的办学水平与学生质量，黄冈职业技术学院先后与芜湖欧宝机电有限公司等多家优秀企业合作谋发展。

芜湖欧宝机电有限公司是黄石东贝集团于2006年在芜湖投资兴建的子公司，是专门研发、生产、销售全封闭冰箱制冷压缩机的高新技术企业，公司总投资10亿元，大部分设备是从德国、瑞士、意大利引进，具备年产1 000万台制冷压缩机的生产能力。公司是目前国内最大的冰箱压缩机生产基地，产品出口美国、法国、土耳其、澳大利亚、马来西亚等50多个国家和地区。

芜湖欧宝机电有限公司作为生产冰箱压缩机的龙头企业，也作为国内最早引入智能生产线的高新技术企业，是高职院校制造类专业校企合作的首选企业。该公司非常重视与高职院校的合作，早在2004年，黄冈职业技术学院与黄石东贝集团就有合作关系，自2006年芜湖欧宝机电有限公司投产，两单位的合作逐渐发展为全方位。

二、目标与思路

黄冈职业技术学院与芜湖欧宝机电有限公司为了顺应制造业的转型升级和高职教育的改革发展，培养具有良好职业道德与创新精神的高素质、高技能人才，进一步加强校企合作，加快推进学校人才培养模式的根本性改变，扩展和密切行业、企业的联系，加强职业教育与生产实际相结合，找准专业与企业的利益共同点，建立学校与企业之间长期稳定的组织联系制度，真正实现校企合作办学、合作育人、合作就业、合作发展的目标。

校企双方在10年合作发展过程中逐渐形成了明晰的合作思路：人才共育，过程共管，成果共享，责任共担，发展战略共识，体制机制互融，思想文化互动，人力资源互用。

三、合作内容与特色

1. 企业员工培训

企业职工培训是校企合作的一个十分重要的环节。其不仅能拓宽职业院校的办学渠道，更重要的是能使企业认识到职业院校具有为企业服务的强大功能，通过培训快速提高在职职工的素质，使企业提高校企合作的积极性与主动性。

2. 企业技术改造

在校企合作中，黄冈职业技术学院积极选派优秀专业骨干教师到企业挂职锻炼，主动参与企业的生产管理、产品开发和技术革新活动，与企业共同攻克技术难关，实现"产、学、研"结合

3．教师技能回炉

针对部分青年教师企业经历较短，工程实践能力相对较弱的实际情况，黄冈职业技术学院每年都要安排部分青年教师到欧宝机电有限公司进行为期半年以上的脱岗企业锻炼，尽快提高这部分教师的工程实践能力。

4．建设校内实训室

为了体现实训与生产实际工作一致性、课堂与实训车间一体化的模式，给参加实训的学生一个真实的生产环境，让学生通过这样的实训学到职业岗位需要的专业知识和技能。学院与欧宝机电有限公司合作建设了校内"欧宝实训室"。"欧宝实训室"由学院提供场地和管理，欧宝机电有限公司提供设备、技术和师资支持，由校内教师和企业技术骨干共同开展实训教学。"欧宝实训室"的建成使学生体会到校内实训基地就是一个微缩版的欧宝机电，同时在建设和使用"欧宝实训室"的过程中，巧妙地将公司优秀的企业文化融入其中，增强了学生对企业文化的认识和理解。

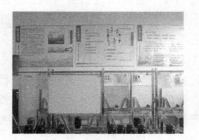

图1　欧宝实训室　　　　　　　　图2　欧宝实训室内部企业文化墙

四、组织实施与运行管理

1．建立稳定完善的学生实习就业基地

黄冈职业技术学院每年都会安排机电一体化技术、制冷与冷藏技术等专业的学生到芜湖欧宝机电有限公司进行为期4～6个月的顶岗实习。在顶岗实习期间，学生在企业师傅的指导下参与冰箱压缩机生产的具体岗位，很好地培养了爱岗敬业、吃苦耐劳的精神，增强了对岗位、职业的感情，接受了企业文化的熏陶。同时将理论知识和实践能力融为一体，使自身的动手能力、综合分析能力、独立完成工作的能力和应变能力得到了很好的培养，为就业打下了坚实的基础。为了确保实习学生的安全稳定，学校在实习基地设立"校外实习点临时党团组织"，由带队实习教师担任党支部书记或党小组组长，加强对实习学生的政治思想教育、管理与服务工作，这一创造性的做法得到了社会的广泛认可，也取得了很好的成效。

2．成立黄冈职业技术学院欧宝学院

为大力发展高等职业技术教育，积极推行校企合作、工学结合的人才培养模式，提高职业教育教学质量，为社会输送高素质、高技能的高端专门人才，本着互利共赢的原则，校企合作建成了"厂中校"——黄冈职业技术学院欧宝学院。欧宝学院主要有以下几个主要功能。

（1）成为学校人才培养、企业员工培训、企业技术革新及产品研发、校园文化和企业文化交融的校企合作平台，形成以就业为宗旨，以行动为导向，以行业、企业为依托的校企合作、工学结合的人才培养模式，推进校企合作办学、合作育人、合作就业、合作发展。

（2）成立组织机构，负责制订人才培养、员工培训、教师锻炼、文化交流及其他校企合作计划，并组织实施。

（3）制订工作计划，共同制订实施性专业人才培养方案和课程教学方案；引入行业企业技术标准，共同开发课程、教材和实训指导书，共同实施生产性教学，建设数字化课堂；形成人才共育、过程共管、成果共享、责任共担的紧密型校企合作机制。

五、主要成果与体会

10年的友好合作，校企双方在员工培训、技术改造、教师培养、实训室建设、学生实习就业、专业建设等方面取得了丰硕的成果。

学院教师先后为欧宝机电有限公司开展了10余期员工培训，共为欧宝机电有限公司培训员工近2 000人次，极大地提高了公司员工的操作技能及安全生产意识，减少了安全事故的发生。

学院倪祥明副教授主持了压缩机装配生产线的技术改造项目，该项目的实施每年可为公司节约生产成本近千万；鄢敏老师主持了公司的两个技术改造项目，分别是：气缸座加工生产线的技术改造和气缸座加工技术改造，这两个项目的实施每年可为公司节约生产成本近500万元；鄢敏老师还申报了质量改进项目两项，分别是：提高万能拉力计效率及安全性工作改善与提高邦迪管金相试验工作效率，这两个质量改进项目可以提高检测安全与效率，降低测试成本。以上技术改造项目的顺利完成，充分展现了学院教师的科研能力和服务企业能力，增强了企业参与校企合作的积极性与主动性。

学院先后选派近20名教师进入企业进行技能回炉，教师整体能力得到了极大提高，尤其是参加过企业锻炼的青年教师指导学生参加省级及以上竞赛多次获得优异成绩。

学院先后有2 000余学生进入芜湖欧宝机电有限公司进行顶岗实习，近40名优秀毕业成为公司的员工。

在共建"欧宝实训室"等校内实训室的过程中，芜湖欧宝机电有限公司先后为黄冈职业技术学校投入近100万元的设备，选派20余人次技术人员进校安装调试设备。

为了建设好机电一体化技术、制冷与冷藏技术等专业，黄冈职业技术学院多次组织欧宝机电有限公司的专家同学院相关专业的骨干教师根据企业、行业的用工要求调整教学计划，充分发挥校企两个优势共同开发课程和实施人才培养方案，做到专业设置与企业用人标准对接，使学校发展始终紧跟行业需求。同时根据企业的真实生产过程，积极开展多套基于工作过程的教材编写。

六、合作发展前景

为了让校企合作更加深入，学生技能与企业岗位更好对接，实现校企共赢。接下来可以考虑"引企进校"，也就是将企业的一部分生产线建在校园内，就可以在校内实行"理论学习"和"顶岗实训"相结合的教学模式。这种模式既可以解决企业场地不足的问题，同时也解决了学校实习实训设备不足的问题，真正做到企业与学校资源共享，获得"产、学、研"相结合的多赢途径。

履行高职院校使命　助力地方企业发展

姜永豪　方　玮　李　宁　黄国祥　杜伟伟　叶　俊

一、校企合作背景

黄冈职业技术学院是国家优秀骨干高职院校，作为地方高职院校，服务区域经济发展，助力当场知名企业，是学校的光荣使命。黄冈市政府也非常重视高校在企业发展中的助力作用，专门制定了"千企联百校"工程，大力促成高校更好地服务当地企业。湖北大二互科技股份有限公司位于湖北省黄冈市黄州区西湖工业园，创建于2007年9月，是自主研发0.66V-3.5KV电压等级的干式电流、电压互感器、真空断路器等产品的专业公司，是黄冈市知名高新企业。公司拥有资产1.2亿元，年产值5 000万元，并逐年飞速增长。但是在快速发展的过程中，企业遇到了诸多问题，如人力资源问题、技术瓶颈问题、资金问题等，这些问题在相当大程度上制约了公司的发展壮大。在这种背景下，黄冈市政府于2013年底发文确定黄冈职业技术学院为湖北大二互科技股份有限公司的对口帮扶单位，要求学院与企业深度合作，利用学校技术及人力资源，帮助企业加快发展步伐，促进企业发展壮大，促进当场经济发展。

二、目标与思路

接到市政府工作任务后，黄冈职业技术学院迅速制定了工作方案，结合公司目前的生产经营状况，确定了工作目标与工作思路。

（一）工作目标

（1）利用学校人力资源优势，解决企业用工问题。

（2）利用学校技术资源，组建科技创新团队，解决生产中的技术问题。

（3）利用学校科研力量，申报市级及以上课题。

（4）综合运用学校资源，规范公司治理，促成公司在新三板上市。

（5）校企深度合作，促成双赢。

（二）工作思路

1. 加强认识，明确是在市政府主导下的校企合作

服务于湖北大二互科技有限公司是黄冈市政府专门指定的，是对学校科研及技术能力的肯定，是对学校的认可。做好服务工作，事关学校声誉。

2. 深入调研，加强联系，具体了解公司目前的困难

组织专门队伍到企业进行调研，对企业目前的困难进行分类，能优先解决的优先解决，暂时不能解决的组织专门力量限时解决。

3. 明确服务方式

针对公司的困难，明确具体的服务方式加以解决，如落实企业用工需要、共同开展职工培训、联合组织技术研发、项目申报等。

4. 制定服务保障措施

为将服务企业工作落到实处，专门制定资金及人力方面的保障措施，每月委派专人定期与企业联系，联合召开相关工作会议，及时商洽解决相关问题。确保服务工作顺利进行。

三、内容与特色

（一）工作内容

1．落实企业用工需要

以安排专业学生到企业行业参观和见习的形式，让学生了解企业，了解电力互感器生产流程和工作原理，学习企业文化；安排大三学生到企业进行顶岗实习，拟定就业岗位，以"准员工"身份进行顶岗实际工作，支持企业生产。2014年下半年学院2012级供用电技术专业学生约30人在公司进行顶岗实习，参与公司生产，支援企业用工需要。

2．共同开展职工培训

利用学校教师资源、职业技能鉴定培训点、培训学院、继续教育学院等资源，结合企业需要，可以承接企业的职工培训工作及继续教育工作。具体计划是安排学院专业老师对一线员工就"安全生产"进行培训；组织公司员工进行"电工"及其他工种的考证培训，考取相关技能工种证书。

图1　共同开展职工培训

3．联合组织技术研发

学校教师参与企业的研发项目和技术服务工作，建立良好的双方支援体系，互惠互利，互相支持。安排学院专业老师到公司有关部门交流，每月定期与公司进行技术交流，共同破解技术难题，联合进行专利申报。

图2　联合组织技术研发

4．联合进行项目申报

依托双方优势，积极申报市级课题或新技术项目，开展"互感器技能人才培养基地"建设。争取政府资金支持，用于企业产品研发及基地的环境改善等方面，共同找寻产业链最佳切入点。

图3　专利证书

黄冈市校合作科技研究与开发计划项目
申报书

项目名称：　新型复合绝缘户外互感器

项目大类：☑工业类、□农业类、□社会发展类

承担单位（盖章）：湖北大二互科技有限公司

协作单位：黄冈职业技术学院

项目负责人：　董国鹏

图4　项目申报

（二）工作特色

1．政府主导校企合作

黄冈职院与湖北大二互科技有限公司的合作，是学院在政府主导下进行的校企合作，是学院创新办学体制机制的具体体现。在学院众多的合作企业中，该企业是唯一一家真正由政府主导的。通过合作，一方面帮助解决了学生实习就业的安置问题，扩充了校外实习空间；另一方面能通过提供优质人力资源来帮扶企业加快发展，起到振兴区域经济的作用。

2．全方位合作紧密、校企双赢

在此次合作过程中，学校运用了所有技术及人力资源，全方位服务于企业发展，及时解决了企业发展中的重大问题，促成了企业成功在新三板挂牌上市。同时学院也建成了方便学生实习及现场教学的校外实践基地，基地距离学校很近，方便学生进行工学交替模式的学习；在学生在校期间及学生实习期间，公司与学院经常就学院人才培养的有关细节问题进行探讨，形成基地共管的长效机制，切实做到校企共同育人。

四、组织实施与运行管理

为保证合作方式能切实贯彻执行，成立了"服务湖北大二互专项工作领导小组"，全面指导协调与公司合作的各项工作。领导小组成员如下：

组　长：方玮　　副组长：黄国祥

成　员：亓志学　祁小波　叶俊　姜永豪　刘名夫　满学璐　胡幼玲

领导小组主要职责：

（1）加强与湖北大二互科技有限公司合作联系、洽谈。

（2）分阶段向学院报告合作进展。

（3）督促校企合作的顺利开展。

（4）管理专项经费，保证方案实施。

五、主要成果与体会

（一）主要成果

1．公司在新三板挂牌上市

在服务湖北大二互科技有限公司过程中，积极促成并配合公司做好上市过程中的跟踪服务，利用学院资源协助解决上市申报工作中的环评问题，确保公司在新三板顺利挂牌。

图5　政府主导校企合作　　　　　　图6　公司在新三板顺利挂牌

2．企业聘用学院技术带头人为公司"科技副总"，并组建了科技创新团队

在长期的服务过程中，学院的技术力量得到了企业的认可，为更好地帮助公司发展，湖北大二互科技股份有限公司聘请了学院方玮教授为公司"科技副总"，并由方玮教授牵头组建了科技创新团队进行科技攻关，如组建互感器技术研发平台等继续帮助企业进一步发展壮大。

图7　科学实验活动

图8　创新团队成员

（二）工作体会

　　要将政府主导下的校企合作工作做好，落到实处，首先必须要校企双方领导重视，要有正确的工作目标，制定合理可行的工作方案，要建立工作联系制度，工作要有规划，能够持续推进，切实为企业服务，帮助企业技术科研水平不断提升，只有这样，学校助力企业发展的使命才能顺利完成。

企业投资，学校投智 助推地方区域经济发展

——与力帆汽车集团公司合作为例

袁苗达　程　飞　兰文奎　王怀建　李　雷

一、校企合作背景

2003年，国内汽车产业正处于快速起步阶段，但自主品牌却少得可怜，力帆集团总裁尹明善提出了"为民族挣点技术""满地跑的是本田丰田，拿我力帆人做什么？"等口号，吹响了力帆造车的历程。

2005年11月，重庆工业职业技术学院汽车系来了两个神秘人物，但他们只是在学院当时的汽车系实训车间看，什么也没说。过了几天，同样来了个神秘电话，电话咨询如果让学院承接技术培训，学院会怎么做。那天学院给了他们满意的回答。后来得知，那两个神秘人物是当时力帆汽车销售公司的两个副总经理。自此，重庆工业职业技术学院与力帆的合作也拉开了序幕。

二、校企合作的目标与思路

1.校企合作的目标

学院通过与力帆汽车集团公司进行合作，一方面服务力帆汽车产业发展，从而助推地方区域经济发展；另一方面，通过合作，提升学院的办学实力，提高车辆工程学院教师职业能力，同时也为学生就业发展创造更好的平台。

2.校企合作的思路

企业投资，学校投智，在校内建立力帆汽车技术培训中心，开展力帆汽车全国4S站技术培训、横向课题研究、企业员工孵化等服务。

三、内容与特色

1.企业投资学校投智，在校内建立力帆汽车技术培训中心

力帆集团共投入汽车、总成、企业文化建设等共250余万元，在校内建立培训中心，学校教师依托中心开展对力帆汽车的技术服务。

图1　力帆汽车技术中心授牌仪式　　　图2　力帆汽车校企合作技术服务中心

2.开发培训手册、编制技术标准

自合作以来，学院师资为力帆开发力帆汽车LF320、LF520、X60、LF820、威迈等车型培训手册12种，编制维修工时标准共5种。

图3 开发培训手册　　　　　　　　　图4 力帆工时标准

3．开展技术培训

2006年至今，共开展力帆汽车国内技术人员培训86期，2 500人次，其中包括俄罗斯、越南、巴西等海外经销商技术培训16期，共50人次。

图5 培训力帆海外技术人员　图6 回访力帆海外受培训人员　　图7 国内技术人员培训

4．建立海外"鲁班工作访"

2016年2月26日,学院在力帆俄罗斯分公司设立中国首个职教领域海外"鲁班工作坊"。由力帆汽车出资,学院将每年派骨干教师赴俄罗斯为力帆海外市场提供技术支持,具体包括：备件库存管理KPI（包括ABC分类曲线、订购点、订购策略、最小库存、安全库存、保有量与库存需求关系计算、库存分析、库存项数与成本关系分析、陈旧件、过剩件），库房管理KPI（包括布局、货架、通道、

图8 俄罗斯鲁班工作访成立

库存布局、预计保有量增加与库房空间需求分析等），物流管理（如发运时间、到货周期对库存管理的影响等），备件定价策略，备件利润，促销核算，备件满足情况（L/S、满足率测量等），服务用户回店率计算，维修站数据管理（保养VS质保VS其他服务），设备投资ROI（投资回报率），CSI——流程及计算以及质保成本计算及利润研究,并对公司案例研究讲解等。

5．为学生提供就业发展平台

力帆汽车销售公司国内分公司售后服务技术团队,学院学生占比15.7%（2016年5月数据）,不乏大区经理等,海外公司实施"奔袭"计划,每年订单培养赴俄罗斯、巴西、越南、沙特等海外技术人员。

图9 力帆海外事业部订单班学生　　图10 海外就业学生带领员工为母校60周年送上祝福

四、组织实施与运行管理

1. 建立合作执委会

由力帆国内、国外销售公司总经理、学校分管校企合作副院长任组长，企业技术部部长、学校车辆工程学院院长任副组长组成执委会，开展季度例会，协调相关工作。

2. 成立技术团队

学校选定优秀教师组成两个梯队的技术服务团队，开展技术培训、横向课题研究，既提高了社会服务能力，又培养了第二梯队师资队伍。

3. 形成相关制度

为保障合作质量，理顺双方职责，通过双方协调，签订合作协调，制订了"力帆技术培训中心管理办法""技术服务质量管理办法""技术通报递交流程"等管理制度。

五、主要成果与体会

（1）企业投资，学校投智，提升了学校办学实力。借鉴与力帆汽车的合作经验，筑巢引凤，成功与一汽大众奥迪、长安福特汽车、江铃汽车、上汽通用五菱、德国博世、巴斯夫合作，成为校企合作项目学校。

（2）通过与力帆的合作，培养了一批"双师型"师资，从而使汽车专业教师团队成为国家级教学团队，2014年被教育部等五部委授予全国职业教育先进单位。

（3）引进企业技术，培养了一批优秀学生，2010—2016年，共荣获全国职业院校技能大赛高职组汽车检测与维修、汽车营销一等奖5项。

六、发展前景

随着国家"渝新欧大通道"发展战略启动，力帆汽车开拓海外市场，在俄罗斯、巴西等海外设立力帆汽车分公司，2016年力帆集团牟刚总裁亲自到校强调合作推进，2016年重庆工业职业技术学院海外"鲁班工作访"的成立，与力帆集团的合作将会更深入。今后也将不断地吸取成功的经验，开拓更广泛、更深入的校企合作项目，助推重庆地方区域经济发展。

七、自我评价

力帆汽车在全国汽车产业中虽不属最强，但作为民族品牌，为2015中国制造强国做出了努力，学院与力帆的合作也是全方面、深层次的，合作时间久，成绩斐然，真正实现合作共赢，助推地方区域经济发展。

焊花闪耀人才辈出　校企合作立意深远

——记阜新一职专与北京嘉克携手焊接技能大赛

刘振英　李　巧　王　童

一、校企合作背景

职业教育必须走校企合作之路，这已成为社会共识。阜新市第一中等职业技术专业学校与北京嘉克新兴科技有限公司合作，成功地举办了2015（第三届）"嘉克杯"焊接技术国际交流活动全国选拔赛，被证明是校企合作培养和选拔高技能人才的一个最佳实践案例。

二、内容与特色

2015年3月，第三届"嘉克杯"焊接技术国际交流活动全国选拔赛在辽宁阜新市第一中等职业技术专业学校拉开序幕。开幕式由中国机械工业联合会教育发展中心合作办学处王志强处长主持，国务院国有资产管理委员会群众工作局王黎副局长，阜新市委常委、阜新市人民政府姚文广副市长在开幕式上发表重要讲话。人社部职业能力建设司职业技能资格处刘新昌处长、辽宁省国资委李育林副巡视员、阜新市国资委、教育局领导，国际友人巴基斯坦水泥机械协会常务理事瓦西姆先生、阜新市第一中等职业技术专业学校王贵君校长等出席了开幕式。来自中国能源建设集团、中国船舶工业集团、中国华能集团、中国一汽集团、中国广东核电集团、中国化工集团、中国西电集团、中国电建集团、中国石油集团、中国北车集团等10家央企和广西石化高级技工学校、广西机电职业技术学院、阜新市第一中等职业技术专业学校等三家职业院校的76位选手参加焊条电弧焊（111/SMAW）、熔化极混合气体保护焊（135/GMAW）、钨极氩弧焊（141/GTAW）、氧乙炔焊（311/OFW）、机器人焊等五项焊接技能选拔赛。选拔赛由北京嘉克新兴科技有限公司组织，阜新市第一中等职业技术专业学校承办，目的是选拔出优秀选手，代表中国央企和学校，参加2015年分别在捷克、德国、英国和美国举行的国际焊接技能大赛。

随着2015年11月在美国芝加哥的焊接大赛结果揭晓，证实了阜新选拔赛成果斐然。

4月，捷克第19届"LINDE金杯"国际焊接大赛，来自捷克、斯洛伐克、中国、德国、乌克兰、白俄罗斯和波兰7个国家的124名选手参赛。中国选手获得团体第一名和三个单项第一，两个单项第二的佳绩。其中，江南造船（集团）有限责任公司的陈国淦参加熔化极混合气体保护焊比赛时与51人同台竞技并最终夺魁；广西石化高级技工学校的4名学生，冉毅立与陆龙增分别获得钨极氩弧焊、氧乙炔焊项目的第一名；韦忠凯和谭政奎分别获得焊条电弧焊、熔化极气体保护焊项目的第二名。

9月，德国焊接学会（DVS）在德国举办的焊接机器人大赛，中国及德国共14名选手参赛。中国一汽集团的闫洪波、王才分别夺得库卡机器人比赛金牌、铜牌。

10月，欧洲焊接联合会（EWF）在英国举办的国际焊接技能大赛，奥地利、比利时、中国、德国、匈牙利、罗马尼亚和英国等国际焊接强国参赛。中国石油天然气集团公司的兰天宇、梁猛和来自中国船舶集团公司的李硕组成的中国参赛团取得与德国代表队并列团体第二名的成绩；李硕被评为最佳TIG焊工。

11月，美国焊接学会（AWS）在美国举办的国际焊接大赛，200多名选手分别来自美国、加拿大、墨西哥、巴西、瑞典、芬兰、奥地利和中国。中方原定10名成员参赛，其中9名成员没有获得签证，唯一参赛的1名选手获得了专业焊工大赛第14名的成绩。

图1　捷克第19届"LINDE 金杯"国际焊接大赛

图2　德国焊接学会（DVS）在德国举办的焊接机器人大赛

图3　欧洲焊接联合会（EWF）在英国举办的国际焊接技能大赛

图4　美国焊接学会（AWS）在美国举办的国际焊接大赛实况

三、校企合作的目标与思路

近两年来，国家人社部提出，要通过完善竞赛制度、创新竞赛形式内容等措施，打响中国技能大赛品牌，形成以世界技能大赛为龙头、以国内技能竞赛为主体、以企业岗位练兵为基础的技能竞赛选拔体系。人社部领导同时提出积极支持区域性的国际大赛，在这方面，作为专业性的国际焊接大赛，"嘉克杯"早在2008年就迈出了探索的步伐。

四、组织实施与运营管理

"嘉克杯"的发起和组织单位北京嘉克新兴科技有限公司是注册于北京市海淀区的一家高新技术企业，除了其以焊接设备、材料和工程为主的主营业务之外，从2008年以来，一直致力于以焊接技能大赛带动高技能人才的培养和队伍建设，以国际技能交流推动焊接技术的发展，促进我国焊接人才的整体素质和水平全面提高。成功地组织了2010年、2012年、2014年、2016年共4届国际焊接技能大赛，请进来200多位国外焊工和专家；参赛国家从5个增加到24个，参赛选手从55人增加到300多人。2011年、2013年以及2015年，他们带队走出去，去欧洲、美国参加国际比赛、国际会议，每次都载誉而归。打造了一个以焊接技能大赛为基础的系列国际交流活动的平台，不仅要带着队伍出国争取名次和荣誉，更重要和更具深远的意义是要加快我国技能人才的培养、培训、认证的国际化，打造中国焊工的整体实力。2016年举办的"嘉克杯"国际焊接技能大赛有24个国家的59支代表队参赛，作为一个行业赛事，其规模和影响力已经远超其他国家和组织举办的同类大赛，被国际焊接界誉为"焊接世界杯"！

五、主要成果与体会

没有一流的技能人才就没有一流的产品，而企业的技能人才还有赖于各职业技能院校青年

学生力量的不断补充。从2014年开始，以阜新市第一中等职业技术专业学校和广西机电职业技术学院为代表的我国多家职业技术院校参与了各届北京"嘉克杯"焊接技能大赛和国际交流活动并屡获佳绩，其良好表现得到人社部和教育部的认可，由此诞生了阜新市第一中等职业技术专业学校与北京嘉克新兴科技有限公司在2015年3月第三届"嘉克杯"焊接技术国际交流活动全国选拔赛中的成功合作，双方均受益匪浅。

图5　阜新一中专承办第三届"嘉克杯"焊接技术国际交流活动全国选拔赛

除了在焊接大赛中和企业合作外，2012年以来，阜新市第一中等职业技术专业学校先后与中国中车集团、中石油集团大庆油田公司、中核二三南方核电工程有限公司、中国航天科工集团、中建集团二局核电分公司、阜新大唐工程有限公司等多家地方企业以及央企开展合作，共同设计教学项目，制订教学标准，明确技能要求。企业也先后选派技术骨干、技能讲师、金牌教练到校举办讲座，开展技能演示。有些企业还成立了由专业技术人员组成的巡视组，定期到校巡视、督学、督教，保证教学内容与行业标准、岗位要求的一致性。

工由才成，业由才兴，高技能人才是增强企业核心竞争力的重要力量，是推动企业改革发展的生力军，一批具有勤奋学习、刻苦钻研优秀品质的学生在各种形式的校企合作中脱颖而出，已经成为或将会成为企业的技术技能带头人。继续以多种形式的合作，发现、培养和成就一批坚守岗位的高技能人才，点亮各类企业千万职工心中的中国梦，真正在企业内部形成尊重劳动、尊重知识、尊重人才、尊重创造的良好局面，是校企合作的良好夙愿。

校企合作

优秀论文

全方位进行校企合作促进学校健康发展

北京金隅科技学校　姜春梅　车遂光

【摘　要】作为企业所属的职业院校，有其自身优势，校企合作已成为学校办学的法宝。学校依托企业从专业建设、人才培养、师资队伍建设、职工培训、基地建设以及技术服务等方面与企业全面进行双边合作，形成相互依赖、相互支撑和同步发展的特色。

【关键词】学校发展；校企合作；共同发展

北京金隅科技学校隶属北京金隅集团有限责任公司（以下简称金隅集团），经过半个世纪的发展，校企合作已成为学校办学的法宝。学校从为企业输送毕业生到为企业开展职工培训、订单培养、技术咨询、共建实习实训基地等全方位的服务，学校紧跟企业发展进行专业建设，形成了特色鲜明的专业发展格局；企业从接收师生实习到全程参与学校的教育教学改革和发展建设。全方位的校企合作彰显了学校与金隅集团特有的互相依赖、互相支撑、同步发展的行业办学优势。

一、校企合作是职业教育的必然要求

（一）为经济服务是职业教育的使命和职责

职业教育坚持服务于国家经济、区域经济和世界经济发展的需要，服务于产业结构调整的需要，服务于企业改革与发展的需要。职业院校的培养目标要适应经济的发展，培养能够适应企业未来发展所带来的挑战的高技能人才，竭尽所能为学生提供优质的教育，为他们未来的生活与就业做好准备，使他们在毕业后能为经济及社会发展做出贡献，同时充分地利用其资源及专能，为企业提供人力资源培训及有关服务，以支持国家经济发展及建设，也就是坚持专业教育和技术培训相结合，为学生和社会服务。

为了更好地服务建材行业和地方区域经济的发展，学校坚持"立足金隅、服务首都、面向全国"的办学宗旨，确立了"服务社会，成就未来"的办学理念，逐步形成了学历教育与职业培训并重的多元化办学格局。五十多年来，学校为建材行业培养数以万计优秀人才，毕业生遍布全国各地，为全国建材行业发展做出了突出贡献，赢得了良好的社会声誉。

（二）企业对人才的需求是职业教育发展的动力源泉

在诸多教育类型中，职业教育与企业联系最为紧密，从其诞生之日起，就与企业结下了不解之缘。职业教育培养的技术型、技能型人才，在现代社会，不论是知识密集型产业还是劳动密集型产业，对人才的需求都是多样化的。企业对技术技能型人才的需求更大、更迫切。

对接产业发展和企业需求，学校以专业链适应产业链为导向，打造专业品牌。学校以建材生产、房地产开发、现代服务业的产业链为依托，构建了集生产、应用、设备维修、营销和环境检测为一体的专业链；同时建成"教学环境企业化"的23个实训中心、104个实训室，并全面实施以"工作过程"为导向的教学改革，打造了硅酸盐工艺及工业控制的专业品牌，在北京市和全国起到引领与示范作用。

（三）企业是职业教育发展的坚实依靠

现代工业背景下，职业教育能否办出特色，很大程度上取决于企业参与办学的程度。校企联合办学是职业教育的必然选择，它不仅有利于解决校企之间的人才供需矛盾，准确定位人才培养的目标、质量规格，而且对改善职业院校办学条件，提高师资队伍素质，形成职业教育办学特色等都有重要作用。

作为全国200佳企业之一的金隅集团，是环渤海地区最大的建筑材料生产企业。它充分利用自身独特的资源优势，着力提升经济运行质量，加快转变经济发展方式，以水泥、新型建材、房地产开发、物业投资与管理四大板块为主营业务，是中国大型建材生产企业中独一无二的具有完整的纵向一体化产业链结构的建材生产企业，其强劲的发展态势，为学校的发展提供了良好机遇。

（四）职业教育的健康发展是企业可持续发展的重要保证

企业间的竞争最终是人力资源的竞争。企业需要的不只是高层次人才，更多的还是技术技能型人才。随着社会主义市场经济体制的日趋完善和竞争的日趋激烈，提高企业职工的素质和强化高技能人才的培养，将关系到企业核心竞争力的提高和可持续发展。如果企业有目的、有计划地投资职业教育，成为发展职业教育的后盾，那么企业的人才供给便有了来源和质量保证。

对接企业需要，学校按照培训工作"上规模，上层次，上水平，创品牌"的"三上一创"的工作方针，坚持学历教育与社会培训并举，充分发挥教学资源优势和已有的七大类80余个培训资质的作用，立足金隅、服务首都、面向全国，开展多层次、多形式的社会培训。近三年，共培训近三万人次，形成了全国建材行业中具有影响力的培训品牌，对推动金隅集团和全国建材行业的经济发展起着重要作用。

二、发挥企业人才优势，促进学校教育教学改革

学校坚持以服务为宗旨，以就业为导向，充分发挥校企合作运行机制的作用，成立专业教学指导委员会。根据具体工作与要求，有针对性聘请相关行业、企业专家参与新专业开发和老专业改造、教学方案制订、实训基地建设与教师培训等项目，实现学校与企业无缝对接。

（一）企业专家全程指导教学改革

学校全面实施"以工作过程为导向"的教学改革，聘请企业的专业人员参与专业课程体系、课程标准制订、教学项目的选择以及教学实施、评价等工作，提高教学改革的针对性和实效性。特别是在学校课程改革实施过程中，学校十个专业均聘请企业专家参与教学全过程。针对金隅集团水泥板块的赞皇金隅水泥有限公司（以下简称赞皇）、河北金隅鼎新水泥有限公司（以下简称鼎新）、左权金隅水泥有限公司等订单班，校企双方根据企业需求和生产线的具体情况，共同制订教学方案，教学内容均符合企业实际，教学过程按企业工作过程落实教学方案，提高了教学的针对性和实效性。企业专家对教学全方位参与和指导，有效地促进了教育教学改革。

（二）企业专家对实训基地建设提供技术支持

在学校实训基地建设中，学校聘请企业技术人员全程参与实训基地建设，对方案的制订、设备采购、安装、调试等关键环节提供技术支持。作为填补全国水泥行业技能培训与教学空白的水泥中央控制仿真系统，为了与企业生产规模同步，聘请3名水泥行业技术专家与学校教师成立技术攻关小组，对系统进行升级改造，确保系统的先进性，该项成果获得国家职业教育教学成果二等奖，提高了学校硅酸盐工艺专业的影响力。

（三）企业专家全程指导专业建设

学校高度重视专业建设，及时了解市场需求，依托专业指导委员会，聘请企业专家指导新专业开发和老专业改造，保证专业建设与市场同步。如为了适应金隅集团跨越式发展，及时申报了建材装备专业，聘请水泥企业专家作为顾问，从专业培养目标、核心课程、课程设置等方面提供了相关信息资料，为专业方案制订提供了依据。

三、创新校企合作机制，实现校企共赢

（一）校企共建人才培养与实训基地，开拓校企合作新模式

学校本着以学生为本、对学生负责的校企合作理念，积极探索和创新校企合作方式，实现校企共赢、学生受益的合作模式。学校发挥学校资源优势服务集团企业，深入跟进集团各企业发展的步伐，深化校企合作，共建实训基地和企业人才培养基地。

随着我国经济的较快发展，基础建设能力不断加强，水泥等建筑材料的需求呈逐年上升的态势，水泥产量也大幅度提升。随着落后水泥产能淘汰加快，全国水泥企业进一步并购、重组，水泥行业呈现了又好又快的发展势头。学校充分利用北京市琉璃河水泥有限公司（以下简称琉璃河公司）资源，发挥学校教育教学、培训的优势和琉璃河公司的技术、设备、环境、人员优势，与琉璃河公司牵手，合力打造具有全国影响力的全国水泥生产岗位培训的实训基地和企业人才培养基地，共同创造全国建材行业的"琉璃河"品牌，探索学校培训、企业实践同步实施的专业化教育、培训模式。

学校不仅服务于集团水泥板块的发展，还与通达耐火技术股份有限公司、北京金隅物业管理有限责任公司（以下简称金隅物业）等集团企业联合，通过共建人才培养与实训基地，为企业提供人力资源保障。

（二）创新"企业招工、学校招生"办学模式，促进学校与企业的健康发展

学校把人才培养扩展到企业，企业把人力资源管理工作延伸到学校。校企共同为学生培养付出成本，进行合理分摊，实施订单班培养。学校先后为SMC（中国）有限公司、森德（中国）暖通设备有限公司等企业和金隅财会人才培养开设订单培养班。企业针对订单班学生设立专项奖学金以资鼓励，全程参与订单班教学内容和教学方案的编订，随时为订单班学生提供实训，为教师安排企业实践。企业的专家和领导也可以作为客座教授参与到相关课程的教学工作中。学校将企业文化、生产工艺等融入教学中，提高教学内容的针对性，毕业生深受企业欢迎。

在总结订单培养经验的基础上，学校一方面进一步实施订单培养，同时探索"企业招工、学校招生"办学模式。企业根据发展需要以及技术岗位的要求，在当地按照学校的招生条件进行定向招生（工）。企业与学生和学校签订协议，双方共同制订教学计划，由学校进行订单式教学培养，解决企业用人的瓶颈。近两年，学校先后与鼎新、赞皇、金隅物业等企业进行合作，共开设教学班级20个，学校培训与企业实践相结合，提高了育人质量，得到了企业的认可。

（三）学校与企业进行全面合作，实现校企相互交融

为了促进学校的教育教学改革，解决教育与产业、学校与企业、专业设置与职业岗位、课程教材与职业标准不对接等突出问题，学校积极主动推进校企合作，增强为企业服务的能力与意识，实现校企的共赢。学校努力推进企业人员和学校师生的交叉融合，实施"走出去，请进来"策略，走出去才能把学校的理论、技术优势以及学生带出去，企业家进学校才能把人才需求和资源带进来。

1. 以教师企业实践为切入点，强化企业合作

学校根据实际需求和客观条件强化教师的企业实践。通过企业生产现场考察观摩、接受企业组织的技能培训、在企业的生产或培训岗位上操作演练、参与企业的产品开发和技术改造等多种形式进行企业实践。根据曲阳金隅水泥有限公司水泥生产、设备调试阶段的实际情况，学校选派8名不同专业的教师，全面系统地掌握了现代水泥生产的新工艺与新设备。一方面通过企业现场考察观摩，近距离地了解设备的构造、运行机构、工作原理、运行与控制等；另一方面通过参与企业的设备管理与故障分析排查工作，开展技术指导与服务，合理安排时间为企业进行短期的技术讲座，得到企业的欢迎，开创了校企合作的新模式。

2. 开展技术服务，提升办学活力

校企合作，开展技术服务。 山西高平水泥公司聘请学校教师为日产2 000吨新型干法水泥生产线点火前做技术咨询。送教下厂为曲阳金隅水泥有限公司等企业日产5 000吨新型干法水泥生产线运行调试做现场培训，并提供了喷煤嘴回火的解决方案。

走出国门，提供技术支持。 学校与琉璃河水泥有限公司合作，共同解决国外承包工程项目技术人才的问题。学校先后选派6名教师赴沙特阿拉伯参加沙特EPC项目（EPC：水泥厂设计、设备采购、设备安装、调试、生产运行总承包工程）建设工程。学校教师良好的业务素质，得到企业的认可。正是由于学校技术人员的良好的工作作风以及过硬的技术，学校与企业的合作得到进一步的巩固与发展，2011年学校继续与琉璃河公司合作，选派5名技术人员远赴尼日利亚进行技术服务，实现学校与企业的共赢。

走出国门使学校对自身的技术与培训工作有了全新的认识，也得到了国内外同行的认可。学校先后承接了吉尔吉斯斯坦、白俄罗斯、南非等国的企业工人技术培训，实现了技术走出国门，开拓了合作的新领域。

产教结合，承接生产项目。 学校发挥数控实训基地优势，通过教师参与企业实践和技术开发项目，增强教师的技术服务能力，提升学校的技术服务水平。近三年来，学校与北京一机床良工机床零件制造有限公司、北京市进联汽车刹车泵有限公司、北京和邦机械制造有限公司、中国航天科工集团第二研究院、现代农装北方（北京）农业机械有限公司、美诺等多家企业进行合作，提供技术服务和生产加工。其中现代农装北方（北京）农业机械有限公司、北京一机床良工机床零件制造有限公司指定学校为配套零件供应商。通过承接生产项目，不仅有效地提高教师的专业水平，也扩大了学校的影响力，解决了相关企业的难题，实现了校企双赢。

总之，实施校企合作、工学结合是职业教育发展的必由之路。学校将继续坚持"立足金隅、服务首都、面向全国"的办学宗旨，结合国家中等职业教育改革发展示范学校的建设，紧紧围绕着"内涵发展"这一核心，落实金隅集团和学校"十三五"规划，依循全方位校企合作的合作理念，继续开展订单班和探索"企业招工、学校招生"的办学模式，与企业专家共同努力，构建"学岗直通"工学结合人才培养模式，以高标准完成示范性学校建设为重点，实现学校跨越式发展。

政府主导下校企合作的探索

德州科技职业学院　周　伟

禹城市外资机械施工有限公司　赵建华

【摘　要】由于企业与学校性质不同，在校企合作上的迫切性也不同，但又存在"企业用工难，学校毕业生就业难"的现象。为解决这一难题，德州科技职业学院建立了"政府搭台、校企唱戏、利益驱动、资源共享、互惠共赢"的校企合作长效机制，采取多形式的合作模式，推动合作的深入开展。

【关键词】校企合作；模式；机制

职业教育的开放性、职业性和实践性决定其必须要有企业的参与，才能保证职业教育人才培养的针对性，才能从根本上解决"企业用工难，学校毕业生就业难"的难题。德州科技职业学院所在地禹城市，拥有国家级高新技术开发区，是目前山东省唯一设在县级城市的国家高新技术产业开发区，区内拥有规模以上企业358家，其中国家高新技术企业14家、国家级研究中心7个、省级以上研发机构54家。为解决开发区内企业对一线技术工人和管理人员的需求，由市政府相关部门和开发区管委会共同搭建并参与了学校与企业合作的平台。

一、校企合作中存在问题分析

1. 校企双方合作的积极性不对称

企业与学校，前者以盈利为目的，后者属公益性事业，二者在价值追求上存在根本区别。企业重视产品研发、产品生产和产品销售，将人才储备和员工素质放在次要位置；职业院校以就业为导向，重点是培养技能人才并保证其就业。在校企合作中，企业需要提供设备、人员，会对企业的生产造成一定影响，而企业在校企合作中所获得的来自学校的技术支持和引进部分毕业生的效果在短时间内难以显现。可以说，在校企合作中受益较大的是学校和学生，与企业所追求的目标难以达成一致，造成双方合作的积极性不对称。

2. 缺少必要的制度约束

通过法律规范企业参与职业教育已经成为经济发达国家职业院校培养应用型人才的普遍经验。德国制定了较为完备有关职业教育的法律法规，详细规定了企业参与职业教育过程的责任和义务，对培训期限、工作时间、试用期、学徒报酬等做出了具体要求。澳大利亚政府专门设立国家培训局，负责管理职业教育和职业培训，加强企业、行业及学校的合作。韩国政府从法律上规定了企业参与职业教育的责任和义务，政府把产学合作作为职教发展的战略措施之一，将"产学合作"写入《产业教育振兴法》。在我国，职业教育法规以及相关政策都规定行业、企业要参与职业教育，但对行业、企业在职业教育中的主体地位这一重要问题上没有做出明确的规定，行业、企业参与职业教育也只是停留在"鼓励"和"倡导"的层面上。没有制度的约束、缺少利益的驱动，行业、企业参与职业教育的积极性难免会大打折扣。

3．学校人才培养与企业需求存在偏差

虽然职业教育发展已经从过去的外延扩张转向以内涵建设为主，但不可否认还存在许多问题，如片面扩大招生规模以提高经济效益，教学方法单一，专业特色不够鲜明，毕业生与企业岗位需求脱节，教师难以为企业解决实际问题等现象，这些都严重影响了校企合作的开展。

二、政府主导建立合作机制

为解决开发区内企业所面临的难题，学校将校企合作问题提上议事日程，并有计划的分步实施。

一是成立市校企合作领导小组。市校企合作领导小组由市发改局、人社局、开发区管委会、学校共同参与组成，分管工业的副市长任组长。领导小组制订了校企合作的指导意见和框架性协议，制订本市对参与校企合作企业的优惠政策，同时，制订对企业和学校的约束条款和退出机制。

二是成立专业校企合作委员会。组织区内企业共同举办校企合作洽谈会，由学校相关专业直接与企业沟通，存在分歧的由领导小组出面协调。学校与企业达成一致意见后，双方在领导小组制订的框架协议下签署正式的校企合作协议，并共同成立专业校企合作委员会负责具体校企合作的实施。截至目前，区内参与校企合作的企业已达97家，成立了21个专业校企合作委员会。

三是校企合作的实施。实施过程是校企合作的关键，市校企合作领导小组制订定期会议制度，在会议上各专业校企合作委员会汇报实施进度及存在的问题，针对存在的问题，领导小组进行全面分析，找出责任主体，并督促及时推进。

三、丰富合作模式

企业不同、专业不同，校企合作采取的模式也不同。校企双方在实施前和实施中积极探索有利于共赢的合作模式。经过多年的摸索与实践，在过去传统的顶岗实习模式的基础上，学校在与开发区企业合作的过程中主要采用了以下三种模式。

1．引厂进校模式

引厂进校更好地拉近了企业和学校的距离，有利于专业建设和师资队伍建设，更好地实现专业课程内容与职业岗位标准对接，使学生近距离感受企业文化。学院目前成功引进韩资企业在学院建立了德州提艾斯科技有限公司、引进益加机械建立了山东康邦伟业健康科技有限公司，两家企业分别以汽车线束生产和健身器材生产为主，有效对接了汽车电器专业和机械制造与自动化专业，企业已与专业成为密不可分的共同体。

2．股份制建设专业模式

股份制建设专业有利于弥补学校设备、师资方面存在的不足，有利于新技术、新工艺、新方法及时反馈到教学之中，有助于企业全面了解学生的状况，为选拔毕业生提供真实依据。学院现已与禹城市外资机械施工有限公司股份制共建机电设备维修与管理专业、与山东雨润科技发展有限公司共建机械制造与自动化专业的3D打印方向、与德州鼎禹信息科技有限公司共建机电一体化技术的工业机器人方向，均采用学院提供场地、企业提供设备共建校内专业实训基地、共同制订人才培养方案、企业承担专业课教学、企业优先选拔毕业生的共建模式，目前运行良好，是一种深受学生喜爱的校企合作模式。

3. 完全订单和过程订单模式

完全订单模式就是在招生时学生就知道所学专业为某企业所定向培养，专业人才培养方案由校企双方共同制订，教学效果主要依赖于学校，学生毕业后全部安置到该企业工作。随着市场的变化加快，企业用工随时会发生变化，而且在开始入学时学生对专业和企业认识不全面，造成毕业后大部分学生流失达不到订单培养目的，针对此种现象，学院与企业积极探索过程订单模式培养，企业在大二下半年与学校相关专业开展订单培养，学生与企业进行双向选择，被选拔的学生单独组班，校企共同调整人才培养方案，加入企业所需求的内容，这种合作模式对学生的选择更具有针对性。

参考文献

[1] 刘海燕. 国外企业参与职业教育机制探析[J]. 新课程研究，2012（03）.

[2] 付小平. 江西机电学校：做好八大对接，促进校企合作双赢[J]. 中国电力教育，2010（17）.

[3] 刘素婷. 论多元智能理论对职业教育的启示[J]. 教育与职业，2006（06）.

职业院校校企深度融合运行机制与体制创新探究

河南机电职业学院 沈志平

【摘　要】职业院校校企深度融合运行机制与体制创新，主要依靠学校和企业两个主体，针对市场人才需求及人才导向，围绕应用型人才培养目标和实现校企双赢目的，建立适应现代职业教育发展需要的灵活高效的运行机制与体制。本文主要通过对校企深度融合内涵及现状进行分析，紧密结合作者所在院校实际，对职业院校校企深度融合运行机制与体制创新进行探究。

【关键词】职业院校；校企深度融合；机制体制创新

一、校企深度融合内涵及现状

（一）内涵

校企深度融合主要指学校和企业在各自发展愿望前提下，根据社会发展和市场需求，发挥各自的优势，在人才、技术、场地、设备、师资培养、岗位培训、学生就业、科研活动等方面进行深度合作，利用自身不同的环境及资源实现对社会应用型人才的培养，促进企业技术创新、产品升级换代，服务产业经济发展。

校企深度融合是在市场及社会需求导向下，学校与企业共同参与应用型人才教育的人才培养模式。校企深度融合运行机制与体制主要指二者之间合作及正常运行的规则与动力，它直接影响着校企深度融合的效率及质量。

（二）现状

现阶段，校企深度融合在国外发达国家已普遍施行。比如德国，它的校企深度融合建立在国家相关法律之上，校企合作期间，学校主要向学生传授与职业相关的理论知识与技能，而企业则为学生提供相应的将理论付诸实践的平台及场所。学生在学校所使用的教材靠双方相互探讨、共同完成，而企业对于学校内部的教学计划有着最终的决策权[1]，学生不仅是学校的学习主体，同时还是企业培养的员工，代表着企业的未来利益，学生在培训时，应用的技术及设备等都是企业内部最先进的技术与设备，而培训方式主要是生产性劳动方式；再比如法国，它的中学生在学习期间将近四分之一的时间都在企业实习中度过。

目前，我国职业教育的校企融合还处在初始阶段。由于受传统教育模式的影响，政府及国家在学校中占据着非常重要的位置，学校内部的招生计划、专业制订等都由政府部门进行指导。因此造成职业院校专业教学的理论知识与实践不同程度的脱节，大部分职业学校在对学生进行教学时，只重视对学生理论知识的教学，并没有将理论与实践进行完整结合，从而导致学校人才培养方案不能满足企业需求和产业升级发展的需要。

近几年，国家虽然先后出台了多个有关校企合作的文件，但还未有相应的法律制度作保证。大多地方政府部门缺少可操作性强的实施办法和鼓励措施。职业院校和企业的合作仅仅停留在订单型、契约型等松散的合作形式上，不能充分发挥双方不同的资源优势和企业在应用型人才培养方面的引领作用。同时校企双方之间的权利与义务缺少相应的监督与约束[2]，许多合作仅仅停留在形式上。

二、校企深度融合运行机制的建立

促进校企深度融合要达到好的效果并实现双赢目的，关键是发挥企业和学校双方积极性，切实为双方带来效益和实惠。其中，如何围绕企业追求经济效益的目的调动企业的积极性是关键的关键。企业是主要追求经济效益的，怎样围绕企业追求经济效益的目的做文章，从而真正调动企业的积极性呢？首先，政府和社会各界可以采取制订积极的鼓励政策和措施调动积极性，如税收和专项资金的补贴等；其次，要调动社会资源为企业服务，为企业发展提供强有力的支撑和帮助，使企业从校企合作中得到社会效益和经济效益；第三，还要调动老师和学生的积极性，除了学校体制机制的转变外，还通过多种形式组织师生直接参与企业科研与生产，为企业发展服务。

（一）建立利益驱动机制

利益是校企深度融合的基础及动力，职业院校寻求企业合作是为了最大化培养现代社会经济中所需的应用型人才，而企业寻求与学校合作是为了提升自身的科技能力，满足人才、人力需求，提高自身的社会和行业地位及综合竞争力。双方有共同的利益基础，并且具有围绕培养高技能、高素养、应用型人才目标的各自资源优势，需要寻求一种适合当下的合作机制，从而积极发挥各自优势，达到合作共赢，实现1+1>2的效果。

在建立利益驱动机制中，学校应充当主动角色，尽量最大化地考虑企业的综合利益及相关困难，主动为企业提供相关服务，并积极建立校企间领导的交流机制、师资互聘互派机制等。聘请企业高技能人才、专业技术人员到校任教或参与管理工作，参与学校的培养目标设定、专业设置、课程改革、教学评价等人才培养的全过程。从而不断促进企业与学校之间的文化融合，这样才能尽可能达到预期要求及目标。

另外，地方各级人民政府要加大促进校企深度融合的政策支持力度，发挥主导作用。强化统筹协调，搭建校企合作平台，引导校企合作双方良性互动发展；运用财政、税收、信贷、补偿、奖励等手段调动企业、职业院校参与校企合作的积极性；发挥行业组织在校企合作中的桥梁和纽带作用，增强企业参与校企合作的社会责任感和荣誉感。

（二）建立激励机制

激励机制主要是指政府对校企深度合作中企业、学校等合作主体以及企业、学校之间采取相应的激励措施，以最大限度调动双方合作教育积极性，提升双方的合作效果，从而不断稳固双方的合作成果。校企深度融合的有效运作，不仅需要双方领导发挥领导作用，及时调动员工及师生的积极性，还要发挥政府、社会舆论及媒介互联网等平台的作用，实现对学生及相应员工的培养，从而对其做出最佳评价。在此过程中，还要对校企合作项目成果显著或者有特殊贡献的单位及个人进行表彰和奖励，提高其积极性[2]。政府部门在实行激励机制时，可以制订相应政策及相关激励措施，对优秀企业及学校进行奖励或政策优惠。社会舆论及媒介等平台可以对双方合作期间的成果等进行报道，对其予以广泛关注，从而为其创造良好的网络环境及社会环境。

各级政府应成立校企合作专项奖励补助资金，对接纳职业院校学生实习和教师挂职锻炼，提供实习场地、设备设施，安排指导人员的企业，补助其物耗、能耗损失及带教师傅津贴；资助职业院校聘请行业企业的能工巧匠和管理人员担任院校专业课程教学和实习实训指导教师；特别是对职业院校和企业联合在企业内、校园内共建用于学生实习和教师实践的生产性实训基地或实习生产车间，实施资源共享、人才共育的合作项目，给予资金奖励补助、颁发奖励证书等激励措施。

（三）建立保障机制

保障机制的建立是校企深度融合各项工作实施的保证，可以有效实现学校与企业之间的协调管理，明确双方的职责。一方面针对双方的管理方面，学校和企业应各自分别建立专门的校企合作管理协调机构（校企合作办公室），实现双方业务的对接和实施；另一方面要制订校企深度融合管理制度[3]，如"校企合作管理办法""送教入企管理办法"等管理制度，建立适合双方的责任体系和严明规定，同时制订企业对于实现学校教师外聘方面的管理制度等。

（四）建立约束机制

校企双方在合作时，需要双方确定适合发展的合作模式，签订责权利明确且具有法律效力的合作协议或合同，共同履行相应的义务与责任。在友好合作的基础上，用法律的约束手段是最有效且最直接的约束方式。在法律约束的大环境之下，校企双方应不断加强对自身管理制度的完善，同时还应不断强化管理约束的有效性。除了法律之外，双方还应对道德约束进行强化，使合作双方在道德规范的情况下，实现利益的最大化。[4]

三、校企深度融合体制创新的实践探索

职业院校应当根据区域经济社会发展和市场需求，主动与相关企业开展合作，树立服务行业和企业的意识及开放创新意识，主动与相关企业开展合作，不断探索职业教育校企深度融合新体制，提高应用型人才培养质量，满足企业和社会发展对人才的需求。

目前，我国职业院校在校企深度融合体制创新方面取得了骄人的成绩。广大职业院校遵照国家有关文件精神，大胆进行教育教学改革，不断加大校企合作体制改革创新力度，激发办学活力，在以往契约型、订单培养型等好的校企合作经验的基础上，实施多种形式的校企合作体制改革与创新，加快了构建现代职业教育体系发展步伐。河南机电职业学院也在这方面进行了有效探索。

（一）以强带弱、托管办学

一些办学实力强、有特色的职业院校充分发挥自身办学优势，以股份制改造、体制托管、重组、合并的形式整合企业培训中心、职工技术中心、技术学校、地方职教中心等教育组织及办学资源，实施集团化办学。职业院校可以通过购买、租赁、承包、托管等形式，获得企业的生产线或者生产车间，完成教学、培训、实训任务。职业院校在合作过程中可获得合理的补偿。如：2015年，河南机电职业学院与河南省民权县政府实现合作，并托管民权县职业教育中心成立"制冷工程学院"。

（二）混合所有制、股份制办学

职业院校与企业充分发挥双方各自资源优势，进一步探索职业教育校企深度融合新形式。如：探索股份制、混合所有制等办学形式。职业院校可以将学校土地、设备、人力资源、教育品牌、技术专利等折算成股份，与企业联合成立独立二级学院，与企业共同招生、共同人才培养、共同就业创业；职业院校也可以与企业合建股份制、混合所有制，具有独立法人的职业院校，并拥有其相应经费的独立支配权。如：2016年，河南机电职业学院与河南龙翔电气、上海名匠、郑州亚柏、龙瑞汽车、台湾友嘉集团等企业，在共建"生产性实训基地"基础上进一步深度合作，确定了股份制的合作办学模式，成立了"电气工程学院""智能制造学院""友嘉机电学院"等二级学院。

（三）拓展融合空间、创新融合形式

1. "引厂入校"融合形式

"引厂入校"就是把企业的生产车间引进到学院，以一个专业对接一个产业的方式，与企业合作共建生产性实训基地、工程技术中心、技术服务中心，形成厂中有校、校中有厂、厂校一体的教学环境。通过引厂入校使校园内建有厂房、生产车间或实训基地；在厂房、车间、实训基地建有教室；企业相关人员进学校任教，学校教师参与企业技术研发和培训，学生在校内工厂进行学习和实践，实现车间实习与理论课堂教学合为一体。学校和企业充分利用双方的人力、场地、设备等资源，创设课程的实施情境和实施条件。做到教学过程与生产过程对接，做中学，学中做，提倡先岗位体验，后基于岗位体验中引发的问题或任务有针对性地进行教学，最后再基于任务在岗位中实践，从而实现理论教学与实践教学的辩证统一。如：2008年，河南机电职业学院以新校区建设为契机，开始探索引厂入校的形式。在学院东部划出一定区域建设校企合作工业园，先后引进河南龙翔电气股份有限公司、河南龙瑞新能源汽车有限公司、大连机床集团有限责任公司等企业。与企业共同建设实训、实验基地。2010年以来，又先后与以上企业和北京汽车4S店等多家企业共建工程中心、技术服务中心、实训中心等，与企业、行业在专业建设、课程开发、教材编写以及技术服务、人才培训等方面密切合作，共同完成教学任务。

2. "送教入企"融合形式

"送教入企"就是把学校教学送入企业，建立创新创业机构或教学工厂，在企业开展人才培养、职工培训、技术服务。通过送教入企，把专业教学、培训提高、产品创新等送到工厂（企业）里去，为学院安排师生科学研究、技术开发、顶岗实习等提供更广阔的空间，真正实现企业与学校的深度融合。如：2014年以来，河南机电职业学院随着办学规模的扩大和企业需求的不断转型升级，为了进一步深化校企融合，启动了"送教入企"型教学工厂建设。先后在郑州风神物流有限公司、奇瑞重工股份有限公司、河南驼人集团、郑州日产汽车有限公司等十几家企业设立了教学工厂或课堂。

（四）校企共建"产学研创"四位一体综合体建设，打造高素质应用型人才，提高人才培养质量

"产学研创"主要是指通过校企合作共建"生产性实训基地、二级学院、研究院、众创空间"四位一体综合体。推动校企合作由松散化、契约式转向一体化、实体化和利益共同体。通过综合体建设，达到以研带产学创、以学促产研创、以产托学研创、以创推产学研的良性发展

局面，最终实现校企间的互利共赢。

　　产，平台与资源相融合。就是校企共建生产实训基地，利用企业真实的生产环境，提供具有学、研特质的生产岗位，在企业岗位师傅（培训师）和教师的指导下，让学生做中学、学中做，把车间变成教室、教室变成车间，既降低了企业的生产成本，又减少了学校实习场地、设备、材料等的投入。学，师资与项目相融合。就是校企共建二级学院，学校和企业以混合所有制的形式共同办学。混合所有制学校采取虚拟独立学院模式运行，围绕企业产业链举办专业群，实行专业共建、课程共担、教材共编、资源共享，学校负责基础课和专业基础课的教学，企业负责专业课和实习实训的教学。研，理念与课程相融合。就是校企共建研究院，学校以场地使用费入股，吸引企业研发资源入驻，共同成立混合所有制性质的研究院。专业教师带部分学生在企业研发人员的指导下，参与企业产品、技术创新研发，提高教师的教学水平和师生的创新创业能力。创，引导与制度相融合。就是校企共建众创空间。校企双方依托互联网搭建众创空间服务平台，由学校提供众创空间场地，企业依托产业引入项目，并提供启动资金，由校企教师对学生进行商业运营模式的共同培训后，指导学生进行创业。

　　"产学研创"四位一体，上下贯通，前后融合，相互匹配。

四、结束语

　　综上所述，实现校企深度融合，是构建现代职业教育体系的需要，是职业院校发展和实现人才培养目标的要求。因此，职业院校应高度重视，不断对其运行机制和体制进行相应的探索与创新，通过校企深度融合实现双方的互利共赢，不断推进提高教育教学质量，培养真正适合现代社会发展需求的高素质应用型技能人才。

参考文献

[1] 梁凌洁 . 高职院校校企合作模式及运行机制探讨[J] . 长春工业大学学报（高教研究版），2012（02）23-24.

[2] 武模戈 . "校企合作模式及运行机制"研究与探讨——以濮阳职业技术学院为例[J] . 中国校外教育，2015（18）135-136.

[3] 陈永刚 . 高职院校开展校企合作工学结合教育模式研究[D] . 上海：华东师范大学，2010.

[4] 贾宝勤，张鑫，樊建海 . 创新校企合作机制体制实现教学研全过程工学结合——校企合作工作站运行模式探索与实践[J] . 陕西国防工业职业技术学院学报，2014（01）3-5+18.

建立现代学校制度，开创校企合作体制机制创新

湖南机电职业技术学院　彭　俊　王建红　汤成娟　张小莉

【摘　要】根据我国高等职业教育发展趋势，进一步深化校企合作，建立现代学校制度是高职院校的改革和发展方向。高职院校要在办学自主权的基础上，让市场机制发挥作用，健全引导和鼓励社会力量，培育行业协会，构建"政校行企"四方联动的合作模式，推进校企合作，开创校企合作体制机制创新，提高人才培养质量，增强社会服务能力。

【关键词】高职院校；校企合作；市场机制；多元化

一、落实高职院校的办学自主权

高等职业教育属于我国高等教育范畴，同样崇尚学术自由。高职院校作为高职教育的办学主体，依法享有办学自主权。高职院校应具备结合自身发展目标、办学定位、办学特点，面向社会和市场依照章程自主决策、自主实施、自主承担责任从事办学活动的资格或能力。长期以来，高职院校处在政府高度集中的管理体制之下，办学缺乏主动性和灵活性，造成了高职院校"千校一面"的同质化竞争；加之，我国职业院校开办以来，就缺乏"自治"传统，使得高职院校自身也非常依附于政府，自主办学意识弱化。

高职院校作为一种学术组织，在办学目标确立、专业设置、培养方式的选择上应该独立自主，遵循学术组织的发展逻辑，而不应该遵循行政命令。职业教育作为教育事业中与经济社会发展联系最直接、最密切的部分，必须遵循以服务为宗旨、以就业为导向的办学方向，主动适应经济社会发展需要。高职院校要和社会，尤其是和行业、企业密切合作，了解社会需求，并迅速反应，随时进行调整。每个高职院校应该根据自身办学实力、办学定位、专业优势行使不同的办学自主权，这样有助于形成"职业特色"和"差异化竞争"。赋予高职院校更多的办学自主权，有利于多元化办学模式的形成，给高职院校注入更多的活力。

近年来，我国政府开始关注高职院校办学自主权问题，初步赋予了高职院校一些自主权，如"高职院校的院长负责制"等。在政策法规方面，2002年《国务院关于大力推进职业教育改革与发展的决定》提出"扩大职业学校的办学自主权，增强其自主办学和自主发展的能力"；2005年《国务院关于大力发展职业教育的决定》再次强调要"进一步落实职业院校的办学自主权"。高职院校的办学自主权要做到有法可循，政府还要出台法规细则，规定下放权力的具体内容和办法，并予以落实。

二、发挥市场机制在高职院校中作用

投入不足是高等职业教育面临的一大难题。众所周知，高等职业教育是一种高成本教育，而现阶段高职院校办学主要靠政府投入和收取一定的学费，很难满足高职院校的发展需要，直接导致高职院校办学条件普遍较差，实验实训设备落后。国务院印发的《关于加快发展现代职

业教育的决定》指出，对高职院校的管理要改变过去计划式、指令性的方式，变成政府购买服务的方式。这种转变将会激发高职院校的竞争意识，高职院校要想获得各种支持，必须努力做得比别人好。通过竞争获得资源实质就是市场机制的一个方面。

另外，社会力量参与职业教育主动性不足，高职教育办学主体单一，职业院校与市场需求脱轨，人才培养质量不高是高职教育面临的另一难题。为此，《关于加快发展现代职业教育的决定》鼓励探索发展股份制、混合所有制职业院校。建立产权明晰的现代学校制度，允许以资本、知识、技术、管理的方式参与职业教育办学，公办民办之间可以相互委托管理，也鼓励社会资本以合资、合作、股份制的方式来组建职业教育集团。如果企业投资了职业教育，它参与职业教育的积极性自然会高，"产教研"深度整合的办学模式有望形成。

三、健全引导和鼓励社会力量举办职业教育的政策

鼓励社会力量参与举办职业教育是我国政府大力提倡的职业教育发展策略。目前，参与职业教育办学的社会力量包括大型企业集团办学、私人办学、社会团体办学等，这些办学形式被统称为民办职业教育。社会开始关注职业教育，表现出愿意参与职业教育的积极性，但由于我国相关社会力量参与举办职业教育的政策法规不健全，许多人都表示顾虑和担心；而且，在职业教育大环境发生重大转变的当下，民办职业教育处境困难，国家应该尽快出台鼓励扶持政策，引导民办职业教育的可持续发展。

（一）加强对社会力量举办职业教育的研究

国家号召社会力量举办职业教育，但却没有专门组织研究这个庞大的办学力量与职业教育的关系及其运作和发展。对目前开办的民办职业教育也缺乏顶层设计，没有总体规划。建议从中央开始，逐级建立民办职业教育研究中心，从事民办职业教育发展的整体研究，定期发布民办职业教育的发展动态，为政府出台民办教育相关政策法规提供建议，为社会力量举办职业教育提供参考意见。

（二）为社会力量举办职业教育创设良好的宏观环境

社会力量举办职业教育的宏观环境应包涵政策环境和社会环境等。在鼓励、扶持社会力量（民办）举办职业教育的政策法规方面，以下几个方面值得关注：

第一，要落实已出台的优惠政策。国家出台了一些鼓励民办职业教育发展的优惠政策，例如税收优惠政策，但在执行过程中却经常遭遇到"玻璃门"。建议地方政府要形成管理机制，协调教育部门、劳动部门和其他职能部门等积极贯彻落实相关政策措施，保证相关的支持民办教育及其发展的措施能够落到实处。

第二，要制订和完善促进民办职业教育发展政策和措施。针对民办职业教育发展中的现实困境，如招生、教师队伍的建设问题等，政府要加强针对性研究，出台切实可行发展政策和解决办法；进一步优化民办职业院校建设用地、资金筹集等方面的环境，公办和民办学校享有平等的地位，要一视同仁，为民办职业院校引资办学提供条件。

第三，针对民办职业教育办学质量问题，建议政府加强对民办职业院校的管理和监督，尽快形成有效的多级管理和监督机制，规范民办职业院校的办学行为；在发展的社会环境方面，要加强对民办职业教育的舆论宣传，提高民办职业教育的社会地位，转变其在人们心中的固有观念，为社会力量举办职业教育创设一个良好的社会氛围和环境。

四、完善有关企业参与职业教育法律法规体系

企业作为参与高等职业教育不可或缺的一部分，政府和高职院校都高度重视与其多方面开

展合作，但是合作开展不顺，很大程度上是因为从法律层面就没有理顺两者之间的关系，也没有形成合作制度。基于此，提出以下建议：

（一）修订《职业教育法》，制定相关配套法规

国家对职业教育的发展有了新的战略思想，现行《职业教育法》新形势下也凸显出局限性。进入21世纪，我国的高等职业教育得到了飞速发展，成绩举世瞩目，已成为高等教育的重要组成部分；而且，国家计划打通职业教育的上升渠道，发展技术本科，并形成职业教育与普通教育的相互沟通。中国的职业教育体系定位为发展成中国特色的、世界水平的现代职业教育体系。所以，过去对职业教育的狭隘定义——技术与培训，不能概括当今我国职业教育的全部内容，显然也不能满足现代企业发展的需求，自然也不会赢得企业的关注与支持。首先，需要在法律中重新定义职业教育，赋予它最新的内涵。

其次，必须在《职业教育法》中明确企业参与职业教育的主体地位。明确企业参与职业教育的责任与义务、身份、形式等等。并制定相关配套法规，促进企业积极参与职业教育办学。

（二）完善鼓励企业参与职业教育的机制

目前，我国缺少企业参与职业教育的激励机制和约束机制。建议对企业参与职业教育的激励政策与机制进行全面研究，拿出切实可行的激励政策与办法。建议激励政策方面可包括：对企业参与学校师资队伍建设、教材建设、共建实训基地、共建实验室、共同科研开发等设立专项经费；对企业接受学校培训或者顶岗实习出台税收优惠政策或是按接收培训人数给予补贴；对参与职业教育做得比较好的企业给予荣誉嘉奖等。

五、培育行业协会，构建"政校行企"四方联动的合作模式

我国行业组织在职业教育中的作用较小，有其自身发展原因，与政府未赋予其参与职业教育的权力也有很大关系。要让行业参与到职业教育办学中来，企业参与职业教育才能顺利开展，因为行业是沟通学校与企业的桥梁，并且按照发达职业教育国家的做法，它还能起到管理、评价校企合作等多方面的作用。所以，基于我国行业组织的基本情况，国家要花大力培育行业组织在职业教育中的作用。首先，各级政府应积极推动行业协会转型，使其完善与规范自身组织结构与行为；其次，国家应该及早设计行业组织参与职业教育的途径并赋予其权利。

（一）通过立法赋予行业协会参与职业教育的权利和义务

首先，基于目前我国行业协会发展程度不高、功能不明确的现状，应从法律层面明确行业协会独立的身份、性质、功能，使其做到依法自治、有法可依，提高其服务职业教育的能力；其次，从法律层面赋予行业组织参与职业教育的法律权利和义务，制定配套的政策法规，规定行业组织开展职业教育的权利和责任。在行业协会内部成立专门的职业教育委员会，服务于职业教育各种需求，致力于不断提高职业教育的质量。

（二）形成行业协会参与职业教育的运作机制

明确行业组织参与职业教育的职责，制订具有可操作性的规章制度，切实推动行业协会为职业教育服务。这方面，我们可以借鉴国外职业教育"购买服务"的做法。第一，购买职业资格标准。目前，我国高等职业教育各专业并没有统一的培养标准，通常做法是各高职院校自行组织考试，制订成绩合格标准，并要求学生获得至少一个职业资格证书，就予以毕业。但是这些资格证书有的属于社会保障部门、有的属于劳动部，还有各种隶属不同部门的职业资格等级证书，管理混乱。外加考证做假现象普遍，导致职业资格证书丧失权威性。基于此种情况，国家可委托国家级行业组织制订职业标准，地方行业组织可以依此制订行业内学生的实习标准、

教师职业技能标准、职业技能等级考试标准，统筹职业资格证书管理。学生只有通过职业技能考试，才能获取职业资格等级证书和相应职业的准入资格，提高证书的权威性。第二，购买信息。国家委托行业组织专门调查本行业内职业人才需求与变化，定期发布人才需求预测，制订职业人才培养规划。

（三）补偿行业组织提供的校企合作服务

行业组织作为一种社会中介机构，其运行需要政策上的支持，也需要一定的财力、物力支持。因此，国家在完善相关政策和规章制度的同时，需要根据行业组织的职能给予一定的人力物力支持。如上所述，政府可以通过购买服务的方式对行业组织进行补偿，也可以根据行业组织的具体服务行为进行针对性的补偿和支持。

行业协会是一个中介组织，它为整个行业利益服务，与企业有着密切的关系。政府赋予行业协会参与职业教育职能，并向它购买为职业教育所提供的服务，为它与职业教育之间搭建了一座桥梁，通过这座桥梁，把职业院校和企业联系起来；同时它也必须向政府反馈服务职业教育的信息，并针对问题提出相关建议，便于对职业教育进行宏观管理。基于以上关系，行业能够沟通企业、学校、政府之间的关系，构成四方联动的合作模式，体现了职业教育的多元化办学。

中国职业教育的发展已经进入了新的阶段，对校企合作的探索也从未止步，希望高职院校通过尝试建立新的学校制度，与政府、企业共同推动中国职业教育事业迈向新的辉煌。

参考文献

[1] 吴高岭. 高等职业教育多元化办学体制研究[M]. 武汉：华中科技大学出版社，2013.

[2] 王英杰，刘宝存. 中国教育改革30年：高等教育卷[M]. 北京：北京师范大学出版社，2009.

[3] 姜大源. 职业教育学研究新论[M]. 北京：教育科学出版社，2007.

[4] 肖化移，李仲阳. 职业技术教育原理[M]. 海口：南方出版社，2011.

[5] 张彬，周谷平. 中国教育史：导论[M]. 杭州：浙江大学出版社，2007.

[6] 刘福军，成文章. 高等职业教育人才培养模式[M]. 北京：科学出版社，2007.

[7] 李海宗. 高等职业教育概论[M]. 北京：科学出版社，2009.

[8] 石伟平. 比较职业技术教育[M]. 上海：华东师范大学出版社，2001.

[9] 顾明远，梁忠义主编. 世界教育大系：职业教育[M]. 吉林：吉林教育出版社，2000.

[10] 牛征. 职业教育办学主体多元化的研究[J]. 教育研究，2001（8）.

[11] 张兴，杨德广. 高等教育办学主体研究[J]. 高等教育研究，2009.

[12] 张建中. 构建高等职业教育多元化办学体制[J]. 盐城工学院学学报，2000（2）.

[13] 卢红学. 试论高等职业教育多元化主体办学体制的互补互动[J]. 教育与职业，2004.

基于产教融合视角的智能制造类人才
协同创新育人机制探索

——以重庆工业职业技术学院为例

重庆工业职业技术学院　黄文胜　陈友力　俞　燕

【摘　要】基于产教融合视角，以重庆工业职业技术学院为例，对以"135工程"（即一个引领、三大支撑、五项目标）为核心的智能制造类人才协同创新育人机制进行探索。文章对于推动我国制造业向智能化转型发展，促进产业链、人才链、创新链无缝对接，以及高职院校加快高素质技术技能型人才培养等，均具有一定的参考价值及指导意义。

【关键词】产教融合；智能制造；协同创新；机制

一、引言

"中国制造2025"是未来十年我国实施制造强国战略的行动纲领，将智能制造确定为主攻方向，提出了到2020年，制造业重点领域智能化水平显著提升的战略目标。这对技术技能型人才提出全新的要求，为高等职业教育人才培养指明了方向。《高等职业教育创新发展行动计划（2015—2018年）》明确指出，坚持产教融合、校企合作，加强技术技能积累，提升人才培养质量，推动高等职业教育与经济社会同步发展。[1] "供给侧结构性改革"的提出，也促使职业教育更应紧贴区域、产业发展趋势，不断提升学校内涵建设。高等职业教育要适应、服务和引领新常态，迫切需要进一步深化产教融合，创新协同育人机制，为我国制造业向智能化转型发展提供人才保障和智力支持。

二、高职院校人才培养中存在的问题分析

高等职业院校已成为高素质产业大军的重要培养基地，成为契合产业升级、发展实体经济、促进中小企业集聚发展的中坚力量。但高等职业教育供给侧仍然存在以下问题：[2]-[5]

一是没有进行人才需求市场细分，还有相当多的职业院校专业设置雷同，专业与经济社会发展需求和产业升级不对接；二是人才培养标准滞后于产业需求，培养学生的专业知识、职业能力、职业精神与岗位需求不适应，产业转型升级急需的技术技能人才培养迟缓，导致用工荒、技工荒现象频频出现；三是培养模式不符合校企合作的技术技能人才培养规律，企业是举办职业教育的重要主体，但对职业教育的参与程度还很不够，校企合作呈现"一头热"现象；四是职业教育整体宣传不够，社会缺乏对职业教育的了解、认同和支持；五是有些职业院校办学条件不能满足办学需要，特别是双师型师资队伍、生产性实训条件不适应技术技能人才培养要求等。

这些问题的解决，需要供给侧改革思路，增加高素质技术技能人才精准有效供给。产教融

合就是通过高等职业教育供给侧结构性改革，在产业转型升级的背景下，围绕行业企业"用工需求"和学校"人才培养"，实现专业设置与产业需求对接、课程内容与职业标准对接、教学过程与生产过程对接、毕业证书与职业资格证书对接、职业教育与终身学习对接，打破职业与教育、企业与学校、工作与学习之间的分隔，形成产教良性互动的"双赢"局面，进一步提高技术技能型人才培养质量，促进职业院校和企业共同开展技术研发并将成果转化为生产力，推动企业技术进步、产业转型升级和区域经济社会的协同发展。

三、重庆工业职业技术学院深化产教融合，协同创新育人机制的实践

重庆工业职业技术学院是国家首批28所示范骨干高职院校，学校立足重庆区域经济社会发展和产业结构调整需要，与重庆"6+1"支柱产业、十大新兴产业紧密对接，形成专业与产业布局相协调的专业发展格局。学校在人才培养、专业设置、校企深度融合等方面具有独特优势和不可替代的作用，为重庆及两江新区经济社会发展提供人才支撑和智力支持。机器人和智能制造是重庆市工业转型升级的重要抓手，学校作为以机械制造、自动化等工科专业为背景和主要特色的高职院校，也敏锐地感觉到智能制造将代表着现代制造业的发展方向，智能制造产业在中国工业版图中将占据着越来越重要的地位。

2014年，学校依托国家高职高专精品专业、国家示范校重点建设专业——机电一体化技术专业为基础，在重庆率先开设工业机器人技术专业。学校以"中国制造2025""一带一路""互联网+"行动、长江经济带建设等一系列国家战略和发展规划为指导，聚焦智能制造，以校企合作体制机制创新为突破口，以现代学徒制人才培养模式改革为切入点，以"135工程"（即一个引领、三大支撑、五项目标）为核心驱动，以知名大企业联动为依托，进一步深化产教融合、校企合作，形成了人才共育、过程共管、成果共享、责任共担的紧密型协同育人机制。

（一）以校企合作体制机制创新为突破口，形成互惠双赢办学格局

学校坚持"以行业为先导，以能力为本位，以学生为中心"，实践和探索出"按行业和企业的标准培养人才，与行业和企业共同培养人才，在真实环境中培养人才"的新途径，建立以校企互惠双赢为校企合作出发点，以"引企入校"、企业出"资"、学校出"智"、以他方为中心等方式，校企共建共管教学、生产和培训管理平台，成为专业实践教学基地、校企合作企业职工技术培训基地、技术应用及推广基地、职业技能培训与鉴定基地、产品制造基地。学校通过制订《重庆工业职业技术学院校企合作发展规划》《重庆工业职业技术学院校企合作管理办法》《校企合作理事会章程》《校企合作项目学生实习管理办法》《校企合作"订单班"管理规定》《校企合作重大项目立项及实施细则》《校企合作项目管理办法》《校外实训基地建设管理办法（试行）》等规章制度，形成校企合作互惠双赢的长效机制。

（二）以现代学徒制为切入点，深化产教融合

学校以教育部试点项目为示范，以点带面，分层实施，逐步深化，整体推进现代学徒制人才培养模式的探索。以车辆工程学院汽车车身维修专业教育部现代学徒制试点项目为重点，制订试点工作任务书，明确试点工作的重点建设内容、实施步骤、责任主体和保障措施。通过学校系统设计、先行先试，积累经验，逐步形成了可示范、可推广的较为成熟的模式和成功案例。

在此基础上，学校进一步扩大现代学徒制实施范围和规模，要求每个二级学院选择一个校企合作基础好、人才需求旺盛的专业实施现代学徒制，使现代学徒制成为培养技术技能人才的重要途径。以汽车车身维修专业为例，学校与重庆东风南方汽车销售服务有限公司、重庆广汇瑞汽西南汽车保险代理有限公司签订校企合作培养人才的合作协议，开展"招生即招工、入校

即入厂、校企联合培养"。根据技术技能人才成长规律和工作岗位的实际需要，按照"合作共赢、职责共担"原则，校企共同设计人才培养方案，共同制订专业教学标准、课程标准、岗位标准、企业师傅标准、质量监控标准及相应实施方案。该专业实施3+3的人才培养模式，即1、3、5学期在学校，2、4、6学期在企业，且在企业期间2天回校学习；学校与合作企业共同建立了适应现代学徒制的教学运行与质量监控体系，共同加强过程管理，逐步形成政府引导、行业参与、社会支持，企业和职业院校双主体育人的中国特色现代学徒制。

（三）以"135工程"为核心驱动，培养智能制造技术技能人才

1."一个引领"即实施智能制造引领计划

学校面向"中国制造2025"关键领域，深入推进供给侧结构改革，以智能制造相关专业建设为引领，加快推进专业结构的调整、优化和布局工作。根据智能制造跨领域、跨行业及高度集成、系统融合等特点，学校以智能制造公共实训基地为抓手，9个二级学院均根据自身专业基础和特色主动围绕智能制造这一核心，根据智能制造产业链涵盖的设计、生产、物流、销售、服务各环节，寻找专业对接点，进一步改造传统专业、拓展新兴专业、打造品牌专业，协调推进学校各二级学院的人才培养和专业建设。

2."三大支撑"即打造智能制造公共实训基地、智能制造集团、华中数控学院三大智能制造人才培养的三个支撑平台

（1）智能制造公共实训基地。学校以国家产教融合发展规划项目为契机，在"十三五"期间投资1.1亿元建设基于"校中厂"模式的"一体两翼多平台"智能制造公共实训基地（一体是指智能生产；两翼是指智能设计和智能管理；多平台是指围绕智能制造核心技术建立的跨院校跨专业的多个教学实训平台），建设兼具"教学、生产、科研、创新创业、社会服务"五位一体的专业化公共实训基地。

（2）智能制造集团。在重庆市教委指导下，学校和武汉华中数控股份有限公司为牵头单位邀请重庆市属高职、中职、行业协会、研究机构、企事业单位参加，以建设现代职业教育体系为引领，以提高技术技能人才培养质量为核心，充分发挥政府推动和市场引导作用，充分发挥职业教育集团成员单位中行业企业的作用，实现产业链与职业教育链之间的互惠互赢、共同发展。

（3）华中数控学院。学校与武汉华中数控股份有限公司共同组建"重庆工业职业技术学院华中数控学院"，发挥国内智能制造领域龙头企业的技术优势，实现校企"合作办学、合作育人、合作就业、合作发展"，在智能制造的师资、人才培养等方面展开更深度的校企合作。我们从2016年起，每年从学校机械工程学院、自动化学院、信息工程学院的大二学生中筛选50名优秀学生组成华中数控学院精英班，通过实施现代学徒制，开展项目式教学，突出学生综合素质，强化技能培养，创新现代职业教育培养新模式。

3."五项目标"即学校通过三大支撑平台的建设要实现的五项目标

（1）智能制造技术技能型人才输送。根据行业企业的需求，推行现代学徒制、订单式等人才培养模式，为行业企业输送智能制造人才。

（2）精密产品代加工。依托智能制造公共实训基地真实的智能生产线，为企业提供个性化小批量的精密产品代加工。

（3）应用技术研发。发挥智能制造公共实训基地先进的设备和高校人才的优势，为社会和行业企业进行新产品研发、试制，开展应用技术研发，校企联合横向课题开发。

（4）支撑创新创业。发挥智能制造公共实训基地的平台优势，打造以创新设计和个性制造为主要特点的"智能制造创客基地"。

（5）开展社会服务。为中小企业开展智能制造技术应用服务咨及开发、员工培训及继续教育；为重庆市中职、高职提供智能制造师资培训；支持重庆市院校学生不同层次的公共实训教学与组织相关技能大赛。

（四）以知名大企业为依托，不断推动校企深度合作

学校联动武汉华中数控股份有限公司、重庆长安工业（集团）有限责任公司、中国四联仪器仪表集团有限公司、力帆实业（集团）股份有限公司（以下简称力帆集团）、重庆元创汽车整线集成有限公司、重庆洲际酒店等知名企业，从共建基地、共育队伍，到共建课堂、共研课程，再到项目合作，探索出"校企一体化办学"合作新模式，不断实现学校与企业的深度融合。目前，重庆力帆实业集团销售有限公司全国唯一定点培训单位——力帆汽车售后技术培训中心在学校建立；学校承担了力帆汽车全国500余家4S维修站技术经理培训和近30个国家服务商的售后技术培训任务。学校与重庆元创汽车整线集成有限公司校企合作案例，在全国295所高职院校报送的405个典型案例中脱颖而出，入围10个优秀典型案例之一，在全国高等职业教育"校企一体化办学"经验交流暨创新联盟成立大会上作为大会交流材料。

四、结束语

本文立足产教融合视角，以重庆工业职业技术学院为例，对以校企合作体制机制创新为突破口，以现代学徒制为切入点，以"135工程"为核心驱动，以知名大企业为依托的我国智能制造类人才育人机制进行理论分析及实践探索。期望能在实践中不断发展、完善，为推动我国职业院校深化校企合作，加快高素质技术技能型人才培养，促进我国制造业向智能化转型发展提供借鉴及参考。

参考文献

[1] 中华人民共和国教育部．教育部关于印发《高等职业教育创新发展行动计划（2015—2018年）》的通知[Z]．教职成〔2015〕9号，2015-10-19.

[2] 王丹中，赵佩华．产教融合视阈下高职院校协同育人机制探索[J]．中国高等教育，2014（21）：47-49.

[3] 薛中海，汪俊枝，饶培俊．产业转型升级背景下职业教育产教融合探析[J]．河南工业大学学报（社会科学版），2014，10（3）：139-142，146.

[4] 吕景泉，马雁，杨延，刘恩专．职业教育：供给侧结构性改革[J]．中国职业技术教育，2016（9）：15-19.

[5] 牛士华，陈福明．新常态下深化高职教育产教融合研究[J]．教育与职业，2016（2）下：25-27.

试点暨"播种"——探索完善现代学徒制

重庆工业职业技术学院　黄朝慧　袁苗达　李　雷　袁　琼　王亮亮　唐　鹏

【摘　要】重庆工业职业技术学院联合重庆两家知名的汽车销售服务公司，于2015年进行汽车整形技术专业学徒制人才培养试点工作，通过学徒制人才培养工作的实施及结果控制，及时总结了学徒制实施过程中存在的问题，并提出了解决措施。同时希望政府加大宣传和投入力度，将学徒制相关机制进行普及。

【关键词】学徒制；人才培养实施；存在问题；解决措施

一、背景

为贯彻落实全国职业教育工作会议精神和《国务院关于加快发展现代职业教育的决定》，切实做好现代学徒制试点工作，根据《教育部关于开展现代学徒制试点工作的意见》（教职成〔2014〕9号）有关要求，重庆工业职业技术学院申报了汽车整形专业学徒制试点项目，目的是探索建立校企联合招生、联合培养、一体化育人的长效机制。

二、实施学徒制的准备工作

为了保障本院学徒制试点项目顺利地开展，做好实施学徒制的准备工作是该项目最基本也是最重要的基础。

（一）试点专业和合作企业的选择

根据会议精神，实施学徒制首先要选定试点专业和合作企业。选取试点专业有两个要求：职业的实践性强和行业的需求量大。职业的实践性强，才需要学生多与实践对接；行业的需求量大，学生实习时更容易找到需要的岗位。

汽车整形专业符合以上两个特点。除此之外，汽车整形技术的劳动强度大，工作条件艰苦、工作环境较差，更需要学生在毕业前熟悉其职业特性。从而可避免学生毕业走向工作岗位时，由于角色的突然转变，对工作环境及工作强度极不适应而频繁跳槽甚至放弃本专业而改行的局面。基于以上原因，我院选取汽车整形技术专业作为学徒制试点专业。

选取合作企业时，尽量选择实力强、口碑好、资源丰富、热衷于职业教育和有一定规模的企业，且至少选取两家以上的大型企业。基于此我院选择了知名的重庆中汽西南汽车（集团）有限公司和重庆东风南方汽车销售服务有限公司两家汽车销售服务公司作为学徒制试点的合作企业。

（二）学徒制组织机构及机制建设

完善的学徒制机制是保障学徒制人才培养质量的基础，是学校、企业、学生三方共赢的根本保障，是学徒制得以长期良性循环实施的必要条件。为此，学院联合企业成立如图1所示的学徒制组织机构及机制建设。组织机构制订了校企师资互派制度、兼职教师岗位津贴制度、校企合作开发与建设课程和教材制度、学徒制实施管理办法、学徒制指导学生实习管理办法等一系列制度，构建"深度融合"校企联合培养的学徒制人才培养机制。

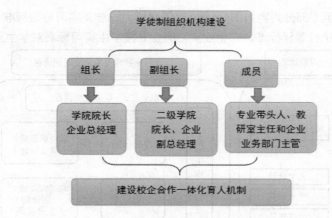

图1　学徒制组织机构及机制建设

（三）人才培养方案的修订

按照"合作共赢、职责共担"原则，学徒制组织机构成员共同设计了人才培养方案，通过校企互研，确定了汽车整形技术专业人才培养目标和规格，共同制定了专业教学标准、课程标准、岗位标准、企业师傅标准、质量监控标准及相应实施方案等。

1．专业定位与培养目标

校企互研共同确定了汽车整形的专业定位、主要就业去向、主要就业岗位以及培养目标等。

2．教学运行模式的制订

根据该专业实践性特别强的特点，结合现在汽车售后企业的工作特点，校企共同探讨实施工学交替的学徒制教学模式，如图2所示：

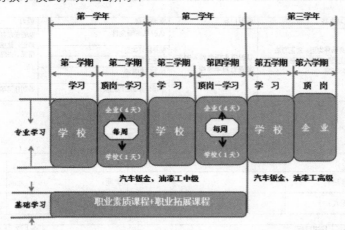

图2　工学交替的学徒制教学运行模式

其中，第二、四学期中，每周周二返校上课，目的是完成教育部要求设置的职业素质必修课程的学习。

3．课程体系、教学标准建设

学徒制组织机构成员围绕人才培养方案所确定的培养目标与就业岗位所需的职业基础能力、职业岗位能力和职业拓展能力[1]构建了基础课程体系与汽车整形技术专业职业培训课程，如图3所示。在基于汽车整形（车身修复、车身涂装、汽车美容与装饰）真实工作过程的基础上，结合中国劳动和社会保障部制订的有关汽车钣金、喷漆中高级标准及行业标准共同研制了有关学徒制的汽车整形技术专业的教学大纲（部分内容如图4所示）、课程能力标准及实习鉴定标准（部分内容如图5所示），学生在校学习执行课程标准，在企业实习时企业按学生实习标准对学生进行辅导。

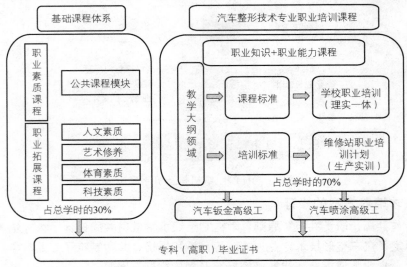

图3　汽车整形技术专业课程体系

重庆工业职业技术学院

汽车整形专业（学徒制）第二学期职业能力教学大纲

工作内容3	学习内容	培训目标	学习信息	能力
维修信息、规范、测量及估损	认识车身结构、维修信息、规范，碰撞修理测量，对车身修理费用进行估算。	会正确使用维修信息、知道维修规范，能正确测量车身，并对车身修理费用进行正确估算。	认识车身结构、识别车辆 收集和使用维修信息 碰撞修理的测量 估损	会正确使用维修信息、知道维修规范，能正确测量车身，并对车身修理费用进行正确估算。

工作内容4	学习内容	培训目标	学习信息	能力
钣金件的认识及简单维修	车身损坏类型、矫正方法、加工铝制薄板、不破坏漆面去除凹痕。	认识汽车钣金件，对车身进行简单维修。	认识汽车钣金件 车身损坏类型 矫正金属的方法 加工铝制薄板 不破坏漆面去除凹痕	能断定车身损坏类型，并能对金属件进行矫正，能加工铝制薄板并在不破坏漆面的情况下去除凹痕。 会制作简单的工作计划并实施完善计划。

图4　汽车整形技术专业教学大纲截图

维修站中汽车整形技术——第二期培训鉴定

姓名：		代码：	
维修站：		学期：	II
负责人：		时间段：	

序号	培训目标	合格	不合格	未涉及
1	实施汽车维护作业			
2	钳工实习			
3	汽车运行材料的选用			
	车身结构认识			
4	维修信息、规范及测量（维修信息的使用、车辆识别、碰撞修理的测量）			
5	工具、车漆材料和紧固件认识、焊接设备的认识			
	修理费用估算			
6	钣金件的认识及简单维修（车身损坏类型、矫正方法、加工铝制薄板、不破坏漆面去除凹痕）			
7	使用车身填料（锉削与打磨车身填料）			
8	维修发动机罩、保险杠、翼子板、行李箱盖及装饰件			
9	诊断车门、车顶和玻璃的故障并维修			

图5　维修站中汽车整形技术——第二期培训鉴定截图

有了课程标准及实习标准，明确了企业的培训义务，避免学徒在企业"只做不学"，同时也避免不同企业在学徒培训上的质量差异，保障了学徒全面而可持续地发展[2]。课程标准及实习标准是保障学徒制人才培养质量的基础性措施。

4．课程考核及评价方式

针对学徒制汽车整形技术人才培养的课程考核，采用分散考试与校企合作集中考试的方式进行，在基础课程及专业基础课程学习结束后，其考试成绩以学分制记入学生成绩册。在第四学期结束时，校企联合进行汽车钣金、喷涂中级工考试，在第六学期结束时，校企、劳动人社部门联合进行汽车钣金、喷涂高级工考试，其成绩同样以学分制记入学生成绩册。

基于学徒制的汽车整形技术人才的评价方式，采用校、企、学生三方共同评价的方式进行，同时利用学院的麦克斯评价系统，由校、企、学生三方进行网上评价。

三、学徒制的实施

（一）招生招工

学校联合企业，通过对已招入学的15级汽车整形班级学生做宣传，将整形专业学徒制人才培养方案及学徒制的相关政策进行了详细的解说。采取学生自愿报名、企业及学院面试考核等三向选择的方式进行选拔，最终有28名学生入选作为学徒制试点班的学生。

车辆学院将试点班起名为"黄埔第一期"，其目的是通过三年的培养，让学生们成为种子，播种到各企业里，成为今后学徒制学生的师傅，也为学院今后开展学徒制教育打下良好的基础。

（二）签订协议（双方、三方）

对已选入试点班的学生，学校与企业商定六个问题：定岗位、定企业师傅、定学习实习时间、定报酬、定学徒的责任保险和工伤保险、定管理与评价制度，并将商定事宜，由学校与企业签订校企联合培养专业技能人才合作双方协议，然后组织学生签订学校、企业、学生学徒制三方协议。

（三）运行管理

1．教学实施及过程监管

在学徒培训的过程中，采取了多方共同监管的质量保障方式[3]。监管主体包括学院教务部门、企业、行业组织以及教育部的学徒制项目验收组等。

学生在学校学习的整个过程受控于学院对教学质量的一切监控。学生在企业里学习时，其质量监控体现在学生的实习周日志、4S店绩效评估、汽车整形专业学徒制企业培训手册、培训鉴定等各项指标中。

2．学生管理

试点班的学生实施学校班主任、企业师傅、学徒制项目指导老师的三导师制，班主任实施班级的日常事务管理，企业师傅负责学生在企业实习期间的学习和工作管理，学徒制项目指导老师负责协调学院与企业的各种事务。学生实习期间，每周二回学校学习一天，这一天项目指导老师组织学生开周例会。周例会的内容主要以沟通交流为主，老师针对学生提出来的各种问题，利用各种方法进行解决，其宗旨就是为学生们排忧解难，让学生们无障碍地完成学习和工作任务。

3．结果控制

学生在学校里实施教学做一体化学习，其考查与考试成绩记入学分，学生在企业里实习，其学习成绩以学生的周日志、实习完整性证明、4S店绩效评估等为依据进行评分后记入学分，并且在三年级结束前要组织学生进行汽车钣金工和喷涂工高级考试。只有以上三个成绩全部合格，学徒制的学生才能顺利毕业，走上工作岗位。

四、实施学徒制存在的问题

（一）学生入学时难以实现真正意义上的企业招工

因汽车整形专业的实践性强，加之现有企业都存在利益最大化问题，对于一个刚入学职业岗位能力为零的学生来说，企业能给底薪就已经很不错了，学生的五险一金需学生自己缴纳，所以，学生入学时难以实现真正意义上的招工。

（二）企业参与度有待提高

在学徒制实施的整个过程中，学院的主动性远远高于企业，主动与企业沟通，主动联系企业参加各种事务的商讨及教学设计等活动，企业的参与度还有待进一步的提高。

（三）企业上层与下层意见不一致

虽然有学徒制组织机构对各种情况进行组织协调，但由于学院是与企业高层领导签订的合同，而学生实习时接触到的是车间里的员工、师傅，现代企业里员工与师傅对学徒制来说还没有正确的认识，师傅会按自己的需要去安排学生的工作，而有可能不按企业培训计划对学生进行针对性培训，导致部分学生无法完成企业培训计划，从而对学生实习时的心情和效果带来负面影响。

（四）学生顶岗时存在的问题

1．待遇问题

学生在企业实习阶段，试用期时学生没有工资，各实习企业的待遇及工作条件各不相同。这些因素会导致学生实习时产生抱怨情绪，从而影响实习效果。

2．实习条件问题

学生一段时间在企业里辛苦地干活，一段时间又回到学校学习，企业与学校两处的劳动强度及环境反差较大，学生难以适应，有时候甚至会导致学生对本专业失去兴趣而产生转行的想法。

3．假期问题

学生实习期间必须遵从企业的作息时间，大多企业每周工作六天，并且学生在企业里实习的时候有可能是学校的假期，部分学生也会因此而感到不满意而违纪。

五、解决措施

针对以上学徒制试点存在的部分问题，提出以下几点解决措施。

（一）呼吁相关的政策及制度保障校、企、学生三方利益

我国现阶段实施学徒制最大的困难是没有相关的政策及制度来保障学校、企业、学生三方的利益。国外发达国家学徒制得以顺利开展，很大程度上与国家的政策及制度保障有关。虽然我国人社部拟推的新型学徒制"每人每年补贴4 000元起"的激励政策已经开始试点，但要大面积实现学徒制补贴，还是一个未知数。

（二）以试点为契机全面普及学徒制知识

教育部、人社部与财政部已经开始在教育部门和劳动部门进行学徒制试点。通过试点，在完善各种学徒制人才培养制度的同时，逐步使学徒制深入人心，并且开展形式较多的学徒制政策培训，使各部门单位从高层到基层都能领会学徒制人才培养精神，避免"剃头挑子一头热"现象的发生，使学徒制得以顺利开展。

（三）政府应加大学徒制的宣传和投入的力度

我国现阶段处于学徒制试点阶段，试点的主体是职业院校和相关企业，学生、家长及社会对学徒制的认识大多处于未知状态，这对正确的招生招工及学徒制的实施造成一些不必要的障碍。政府应加大宣传和投入力度，从小培养学生的职业意识和兴趣，将职业的种子播种到孩子和家长的心里，使学徒制成为我国职业教育普及的人才培养模式。

（四）细致地做好学生管理工作

学生管理工作越细致，学徒制的实施就越顺利。针对学生在顶岗时存在的问题，在学生实习前对学生进行引导教育，在实习期间，指导老师和班主任深入到各个实习点，对学生进行关怀和指导，同时监督企业完成学生的企业培训计划。

六、结论

实施学徒制不只是职业院校和企业的事，而是全社会的事。在职业院校和企业共同努力的同时，作为管理部门的政府更应该加大宣传和投入的力度，组织各种层面及类型的学徒制知识普及，制定相关的政策及制度，保障校、企、学生三方利益。加大资金的投入，将职业意识和兴趣从娃娃抓起，使职业的种子播种到孩子和家长的心里。只有在这样的基础上，学徒制才能在我国生根发芽而逐步走向完善，实现学徒制的规模发展。

参考文献

[1] 赵有生，姜惠民．职业教育现代学徒制的实践探索[M]．北京：高等教育出版社，2015．

[2] 赵鹏飞．现代学徒制"广东模式"的研究与实践[M]．广东：广东高等教育出版社，2015．

[3] 欧盟委员会授权出版、北京市职业能力建设指导中心组织翻译．欧洲现代学徒制[M]．北京：中国劳动社会保障出版社，2016．

校企合作人才培养组织管理机制探索与实践

西安航空职业技术学院　韩银锋　李　强　贾同国

【摘　要】校企合作人才培养能充分发挥企业（行业）对员工技能培训的优势，又能发挥学校教育的特点，使人才培养定位准确，学校人才培养主动适应企业（行业）的用人要求，有效提高人才培养质量。本文总结我校与联想集团和上海中锐教育集团开展校企合作人才培养的经验，聚焦校企合作项目选择、招生、培养、管理、就业等方面组织管理各个细节，形成了一套行之有效的管理机制，保证校企合作项目的顺利开展，取得很好的实践效果。

【关键词】校企合作；人才培养；组织管理；机制

经过二十多年的发展，我国高职教育已经占据高等教育的半壁江山，培养了数以亿计的高素质技能型人才，为国家的经济和社会发展做出了重要贡献。随着我国市场经济的发展，高等职业教育面临改革和发展两大变化，在规模不断扩大的同时，还要很好地适应和满足社会和经济发展的新需要；尤其要满足就业市场格局的迅速变化对胜任多种职业，具有适应性强和自我调节能力强的新型就业者的需要。这就要求我们必须进行高职教育改革，按照社会需求培养学生，依据企业对人才的知识技能要求构建课程体系，进行课程内容改革，形成新的教学方法，全面提升教育水平。

一、校企合作存在的主要问题

（一）思想认识不足

校企合作是解决人才培养与企业需求脱节的问题，校企合作就是要发挥好学校和企业两种教育资源的优势，专业培养目标与企业的需求对接，落实"服务为宗旨，就业为导向"。但是，很多学校开展校企合作只是赶时髦，或者完成示范、骨干等建设项目，并没有在思想上认识到校企合作是高等职业教育发展的必由之路的重要性与紧迫感。

（二）合作不够深入

校企合作应该发挥校企在人才培养中的各自作用，要体现在人才培养的全过程中。人才培养方案的制订、课程标准的编写、教材（讲义）编写、教学课件（案例）的制作、师资团队的组建、实训基地的建设、教学组织与管理、成绩的考核与认定、学生的就业等环节都是校企双方共同参与，共同完成。但是，很多校企合作只是停留在企业的岗前培训前移到学校，企业参与广度和深度远远不够。

（三）长效机制没有建立

人才培养是一个长期积累的过程，校企合作培养人才也是一个长期工作，一届大专学生在校三年，校企合作也应该体现在一届三年的学生培养过程中，并以三年为周期，不断改进不断提高。但由于机制的缺失，校企合作工作开展得不够连续，往往是合作一届算一届，一年合作一批企业，校企合作经常停留在"磨合"期，很难深入。

二、校企合作人才培养机制建立

学院自2007年与联想集团、2008年与上海中锐教育集团开展校企合作人才培养，至今已经将近9年。学院总结合作的经验，将校企合作的全过程绘制组织运行图，如图所示。

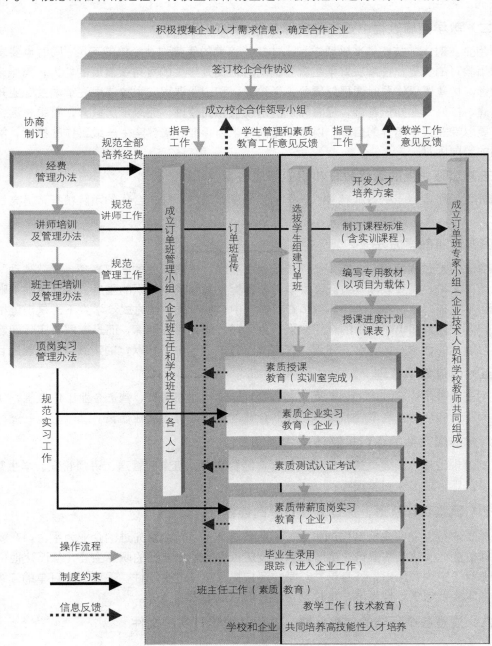

校企合作人才培养工作过程示意图

（一）开展校企合作，"搜集企业人才需求信息，确定合作企业"至关重要

第一，要积极地与企业联系，获得企业人才培养信息，合作培养应在企业中得到立项（进入议事日程），这样领导重视，人员调配比较方便，有利于合作工作顺利开展；第二，所选择的企业尽可能是行业内的知名企业，这些企业掌握行业发展的最新技术，它们是行业标准的制定者，学生如果得到这些企业的认可，就一定能够胜任同行业其他企业的需求，有利于学生的发展；第三，合作企业应能够对学生进行行业（企业）认证，为学生的择业增加砝码。

（二）教学实施过程中要充分发挥各自领域的优势

利用企业对人才技能的准确要求和人才技能培养的优势弥补学校的不足，同时也要发挥好学校学历教育的优势，在解决好学生就业的同时，提升学生的可持续发展的能力，着眼未来，兼顾长远。构建课程体系时课程总体分为学校课程和企业课程，学校课程注重学生专业知识体系的搭建，打好专业知识基础，保障知识的系统性和完整性，完成学历教育，着眼长远；企业课程主要以专业技能培养为目标，以企业眼前需求为标准，培养学生一线工作的技能，解决学生就业的当前困难。

（三）加强学生的素质教育和职业养成教育

培养学生踏实肯干的敬业精神、乐于助人的奉献精神、与人合作的团队精神，提高学生的综合素质。

（四）改革教学方法

将企业生产过程案例化，实现案例（项目）教学，提高学生的学习兴趣，变"被动"学习为"主动"学习，提升教学效果。学生学习的目标更加明确，知识的重点、难点也很清晰，真正做到了学生在"做"中"学"，教师在"做"中"教"的教学方式。学生不再是识记枯燥的知识点，凭空理解知识，模拟的应用知识，为了提升能力而去训练，而是在解决实际问题的过程中学习涉及的理论知识，理解知识，在完成工作的过程中潜移默化的达到训练技能的目标。

（五）改进教学管理

灵活安排教学内容和时间，实现企业化管理，进行业绩考核，营造企业工作氛围，使学生了解将来工作的环境，在学校完成从学校到企业的过渡，提高就业质量。

（六）形成完整的运行机制体系

以制度规范行为。建立的制度主要包含：经费管理、班主任管理、讲师管理、学生管理、学生成绩认定、顶岗实习管理等。

（七）抓紧合作机遇，保证人才订单的连续性

要紧抓与行业龙头企业合作的机遇，让更多的学生以行业最先进的企业为平台，在就业前学习优秀的企业文化，掌握行业最新知识与技能，学会规划自己的职业生涯，从而让他们在激烈的就业竞争中脱颖而出，终身受益。学校还应提高合作的主动性，保证人才订单的连续性，使更多的学生能够更好地发展，将校企合作长期有效地进展下去。

（八）注意各个环节的信息反馈，并不断地修订实施文件

三、总结

校企合作是一项长期而系统的工作，开展好校企合作需要做到"三个一"（即"一个全面，

一个深入，一个长效"）。"一个全面"主要指，校企合作要覆盖人才培养的全过程，从企业选取、人才培养方案制订、学生就业、毕业生跟踪的各个环节；"一个深入"主要指，校企合作要体现在教学资源建设[包含人才培养方案、课程标准、教材（讲义）、教学案例（课件）等]、师资队伍构建、实训基地建立、教学组织与管理等方面；"一个长效"主要指，开展校企合作必须建立系列的制度文件，保证校企合作工作有序顺利开展。

参考文献

[1] 赵志群. 职业教育与培训学习新概念[M]. 北京：科学出版社，2003.

[2] 姜大源. 职业教育学研究新论[M]. 北京：教育科学出版社，2007.

[3] 潘海生，王世斌，龙德毅. 以体制机制创新引领校企合作深入发展[EB/OL]. http://www.jyb.cn/zyjy/sjts/201311/t20131105_558276.html.

依托职教集团推进高职院校校企合作的对策研究

——以陕西装备制造业职业教育集团为例

陕西工业职业技术学院 罗 宏

【摘　要】 职教集团是职业教育的成熟和高级形态，符合职业教育发展趋势，进一步推进了校企合作的发展，实现了产教融合、工学结合的目标。本文结合陕西装备制造业职业教育集团建设经验，从四个方面提出依托职教集团推进高职院校校企合作的对策。

【关键词】 职教集团；高职院校；校企合作；对策

校企合作是高职院校与企业紧密联系建立的一种合作模式，契合了高职院校人才培养和企业人才需求，融合了双方利益。但是在校企合作过程中，由于高职院校和企业双方的重视程度和投入不成比例，使校企合作在合作深度和合作渠道上的拓展是有限的。而职教集团为职业教育资源的整合、融通、共享提供了一个平台，为进一步推进校企合作提供了可能。但是，职教集团作为一种新型的组织形态，集团内部的校企合作双方关系是松散的，企业主体作用不凸显，与设想的双方共赢还有很大的差距。本文将结合陕西装备制造业职业教育集团校企合作取得的成功经验，对依托职教集团推进校企深度合作的长效机制进行研究，并提出对策。

一、陕西装备制造业职业教育集团基本情况

陕西装备制造业职业教育集团（Shaanxi Equipment Manufacturing Vocational Group）是在陕西省教育厅和陕西省机械工业协会的领导和指导下，由国家示范性高等职业院校——陕西工业职业技术学院牵头，联合省内外高等职业院校、职教中心、装备制造业的科研院所、大中型骨干企业、行业学会参加，按照自愿平等、资源共享、优势互补、互惠共赢、共同发展的原则组成的以联合办学为基础、以校企产学研合作为重点的职业教育联合体。集团各成员单位原隶属关系、人事关系、财政拨款渠道、产权性质、法人地位和管理体制均不变。

集团以整合资源，形成优势，突出特色，增强实力，服务社会为宗旨。加强校际合作、校企合作、学校与科研院所合作，优化资源配置，形成以职业教育院校为主体、以行业和企业为依托的跨区域、多元化的办学体系，实现资源共享，整体提高职业院校和企业适应市场的竞争力，为区域经济建设服务。

集团成立之初有27家成员单位，现有成员单位40家，其中高职院校和职教中心11家、科研院所4家、大中型骨干企业25家。集团各成员院校的在校学生48 000多人，专业总数110多个，集团企业的总资产1 500多亿，在职职工17万多人，集团的综合实力不断增强，发展潜力巨大。

二、陕西装备制造业职业教育集团推进校企合作的情况

（一）优化内部管理运行效能

1．出台条例，创建政策环境

集团在广泛走访企业和借鉴省外先进经验的基础上，把校企合作的重点定在激励企业参与职业教育的积极性上。集团主动向教育行政主管部门提交调研报告，建议出台《陕西职业教育校企合作促进条例》（以下简称《条例》），并代表陕西省教育厅承担《条例》拟定工作，现已完成前期工作，进入省人大立法程序。《条例》的出台将突破陕西职业教育在校企合作操作层面的瓶颈，为企业主动参与校企合作创建良好的政策环境。

2．规范制度，完善合作机制

集团学校陕西工业职业技术学院把二级学院作为校企合作处之外的校企合作重要主体，制订出台了《加强校企合作的若干意见》《校企合作管理办法》《学生顶岗实习管理办法》《教师下企业锻炼管理办法》等系列制度，指导各二级学院积极开展校企合作。

（二）建设西咸新区职教改革试验区

集团紧抓西咸新区晋升为国家级新区的历史机遇，立足其向西开放的重要枢纽、西部大开发的新引擎、中国特色新型城镇化的范例、丝绸之路经济带起点的战略功能定位，集聚陕西装备制造业职业教育集团优势，围绕新区建设与发展、产教融合培养技术技能人才、职业教育服务能力提升及现代职业教育改革与建设等核心问题，按照国家对职业教育发展的统一部署，结合西咸新区重点建设任务，在西咸新区管委会、陕西省教育厅指导下，由集团学校陕西工业职业技术学院牵头，对接新区空港、秦汉、泾河、沣东、沣西五个组团的产业集聚布局，吸纳国际国内优质职业教育资源，按照现代职业教育最新理念，创建"西咸新区现代工业与服务业职教改革试验区"。

（三）推进"双主体"教育教学改革

集团学校陕西工业职业技术学院根据产业行业特点，产教并举，积极适应产业结构调整，发挥教学资源的智力优势，把专业设置变成连接产业调整的纽带，努力实现教学过程与生产过程结合，服务企业产品开发、生产，达到教师与师傅、学生与学徒、作品与产品的有效融合，实现教学促进生产；加强校企深度合作，以行业、企业实际需求为依据，进行专业教学改革、课程改革、实验实训室建设改革及实践教学模式改革，达到实训室与车间、生产与实习的有效融合；通过教师到企业一线参加实践锻炼，考取职业资格证书，推行"双师"素质教师培养机制；聘请企业高级技术人员、能工巧匠为兼职教师，建立专业建设"双带头人"、课程建设"双骨干"、顶岗实习"双导师"制度，促进教学人员与企业人员融合。

（四）构建人才培养和技术推广体系

1．建立有机衔接的职业教育纵向培养体系

试点以中、高、本和专业学位研究生为主线纵向贯通的职业教育人才培养体系，建立中职、高职（专科）、应用本科、专业学位研究生的职业教育创新发展格局。

2．探索在高职院校试点应用型本科教育

鼓励高职院校与应用型本科院校联合举办高职本科专业；适度考虑从高职院校，尤其是国家示范性高职院校中选取一定数量的示范专业举办高职本科专业试点，为陕西特色职教体系的构建探索多元途径。

3．打造一批科研服务品牌

支持科研能力较强的教师在完成教学任务的同时，开展应用技术研究；鼓励教师参与企业应用技术开发，针对企业进行技术服务，解决企业发展中的现实问题；开展企业员工培训，服务区域经济社会发展；建设教学、生产、科研等一体的现代化实训基地，适应继续教育、职工培训、师资培养、技术革新等需求。

三、职教集团推进校企合作过程中存在的不足

（一）职教集团中，学校推进校企合作优势不明显

1．学校在推进校企合作中的作用受限

学校在推进校企合作中的作用受限，主要体现在以下几个方面：一是职教集团内的学校在国家教育体制下，自身发展受限，在技术创新、产品研发、资金等方面处于弱势，对合作企业缺乏吸引力；二是行政部门统一安排的教学周期和授课大纲，导致学校在课程、专业设置以及培养方式无法与企业需求同步；三是作为具有公益性质的事业单位，学校对市场、经济效益、技术革新等信息的反应灵敏度远远低于企业行业，从而导致学校在市场人才需求方面的培养落后于企业行业需求，产品研发和技术服务能力达不到市场对企业行业的要求。

2．企业参与合作管理动力不足

传统的教学模式要求学校保证理论教学的系统性和完整性，与企业岗位职业能力相对应的实践教学体系并没有形成，学校培养的毕业生无法满足企业岗位的需求，导致企业参与合作管理动力不足。

3．开展各类校企合作深度不够

在校企合作中，学校扮演着协调者、牵头者、组织者、执行者的多重角色，导致负担过重，与企业合作的障碍多，无法进行深层次的合作，仅停留在表面。在培养目标设置、专业标准制订、实训基地建设、专业课程开发、实践教学体系构建、人才培养与评价机制建设等方面都只存在于浅层次的合作。

（二）职教集团中，企业推进校企合作积极性不高

企业是市场经济的主体，其主要以盈利为经营目标，参与校企合作的动力源来自于能够取得经济效益。在国家没有制定合适的法规政策，缺少相应的激励措施的情况下，企业对直接参与校企合作来获得人力资源的意愿不强，绝大部分企业仅仅将职教集团作为一个扩大企业影响力，多增加一条选择人才的途径而已，对参与职业教育领域的人才培养并不积极。

企业推进校企合作积极性不高的主要原因有两个：①校企合作增加企业管理成本。在职教集团内，校企合作双方参与管理，企业方必须派专人负责管理，增加人力资源的成本；学生到企业顶岗实习，负责学生食宿、安全等，增加了企业员工的生活成本；学生的技能不熟练，生产效率低，岗位操作中易出废品，增加企业生产成本。②校企合作增加企业生产意外风险。学生到生产一线顶岗实习，在生产过程中容易发生事故，按照《劳动法》和《合同法》，会给企业带来额外的事故风险费用。

（三）职教集团推进校企合作的管理机制不够完善

虽然有《教育法》和《劳动法》等作为基础，但真正地为职教集团建设定位、校企合作、工学结合、顶岗实习规范方面的政策法律几乎没有，大部分停留在领导讲话精神中。同时职教集团没有法人地位组织，在行使职能过程中依靠的是集团成员的自觉，缺少稳定性。作为职教

集团的主体政府，没有很好地发挥自身在制订区域技能型人才发展规划过程中的作用，在市场宏观调控过程中，发布企业行业的需求信息滞后，造成职业院校设置专业与人才培养是"盲人摸象"。

四、依托职教集团推进高职院校校企合作的对策

从陕西装备制造业职业教育集团建设情况来看，依托职教集团的平台推进高职校企合作，离不开企业行业的投入和政府的支持，需要合理的政策法规支撑，校企合作才能持续深入发展，为国家的经济社会发展做出应有的贡献。

（一）实现校企双方"互惠互利"

1．明确企业主导地位，激发企业参与原动力

找准企业利益激发点，推动企业参与合作管理的积极性。集团内学校为企业培养符合企业发展要求的毕业生；根据企业人才旺季需求，职教集团为企业提供合格的毕业生进行顶岗实习；同时职教集团发挥协调作用，开展符合企业要求的技能培训和工种鉴定；优化配置集团内的资源，提高工作效率，培养优质人才；职业院校积极参与企业项目开发，进行技术革新，为提升企业效益服务。

2．建立多元评价机制，保证人才培养质量

企业参与人才质量评价，将评价主体扩展为专业、企业、家长和学生共同参与教学质量评价；变单纯的课程结果评价为全方位针对培养方案、教学内容、教学过程、教学信息、教学资源、教学成效、教学管理的评价；变结果性卷面评价为综合性过程考核评价。

企业参与对职教集组建成本、方式、运行、人才培养方式、学生就业等进行评价，评价结果作为高职院校建设的参考依据；针对学校资金使用、师资人才队伍建设、教学效果、实训状况等进行常态化的评价，为集团进一步的发展提供参考依据，保障企业在集团的利益。

3．集团内人才互通，为企业发展提供助力

依托职教集团，行业、企业的新技术使用，为高职院校专业的设置和调整提供充分依据。广泛开展"订单"培养，解决企业行业用人的后顾之忧。依托职教集团建立技术研发、推广、服务中心。高职院校与企业开展产学研合作，促进企业的产品升级和技术改造，提升高职院校技术服务能力。

（二）落实政府责任，推进校企合作政策环境建设

1．明确政府职责，落实政府推进校企合作的责任

政府作为职教集团中的多元主体一员，重在明确职责，发挥在职教集团中第三方协调服务功能，制订符合职教集团校企合作可持续发展的政策、法律和法规，主动担负职教集团的宏观规划制订，主动负责制订集团发展政策，负责对职业教育规划进行研究，整合区域内经济的发展，加强对集团的发展规模及前景的研究，主动指导职教集团经营方式改变，明确发展目标，推进校企合作的深入发展。

2．提供法律保障，建设校企合作可持续发展的政策环境

在我国，职教集团仍然依靠的是自觉自愿，推动鼓励校企双方深层次合作缺少相应政策。《教育法》、《劳动法》、《职业教育法》虽对校企合作做了界定，对职教集团内的管理方式、运行机制、监督评价机制、职业标准有了相应的文件支持，但在实践操作运行中，还缺少相应的法律法规支持。尤其对职教集团内企业行业在校企合作过程中的利益如何保证，没有明确的

法律依据，因而建立和完善相应的法律法规是必不可缺的。

（三）推进校企合作制度化管理

1．建立组织构架，推动校企合作高效运行

职教集团要建立决策、组织协调及执行三层级组织构架，包括决策层、策划层、执行层。在集团下设产物机构，如秘书处、办事处等，负责处理集团日常事务。制定集团章程，确定理事会为决策层，专门委员会为策划层，集团成员为执行层的组织架构和职责。确定合理的组织架构，才能确保集团的有效运转，更好地推动校企合作高效管理。

2．完善机制建设，提供校企合作制度保障

建立能促使校企协调一致、高效长效的集团议事决策机制，加强校企合作驱动机制建设，政府、行业对接市场，按照市场机制推动集团发展运行；加强集团内主体之间人才计划培养、信息共享、技术革新等协作机制建设；建立产学研合作对接的机制，集团内学校和企业共同开发技术、分享股权，集团参与管理，成为受益方之一。

（四）推进校企合作资源共享，信息互通

1．实现校企双方教学和实训资源共建共享

充分发挥集团院校和骨干企业的资源优势，校企合作共同开发优质教学资源；发挥企业行业对市场需求反应灵敏的优势，指导或参与高职院校专业设置和培养目标，按照企业行业进行及时调整；充分利用职教集团成员企业，建设符合校内生产性实习实训基地，校企合作建立共享型实训基地，企业为高职院校提供校外实践基地，集团内院校主体专业的生产实习和场地实训在企业完成，推进校企资源共享共建。

2．建立校企互通的人才交流渠道

建立教师企业工作站，组织教师脱产培训、转型培训、暑假下企业培训、到集团内企业挂职锻炼，提高教师的实际工作能力，增强高职院校的社会服务能力。建立企业大师访问工作站，现场专家与技术人员定期来院校大师工作站，参与专业建设与课程开发，并把企业攻关课题带到学校，密切职业院校教师和企业工程技术人员联系，开展技术革新与攻关，推进校企双方共赢共发展。

参考文献

[1] 王平安，郭苏华．职业教育集团发展的实践与创新[M]．南京：南京大学出版社，2009．

[2] 梁凌洁．高职院校校企合作办学创新研究[M]．重庆：西南交通大学出版社，2013．

[3] 林润惠．高职院校校企合作——方法、策略与实践[M]．北京：清华大学出版社，2012．

[4] 周建松，唐林伟．高等职业教育校企合作创效机制研究[M]．浙江：浙江工商大学出版社，2014．

[5] 鲍贤俊．现代职教体系构建背景下集团化办学内涵建设创新研究[M]．上海：华东师范大学出版社，2015．

[6] 石伟平，匡英．比较职业教育[M]．北京：高等职业教育出版社，2012．

[7] 胡颖蔓．高等职业技术学院校企合作长效机制的研究与探索[J]．职业与教育，2009（11）．

[8] 首珩．组建职教集团促进校企合作[J]．机械职业教育，2009（12）．

[9] 周栋良．关于湖南省职教集团发展状况的调查报告[J]．职教论坛，2012（27）．

[10] 谷朝众．关于促进高职校企深度合作的策略[J]．职教论坛，2012（03）．

[11] 冯晓波．美国的校企合作教育[J]．职业教育研究，2011（04）．

[12] 刘景光，王波涛．当前国内外高职院校校企合作模式构建研究述评[J]．中国职业技术教育，2010（27）．

探究企业需求　加强数控专业建设

北京金隅科技学校　阴　曙

【摘　要】通过调研天津三家制造类企业进行总结，分析了其共同点，然后根据企业的现状与对员工的需求，详细分析了给予职业学校的启示，从加强专业建设、提高教学过程的实效性、实施措施等方面进行了深入分析和探索。

【关键词】企业需求；调研；专业建设；措施

一、背景

2015年10月26日～2016年1月16日，本人在天津职业技术师范大学参加国家级中等职业学校数控技术应用专业带头人培训期间，对天津市第五机床厂、天津新伟祥工业有限公司、天津锦泰勤业精密电子有限公司三个公司进行了调研。通过调研，了解加工制造类企业的产品种类、设备水平、企业文化及其管理模式，为数控专业建设提供实践依据。

天津市第五机床厂被认为是拥有悠久历史的国有企业，天津新伟祥工业有限公司展现的是台资企业的代表，天津锦泰勤业精密电子有限公司表现的是新兴加工企业的风采，它们基本体现了天津市机械制造企业的中等以上的现状水平，具有较强的代表性。

二、企业简况

（一）天津市第五机床厂

天津市第五机床厂始建于1960年，主要产品为燃气类用的罗茨气体流量计和涡轮气体流量计，拥有各种生产设备三百余台，其中数控加工中心、数控车床等高精密数控设备64台，大型、精密、稀有设备20台套，以及一大批相应的检测设备和精密仪器。

本厂与天津大学和天津工程师范学院联合进行研究设计，保障其技术开发能力和产品的先进性，使产品迅速适应市场需求变化，其各项性能和指标已经能够和国际知名品牌相媲美，得到国内外用户的广泛认同。

（二）天津新伟祥工业有限公司

天津新伟祥工业有限公司系台商在天津武清区所建的大型独资企业，于1995年12月13日正式注册成立。主营业务为汽车铸件及相关加工产品。随着公司的经营发展，于2003年6月又成立了天津达祥精密工业有限公司。目前，在铸造行业中，天津新伟祥工业有限公司已经成为世界一流的企业。

公司建有两个铸造车间、两个机床加工车间，拥有世界上先进的生产和检验设备，产品种类涵盖汽车零部件、引擎零部件、空调压缩机零部件、一般机械零部件等，产品80%远销欧洲、美国、日本等国。主要客户有：霍尼维尔、福特、Volvo、Perkins、BorgWanner、康明斯等。

（三）天津锦泰勤业精密电子有限公司

公司位于天津滨海新区开发区西区，成立于2004年6月，长期从事于金属带材电镀、精密冲压以及设备自动化行业，主要从事卷对卷电镀、电池连接片、TCO焊接、电池盖板等生产加工。这些产品广泛应用于锂电池、聚合物锂电池、手机、电脑、汽车电子、工业设备等行业。

公司注重企业质量管理，顺利通过ISO9001，ISO14001，TS16949质量体系认证。公司拥有35台高速冲床，12台注塑机，以及配套的加工中心、磨床、慢走丝切割机等加工设备；检测设备包括如X-Ray镀层测厚仪、硬度计、三次元等为品质控制提供全面保障。

三、企业共同点分析

（一）专业方面

三家企业均为工业性加工制造类企业，拥有中高端设备以及精干的员工队伍，设备以数控类设备和专业化自动生产线为主，加工制造方式以半自动、自动为主。

（二）管理方面

三家企业的管理均具有明确、有序、条理分明的特点。具体如下：

1．激励人心的企业文化

除公司和员工双方认可的岗位薪金和福利待遇以外，公司还根据自己的特点设计并提供多种文化设施、提升机会，满足员工的各种需求，增强员工的认同感。天津市第五机床厂毗邻高校且有合作关系，得近水楼台之益；天津新伟祥工业有限公司和天津锦泰勤业精密电子有限公司虽在远郊，但通过文化墙、教育中心提供了心灵、智力的交流平台。

2．明确具体的生产流程、制度

体现在硬件方面主要有：车间中物流、人流的分化设置，设备摆放方位，工序的排列，工位的设置，工具的收纳，毛坯和零件的分类安置，过程检测及最终检测安排，半成品、成品和废品的安放与收纳等，都有明确的标志和人员责任分配。

体现在软件方面主要有：设备使用记录单，工序记录，检测记录等。报表和曲线图按月、周、日、班明示。天津新伟祥工业有限公司做得最细，不仅落实到每个员工的名字，甚至贴附照片。

3．科学的人员岗位配比

理想的岗位设置与员工数量、质量应当是比例适当的。三家企业中，一线加工操作岗位以中职、技校学生为主，几乎占到全部，少量为专科学生或非专科学历但经过培训的人员。一线班组管理、技术部门则以专科、本科毕业生为主。

4．技术创新激励机制

任何企业都希望降低成本，提高效率。除了更新设备、引进新技术以外，企业最欢迎的就是员工的创新，因为成本最低、风险最小、效益最高。所以，三家企业无例外的均采取各种激励措施，当然实质以物质奖励为主。

不过，激励创新不能干扰正常生产，所以企业有着严格的流程。如果员工在工作实践中，确实发现了旧有工序的漏洞或可以改进之处，首先要向生产、技术、管理部门逐级申报，等待高层组织的技术论证和更改批复。在没有得到批复之前，必须严格执行原有流程。这很好理解，既有的流程和操作是经过精心设计的，已经考虑了效率、成本等多方面的因素。个别可能"一叶障目，不见森林"。也许自认为可以改进的地方，非但不是创新，反而可能因小失大。员工不能因为个人的单纯思维，影响到整个企业发展。这其实体现出企业对员工的技术水平素养和职业道德等全面素质要求。

（三）用人需求方面

1．良好的职业道德

职业道德包括很多方面，但是公司最注重两点：忠诚度和提升意识。较高的忠诚度使得公司在员工培养和任务计划上可以做较为长期的安排，游刃有余。积极的素质提升愿望表现可以让企业花费最小的人力成本，随时发现可造、可用之才，每个公司都希望自己拥有资源的优化。

一个现实问题不可否认，就是员工的诉求与公司提供的待遇之间的差距。差距值决定着双方能否达成合作以及合作的时间长短。一般情况，诉求来自于员工自己的预期，但很少能对自己的贡献实力价值做出符合实际的正确评估。待遇却是企业根据成本和人才市场水平做出的承诺。这个问题造成员工的流动性比较大，尤其是刚出校门的毕业生，流动的比例最大。这会给用人单位带来多次招聘、培训的成本。虽然相当多的企业选择了与派遣公司合作，规避了一部分风险，但是毕竟给企业的生产带来了一定的影响。

这其实是对中等职业学校提出的人才培养要求，如何很好地解决这个问题，可能影响着校企合作的前景与学校自身的发展。

2．合理的技能素养

公司从事的毕竟是专业化的生产。员工的合理技能素养是正常生产乃至高效运行的保障。所谓合理，就是与员工岗位要求相称，这也是和员工待遇相对应的一环。

由于设备以及生产技术水平的提升，一方面企业对员工的某些技能要求是降低的，比如需要手工操作的部分工作，强度和熟练度要求越来越低；另一方面，对于先进设备和工具的使用需要更多的电子和精密仪器方面的知识，这方面的要求是逐渐提高的。这就要求员工的知识结构和水平要发生变化。这对中等职业学校的专业设置和培养目标提出了严格要求。

3．较强的适应能力

企业已经很深刻地认识到了员工流动性带来的困扰。由于短时间内不能由外部解决，所以就从自身寻找出路。

从企业调研得到的印象是：企业将工作流程划分得越来越细，单一环节的复杂程度和难度越来越低。总之，企业的发展趋势是对员工个人的技术水准依赖程度在逐渐削减。这样给企业带来的好处是，即便有员工流失，也随时有人补充到岗位上，而且不会对产品质量产生很大影响。

对于补充顶岗的新任员工却面临着尽快适应新环境的问题。虽然技术要求不高，不能用"隔行如隔山"形容，但从心理适应到熟练工作至少都要有一个过程。这个过程越短，对于企业和员工双方就越有利。

作为职业学校的从业者，我们应该在这方面多做研究探讨，培养出适应能力强、素质过硬的毕业生源，提供给用人企业。

（四）发展方向

企业生产将越来越多地采用自动化生产线。由于宏观政策、成本方面的经济因素、产品方面的质量要求提高以及员工诉求趋向复杂化等多种影响，延续下来的以人力为主的劳动密集型生产方式所占比例在逐渐降低。近几年来，天津市第五机床厂在逐步提升数控机床等加工设备自动化水平；天津新伟祥工业有限公司在已有一部分进口机械手操作、机器人生产线的基础上，也在渐渐扩大自动化设备使用比例；天津锦泰勤业精密电子有限公司也在使用进口自动化生产线的基础上，逐渐开发并扩大自主研发的自动化生产线的比例。

随着IT技术的发展，上述企业在未来十年之内，完全采用机器人自动化生产方式的可能性非常高。

四、企业现状与需求给予职业学校的启示

（一）加强专业建设

1．强化职业道德培养

主要分为两方面：

一是潜移默化地培养学生的本分意识。针对具体岗位需求，推进岗位标准贯彻执行。达到岗位工作标准，就尽到了本分，否则就是职业道德缺乏。比如，岗位开工前的准备工作，是有明文规定的条目可以依据的。如果没有，职业学校的老师就应该提炼整理出这样的标准；工作结束后的设备及现场维护也是有着具体操作流程的，按图索骥，按条目核实考察，在培养周期结束后，理应达到既定培养目标。

二是激励学生的自我提升意识。社会现实中，年轻人奢望少付出、多回报。企业其实也一样。双方同样性质的需求和思维就会产生矛盾。付出有等级，回报也是有等级的，两者的等级是相对应的，也可以说相辅相成。在人才培养过程中，不仅要正视这个等级的存在，还要利用这个等级差别。让这种能力等级差别不仅仅停留在表面，而要深入学生的人心，激发学生的自我提升意识。

其实，职业能力等级证书已经成为这样的法宝之一。企业中，职业能力等级体现着待遇的等级，职业学校强化职业能力等级证书培养就是进行这方面的努力。学校其实一直在进行这方面的努力，以后还应做得更好，相信效果也会越来越好。

2．加强操作技能训练

对于目前的数控设备和生产方式，一线员工的主要工作是装卸毛坯与工件、检测半成品或成品是否合格、面板操作、工具和量具的使用。操作比较简单，但绝对不能犯错。这就要求员工有非常强的操作技能。在校期间，对学生的操作技能训练越到位，学生的岗位胜任能力就越强。

3．降低专业知识难度

调研结果显示，企业对于员工具体的专业知识要求并不高，他们需要的是能够快速适应岗位需求的通用型专业知识。可以理解为基础性的专业知识，比如工程材料、图样识读、加工方式及过程、仪器工具的使用等方面的知识点。可以在专业课程内容的设置中重点突出这方面的分量。

（二）提高教学过程的实效性

1．以实际工作过程为范本，适当提炼升华

职业岗位的需求就是我们教学要达到的核心目标，但不能完全照搬工厂岗位实际需求进行教学。企业的目的是生产，学校教学的目的是使学生拥有生产能力。二者虽然联系紧密，但是作用主体和目标并不完全一样。这就决定了职业学校老师首先要完成的任务，是要把实际的生产环境提炼升华出知识点、能力点和职业道德体现点，再用合适、合理的工作场景来涵盖，将其贯穿在教学过程当中，最后通过岗位标准检测教学效果。

2．多采用动态技术手段，强化实习操作环节

由于视频等影像资料形象生动，易于接受，可以作为知识和技能传播的载体，学校教学应该多多采用。技能是通过反复操作训练、实践得来的。所以学校一贯以来重视的实践教学环节还要继续加强，达到学生毕业就可马上上岗的程度，才算小有成就。

（三）实施措施

1．淡化加工，加强数控维修专业建设

京津冀一体化过程中，淡化首都制造中心。从学生就业和招生等多方面考虑，学校不必再强化加工方面的投入。不过，由于前期数控专业发展很旺盛，很多设备逐渐或已经进入了维修期，这意味着数控设备维修将是另外一个新兴的市场。另一方面，数控维修本身技术含量较高，且并不属于高污染、高能耗行业。在北京有国内外知名厂商的技术服务中心，可以依托的资源

丰富，数控维修专业发展前途具有优势。

加工方面虽然可以考虑淡化，但绝不是放弃。因为数控机床维修后的动态精度检验还是需要加工验证的。数控维修专业的必备能力还是要保持。

至于数控维修专业建设加强的具体环节则可以通过更有针对性的调研和探讨有条不紊地进行。

2．加强学生人文素养的教育

目前职业学校的学生厌学、散漫等表现很令人担忧，这也是学生们在校学习效率不高，毕业后适应工作环境差的主要因素。虽然这种现象的原因很多，但学生们的人文素养不够无疑是其中重要的一个影响因素。

"学术"和"技能"这两个词其实可以分开考虑。"学"与"能"代表素质，其实就是所谓的"真才实学"。这其实是学生适应社会和岗位需求的根本，也是教学的目的。但这会是一个漫长的过程。"术"与"技"代表知识，只要学生愿意学，通过看书、上网等手段随时可以补充上。关键是学生有没有这方面的意愿，也就是有没有"心"。

有很好的"学"与"能"，也就有更高的素质。学生对自身和社会的认知会更清醒、更客观，自我完善的主动性会更高。加强学生人文素养的教育是提高学生最好的途径。所谓"心役其形"，才能"形神兼备"。

这与企业加强文化建设一脉相承。所以，对于看似与专业技能很远的人文教育，其实对于专业学生还是非常重要的。在课程设置中应该加强这方面的分量。

五、结语

职业学校的发展重点在于专业，专业的发展紧盯企业的需求。职业学校只有针对这些需求调整专业设置，采取灵活的教育措施，才能把学生培养成未来企业中德才兼备的有用之才。

参考文献

[1] 李庆，马进中．数控技术专业调研报告[J]．包头职业技术学院学报，2010（11-1）．

[2] 赖枚妃．基于企业调研的中职物流专业建设探讨[J]．物流工程与管理，2013（04）．

[3] 徐忠兰．基于企业调研的高职数控专业建设与课程改革的研究[J]．苏州市职业大学学报，2012（12）．

"校中厂" "厂中校" ——产学研结合的焦点

哈尔滨职业技术学院 钟凤芝 高 波

【摘 要】本文以哈尔滨职业技术学院校企合作实践为例，阐述了该校校企合作模式的特点。该合作模式寻找校企合作双方利益共同点，制定校企合作制度文件，形成"优势互补、互惠共赢"的校企合作办学机制，收到良好的效果。

【关键词】校企合作； "校中厂"； "厂中校"； 模式

根据教育部财政部关于确定"国家示范性高等职业院校建设计划"骨干高职院校立项建设单位的通知（教高函[2010]27号）等有关深化职业教育教学改革的文件精神，将探索建立紧密、稳定、深层次的校企合作关系，构建多层次校企合作机制。但传统的校企合作模式中，校企合作双方缺乏利益共同点，缺乏制度和法律的制约，许多深层合作无法实现。因此，需要探索出适合高职院校的"校中厂""厂中校"体制机制，在经济发展中推动企业产业升级，实现并加快学校自身的发展。

哈尔滨职业技术学院是国家骨干高职院校建设单位，模具设计与制造专业是中央财政支持的重点建设专业。结合重点专业建设，模具设计与制造专业创新校企合作人才培养模式，制订了校企合作制度文件，构建了"校中厂""厂中校"互惠共赢机制，建立了具有自己特色的校企合作体制机制，推动了院校办学特色，提高了人才培养质量和办学水平，发挥重点专业引领作用，带动了其他高职院校专业建设，实现了行业企业与高职院校互惠互利，促进区域经济发展，得了显著成效。

一、"校中厂"——教学工厂化

学院模具设计与制造专业，是国家骨干高职院校建设重点专业，主要面向模具、机电产品、汽车、电子电器及轻工机械制造类企业的模具设计、生产管理、质量检验等部门一线岗位培养模具设计、生产和管理人员。为了让培养出来的学生更符合企业一线工作岗位要求，有更强的自我发展能力，2012年12月，模具设计与制造专业与哈尔滨中德特种材料成型技术有限公司签约，引哈尔滨中德特种材料成型技术有限公司入校，建立了校内生产性实习实训基地——"哈尔滨职业技术学院中德特种材料成型技术实训基地"。

哈尔滨中德特种材料成型技术有限公司是材料成型加工的专业化公司，公司拥有国内领先的特种材料成型技术，拥有"钛合金波纹管超塑成型方法"等国家发明专利，具有较高的科研能力和一定规模的生产能力。校企合作在教学、生产、研发三个方面进行，学院提供厂房、机器设备，提供教育教学资源；企业负责生产原料、流动资金、产品销售、市场开发，负责学生生产性实训和教师实践能力培养；聘请哈尔滨中德特种材料成型技术有限公司企业专家担任专业带头人，把握行业最新动态，指导专业建设。互利共赢使"校中厂"得以生存和发展，使模具专业人才培养质量显著提高，使校企合作深入发展。

（一）"校中厂"，构建了学生实践技能训练的最佳课堂

生产一线是职业教育实践教学的最佳课堂。在企业生产一线工作环境授课，以学生为主体，以企业兼职教师为主导，用企业实际产品生产为载体，以企业岗位操作规范为准则，融职业教育校园文化和现代企业文化于一体，将理论教学和实践操作深度融合，创立了实践教学新形式，创建了实践教学新课堂。

《冲压工艺及模具设计》《模具制造工艺编制与制作》等六门专业核心课，在"校中厂"实训基地进行教学做一体化教学，双师型教师和企业兼职教师承担实践课教学。有效地提高了学生模具设计能力、模具制造工艺编制与制作水平、模具生产加工能力、模具装调维修能力。

与传统的校内实训基地模式相比，在"校中厂"实习时的工件是产品。加工产品实行"三检制"，废品率下降，教学成本降低。同时，每一个产品都涉及学生经济利益，增强了学生在实训时的质量意识和经济意识，培养了学生职业道德、综合职业能力和创业与就业能力，缩短了学生实际技能、方法能力、社会能力与企业需求的差距，使学生成为受企业欢迎的优秀人才。

（二）"校中厂"，搭建了合作双方人才互培的交流平台

职业教育专业教师实践动手能力弱，是高职教育人才培养质量提升的瓶颈。引企入校为教师实践锻炼提供了良好的条件，模具专业教师利用学院每年的两个假期，在哈尔滨中德特种材料成型技术有限公生产车间参加企业生产活动，了解行业动向、企业需求和岗位要求，掌握先进技术、操作技能和教学载体，锻炼和提高了实践教学能力，提高了双师素质。

哈尔滨中德特种材料成型技术有限公司机械加工技术雄厚，但缺少电加工操作人员，专业教师为企业员工进行数控线切割加工专项培训，为企业培养了急需的电加工专业人才，提供了有效的技术支持，解决了企业生产的实际问题。

"校中厂"搭建了校企人才互培的交流平台，有效地提高了学院教师的双师素质，提升了企业员工的技术水平，培养了企业的专业技术队伍和学院的兼职教师人才，打造了一支由模具专业教师和企业兼职教师组成的双师结构教学团队。

（三）"校中厂"，提供了应用技术研究开发的共享基地

利用与哈尔滨中德特种材料成型技术有限公司共建的模具技术应用研究所，开展模具应用性生产研发，为学生项目设计、毕业设计、体验科研过程搭建平台，创建互惠共赢、利益驱动的体制机制。模具专业教师与哈尔滨中德特种材料成型技术有限公司技术人员组成合作研发团队，进行了《铸钢拨叉改锻造》项目研究，为红星公司研制用锻造工艺生产拨叉，改进了拨叉的机械性能，提高了企业经济效益，并取得一定的社会和经济效益，得到宜宾市科技局10万元资金支持。通过科研任务的完成，提升了模具专业教师的技术研发水平和自信心，有效地锻炼了队伍，提升了模具设计与制造专业的综合实力。

模具专业及其专业群的学生能在"校中厂"真实的生产环境中实做，实现学生实践技能与企业岗位的零距离对接，有效的改变了学生厌倦实习和缺乏责任感的状况。学院通过建立专业教师与企业技术人员的合作研发团队，既有效地提高了专业教师的"双师型"素质和研发能力，又提高了教师及学院的知名度，还有力地支援了企业的经济建设。"校中厂"实现了"学校工厂化、工厂教室化"，成为具有产品研发、一体化教学、复杂模具的设计与制造等能力的产学研实训基地。

二、"厂中校"——工厂教学化

模具专业加强与哈尔滨轴承制造有限公司的合作，双方在教育教学、资源共享、人才培养锻炼、技术培训、生产技术服务、学术交流、基地建设、学生实习与就业等方面展开合作，强化校外实训基地的人才培养作用，建成集顶岗就业于一体的校外实训基地，实现了优势互补、共同发展。

（一）成立模具专业校企合作委员会

与哈尔滨轴承集团公司成立模具专业校企合作委员会，健全组织机构，明确职责，全面负责校企合作具体事宜。

（二）校企合作管理与运行制度建设

为了保证校企合作机制体制的有效运行及校企合作项目的顺利实施，制订了《校企产学研合作实施细则》《学生顶岗实习管理办法》《实习实训基地建设与管理办法》《企业教学管理办法》《校企合作项目经费使用管理办法》《校企合作工作考核制度》（细则）等规章制度，推动校企合作运行机制形成。

（三）校企合作项目建设

1．培养学生职业素养

学生通过双向选择，确定顶岗实习校外实训基地。学生在生产一线工作时，能及时发现知识和技能的欠缺，通过专业教师和工厂一线兼职教师的指导，专业技能迅速提高。同时，在企业文化的熏陶下，培养了竞争意识、质量意识和积极进取精神。"厂中校"不仅可以弥补"校中厂"设备和场地的不足，还可培养学生团队的合作精神、适应环境等职业岗位能力，缩短就业适应期，使学生很快能成为胜任企业需求的人才。

2．促进课程改革

与哈尔滨轴承制造有限公司等企业共建课程开发团队，依据专业学习领域，开发"学做一体、工学交替"行动导向的核心课程。对课程开发实施全方位评价，及时总结、修改、完善课程内容。校企合作共同开发具有工学结合特色的教材、实训指导书、设计指导书等配套教材，共同建设和完善涵盖课程标准、教学设计、教学内容、实验实训、教学指导、教学实施、教学评价等要素的数字化专业教学资源库。

3．完善教师队伍

与哈尔滨轴承制造有限公司建立教师素质培养基地和兼职教师资源库，制定《校企专业人才互聘实施细则》，选派专业教师到培养基地锻炼，提高教师的专业能力和实践教学能力，并帮助企业解决生产问题。聘请"厂中校"的技术骨干和能工巧匠为兼职教师，参与人才培养模式改革、课程体系构建、核心课程建设、实习实训基地建设等专业建设工作。

4．开展社会服务

学院根据企业需要，专业教师利用假期为企业进行技术培训和技术服务。为哈尔滨轴承集团公司开展了新技术、新工艺推广培训，开设了《钳工技术与设备维修》《数控加工新技术》《车削技术》三期技术培训讲座，有近200名技术骨干和工人技师参加了培训。通过培训，企业人员的专业知识和专业技术有了明显的提升，获得了很好的培训效果，培训受到了全体员工的好评与致谢。

校企合作模式改革创新，大幅提升模具专业人才培养质量，使学生的双证书获得率达到

100%，高级工证获得率达到90%以上。学生考取多门资格证书，提高了毕业生的就业竞争力和就业率，就业对口率达到90%以上。"校中厂""厂中校"模式，不失为校企合作的一种有效模式，我院将不断完善其互惠共赢的"机制，并在机械类专业群内将该模式进行有效推广，共同推进职业院校全面发展。

参考文献

[1] 钟广源. 机械类专业实训模式的探索与实践[J]. 机械职业教育，2012（8）.

[2] 钟凤芝，周丹薇. 校中厂，模具设计专业产学研结合的焦点[EB/OL]. http://www.hzjxy.net/view.

机械制造专业"校企合作，工学结合"人才培养模式实施研究

哈尔滨职业技术学院　陈　强　杨海峰

东北农业大学国际文化教育学院　姜　苹

【摘　要】文章主要以机械制造专业"工学结合"人才培养模式如何实施为例，阐述"工学结合"的具体做法与国内外研究现状。通过对比研究强调人才培养模式在高职教学中的重要性。分享了"工学结合"在课程实施、团队建设、实习实训等环节的具体做法。分析了高职教育现阶段存在的问题，为相关研究提供参考。

【关键词】校企合作；人才培养模式；实施；问题

我国的高等职业教育发展已历经二十余春秋，校企合作既是职业教育发展的必由之路，也是企业获得发展和参与社会竞争的必然选择。教育部于2006年相继下发了《关于职业院校试行工学结合、半工半读的意见》和《关于全面提高高等职业教育教学质量的若干意见》，把"工学结合"的人才培养模式作为高职教育的一种制度规定下来，并明确了加强高职教育教学改革的方向和措施。职业教育的实施与开展必须与社会经济发展的现状尤其是区域经济的特点相适应，必须与用人单位对技能人才的现实需求相匹配。要实现这个目的，必须使教学与生产紧密结合。

本文结合哈尔滨职业技术学院国家骨干高职立项建设为例，分析机械制造专业"工学结合"具体做法，与读者分享。

一、走"校企合作，工学结合"之路的作用与意义

（一）从国家经济发展大局看，是培养高技能人才最有效的途径

近几年来，全国各地发生的"技术人才荒"，特别是"高级技术人才荒"已成为经济发展的瓶颈。若不尽快解决这一问题，势必拖累全国经济发展。以工学结合、校企合作为切入点，学生在理实一体的人才培养模式中，最大限度地接触实际，接触未来岗位，接触企业文化，有效地促进了学校、学生与企业"零距离"接触，学生可以在真实的职业环境中，更加自觉主动地掌握理论知识和实践技能。

（二）学校、企业双赢，实现规模效益的有力保障

企业要发展，需要学校不仅为其输送合格技能人才，而且还要为其提升在岗员工的技能；学校发展也需要通过与企业合作培养学用结合的人才，学生在职业院校完成了学习任务中基本的知识目标和技能目标，在企业接受职业教育与培训，参与企业的生产实践，可以直接上岗工作。企业和学校双方各得其所，职业院校教育与企业的用人有效地结合起来，降低了企业的用

人成本和培训风险。

（三）有利于职业院校"双师型"师资队伍的建设及培养技能人才教育制度的创新

"双师型"教师应具有教师的教育素质和专业实践技能、专业理论素质。学校聘用大量的企业人员作为兼职教师，缓解或避免专业教师结构性矛盾的出现，有利于"双师型"素质的形成。同时，衡量一个国家教育制度是否科学、有用，或者教育体制改革是否成功，一个重要标准，也要看这种教育制度下，学校毕业生是否受到用人单位的欢迎。这些因素的最终形成，走校企合作，工学结合之路无疑是有效途径。

二、国内外校企合作人才培养模式对比

德国的"双元制"职业教育模式是这种校企合作形式的典型代表，除此外以加拿大、美国为代表的CBE模式、以澳大利亚为代表的TAFE模式等，这些模式都有十分显著的优点，但这些模式都与他们的国情及人文环境相适应，在我国人才培养中难以照抄照搬，在具体实施中有其显著的缺陷和困难。如"订单式"模式、"2+1"模式及"双向生"人才培养模式等，各种模式都有相应的实施办法和教学管理制度与手段，分别适用于相应的社会环境和办学条件。发达国家企业特别重视与学校的合作，由于各国的国情不同以及高职教育的发展模式差异，发达国家企业支持学校发展的方式、内容也呈多样化发展。企业积极参与到学校专业定位、课程设置、人才培养目标确定等一系列教学管理中，并为学生提供现场实习、实践机会。

在我国高职教育中，"工学结合"培养模式，已逐步得到政府、院校与企业的认同，工学结合的实践环节逐步进入实施阶段。

三、"工学结合"的具体实施措施

（一）完善"优势互补、资源共享、合作共赢"的校企合作体制与运行机制

深化校企合作、工学结合，在专业建设目标指导下，提出专业建设规划，审定专业人才培养方案，对人才培养质量进行评价，对就业信息和企业技术发展动态进行反馈，整体提升专业发展水平和专业服务能力。成立哈尔滨职业教育集团装备制造产业部，开展校内实训基地企业化运营，建设具有教学、生产、研发、培训等功能的"校中厂"；明确校企双方的责任和义务，保障校企合作的顺利运行，对校企合作成效进行评价。加强校内实训基地软、硬件建设，制订企业化校内实训制度；不断扩大校外实习基地，聘请企业技术人员担任兼职实习指导教师，将教学过程引入实习过程，建立"厂中校"。通过系统设计、实施生产性实训和顶岗实习，推动实践教学改革。

（二）推进"校企共育、能力递进、技能对接"的人才培养模式改革

依托合作企业，创新机械制造与自动化专业"校企共育、能力递进、技能对接"人才培养模式，研究制订实施方案，完善配套措施。依托"学校、企业、社会"相互融合的人才培养平台，以"专业基础能力→岗位专项能力→岗位综合能力"分层递进的策略序化课程。遵循职业能力递进培养主线，实现"校企共育、能力递进、技能对接"的人才培养模式改革，培养装备制造业急需的具有一定创新能力的优秀高端技能型专门人才。

以学生职业能力和学习能力培养为主线，通过分段实施、能力递进式的人才培养方案，切实提高学生就业和可持续发展能力。学生在入学初期以职业和专业入门介绍、企业认知为主，让其对所学专业的应用领域和核心技术有初步认识，激发学习兴趣和热情。第一学年开设机械制图及CAD、零件力学应用、电工电子实战等课程，培养学生专业基础能力。第二学年结合机械加工岗位能力和素质要求，使学生具备机床电气控制、机械制造工艺计划与实施等机械加工

岗位技术应用能力。课程分项目、分阶段弹性实施，对接企业生产计划，校内和校外交替，专任教师和企业兼职教师互补进行专业专项能力训练，集中在"校中厂"和"厂中校"进行。第三学年在校外实训基地安排学生进行顶岗实习和毕业设计，毕业设计选题源于企业，为企业解决技术上的实际问题。在此过程中，学生在企业兼职教师指导下不仅提升了专业技能，更重要的是在企业真实环境下进一步培养了专业综合能力和提升了职业素养。

（三）解构与重构课程体系

构建"基于工作过程系统化"的课程体系，实现教学内容与职业标准对接、教学过程与生产过程对接、学历证书与职业资格证书对接、学历教育与终身教育对接。依托合作企业，共同促进学生实践操作能力培养，开发"教、学、做"一体化的优质核心课程及课程资源。积极探索校企联合教学新模式，加大校企合作深度，利用企业先进的设备资源，开发实训项目，积极参与专业技能大赛，提高学生的技能素质，培养学生的创新精神。使企业兼职教师在生产、工作现场直接开展专业教学，实现校企联合教学。

通过企业调研，分析专业岗位群的职业描述和典型工作任务，进行行动领域归纳，构建"基于机械加工过程系统化"的课程体系。紧密依托企业共同进行"教、学、做"一体的核心课程开发，编写《机械设计与应用》《金属切削加工》等适应高职学生职业能力培养要求的工学结合特色教材。开发以"典型件资源库"建库为主的虚拟资源建库工作，实现教学内容与职业标准对接、教学过程与生产过程对接、学历证书与职业资格证书对接、学历教育与终身教育对接。与哈飞集团合作，利用pro/E、MasterCAM、UG等软件，开发以"典型件资源库"建库为主的虚拟资源建库工作，模拟壳体、轴类等典型零件加工过程，将零件制造、装配、试运行等环节虚拟化，为学生设计、加工制造提供教学帮助。开辟课程网站，创建网上教案、录像、习题库及网上师生互动等灵活的学习平台。

（四）建设"双师结构、专兼结合、服务能力强"的教学团队

完善"双师"结构教学团队，建设规章制度，选派教师到国外高校和企业进修培训，学习先进的职业教育理念，提升专业教改水平。参加国内专业培训，不断开展产品开发和技术改造，逐渐成为解决行业技术难题的专家。教师通过参加国内外高职理论学习和培训，到企业实践锻炼等途径，提高自身的专业理论水平和实践能力。通过采取兼职教师（企业技术人员）与专业教师共同开发课程、制定教学方案、编写特色教材、承担实践性教学、进行技术开发等措施，提高教学团队教师的双师素质和服务能力。

（五）创设真实职场环境，完善实习实训硬件建设

紧密依托哈尔滨职业教育园区建设，加强实训基地建设，做到"校内基地生产化、校外基地教学化"。在新征校园用地上修建标准工业厂房，建造企业公寓。引进哈尔滨轴承集团公司（以下简称哈轴集团）工模装分公司合作建立股份制企业，哈轴集团面向专业以产品、设备、技术及资金入股；学校以土地、厂房和职教园区的优惠政策入股，建立集教学、生产、实训为一体的股份制"校中厂"。成立机械加工有限责任公司（校中厂）及公司董事会，制订《机械加工有限责任公司章程》《机械加工有限责任公司经营管理分配制度》等管理制度，实现并保证实习实训教学需要。形成教学、生产、研发互相促进的良性运行机制，满足教学实训及培训需要。与哈轴集团合作共建"厂中校"，建立师资培养基地。

四、现阶段存在的问题

目前，我国高职教育校企合作的长效机制有待进一步完善，校企合作有待进一步深入。中

高职系统培养模式和课程体系还需进一步完善，专业教学资源还需进一步开发。同一学校不同专业教学团队师资水平参差不齐，教师实践能力亟须进一步提高，专兼结合的教师队伍建设还需进一步加强。社会服务与专业辐射能力还不够强，团队教师的科研创新能力、工程实践能力、社会服务能力仍需进一步提高，专业辐射带动能力需要进一步提升。

参考文献

[1] 姜大源. 中国职业教育发展与改革：经验与规律[J]. 中国职业技术教育，2011（19）：5-10.

[2] 李萍. 浅谈项目教学法[J]. 企业导报，2011（11）：35-37.

[3] 卢双盈. 职业教育双师型教师解析及师资队伍建设[J]. 职业技术教育，2002（10）：40-43.

[4] 刘学良，吕琪伟. 国外职教先进经验对我国高职课改的启示[J]. 中国成人教育，2007（16）：112-113.

校企深度合作开发工学结合特色教材探析

哈尔滨职业技术学院　李　敏　孙百鸣　高　波　杨淼森　崔元彪

【摘　要】高职工学结合特色教材在专业建设和课程建设中具有重要作用。当前的高职教材建设还存在脱离企业实际，高职教师闭门造车，教材内容不符合高职培养目标的问题。本文针对高职工学结合特色教材开发的实际问题，探讨了校企合作开发教材的重要性和必要性、开发工学结合特色教材的策略，并结合笔者开发教材的实践，进行了校企合作开发工学结合特色教材的探析。

【关键词】校企合作；开发；工学结合；特色教材

当前高职教育所面临的核心任务之一是课程改革和教材建设。教材建设与课程改革紧密相关，教材建设反映了课程改革的思路，而课程改革也依赖于先进的特色教材去实现。当前的高职教材还存在教材建设中脱离企业实际，高职教师闭门造车，教材内容不符合高职培养目标，中高职教材脱节、断层和重复，教材内容与形式不能体现高职教育特色，没能反映出行业企业新技术、新标准，教材建设的立体化程度不够等问题[1]。针对高职教材存在的问题，一些在高职教育教学改革中处于领先地位的院校，与企业密切合作，对我国高职课程模式和工学结合特色教材建设进行了积极的探索，逐步积累了丰富的经验，并形成独特的课程模式和教材特色。哈尔滨职业技术学院依托国家骨干高职院校央财支持的模具专业及专业群建设项目，成立了机械类课程改革和工学结合特色教材建设开发组，与企业深度合作，对工学结合特色教材建设进行了探索和实践。

一、高职工学结合特色教材的含义

高职工学结合特色教材一般是指用工作任务引领专业知识、用典型产品或服务引领工作任务，即"任务驱动，项目引领"的工学结合特色鲜明的教材。教材适合"在工作中学习"的过程中引导学生一步一步完成工作，同时将理论知识融入工作中的问题阐述中。教材内容以工作（或项目）任务和过程问题为核心，相关专业知识和技能围绕解决问题、完成任务交织综合起来，随着任务和过程问题的复杂化，逐步提高学习专业知识和技能的深度和广度要求，使学生掌握完成工作任务的过程规律和方法。

二、校企合作开发工学结合特色教材的重要性和必要性

目前，高职学生适应岗位的能力比较薄弱，因此充分发挥学校教师和企业专家各自的优势，建立学校与企业联合开发课程和工学结合特色教材的模式和机制已成为当前职业教育的当务之急。

（一）工学结合特色教材在专业建设和课程建设中具有重要作用

教材是专业人才培养目标和课程标准的具体化，应体现专业人才培养模式的鲜明特色。教材建设制约着专业建设成果和课程体系改革进程。高职课程改革是围绕高职教育人才培养目标展开的，必须根据岗位（群）工作所需知识和技能，构建基于工作过程的课程体系，进

行课程改革和教材建设。教材建设是以课程改革为基础的，又是为课程改革服务的，是教学思想与教学内容的重要载体，是教学方法与经验的结晶，因此教材的编写必须与课程改革紧密相关，反映课程改革的思路。反过来，课程改革也依赖于先进的工学结合特色教材去实现。可见，工学结合特色教材在专业建设和课程建设中具有重要作用。

（二）校企合作开发教材是提高高职学生职业能力的必然选择

徐国庆认为，"职业能力的本质是知识与工作任务的联系"，"职业能力的形成并非仅仅取决于获得大量理论知识，如果这些知识是在与工作任务相脱离的条件下获得的，那么仅仅是些静态的知识，它们是无法形成个体的职业能力的"。对当前高职学生的岗位胜任情况的调查中发现，只有近一半的高职毕业生能够满足企业对人才的要求，高职学生的职业能力还有待提高。要有效地培养学生的职业能力，就必须建立知识与工作任务的联系，以工作任务为依据设计职业教育的课程内容和教材内容。

（三）校企合作开发教材是高职教材内容具有实用性和先进性的保障

工学结合特色教材内容应根据技术领域和职业岗位群的任职要求，依据典型工作任务并参照相应职业资格标准选取教学内容，以工作任务为中心组织技术理论知识和技术实践知识，学与做融为一体。应将新技术、新工艺、新理论、新方法、新规范和新标准纳入到教材中，充分反映职业岗位的技术发展要求，使学生在校学习知识、能力培养与生产一线技术工作和管理工作的要求相适应，充分体现时代特征。[2]

教材建设要实现这个转变，必须依赖于企业的参与，充分发挥企业专家的优势和特长。教师和企业专家共同参与课程和工学结合特色教材开发，可以使教材更好地满足学生的需要、兴趣和能力，把学生在校所掌握的专业知识和职业技能与所对应的职业岗位紧密联系起来，让学生能够更好地胜任岗位工作。因此，校企合作是工学结合特色教材开发的有效途径，也是高职教材内容具有实用性和先进性的保障。

三、校企深度合作开发工学结合特色教材的策略

（一）深入企业调研，是工学结合特色教材开发的前提

工学结合特色教材的内容来源于企业的真实工作过程，学习者通过使用教材进行学习就可最大限度地接触到岗位的实际要求。课程改革和教材开发人员深入到企业对专业岗位及岗位群进行调研、分析和论证，掌握企业工作流程、关键的操作技术及实际工作中可能出现的问题及其解决方法等，进而确定课程体系和课程内容，保证教材内容不偏离实际工作。

（二）建立长期的校企合作保障机制，是工学结合特色教材开发的基础

学校与企业的长期合作能够推动课程开发和教材建设工作顺利、高效地进行，然而能保持长久合作关系的学校与企业只是少数。产生这种现象的主要原因是缺乏校企合作的互动机制和保障机制。也没有相应的政策法规来调节和推动校企合作的深入持久开展，使得企业对合作轻易丧失兴趣与动力；教师和企业专家缺乏深入地沟通和交流，合作细节和职责也不明确；课程的单一性与企业活动的复杂性发生冲突时难以协调；企业人员流动较大，建立的关系可能会随着人员的流动而消失。[3]校企合作保障机制的建立，有利于把企业中长期在相应岗位且善于反思的企业专家吸收到课程开发和教材建设的队伍中来，充分发挥他们的优势和作用，让他们成为推动课程改革和工学结合特色教材开发的倡导者。

（三）企业专家参与，是工学结合特色教材开发的必然趋势和选择

高职工学结合特色教材的实用性及与企业岗位技术的关联度决定了教材开发必须有企业

专家的参与。把企业专家吸收到教材开发的队伍中来，可避免教材内容侧重理论化以及与行业、岗位要求相脱节的现象。深入挖掘企业专家们在工作中的方法、经验及技巧，并将其纳入职业教育的教材内容中，这也是衡量教材开发质量优劣的一项重要指标。

四、校企合作开发工学结合特色教材的实践探索

哈尔滨职业技术学院依托国家骨干高职院校央财支持的模具专业及专业群建设项目，与企业深度合作，对机械类专业核心课程进行了工作过程系统化的课程改革，对高职工学结合特色教材建设进行了有益探索和实践，开发了系列机械类工学结合特色教材。

（一）明确校企合作开发工学结合特色教材的主要原则

在教材开发初期，我们明确了教材建设的主要原则，即职业性原则、科学性原则和操作性原则。职业性原则，即教材内容的设计上反映出职业所需的知识和技能，教材选取的学习任务均来自于职业岗位活动和实际工作流程，是经优选、提炼后的工作项目，能够涵盖职业岗位相关知识、能力和素养的要求，具有鲜明的职业性。科学性原则，即课程采用"行动导向、任务驱动"的教学模式，是基于工作过程系统化的课程教学模式，每一个学习情境根据相应的知识、能力和素质要求，按循序渐进、深入浅出的原则和工作逻辑去编排工作任务、设计工作步骤。操作性原则，即在情境教学过程中遵循工作任务的工作规律，有明确的教学操作步骤，能指导教师实施情境教学，能帮助学生完成学习训练。

（二）确定工学结合特色教材开发的思路、方法和步骤

教材开发遵循校企合作，突出高职教育的特色，适应经济社会发展的需求，融入核心能力培养的内容，适应高职课程改革的需要，立体化教材的同步建设的总体思路。教材内容满足以能力为目标、以学生为主体、以教师为主导、以任务为载体，教材内容适应高职课程改革的要求。在主教材建设的基础上，我们还确立了立体化教材建设的思路，即建设与主教材同步的网络课程、电子教案、教学案例库、学习指导、习题库、教师答疑与学习交流、作业管理、知识测验等，使教材呈现立体化，符合课程设计要求，满足网络课程教学需要。

教材开发以课程改革为前提，以课程标准为依据，以行动导向的"教学做"一体化教学模式为教材编写主线。在教材开发的过程中，我们总结了教材建设的方法和步骤：首先，与企业合作，通过企业技术人员广泛收集企业案例、实物照片等，为教材编写积累第一手素材。其次，确定教材编写体例，教材编写工作要与课程改革相结合，在课程改革的前提下，依据课程标准确定教材编写体例和内容。然后是教材内容的具体编写，包括前言、目录、正文的编写及交稿前准备。

（三）确定工学结合特色教材编写体例

工学结合特色的教材体例采用体现职业工作过程特征的行动导向、任务驱动等有利于增强学生能力的教学模式来编写。教材编写的主要体例结构按顺序为：编写说明；前言（或序）；目录；课程学习目标和学习内容；学习情境（学习情境1、学习情境2……）；学习任务（任务1、任务2……），其中包括任务单、资讯单、计划单、决策单、作业单、检查单、评价单等；实践中常见问题解析；参考文献与推荐阅读书目等。

（四）确定工学结合特色教材建设内容

学习情境和学习任务是教材的核心部分，也是学生完成课程学习的关键所在。同时，立体化教材建设也是工学结合特色教材建设的重要部分。

1. 学习情境和学习任务设计

学习情境和学习任务是教材的主要内容。学习情境是工学结合课程的具体化方案，是课程

领域的主体学习单元。真实过程中的工作任务往往非常复杂，学生难以一步完成，需要拆分为若干适于过程导向教学的"学习性工作任务"。机械类专业课程改革和教材开发过程中，专业教师深入到合作企业，与企业技术人员共同组成课程和教材开发组。开发组通过调研分析，建立了基于工作过程系统化的课程体系，制定了课程改革实施方案和课程标准。将机械制造学习过程与工作过程联系起来，将"工作过程的学习"和"课堂上的学习"整合为一个整体，完成了课程设计中的学习情境和学习任务。

2. 立体化教材建设内容

在主教材建设的基础上，我们还进行了立体化教材的建设。立体化教材建设是以课程为核心，建设各种资源，利用计算机网络平台、多种新型教学工具，设计适合于多元化教学的新型教学方案。通过利用教材、教案、教学参考书、学生指导书、试题库、案例库和实习指导书等资源，提供多元化教学资源，最大限度地满足学生个性化、自主性学习需求，促进教学改革。立体化教材建设内容包括课程标准、主教材、学习指导、教学设计方案、习题集、电子教学资源库（教学课件、图片库、动画库、视频库、企业案例、教学网站等）。

（五）校企合作编写机械类工学结合特色教材

课程和教材开发组成员开展了广泛调研，与哈尔滨轴承制造有限公司、哈尔滨汽轮机厂有限责任公司等企业技术人员共同研究制订了课程标准、教材编写体例和教材内容。课程和教材开发组编写并公开出版了《机械设计与应用》《金属切削加工》《机械加工工艺及夹具》《机械力学分析与应用》《模具制造工艺编制与制作》《模具零件普通加工》《塑料成型工艺及模具设计》《模具钳工》《模具制造新技术》《焊接自动化技术与应用》等10余部核心课程的系列工学结合特色教材。系列教材已于2014年8月至2015年11月期间由机械工业出版社公开出版发行。

（六）工学结合特色教材的试点使用

工学结合特色教材通过在2013级、2014级、2015级机械制造与自动化、模具设计与制造以及焊接技术及自动化专业部分班级试点使用，使课程在教学理念、教学目标、教学模式及教学方法和手段等方面突破固有模式，学生的学习方式发生明显转变，教师和学生的满意度都比较高，取得了很好的教学效果。调查显示，学生学习的主动性和积极性明显提高，学生的分析解决问题能力、判断能力、表达能力、自主学习能力均有所提高。

参考文献

[1] 鲍杰，高林，王洪，中国高等职业教育课程改革状况研究[M]．北京：中国铁道出版社，2012：1-60．

[2] 同上

[3] 李闽．高职校企合作课程开发机制研究[D]．华东师范大学．2009：17-19．

校企深度融合，增强高职专业办学特色

哈尔滨职业技术学院　李　敏　王长文　高　波　张文杰　王滨滨

【摘　要】高职院校要发展内涵建设，必须树立品牌意识，增强专业办学特色，打造具备鲜明特色的品牌专业。本文结合机械类专业建设，阐述了哈尔滨职业技术学院近年来通过校企深度融合，增强专业办学特色的实践经验。

【关键词】校企融合；增强；专业办学特色

高职专业办学特色建设是高职院校内涵发展的重要战略手段。高职专业办学特色是高职专业在长期办学过程中积淀形成的、本校特有的、优于其他学校的独特优质专业资源。具有以下特征：一是创新性或独特性，与其他学校同类专业相比有独树一帜的风貌和敢为人先的创举；二是优质性或杰出性，无论是专业建设的优势、人才培养的质量或者是直观的就业率都高于同类学校，在社会上有着较高的声誉和认同感；三是可持续发展性，专业办学特色的建设不是一个短期的过程，从遴选到壮大都是历经市场考验的。凝练和增强专业办学特色就是要在教学改革和专业建设过程中，在人才培养模式、培养质量等方面具有显著特色，培养的学生某些方面的素质优于其他院校该专业学生，并得到社会的广泛认可、有较高声誉。[1]

哈尔滨职业技术学院作为国家骨干高职院校，近年来通过骨干高职院校重点专业建设项目，打造了模具设计与制造、焊接技术与自动化、机械制造与自动化等机械类品牌专业。上述专业作为国家级重点专业，近年来不断深化校企合作，探索出了校企深度融合，强化高职专业办学特色的成功之路，并引领其他专业共同发展。

一、校企深度融合，创新人才培养模式

高职院校的人才培养模式要充分体现"以就业为导向，以能力培养为核心"的职业教育理念。校企合作与工学结合的教学形式是让学生在校所学与企业实践有机结合，让学校和企业的设备和技术实现优势互补、资源共享，缩短学校教育与用人单位需求之间的差距、提高学生的就业竞争力的重要举措，是增强专业办学特色的必要手段。[2]

学校坚持校企合作，以教师和行业企业专家共同组成的专业建设指导委员会参与人才培养方案的制订及专业建设的全过程。模具设计与制造专业创新并实施了"校厂所"共育的人才培养模式，焊接技术与自动化专业创新并实施了"双元培养，国际认证"的人才培养模式，机械制造与自动化专业创新并实施了"校企共育、能力递进、技能对接"的人才培养模式。通过创新实施人才培养模式，提升了人才培养规格，突出了专业办学特色。

模具设计与制造专业搭建了学校、企业、模具应用技术研究所相结合的育人平台，发挥学院的教育主导作用、工厂的技能训练作用、研究所的创新能力培养作用，创新"校厂所"共育的人才培养模式；利用学院、合作工厂、国际模具应用技术研究所育人平台，培养"懂设计、熟工艺、善制作、能研发"的模具设计与制造高端技能型专门人才。学校、企业和研究所共同参与人才培养方案制订、课程体系开发、实训基地建设、质量监控等人才培养全过程，做到共

同设计、共同制订、共同实施和共同评价；校企深度合作，开发理论与实践一体的项目引领、任务驱动课程，教学中的项目来自于企业，将企业技术项目与学生的能力和个性发展联系起来，形成具有工学结合特色的人才培养方案；理论与实践相融合，培养目标突出职业性、行业性人才培养的特点，培养目标重点面向企业一线需要，及时与应用"接口"，使学生具有较强的岗位适应能力和发展后劲，培养在模具行业中"下得去，留得住，用得上"的高端技能型人才；发挥学校的教育主导作用，完成模具设计、制造、装配与调试等专业基本技能的学习与基础训练，使其掌握专业基本知识，具备一定的专业能力、方法能力；发挥工厂的技能综合训练作用，由工厂技术骨干指导学生专项及综合技能训练，使学生在职业技能、社会能力、团队协作能力等方面得到进一步提升；发挥国际模具应用技术研究所模具研发优势，学生参与模具研发项目，培养学生模具研发能力，提升了人才培养规格。

焊接技术与自动化专业与机械工业哈尔滨焊接技术培训中心合作，参照焊接职业岗位要求，创新并实施了"双元培养，国际认证"的人才培养模式。机械工业哈尔滨焊接技术培训中心是德国政府援助中国建设的公益项目，焊接专业与该中心合作，秉承其社会公益宗旨，以学校为主体完成学生基本职业能力培养，以该中心为主体完成学生的"IWS国际焊接技师"资格培训，体现双元办学模式；建立低成本、高质量、服务社会、促进技术进步的准社会公益合作办学机制，共同打造"IWS国际焊接技师"人才品牌，实现校企共赢；学生通过理论学习、素质教育、专业训练、技能实训、能力拓展，达到国际认证标准，获得国际焊接技师资格。在"双元培养、国际认证"的人才培养模式实施过程中，结合焊接行业具有技术密集型、劳动密集型的特点，针对企业对人才的不同要求，将企业文化、技术标准、产品工艺作为教学案例引入课堂，由校企共同组建师资队伍进行全过程培养。

机械制造与自动化专业对接黑龙江省电站设备、飞机、汽车、轴承、工量具、机床、工程机械等装备制造业，与哈轴集团、哈尔滨汽轮机厂有限责任公司、哈尔滨中德特种材料成型技术有限公司等多家企业合作，实施了"校企共育、能力递进、技能对接"的人才培养模式。将校企共育作为专业人才培养模式改革的切入点，充分发挥学校与企业紧密结合的办学特色，按照能力递进规律，实现基本通用能力、基本职业能力、综合职业能力的明显能力进阶。在专业人才培养方案制订、课程建设、师资队伍建设、实习实训、教学质量监控、招生与就业、社会服务等各个环节，与哈轴集团、哈尔滨汽轮机厂有限责任公司、哈尔滨中德特种材料成型技术有限公司等企业深度合作，制订完善了《校企专业合作实施细则》《学生顶岗实习管理办法》《实习实训基地建设与管理办法》《教师企业实践锻炼管理办法》等规章制度，使校企合作办学的行为用制度来规范，形成了用制度管事，用制度管人的良好态势，确保了校企合作深度办学顺利进行。

二、校企深度融合，人才培养无缝对接

（一）校企共同制订专业人才培养方案

课程改革首先是专业人才培养方案的制订和课程体系的构建。学校与合作企业共同制订专业人才培养方案，构建课程体系。在专业建设指导委员会的指导下，学校与哈尔滨汽轮机厂有限责任公司、哈轴集团等企业专家共同组成调研组，分别对哈尔滨汽轮机厂有限责任公司、哈轴集团、中航东安发动机集团等"哈大齐"工业走廊机械制造企业专业岗位及岗位群进行分析、论证，通过分析专业岗位工作任务和岗位职业能力要求，提出专业岗位群工作人员应具备的素质、知识与技能，归纳典型工作岗位；通过岗位任务分析，确定典型工作任务，归纳行动领域，融入行业企业标准和岗位职业资格标准，转换学习领域，构建基于工作过程导向的课程体系；

按岗位认知、系统培养、强化实践、突出应用的理念培养学生。

其次，将职业能力的培养全方位融入课程体系。根据职业岗位（群）的任职要求，参照相关的职业资格标准，改革课程体系和教学内容，以职业资格认证为切入点，以就业为导向，构建基于职业能力培养的课程体系，使课程体系符合"双证融通"的要求。校企联合制订课程标准，开发具有针对性的校本教材。教学内容中融入机械类国家职业标准中的相关内容，使教学内容与岗位核心能力要求相吻合。

（二）校企共同开发专业核心课程

校企共同进行以真实工作任务为载体的课程开发，利用顶岗实习、校内实训基地实习实训等环节训练学生，模拟企业真实环境，实现技能对接，提高学生的专业技能；紧扣机械类专业工学结合人才培养模式要求，推进专业核心课程"基于工作过程系统化"的教学改革；将课堂建在工厂，工厂即是课堂，将专业知识学习、职业技能培训、职业素质养成三者紧密结合，强化动手解决实际问题的能力；将职业技能鉴定纳入教学计划，实行多证融通（如车工+CAD/CAM+数控车或数控铣或加工中心职业资格中级以上证书+专科毕业证）；结合企业生产和技术要求，每年举办机械制图竞赛、机械零件测绘比赛、机械设备操作比赛、焊接技术比赛、维修钳工技能大赛等活动，采用"以赛代考""以证代考"等多种教学评价方法；全面推进顶岗实习，强化学生岗位技能和职业素质的培养。

（三）校企共建实训基地

校企共建实训基地——"校中厂""厂中校"。利用学院的场地资源、人力资源，引入哈轴集团、哈尔滨中德特种材料成型技术有限公司、哈尔滨巨龙模具有限公司等企业，创建合作型"校中厂"。在"校中厂"内，"实践教学""技术研发""产品加工""大赛培育"四大功能有机融合，实现了教室与车间一体，即教学环境安排在实训车间，学生在真实的生产环境中学习；教师与师傅一体，即教学团队由专业教师和企业的师傅组成，共同指导学生完成学习任务；学生与员工一体，即按照企业的员工管理制度严格要求学生，学生也是员工；作品与产品一体，即学习任务也是生产任务，学生按照企业的操作规程严格完成各项任务。

与哈轴集团、哈尔滨电气集团等企业共建"厂中校"，建设以学生实习、顶岗、就业为主，兼顾教师实践锻炼、项目研究、成果转化、社会培训的校外实训基地。企业提供实训设备及教学场地，组织技术人员参与实践教学，教师完成部分专业课的现场教学任务，校企双方共同制订员工参与教学与科研活动的鼓励政策，开展应用技术项目研究。

校内外先进实践教学基地的建设和利用，为专业核心课程以工作过程为导向的教学改革提供了保障，使实践教学质量明显提高。在满足学生实习实训的同时，教学基地成为教师对外技术服务的研发平台，为企业的技术改造和工艺革新提供了技术支撑，提升了专业教师实践教学水平和科研能力以及学生技能水平和创新创业能力。

（四）校企共同打造专兼结合教学团队

按照"校企共建、校企共管、校企共培"的工作思路，共建教师培养基地，形成了"双方联动、双岗交替、双向培养"的"双师型"教师培养机制。在哈轴集团、哈尔滨电气集团等合作企业建立专任教师工作站，每年选派专业带头人和骨干教师到合作企业进行实践锻炼，针对企业中存在的技术难题，带领专业团队与技术人员共同进行应用技术研发，提高了专业带头人和骨干教师的技术研发能力和实践动手能力，专业教师的"双师素质"比例大大提高。

充分利用哈轴集团、哈尔滨电气集团等合作企业资源，加强兼职教师队伍建设。学校每年聘请企业专家和能工巧匠担任兼职教师。兼职教师承担校内教学任务的同时，与专业教师共同进行人才培养模式改革、课程体系构建、核心课程建设、实习实训基地建设及技术研发等工作。学校定期安排兼职教师进行理论教学和教学方法培训，提高了兼职教师的教育教学能力。

总之，学校以企业对专业人才的职业岗位能力需求为依据，加强与企业深度合作，将校企合作贯穿于人才培养的全过程，进一步提高了人才培养的质量，增强了专业办学特色，并以机械类品牌和特色专业建设为龙头，充分发挥特色专业的示范、辐射作用，全面带动和提升了学校专业建设的水平。

参考文献

[1] 栗荔．高职院校特色专业建设研究[D]．长沙：湖南师范大学，2011（4-6）．
[2] 汪清．我国高职院校校企合作存在的问题与对策研究[D]．济南：山东大学，2015（3-20）．

"产教融合、校企合作"推进专业建设

浙江机电职业技术学院　高永祥　杜红文

【摘　要】 由于社会对数控人才的多元化需求以及数控设备应用程度的不均衡，各类企业对数控人才提出了多样性需求。本文专门设计了产教融合"多元分流"人才培养方案，即数控人才培养能顺应中小型、大型及外资企业发展，实施"小班化、个性化、国际化、双导师制"的教学模式。"多元分流"人才培养模式的改革目前已取得了初步成果。

【关键词】 数控技术专业；多元分流；人才培养；课程体系；教学模式

一、引言

随着我国机械行业的进一步发展，我国已成为世界上最大的制造大国，但不是世界上的制造强国，因为大多数核心技术和尖端技术仍然掌握在美国、德国等少数发达国家手中[1]。尽管如此，高端的数控设备和数控技术的应用已普遍应用到我国企业中。企业对多元化高端数控技术人才的需求较为迫切，先进制造方面的企业快速发展急需大批在生产第一线掌握先进数控工艺、先进数控机床操作、编程及维护方面技术的高素质技能型人才。另据浙江省十二五规划，浙江省高级工以上的数控高技能人才缺口达五万以上，高级工以上技能人才的比例上升缓慢，直接制约着先进制造业技术水平的全面提升。虽然全省每年有数千名数控专业毕业生进入企业，但相对于市场对数控技术人才巨大的需求量，仍是杯水车薪。

根据目前的形势，我们将进一步培养"职业素养高，工艺、编程、维护等岗位综合能力突出，能适应数控高速、精密等高新加工技术发展和外向型"的数控高技能人才，并制订出产教融合"多元分流"人才培养方案。

二、产教融合"多元分流"人才培养方案的提出

（一）数控技术人才的分类

通常数控技术人才分为数控机床操作、数控工艺编制、数控设备维修和数控设备设计与制造等方面的人才。而数控设备的设计与制造人才较少，就是人们平常说的金领；数控设备维修及数控工艺编制的人才数量较多，相当于灰领阶层；而数控机床操作人才数量最多，相当于蓝领阶层[2-3]。这三类技术人才在企业专业技术岗位所占比例大概是0.25：1.75：8。

（二）企业对数控人才的多元化需求

不同的企业对数控人才的需求层次不同。例如合资或外资企业在数控人才的需求上要求数控技能水平高且有一定的英语听说与会话能力的人才。国有大中型数控企业需求的数控人才是"专门方向的人才"，即根据工艺编程、维护维修、机床操作、设计研发等进行比较细化的分工，对于不同的技术岗位对技术人才知识深度的要求也是不同的，即知识结构层次需求分明，工作内容较为专一，而中小型数控企业更多地需求的是"复合型的数控技术人才"，即要求技

术人员既需要精通工艺又能熟练编程，能熟练维护数控机床的能力，并有一定的创新能力的复合型人才。

（三）产教融合"多元分流"人才培养方案的提出

由于社会对数控人才的多元化需求以及数控设备应用程度的不均衡，各类企业对数控人才提出了多样性需求。我校数控专业以服务浙江制造业发展为宗旨，顺应新形势下数控技术人才需求，在国家示范性高职院校重点建设专业基础上，积极稳妥推进人才培养模式和课程体系改革。明确数控专业培养目标：即面向浙江省先进制造业一线，培养具备较高职业素养，掌握专业必须基本知识，具有过硬的专业技能和一定的岗位创新能力，与数控岗位群需求对接，分方向培养数控高端技能型人才，即"对接中小型企业，培养工艺主导，操作、编程、维护综合能力强的数控人才；对接大中型、高新技术企业，培养掌握多轴加工技术、精密加工技术的数控人才；对接外资、独资企业，培养具有国际视野、英语能力较强的外向型数控人才"。并专门设计了"多元分流"人才培养方案，实施"小班化、个性化、国际化、双导师制"的教学模式。多方向培养的数控人才能引领"以工艺为主导，编程与加工综合化程度高"的中小型企业发展，或能顺应大中型高新技术企业多轴加工技术、高速加工技术发展趋势，或能满足外资独资企业对英语能力较强并具有国际视野的外向型数控人才需求。

三、产教融合"多元分流"人才培养方案的实施

（一）构建"一个专业平台，多个发展方向"的课程体系

主动适应浙江省先进制造业转型升级对数控高端技能型人才的需求，及时调整人才培养定位。我校数控技术专业实施基于"学工交替、能力递进"人才培养模式的"多元分流"人才培养方案。即每学年设置"校内生产性实训""学练一体课堂教学""校外企业实践"三个阶段，交叉进行，保证学工交替；三年三层次，即过硬的基础能力、扎实的专业能力以及优良的数控技术应用能力，能力培养循环渐进。大三阶段实施"学生可根据自身基础、个人职业发展规划来自主选择专业方向、选择课程模块"的自主学习模式。人才培养方案充分体现产业优化升级需求和学生职业发展需要。

在示范建设时期建成的课程体系基础上，我校以产业需求及学生职业发展为导向，以优质教学资源为支撑，以学生创新意识形成、职业能力培养和职业素养养成为主线，重构"一个专业平台，多个发展方向"的课程体系，如图1所示。

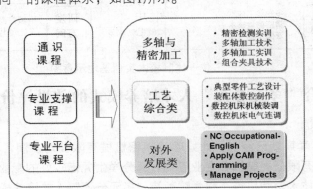

图1 "一个专业平台，多个发展方向"的课程体系示意图

（二）建立全方位、多元参与、学生自主性强的教学管理制度

强调学生的职业发展导向，促进学生的全面发展。教学管理制度应趋于人文化，教学管理

内容面向教学的全过程，管理主体由领导、教师、学生、社会多元参与。建立了适应课改形势的教师教学工作考评细则，对工作过程重点要素进行评价，重点关注教师教学改革；建立新的课堂评价标准，评价内容注重教学活动所产生的认知目标达成效果；改革学生考试评价方法，根据课程特点采用多元化考核。

（三）实施多元化、多方位的教学考核评价方法

多元化教学考核评价方法针对学生知识、能力、素质相关的要求，依据课程特点及其课程教学，以适用为原则，系统制订合理的考核方法。考核以个人考核与团队考核相结合、过程考核与结果考核相结合、与企业职业技能鉴定标准对接、课程学习与技能竞赛相结合。合理选用操作演示、汇报、答辩、考试、实操等多种考核评价方法与手段，并结合自我评价、相互评价、教师评价等多种评价途径，全面、客观考核学生实际能力，激发学生学习兴趣，提升教学效果。多方位的教学评价除了学校评价、教师评价、在校生评价，还引入企业评价、行业评价、家长评价、校友评价等多个元素[4-5]。

（四）建设产教融合"三位一体"的校内外实训基地

为了保障多元人才方案的顺利实施，改善实践教学条件。校内实训基地在国家数控示范实训基地的基础上新建"多轴加工技术中心""装配体数控创新制作中心"等集"技能训练、项目制作、技术研发"为一体的实践基地，如图2所示，其中"多轴加工技术中心"将与DMG等国际知名企业合作建立浙江省数控多轴加工技术区域服务站，为企业提供技术支持；完善以区域产学工作站为中心的全省网状分布的百余家校外企业实践基地建设，并与杭州娃哈哈精密机械有限公司等2～4个紧密型合作企业建立企业流动工作站，为教师下企业培训、学生顶岗实习等提供服务。

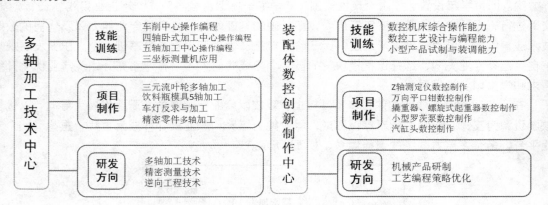

图2 "三位一体"校内实训基地示意图

四、产教融合"多元分流"人才培养模式的效果评价

（一）取得成绩

学生在大三下半学期就已经与杭州娃哈哈精密机械有限公司、浙江中控技术股份有限公司、西子奥的斯电梯有限公司等知名企业签约，部分学生凭借较好的专业外语能力，顺利签约外企。浙江机电职业技术学院机械工程学院数控"多元分流"人才培养模式的改革取得了初步成果，受到企业的认可，企业一致认为浙江机电职业技术学院数控"多元分流"人才培养模式培养的学生具有多轴精密加工能力，机床操作、编程、维护综合能力强，良好的专业外语能力，具备创新能力和合作意识。

（二）问题与展望

浙江机电职业技术学院产教融合"多元分流"人才培养模式的改革虽取得初步成果，但是也存在一些问题需要在以后的专业改革中加以解决。例如，教师的专业教学能力仍需要不断地提高以满足人才培养的需求；专业课程的设置仍需不断地优化；需要进一步开拓校外企业市场，寻求更广泛的校企合作。深化课程设置实施校企合作，采用"多元分流"人才培养模式，是培养多元化的数控技术人才的有效途径，值得学院进一步探索与实施，并不断完善。

参考文献

[1] 孙月发，苏艺华. 数控技术专业创新人才培养模式的研究[J]. 沧州师范专科学校学报，2011（27）：82-84.

[2] 李洪涛，刘元林. 数控"3+1"人才培养模式改革[J]. 黑龙江教育，2011（12）：91-93.

[3] 王金刚. 提高数控专业人才培养质量的探索与实践[J]. 北京电力高等专科学校学报，2012（7）：124-126.

[4] 苗晓鹏，翟雁. 基于应用型人才培养的数控技术课程教学改革[J]. 安阳工学院学报，2012（2）：103-105.

[5] 王强. 关于数控技术人才培养方案的思考[J]. 辽宁教育行政学院学报，2010（27）：34-36.

电类专业"工学结合、校企双向介入"人才培养模式的实践与探索

浙江机电职业技术学院　　徐啸涛

【摘　要】本文探讨了"工学结合、校企双向介入"人才培养模式的内涵，分析了高职院校电类专业校企合作、工学结合现状，提出了电类专业推进"工学结合、校企双向介入"人才培养模式改革的建议。

【关键词】信息技术；办学模式；实训项目；课程；专业技能

目前电子信息技术飞速发展，我国的信息自主研究能力不断提高，企业对电类专业人才需求极大。但是目前高职院校的人才培养质量与企业需求相脱节：一方面，高职学生就业竞争力不强，就业层次不理想、岗位晋升和可持续发展的空间有限；另一方面，许多企业（尤其是成长型企业）缺乏稳定的高素质员工队伍补充和培训提高的有效资源，限制了企业的健康发展。"工学结合、校企双向介入"的人才培养模式是破解这一难题、实现校企双赢的有效途径。

一、"工学结合、校企双向介入"人才培养模式的内涵

"工学结合、校企双向介入"高职人才培养模式，是新形势下我国职业教育改革和发展的方向。通过深化校企合作关系，实现校企一体、深度融合，强化校企合作办学模式、工学结合培养方案，将顶岗实习的实践性教学优势充分发挥出来，真正形成校企按需组合、资源共享、集合优势、共同发展的运行机制，实现高职教育改革和发展的新突破。

"工学结合、校企双向介入"高职人才培养模式解决的主要问题是：围绕企业生产线的人才需求，校企双向介入，建立与之相适应的教学管理、教学实施、教学评价模式，有效开展学生的工学结合及员工的培训提升，具体包括以下几个方面：①建立校企战略合作的决策、协调机制及操作规范；②建立在工学结合平台上的教学管理、教学实施、教学评价模式；③建立企业职工继续教育的培训提升模式。

通过"工学结合、校企双向介入"人才培养模式的实施，最终促使学校办学理念和管理方式的转变、教学环境和教学方式的创新，形成学校和企业高度整合、教学质量有效提高的新型职业教育实施主体，更好地服务企业、服务社会。

二、电类专业"工学结合、校企双向介入"现状

目前，电类专业"工学结合、校企双向介入"人才培养模式的改革推进并不顺利，主要体现在企业安排学生实习不积极、实习岗位与专业不对口方面。原因是多方面的，但主要是由学校的"办学模式不深入、观念落后、认识片面被动"等自身原因造成的。校企合作的理想境界是使职业学校成为既是学校又是企业的生产型学校，使企业成为既是学校又是企业的学习型企业。

三、对电类专业推进"工学结合、校企双向介入"的对策

（一）建立健全电子电气类校企合作课程

为更好地适应校企合作、工学结合的教学要求，学院要从电子电气类的岗位需求入手，建立根据企业岗位、技能要求和专业的实际相结合的课程体系。具体表现：课程设置方面，注意理论课与实践操作课相结合，适当减少理论教学比重，理论教学占到总课时的30%～40%即可，多开设一些与实际工作相关的实验课程；根据电子电气行业的职业能力标准和国家职业资格标准，把电子技术类职业能力标准和国家职业技能标准的要求作为教学的重要组成部分，邀请电子电气企业参与开发与生产性相关的课程和教材；确立以就业为导向的教学改革方式，在教学过程中着重对学生实际操作技能的培养；建立基于实际动手能力的考试考核改革办法，注重对能力的评定和实践的考核。

（二）加强和电子电气类大企业合作，动态设置、调整专业或专业方向

学院应大力推进与电子电气类大企业大公司的合作，根据企业需求进行开设或调整电子电气类专业或者专业方向。具体表现在：邀请企业技术骨干、专业人员和校内专家成立专业建设指导委员会；与企业共同制订专业发展规划、人才培养方案；与电子电气类大企业大公司合作建立新专业，专业名称可由企业命名。电类专业的全部学生具备学生、员工双重身份，企业从学生一进校就全程参与教学和管理。

（三）大规模、多渠道建立一批电子电气类校内外实训基地

为完成专业实训课程教学，按照新课程的设置和教学改革要求，学院专门建设了能够实现理实一体教学的软件技术实训室，营造企业文化氛围，创建工作情境，以利于理论与实践的一体化教学。该实训室计算机配置较高，安装有该专业实训所需的软件，学生在校期间的专业基础课程的实验性教学以及综合性专业实训都可以在本实训室完成。为了提高学生的实践能力，除了保证计划课时内的实验实训任务，实训室在学生课余时间也对学生开放，使学生有更充足的时间完成实训项目任务。学生也可以利用课余时间自己设计和开发软件项目。该实训室的建成也为教师提供了教学研究和项目开发平台。学院根据教学要求变化，及时对校外实训基地内的实训场地、设施和设备进行变更，以满足实训活动需要。

（四）加强实践性教学环节

学院定期安排学生到社会企业进行实习，回校后安排学生总结实践经验。实践性学习可以分为三个阶段：一是认识阶段，主要是学生在大一时期对理论知识学习后，组织学生去相关企业参观，让学生直观地认识这个行业；二是基础实践阶段，在学生掌握一部分专业知识后，安排学生到校外进行适度实践学习，掌握工作的基础环节操作；三是专业实践阶段，学生在校完成所有的专业课程学习后，由学校组织，安排到对点企业进行较长时间的顶岗实习，使学生掌握实际的工作操作技能。

（五）重视师资队伍建设

教师是培养优秀的学生的关键所在。要想培养社会认可的大学生，师资队伍必须加强。现在企业需要动手能力强的实践性人才，高校教师的理论知识水平都很高，但实践能力一般都不行。学院要根据教学实际要求，有组织、有计划地开展师资队伍建设。

（六）强化职业能力考核

高职教育培养的是面向生产、建设、服务、管理一线的应用型人才。以往的考核采用"平

时成绩30%+期末考试70%"的方式，这种方式仅仅考核了学生掌握的知识，知道什么是片面的、不科学的；"工学结合、校企双向介入"人才培养模式的考核，除考核学生知识外更应注重考核学生的职业能力——"怎样做"和"做得如何"。针对不同的课程类型采取不同的考核与评价方式，注重全面考查学生的职业能力和综合素质。

校企合作、工学结合，是高职人才培养模式改革的必然趋势。在校企合作过程中，高职院校要积极主动地与各企业联系，主动赢得企业的信任，坚持以"开放、合作、服务"的办学理念，推进校企合作的深度融合，为社会培养更多企业所需的专业人才。

参考文献

[1] 刘加勇．我国高职教育工学结合教学模式的构建[J]．教育与职业，2008（20）．

[2] 邱磊，李明明．高职院校学生就业机制剖析[J]．工业技术与职业教育，2011（2）．

[3] 胡娜．职业教育工学结合课程实施的主体要素研究[J]．职教通讯，2011（1）．

[4] 白晶．积极推进校企合作、工学结合的职业教育模式[J]．职业，2013（6）．

[5] 陈振源．以就业为导向推动电子专业基础课程教学改革[J]．中国职业技术教育，2010（8）．

[6] 朱运利，虞未章．高职教育理论实践一体化课程改革[J]．实验室研究与探索，2009（9）．

现代学徒制的研究与实践

—— 以常州机电职业技术学院为例

常州机电职业技术学院 马雪峰 吴正勇 辛 岚 高建国

【摘 要】通过在学院机械制造与自动化、机电一体化技术等7个专业实施现代学徒制，开展"校企共管、校企共育、校企共建和校企共赢"现代学徒制人才培养模式的研究与探索，破解双元人才培养中"企业培养主体地位缺失、企业参与教育的积极性不高""企业培养如何管"的难题。

【关键词】现代学徒制；校企共管；工学交替

教职成[2014]9号《教育部关于开展现代学徒制试点工作的意见》中明确指出：现代学徒制有利于促进行业、企业参与职业教育人才培养全过程，实现专业设置与产业需求对接，课程内容与职业标准对接，教学过程与生产过程对接，毕业证书与职业资格证书对接，职业教育与终身学习对接，提高人才培养质量和针对性。

一、现代学徒制的含义

现代学徒制是将传统的学徒培训与现代教育思想相结合的一种企业与学校合作的职业教育制度，是一种新型的职业人才培养实现形式，校企合作是前提，工学结合是核心。其鲜明的特征是校企联合双元育人和学生双重身份（学校的学生、企业的学徒）[1]。与我国现行的校企合作、工学结合育人相比，学生具有合法的企业员工的身份，不但享受企业员工的待遇，还必须接受企业的管理；现代学徒制的双元育人，其主要特点是企业由单纯用人和参与育人，转化成育人的一元，其育人功能上升到法律层次，企业具有用人与育人（不仅仅为本企业育人）并举之功能，实现了产教的融合[2]。

"现代学徒制"起源于联邦德国的职业培训[3]，二战后西方经济发达国家都把现代学徒制作为职业教育的主导模式，在不同的国家体制与背景下，"现代学徒制"的实现形式也不同，且学徒制教育正在不断地增长与创新中[4]。西方经济发达国家政府高度重视现代学徒制，并有明确的法律、政策和制度上的支持与保障[5]。其工学结合的实现形成具有较大的灵活性，但都遵守德国学徒制的"双重"身份、"双元"育人、产教融合，并以培养学生岗位能力为根本的原则，因此，调动企业主动参与职业教育，融入人才培养全过程的积极性是实施现代学徒制的基础和前提条件，而国家的法律政策支持是实施现代学徒制的根本保证。

二、常州机电职业技术学院的探索与实践

针对当前中国职业教育校企合作的特点，引入德国双元制AHK人才培养认证体系，结合现代学徒制的要求，解决机电类人才培养过程中面临的"企业合作积极性不高、学校教学过程与企业生产过程严重脱节、双师素质水平不高、课程体系与企业需求不适应"等突出问题，形成

了"双元主体""三个场所""双重身份"为主要内容的"校企共育、工学交替"现代学徒制人才培养模式。

（一）校企共管，建立"双元主体"的现代学徒制运行管理机制

根据合作企业的需求，校企双方明确岗位要求、企业用工人数、学徒待遇和教学组织实施形式等合作内容，签署校企合作现代学徒制协议。成立由学院领导和企业高层、行业专家组成"双元主体"的现代学徒制专门委员会，明确校企双方的职责和权益，制订校企合作双方管理和运行的合作制度，开展校企合作、工学结合顶层设计，负责现代学徒制的运行监督、考核评价工作；由二级学院（系部）领导和企业人事部主管成立教学管理和学生学徒专项管理部，明确学徒的经费管理，协调教学计划和进度，明确教学交替的时间和周数；由专业负责人和企业工作人员成立专业工作室，负责现代学徒制工作的具体实施。如图1所示为现代学徒制组织机构图。

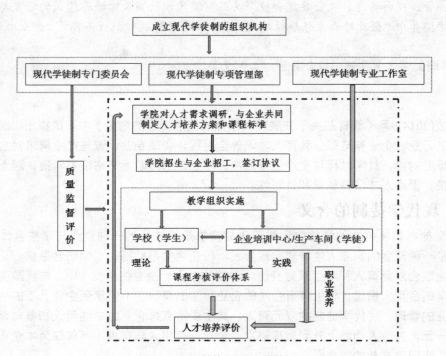

图1　现代学徒制组织机构图

校企双方对具有"双重身份"——学校对学生和企业对学徒共同实施管理。

企业参与学校教育教学全过程，建立工作预防和实时监控的监控制度；实施"校企共同负责、共同管理、专人具体实施"的分层管理模式；"双主体、多元化"的考核评价体系为实现校企双赢提供环境保障，激发企业兴奋点，破解"企业培养"如何管的难题。

（二）校企共育，构建"双重身份、工学交替"的现代学徒制人才培养模式

从学院"三合一、全过程"的内涵出发，根据现代学徒制的要求，学校与企业共同开展人才培养。学生通过选拔签约为企业"准员工"，享受企业"学徒"薪资待遇，解决现代学徒"双重身份"转换问题；为满足企业对员工的要求，企业与学校共同制订培养方案，共同管理学生，共同完成学生与"准员工"的培养过程，形成"校企共育、工学交替"的现代学徒制人才培养模式。

1. 根据企业需求，制订工学交替的人才培养方案

根据企业实际情况，专业人才的能力培养要求具体安排专业实施计划，在校企间交替开展学生—学徒交替双元制人才培养，对于不同的企业安排是不同的。如对接机电一体化技术专业的莱尼电气线缆（常州）有限公司本身有培训中心，因此教学是在学校、企业培训中心、企业车间"三个场所"开展，经多次交流商讨，设计了机电一体化AHK班级与企业合作莱尼班时的教学安排，如图2所示。

Year	第一学年				第二学年					第三学年				
Month	第一学期		第二学期		第一学期		第二学期			第一学期			第二学期	
Week	1-18	19-20	1-10	11-20	1-10	11-20	1-7	8-14	15-20	1-5	6-15	16-20	1-14	15-24
专业学习	基本素质课 专业基础课	专业认知实习	基本素质课 专业基础课（假期）	钳工实训 机加工实训 电工实训 电子实训	专业课（假期）	机械安装实训 电气实训	液压与气动实训 PLC实训（假期）	专业课	机电综合实训	第一次企业顶岗实习（假期）	电气安装综合实训	专业课 毕业设计	第二次企业顶岗实习	机电综合联跟实习 毕业考试
场所	校内理论	企业培训中心	校内理论	企业培训中心或校内实训基地	校内理论	企业培训中心或校内实训基地	企业培训中心或校内实训基地	校内理论	企业培训中心或校内实训基地	企业车间	企业培训中心或校内实训基地	校内理论	企业车间岗位	企业培训中心或校内实训基地

注：□为在学校内上课；▨为在学校企业培训中心或者校内实训基地实训；▦为在企业顶岗实习。

图2 莱尼班教学安排

由于对接机械制造与自动化专业的博世力士乐（常州）有限公司没有培训中心，企业采用与学校共建企业培训中心的形式开展教学安排。如图3所示为博世班的教学安排表。

学年	第一学年					第二学年（含7月小学期4周）					第三学年			
周数	1	2-15	16-20	21-35	36-40	1-10	11-18	19-27	28-40	41-44	1-12	13-17	18-38	39-40
地点	企业	学校	实训中心	学校	实训中心	学校	实训中心	学校	实训中心	学校	企业	学校	企业	学校
内容	岗位认知实习	基本素质能力课程 专业基本能力课程1	专业基本能力训练1	专业基本能力课程2	专业基本能力训练2	专业专项能力课程1	专业专项能力训练1	专业专项能力课程2	专业专项能力训练2	专业综合能力课程1	专业综合能力训练1	专业综合能力课程2	顶岗实习 毕业设计	毕业考试 签约企业

注：学校—理实一体化教室，实训中心—校企共建实训中心，企业—企业车间

图3 博世班教学安排

从教学进程表中可以看到，校企交替培养，企业参与人才培养全过程，学校和企业共同成为人才培养的双元主体，解决双元人才培养中"企业培养主体地位缺失，企业参与教育的积极性不高"的难题。

2. 依据职业标准，校企共同重构课程体系

依据企业生产的实际岗位和生产过程，对接岗位职业标准，引入企业火车头、平口钳等项

目，共同开发和重构以工作过程为导向的项目课程体系。以培养职业素养为主线，制定课程标准，解决"课程体系与企业需求不适应"的难题。

3. 形成"行动导向、工学交替"理实一体的教学模式

围绕企业培训项目，以能力培养为中心，以学生为主体，以团队为单位，以"行动导向"为出发点，培养学生专业能力，引导学生动手制作产品、团队协商策略等教学过程设计，以实现教、学、做一体化，"做中学、学中做"。"准员工"在学院、企业培训中心、企业岗位"三个教学场所"开展工学交替学习与工作；企业培训中心的引入解决了"企业生产计划与学校教学计划难以调适"的矛盾。

4. 设立专业教室，开展具有淘汰制的教学评价与考核

引入德国机电一体化AHK职业标准作为人才培养质量的考核评价机制，采用德国AHK"第三方"的考核评价体系，为人才培养质量提供保障。在人才培养过程中，企业实施"淘汰制"，解决了"学校培养人才质量与企业需求差距大"的难题。

（三）校企共建，建设师资队伍、实训基地和教学资源

1. 组建双元制"混编"专兼结合的师资团队

由学院专任教师和企业培训师共同组建"混编"专业教学团队。利用观摩、示范、培训等多种途径，开展师资培养，重点培养教师专业技术和职业素养，以满足教学要求开展"一帮一"活动，将教学能力提高作为年终绩效考评标准之一，破解了"专任教师的技术与企业脱节""教学能力不足""双师素质水平与教学要求不适应"的难题。

2. 校企共建教学资源

在双元现代学徒制人才培养实施过程中，企业提供教学案例、实训设备、技术支持、考核方案、过程材料的规范性标准等，逐步形成教师工作页、学生工作页和备料清单等一系列的教学资源。

3. 校企共建教学实训基地

对于企业没有独立实训中心采用校企共建实训中心，学院与博世力士乐（常州）有限公司共建液压与气动创新实验中心。为满足教学要求，学院先后与13个企业共建实训中心。

（四）校企共赢，实现共同发展

学生受益：学生的综合职业素养得到全面提高。学徒班学生的能力受到企业认可和好评，多名学徒成为企业技术骨干和中层领导。学生参加企业技术考核通过率为100%。两名学徒荣获2016年全国职业技能大赛"电气设备安装与调试"二等奖，江苏省一等奖。

学校受益：本项目的实施，专兼"混编"师资团队教学水平得到极大的提高，与企业共建的实训基地节省了学院开支，校企共同编写教师手册、教学设计等教学文件，提升了双方的教学能力，整体提高了学院的人才培养质量。

企业受益：参与双元制人才培养的企业，提前渗透企业文化，择优选择员工，企业职工队伍稳定，为企业的快速发展注入活力。教师参与企业的技术研发，为企业解决技术难题，为企业的后续发展提供技术支持。

三、结束语

通过现代学徒制的实施，引入德国AHK双元制模式，学院提升了专业的教学能力，提高了人才培养质量，但学生受益面比较小、普适性不高等问题依然存在。通过后续不断总结，学院

将逐步推广该模式到学院的更多专业中，提高学校的整体办学水平。

参考文献

[1] 石伟平，徐国庆．世界职业技术教育体系的比较研究[J]．职教论坛．2004（1）：23-25．

[3] 赵鹏飞，陈秀虎．"现代学徒制"的实践与思考[J]．中国职业技术教育．2013（12）：38-44．

[3] 王丽敏．西方国家职业教育发展趋势研究[J]．职业时空．2006（12）：71-72．

[4] 贺国庆，刘向荣．西欧学徒制的历史演变及现代意义[J]．河北师范大学学报（教育科学版），2011（11）：66-70．

[5] 冯琳娜．德国职业教育质量保障机制研究[D]．西安：陕西师范大学，2010．

高职"学院+企业"双主体育人模式研究与实践

——以沙洲职业工学院数控技术专业"现代学徒制"实践为例

沙洲职业工学院　张福荣　陈在铁　章　勇

【摘　要】沙洲职业工学院数控技术专业秉承服务地方经济发展宗旨,以"厂中校"为载体搭建"学院+企业"双主体育人实践平台,践行"现代学徒制"育人模式,有效地保障了数控技术专业毕业学生职业技能与企业用工接轨。

【关键词】厂中校;双主体育人;校企合作;现代学徒制

随着经济结构转型,出现了企业"用工难"和高职院校"招生难"的尴尬局面,2014年国务院明确提出了"开展校企联合招生、联合培养的现代学徒制试点"。国家教育部门印发了《关于开展现代学徒制试点工作的意见》,对推进校企一体化育人提出了具体要求。沙洲职业工学院办学理念是"根植张家港、融合张家港、服务张家港",数控技术专业历史性地肩负着为地方培养技能型人才的使命。因此,搭建服务地方经济发展的"学院+企业"双主体育人平台,践行"现代学徒制"实习模式,成为数控技术专业技能型人才培养的重要课题。

一、以"厂中校"为载体,搭建"学院+企业"双主体育人平台

所谓双主体育人:培养在校学生是学校的天然使命,义不容辞;培养自身员工是企业的内在需求,责无旁贷。共同的职责使企业与学校共同成为技能型专门人才培养的主体,真正意义上实现企业与高职院校双主体育人[1]。建设"厂中校"生产性实习基地是搭建"学院+企业"双主体育人平台的基础。

(一)"厂中校"生产性实习教学体系的构建

沙洲职业工学院数控技术专业自2011年就积极主动与同行业的企业密切联系,分别与张家港冠联科技有限公司、苏州金鸿顺汽车部件股份有限公司、张家港长力机械有限公司等建立了校企合作办学关系,分别建立了"厂中校"生产性实习基地。"厂中校"生产性实习以符合学生认知规律为基石,分为三个层次[2]:基础训练、综合训练、顶岗实习。

1. 基础训练阶段

根据技能形成的内在规律,对专业课程采用工学结合、理实一体化的教学模式,充分考虑学生动手能力的培训,实习项目和实习模块开设时,做到从易到难、从简单到复杂、实践到理论再到实践。

2. 综合训练阶段

学校所培养的人才能否与企业对接,重要的环节是所采用的实习课程体系是否与企业适

应。学校结合企业生产功能的要求，将实习教学体系的设置与合作企业当前的生产任务相结合，从合作企业的当前生产任务中，提炼出有典型工作任务的项目整合到"厂中校"生产性实习教学内容中。

3. 顶岗实习阶段

学校根据用人单位的标准和岗位要求，与用人单位共同确立人才培养目标，构建课程体系，编制与企业相适应的教学大纲，制订并实施教学计划，实现人才的定向培养。

（二）"厂中校"建设有利于构建"学院+企业"育人共同体

学院数控技术专业通过"校企对接"[3]与企业建有的"厂中校"式校外实习基地不断增加，至今合作的单位主要有：张家港长力机械有限公司、张家港化工机械股份有限公司、苏州海陆重工机械股份有限公司、苏州金鸿顺汽车部件股份有限公司、苏州爱得科技发展股份有限公司、张家港港鹰实业有限公司、张家港中天精密模塑有限公司、江苏百得医疗器械有限公司、西马克技术（苏州）有限公司等。

学院数控技术专业通过"厂中校"的建立拓展校外实习基地，创建一种能够有效地促进"教与学"双向互动的社会职业情境，为地方数控技术专业技能型人才培养搭建"学院+企业"双主体育人平台，完全符合学院、学生和企业三方利益的共享。

从学院的角度出发，学院的最大利益是提高教学质量，使培养的人才得到社会的最大认可，使学生在浓厚的职业氛围中锻炼和培养自己胜任某职业岗位的能力；从学生的角度出发，学生的最大利益就是要使自己成为社会有用人才，使其人生价值得到最大的体现；从企业的角度出发，企业的最大利益是要获得自己想要的适用人才，增强其核心竞争力，实现利润最大化。

（三）"学院+企业"双主体育人平台特点

"厂中校"生产性实习基地，必须引入企业真实工作情境、文化氛围和管理模式，按照生产的工序流程来布置。以"厂中校"为载体，使学校的人才培养和企业的生产经营紧密结合，车间就是教室，师傅就是老师，实习就是生产，彻底解决职业教育脱离生产实际的问题。

依托"厂中校"搭建的"学院+企业"双主体育人平台具备以下特点：一是实习教学的生产性特点，学生参与到真实的生产过程中，学生的劳动结果包含产品；学生实习的同时，不耽误企业的生产，才能充分调动企业的积极性，实现学院和企业责、权、利相统一，实现共建、共享和共赢，保证"厂中校"建设的良性发展。二是指导学生实习的教师具备传授基本专业知识和指导学生具体操作的能力。学生进厂顶岗实习在企业专业技术人员的指导下，不但全方位地参与企业真实的技术管理、生产管理、质量管理及设备管理等，还要直接参与产品生产工艺的制订和现场的实际生产等。

二、以"现代学徒制"形式实践双主体育人模式

"厂中校"生产性实习基地是以产品为主要教学载体。所以，"厂中校"生产性实习基地的管理，不论是从满足仿真生产环境的教学要求，还是从实习基地自身的可持续发展要求，都必须走质量与效益并重的企业化管理之路，并且在管理过程中要能真正体现成本意识、安全意识。

（一）"现代学徒制"实习模式理论依据

现代学徒制是一种交替式学习和培训，学生在实习期间享受学徒工资，而且随着技能的进步工资也会逐步提高，所以做好"现代学徒制"有其必然性。现代学徒制是传统学徒制与职业教育制度的科学融合，突出体现在学生身份与学徒身份相互交替[4]，具体表现为：

一是现代学徒制通过学校与企业的深度合作，招工与招生同步进行，解决学生的员工身份

问题，校企共同完成对学生（员工）的培养。教师与师傅的联合传授，把传统的人才培养模式与现代职业教育结合起来，架起学校与行业之间的桥梁，使现代职业教育更具有社会性、实践性、专业性和操作性。

二是校企共同负责制订与实施培养方案，各司其职、各负其责、各专所长、分工合作。企业、学校和学生三者的关系和权益由法律合同保障。

三是"现代学徒制"实习模式课程标准是"学院+企业"双主体育人模式人才共育的指导性教学文件，是确定学生实习岗位、明确工作职责、顺利完成实习的重要指导资料，而企业师傅（工程师）是"现代学徒制"实习最为有效的人力资源保障。学院要求专业带头人和企业师傅（工程师）共同修订"现代学徒制"实习模式课程标准。

（二）"现代学徒制"利于双主体育人模式的实施

"现代学徒制"实习模式需要徒弟跟随师傅按照一定的合同结对的方式，在师傅的指导和影响下学得专业技能和情景智慧的培训模式。现代学徒制的众多种类都是以通过直接经验来学习专业技术为目的，由师傅和徒弟构成一种情感化的人际关系[4]。具体表现为：

（1）师傅带徒弟，实行一对一的、手把手的培训。主要通过案例教学进行单独讲授，在学中做，在做中学，做与学融为一体，潜移默化中培养了学生的职业技能。

（2）师傅言传加身教，使徒弟学习目的明确，学习效果最佳。在学习的过程中，形象思维占据主导地位，包含着大量的可供模仿的内容，使师傅所拥有的知识和经验能很好地传承下来，弥补一般培训脱离实践的不足之处。

（3）以培养学生技能为核心，徒弟在学习过程中，学习实际操作要领，生产出合格的产品。整个操作过程能验证徒弟的操作技术水平，操作过程中的技术含量决定着制造产品的价值质量[5]。

三、双主体"现代学徒制"育人模式实施保障

在搭建好"学院+企业"双主体育人平台的基础上，践行"现代学徒制"实习模式，能充分突显现代学徒制实习的优越性。学院和企业双方贯彻"人才共育"的合作原则，共同实践双主体育人平台中"现代学徒制"实习模式。

（一）企业与学院共同组建师徒班

"现代学徒制"实习模式的师傅由具有专业理论知识和丰富实践经验的"双师型"教师或企业师傅（工程师）共同组成，学院要求专业带头人和企业师傅（工程师）有效合理配置师徒班。师徒班的组建要做好以下两项工作：

1. 师徒班成员的选拔

践行"现代学徒制"实习模式最为紧缺的是师傅。这需要学院和企业双方建立既懂理论又懂实践的"双师型"教师队伍。职业院校教师主要是"学科型"教师，虽然他们的理论水平较高、教学能力较强，但多数未经过专门的职业技术培训，实践经验不足，动手能力较差。学院数控专业每年派出一名双师型教师和两名年轻任课教师到"厂中校"工作，与企业工程师共同担任双主体育人的师傅。因此，"现代学徒制"实习模式的师傅成员可以来自三个方面：一是企业不同生产线的管理者（包括经理、经理助理、班组长）；二是技术专家、工程师、专业技师；三是学院专业领域的带头人、下厂锻炼的任课教师。

2. 师徒班的师徒结对

践行"现代学徒制"实习模式最为关键的是师徒结对。结合企业生产客观性，学院要考虑

到企业一次容纳实习学生数量有限，不可能整班进入企业，采用先分批次后分组的方法。学院系部要做好学生入企实习前的教育工作，学生刚到"厂中校"实习时就要填写好"现代学徒制"实习"师傅—徒弟"结对登记表。明确师傅与学徒的资格要求、职责、师徒结对实施方法，以及学徒的考核鉴定方法，以加强对下厂实习学生的管理和考核。

（二）企业与学院共同设计岗位群

学生在企业不同岗位实习中，不再像传统的校企合作那样被安排在固定的岗位上进行单纯的技术操作，而是要经历企业整个流程的操作，因而还要有意识地让学生学会多岗位的技能，注重多岗位迁移能力培养[6]。

1. 安排学生进行多岗迁移实践

多岗迁移实践是企业为学生提供真实学习平台的有效途径。一个实习生（学徒或准员工），毕竟还是不能等同企业职工，离实现真正顶岗还需一段时间的适应期，因此，企业实习要结合学生的政治素质与身体素质，明确学生专业实习的实习目标、同时结合主要岗位、岗位职责、岗位要求、注意事项等制订岗位培养方案，并据此设计企业顶岗实习岗位群系列。到"厂中校"工作的教师为相应专业的专业课教师，既要指导学生的专业技术，加强对学生实习的技术指导，还要经常与多岗位迁移中的学生保持联系，以便加强对学生的督促、指导和管理。

2. 制订"现代学徒制"实习岗位考核方案

学院要求学生在"厂中校"实习过程中，按照统一的格式和内容撰写《岗位实习小结报告》。到"厂中校"工作的教师平时还要指导学生完成"岗位实习小结报告"，严格要求学生在撰写小结报告时，要结合岗位工作和专业实践，突出知识运用和技能训练的技术特色，并将工艺流程、设备运用、技术手段、基本工具、调整测试、质量控制、安全防范等内容写入《岗位实习小结报告》中。院系部通过检查学生的《岗位实习小结报告》将"现代学徒制"实习的工作岗位、工作内容、工作过程（流程）与所学专业知识的关系归档，结合实习学生的《岗位实习小结报告》下达毕业设计任务。这不但有利于学生多岗位迁移能力培养，更有利于"现代学徒制"实习模式的健康发展。

四、结语

沙洲职业工学院数控技术专业以"厂中校"为载体，搭建"学院+企业"双主体育人平台，数控技术专业践行"现代学徒制"实习模式，有针对性地让学生走上实习岗位，学生毕业则就业。有效地缓解了企业"用工难"和学院"招生难"的尴尬局面，真正实现了学院、学生和企业三方利益共享。

参考文献

[1] 郭全洲，谭立群．中国特色现代学徒制基本框架及运行机制研究[J]．河北师范大学学报（教育科学版），2014（6）．

[2] 童云飞，等．基于校企合作培养高职学生职业素质的探索与实践[J]．中国职业技术教育，2010（29）．

[3] 李海燕．基于高职院校视域的校企合作政策环境研究[J]．重庆电子工程职业学院学报，2012（1）．

[4] 李瑞荣，王韶清，蔡琴生．铁路机车专业在企业实习中开展现代学徒制的实践[J]．职业教育研究，2008（8）：114-115．

[5] 张福荣，缪建成，王强．高职"学院+企业"双主体实习模式的研究与实践——数控技术专业实习形式企业化和实习内容产品化的实践[J]．现代企业教育：中国现代教育装备，2012-12-23．

[6] 张福荣．高职数控技术专业校企一体"紧密型"合作办学探索与实践[J]．中国现代教育装备，2014（11）．

"校企合作、赛考促学、课证融通"中高职衔接培养技术技能人才的探索与实践

沙洲职业工学院　陈在铁

张家港中等专业学校　刘秀萍

【摘　要】校企紧密合作，通过课证融通实施高职学历证书、高技能证书双证齐全方能毕业的"双高证书"制度，落实了培养技术技能人才对技能的高起点基本要求；校企合作，激励与指导学生参加省、全国技能大赛培养一批省市级、国家级学生技能标兵，实现高职杰出人才培养目标；师生合作互动备赛、备考，促进了教学相长。

【关键词】校企结合；赛考促学；课证融通；教学相长

一、引言

"校企合作"指在中高职衔接试点项目实施过程中，企业参与技术技能人才培养的全过程，即合作企业选派企业负责人、人力资源经理等参与组成中高职衔接专业教学指导委员会，选派技术技能骨干、经营管理专家担任兼职专业带头人、兼职教师；行业企业专家参与中高职衔接专业设置与招生规模论证，参与确定专业主要就业岗位核心技能及岗位职业资格标准等；专兼职教师合作制定专业人才培养方案，构建中高职衔接贯通一体化设计的专业课程体系，定期对中高职衔接专业教学过程、人才培养质量进行评价并提出改进意见，促进中高职衔接专业设置与产业发展深度融合、专业建设目标与行业发展水平同步；企业兼职教师承担中高职衔接专业课程学时比例达到30%，其中顶岗实习等实践性环节基本由兼职教师承担。

"赛考促学"指中高职衔接专业2012年试点即明确实施设考专业学生必须考取中、高级技能证书方能中、高职毕业的"双（高）证书"制度，实施考取高级技能证书奖励制度，确保实现技术技能人才必须具备高技能的培养目标；构建院系、学校、省市、全国四级技能大赛体系，明确中高职学生必须参加专业系举办的技能竞赛，鼓励学生参加校、省市、全国技能大赛选拔，出台中高职衔接学生参加省市、全国技能大赛获奖奖励制度，重点培养一批省市、全国技能大赛标兵、杰出毕业生。

"课证融通"指将中高职衔接专业核心技能对应的中高级技能证书考证、职业技能大赛必需的理论与技能训练要求纳入专业核心课程的教学标准，考取中高级技能证书、技能大赛获奖可抵充相应课程，力争中高职衔接专业课与国际通用职业资格证书对接比例达到20%。学校出台学生参加创新创业比赛、技能大赛等获奖奖励、抵充课程学分、增加课程学分绩点并颁发奖赛金等政策。[1]

学生通过考取高级技能证书满足培养技术技能人才对技能的高起点基本要求，通过参加技能大赛等培养一批省市级、国家级学生技能标兵、杰出毕业生；教师通过深入行业企业生产和管理岗位等挂职锻炼积极获取专业实践教学必须的高级工、技师、工程师等技能证书或国际通用职业

资格证书，争做国家职业技能鉴定中高级考评员，通过担任学生技能大赛裁判或指导教师将学生技能大赛内容等引入课程标准，通过积极参加省级、国家级信息化教学比赛等熟练掌握利用信息技术提高教学与技能训练效果，培养一批胜任课堂教学、实践教学、指导学生技能训练与技能大赛的名教师，培养更高质量的技术技能人才，实现师生互相促进，达到教学相长。

二、实施方案与政策措施

沙洲职业工学院、张家港中等专业学校从2012年起，在规定聘请行业、企业的人力资源经理、技术技能骨干、经营管理专家以及人才中心主任等机构中担任各专业指导委员会委员、专业兼职带头人和兼职教师，从制度上保证行业、企业始终参与专业设置论证、参与确定专业核心技能、参与制定专业人才培养方案和构建基于真实工作过程的专业课程体系等，保证了技术技能人才培养过程中企业全程、全方位参与，做到产学深度融合。

沙洲职业工学院与张家港中等专业学校协商确定，在机械制造与自动化等中高职衔接专业2012级人才培养方案中，明确学生在中职阶段必须考取中级工、高职阶段必须考取高级工方能毕业的"双（高）证书"制度；2012年校企合作实施对考取高级技能证书的学生每证奖励500元的配套激励政策。

2013年试行、2015年重新修订的《沙洲职业工学院学生参赛管理办法》（沙工【2013】23号、沙工教【2015】58号），对中高职学生参加创新创业比赛、职业技能大赛、知识竞赛等获奖者进行奖励，具体标准如下：

	奖项级别	国家级	省级
个人获奖	一等奖	12 000	2 000
	二等奖	6 000	1 000
	三等奖	3 000	500
	奖项级别	国家级	省级
团队获奖	一等奖	36 000	6 000
	二等奖	18 000	3 000
	三等奖	9 000	1 500

对在省级以上竞赛中获奖的学生，国家级一等奖、二等奖、三等奖、省级一等奖、二等奖、三等奖分别奖励12、10、8、6、4、2学分，可以抵充实践类课程学分；另外在当年综合测评分别加6、5、4、3、2、1分；对于本年度获得最高等级奖（不低于省级一等奖）的首席指导教师当年考核为优，优先申报市级以上先进或劳模，符合条件的教师优先申报和评定职称。沙洲职业工学院教师工作量奖励办法》（沙工【2013】24号）对指导学生参加竞赛获奖的教师按国家级：一等奖200分、二等奖120分、三等奖100分；省级：一等奖100分、二等奖60分、三等奖20分奖励工作量。

《沙洲职业工学院推荐晋升副高专业技术职务暂行办法（试行）》（沙工职改【2014】4号）明确推荐讲师申报副教授必须有指导学生技能大赛获不低于省一等奖2项的条件。

三、实践成效与辐射推广

（一）推行"双（高）证书"制度、高技能考证奖励政策成效显著

2012级中高职衔接专业转入沙洲职业工学院的机械制造与自动化专业学生高级工证书一次获取率100%，有力提升了学生毕业时的就业竞争力，在全省高职院校处于领先地位，相关典型案例入选江苏省高等职业教育质量年度报告（2015）。

（二）构建"校、市、省、国家"四级学生技能大赛选拔与备赛机制成效凸显

国赛、省赛获奖等级与数量名列中高职院校前茅，张家港中等专业学校、沙洲职业工学院

被评为江苏省职业院校技能大赛先进单位。在学院对学生参赛获奖奖励抵充学分、学分绩点以及颁发奖赛金，对教师指导学生参赛获奖奖励教学与教改工作量、优先推荐年度考核优秀、优先参评先进个人与劳模、优先推荐申报与评定高级职称等一系列激励政策，以及用人单位倍加青睐省、国家技能大赛一等奖获奖学生等就业形势共同影响下，学生在校期间至少参加学院举办的专业核心技能竞赛，积极参加张家港市"行行出状元"技能大赛、省教育厅、教育部举办的创新创业比赛、技能大赛、知识竞赛等选拔工作。一旦入选省市、国家竞赛团队，学生与指导教师团结协作、自加压力、夜以继日、积极备赛，使得省、国家级比赛获奖等级、数量连续多年打破上年记录。4年来专兼职教师共同指导中高职衔接专业学生获全国职业院校学生技能大赛一等奖4项、三等奖2项、中国大学生服务外包创新创业大赛三等奖1项、省高职技能大赛一等奖4项，5位学生评为省职业院校学生技能标兵。

沙洲职业工学院、张家港市中等专业学校通过鼓励参加教学比赛、担任国家职业技能鉴定高级考评员、指导技能大赛或担任裁判，培养了一批省内、国内有较大影响，擅长课堂教学并能教学比赛获奖、精通专业技能操作并能出色指导实训、热心技能大赛并能胜任技能大赛指导或裁判的"三能型"教师，促进了教学相长，为提升技术技能人才培养质量提供了一流师资保障。近2年，沙工教师获全国高职院校信息化教学大赛一等奖3项，获省赛一等奖4项，获奖成绩在全省高职院校处于领先地位。根据省教育厅文件《关于表彰全国及全省职业院校技能大赛和信息化教学大赛先进单位和先进个人的决定》（苏教职技组〔2015〕1号），沙洲职业工学院被评为2014年江苏省职业院校信息化教学大赛先进单位，颜晓青、于勤等8位教师被评为2014年省职业院校信息化教学大赛先进个人，李志梅等8位教师被评为2015年省职业院校技能大赛优秀指导教师；教师李志梅、赵媛媛、董袁泉、陈立平获"全国职业院校技能大赛优秀指导教师"奖。教师张福荣连续2年被聘为全国职业院校技能大赛及江苏选拔赛裁判，教师李志梅、魏本建、王菊萍、王强受聘省级技能大赛裁判；一大批教师成为国家职业技能鉴定中级考评员，其中张兴才等11位教师成为国家职业技能鉴定高级考评员。

近年来有20多所高职院校来沙洲职业工学院取经学习后，逐步探索实施"双高证书制度"；省教育厅则要求，中高职衔接转段高职从2015级起设考高级技能证书专业学生必须取得高级技能证书方能毕业；沙洲职业工学院奖励师生参赛、学生考证等激励政策的部分或者全部内容已被无锡科技职业学院、连云港职业技术学院、健雄职业技术学院、苏州信息职业技术学院、泰州职业技术学院、江阴职业技术学院、江苏农牧职业学院、苏州职业大学等院校不同程度参考执行。

四、结语

培养更高质量的技术技能人才是高职院校加强内涵建设的关键指标。技术技能人才培养质量需要通过得到广泛认可的第三方评价标准来衡量，其中技能方面水平可以通过获取国家职业资格或技能证书、参加省级、国家级技能大赛、创新创业比赛获奖来体现。设考专业学生实施"双高证书"毕业制度落实了培养技术技能人才对技能的高起点基本要求；通过学生在教师指导下参加省、全国技能大赛培养一批省市级、国家级学生技能标兵、杰出毕业生，为学校争得了荣誉。通过教师积极参加省级、国家级信息化教学比赛等熟练掌握利用信息技术提高教学与技能训练效果，培养一批胜任课堂教学、实践教学、指导学生技能训练与技能大赛的名教师，培养更高质量的技术技能人才，实现师生互相促进，达到教学相长。

参考文献

[1] 胡海.论提高高职课程教学质量的基石——课证融通[J].江西教育学院学报，2012，33（3）：185-186.

基于"现代学徒制"的制造类高职专业人才培养模式的探索与实践

沙洲职业工学院　张福荣　章　勇　陈在铁

【摘　要】"现代学徒制"是高等职业教育"工学结合"教育模式的一种实现形式，是"校企合作"人才培养工作的进一步深化。伴随着"中国制造2025"的实施，企业对从业人员提出了更高要求。沙洲职业工学院根据学院人才培养模式改革发展需要，以建立机制、创新模式、搭建平台、寻求项目为突破口，对制造类专业"现代学徒制"人才培养模式进行了探索与实践，并取得一定成效。

【关键词】现代学徒制；校企合作；工学结合

一、背景

（一）高等职业教育人才质量的提升，必须走"工学结合"之路

2012年3月教育部职业教育与成人教育司在浙江湖州召开的"中国特色现代学徒制试点方案研讨会"上指出，"现代学徒制"是高等职业教育工学结合教育模式的一种实现形式，是"校企合作"人才培养工作的进一步深化。教育部副部长鲁昕在多个场合说过，学徒制肯定是产业升级的一种人才培养模式，是提升企业核心竞争力、发展现代产业的人才培养模式。

（二）高等职业教育必须与区域经济发展相适应

张家港市以钢铁冶炼为主导的经济发展模式正在转型，钢铁企业面临着产品转型、技术改造升级的突出问题，同时伴随着"中国制造2025"的实施，目前许多智能装备制造类企业到张家港投资，企业对从业人员提出了更高的要求。为适应区域经济转型升级趋势，学院必须创新人才培养模式，培养大批高素质高技术技能型人才才能满足企业需求。

（三）机械制造类专业在现有体制机制下，存在着突出的问题

机械制造类专业需要大量生产性实训设备，资金筹措难度大，造成适应新型工业化要求的先进生产性教学设备不足，仅靠政府或学院投入难以解决，单靠企业直接出人、出钱、出设备也存在着体制障碍；寻找适合开展生产性实训的产品载体难度大；教师的工程实践能力较差，新工艺、新技术的推广应用能力不够，工艺创新和新产品试制能力不足；学生专业基础知识不够系统、实践技能训练不够过硬，职业素质亟待提高，创新能力不够，适应产品换代升级的能力不足；学生再学习能力不强，持续发展能力不足。

针对以上问题，沙洲职业工学院根据学院人才培养模式改革发展需要，以建立机制、创新模式、搭建平台、寻求项目为突破口，探索基于"现代学徒制"的制造类高职专业人才培养模式，以适应产业转型升级对高职人才培养的需求。

二、"现代学徒制"人才培养模式实践探索

（一）主要目标

1．建立校企深度融合机制

发挥政府职能，形成政、产、教、学、用相结合的机制，在政府的引领下，学院与企业形成合作共建、共享共赢机制，充分整合企业人力、设备资源，从根本上解决实施"现代学徒制"的条件保障问题。

2．校企合作搭建校内外生产实训平台

按照"校中厂"模式引入企业文化、车间制度、工艺规范、典型产品、兼职"师傅"，建立校内教学型实习工厂，按照"厂中校"模式建立校外实训基地。共享企业人力、设备、产品生产资源，搭建适应"现代学徒制"要求的实训平台。建立教师深入企业实践制度，从根本上解决"双师型"教师队伍结构，提升教师为企业服务的能力。

3．探索并形成具有区域特色的"现代学徒制"人才培养模式

依托"机制"和"平台"，探索并形成具有区域特色的"现代学徒制"人才培养模式。学生在课堂聆听教师的讲解、在实训平台拜师学艺，学生既是学员、也是企业准员工；教师在课堂上是老师、在实训场所是企业员工；企业员工既是师傅、又是老师；真正实现学校教师、企业员工的角色互换，组成由学校和企业双主体育人共同体，实现双赢的战略构想。

4．校企合作开发"现代学徒制"培训资源

校企合作确定"现代学徒制"的培训内容、培训安排，修改完善专业学徒制人才培养方案，开发有特色的培训教材。

（二）举措及取得成效

1．建机制、搭平台，创新并实践"现代学徒制"人才培养模式

"现代学徒制"是产教融合的基本制度载体和有效实现形式，它是通过校企合作与教师、师傅联合传授，对学生以技能培养为主的现代人才培养模式。结合学院实际情况采用沙工东力式的"校中厂"和金鸿顺班式的"厂中校"的"现代学徒制"人才培养模式。学校与企业共同制订教学计划，学生自主选择"校中厂"或"厂中校"实习，并与企业签订实习协议，校企双方共同担负人才培养任务；专业教学与现场实践紧密结合，按国家有关职业资格证书制度标准进行，纳入国家职业培训体系。

2．依托平台、强化教师能力

"双师型"教师队伍建设是我国现阶段职教师资队伍建设工作的主题。《国家中长期教育改革和发展规划纲要（2010—2020年）》明确指出"以双师型教师为重点，加强职业院校教师队伍建设"。学院的青年教师大多来自于工科大学的硕士和博士研究生，有较深的理论功底，但没有经过系统教育理论的培训，教学把控能力不强；没经过企业锻炼，操作和动手能力较弱，与现代高职院校"双师型"教师要求还有较大的距离。学院实施了"学院+企业"师徒结对的培养模式，充分利用本校和本地企业现有的资源，对青年教师的教学能力和实践能力进行针对性的培养。几年来，教师先后完成了"动物尸体粉碎机""汽车锂电池组的设计开发""圆盘剪剪切能力开发研究"和"特高压线卡安装钳"等横向课题，提升了教师服务企业的能力。2013年获《全国职业院校现代制造及自动化技术教师大赛》高职组"数控加工中心装调与维修"比赛一等奖。2015年"GF加工杯"全国职业院校模具技能比赛教师组微

课赛项获二等奖 ；2013年"全国机械职业院校实践性教学成果"获一等奖，提高了教师的教学设计和教学能力。

3．依托平台、提升学生技能和强化职业素养

"沙工东力校中厂"是把企业生产分成龙门加工中心、卧加加工中心、数控镗铣床、数控立车、立式加工中心和项目管理6个岗位，由六个部门经理负责，根据生产岗位开发6门课程，把到企业顶岗实践的学生分成6个小组。"沙工东力校中厂"把顶岗实践分成两个阶段：第一阶段轮岗，时长两个月，由各部门经理直接任师傅。第二阶段为定岗，先是各部门经理根据轮岗的学生表现和学生自愿双向选择。

校企合作成立"金鸿顺厂中校"组织机构，负责制订学生实习、就业及其他校企合作计划，并组织实施。引入行业企业技术标准，共同开发专业课程和教学资源；共同指导学生实习实训和就业，形成人才共育、过程共管、成果共享、责任共担的紧密型校企合作机制。根据企业需求，对学徒制学生分成了设计部、机械加工部、模具部和项目部。校企双方讨论制订针对各岗位所需进行理论授课、技能训练和顶岗实践。校企双方鼓励技术能手并加以重奖，优先录用晋级。学生学习积极性大为提高。

在基于以上两种模式的实践中，学生技能水平得到了很大的提高，并在技能大赛中取得了一定的成果。2013年学生获"凯达杯"全国职业院校模具技能大赛冲压拉延模CAD/CAE比赛二等奖；2014年学生获江苏省高等职业院校"自动化生产线安装与调试"技能大赛一等奖。2015年学生参加教育部主办的全国职业院校技能大赛高职组"自动化生产线安装与调试"赛项，获一等奖。2016年高等职业院校技能大赛"亚龙杯"自动化生产线安装与调试一等奖。2016年学生获省高等职业院校技能大赛"注塑模具CAD/CAE/CAM及注塑成型"赛项三等奖。

4．形成一批符合区域经济发展，具有鲜明"现代学徒制"特色的教学资源

与东力控股集团有限公司校企共同开发了《机械零件的数控车削加工》和《机械零件的数控铣与加工中心加工》双证融通教材；与苏州金鸿顺汽车部件股份有限公司和南通中天模塑有限公司共同开发了《冲压成形工艺与模具设计》和《塑料模具设计项目教程》项目驱动教材。数字化加工多媒体课件在2013年获江苏省高校优秀多媒体课件二等奖。2014年获省高校优秀毕业设计三等奖两项，2015年获省高校优秀毕业设计二等奖两项。

（三）特色

基于"现代学徒制"的制造类高职专业人才培养模式的实践，具有以下特色：形成了政府指导、行业引领、校企合作、产教融合的长效机制，构建了"学院+企业"双主体育人的"现代学徒制"人才培养模式，促进了教学内容与实际工作内容的无缝对接，建立了"校中厂""厂中校"模式的实训平台，为教师提供了锻炼平台，为学生提供了企业真实的实训场景，为实现角色互换奠定了基础。

三、结语

基于"现代学徒制"的制造类高职专业人才培养模式的实践与探索，虽然取得了一定的成绩，但我们也要看到，高职院校若要成功的推行现代学徒制还有一定的路要走。比如，针对到企业锻炼的教师，如何构建对他们激励性的制度保障，切实解决"教学"与"锻炼"的矛盾关系，以及如何做好"学生"与"学徒"的评价管理工作等。

参考文献

[1] 李梦卿，等．"双师型"视阈下职教师资培训工作发展研究[C]．//中国职业技术教育学会．中国职业技术教育学会 2014 年学术年会论文集．北京：人民教育出版社，2015．

[2] 游美琴．现代学徒制与高职校本教师专业发展教师博览[J]．教师博览：科研版，2014（5）．

[3] 李海燕．基于高职院校视域的校企合作政策环境研究[J]．重庆电子工程职业学院学报，2012（1）．

[4] 郭全洲，谭立群．中国特色现代学徒制基本框架及运行机制研究[J]．河北师范大学学报（教育科学版），2014．

[5] 李瑞荣，王韶清，蔡琴生．铁路机车专业在企业实训中开展现代学徒制的实践[J]．职业教育研究，2008（8）．

[6] 张福荣．高职数控技术专业校企一体化"紧密型"合作办学探索与实践[J]．中国现代教育装备，2014（11）．

[7] 张福荣，缪建成，王强．高职"学院+企业"双主体实训模式的研究与实践[J]．现代企业教育，2012（24）．

基于现代学徒制的校企合作模式研究

湖南机电职业技术学院　罗建辉　霍览宇　伍东亮　许　欢　邓孝龙

【摘　要】本文以湖南机电职业技术学院和湖南宇环智能装备有限公司的深度合作为样本，进行了基于现代学徒制的校企合作模式研究，形成独特的人才培养方案，为现代学徒制校企合作的实施提供依据。

【关键词】现代学徒制；校企合作；人才培养

一、现代学徒制与校企合作

（一）对"现代"和"学徒制"的理解

"现代"代表的是随着工业化进程，生产力得到显著的提高，生产方式也发生了质的改变，传统的学徒制在促进人的发展等方面受到瓶颈。近年来，国家和社会对职业教育有了重新认识，但是职业教育和本科院校仍然存在理论和实践脱节的现象，在这种情况下，便产生了"现代学徒制"。

"学徒制"是指通过实际生产手把手教授学徒生产技能的方法。从根本上来说，现代学徒制和传统学徒制是一样的，双方身份都是师傅和徒弟的关系，同时都是强调"在动手中学、在学习中动手"，但是现代学徒制的制度以及师生关系还是发生了很大的变化。[1]

（二）校企合作

我国经济发展正处于转型阶段，正全力从制造业大国向制造业强国转型，并制订了"中国制造2025"战略计划，因此，今后企业不单纯需要技术工人，更需要的是具有终身学习能力的技术技能人才。这样使得职业教育受到国家层面的重视，同时校企合作模式培养人才更需要经受考验，这也使得校企合作模式需要与时俱进，适应社会发展需要，培育出一批能为区域经济做出贡献的人才[2]。

1. 高职教育校企合作形式

按照"工作""学习"时间点结合分类，分为工学交替和工学并行模式；按照合作就业方式划分，分为"订单"模式、定向培养模式和预就业模式。[3]

2. 校企合作模式优缺点

工学交替优点：毕业之前将学生和就业结合，能够在就业时实现双向选择；让学生知道所学专业今后的就业情况以及发展前景，提高学生学习积极性；让学生提前感受企业文化，增加学生职业素养。工学交替缺点[4]：理论与实践结合紧密度不够，企业存在顾虑，积极性不高。

工学并行优点[5]：课程与实践并行，学生能学到更多的先进技术；项目式教学，培养学生创新意识；校企融合将企业中优秀的管理模式引入，更好地引导教学的进行。缺点：项目式教学任务完成灵活度不好把握；企业实践环节不如工学交替真实，很多都是流于形式。

订单式优点：能够准确把握市场用人需要，人才培养针对性强；课程设置职业性明显，理论与实践有机结合；校企共同制订人才培养方案，学生专业素质、技能水平提升快。缺点：订单变化对企业用人需求有变化；培养模式一定程度上阻碍了学习积极性。

定向培养优点[6]：能够一定程度缓解教育不公平现状，让欠发达地区学生有学可上；一定程度解决艰苦企业找不到好员工的窘境。缺点：部分学生不能顺利毕业，影响企业用人需求；存在毕业生违约的情况。

预就业模式优点[7]：企业对人才培养介入较深，更利于学生素质的培育；学生在学校所学技能能够在毕业后直接应用。缺点：不同企业对人才技能需求不同，教学计划、大纲等的制订和实施较困难；学生没有就业压力，组织教学管理等方面困难较大。

二、我校的现代学徒制试点工作实施

我校选择了湖南科瑞特科技股份有限公司（以下简称科瑞特）和湖南宇环智能装备有限公司（以下简称宇环智能）作为合作公司，两家企业都是湖南机器人行业的优秀者，但是业务侧重点不同，宇环智能偏重于生产，科瑞特侧重于设计研发，这也让学生有更多的选择机会。

（一）培养方案

现代学徒制的主体既包括学校也包括企业，在培养方案的制订上也需要考虑到二者不同的属性。学习课程应该包括校内学习和校外学习两个部分，着重培养学生创新创业能力。校内学习的课程包括选修和必修课，校外课程主要包括专业课程和企业专业技术课程，这些课程直接与生产技能相关联，将工作岗位技能有机融入课程中。同时，现代学徒制是一种跨界教育，属于传统学校教育和企业带徒学习有机融合的人才培养模式，师资队伍既包括学校专业教师也包括企业技术骨干，简称双导师制。双导师中的专业教师理论基础较高，企业技术骨干实践能力较强，二者可以取长补短，更好地进行教学。

（二）教学模式

在项目启动之前，学校领导与学生进行了见面会，专门解答学生的各种疑问，从而将现代学徒制与顶岗实习进行了区分。学生是以学徒的身份进入合作企业，对每个学生分配师傅，师傅都是企业里专业的工程师。与此同时，学校选派专业教师，同学生一同进入企业，和学生一起生活、工作、学习。在企业工作的同时，每周都会安排4小时，由专业老师安排，用来讲解学生在企业工作岗位上遇到的技术问题，让学生真正地在实践中学习。另外，考虑到学生在企业进行的生产劳动，学校给每个学生一定额度的生活补贴，让学生无后顾之忧。

（三）学生管理

根据学生自愿申请，结合自己兴趣爱好以及今后希望的发展方向，对机器人1401班的24名同学进行了企业分配，其中8名同学去宇环智能，16名同学去科瑞特。对带徒弟的，师傅让企业根据生产要求给予适当弹性，让师傅有更多的时间教学生技术问题。一起下企业实习的专业老师，24小时和学生在一起，同时定期组织文娱活动，丰富大家的闲余生活。

（四）奖罚方面

考虑到学生可能把在校学习期间养成的懒散习惯带到企业，学校和企业达成一致决定，规定学生在企业期间和员工作息时间完全一致，按照工作时间每天按时打卡上下班。如果出现无故旷工、迟到、早退等现象，处罚力度和正式员工一视同仁，如果屡次不改，达到一定次数，企业有权将学生退回学校。一旦出现学生被企业退回的例子，学校将给予留级的处分。同时，在企业表现好的学生，企业会给予一定的物质奖励。另外规定，凡是在企业获得奖励的同学，大三毕业时企业可以优先聘用，同时给予少一个月试用期的奖励。

（五）校企合作方面

湖南宇环智能装备有限公司和湖南机电职业技术学院签订了相关的技术协议、人才培养方案协议、学生管理协议等。相关协议规定了企业培养学生及教师的责任和义务，学生在企业期间，企业指派技术骨干单独培养，让学生选定有兴趣的工作岗位，企业师傅每天分配给学生一定量的工作任务，同时每月进行考核。

湖南机电职业技术学院选派的专业教师分配到企业的研发部，参与学校与企业合作的平面精加工精密工艺生产线的研发项目中。老师在整个生产线研发过程中全程参与，掌握了整个生产线的流程、研发细节，将整个生产线设计出一套完整的项目教学课程。

学院与企业合作申办机器人学院，办学地点在学校。企业负责整个学院的运营，聘请学校专业教师进行教学工作，教学的对象主要是企业生产一线的技能工人以及其他社会成员。

三、现代学徒制校企合作模式存在的问题及建议

我校现代学徒制取得了许多成绩，同样在实施的过程中也暴露了一些问题。

（一）企业选择

学徒制进行过程中，学生学习还是遇到了一些瓶颈。如，宇环智能的学生平时和师傅一起学习生产、装配线的技术，每周三、周五的下午进行理论学习，由于硬件条件有限，公司没有专门的电脑实训室，一些在企业中常用到的绘图软件——Solidworks，Autocad等不能上机实际操作。因此在选择学徒制试点企业时应该多考虑他们的硬件条件是否满足学生学习的要求。

（二）企业执行

在项目实施之初，企业下大力度进行相关工作部署，但是实施的过程缺乏监督，也缺少对学校的反馈，导致到了中后期整个工作处于无人管理的处境。整个项目实施过程中，应该由学校进行监督、监控，明确负责人，每个学生都由一个企业员工负责考勤、工作任务分配、技术技能教授以及考核等。

（三）学生管理

学徒制开展过程中，公司帮助学校管理学生的同时，还安排工程师或者工人教学生相关技术。另外，参与学徒制的是大二学生，学习几个月后，都是一定会回学校的，不同于顶岗实习的大三学生绝大部分都想毕业后留下来。这样一定程度上会影响企业生产进度，从企业角度来讲，付出得更多，得到的会更少，企业的积极性不高。对于学生，企业不给予学徒制学生工资，一定程度上打击了学生的积极性。因为学生平时进行生产时，他们所担负的工作量、工作强度与顶岗实习生差别不大，却不能像顶岗实习生一样拿实习工资。另外，学生在企业和正式员工一样都是按照企业作息时间打卡上下班，企业有一定的工作量，时间上没有学校学习那么弹性，学生不能适应，导致工作积极性不高。

（四）教学安排

职业教育相比本科教育最大的优势在于职业院校在安排学生教学上实际操作环节占据更大比重。此次学徒制安排的专业是工业机器人，工业机器人专业学习的主要理论知识就是KUKA机器人编程学习、PLC编程学习等。在企业主要讲授生产工业机械手零部件的相关技术，而且重复性较高。学生没有进入技术部和研发部的机会，与学生预期有较大落差。企业应该给予学

生足够的信任与机会，使其通过竞争争取进入技术部门。

四、总结

现代学徒制是近年来高职院校重点研究的课题之一，整个大环境下的发展对今后高职教育都具有很重要的影响，学校在研究现代学徒制校企合作相关问题时，需要结合学校与企业自身特点，迎合时代发展趋势，才能做出具有实际意义的课题。

参考文献

[1] 胡秀锦．现代学徒制人才培养模式研究[J]．河北师范大学学报，2009（3）．
[2] 王洪斌，鲁婉玉．"现代学徒制"我国高职人才培养的新出路[J]．现代教育管理，2010（11）．
[3] 冯克江．关于现代学徒制研究文献综述[J]．辽宁高职学报．2014（7）．
[4] 谢淑润，夏栋．现代学徒制与我国职业教育人才培养模式创新[J]．继续教育研究，2013（8）．
[5] 克炜，夏娟．现代学徒制在我校电子商务专业人才培养中的应用探索[J]．电子测试，2013（7）．
[6] 施刚钢，柳靖．试析中国学徒制中师徒关系的变化[J]．职教通讯，2013（25）．
[7] 刘群，元梅竹．现代学徒制的几种基本模式研究[J]．武汉船舶职业技术学院学报，2013（6）．
[8] 郭全洲，李晔，王惠霞．中国特色现代学徒制人才培养模式研究——湖北省发展现代学徒制职业教育模式的框架及实施对策[J]．石家庄职业技术学院学报，2013（25）．

基于工业机器人专业的校企合作人才培养研究

湖南机电职业技术学院 施 佳 张 华 霍览宇

【摘 要】目前，我国成为工业机器人增长最快的国家，未来工业机器人行业可能会迎来井喷式的发展。为了产业转型升级以及适应市场的发展需求，不少高职院校都开设了工业机器人这一新兴专业。近年来，湖南机电职业技术学院对工业机器人专业开展校企合作人才培养进行了探索，取得了一定成效。

【关键词】工业机器人；校企合作；人才培养

随着科学技术的进步，工业机器人应用范围越来越广泛，促进了工业机器人开发和利用，并催生了跟工业机器人相关的工作岗位：比如机器研发人员、机器维修人员、机器操作人员。许多高职院校也紧跟社会发展的需求，开设了工业机器人这个专业。然而，作为一个全新的专业，在实际教学过程中还面临很多问题。因此，不少高职院校采取校企合作的方式，发挥各自优势，共同制订人才培养计划，共同进行人才培养。

一、工业机器人行业特点与现状

（一）工业机器人专业的特点

工业机器人专业具有应用范围广、实践性强、涉及的学科内容多等特点。除了传统机械学，还有现代微电子学。尤其是第三代机器人不仅具有获取外部信息的传感器，还要有记忆能力、图像识别能力、语言理解能力、推理判断能力，与计算机技术紧密相连。随着工业机器人的发展，机器人的应用范围越来越广泛，它应用在制造、安装、包装、检测、物流等各个生产环节，并应用在汽车、轨道交通、电力、军工、医药等众多领域。工业机器人在结构上是模拟人的行为模式，然后通过电脑控制，它的实践性非常强。

（二）工业机器人行业现状

随着科技的发展，工业机器人的智能化水平提高，工业机器人的应用范围越来越广泛，已经从传统的汽车制造业推广到其他行业。相关数据显示，全世界大约有100万机器人在辛勤的劳动，尤其是一些工作环境比较危险的工作，机器人的应用很普遍。目前，我们国家机器人研发和应用的单位超过200家。当前国家经济正处于转型升级中，将由过去的粗放型经济增长模式逐渐向集约化、规模化方向发展，中国制造业开始向中国智造转变。未来机器人作为高端智能产品，它将是推动中国制造业产业升级的引擎。[1]2012年，国务院将工业机器人等制造产业列为国家战略性新兴产业，同年科技部出台了《智能智造科技发展的"十二五"专项规划》《服务机器人科技发展专项规划》，明确提出要重点培育工业和服务机器人等新兴产业，在中国发展一批智能化装备企业。近年来，中国工业机器人发展热潮带动了机器人产业园的建设，上海、天津、青岛、重等地先后建设了机器人产业园。工业机器人的发展亟须大量高素质高技能的专业人才。

二、工业机器人专业的校企合作意义

（一）有利于高职院校的发展

目前，大多数高职院校沿用的仍然是计划体制下的人才培养模式。专业招生计划由教育部门和学校共同制订；培养目标不明确，学生定位不准确；课程体系不完善，没有构建全面的课程体系；课程内容陈旧，常常与市场脱节；教学以传统填鸭式教学方式为主，教学方法和教学内容呆板，无法激发学生的学习积极性；缺乏全面、科学规范的学生考核体系。这种人才培养模式培养出来的学生大多数是千篇一律，无法满足企业多元化的发展需求。校企合作能够激发学校的生机与活力，使学校能够及时了解市场需求，将理论知识与实践有效地结合，提高人才培养质量，有利于高职院校的发展。

（二）有利于学生、学校、企业和社会的共同发展

开展校企合作，有利于学生、学校、企业和社会的共同发展。对学生来说，高校毕业生规模不断增长。2014年全国高校毕业生727万，2015年在2014年的基础上再增加了22万，达到了747万人。很多学生毕业就面临失业的风险，就业压力越来越大。校企合作有利于学生综合素质的发展和竞争力的提高。工业机器人专业，应用性比较强，学校本身缺乏一定的实训条件和基础，通过校企合作，学校和企业共同搭建实训平台，为学生创造动手的条件；企业参与校企合作的内在动力源于经济利益的驱动，特别是如今在我国经济转型的压力下，人才缺口成为制约企业转型的重要因素，通过这种校企合作方式，企业可以定向培养相关的人才，满足企业对人才的需求；高职院校参与校企合作的内在动力除了追求经济利益，还要追求一定的社会效益，通过校企合作的方式，学校能够提高自身的科研水平，谋求学校自身的发展。[2]

三、校企合作的办学模式

（一）现代学徒制

现代学徒制是一种学校和企业共同推进的育人模式，教育对象可以是学生，也可以是企业员工。企业参与学校人才培养的全过程，学校设置专业与产业需求对口，教学内容与岗位需求对接，产与学对接，有利于提高人才培养质量。

湖南机电职业技术学院是湖南省首批开设工业机器人专业的院校之一，目前在工业机器人专业实训投入的资金达到了1 100万元，教学面积达到了4 000平方米。2016年与湖南科瑞特科技股份有限公司联合开展工业机器人专业现代学徒制试点培养。教学以案例为主，采用半天理论半天实践的授课方式，并通过工业机器人综合实训平台、仿真工业机器人的工作平台、工业机器人智能制造系统等，采用项目制，让学员分组进行实践，让学员将理论知识与当下的先进技术结合，提升学生的应用水平。学院通过执行公司化管理制度和工程案例化教学，能够有效地对学生进行训练和强化，提高学生的职业技能和综合素养。[3]

（二）校企技术合作

湖南省机电职业技术学院以智能制造为主线，构建了智能制造技术、智能控制技术、智能汽车技术、智能制造服务4个专业群。机器人应用工程技术中心主要服务智能控制技术专业群。在建设工业机器人工程技术中心上，学院与湖南宇环智能装备有限公司合作建立了"智能制造概念工厂"。"智能制造概念工厂"一共分四个区：原料区、加工区、成品区、教学区。[4]目前加工区已经建设完成，加工区主要流程有手机智能下单，机器人上料，激光切割，个性化雕刻，双端面磨削，清洗烘干，表面喷砂，视觉检测，打包入库等环节。同时，学院还与北京华航维实机器人科技有限公司合作建设了"KUKA工业机器人基础实训中心""工业机器人虚拟仿真与离线编程控制机房"

学院在多家机器人企业共同提供技术、设备的支持下建成了能进行工业机器人典型应用、培养竞技科研专业人才、为社会提供技术服务、面向学生开展创意创新教育的示范基地。其中长沙长泰机器人有限公司（以下简称长泰机器人）等企业提供设备与技术服务建立的机器人科普认知展览馆是湖南省唯一一家以机器人为主题的科普教育中心。

（三）实训基地

学校和企业联合办学，企业向学校提供实训基地，改善学生的实习条件，建立"生产实习基地+顶岗实习"培养模式。学校通过发展"引企入校"的可持续性校企合作，与企业建立了捷豹路虎（中国）长沙培训中心、上海三菱电梯培训学院、湖南省凯城精密机械有限公司等生产性实训基地，有利于学校各个专业群的整体协同发展，也为学院工业机器人专业发展提供了强力的后援支持，与长泰机器人合作建立的混合制的长泰机器人学院正在建设中。[5]

四、校企合作的实施

企业派遣工业机器人方面的专家到学校做专职或者兼职讲师，及时向学生介绍当下工业机器人的发展情况，以及未来发展趋势，让学生对这个专业有更深的了解和认识，使学生更加务实地做好自己的职业规划。高职院校老师大多是理论型的，很多老师往往是从学校毕业以后直接到职校任教，缺乏一定的社会经验和专业技能。因此，学校应积极提升老师的专业能力和综合素质。定期安排老师到企业进行顶岗实习，提高教师的实践能力，成为一个"专家型的职业人"。教师通过企业顶岗实习，了解市场需求及工业机器人的最新技术、新工艺，及时调整教学方案和教学内容，使教学内容更加贴近和符合行业企业实际，培养出的学生更加符合企业要求，缩短企业用人周期。

五、校企合作的成果

校企合作，学校和企业互助互惠，发挥各自的优势，学校提供人力、物力，企业提供资金和技术。目前学院通过校企合作方式，在智能制造方面取得了丰硕的成果。智能控制技术专业群成为省级示范特色专业群，智能制造概念工程被认定为湖南省新技术培训基地，工业机器人专业获得了省一等奖、国家二等奖等多项奖项，出版了工业机器人专业系列九本专业教材和专著以及申报四项发明专利，智能概念工厂也成功通过湖南省首台套和新技术成果鉴定。

六、结束语

校企合作是当下我国高职院校改革和发展的必经之路，也是高职院校自身生产的内在动力。校企合作能够推动产学研一体化发展，将高职院校的科技成果直接转化为产品，整合学校与企业的优势资源，为社会培养更多优秀的人才，未来湖南机电职业技术学院也将继续深化校企合作，力求将本院工业机器人智能控制中心建立成中南地区机器人技术技能人才培养和创业创新产业孵化基地。

参考文献

[1] 丁度坤，石岚，吴丽莉等.基于"校企合作"的中高职课程体系衔接探索[J].天津中德职业技术学院学报，2016（3）：51-54.

[2] 王骏明.工业机器人专业校企深层次合作的探索与实践[J].中外企业家，2015（20）：153-155.

[3] 管小清，王纪东.高等职业教育中工业机器人实训基地建设的实践与探索——以汽车制造专业为例[J].自动化博览，2013（z2）：230-234.

[4] 唐洪涛.技工院校工业机器人专业人才培养模式探索[J].中国科教创新导刊，2013（29）：180-180.

[5] 张善燕."校企合一"背景下工业机器人应用与维护专业课程开发研究[J].职教通讯，2013（15）：1-5.

校企共建多维现场情境教学改革与实践

——以《汽车电器设备维修》教学改革为例

汽车工程学院　邱翠榕　曾　鑫

【摘　要】汽车工程学院以《汽车电器设备维修》为抓手，从"理实一体，内容多维模块化，有效整合知识与能力点，提高课程教学容量；四层递进，构建现场教学环境，将理论知识与职业技能有效融合；虚实结合，引入任务工单考核，突出过程考评重要性"几个方面，对校企共建多维现场情境教学进行了探索与实践。

【关键词】校企共建；多维情境；教学改革

一、建设背景

近年来，随着产业转型升级以及区域经济发展的需求，不断深化产教融合、校企合作，在校企合作实践中不断探索新理念、新内涵、新机制和新模式，是各大高校不断探索和关注的焦点，而如何提高教学质量，培养创新人才，成为教学改革建设的工作重心和关注焦点，显得尤为重要。汽车工程学院的《汽车电器设备维修》教学存在同样问题，需要改革与完善。根据长期《汽车电器设备维修》教学的实践经验，结合现代汽车新技术的发展需要和我院教学的实际情况，《汽车电器设备维修》教学改革的重点凝聚于三个问题：一是教学内容多与教学时间短之间的矛盾，如何整合学科知识与能力点的容量；二是理论教学与实践教学结合的时空问题，如何将二者有效融合；三是保障教学质量提高是一项系统工程，如何建立控制教学过程质量保障机制。

2005年，汽车检测与维修专业获批湖北省第二批重点专业建设立项。2006年武汉市级课题"汽车检测与维修专业课程整合的研究"获批立项。在上述两个项目推动下《汽车电器设备维修》教学改革开始启动。通过企业调研、专家访谈、与兄弟院校交流，我院确定教学改革从专业培养方案的课程体系入手，实施了汽车检测与维修技术专业模块化改革。2011年以课程改革为着力点，实施课程模块化改革；2012年，编写工学结合教材《汽车电器设备维修》；2014年申报建设项目"汽车检测与维修技术专业教学团队"。至此，教学改革逐步深化为"多维现场情境下模块式'教、学、做'一体化教学改革"，从而解决了上述三个问题：教学内容的多维模块化有效整合学科知识与能力点，提高课程教学容量；构建现场情境教学，将理论知识与职业技能有效融合；引入任务工单考核，突出过程考评重要性，保障了教学过程质量。

二、建设内容

（一）更新观念，课程设置高效化

在课程教学质量评价中，以学生为中心，评价目标从"教师教了什么"转为"学生学到了什么"。高度注重学生学习效益，切实保证教学质量。强化教学内容建设，重视知识学习与职业能力的同步提升。为此，课程教学以学生为中心，使学生获得更多的知识与能力，并将其整合为一个教学容量高的小单位元——模块。

为提高教学效益，将专业课程体系模块化和课程教学内容模块化。通过调研汽车维护、汽车检修等行业企业，与技术骨干研讨，获得了本行业需要的人才岗位及其具备的能力。按照典型工作岗位对专业能力的要求，参考汽车维修职业资格标准，与行业企业进行职业分析，构建了专业课程群模块，如图1所示，细化各课程知识能力范畴，优化专业培养方案课程体系；按人才培养方案要求，以课程的知识与能力为模块，构建课程单位元，教学目标明确，教师有所教，学生有所学。

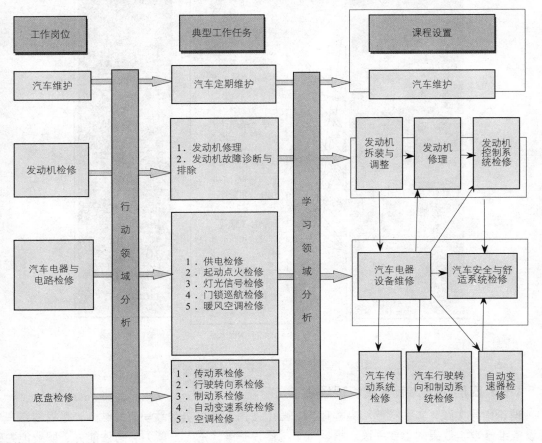

图1　汽车检测与维修专业课程设置模块

（二）理实一体，内容多维模块化

一个专业是由若干课程群模块来构建，一个课程群模块由若干门课程架构，一门课程由若干知识与能力构建的模块组成。课程是学校教学组织管理的最小单元，优化课程教学内容，是保证教学质量、培养人才的基石。这里的模块，是指课程知识与能力浓缩的单位元。每个单位元包含具有共性的知识点、能力点，尽量在一堂课内完成教学。

对应汽车维护、汽车检修等岗位，通过企业调研、专家访谈、毕业生回访、问卷调查等形式，学院确定学习情境，将《汽车电器设备维修》课程分解为8个教学情境，再按照同一性和关联性划分成18个学习单元（如图2所示），有效整合知识和能力点，提高学习效率。

经过不断提高和完善，课程教学内容已逐步做到"三化"，即：①教学内容体系化。理论教学体系、实践教学体系、职业技能体系等三者并进。实现理论与实践并重，能力与证书并举，证书与就业并行的格局；②知识能力模块化。将知识与能力点构建为一个小的单位元，提高教学效益；③典型实例动态化。实例或操作经动态媒体或现场操作等手段实现4D（三维立体+时间的立体动态过程）的动态化。有效提高学生快速理解知识，提高应用能力。

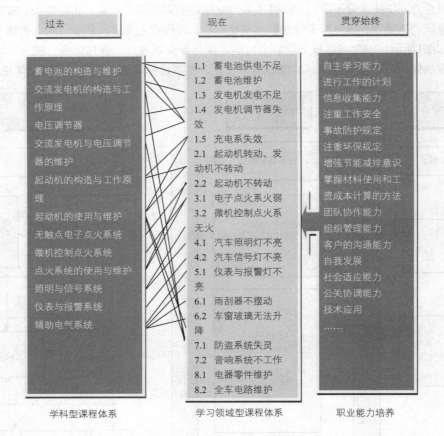

图2　汽车电器设备维修学习单元对比

（三）四层递进，教学情境现场化

理论指导实践，实践检验和完善理论。强化理论教学与实践教学有机结合，是提高汽车电器设备维修教学效果的重要手段。根据汽车电器设备维修的专业能力、方法能力、职业能力的要求。积极实践把课堂搬到实训车间，以校中厂——武汉云博汽车服务有限公司为依托，将教学过程分为四个层面，通过虚拟教学软件仿真再现工作实境训练，通过汽车电器实训台模拟实际工作任务现场技能训练，依托校中厂实际维修任务现场情境教学，利用企业顶岗实习工作过程提升职业能力，形成"虚拟—实训—实战—工作"多维现场情境教学。

利用上海景格科技股份有限公司提供的计算机软件，学生在专用机房进行虚拟项目实训，熟悉汽车电气系统的结构、原理及故障检修（如图3所示）。在一体化实训车间，学生进行汽车电气总成的结构、拆装、检修等内容的教学（如图4所示）。以校中厂——武汉云博汽车服务有限公司为依托，进行汽车电气综合故障诊断与排除的教学。校中厂由武汉软件工程职业学院汽车工程学院和武汉云博汽车服务有限公司合作建设，集设备优势、技术优势和管理优势融为一体，主要任务是校内外车辆维修、车辆保险和专业教学，专任教师参与车辆维修、车辆保险业务，学生参与修车实战（如图5所示）。以顶岗实习为基础，学生在校外实训基地，包括东风汽车公司、广西柳州五菱汽车有限公司、上汽集团奇瑞汽车有限公司、长安福特汽车有限公司等企业顶岗实习，提高职业能力和创新能力。本专业毕业生100%校外顶岗实习6个月（如图6所示）。

图3 学生在虚拟机房学习

图4 学生在一体化实训车间学习

图5 学生在校中厂实训

图6 学生在顶岗实习

通过"虚拟—实训—实战—工作"四层递进，多维现场情境教学，学习内容由点到面、由简单到复杂、由模拟到实战，提高了教学效率，最大限度地提高学生对理论与实际操作的理解，充分调动了学生学习积极性和主动性，有利于训练学生职业态度，有效提高学生的知识应用能力和创新能力。

（四）虚实结合，工单考核过程化

教学过程是学生认知世界、提高自身的过程，是保障教学质量的关键环节。

教学过程采取以学生为主体，教师为主导，通过共同实施各个完整的工作项目开展教学活动。一个完整的项目包括：确定工作任务、划分工作小组、制订工作计划、实施工作计划、检查评估。在评估环节引入工单考核，突出训练效果的时效性，建立过程考评（占50%）与期末考评（占50%）相结合的考核方法，强调过程考评的重要性。

（五）集体备课，改革经验成果化

以"汽车检测与维修教学团队"为平台，学院以教研项目为载体，通过课程研究与推广应用，带领团队教师逐步推行教学方法，培养了教师队伍，使一批教师的教学水平、业务能力得到迅速提高。同时，该课程教学方法的应用，提高了教学质量，强化了学生素质能力。师生成果丰富。

表　建设成果

序　号		建 设 效 果
1	专业建设	2010授予湖北省高等职业教育重点专业
2		2015年湖北省技术技能型本科3+2联合培养试点专业，已完成2015年、2016年招生
3		2016年获批湖北省单招试点专业，已完成2016年招生
4	教学团队	2014年认定为湖北省省级标准教学团队
		2013年校级优秀教学团队
5	资源库建设	2015年高等教育出版社《汽车发动机机械系统检修》数字化课程开发
		2014年国家开放大学《汽车电器与电子设备》课程开发
		2015年湖北省职业教育专业教学标准开发

序　号		建　设　效　果
6	实训基地建设	2006年被教育部确定为"汽车运用与维修"技能型紧缺人才培养培训基地
7	科研	论文：100余篇，其中EI 2篇，核心10篇
		教材：20余部，其中，专著2部，"十二五"国家规划教材3部
		课题：主持省市级20余项
		专利：20项
8	教师教学能力获奖	2013年全国教学能力大赛一等奖
		2013年全国教学能力大赛三等奖
		2015年全国教学能力大赛三等奖
9	学生技能大赛获奖	2014年参加全国汽车空调大赛获得二等奖
		2015年参加全国汽车空调大赛获得一等奖
		2015年参加全国汽车空调大赛获得三等奖
		2015北省职业院校技能大赛高职组"汽车检测与维修"赛项获一等奖
		2016年参加全国汽车空调大赛获得一等奖
		2016年参加全国汽车空调大赛获得二等奖

三、建设创新点

（一）教学内容多维

经过实践探究，把教学内容由模块拓展为多维度的"三化"，即教学内容体系化（理论教学体系、实践教学体系、职业技能体系）、知识能力模块化、典型实例动态化，有效整合知识和能力点，提高学习效率。具有较强的创新特点。

（二）教学过程递进

教学过程"虚拟—实训—实战—工作"四层递进，由简单到复杂、由模拟到实战，充分调动了学生学习积极性和主动性，有利于训练学生职业态度，有效提高学生的知识应用能力和创新能力。

（三）评估考核工单

评估环节引入工单考核，突出训练效果的时效性，建立过程考评（占50%）与期末考评（占50%）相结合的考核方法，强调过程考评的重要性。

四、建设效果

（一）人才质量显著提高

近几年来，本专业毕业生整体上基础理论扎实，专业技能强，综合素质高，受到了用人单位普遍好评。多家企业与汽车工程学院建立长期用人关系，学生就业率逐年提高。图7为2012年，麦可思研究院提供各专业毕业生半年后的就业率。

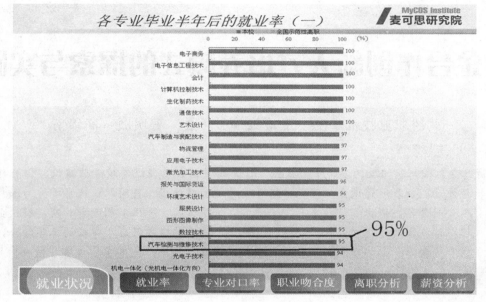

图7　麦可思数据

（二）课程屡受专家好评

2013学年邱翠榕、胡春红老师的课多次受到我院黄良材督导的好评，希望能把该课程的经验推广到我系其他课程上。

2013学年汽车检测维修教研室专门邀请长进汽车维修公司的胡四清经理和武汉恒信楚雄汽车销售服务有限公司的王建军经理参加该课程的公开课，胡经理和王经理对该课程采用的一体化教学方法给予了很高的评价。

（三）培训服务影响力大

采用多维现场情景教学，教学效果好，影响力大。教师团队多次为海军部队、东本、中石油江汉管理局等企事业单位提供培训服务，培训效果得到各单位的高度评价，社会服务成果丰富。

2012到2013两年时间内，武汉职业技术学院汽修专业学生来汽车工程学院培训时间达到20周，培训经费达到18万9千元；2012到2013两年时间，海军工程大学举办的海军部队乘用车维修技术骨干培训班在汽车工程学院实训基地培训了两批，时间达到6个月，培训收入达到18万元。

五、不足及改进方向

学院着力建设校企"双带头人"，提高教学团队能力；以岗位需求，以赛导学，以网促学，全面促进校企合作效率和成效。

参考文献

[1] 管平．职业教育国家主导模式的建立——对校企合作、工学结合的再认识[J]．中国高教研究，2013（06）．

[2] 潘红艳，陶剑文．以项目为核心的校企合作课程建设模式探索[J]．职业教育研究，2010（7）．

[3] 于佳丽．汽车电器设备与维修课程一体化教学探讨[J]．高师理科学刊，2011，31（2）．

校企合作创新人才培养模式的探索与实践

黄冈职业技术学院　王治雄　彭　晨　曹明顺　高锦南

【摘　要】在高职院校的办学中，校企合作、工学结合是促进学校专业建设、课程建设、师资队伍建设、实训基地建设和提高人才培养质量的有效途径。黄冈职业技术学院与深圳市博宝科技有限公司合作，成立了"校中厂"——博宝科技黄冈（冲压）制造事业处，就校企合作创新人才培养模式进行了探索。结果表明"校中厂"的办学模式促进了学校的工学结合，进一步推进了生产劳动和社会实践相结合的学习模式，建立"校中厂"办学模式多方受益。

【关键词】校中厂；人才培养；技能；能力；合作

教育部[2006]16号文件《关于全面提高高等职业教育教学质量的若干意见》明确提出：要积极推行与生产劳动和社会实践相结合的学习模式，把工学结合作为高等职业教育人才培养模式改革的重要切入点，带动专业调整与建设，引导课程设置、教学内容和教学方法改革。职业技术教育的实施开展，必须与社会经济发展的现状尤其是与区域经济的特点相适应，必须与用人单位对高素质技能型人才的现实需求相匹配。要实现这个目的，在培养学生的过程中，必须使教学与生产紧密结合，学校和行业、企业密切合作，大力开展校企合作。黄冈职业技术学院坚持"以服务为宗旨、以就业为导向、走产学研结合的发展道路"的办学方针，2008年与深圳市博宝科技有限公司合作成立了"校中厂"——博宝科技黄冈（冲压）制造事业处，对"校中厂"人才培养模式进行了探索。

一、建立"校中厂"办学模式四方受益

"校中厂"的办学模式促进了学校的工学结合，进一步推进了生产劳动和社会实践相结合的学习模式，建立"校中厂"办学模式四方受益。

（一）学生成为最大的受益者

"校中厂"这种校企合作办学模式，学生是最大的受益者。一是学生将课堂上所学的理论知识与实践紧密结合，极大地锻炼学生适应工厂的实际要求的能力，提高了实践动手能力；二是学生通过在"校中厂"的锻炼，为今后的就业提供有效的帮助，"工"与"学"同步交叉进行，学生在"校中厂"中明确学习目的，增强学习积极性，从而提升就业竞争力，还有利于减轻学生经济负担；三是学生在"校中厂"双环境中，能深刻地认识自我，更好地树立目标，激发学习动力；四是学生深受校园文化和企业文化的双重熏陶，学生走进教室是学生，走进"校中厂"是工人，学生在学校就是双重身份，在"校中厂"里与工人师傅、企业领导打交道，交际能力得到了锻炼，从而提升学生到社会的适应能力。

（二）教师业务水平得到提升

"要积极推行与生产劳动和社会实践相结合的学习模式，把工学结合作为高等职业教育人才培养模式改革的重要切入点"，"安排专业教师到企业顶岗实践，积累实际工作经历，提高实

践教学能力"。教育部〔2006〕16号文件为高职院校"双师型"教师队伍建设指明了方向。教师是实施人才培养模式改革的关键，是提高工学结合教学质量的保障，教师业务水平的高低决定着学校的生存与发展。

许多教师刚从学校毕业，然后直接到学校工作，在社会实践、实际动手能力方面比较薄弱。建立"校中厂"办学模式，给教师提供了一个非常好的提升业务水平的机会。教师通过"校中厂"真实的环境可以更好地了解工厂的生产组织方式、工艺流程、产业发展趋势等基本情况，熟悉工厂相关岗位职责、操作规范、用人标准和管理制度等具体内容，学习所教专业在生产实践中应用的新知识、新技能、新工艺、新方法，结合工厂的生产实际和用人标准改进教学方法，提高实际操作能力，更好地将书本知识与实践相结合，提高教育教学能力、科研水平和社会服务能力。

（三）企业在合作中效益显著

企业在"校中厂"中效益显著。在经济效益方面，企业将工厂建在校园内，厂房和办公楼的用地成本可以大幅度下降；员工的吃住问题也能很好地解决，学校里有现成的宿舍和食堂；在人才招聘方面，企业在学校建"校中厂"，可以直接从学生中挑选和培养一批优秀的生产和管理方面的人才，降低员工培训成本和管理成本。

（四）提升了学校的办学水平

学校在"校中厂"校企合作中，提升了学校的办学水平。学校通过企业高级技师、技术人员全程参与学校人才培养方案的制订、教学内容的选取、课程与教材建设等各个环节，以真实的工作情境、真实的生产任务和真实的工艺流程实施教学，实现了学院、企业和学生三方的紧密结合，使人才培养具有更强的针对性，充分满足了不同企业对人才的个性化需求，更好地锻炼了教师和学生的能力，以校园文化、企业文化相融的文化环境，培养出高质量的人才，实现了真正意义上的"工学结合"促质量的育人目标。

二、"校中厂"人才培养模式的探索

（一）"主动式"人才培养模式

"主动式"人才培养模式，不仅是学生从被动地学习走向主动地学习，教师也要建立现代"主动式"人才培养模式课堂。以学生为主体、以教师为中心的教学，采用多媒体教学手段或远程教学手段等现代化教学手段，让学生在"校中厂"实训车间、视听教室、电脑网络上获取生动活泼的教学信息，提高教学效率。采取学生参与讨论、分析实例并进行讲练结合等多种形式的教学活动，使学生在课堂教学时从消极被动中走出来，给学生创造实现自我追求、展现自己才华和锻炼能力的机会。

在"校中厂"实训车间里，可以采用多种教学方法，以实现不同层次、不同内容的培养目的。

（1）机械加工工艺实训，采用现场教学的方法，促使学生在教师指导下进行理论学习和实践训练，做到"教、学、做"结合，"手、口、脑"并用。

（2）数控加工工艺实训，采用六步教学法，即：交代本模块的目标、任务、要求；教师示范操作一个任务；学生模仿操作；教师总结、通过操作了解知识点，技能要点，解决有关问题；布置操作任务，学生独立完成；教师总评。通过六步教学法体现学生在教学过程中的主体作用，体现了"教师在做中教，学生在做中学"的职教新模式。"模块实训教育法"切实让学生置于主体地位，让学生经历确定任务、制订工作计划、实施工作计划、进行质量检测、评估反馈的整个过程。

（3）机械创新设计课程，采用行动导向教学法，在教师的引导下，充分发挥学生的积极性，以小组形式收集信息，经过消化过滤后交换意见、制订计划，完成课题，使学生获得知识，提高技能，培养了学生积极兴趣态度和意识，培养了学生的专业能力、社会能力、个人能力、方法能力、学习能力。依据教学大纲，参照企业、行业的岗位要求和技能标准，把各专业课程体系模块化，以技能操作作为核心进行教学设计，每个子模块的教学将"教、学、做"合一，将理论教学与实训教学融为一体，建立了"四级递进"人才培养模式，即普及技能教育、专业社团教育、特长班技能教育、竞技班技能教育。以"校中厂"为依托，教师带领学生参加了湖北省大学生机械创新设计大赛、全国高职高专"发明杯"大学生创新创业大赛、全国三维数字化创新设计大赛、湖北省大学生信息技术创新大赛等各类创新创业竞赛，并屡次获大奖。

（二）实行"订单班""0"学费工学结合班人才培养模式

"订单班"人才培养模式是企业根据自己的岗位需求与学校签订用人协议后，作为培养方的高职院校与作为用人方的企事业单位针对社会和市场需求，共同制订人才培养方案，共同组织教学，学生毕业后直接到企业就业的人才培养模式。"0"学费工学结合班和"订单班"人才培养模式基本相同，不同的是被培养学生的学费先由用人方的企事业单位垫付，学生就业后再将学费分期还给企事业单位。

近几年来，黄冈职业技术学院与多家校企合作单位设立的"TCL"班、"鸣利来"等订单班，学生就业满意度高，用人企事业单位也给予很高的评价。依据用人单位的岗位需要，订单班学生通过2至6个月在"校中厂"集中学习，用人单位人员和学校老师共同授课，培养出来的"订单班""0"学费工学结合班，不断丰富其内涵，而且加强了与行业、企业用人单位密切合作、增强学生的综合职业应用能力、实现了毕业生"零距离"上岗。

（三）引入"5S"现场管理，提升学生职业素养的人才培养模式

"5S"现场管理法起源于日本，5S即日文的整理（SEIRI）、整顿（SEITON）、清扫（SEISO）、清洁（SEIKETSU）、素养（SHITSUKE）这五个单词，故简称"5S"。被美国人认为是"管家概念"，旨在改进工作条件和促进过程的有效实施。5S是现场管理的基础，是一种行之有效的现场管理方法。高职教育培养的是生产（服务）第一线需要的高等技术应用性人才，这就要要求学生具备现场生产的基本职业素养。在"校中厂"中引入"5S"现场管理，提升学生职业素养；营造浓厚的文化环境，教室、墙窗、实习车间统一布置，有专业技能发展历史，有行业企业精神，有产品陈列与介绍等。通过学校与"校中厂"领导组织和建设，培养学生爱岗敬业、踏实肯干、谦虚好学、乐于合作等职业素养。

三、将理论与实践相融合，实行开放实训室

无论是哪种人才培养模式，重点都是培养学生的动手能力和专业技能，有效地解决学生"从学校到社会过渡"的问题。因此，将实训室向学生开放是非常有必要的，开放实训室是"教、学、做"中的"做"最好的体现。学生可以利用晚上、周六、周日以及其他课余时间到实训室进行专业技能训练，特别是选择机械加工相关课题的大三学生，实训室的开放是他们做毕业设计重要条件。学生把在课堂上所学或者一些疑问带到实训室进行实践，对所学知识进行巩固或解疑。在整个训练过程中是以学生为主体，使学生从教室走向实训室，从消极被动中走出来，给学生创造实现自我追求、展现自己的才华和锻炼各方面能力的机会，提高学生进入社会后就业、适应、竞争和发展的能力。学校与"校中厂"相关人员建立开放式实训室管理制度，在专业技能训练过程中采用班长和组长分工负责制，由实验员监督、专业老师进行指导。

四、结束语

在国家大力发展职业教育、提高高等教育质量的大背景下，黄冈职业技术学院进一步深化校企合作、工学结合，强化服务意识和特色创新，提升教育质量和服务能力。紧密围绕地方经济社会发展的实际需求，充分体现"行业、企业和学院共同参与"的职业教育运行机制，体现"校企合作、工学结合"的职业教育办学模式，体现"在做中学，在做中教"的技能型人才培养特色，以持续、优质、高效的服务，回报社会、面向人人、服务全民。通过实施一系列教学改革，学生从被动地接受到主动创造，在愉快的气氛中去获取知识，学校的教学质量明显提高了，学生也得到用人单位的认可。校企合作创新人才培养模式的建立与发展提高了毕业生的就业率，同时学校也赢得了良好的社会声誉和办学效益。

参考文献

[1] 教育部 . 关于全面提高高等职业教育教学质量的若干意见[Z]. 教高[2006]16 号 .
[2] 倪祥明 . "校中厂，厂中校" 校企合作人才培养模式的探索和实践[J]. 萍乡高等专科学校学报，2010（12）.
[3] 陈解放 . "产学研结合" 与 "工学结合" 解读[J]. 中国高教研究，2006（12）.

订单人才培养、助力企业腾飞

黄冈职业技术学院 曹明顺 方 玮 黄国祥 李记春 匡 焱

【摘 要】黄冈职业技术学院数控技术专业与湖北鸣利来冶金机械股份有限公司、鸿超准（昆山）精密模具有限公司、芜湖欧宝机电有限公司等企业联合开展"订单式"培养。经过几年的改革实践，取得了成效，形成了产学合作教育长效机制，提升了人才培养质量，为企业提供了人力、技术保障，助力企业腾飞。

【关键词】订单培养；校企合作

自2004年教育部在第三次全国高职高专产学研结合经验交流会上提出"订单式"培养作为高职高专的一个发展方向，我国高等职业教育的改革和发展就已经进入新的阶段，"以服务为宗旨，以就业为导向，走产学结合的改革发展之路"的高等职业教育科学发展日益明确，并逐步形成共识。以就业为导向，就是要千方百计致力于形成用人单位、学生和学校"三赢"的产学合作教育机制。黄冈职业技术学院数控技术专业经过几年的探索，与湖北鸣利来冶金机械股份有限公司、鸿超准（昆山）精密模具有限公司、芜湖欧宝机电有限公司等企业合作，共同开展"订单式"人才培养。实践表明，"订单式"人才培养模式是形成产学合作教育长效机制的有效途径，是提升高技能培养工作水平的一种创新的人才培养模式。

一、高职"订单培养"人才培养模式的内涵

"订单培养"人才培养模式其实质是学校和用人单位依据市场需求，结合实际条件，共同制订切实可行的人才培养计划，共同开展人才培养工作。学生毕业前，校企双方对学生进行综合考核评价，考评合格者，按校企相关合作协议进入订单企业工作，实现就业。

实施"订单式"人才培养模式，要做好以下几项工作：一是要实现校企双方共同研究和修订计划。根据企业和学生人文素质发展的需求，制订人才培养方案，确定开设课程及实训项目，制订相关的课程标准。二是要组建教师队伍。学校选派骨干教师承担教学计划中的专业理论课程教学，企业根据人才培养需要和自身条件选派具有较高理论水平和事件能力的专业技术人员承担部分理论和实践课程的教学，联合培养。三是利用企业丰富的设备、技术文件、工艺装备、实际案例等资源与企业联合研发资源库、网络课程等，建成有企业工程技术人员参与、便于自主学习的具有本企业特色的共享性专业教学资源库。四是完善日常教学和实训教学督导检查常规监控制度。请企业的相关人员为实训教学督导员，对实训教学过程和质量进行监控。采用汇报、答辩等综合性考核考评方式，实现多方评价，促进学生知识、技能、综合素质的提升。

二、"订单培养"人才培养模式的实践

（一）企业调研

根据行业企业的地域、经营状况等综合情况和专业自身建设情况，我们筛选了一批符合数

控技术专业的合作企业深入企业开展调研，了解其用人需求和人才培养规格，构建"订单式"人才培养模式。通过调研，主要了解了以下具体内容：一是了解数控技术专业企业未来员工的招聘数量、人才的类型、企业对技能型人才的知识、技能和素质要求等，为"订单培养"人才培养的专业设置或调整、课程设置等提供决策依据。二是了解企业的合作意向，为学生联系提供专业实习、实训的基地，并增进了与企业之间的了解，培养与企业负责人之间的感情，为双方合作打下基础。

（二）遴选合作企业

在"订单培养"的合作单位选择上，主要考虑了以下几种因素：一是企业的实力和基础，有无前景和价值，对学生有没有吸引力，学生毕业后愿不愿意去；二是企业的技术、设备和管理水平是否适应社会发展的需要，学生能否学到东西，能否学以致用；三是企业办学的积极性。订单教育是企业的自愿行为，自愿是合作的基础，这是保证合作的长期性和稳定性的前提条件。经过企业调研考察和对学生意向的了解，2009年我们确定了湖北鸣利来冶金机械股份有限公司作为"订单培养"人才培养模式合作企业，由二年级35名学生参加"订单班"，半年后34名学生考核合格顺利进入企业。经过几年的发展，我们先后又与鸿超准（昆山）精密模具有限公司、芜湖欧宝机电有限公司、深圳创维RGB电子有限公司彩电事业本部制造总部等企业开展实施了"订单培养"。

（三）签订协议

在确定订单数量的基础上，校企双方要签订人才培养协议。通过订单培养协议，明确校企双方职责。学校的主要职责：学校须按企业要求培养人才，根据企业的需求，调整现有的专业教学计划，以适应"订单式"培养；负责"订单培养"学生的生源组织和学生在校期间的教育教学及日常管理；参与学生在企业实习、实训期间的培训和管理；负责学生在企业实习、实训期间完成的学业作品的指导、鉴定工作等。企业的主要职责：接纳合作的订单人才，负责"订单培养"学生的校外实习、实训工作岗位的落实并安排工作；负责学生实习、实训的安全教育、专业教育、技术培训；为学生制订个人成长规划，并进行定期测评和指导。

（四）共同培养

学生在学校完成公共课、专业基础课和核心专业课程后，到订单企业进行专业培训。在企业培训实习期间，校企双方选聘优秀的培训教师，依据企业需求开设相关课程。比如，在和鸿超准（昆山）精密模具有限公司合作期间，由于企业需要学生掌握与模具相关的知识，我们开设了模具专业英语、模具制造工艺、冲压模具设计、塑料模具设计、材料热处理、现场人因工程、自动化方案导入评估、能力拓展等八门近260学时的岗位课程，全部课程培训由企业工程技术人员在企业教学。培训课程结束之后，利用工程的实施设备和技术条件，将培训内容融入生产现场的环境之中，把生产现场作为教学课堂，在现场讲解实际操作和解决疑难问题。由企业提供工艺标准、技术人员、工作量具和原材料，组织学生以班组的形式进入工厂学习。由学生直接生产操作，开展实训教学。全面培养学生的安全意识、班组意识、成本意识、团队意识，提高了学生的实际动手操作能力，增长了学生的职业技能。

（五）跟踪调查

做好学生在企业实习、工作期间的跟踪调查工作。通过跟踪调查，了解企业对学生综合素质的评价、学生的岗位变化和薪资状况、学生对学校教育的满意程度以及学生的学习愿望，从而改进学校的教育教学工作，增强学校为企业和学生的服务意识和能力。通过"调研—选择—

订单—合作培养—对口就业—信息反馈"这样人才培养的全过程，形成了产学一体的校企教育模式，真正实现了学生"零距离"就业，提高了人才培养质量。

三、取得的成效及存在的问题

（一）取得的成效

"订单培养"人才培养模式，有利于合作企业招到所需人才，助力企业发展；同时，由于适销对路，也有利于自身的成长与发展。

2007年，合作企业湖北鸣利来冶金机械股份有限公司处在建设筹划阶段，由于地处黄冈南湖工业园，整个工业园区正在规划建设中，基础设施缺乏，无法吸引优质人才，一线技术人才匮乏，在市场上很难招聘到合适的技术人员，建成后的投产成为企业的难题。了解这一情况后，学校主动与企业联系，合作开展"订单培养"人才培养。首期34名学生考核合格后全部进入企业，解决了企业的用人难题。2012年进行企业回访时，有30名学生留厂，已经成长为企业技术骨干；2014年2名学生成长为车间主任，6名学生担任生产组长，1名学生成长为检验中心主任，1名学生成长为热处理车间副主任。

2009年至今，学院向合作企业鸿超准（昆山）精密模具有限公司输送优质人才500余人。2014年初调研时留厂工作的学生达200余人，大部分已经成长为企业的骨干，为企业的转型升级提供了人力、技术支持，得到企业的好评。

（二）存在的问题

1．时间、数量和来源上存在不确定性

"订单培养"受企业经营状况的影响比较大，给教学计划和管理带来了困难。有的订单合作企业在人力资源管理中因缺乏长期订单合作规划，只进行短期订单合作，这就不能保证校企合作持续性的实现。

2．人才培养目标上存在偏差

有的企业将学生当作廉价劳动力来使用，以缓解用工荒，并没有按照既定的培养目标，将学生纳入长期的人力资源发展规划，导致人才培养的质量下降。有些企业只是进行简单的合作，过于形式化，缺乏在课程改革和实施方面的深度合作，导致学生对企业抱有排斥心理，学习上也变得消极，最终不会选择留在订单企业工作，会给校企双方的合作带来一定损失。

"订单培养"人才培养模式是在教育创新的基础上引发出的一种特色培养模式，它适应了社会的发展需要，是对办学理念的有益探索。但是，"订单培养"毕竟还是一个新生事物，在教学过程中会有各种各样的问题出现，需要我们在教学实践中不断探索、总结和完善。

参考文献

[1] 李朝敏．高职"订单式"人才培养模式存在的问题及对策研究[J]．当代职业教育，2010．
[2] 王永莲．我国高职教育"订单培养"模式的障碍分析．[J]．教育理论与实践，2011．

深耕校企合作　推行现代学徒制

黄冈职业技术学院　李恒菊　郭　胜　刘良瑞　陆龙福

深圳创维 RGB 电子有限公司　王田甜

【摘　要】现代学徒制的探索和实践已成为当前职业教育的热点，是现代职业教育的发展要求。黄冈职业技术学院作为国家骨干高职院校，在深化校企合作的过程中，积极推行现代学徒制。模具设计与制造专业在实施现代学徒制过程中，校企双方高度重视，按照双方制订的培养方案及实施的进程安排稳步扎实推进，取得了阶段成果。

【关键词】校企合作；现代学徒；模具设计与制造专业；成果；推广

一、引言

现代学徒制不等于传统的"师傅带徒弟"。源自德国的现代学徒制有两个最显著的特色，即双主体和双身份。双主体是学校和企业共同育人；双身份是学生兼有学徒和学生两重身份。这种育人模式被认为是德国经济腾飞的秘诀，也是制造企业效仿的模板。2014年，教育部根据《国务院关于加快发展现代职业教育的决定》（国发〔2014〕19号文）要求，下发了《教育部关于开展现代学徒制试点工作的意见》（《教职成》〔2014〕9号文），在全国有关高职院校正式启动了现代学徒制教育的试点工作[1]。黄冈职业技术学院成为全国首批百所现代学徒制试点高职院校之一，模具设计与制造专业是试点专业之一。模具设计与制造专业自实施现代学徒制以来，校企双方高度重视，按照双方制订的培养方案及实施的进程安排稳步扎实推进，取得了阶段成果。

二、现代学徒制在模具设计与制造专业的实践

黄冈职业技术学院经过多年对工学结合、顶岗实习的有效探索，在借鉴德国"双元制"职业教育理论基础上，结合我国现有职业教育体制机制，在相关专业的学生培养中，初步确定了政府支持、以学院为中心、企业参与、市场调节的现代学徒制职业教育模式，在实践中不断探索、创新人才培养模式。实施现代学徒制的目的是有效整合现有的职业学校和企业行业有限的教育资源，进一步拓展校企合作的内涵，使高等职业教育真正和行业企业在人才培养的模式上捆绑发展，进一步提升高等职业教育对我国经济发展的贡献度[2]。

（一）遴选优质企业资源开展现代学徒制

黄冈职业技术学院模具设计与制造专业按照现代学徒制培养模式的特点，遴选出管理规范、经济效益好、专业对口、具备完善培训体系的企业，签订校企合作协议书，共同承担培养责任和履行义务。校企联合招生招工，为现代学徒制实施奠定坚实基础。2014年，与深圳创维 RGB 电子有限公司和富士康鸿准精密模具有限公司合作，分别成立"创维班"和"鸿准班"，

两家企业直接参与招生，采用"中考+招聘"的模式招收了100名学生。2015年、2016年分别新增两家合作企业（详见表1、表2和表3）。

表1　2014年现代学徒制试点企业

序号	专业名称	计划数	试点企业
1	模具设计与制造专业（创维班）	50	深圳创维RGB电子有限公司
2	模具设计与制造专业（鸿准班）	50	富士康鸿准精密模具有限公司

表2　2015年新增合作的现代学徒制试点企业

序号	专业名称	计划数	试点企业
1	模具设计与制造专业（鸣利来班）	30	湖北鸣利来冶金机械股份有限公司
2	模具设计与制造专业（厂中校）	50	湖北彤鑫发动机有限公司

表3　2016年新增合作的现代学徒制试点企业

序号	专业名称	计划数	试点企业
1	模具设计与制造专业（天马班）	60	厦门天马微电子有限公司
2	模具设计与制造专业（TCL班）	50	武汉TCL有限公司

为保证录取工作的规范实施，校企双方成立了联合招生招工领导小组，由学校和企业的主要领导担任组长。校企共同制订招生章程，并通过学校招生宣传和企业招工宣传渠道对社会和考生公布，接受考生的预报名。校企共同对报名考生进行招生招工面试。学校完成学生录取时企业完成准员工录用。

（二）校企联合建设现代学徒制师资队伍

校企双方明确了双师选拔标准，建立了校企师资"互学互帮"制度和"双向考核"制度。一方面从企业引进从事本专业工作多年、实践操作技能强的专业技术人员和管理人员承担实践教学任务；同时也安排一定时间在学院进行教育理论的培训，使其承担现代学徒制的教学任务。另一方面学校选拔专业教师到企业培训，由企业的职业培训师进行专业技能教学法培训，成为师傅后回校承担现代学徒制的教学任务。

模具设计与制造专业与深圳创维RGB电子有限公司、湖北鸣利来冶金机械股份有限公司等企业签订了校企合作教师培训协议，选派了多名专业骨干教师到企业参加培训，取得了企业培训师资格；并从企业聘请3名能工巧匠承担现代学徒制的教学任务。

（三）校企联合设计，共同制订人才培养方案

每年暑假，模具设计与制造专业负责人及骨干教师都要下企业进行企业调研和岗位调研，根据校企合作企业的需求制订并适时修订人才培养方案。人才培养目标和就业岗位更为清晰明确。学校与合作企业一起进行课程教学任务分配，学校与企业分别完成各自擅长的理论知识与技术技能教学，企业对就业人才职业岗位技术技能要求得以充分体现。

（四）校企共同构建以工作过程为导向的课程体系

现代学徒制的课程建设应以合作企业的实际工作过程为导向，按照理实一体、工学交替的方式组织教学。以培养就业竞争能力和职业发展能力为目标，根据模具设计与制造专业领域和职业行动能力的要求，参照相关的职业资格标准，与行业企业共同开发符合职业能力发展的课程，重构突出专业能力、方法能力和社会能力培养的人才培养方案[3]。课程开发思路

如下：①依据职业能力要求，与企业专家共同制订职业标准；②按照职业标准，将职业能力分解为若干个能力模块；③结合生产任务和能力训练要求，开发相应的项目任务；④制订融合职业标准和行业标准的能力训练模块考核标准、考核方法；⑤编写适合在生产性实训基地开展教学的工学结合校本教材。

围绕人才培养方案所确定的培养目标与就业岗位所需的职业基础能力、职业岗位能力和职业拓展能力构建理论知识与实践实训体系，形成了"通识教育课程+职业基础课程+专业课程+专业核心课程+职业拓展课程"的课程体系。

（五）校企合作共同实施教学过程

深圳创维RGB电子有限公司和富士康鸿准精密模具有限公司全程参与现代学徒制试点班级的教学，派遣技术人员担任兼职教师，指派师傅担任学生的导师。教师要经常性与企业进行研讨，开设符合学生理论学习及企业实践特点的校本课程；学生在校学习期间要接受学校和企业的双重管理。不同的学习阶段，学校要根据专业的特点和企业生产的要求，采用灵活的教学形式。

1. 第一阶段：第一学年（2014年9月至2015年6月）

第一阶段在学校以学习理论以及基本的技能为主，在企业以"企业体验"为主，组织3次参观企业、感受企业的文化内涵为主，并邀请企业的专家到学校来给学生讲解企业的文化、产品生产过程等内容，让学生提前感受企业的相关内容，为第二学年做好准备。

2. 第二阶段：第二学年（2015年9月至2016年6月）

第二阶段开始以"项目实训"和"轮岗实训"的形式进行，本专业采用第一个月在学校，第二个月在企业的轮换模式。在学校期间学习模具专业理论课以及专业技能实训课，以让学生强化模具专业知识和技能。在企业期间学习模具专业实训课，以强化技能为主，并学习一些与企业要求相关的其他技能，为适应当地其他企业作准备，并为第三年的顶岗实习做准备。

3. 第三阶段：第三学年（2016年9月至2017年6月）

第三阶段到相关的企业进行"顶岗实习"，企业师傅全程指导开展"顶岗实习"，对学徒进行综合评价。学生毕业时同时取得高等职业教育学历证书和职业资格证书，出师后颁发满师证书，成为一定等级的技术工人（见表4）。

表4　现代学徒制阶段性教学内容安排

阶段	学年	学习内容		评价
		理论	实践	
第一阶段	第一学年	基础课程	校内实训、企业体验为主	学校教师
第二阶段	第二学年	专业课程	项目实训和企业轮岗实训	学校教师和企业师傅
第三阶段	第三学年	专业拓展知识	企业顶岗实习	企业师傅

（六）校企共同制订考核评价标准

现代学徒制的考核评价，包含对教师、学生、师傅在工作行为、态度、业绩等方面的考核。在实施考核过程中，考核内容要均衡，但要有侧重点。制订考核目标，对教师和师傅的考核以业绩、过程管理等主要内容为考核重点；对学生的考核以企业考核和学校考核相结合，进行综合评价，建立以目标考核和发展性评价为核心的学习评价机制，有利于学生成人成才。

企业对学生的考核模式以针对性技能为主，实行岗位能力考核，如钳工、机加工、模具组拆装、维护维修、制图识图等。学生毕业时需取得钳工师、焊工师、车工（或数控车工）师、铣工师、制图设计师等职业资格证书中的任意两种才能顺利毕业。学校考核模式以发展性为主，即以全面成长评价为主，如参与社团组织活动的情况、团队协作精神、学习态度、个人情感等多方面的综合评价。

考核过程中，及时反馈考核评价结果，实事求是地反映考核过程及结果中存在的问题，使被评价考核者清楚自己在工作过程中的不足之处，及时修补改正。

三、结束语

在加快发展现代职业教育的背景下，实施以学校本位教育与工作本位培训紧密结合为典型特征的现代学徒制，有利于促进行业、企业参与职业教育人才培养全过程，现已成为当前我国高职院校深化教育教学改革、创新高素质技术技能人才培养模式的重要途径[4]。黄冈职业技术学院模具设计与制造专业积极响应当前的教育形势，深化校企合作，积极推行现代学徒制，紧紧围绕企业用工和现代产业用人标准，与企业共同制订课程内容，开发校本教材，实施教学评价，逐步建立起学校和企业的纵深合作、教师和师傅的联合传授、学生和学徒的角色融合的现代人才培养模式。在这种模式中，学生在企业师傅的指导下，体验工艺流程、真刀真枪地参与实际项目、解决实际问题，全面提升了专业技能、行业规范、工作态度、沟通协调等方面的综合职业能力。

参考文献

[1] 赵志群. 职业教育的"校企合作"与"现代学徒制"建设[J]，职业技术教育，2013（1）：21-27
[2] 王子南，冯水莲. 现代学徒制与我国职业教育整合的探索研究[J]. 职业教育，2013（7）：10-12.
[3] 潘玉清. 现代学徒在机械设计与制造专业的实践探讨[J]. 科技视界，2016（3）：196.
[4] 李冬梅. 对我国现代学徒制试点的现状与对策研究[J]. 科技信息，2013（3）：34-36.

高职院校工业机器人技术专业
校企合作人才培养模式探索

重庆工业职业技术学院　吴德操　朱开波　黄　伟　沈燕卿　马玉利

【摘　要】校企合作人才培养模式是高职院校谋求自身发展、提升教学质量、实现与市场接轨的重要途径，也是为企业培养高技能型人才的重要举措。本文结合我院工业机器人技术专业建设经验，分析讨论了该专业校企合作人才培养模式改革方法。通过引入CDIO理念，人才培养中依据工业机器人企业岗位人才需求和CDIO大纲和制订一级、二级项目，将原有循序渐进的理论知识体系重新组织为以工程项目为核心，构建服务于CDIO项目的课程群。组织企业工程师和专业教师建立项目导师团队，联合培养适应企业需求的高素质人才。

【关键词】工业机器人技术专业；校企合作；CDIO；人才培养模式

一、引言

中国制造业正处在技术提升、产业转型升级的关键阶段，作为提高智能制造发展水平的重要驱动，工业机器人整个产业链（生产、销售、应用、维护）的飞速发展对工业机器人技术专业专业人才职业能力的培养提出了新的要求。我院是重庆地区率先开设工业机器人技术专业的高职院校，通过跟踪"中国制造2025"和"互联网+"技术，围绕工业机器人生产销售企业，以及大量应用工业机器人的汽车摩托车制造业、装备制造业、电子核心零部件生产等重庆几大支柱产业，按照CDIO人才培养理念，根据企业人才需求确定专业人才培养目标，探索校企合作人才培养模式改革方法，全面提高人才培养质量。

二、工业机器人技术专业的人才培养目标

我院工业机器人技术专业人才培养遵循高职教育理念，紧跟工业机器人技术发展，将学生职业生涯发展作为目标，以工学结合提高实践能力，通过融合CDIO人才培养理念，进一步强化专业质量内涵建设，以有利于学生就业、有利于学生个性发展、有利于学生能力可持续发展提高为原则，培养与现代工业发展相适应的，知识与技能协调统一，具备工业机器人的安装调试、系统集成、操作运行、维护维修、营销策划、技术改造能力，能从事工业机器人技术产品设备的安装调试、操作管理、维护维修、技术改造以及销售与管理等方面的工作，具有良好职业道德、就业竞争力强、创新创业能力突出的高素质技能型人才。

三、校企合作人才培养模式改革

校企合作人才培养模式是由校企双方共同参与人才培养的一种教学模式，它的运行机制是以市场需求和社会需求作为导向，以"产学合作，双向参与"为基本内涵，以"增强学校办学活力，提高学生全面素质，培养适应企业需求的高素质人才"为目标，提升高职院校教学质量，

为企业培养高技能型人才[1]。

CDIO是20世纪初由美国麻省理工学院、瑞典皇家工学院等四所院校研究创立的工程教育理念，CDIO代表构思（Conceive）、设计（Design）、实现（Implement）、运作（Operate），是"做中学"和基于项目教育和学习的抽象表达[2]，它以产品从构思、设计、生产到运行的整个生命周期为载体，让学生以主动的、实践的、课程之间有机联系的方式学习实际的企业工程项目[3]。

我院将CDIO理念引入工业机器人技术专业，深化校企合作，全力探索和改革人才培养模式。

（一）校企合作人才培养模式的基础构架

1. 进行市场调研，确定典型工作岗位

对重庆市工业机器人生产企业如重庆华数机器人有限公司、重庆热谷机器人科技有限责任公司，以及工业机器人应用企业如重庆长安汽车股份有限公司、重庆康明斯发动机有限公司，进行深入的市场调研，分析工业机器人岗位人才需求情况，确定典型工作岗位。根据岗位需求，完成专业知识和技能分析。

2. 参照CDIO能力培养大纲[4]，制订人才培养方案

邀请企（行）业专家和兄弟院校共同开发以项目设计为导向、能力培养为目标的校企合作人才培养模式。依据CDIO能力培养大纲，制订工业机器人技术专业的人才培养方案。

3. 提炼CDIO项目，改革专业课程体系

根据企业实际需求提炼CDIO项目，对课程体系进行改革与创新，以CDIO项目为核心，结合现有的优势教学资源，对现有课程体系和课程设置进行改革。根据CDIO项目要求，将课程以项目为核心进行优化和分类，形成服务于CDIO项目的课程群。实现职业标准与课程内容对接，生产过程与教学过程对接，职业资格证书与毕业证书对接。

4. 深化校企合作，探索现代学徒制

"校企合作"是未来我国高职教育"以提高质量为核心"趋势下的总体指导思想，而现代学徒制正是以此为基础构建的一种职业培训和职业教育相互融合的一种职业教育模式[5]。在政府引导下，以CDIO项目为载体，组织企业工程师和专业教师建立项目导师团队，在项目实施过程中探索现代学徒制实施的具体方法。

（二）校企合作人才培养模式的实施方法

1. 以项目设计为导向的培养方案

依据CDIO大纲和标准，设计和制订知识、能力、素质培养的"三位一体"人才培养方案。第一，邀请行（企）业专家和兄弟院校专业教师，共同商讨建立基于项目、问题学习的CDIO个性化人才培养模式，完成教学项目的确定和具体实施步骤。第二，在该框架下进行课程体系改革，以课程群设置为突破口，将原有循序渐进的理论知识体系打散，以工程项目为核心重新组织，构建服务于CDIO项目的课程群，如图所示。第三，根据项目需求，确定工业机器人技术专业的5门核心课程，并进行教学资源的重点建设，完成课程建设的相关资料。

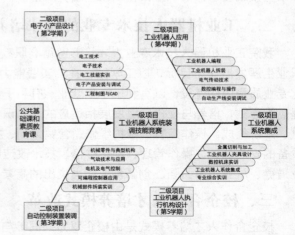

基于CDIO的课程体系的工程项目-课程群鱼骨图

2. 基于项目、问题学习的教学模式

（1）设计一级项目内容并确定其主导地位

以两个CDIO一级项目为主线贯穿整个教学过程，使学生系统地完成构思、设计、实现、运作4个部分的训练。一级项目是核心，它实现整个课程体系的有机结合，所有需要掌握的技能和知识点都围绕这个核心构成一个整体[6]。

第一个是工业机器人系统装调技能竞赛项目，安排在第2学年。培养学生电路连接、工业机器人装调等方面的综合能力。以学院组织的学期技能竞赛为依托，实现所学知识的综合应用。

第二个是工业机器人系统集成项目，是CDIO中级别最高的一级项目，安排在第3学年。培养学生机构设计与加工制作、PLC控制、工业机器人编程与操作、控制系统集成等方面的能力，实现所学知识的综合应用。

（2）围绕二级项目安排教学内容并实施

从第2学期开始，每学期安排1个学期项目，学期项目即为二级项目。拟从四个方面进行二级项目的建设，并按照CDIO工程教育模式实施。先组建导师团队，导师给定项目范围，由学生自主构思具体项目。导师对学生提出的项目进行筛选优化，确定最终可实施的CDIO项目，组建项目团队进行项目实施。期末时学生进行项目汇报及成果展示，导师团队依据CDIO项目评价标准进行考核和评价。每个二级项目的主要内容如下：

● 二级项目1—电子小产品设计与制作。安排在第2学期。该项目培养学生电子产品设计制作能力，要求学生必须掌握电工电子、电子线路设计和绘制、基本操作技能等方面的知识。设置CDIO项目时，主要考查学生对相关专业软件的使用、机械设备外形设计制作、电子产品的初步设计等知识的掌握。

● 二级项目2—自动控制装置装调。安排在第3学期。该项目培养学生对自动控制装置的装调能力，本项目课程群与工程实际联系紧密。设置CDIO项目时，与企业合作共同设置学期项目，进行机电产品的设计和制作以及自动控制装置装调的设计。使学生既能学习到专业知识，又可以熟悉工作岗位和企业文化，达到校企深度合作的效果。

● 二级项目3—工业机器人应用。安排在第4学期。该项目培养学生对工业机器人的操作和编程能力。学生可以具备工业机器人示教学习能力、工业机器人离线编程和仿真能力、工业机器人在线编程和运行能力。以工业机器人为载体，课程群的专业性进一步加强，对学生的专业能力要求较高。设置CDIO项目时，考虑工业机器人软件控制要求，锻炼学生的软件设计技能，培养学生的团队协作和创新能力。

● 二级项目4—工业机器人执行机构设计。安排在第5学期。该项目培养学生对工业机器人的执行机构的设计能力和工业机器人I/O通信设置能力。以工业机器人为载体，课程群的专业性进一步加强，对学生的专业能力要求较高。设置CDIO项目时，考虑工业机器人的硬件设计要求，锻炼学生的硬件开发技能。

3. 以项目实施为核心的课程体系

在教学实施过程中，为了逐步提高学生的职业素质和职业能力，更好地为CDIO模式中的项目服务，结合现有的优势教学资源，我们经过不断探索、研究、融合和归纳，形成了以智能制造系统集成为载体的课程体系模块，并根据CDIO项目要求，将课程体系中的课程进行优化组合，形成了服务于CDIO项目的课程群。

二级项目确定后，以项目需要将整个课程体系划分4个课程群，并分别根据项目进行课程设计。实施项目需要的知识与技能点，应包含在相应课程群中，使学生经过课程群的学习，能够独立完成各项目的构思、设计、实现和运行。每个课程群的教学内容如下：

● 电子小产品设计与制作课程群。要进行电子产品设计，需要进行电工技术、电子技术等基础知识的学习；具备最基本的计算机辅助绘图能力；具备实际动手拆装的基本技能。该课程群的核心课程可包括《电工技术》《电子技术》《电工技能实训》《工程制图与CAD》《电子产品安装与调试》5门课程。

● 自动控制装置装调课程群。培养学生进行运动控制的能力，能正确选择常用气动元件和传感器，对交流电机、直线电机、步进电机等进行控制，熟练运用气动元件和伺服系统进行气动控制。本课程群的核心课程可包括《机械零件与典型机构》《可编程控制器应用》《气动技术应用》《电机及电气控制》《机械部件拆装实训》5门课程。

● 工业机器人应用课程群。培养学生运用计算机编程的能力，在熟悉硬件的基础上，实现软件的控制。能读懂源代码，在此基础上进行程序的修改和编写。学完本模块后，能控制机械手实现简单的运动轨迹和常用动作。能设计机械手的传感检测系统，实现机器人的智能化。本课程群的课程可包括《工业机器人拆装》《工业机器人编程》《电气传动技术》《数控编程与操作》《自动生产线安装调试》5门课程。

● 工业机器人执行机构设计群。培养学生机构设计能力，根据项目要求，完成需要的机器人执行机构设计。学完本模块后，能掌握常用执行机构的设计方法。本课程群的核心课程可包括《金属切削与加工》《工业机器人夹具设计》《数控机床实训》《工业机器人系统集成》《专业综合实训》5门课程。

4. "订单"式人才培养的实践探索

根据企业用人需求实施"订单式"培养模式，通过调整专业方向、调整课程内容、改革教学模式，大幅度提升校企合作的广度和深度。工业机器人企业可分为三类，即上游工业机器人制造企业、中游集成企业和下游应用企业。针对三类企业，设计相应的CDIO典型项目，并根据企业具体需求适时进行调整。采用组建企业导师团队来我院授课，以及学生企业顶岗实习的方式实现校企联动。目前，我院已与重庆华数机器人有限公司合作成立华数机器人学院，与重庆康明斯发动机有限公司合作成立订单班，并正与重庆等西南地区多家企业深度研究联合培养方案，全力探索和实施工业机器人人才培养模式改革。

四、结语

校企合作人才培养模式改革是高职教育发展的必然趋势，可让学生充分接触企业生产一线，充分利用企业的信息与资源掌握所学技能。将CDIO理念与校企合作深度融合，进一步提高校企合作人才培养模式的系统性和可操作性，有利于提高学生的培养质量。工业机器人技术专业的校企合作改革已在我院运行一年，学生学习积极性高涨，学习效果显著提升。

参考文献

[1] 葛丹阳. 高职院校校企合作人才培养模式研究[D]. 武汉：华中师范大学，2013.

[2] 张奇，唐奇良. 高等工程教育 CIO-CDIO 培养模式研究[J]. 教育与职业，2009（03）：32-34.

[3] 王瑞兰. 基于 CDIO 理念的电子信息工程专业实践教学的改革[J]. 潍坊学院学报，2014（06）：101-103.

[4] Edward F Crawley. Creating the CDIO syllabus, a Universal Template for Engineering Education[C]. 32nd ASEE/IEEE Frontier in Education Conference. November 6-9, 2002, Boston, MA.

[5] 鲁婉玉. 高职教育中"现代学徒制"人才培养模式研究[D]. 大连：大连大学，2011.

[6] 李芳丽. 基于 CDIO 理念的高职机电一体化人才培养创新实践研究[J]. 现代制造技术与装备，2011（02）：15-16+18.

校企合作共建精品资源共享课

—— 以国家级精品资源共享课《数控加工编程及操作》建设为例

重庆工业职业技术学院　刘　虹　钟富平　易　军　黄维亚

【摘　要】高素质技术技能型人才的培养和高职教育内涵建设的核心是课程建设。本文以《数控加工编程及操作》国家精品资源共享课建设为例，介绍校企双方深入合作，共建精品资源共享课，实现优质资源网络共享的做法。

【关键词】校企合作；共建课程；资源共享

教育部在2012年启动了精品资源共享课的建设项目，重点是将原国家级精品课程转型升级为精品资源共享课，由教育部组织进行课程平台的开发，面向高校的学生、教师及社会学习者，实现课程优质资源网络共享。重庆工业职业技术学院《数控加工编程及操作》课程于2009年评为国家级精品课程，2013年立项为国家级精品资源共享课，2014年课程资源在"爱课程"网上线，免费向社会开放，2016年7月被国家教育部授予首批国家级精品资源共享课称号。在精品资源共享课建设的过程中，校企合作进行《数控加工编程及操作》课程建设及课程资源建设，实现优质资源网络共享，提升教育教学和人才培养质量。

一、校企合作的课程建设

在《数控加工编程及操作》课程建设中，学院与企业深度合作，积极推进基于岗位能力标准的模块化课程设计和基于工作过程系统化的课程设计。紧紧围绕岗位群的技能及能力要求，合作企业全程参与教学内容的选取、教学活动方案设计、教学资源开发、"教学做"一体的教学实践，在校内生产性实训基地、校内"产学工厂"和校外合作企业真实环境中进行仿真和真实项目训练，以项目实施来完成教学活动，使学校培养的人才更加符合行业企业需要。

（一）对接企业岗位需求，校企共建课程教学内容

本课程按照以就业为导向、以岗位能力为本位、以数控编程及加工工作过程为引导，紧扣数控加工工艺实施、数控编程、数控机床操作等职业岗位标准，精选课程内容，企业参与课程开发的全过程。企业实践专家和学院课程开发专家共同序化课程教学内容，以数控加工真实的任务或产品为载体对课程内容进行整体设计，实现将职业标准融入教学实践，职业资格认证融入课程体系，理论教学融入实践教学，企业文化融入校内教学环境。彻底打破传统学科式课程设计思路，构建以工作任务模块为核心的课程体系，对企业的真实案例进行改造，形成了11个任务化的学习任务（见表）。项目是来源于企业的真实项目，学生在数控加工中使用与企业相同的材料、刀具和数控机床，完成与实际生产相同的工作任务。每个任务都包括任务引入、任务分析、相关知识介绍、任务实施、训练等内容，重点突出完成工作任务与所需相关知识的密切联系，强调课程内容与职业岗位标准的相关性，强化学生知识应用、综合技能、设计能力和

创新能力等方面的培养。通过来源于企业项目化教学内容的学习，使《数控加工编程及操作》课程能够满足企业的需要，有助于职业院校毕业生很快适应企业工作，便于学生今后进一步学习，为学生今后的可持续发展奠定良好的基础。

学习项目与学时分配表

序 号	学习项目	工作任务	参考学时
1	学习项目1：数控车床编程及加工	任务1 阶梯轴类零件的数控编程及加工	14
2		任务2 成型曲面轴类零件的数控编程及加工	6
3		任务3 螺纹轴类零件的数控编程及加工	6
4		任务4 轴类综合零件数控编程与加工	4
5		任务5 套类综合零件的数控编程及加工	4
6		任务6 车床组合件零件的数控编程及加工	4
7	学习项目2：数控铣床/加工中心编程及加工	任务7 平面凸廓及型腔零件数控编程及加工 任务7.1：平面凸廓零件数控编程及加工 任务7.2：平面型腔零件数控编程及加工	16
8		任务8 孔盘类零件的数控编程及加工	8
9		任务9 铣床组合件零件的数控编程及加工	4
10	学习项目3：数控线切割编程及加工	任务10 冲裁模具凸模零件数控编程及加工	8
11		任务11 冲裁模具凹模零件数控编程及加工	4
合 计			78

（二）基于工作过程导向，校企改革课程教学方法

按照"教学过程与工作过程""理论教学与实践操作""课堂与生产车间"三位一体的方式组织与实施教学，形成理实一体化教学模式。采用项目教学、任务驱动、案例教学等发挥学生主体作用的行动导向的教学方法，以工作任务引领教学工作过程，提高学生的学习兴趣，激发学生学习的内动力。充分利用校内实训基地和企业生产现场，模拟典型的职业工作任务，采用现场大量"实例"，以车削、铣削的工作任务和轴类、盘类、板类、壳体类、典型零件加工为载体，并将教学实训与生产加工相结合，学生一边听、一边练，"做中学、学中做"，使抽象、枯燥的课堂变的直观具体，生动形象，在完成工作任务过程中，让学生获取知识和培养技能，实现理论和实践一体化。

（三）模拟企业生产车间，校企共建课程教学环境

学校在校内建有重庆第三机床厂，拥有一批数控加工设备。这些设备大多是重庆地区企业最常用的设备，学生在数控加工实训中使用与企业完全相同的材料和刀具，能充分满足课程生产性实训的需要，形成了涵盖常规机械加工和先进制造技术加工配套的能力。通过与重庆机床（集团）有限责任公司、重庆长安汽车股份有限公司、重庆建设工业（集团）有限责任公司等企业合作共同参与建设，力求体现真实的职业环境，强调数控加工实训项目的应用性和操作的规范性，提高数控加

工实训过程的岗位针对性和岗位职业能力培养，不断提高校内生产性实训质量和比例，建立数控仿真与真实职业环境相结合的开放式实践教学环境，营造"校企合一"的教学环境。

（四）实施过程结果管理，校企共建课程评价模式

关注评价的多元性，注重对学生的职业能力考核，采用项目评价、阶段评价、目标评价、理论与实践一体化评价模式，彻底打破"一张试卷定终身"的考核方式模式。由学校主讲老师和企业兼职老师结合考勤情况、学习态度、学生作业、平时测验、数控编程、数控加工仿真实验、数控加工实训、数控技能竞赛综合评定学生成绩。在数控加工实训中，加工企业的真实产品，再现真实工作过程，实施真实工作任务，生产真实工作产品，按企业的质量要求来考核学生，在专、兼职教师双考评机制下正确评判学生的课程学习效果。

（五）依据双师教师标准，校企共育课程教学团队

近年来课程教学团队选派了多名教师到大连机床厂、日本法那克数控公司、台湾福裕工厂等企业，学习数控新技术、新工艺，提高专业技术水平，同时到重庆机床（集团）有限责任公司、重庆建设摩托车股份有限公司等企业进行顶岗实践，并和企业合作开发技术项目提高教师的职业能力。

聘请企业技术骨干担任课程兼职教师，与专任教师一起进行课程建设。兼职教师承担了约20%比例的课程实践教学任务，主要是引进制造类企业的真实产品，对学生进行零件数控编程及加工训练，让学生了解企业工作流程与规范，了解企业文化。

经过校企共育课程教学团队，教学团队呈现以青年教师为基础，"双师型"教师为中坚，骨干教师为核心，专业带头人为领军的梯形结构。形成了一支思想活跃，改革有创意，团结合作，教学经验丰富，年龄、知识、职称结构合理的教学团队。课程团队多名教师获得成果，其中全国职业技能大赛优秀指导教师2人，重庆市职业技能大赛先进个人1名，重庆市职业技能大赛裁判员2名，重庆市高技能人才1名，2人晋升为高级技师。

二、校企合作的课程资源建设

校企合作的课程资源建设从学校教学需求和企业培训需求出发，同时兼顾社会上其他学习者的需求，达到共建共享的目的。同时，课程资源建设要结合实际教学需要，以课程教学资源的系统性和完整性为基本要求，以服务教学和学习者为建设依据，以资源充分开放共享为目标，做好课程基本资源、拓展资源的建设。

课程基本资源是指能够反映课程教学思想、教学内容、教学设计、教学方法、教学过程的主要资源，具体包括课程介绍、教学大纲（课程标准）、教学日历、演示文稿、习题作业、教学案例、重点难点指导、参考资料及课程全程教学录像等教学活动所需的资源。学校组建了由学校教师和企业兼职教师构成的专兼结合的双师型团队，将数控加工国家职业标准和行业企业标准融入教学中，共同制订课程标准，以此为依据完成教材编写，并由机械工业出版社正式出版。根据机械工业出版社调拨系统统计，该教材在安徽、北京、重庆等20多个地方的多所高职院校的数控技术专业、机制专业、模具专业等机械类专业教学中都有选用，部分企业的工程技术人员也在当当网和卓越网上购买，得到了社会的充分认可。课程案例中，设计了相关的数控加工实践操作案例，有机融入了最新的实例以及操作性较强的案例，并对实例进行有效的分析，以缩短学校教育与企业需要的距离。训练习题设计多样化，题型丰富，具备启发性，突出了与实际工作的一致性。《数控加工编程及操作》基本资源完全按照"国家级精品资源共享课建设技术要求"进行建设，反映本课程的教学理念、教学思想、教学设计、教学过程的核心资源，

全部上网，原创资源丰富，知识产权清晰，有力支撑教学目标的实现，可供访问者直接使用。

课程拓展资源是指反映课程特点，应用于各教学与学习环节，支持课程教学和学习过程，较为成熟的多样性、交互性辅助资源。本课程拓展资源包括了学院与企业合作开发的在线测试系统、网上答疑系统、数控加工虚拟仿真实训系统，收集、整理了数控加工典型新技术应用及企业新型数控加工案例、为学生及社会人员的职业能力培养、岗位技能培训等建立了习题库、资源库，帮助学习者能更好地自主学习并检验学习效果，提升整体学习效率。将课程资源更新和调整、学习平台维护等形成制度文件，从而保证课程资源的时效性及实用性。

三、结束语

《数控加工编程及操作》课程是校企进行深度合作，以企业数控加工岗位需求为核心建设的精品资源共享课程。通过近两年的毕业生调查，用人单位均反映学生能很快适应数控加工等相关岗位，并具有很好的发展潜力。实践证明，校企合作进行的课程建设和课程资源建设，使专业课程内容与职业标准对接、教学过程与生产过程对接，通过信息化的互联网平台，使更多的学习者受益，满足了企业岗位的人才需求。

参考文献

[1] 雍丽英，赵丹，崔兴艳，高波．基于校企对接的课程开发与建设[J]．哈尔滨职业技术学院学报，2014（3）．
[2] 李静荣．高职精品课程转型升级精品资源共享课的探索与实践[J]．当代经济，2015（6）．
[3] 教育部．精品资源共享课建设工作实施办法[Z]．2012．

高职院校工程造价专业综合实训的实践探究

——以重庆工业职业技术学院为例

重庆工业职业技术学院　边凌涛⊖　吴优美　陈亚娇　何理礼　王　婧

【摘　要】本文通过分析工程造价专业毕业生目前存在的问题，提出了高职院校开展综合实训的重要性，确定了综合实训课程的目标、内容和实施过程，以达到培养学生综合职业素养和全局思维意识的目的，为高职院校毕业生综合能力的提高奠定良好的基础。

【关键词】工程造价；综合实训；招投标

一、工程造价综合实训的必要性

工程造价专业是高职类院校的热门专业之一，是一门以经济学、管理学为理论基础，以工程项目管理理论和方法为主导的社会科学与自然科学相交的复合型专业，培养具备工程建设项目投资决策能力和全过程工程造价管理能力的实践能力强和创新精神佳的应用型高级人才[1]。学生在校期间除了需具备扎实的高等教育文化理论基础，还需要掌握管理学、经济学和土木工程技术等方面的基本知识，熟悉工程造价管理科学的理论、方法和手段，实践造价工程师、咨询（投资）工程师的基本训练，从而在毕业后能够有较强的能力到第一线从事工程造价文件编审、工程招投标与合同管理、工程资料管理等工作。由此得出，工程造价专业是一个集合技术、管理、经济、法律等知识于一身的综合性专业。

重庆工业职业技术学院通过对工程造价专业往届毕业生的用人单位进行走访调查，同时结合毕业生的反馈信息，发现每届毕业生虽然可以独立完成单项工程或单位工程的施工图预算，但是如果让其独立编制一份招标文件、工程量清单或投标文件，即使是一份资格审查文件，学生也经常感到无所适从，并不能迅速将在校学习的专业理论知识融会贯通、综合运用于实践中，只有在工作中锻炼一段时间后，综合能力才得以提升，这种现象也同样出现在其他高职院校的毕业生中[2-3]。由此可以看出学生虽能够熟练掌握单独的每一门学科，却缺乏所有课程之间的结合和综合运用。因此，高职院校工程造价专业有必要设置工程项目实训课程（工程造价综合实训），横跨多课程，既有专业纵深，又有横向拓展，从而培养学生的全局思维意识、综合职业素养和能力，提升岗位执行力和胜任力，增强就业自信心[4-6]。

二、综合实训的开展思路及课程目标

通过工程造价综合实训指导，结合工程实际项目，让同学们结合结构设计规范从识读工程图、熟悉房屋的基本构造到施工组织设计、施工图预算，模拟整个招投标过程，完成工程项目

⊖ 边凌涛（1973—），男，汉族，内蒙古赤峰人，学士，重庆工业职业技术学院建筑与环境工程学院院长、副教授、注册造价工程师，主要从事建筑技术、工程管理等方面的研究。E-mail：bltgyh@163.com。

的投标文件、招标文件的编制以及开标评标任务。让同学掌握工程造价在项目招投标过程中所需要完成的工作内容，对大学三年里学习到的专业知识进行综合应用，并且为顶岗实习做一个预先的练习和模拟。

五周的综合实训充分培养了学生在土建工程和安装工程的计量与计价、建筑工程电算化、施工组织设计、招投标与合同管理等方面的识图能力、信息搜集能力、协作沟通能力、学习能力、发现和解决实际问题的能力，实现理论学习与实践环节的紧密结合，进而熟悉从招标方的工程量清单、招标文件及招标控制价的编制，到投标方的施工组织设计、清单报价，再到双方共同参与的开标评标、最后完成项目工程的合同签订的过程，为学生后期的顶岗实习打下坚实的基础。同时工程造价综合实训体系的实施，可以令教师从单一的课程教学提炼为多课程、多专业联合教学的实战体验，为培养双师型、技能型教师奠定基础。

三、综合实训的课程实施

实训教师在重庆市招投标交易信息网（http://www.cpcb.com.cn）筛选出合适的工程项目资料，根据该工程项目资料下达实训任务书，结合实际情况制订实训过程标准，负责跟踪指导此项目的招标文件编制、工程量清单编制、招标控制价编制、投标单位投标、开标、签订合同等过程。

按照项目实施情况模拟分为招标组及投标组。招标组根据施工情况做背对背两个小组，投标组可根据学生实际人数分为若干个投标单位。实训教师既是招标方，也是投标方，但对于双方只进行引导和指导以及疑难解答，实际工作由学生独立完成。招投标双方的文件资料的质量也由各小组自己负责，实训教师不进行包办或者代写、代做，让其接受实际检验。暴露出学生在学习中的优势和不足后，实训教师再进行统一梳理，既可以提高实训效果，加深印象，又有助于增加学生在以后工作中的实操经验。

实训教师主要从5个方面进行实训指导，其中4个是对学生开展的任务，以达到深化专业理论知识，锻炼实践技能的目的。最后是教师对学生整个实训过程及最终成果进行评定。

1. 招标文件的编制

两个招标组熟悉建设项目情况后，独自编制初步的招标公告（采用公开招标）、招标文件（含合同文件），完成后互审，然后确定最终的招标资料，并将终稿上传到招投标实训室网络进行公开招标。最终确定招标资料的质量在实际的招投标过程中进行检验，投标方可对招标资料提出疑问，招标方也可进行补充和答疑，但提问和补充答疑时间必须符合相关要求。

招标公告是招标人在进行工程建设时，公布标准、条件、要求等项目内容，以期从中选承包人的一种文书；招标文件是由招标人或招标代理机构编制并向潜在投标人发售的明确资格条件、合同条款、评标方法和投标文件相应格式的文件。招标文件编制应包括招标方式、标的质量和工期要求以及信息发布、招投标具体事宜详细安排、开标时间、评标办法、施工图纸和合同文件等。

2. 工程量清单及招标控制价的编制

招标组编制招标文件时，两个招标组组织好组员同步根据施工图所示内容编制工程量清单，经过互审、定稿后与招标文件同时上传招投标实训室网络。招标清单确定后应立即进行清单组价，形成招标控制价。招标方最终确定的工程量清单及招标控制价也经实际检验，投标方可对工程量清单及招标控制价提出疑问，投标方也可以进行补充和答疑，但提问和答疑时间必须符合相关要求。

工程量清单及招标控制价的编制应建立在熟读招标文件及合同文件的基础上，仔细分析招标范围、清单编制原则、招标控制价编制方法等，准确计算建筑工程及安装工程工程量并核对工程量；编制建筑工程和安装工程清单招标控制价，培养学生计量计价、沟通协作、电算化以及再学习能力。

3．投标文件的编制

投标组从实训中心网络下载招标文件，并认真分析，确定人员分工进行商务标、经济标和技术标的编制等工作，最后各小组人员汇总后独立投标，与其他投标组成为竞争关系。

（1）技术标的编制

技术标的编制涉及工程概况，施工方案，施工方法，施工进度计划，人才机资源消耗量计划，确保工期、质量、安全等的技术组织措施，施工现场平面布置图和主要技术经济指标。

（2）经济标的编制

经济标的编制需结合手算和软件，首先进行成本预测并完成初始清单报价，然后根据招标文件、合同文件及其他投标方情况，确定投标策略及原则，找出盈亏点并形成最终投标报价。经济标的编制内容主要包括报价封面、投标报价汇总表、单位工程工程量清单汇总表、分部分项工程量清单计价表、措施项目清单计价表、其他项目清单计价表等。

（3）商务标的编制

商务标的编制应根据招标文件中的投标人须知要求提供有关资料，主要包含的内容为：

① 法定代表人身份证明；

② 法人授权委托书（正本为原件）；

③ 投标函；

④ 投标函附录；

⑤ 投标保证金交存凭证复印件；

⑥ 对招标文件及合同条款的承诺及补充意见；

⑦ 企业营业执照、资质证书、安全生产许可证等。

4．开标、评标、定标

实训教师在投标截止时间前随机从招标组成员中抽取单数学生作为评标专家，形成专家委员会，并组织评审所有投标组的投标文件，最后确定中标人。

在评标专家的组成上，引入真实的招投标企业人员参与其中，这既可以让学生因为涉及就业可以引起足够的重视，也可以让企业真实了解学生的能力，择优选择人才。

综合实训的主要特色是与实际工程紧密联系，完整参与招投标的全过程工作，独立编制招投标文件（编写招标公告、招标和投标文件，编制工程量清单，完成投标决策，编制施工组织设计，组织并参加建设项目的开标、评标、定标和签订施工承包合同等活动），对学生综合技能起到极大的锻炼作用，有利于我校工程造价专业的学生从高职类学生中脱颖而出，为社会培养高技能人才打下良好的基础。

5．成果评定

成果包括工程项目招标文件和投标书（经济标、商务标和技术标）。中标的投标组综合实训的成绩为优秀，其余小组根据整个实训过程参与度、契合度、实训考勤等情况综合评定为优、良、中、及格、不及格等级。教师要对各组的成果进行分析点评，引导学生发现各自的利弊，对存在的问题提出解决的方法，提高学生的综合实践能力。

为了更好地进行后续的校企合作，对每个班中标组的学生和择优选择出的招标组的学生以及对招投标工作确有兴趣的学生，本着自愿的原则，学校建立专门的QQ群或微信群，由专业老师带领承接真实的招投标工程进行实战演练。

四、结语

通过5周的工程造价综合实训，学生反映获益匪浅，学生对以下几个方面引起了足够的重视：

① 招标组在编制招标工程量清单时，项目特征描写不准确或者不规范，投标人在审查招标工程量清单时因此提出了很多疑问，这让招投标双方的学生都对此深有感触，有利于在以后的工作中对此引起重视，和上课时老师简单的强调相比，这样的体验既直观又深刻。

② 投标组在编制投标文件时，主要集中了大部分人力和时间进行了经济标的编制，这本也无可厚非，但其对技术标和商务标明显重视程度不够。因此部分投标组因商务标而废标，根本没有进行经济标和技术标评比的资格，这让其后悔莫及的同时，也深刻体验了重视废标条款的重要性和仔细阅读招标文件的重要性。因为采用的是综合评标价评标，有两个投标组的报价非常接近，因其中一组比较重视技术标的编制而胜出，成为中标人，这让学生们真实地体验到了竞争的残酷性和评标办法的重要性。

③ 除以上两点，学生还体验到了招投标过程中的严谨性和经济标与技术标的相互配合性以及成员之间团结协作的重要性。

工程造价专业是综合性、政策性、实用性、实践性较强的技术经济类专业，学生必须采用科学的实践锻炼才能获得相应的专业技能。同时，项目造价确定与控制又是动态、发展变化的，仅仅依靠单项的、封闭的课堂教学实训，缺乏对项目的持续跟踪就不能融入设计变更、施工索赔、材料市场价格、建设质量、政策变化等因素，即使是真实的工程项目，学习效果也很难达到预期目标。

因此，高职院校工程造价综合实训教学中应解放思想、不断创新、科学规划，依托校内工程造价实训基地和校外合作企业，对学生进行全过程连续的角色锻炼，提高学生的综合素质，以便更好地适应信息时代对工程造价专业的素质要求，使学生的职业能力与企业的需求保持一致，实现学校与用人单位的无缝衔接。

参考文献

[1] 谢中友. 应用型本科高校工程造价专业实践教学探讨[J]. 铜陵学院学报. 2012（6）: 121-122.

[2] 杨柳，王为林. 基于真实工程氛围的工程造价综合实训项目开发探究[J]. 郑州铁路职业技术学院学报，2013, 25（4）: 55-56.

[3] 王建茹. 工程造价综合实训课程体系的架构[J]. 价值工程，2012（10）: 269-270.

[4] 王丽，王争. 高职建筑工程造价专业课程实训设置的研究[J]. 科技信息，2010（22）: 184-185.

[5] 赵春红，秦继英，郭红侠. 浅谈高职工程造价专业综合实训教学的实践与探索[J]. 课程教育研究. 2014（11）: 55.

[6] 刘志彤. 专科院校工程造价综合实训基地建设研究[J]. 现代商贸工业. 2008（10）: 306-307.

制造业转型形势下高职院校
"项目式"校企合作模式创新

——以物流管理专业为例

重庆工业职业技术学院 邓 莉 黄 丹

【摘 要】本文对现有校企合作模式进行分析，探索新形势下物流管理专业校企合作的新模式，一方面促进职业教育的发展，另一方面，为适应制造业变革给物流企业提供所需的技能型人才，从而实现校企合作的"双赢"。

【关键词】校企合作；模式；创新；双赢

一、引言

职业技术教育作为一种技术教育的类型，与传统的师徒制、家庭作坊世代传承的技术教育不同，它是批量化、规模化的"技术"传承的教育，在工业革命后期得到迅猛的发展。《国务院关于大力发展职业教育的决定》指出：职业技术教育是经济社会发展的重要基础和教育工作的战略重点。在"中国制造2025"战略的大背景下，高等职业技术教育应创新校企合作实践，服务于行业技术多层次技能人才体系建设，为中国实现工业化、迈向制造业强国行列提供扎实的人才保障。

二、高等职业教育校企合作现状

（一）职业教育校企合作概述

"校企合作"一词在国外文献中是多种多样的，如：cooperative education，business-education partnership，school-work partnership等，尽管表述不同，但我们可以发现几个关键词，即：学校，企业，教育，合作。它们是组成校企合作的要素，也概括了合作的基本含义。

"校企合作"一词最早出现于20世纪初的美国，1906年美国辛辛那提大学提出第一个合作教育计划。目前在中国推行和学习最为广泛的是德国的"双元制"。自从1985年《中共中央关于教育体制改革的决定》正式提出普通高等学校与企事业单位、地方之间开展校企联合办学以来，我国高职教育在改革实践中逐渐形成多种合作办学的新格局，其中校企合作办学就是一种办学模式。

（二）校企合作的主要形式

目前，全国高职院校开设物流管理专业的院校有800所左右，重庆市截至2015年有26所，这些高职院校都与各类物流企业开展各种类型的校企合作，这是职业教育院校为谋求自身发展、提高教育就业质量、实现企业资源、信息共享的"双赢"模式。合作形式主要包括以下几种：

1. 订单班培养

这种合作形式是以企业为主导，在学生入校时或在进入大三学习时与学校联合制订选拔机制，从专业中选择适合企业需要的物流专业人才，制订针对物流就业岗位的专门人才培养模式，或者在现有人才培养模式上进行适当修改，联合培养。在这种校企合作方式下，学生进入企业工作时基本可实现"无缝"上岗，既可以节约企业的"培训"成本和时间，也可以提高学生的就业质量，也可以在企业与学校之间搭建起长期合作的桥梁。本校物流管理专业与重庆秦川实业（集团）股份有限公司开展过订单班培养。

2．现代学徒制

现代学徒制是把工作岗位训练同学校课堂技术教学相结合，为各行各业培养一线操作人员的培训系统。学校给学生教授职业技术教育的理论，由工厂负责学生的职业技术的实际训练，它是传统学徒制和学校教育结合的产物。目前在汽车、机械制造等专业用得较多。

3．校内外实训

物流企业由于行业特性，会出现用工量的高峰期，比如现在的"双11"期间，快递量巨大，物流企业的本职员工无法应对突然增加的快递包裹处理问题。所以，与企业合作，利用学生的专业实训周，将学生安排到企业直接进行"顶岗"，既满足了企业的临时用工需求，也让学生获得了到企业真实"工作"的体验机会，可谓一举两得。我校物流管理专业已与重庆百世物流和韵达快递签订了校企合作协议，根据企业需要"定制化"的提供人才需求。

4．工作坊

企业和学校签订相关合作项目，根据企业相关需求定点定期为企业外派教师，为企业解决实际工作中的专业问题。通过这种模式，一方面，学校可充分发挥其科研优势，提升教师队伍师资水平，提高教师研发能力。另一方面，企业可利用学校充分的教学资源和研发资源，为企业解决一些在生产、经营发展过程中遇到的问题。"工作坊"模式使得学校和企业可以深层次的合作，共同搭建技术工作坊，解决在生产中遇到实际问题，通过项目，加强学校和企业的紧密关系，未来有更好的合作。

三、制造业升级对物流业的影响

物流作为制造业发展的重要基础，保证其原材料的采购、运输，成品、半成品的运输仓储等。制造业升级的10年规划，不仅对中国制造业在自主创新能力、资源利用效率、产业结构水平、信息化程度等提出了要求，而且对作为其辅助支撑行业的物流业，也提出了相应的要求。例如：产品的个性化定制，不仅会导致个性化的设计方案，还会导致个性化的零部件生产及配送，以及定制成品的配送；精准的供应链方案，设计精准的采购、生产、销售，因而会要求制订和实施精准的物流服务方案；提高产品的生命周期，包括分销、仓储、配送等物流环节，对产品全生命周期进行管理，需要物流环节的数据支持；一个产品的制造设计种类繁多的零部件、原材料，因而要求多条业务流程的协同运作，这将会涉及整体性的物流服务协同等。

根据人社部的一项最新的统计：目前我国技工劳动者约为1.5亿，占就业人员总量不到19%。其中，高级技能人才仅为3 762.4万人，仅占技能劳动者总数的25.2%，占就业人员总量不到5%。这一统计数据表明，文化素质高、技术精湛的优秀工程师和技术技能型人才的短缺，是目前制造业升级面临的最严峻问题，同样物流业也面临技能型人才短缺的困扰。

四、"项目式"校企合作模式

（一）校企合作的基础

鉴于以往的校企合作模式，常常出现只流于形式、合作不深入、只为解决学生就业等问题。结合制造业升级对物流行业影响等诸多因素，职业院校应转换校企合作的出发点，以企业和学校共同盈利出发。企业是以盈利为目标组织生产经营的，如若与学校的合作不能带来任何效益那势必产生"无效率、无热情、无深度"的三无结果，校企合作则名存实亡。

所以，校企合作的基础是"双赢"——学校和企业要共同获利，才能通过校企合作提升学校的办学能力、打造专业特色，企业才能招聘到对口的物流高技能人才。校企合作双方赢利点如表所示。

校企合作双方赢利点

	单　位	赢　利　点
校　企　合　作	学　校	打造专业特色
		提升师资能力
		解决学生就业
		学生实际操作技能提升
		……
	企　业	解决用工需求
		实际工作问题解决
		项目成果转化
		员工培训
		……

（二）"项目式"校企合作模式

"项目式"校企合作，正是以合作双方互惠互利的共赢为合作基础，将学校"企业化"，再通过企业所熟知的"项目"的形式与企业合作，签订项目合作书，明确各方职责，制订项目计划，到期验收项目成果，进行项目评估，按照真实企业项目合作流程操作。"项目式"校企合作是学校和企业保持一种长期的、不间断的合作。

首先，在时间上，以企业的工作时间来安排项目，有利于企业合理安排生产，不再按照以前以学校的临时需求为准。为了保持与企业长期、不间断的合作，我们将合作的项目分为"大项目"和"小项目"。"大项目"是学生在第三学年第二学期和寒暑假到企业参与的毕业项目，项目开展的地点是企业；而"小项目"是学生在学期内完成的，项目开展地点是在学校。这样"大小项目"交叉式的合作可以保证一年中学校与企业合作是"无空档、链条式"的合作，既与企业生产经营时间匹配，也保障了学校项目合作的质和量。具体项目分块见图1。

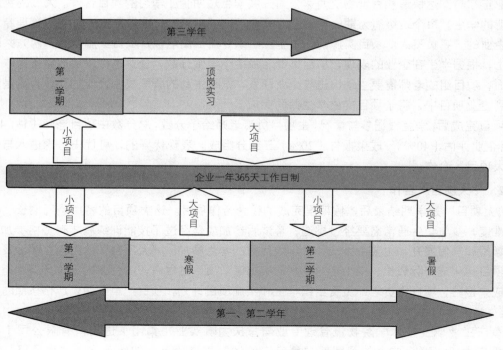

图1 "无空档、链条式"项目合作图

其次，从职责分工来看。参与项目化合作的老师应与专职授课的教师进行职责分工，与企业的项目部门成立项目组，项目组成员由教师、企业人员和学生组成，双方共同签订项目合作书、制订项目计划、预期完成目标、明确双方职责和项目评估方式等。学校负责校内项目组织和实施以及学生管理，企业负责项目成果检验和专业指导。校企合作组织结构见图2。

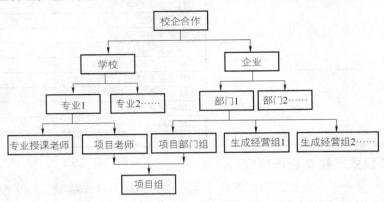

图2 "项目式"校企合作组织结构图

1. 小项目合作

"小项目"通常包括学期内项目，是在平时上课期间实施的，包括企业短期培训项目合作、学校科研项目转化、学生短期企业学习项目等。这类项目通常周期短、专业难度不高。人才培养计划中，设置"项目学习"课程。参与小项目的学生包括所有行政班级正常就读的学生，除短期企业学习项目外，其他的小项目都是利用课余和周末时间参加，具体项目组成员由项目负责老师挑选，项目实施计划由学校和企业项目组成员共同制订，项目成员按照计划时间严格执行。

"小项目"的来源主要依赖校企合作的企业，一方面，是企业主动找到学校，目前物流管理专业正在与韵达快递和百世物流两家公司开展学生短期企业学习的项目合作。大二的物流管理专业的学生，每个班级有为期一周的企业真实顶岗"实习"，项目负责人是物流管理专业老师和企业的一名负责人。项目实施前，由企业组织专业上岗培训，项目实施期间，两方共同管理学生，根据学生在企业的表现，项目负责老师给予学生分数，企业也可以挑选储备人才。另一方面，项目组的老师需要主动出击与企业联系，积极主动的争取校企合作的项目，或是老师参与到企业项目中，将子项目交由学生共同完成。

项目完成后，学生根据参与情况，由项目负责老师给予分数，总分数由项目老师评估（40%）+项目企业评估（40%）+成果报告（20%）三部分组成。表现优异的，可优先考虑进入与企业的"大项目"合作。

2. "大项目"合作

"大项目"是学期结束后，假期里完成的校企合作项目。这类项目的特点是周期长、有一定的难度，参与学生通常需要经过挑选、考试后参加或是经过了技能训练后才有资格参加。项目在暑假和寒假展开，主要由大三和低年级优秀的学生参加。"大项目"的内容主要涉及企业真实项目转化成实际成果、中小企业专利的实施等。项目过程中，由企业人员负责技术指导和项目成果检验，项目负责老师负责组织学生和实施项目计划，项目一旦开始，严格按照时间表完成。

重庆工业职业技术学院物流管理专业与重庆力帆实业（集团）进出口有限公司（以下简称重庆力帆）联合成立的俄罗斯"鲁班工作坊"物流项目，就属于这类"大项目"的合作，项目为期2年，分为国内、国外两个阶段。项目组成员由我院物流管理专业三名专业教师和重庆力帆的项目组人员组成，国内学习阶段为三个月，参加项目教师通过学校、企业双方考核后可进入第二阶段：国外工作阶段。三名专业教师轮流去俄罗斯分公司工作，在实际工作中运用自己的专业知识，帮助企业解决实际物流问题，例如，力帆俄罗斯市场备件库存管理以及结构优化、力帆俄罗斯市场备件定价策略和俄罗斯市场备件物流链结构优化等。此项目的工作流程如图3所示。

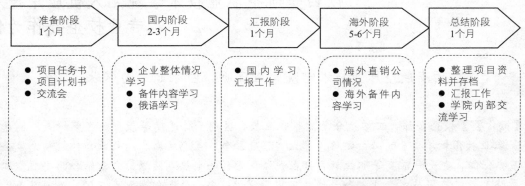

图3 俄罗斯"鲁班工作坊"物流项目的实施流程

同时，将具体物流问题项目化，让学生参与进项目中，由俄中两国的教师共同完成这个部分，此阶段工作目前正在试点推广中。

五、总结

"项目式"的校企合作模式是物流管理专业在现有校企合作的基础上，以企业和学校两方利益为出发点，在制造业升级的新形势下，创新的一种校企合作形式。高等职业教育的校企合作是职业教育发展的基础也是关键，根据行业特性、专业特点、地方经济、国家政策等，不断对校企合作模式创新，是高等职业教育在逆境中生存，在发展中创新的有效途径。

参考文献

[1] 陈芳柳，陈莉平．国内外产学研合作的比较研究及其启示（J）．沿海企业与科技，2007（2）：161-165．

[2] 孙琳．产教结合职业教育发展新途径探索[M]．北京：高等教育出版社．2003：248-280．

[3] 史宏．高等职业教育国家研讨会（中国青岛）论文集[C]，2007：224-230．

[4] 彭志武．高等职业教育学制研究[D]．厦门：厦门大学，2007：97-101．

[5] 胡艳曦，曹立生，刘永红．我国高等教育校企合作的瓶颈以及对策研究[J]．高教探索，2009（1）：20-21．

[6] 徐洪波，袁晓建．探索校企合作共建的双赢特征和发展思路[J]．2006（3）：69-73．

[7] 李敏．浅谈职业学校"校企合作"问题[J]．科技资讯科教平台．2006（16）：23-24．

[8] 卜建荣．高等职业校企合作共建实训基地长效机制研究[J]．中国科教创新导刊，2011（7）：27-29．

互利共赢的校企合作新模式

—— 以西安航空职业技术学院无人机应用技术专业校企合作为例

西安航空职业技术学院　石日昕　白冰如　尚　琳

【摘　要】校企合作、工学结合是高等职业教育区别于普通高等教育的显著特点，也是提高高等职业教育教学质量的必由之路。建立"深度融合、互利共赢"的长效合作机制是校企合作的基本保障，也是目前高等职业教育都在积极探索的一个热点问题。文章结合西安航空职业技术学院无人机应用技术专业校企合作的实践，探讨校企合作如何做到真正的"互利共赢"。

【关键词】校企合作；互利共赢；校企一体化合作培养

"校企合作"是职业教育发展改革的核心一环，中国著名社会学家郑也夫在《吾国教育病理》中写道"具备了校企合作的条件，才具备了办职业学院的资格，因为它是职业教育质量的基本保障，故应该是职业教育制度安排的底线。"近年来，西安航空职业技术学院在职业教育探索的道路上积极进取、开拓创新，将"校企合作"的模式逐步优化为"校企一体化"合作培养新模式，在学校和企业之间建立起长期、紧密的双向互动关系，在人才培养、技术开发和社会服务等方面取得了丰硕成果。

一、制约校企合作的影响因素分析

（一）企业方面缺乏合作积极性

目前越来越多的高校和企业之间形成了合作关系，但是从整体上来看企业的积极性并不高。从企业方面考虑，企业最根本目的就是创造价值，实现企业收益。而与高校合作企业的利益并不能得到稳妥的保证，特别是对于某些中小型发展企业来说甚至会产生负担。换句话说校企合作产生的利益也许是长远的，但是并不会立即体现，同时其中还包含了一定的不确定因素。这也就让企业的积极性大大降低。

（二）缺乏行业指引性

校企合作缺乏行业指引性，这样也就造成了行业作用不能得到充分发挥。相关管理部门对于校企合作也未给予充分重视，教育部门宏观调控作用不明显，而行业管理部门的教育职能消失就进一步加重了上述情况，这就给行业的发展方向带来了不明朗因素，并给行业人才需求带来了一定的影响。

（三）学校方面存在问题

部分高校在校企合作动机上存在一定的问题，这些高校希望通过校企合作来从企业处获得经济利益，但是对于企业方利益考虑则有所欠缺。

二、实现互利共赢的校企合作机制的有效对策

（一）形成合作共识

如果要让校企合作机制充分发挥作用，首先就需要高校与企业之间在合作观念上形成共识，那么两者就应该达成最基本的相互信任。作为高校应该充分肯定企业本身的实力，并坚定两者通过合作能够互相取长补短的信念。高校在这个过程中能够提高教育水平并把握住正确的人才培养方向。而作为企业则需要坚信这种合作能够为企业带来更多更优秀的人才。另外高校与企业之间应该达成共同发展目标，以发展来驱使双方的深度合作，在合作程度不断加深的前提下，对合作方式也进行改进并形成密切的合作关系。

（二）以人才培养为导向进行校企合作

将人才培养作为导向从而实施校企合作。高校的首要任务就是为国家、为社会培养人才，这是高校工作的核心内容。而将企业对员工的能力、素质要求贯穿于学校整个培养过程，用行业标准作为课程标准，企业再根据自身需求对学生进行企业文化培养，同时对学生进行筛选，在双方达成共识的情况下让学生与企业签订就业协议，达成共赢。

（三）校企双方加强人力资源开发

从某种意义上来看，高校学生事实上就是学校与企业之间的连接桥梁，学校向企业输送人才让企业向更高层次发展，企业将学校输送的人才进行培养从而扩展学校在社会上的影响力及其社会地位。将人才培养作为长远目标，从而让企业与学校都能收获客观的效益。

三、"校企一体化合作培养"模式

通过对校企合作中影响因素及实现"互利共赢"有效对策的分析，西安航空职业技术学院在无人机应用技术专业中将"校企合作"转化为"校企一体化合作培养"模式。这种模式中，学校和企业都是培养人才的主体。企业不仅参与制订培养目标、教学计划、教学内容和培养方式，而且参与实施教育和培养任务。例如，我校与西安德润航空科技有限公司的合作就是典型的"校企一体化合作培养"的合作模式。校企双方通过六个"共建"的实施，保障了人才培养模式一体化的有效实现。

西安德润航空科技有限公司位于陕西省西安市阎良区。公司注册资金2 000万，成立于2015年2月25日。是一家集专业航空农林装备研发、航空农林机械技术培训、无人机电力巡线、无人机消防、警用无人机、农林业病虫害防治服务为一体的综合性无人机平台技术服务公司。其培训中心主要为企业培训合格的无人机驾驶员。

2015年4月，西安航空职业技术学院成功将"德润航空"的培训中心引入校园。

六个"共建"：

一是共建"师资队伍"。

通过校企共建，着力打造一支新型的"双师型"师资队伍。一方面，由企业推荐在企业工作的技术专家和技术能手充实到学院无人机应用技术专业的教师队伍中去，另一方面。由企业为学校加强在职教师实践技能的培养。我院无人机应用技术专业2016年新进3名年轻教师，今年暑假期间全部在"德润航空"培训无人机驾驶员执照。

二是共建"实训实习基地"。按照"德润航空"人才培养质量的要求，着眼于培养学生的实践能力，学校与企业互动，建立了一批融理论教学与实践教学、职业技能训练与职业意识培养、职业资格认证与职业素质培养等诸多功能于一体的校内外实践教学基地。2014年6月，2013级无人机应用技术专业32人开始到西安德润航空科技有限公司实训，为了保证培训质量，公司准备了

详细的培训计划，并对培训教员进行精挑细选，从理论上培训、模拟飞行到外场飞行，使培训同学对无人机操控整个过程进行体验，保证他们把理论和实际结合起来，真正学到飞行驾驶技术。

三是共建"人才培养计划"。

校企双方建立"华朋"班专业建设指导委员会，学校与企业共同进行人才培养方案的制订或修订工作。在人才培养目标上，由校企合作委员会商定；在人才培养方案、课程设置上，由专业指导委员会制订；在专业理论课教学中，由学校专业教师与企业技术骨干担任兼职教师共同实施；在技能训练和实践环节中，以学校无人机实训室为基础训练地点，以企业培训中心为强化基地。

四是共建"课程"。

校企双方按照人才需求设置课程。学校紧紧围绕企业的生产实际和企业对人才的需求规格标准，大胆进行课程改革。同时对专业进行职业岗位工作分析，按照企业的工作流程、岗位技能和综合素质的要求，确定课程结构、选择课程内容、开发专业教材。将企业最需要的知识、最关键的技能、最重要的素质提炼出来，融入课程之中，确保课程建设的质量。2015年10月，西安航空职业技术学院选派无人机应用技术专业带头人、教研室主任，西安德润航空科技有限公司选派培训部经理王胜杰共同组成团队，成立了《无人机综合实训指导书》校企合作教材编写委员会，经过2个月的整理资料、梳理思路，编写出教材初稿。

五是共建"课堂"。

一方面，由从企业聘请的具有丰富实践经验的兼职教师，定期或不定期给学生授课、开设专业讲座，把来自生产管理第一线的最新技术和最新经验传授给学生；另一方面，企业为学校提供校外实习基地，并由企业的业务骨干、管理精英担任实习指导教师。从而形成校企合作共建课堂、共同培养高素质技能型人才的机制。

六是共建"就业"

企业根据自己的生产需求，吸纳部分学生到自己企业就业，同时，利用企业的人脉，推荐部分学生到相关企业就业，这样，扩大了学生的就业渠道。2015年10月，西安德润航空科技有限公司在我院举行了隆重的招聘会，经过宣讲、面试等环节，西安德润航空科技有限公司最终挑选了16名无人机应用技术专业的学生成为公司的正式员工，占到无人机应用技术专业毕业生的50%。

实践证明，"校企一体化合作培养"模式是高素质技能型人才培养的有效模式。

"校企一体化合作培养"模式，极大调动了企业直接参与办学的积极性，促进了学校教学条件的改善与教学质量的提高。一方面，企业获得了更加贴合企业需求的高技能、高质量人才；另一方面，学校在办学定位、专业建设、人才培养等方面的优化调整将更加与"企"俱进。

如今，校企双方以共同利益为基础，共同投入、共同参与、共享成果、共担风险、将管理一体化、运行机制一体化、教学体系一体化、评价体系一体化切实贯彻到"校企一体化"合作办学的每一处细节。同时，双方在坚持人才共用的基础上，根据学生创新创业能力发展的需要，逐步形成了以"双能并重、三元融入、四层递进、产学互动"为核心的特色鲜明的人才培养新模式，为最终实现价值取向趋同、利益诉求互助、优势发挥互补等目标而不断前行。

参考文献

[1] 虞耀君. 推进课程改革，培养创业人才[J]. 九江学院学报，2011（05）.

[2] 段远鹏. 创业人才培养模式构建与运行研究[J]. 科技管理研究，2010（10）.

[3] 李平. 高教强省与创业人才培养的关系研究[J]. 全国商情（理论研究），2010（10）.

[4] 苑国栋. 政府责任：实现校企合作的必要条件[J]. 职教论坛，2009（16）.

[5] 徐丽华. 校企合作中企业参与制约因素与保障措施[J]. 职业技术教育，2008（01）.

[6] 丁金昌. 关于高职教育推进"校企合作、工学结合"的再认识[J]. 高等教育研究，2008（6）.

产教融合培养创新创业人才的研究与实践

——以陕西工业职业技术学院新能源技术专业为例

陕西工业职业技术学院 胡 平 段 峻 夏东盛

【摘 要】本文对产教融合培养创新创业人才的背景及战略意义和国内的创新创业教育现状进行了分析，并以陕西工业职业技术学院新能源技术专业建设和实践为例，剖析了产教融合培养创新创业人才的思路与做法。

【关键词】职业教育；创业；创新；产教融合

一、产教融合培养创新创业人才的背景及战略意义

进入新世纪以来，国际社会形势发生了很大变化，创新逐渐成为经济社会发展的主要驱动力，特别是知识创新成为国家竞争力的核心要素。在这种大背景下，创新已经成为我国加快转变经济发展方式、推动科学发展、促进社会和谐的重要政策选择，也对我国职业教育的人才培养工作提出了新要求。

李克强总理在2015年2月26日主持召开的国务院常务会议上指出，要"充分调动社会力量，吸引更多资源向职业教育汇聚，加快发展与技术进步和生产方式变革以及社会公共服务相适应、产教深度融合的现代职业教育。"最近颁布的《国务院关于加快发展现代职业教育的决定》要求，"同步规划职业教育与经济社会发展，协调推进人力资源开发与技术进步，推动教育教学改革与产业转型升级衔接配套。突出职业院校办学特色，强化校企协同育人"，并将深化产教融合作为职业教育发展的基本原则。

产教深度融合集教育教学、生产劳动、素质养成、技能历练、科技研发、经营管理和社会服务于一体，不仅能促进高素质劳动和技术技能型人才培养，还能将职业院校和企业的研发成果转化为现实生产力，推动企业技术进步和产业升级转型，更好地服务地方经济发展。

近年来，陕西省尤其是关中地区经济呈现快速发展的态势，产业在不断转型升级。服务区域经济和产业发展，是职业教育承担的重要职责，也是高等职业院校生存与发展的基础。职业院校只有依托区域经济产业优势，深化产教融合，才能更好地为区域经济建设服务，在促进经济社会发展的同时为自身发展赢得更广阔的生存空间。

二、国内的创新创业教育现状分析

国内的创新创业教育有以下特点：一是政府高度重视，二是开设的课程初成系列，三是教学方法日渐完善，四是一些学校设立了专门的创新创业教学项目，五是教材建设初具水平和规模，六是不少高等院校创新创业教育初具雏形。

但是高职教育的产教融合创新创业教育还在初级阶段，实践形式并不丰富，主要有以下几种：

（1）"2+1"模式。这种模式的具体方法就是：学生两年在校学习理论知识，第三年去企业顶岗实习。导致学生在校学习时感觉理论知识枯燥乏味，仅有的一些实训也单调重复，顶岗实习时也只是一些长时间的体力活，接触不到技术。学生大多感觉三年的学习没有显著成效。

（2）"学工交替"模式。此模式具体做法为：学校在寒暑假期间安排学生到企业顶岗实习，并安排一个老师负责学生的所有事宜。学生对于长时间劳累、单调重复的工作表现得极为没有耐心和毅力，少数擅自离岗。老师是巡回式松散型管理，多是关注学生的安全，并不教学生学习技术。

（3）"设立奖学金"模式。企业在学校设立以企业名称命名的奖学金，该奖学金只奖励与企业同专业的学生。每年根据学生在校的成绩及表现对最后所得综合学分高的予以奖励，获奖者可以直接进厂实习与就业。学生也只能到第三年才能进厂实践学习，效果有限。

（4）"订单式"培养模式。学校与企业签订人才培养协议，按照企业的人才需求培养学生，学生全部到该企业就业。以我校的订单班来讲，已经得到广泛认同，比如我们学院的"欧姆龙订单班"，在此过程中，企业较少参与教学，学习场地也只是在学校，不能真正地做到产教融合，创新创业。

（5）"引企入校，产教融合"模式。大多数学校办学条件根本满足不了企业进校的这种模式，而且企业进校的校产融合模式大多数还是"订单式"模式，只是让学生更早地进入企业工作，根本谈不上创新和创业。

（6）校企合作举办技能大赛模式。这种模式只影响了很少数学生，受众面有限。

三、陕西工业职业技术学院新能源技术专业的产教融合培养创新创业人才的模式分析

新能源技术专业建设之初就是以国家新型工业化发展战略需求，尤其是新能源技术的迅猛发展对工程科技人才的现实需要为逻辑起点，以"面向行业、需求导向，校企协同、机制创新，学工结合、强化实践"为人才培养理念，制订多样化人才培养方案。以创新校企协同工程人才培养模式为核心，以实现培养具有核心知识结构、工程实践能力、改革创新精神的新能源技术人才为目标。

产教融合培养创新创业人才的模式的探索与实践，主要以陕西工业职业技术学院电气工程学院分布式能源与智能微电网系统协同创新中心为依托，构建校企合作，协同创新的育人机制和服务机制，运用"产学研用"结合的多维立体化技术应用型人才培养实践教学体系；以校校合作、校企合作、博士工作室及精品课建设为示范，推动教学方法改革，激活教改主体，调动新能源技术专业的教师投身教学改革的积极性和主动性。提升教师和学生的创新创业意识和动力，激发年轻人强烈的好奇心和求知欲，激发他们创新创业的兴趣，端正他们创新创业态度，提高他们把握和创造机会的能力，并在实践中掌握一些基本的企业经营概念等。以专业技术为依托，以项目和社会为组织形式的创业教育模式，重在培养学生创新创业意识，构建创新创业所需知识结构，完善学生的综合素质，将第一课堂与第二课堂结合起来开展创新创业教育。具体做法是成立了学校新能源技术协会，建立协会章程，通过教师指导、学生自主，不断纳新，开放试验平台，促进分层教育，使得学生在组织内形成合力，自主管理实验室、自主学习、自主创业，目前已经和光伏产业扶贫项目对接，正在实施两个典型的光伏扶贫项目，通过项目带动创业激情。

产教融合培养创新创业人才的模式中，产教深度融合的基本内涵是产教一体、校企互动，实现职业院校教育教学过程与行业企业生产过程的深度对接，融教育教学、生产劳动、素质陶冶、技能提升、科技研发、经营管理和社会服务于一体。这种深度融合式发展，打破职业与教

育、企业与学校、工作与学习之间的藩篱，使职业院校与行业企业形成"合作双赢"共同体，形成产教良性互动的"双赢"局面，不仅促进高素质劳动者和技术技能人才培养，还将促进职业院校和企业共同开展技术研发并将成果转化为生产力，从而推动企业技术进步、产业转型升级和区域经济社会的发展。

在具体实践过程中，通过产教深度融合实现"五个对接"。一是专业设置与产业需求对接。健全专业随产业发展动态调整的机制，优化专业设置，重点提升区域产业发展急需的技术技能人才培养能力。具体做法就是和在陕新能源产业公司如隆基硅业、中电投西安太阳能电力有限公司、中广核太阳能开发有限公司陕西分公司、乐业光伏等知名新能源企业深度对接，组成专家团队，定期召开会议，研究产业发展趋势和技术路线，指导专业课程设置和教学内容改革。二是课程内容与职业标准对接。建立产业技术进步驱动课程改革机制，推动教学内容改革，按照科技发展水平和职业资格标准设计课程结构和内容。三是教学过程与生产过程对接。建立技术技能人才培养体系，打破传统学科体系的束缚，按照生产工作逻辑重新编排设计课程序列，同步深化文化、技术和技能学习与训练。四是毕业证书与职业资格证书对接。完善职业资格证书与学历证书的"双证融通"制度，将职业资格标准和行业技术规范纳入课程体系，使职业院校合格毕业生在获得学历证书的同时取得相应职业资格证书。五是职业教育与终身学习对接。增强职业教育体系的开放性和多样性，使劳动者能够在职业发展的不同阶段通过多次选择、多种方式灵活接受职业教育和培训，满足学习者为职业发展而学习的多样化需求。

根据学校的定位，新能源技术专业的产教融合培养创新创业人才的模式主要发挥以下作用：

一是服务区域产业，推进专业与产业的融合。紧紧抓住陕西新能源产业结构的转型升级，建立对接产业的专业建设制度动态调整机制，重点打造具有鲜明区域特色的专业和专业群。切实增强服务产业发展的水平。

二是改革办学模式，推进教学与生产的融合。我院新能源技术专业以产业企业为依托，充分发挥行业企业优势，让行业企业参与办学，把前沿的技术要点、最新的市场信息融入教学中，按照行业企业先进标准，实现教学与生产融合，培养出适应产业发展需要的高端技能型人才。

三是优化校企合作的运行环境，推进学校和企业的融合发展。教育部倡导和鼓励将课堂建到企业车间等生产一线，或者把企业生产线搬到学校教学一线，所以我院新能源技术专业在实践教学方案设计与实施、指导教师配备、协同管理等方面与企业密切合作，建立起新能源技术的应用平台，将分布式能源电站及智能微电网系统直接建到学校，不但方便教学，而且方便校企合作。

四是搭建研究平台，推进科研与技术的融合。以企业技术革新项目为主要方向，与企业进行技术创新、产品开发、科研攻关、课题研究、项目推进等方面合作，着力开展技术开发、技术咨询、技术服务、技术转让为重点的"四技服务"，校企协同攻关。本案例中，我们和陕西有色光电科技有限公司、隆基硅业及江苏伟创晶智能科技有限公司共同建立研发中心，为企业进行技术服务。目前光伏组件加工中心及智能微电网工程技术中心均已经具备对外服务能力。

五是创建和完善相关机制，保障产教融合"开花结果"。建立稳定的沟通协调的机制，形成"产学研"发展联盟关系和协同互动"对话"制度，对产教深度融合重大问题宏观决策通盘规划，协调成员之间的分工合作，统筹投资、专业建设、招生就业、监督评估等事项。产教深度融合质量内部评价，重点考查产教深度融合的组织与领导、职责履行、人才培养方案、基地建设、毕业生社会声誉、教师成果转化等；生产企业产教深度融合质量内部评价，主要考查技术培训、订单完成、新产品开发、新技术引进等；行业组织第三方质量评价，重点对产教融合是否符合行业产业发展等进行检查和评价，并及时反馈和修正。同时，通过制订具体标准，开展产教深度融合督导检查，合理设计各种奖惩措施，以调动产教融合各方的积极性。

四、产教融合培养创新创业人才模式的创新之处

与传统人才培养模式相比，新能源技术专业的产教融合培养创新创业人才模式，提出了"面向行业、需求导向，校企协同、机制创新，学工结合、强化实践"的技能型人才培养理念，解决了技能型人才教育中存在的观念偏差；采用校企密切协同方式，把"企业主流工作岗位需求"作为人才培养方案的"逻辑起点"，以及变"知识、能力、素质"为"知识、技能、态度"的人才培养目标，构建符合新能源行业技能型人才教育特点的人才培养模式；通过校产融合的五个对接，实现创新创业的机制创新；以自主设计开放式分布式能源及智能微电网系统为创新实践平台，构建"产学研用"深度融合的开放式、立体化工程与创新实践教学体系，为创新创业搭建平台。

五、总结

作为国家示范性高职院校，我们的目标就是在借鉴中外高职教育及高等教育校产融合、创新创业模式的基础上，针对新能源技术专业领域构建校企协作创新的模式进行理论研究与实践探索，提出新能源专业技术领域校产融合，创新创业模式的基本框架和思路，解决学校面向工程实践不足致使学生工程实践能力差，人才培养模式单一导致毕业生就业难，学校与企业缺乏深度合作致使教师缺乏工程实践经历等工程人才培养的突出问题。本研究旨在不断推进我国高等职业教育校企合作办学模式的进一步完善，推动校产融合，创新创业的广泛化、密切化和深入化。

参考文献

[1] LevineS, WhitePE. Exchange as a Conceptual Framework for the Study of Interorganizational Relationships[J]. Administrative Science Quarterly. 1961（5）：583-601.

[2] Derek Watling. University business schools 2 business: the changing dynamics of the Corporate education market[J]. Strategic Change. 2003（12）.

[3] 李浪. 地方高校协同创新模式及对策研究-以衡阳师范学院为例[J]. 衡阳师范学院学报，2013（34）：136-137.

[4] 徐秋儿. 面向区域发展的协同创新中心布局思考[J]. 教育观察，2016（1）：21-23.

[5] 张静岩. 校企合作中企业的激励方法探索[J]. 黑龙江农业工程职业学院学报，2008（4）：26-27.

[6] 祝木伟. 高职院校校企协同创新催生机制的研究与实践[J]. 纺织教育，2015（12）：69-70.

[7] 蒋茂东. 工学结合："双赢"背后的"双难"[J]. 十堰职业技术学院学报，2010（2）：16-18.

[8] 安立华，郝美玲. 高职院校校企合作办学模式存在的问题与对策[J]. 科技信息，2010（1）.

[9] 基于校企协同创新的特色专业"双元培养"办学体制与机制的研究与实践——以广州番禺职业技术学院华好学院为例[J]. 大学教育，2014（14）：56-57.

[10] 陈健巍，初晓梅. 校企合作培养高技能型人才的实践与体会[J]. 教育论坛，2009（12）：148-149.

[11] 陈晓. 高职院校推进校企合作培养高素质技能型人才——以江西应用技术职业学院为例[J]. 法制与社会，2012（4）：238-239.

[12] 郭秀华. 高职高技能型人才培养模式研究[J]. 中国电力教育，2011（5）：43-44.

[13] 杨路. 校企协同培养创新型人才的实践路径[J]. 黑龙江高教研究，2013（1）：62-65.

现代纺织技术专业"1.5+1.5"工学结合人才培养模式的改革

陕西工业职业技术学院　严　瑛

【摘　要】陕西工业职业技术学院纺织专业，针对实际工作任务需要，以职业活动为主线，以培养职业能力为本位，创新校企合作形式，实践工学结合的"1.5+1.5"人才培养模式，使学生真正做到"学中做""做中学""做学合一"。

【关键词】校企合作；实践教学；人才培养；工学结合

按照培养目标与社会需求零距离、课程标准与职业能力要求零距离、实践教学与岗位技能零距离的思路，陕西工业职业技术学院深化基于工作过程的三年制高职纺织专业课程体系改革，全面推行工学结合、工学交替的"1.5+1.5"人才培养模式创新的研究与实践，取得了一定成效。

一、纺织行业人才需求旺盛

为进一步满足纺织行业发展和产业升级的需要，我们对陕西周边地区及山东部分地区开展了纺织专业人才需求调研；同时，对省属高职院校同类专业进行了调查，以此作为专业建设和高技能人才培养的依据。

被调研的企业有陕西金盾纺织有限公司、陕西唐华五棉有限责任公司、陕西风轮纺织股份有限公司以及山东省的鲁泰纺织股份有限公司、南山集团、山东德源纱厂有限公司、昌邑市荣源印染有限公司、济南市第一棉纺织厂等24家大中小型企业。行业涉及有棉纺织、针织、印染、毛纺织等。调研对象包括企业高层管理人员、人力资源主管以及生产一线的管理和技术骨干，具有一定的代表性。调查方法采用问卷与座谈相结合。

调查结果显示，纺织专业本科毕业生主要从事企业中高层技术管理和生产管理工作；高职毕业生主要从事纺织企业中层和基层技术与管理工作，主要岗位有工段长、调度员、工艺员、技术员、实验员等技术管理岗位；中职毕业生主要从事一线操作工作。纺织企业人才现状见表。

企业期望高职毕业生有较高的职业素养，首先具有新时期大学生的思想素质和精神面貌，对工作认真负责、讲诚信、有责任心、有团队意识、能吃苦、能从基层小事做起，并能坚持、不浮躁；能严格按企业规章制度执行，忠诚于企业；在职业能力发展方面有较强的组织能力、语言表达能力和工作协调能力；具有熟练的纺织品检测与分析能力、纺织工艺设计与实施能力、纺织产品设计能力、基层生产管理能力和贸易能力。未来5年，陕西省纺织企业相关岗位对高职人才的需求量每年至少3 000人。

纺织企业人才现状统计表

调查范围	学历状况%			工作岗位类型%			
	本科	高职	中职及以下	技术岗位	管理岗位	检测贸易	其他岗位
咸阳地区	8	22	70	36	28	31	5
陕西省	6	18	76	35	25	36	4

陕西省开设同类专业的院校除我院外，还有陕西服装技术学院、西安工程大学，全省纺织专业高职高专毕业生共约400人，总体来看，纺织专业人才存在较大缺口。旺盛的社会需求和良好的办学环境，成为本专业高技能人才培养强有力的依托。

二、现代纺织技术专业优势与特色突出

我院现代纺织技术专业是陕西省三年制高职教改试点专业。2004年学院针对本专业的建设基础和毕业生供不应求的状况，确定本专业进行高职教学试点改革。2008年11月现代纺织技术专业成为陕西省教育教学改革试点专业，依据职业岗位能力要求和三年制高职的特点，构建了现代纺织技术专业的人才培养方案，开展了"订单培养""工学交替""双证融通"和全程职业指导的教学改革和实践。

"双师"结构教师团队初步形成。我院现代纺织技术专业现有专任教师16人，其中教育部高职高专纺织服装类专业教学指导委员会委员2名、中国纺织教育学会高职高专现代纺织技术专业教学指导委员会委员2名，聘有省内纺织行业专家6人，部分教师在行业内有一定的社会影响力和知名度。

校内外实训基地基本形成。学院拥有较先进的纺纱设备，在教学过程中，工厂技术人员参与实习实训教学活动，专业教师参与企业生产管理活动。纺织厂能基本满足本专业学生现场教学和纺纱实习实训需要。

学院还建有纤维检验室、纱线测试室、面料分析室、机织小样机室、纺织CAD室，基本能满足从纤维、纱线到面料的检测与分析、纺织品设计与打样等环节的实践教学需要。此外，我院与宁波雅戈尔纺织有限公司、山东魏桥纺织股份有限公司等10家企业签订产学合作协议，建立了稳定的校外实习基地。

具有基本的社会服务功能。教师积极参与教科研活动和社会服务，为企业培训技术人员和工人1 000多人次。每位教师至少联系一个企业，为30多家企业的设备更新改造、技术攻关提供了技术咨询。

有丰富的校友资源。本专业毕业生遍布全国各地，大部分毕业生走上了纺织企业的中层管理及技术岗位，部分毕业生走上企业主要领导岗位。还有一部分毕业生自主创业成功。丰富的校友资源为本专业深入开展校企合作提供了支持与帮助。

人才培养质量认同度较高。为了客观评价本专业人才培养质量，同时了解专业教学与就业市场及区域经济社会发展的适应性，近年来，我们对际华3 511纺织有限公司、陕西天王纺织有限公司、陕西金盾纺织有限公司等10家用人单位进行了问卷调查，对50名毕业生进行了跟踪调查。调查结果表明，用人单位对本专业毕业生的工作态度、专业技术能力、综合素质等方面的满意度均超过90%。90%左右的学生认为，自己在校期间所学的知识、技能及综合能力能满足岗位需要。92%的学生实现了对口就业或者在所学专业相关领域就业，并对自己就业的单位及薪酬表示满意。

三、"1.5+1.5"工学结合人才培养模式实践探索

近年来，陕西工业职业技术学院纺织染化学院以新建纺织生产检测实训中心为突破口，通

过共同经营、合作开发等多种形式的合作，初步形成"校中有厂、厂中有校"的校企深度融合的办学模式。通过校企合作，学校共享企业优质教育资源。以校企合作为载体、以岗位职业能力培养为核心、以实训实习为切入点，采用工学交替的教学方式，创新工学结合的"1.5+1.5"人才培养模式。前三学期，依托纺织厂、纺织实训中心及合作企业，采用"教、学、做"一体化的教学模式，完成专业基本知识与基本操作技能培养；采用技能培训的教学形式，完成专业技能培养；同时，将勤工俭学和生产性实训相结合，组织学生利用寒暑假到企业进行与专业学习相一致的顶岗实习。在教学过程中注重对学生进行各项综合素质的培养。第四学期，根据合作企业订单及其他企业用人要求，采用师徒式教学方式完成顶岗实习，培养职业岗位技能，养成良好的职业素养。

（一）"1.5+1.5"工学结合人才培养模式构建

现代纺织技术专业"1.5+1.5"工学结合人才培养模式如图所示。

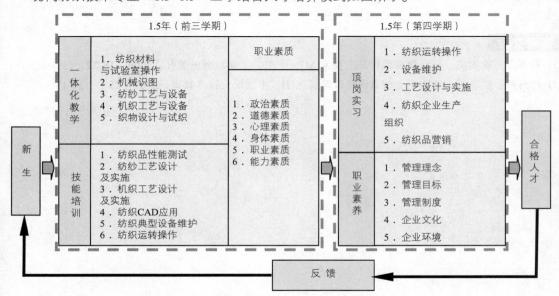

现代纺织技术专业工学结合"1.5+1.5"人才培养模式图

（二）教学模式改革

通过教学改革达到"学中做""做中学""做学合一"。

1．产学一体——"学中做"

依托实训中心，以生产车间为现场教学课堂，利用纺织各工序生产设备，将"纺纱工艺与设备""机织工艺与设备"课程的课堂教学与生产实际相结合，采取现场教学，加强学生对生产设备及工艺的认识和掌握。"纺纱工艺设计及实施"课程的工艺试纺和工艺调试在开清棉、梳棉、并粗、细纱等纺纱生产现场完成；"机织工艺设计及实施"课程的工艺试织和工艺调试在机织实训室完成，实现"学中做"，使学生更好地掌握专业知识。

2．技能培训——"做中学"

利用纤维、纱线测试室和面料分析室开展"纺织材料与试验室操作""纺织品性能测试"课程的实践教学，培养学生对纤维、纱线和面料性能的测试操作技能；利用电子小样室开展"织物设计与试织"课程的实践教学，培养学生织物设计与试织的操作技能；利用纺织CAD室开展"纺织CAD应用"等课程的实践教学，培养学生运用计算机技术完成各类织物的设计与仿真的操作技能；利用院办纺织厂和机织实训室开展"纺织典型设备维护""机织典型设备维护""纺织运转操作"课程实践教学，培养学生纺织设备维护和生产操作的技能，实现"做中学"，使学生更好地掌握专业技能。

3．顶岗实习——"做学合一"

依托校内外生产实习基地，实现校企深度融合，第四学期安排学生一年半的顶岗实习。聘请企业技术骨干指导学生顶岗实习，让学生熟悉企业环境，学习企业文化，掌握纺织厂各车间的生产管理、设备维护、工艺设计与实施、原材料及产品检验等相关工作岗位的操作技能、操作方法、管理制度。通过顶岗实习，锻炼学生的岗位适应能力，提高岗位操作能力和职业素质，实现"做学合一"，更好地掌握岗位技能。

"1.5+1.5"人才培养模式的改革培养了高素质高技能的毕业生。通过几年的探索与实践，我院毕业生连续多年就业率在98%以上，企业普遍反映我院的毕业生好用、顶用、实用。

参考文献

[1] 石伟平、徐国庆．职业教育课程开发技术[M]．上海：上海教育出版社，2006：18-22．

[2] 赵丹丹、赵志群．我国职业教育课程改革综述[J]．中国职业技术教育，2005（25）：12-15．

全国机械行业职业教育校企合作典型案例与优秀论文集

基于创新创业教育背景下高职校企合作的语境整合与路径选择

——以陕西工业职业技术学院为例

陕西工业职业技术学院　田　昊

【摘　要】基于陕西工业职业技术学院校企合作推进创新创业教育的探索实践，提出创新创业教育在理念、主旨、方式、合力、保障五大方面的语境整合倒逼校企合作转型升级，明确构建三层培养机制、打造三大实践平台、推行三项技术改革、实施三项融合工程、搭建三大保障体系的路径选择，进一步深化校企合作在新形势下发展的内涵。

【关键词】高职教育；创新创业；校企合作；语境；路径

因应国家创新驱动战略的实施和中国制造2025的时代需求，创新创业人才的培养日益成为高职院校亟待思考和探索解决的重大课题。高职院校只有内生驱动自我变革，立足高职特质、学校特色、专业特点，校企合作异质融通，重塑理论与实践、能力与素质、隐形与显性、情景与实战相交融的创新创业教育文化生态，着力打造产教融合协同育人的深耕区，才能赋予现代复合型技术技能人才培养新的内涵。

一、基于分类指导，构建播种子、闻花香、摘果实的三层培养机制

在校企合作育人的理念上，人才培养全过程不仅要注重"木桶理论"，更要践行"长板效应"，让学生在校园积淀养成的创新创业因子，能够激发个性特长潜能、智造无限可能，成为未来职业生涯的"绩优股"。

——第一层次创智启蒙、开阔视野：面向全体学生，将三年分为"大类培养""专业培养""多元培养"三个阶段和"通识学术""交叉复合""就业创业"三条路径，满足学生创新实践和创业启蒙的不同需求。

——第二层次体验训练、培养能力：面向有兴趣、有潜质的学生，按照"创意、创新、创业"三类聚焦覆盖面和参与度，优化训练计划和项目，借助不同类型竞赛遴选发掘成果和团队，积极予以重点培育。

——第三层次对接市场、创业实战：面向拥有成果和团队的学生，利用线上线下平台进行分级、分类、分层次孵化，有针对性地配备专门导师，提供技术支持、资金支持和跟踪服务，提高落地转化成功率。

二、基于认知规律，打造小舞台、操练场、大熔炉的三大实践平台

在校企合作育人的主旨上，根植专业教育全流程，不仅要把教与学、学与做紧密结合起来，

更要把做与创紧密结合起来，满足创新创业的高度开放性要求，将学生全方位置身于职场实境，更深入地触及实体经济领域。

——能力淬炼平台：依托校内183个集专业教学、科学研究、技术开发、技能训练于一体的校内创新创业基地，实施基于大一创新实训项目、大二创新课程设计项目、大三创新毕业设计项目的学习计划，让学生早进实训室、早参与科研项目、早申报专利，实现实境训能；依托连续十一年举办的技能竞赛月，设置69个赛项，85%的学生参与其中，实现以赛促能；依托作为陕西省大学生创新创业营承训单位、咸阳市首批定点创业培训机构附设学校，对需求学生进行综合认证，实现专项强能。

——实战操练平台：引企入校建成HOUJUE影像、服装设计定制、化妆品制作、机械设计、材料成型等工作室集群，由学生作为主体承接市场项目；开办花样年华咖啡厅、汽车美容中心、连锁超市等体验店，由学生作为经理人进行校园实体运营；利用淘宝、京东商城、BPO客服中心等众创空间开展O2O合作，由学生作为企业员工代销产品；最后走进校外双创基地，由学生在社会环境多变因素的考量中全真实战。

——孵化培育平台：按照"校内孵化器+校外加速器"的思路，学院以校企共建的创新创业中心为载体积极创建项目孵化室、创新梦工厂和创业苗圃，实现作品转换商品、成果转化效益；同时与陶行知教育基金会、行知创客（北京）创业服务有限公司、北京幸福之星教育科技有限公司合作建立全国大学生创新创业工程示范基地，对接中国中小企业协会、国省市生产力促进中心等机构寻求成果转化企业，让一颗颗创新创业的"金种子"找到合适的土壤生根发芽、开花结果。

基于"互联网+"，推行信息化、集成化、智能化的三项技术改革

在校企合作育人的方式上，必须坚持传承与创新结合，适应创新创业教育新形势的发展，及时汲取和融入时代元素，借助现代信息技术手段，才能彰显蓬勃活力与生机。

——互联网+学习：应用首批教育部信息化试点院校建设成果，校企共同构建物理空间、资源空间和社交空间结合的学习环境，推出教学云平台手机客户端，学生随时随地进行移动学习；联手创建微站，构建"知名专家+学业导师+道德模范+创业先锋+商海精英+优秀校友+X+学生"多元智能互动网络交流平台，有效实现跨界融合、开放共享、协同育人。

——互联网+课堂：突破传统教学模式打造云端课堂，让学生实时互动学习德国奥斯特法利亚应用科技大学、日本欧姆龙公司等国内外院校和企业的在线开放课、视频公开课、员工培训课，同时利用慕课网、微课网、翻转课堂等新型网络课程，广泛推行启发式、讨论式、参与式、体验式、探究式等多元学习模式，逐步激发学生善于思考、敢于质疑，潜移默化地形成批判性思维和创新性思维。

——互联网+教育：借助学院数据中心平台，利用大数据技术分析学生选课、日常表现和学业成绩等信息，"号脉诊断"推送定制式"处方"，使学生得到个性化的学习支持与精准性的指导服务；基于十大职业门类65个专业，与企业合作采用"工科+文科+专业项目+互联网"的形式，十个二级学院联手实现产品生产、营销策划、电子商务、物流配送等配套成龙服务链条，达成了专业塑造和创新创业教育的有机统一。

基于产教协同，实施资源、科研、文化三项融合工程

在校企合作育人的合力上，创新创业教育需要统筹整合更多力量，以开放视野推动与行业、企业、政府机构、科研院所在更多领域的实质合作，汇聚诸多教育要素与资源整体效益，才能协同推进、取得实效。

——资源融合工程：依托学院牵头组建的陕西装备制造业职业教育集团，按照"资源融通、协同互助、共同受益"的思路，让企业全方位贯通人才培养过程，开办订单班总数达到98个，受益学生超过4 000名；吸纳企业、科研院所、行业协会、投资公司等高级技术人员组成学业和创业"双师结构"教学团队，采用双重身份、双向兼职、双方考核的方式，推行专业建设"双带头人"机制、课程建设"双骨干教师"机制、顶岗实习"双导师"机制，有效实现了"教室—工作室、教师—师傅、学生—员工、学业—业绩、就业—创业"的重叠并行。

——科研融合工程：依托学院应用技术研究所，联姻陕西省机械研究院等科研机构建立产学研协同创新机制，面向中小型企业，以校企联合开展研发攻关、联合承担重要课题、联合进行技术服务、联合申报成果专利为纽带，推进科技、教育、产业的多种形式融合互动，创建了中国纺织服装人才培养基地、陕西省模具人才培养基地、西安高新区技能人才培养基地等区域性创新人才培养基地，大连机床集团、陕西科仪阳光检测技术服务有限公司、咸阳雅兰集团等企业产品研发中心，全国机械行业先进制造、日本德国DMG、日本欧姆龙等技术服务中心和成果转化中心，极大地丰富和拓展了创新创业的教育和实践平台。2016年学院科研竞争力在国内200所国家示范（骨干）高职院校中的排名在本省内位列第一。

——文化融合工程：学院坚持"工匠精神"企业文化和"企业家精神"创新创业文化的双重浸润，先后建成企业文化长廊，杰出校友走廊和创心创业之星风采橱窗，邀请知名企业家和职业经理人开坛论道，创新创业讲堂、文化读本应运而生，日本欧姆龙公司5S现代管理模式广泛应用；充分发挥第二课堂育人功能，大力繁荣校园创新创业文化活动，组建相关科技创新类社团86个，学生参与率达到90%以上，涌现出"丝路茯茶""田园e家""C+创能空间"等一批在校知名创客项目和"新媒体创意大赛""创业设计大赛""互联网应用创新大赛"等品牌赛事。

基于供需匹配，搭建课程、组织、服务三大保障体系

在校企合作育人的保障上，要从"供给侧"改革入手，改善创新创业教育资源、环境和方法、模式等供给侧结构，建立丰富、多元、灵活的创新创业教育、管理与服务的新型供给机制。

——"1+5+X"的课程体系：校企携手有针对性地将创新创业的知识体系、精神理念、职业背景等嵌入以课程为基础的专业技术的语境之中，突出核心课程与相关课程结合、专业课程与跨专业课程结合、必修课与选修课结合、文化课程与实践活动相结合，形成了以一门必修课（大学生职业发展与创新创业指导）为主、四门基础课（心理教育、生涯规划、创新思维、创业基础）为支撑、X门素质拓展选修课和社会实践为补充的课程体系，并将其纳入人才培养计划予以实施。

——三层组织架构体系：即创新创业工作领导小组，校企联合负责统筹创新创业教育资源，对创新创业教育改革进行顶层设计；校企联合创业教育专家咨询委员会，协同负责为开展创新创业教育提供整体咨询，评估和改进创业教育实践；创新创业教育指导教师队伍，由专业带头人、优秀校友、企业家、辅导员等组成"导师团"，负责对创新创业教育项目及实训平台的建设进行规划，指导学院创业教育和创业实践活动的开展。

——政策、资金和一站式服务体系：按照"于法周严、于事简便"的原则，修订、制订《创新创业学分积累与转换办法》等23项相关规章制度；形成"学院专项基金—社会公益基金—校友资助基金—企业奖励基金"的接力资金扶持机制，资金总额达到600余万元；建立创新创业信息服务综合系统，对自主创业学生实行持续帮扶、全程指导、一站式服务。

经过多年探索实践，校企合作推进创新创业教育工作取得显著成效，并衍生了诸多积极影响：

——有效深化了学院精神品质和文化底蕴。创新创业教育的核心要义与学院积淀孕育的艰苦奋斗、创业奉献的优良传统和争创一流、追求卓越的学院精神一脉相承，并赋予了其新的时代内涵和新的现实意义，成为助力学院率先发展、创新发展、跨越发展的强大动力。学院科研竞争力在国内200所国家示范（骨干）高职院校中的排名在本省内位列第一，成为陕西唯一连续两届荣膺"全国职业教育先进单位"、全国首批"机械行业合作培养高素质技能人才创新建设学校"。

——有效实现创业带动就业、就业促进创业。创新创业理念深入人心蔚成风气，打造出"E代浣纱""咱家人陕西特产"等创客品牌，涌现出全国高校大学生创业就业人物2011届毕业生马宝玲等30余名创业明星、西安亿邦企业管理咨询有限公司、西安梦想兄弟文化传播有限公司、西安云创电子商务有限公司等10多家知名企业；近三年学生就业率始终保持在97%以上，在国有大中型企业、世界500强企业就业的学生占39%，18人被清华大学等知名高校聘为实训指导教师；学院被授予"全国就业竞争力示范校"、连年被评为陕西省高等学校毕业生就业工作先进单位，中央教育电视台、教育部网站等主流媒体专门聚焦我院高质量就业。

——有效促进了学生综合素质的提升。校园主动学习、自主学习、探究学习氛围日益浓郁，学生申报国家专利29项；2016年在陕西省高等职业院校技能大赛的37个赛项比赛中共获56项奖项，全省一等奖占比24.36%，总奖项占比12.42%，位居全省高职院校首位；近三年在全国职业院校技能大赛荣获一等奖6项、二等奖7项、三等奖24项，获奖等级、数量全省领先。

——有效推动了学院教育教学综合改革。学院成为世界职教联盟正式会员、国家职业教育体制改革项目——探索集团化办学试点承担单位、国家教学工作诊断与改进试点院校、国家级教学资源库建设单位、全国首批百所现代学徒制试点单位、全国职业教育师资培养培训重点建设基地、全国机械行业职业院校先进制造技术促进与服务基地、陕西教育管办评分离改革试点单位，近三年建成2个国家提升服务产业发展能力项目专业、1个全国机械行业创新建设专业、8个省级综合改革专业，新增国家级教学成果奖2项、省级教学成果奖6项，连续三届获得省人民政府教学成果特等奖。

参考文献

[1] 国务院办公厅《关于深化高等学校创新创业教育改革的实施意见》（国办发〔2015〕36号）
[2] 王振洪. 创新创业教育，高职亟需十大转型升级[N]. 光明日报，2016-05-25.
[3] 石丹林，谌虹. 大学生创业理论与实务[M]. 北京：清华大学出版社，2012.
[4] 杨安，夏伟，刘玉. 创业管理—大学生创新创业基础[M]. 北京：清华大学出版社，2012.
[5] 李志永. 日本高校创业教育[M]. 杭州：浙江教育出版社，2010.
[6] 牛长松. 英国高校创业教育研究[M]. 上海：学林出版社，2009.

加强和深化校企合作工作的几点体会

陕西工业职业技术学院　卢文澈

【摘　要】 近几年来，陕西工业职业技术学院以"一走二请三激励"方法，走出了一条接地气的校企合作之路。不仅与企业寻求到合作的"最大公约数"、利益共同点，也充分调动了学校资源，形成了"企业有效益、学校有活力"的局面，实现了校企双赢。

【关键词】 职业教育；深化；校企合作

一、校企合作中存在的问题

随着国家对职业教育的重视及相关政策的颁布实施，各职业院校都越来越重视和加强与企业的合作，对职业教育要走校企合作之路这个理念已形成共识。陕西工业职业技术学院在校企合作实践探索中也取得了一些成效。但由于学校所处地域的政策、经济、产业和环境等因素影响，校企双方在合作的主动性、有效性等方面存在一定差异，往往是学校"一头热"。企业偶然积极主动一次，也多因企业生产任务在某一段时间内大增，需要大量劳动力，需采取与学校合作方式解决企业临时用工需求，其他方面的合作极少。学校与大多数企业合作的内容、层次、形式、途径及程度等方面很难达到学校期望值，主要表现在：校企之间虽然签订了合作办学协议，但协议内容多为松散式的合作意愿，缺乏实质性的合作模式，真正开展实质性合作的比较少，因而，学校与企业的合作难有实质性进展。

针对如何在现有环境和条件下，让学校与企业的合作落到实处，加强和深化学校与企业的合作，破解学校与企业实质性合作较少难题，陕西工业职业技术学院采取"一走二请三激励"的措施，取得了较好的成效。

二、走进企业，寻找"意中人"

学校主动出击，走进企业，寻找合适的合作"意中人"。近几年，每年暑期，由学校校企合作处牵头负责统一安排学校走进企业工作；各二级学院组成调研小组，由二级学院院长、书记带队，组织专业教师走进企业，学院院长、书记及主管校企合作工作的院领导也都亲自参加。每年走访企业300多家，企业区域分布遍及本省所有地区和全国经济热点区域以及"一带一路"沿线城市。

走进企业，学校不是寻找仅仅冠名的订单班、挂名的企业技术人员，也不仅仅开拓就业市场，而是寻求能与学校开展实质性合作的企业；走进企业，学校想传达的是学校一份诚心和挚情，对于已合作企业如同走亲戚，表达友好和情谊，对于未合作企业，如同交新朋友，表达善意和意愿。

走进企业，学校不仅了解企业当前发展状况、考察企业实力及管理水平，感受企业对人才的知识、素质、技术、能力的需求，听取企业对学生的综合评价和对学院人才培养工作的意见和建议，听取已就业毕业生对所学专业及课程在工作中的应用情况，根据企业当前和长远所需人才要求及毕业生反馈，修订人才培养模式、专业设置和课程设置，而且通过与企业的沟通、交流，收集到了企业在合作办学、共建生产型实训基地、参与学校教育教学过程以及企业职工培训、推荐技术人员参加专业教材编写等方面的意向和信息，筛选出那些能与学校进行实质性合作的企业和项目，有针对性地进行洽谈，大大提高了合作的成功率。

在与企业合作进行订单培养时，为避免订单式培养流于形式，学校选择愿意参与订单培养整个环节的企业进行洽谈，并明确界定校企双方的责任和义务。如企业不仅要参与教学和实践环节，而且要参与学生管理；在授课教师的选拔上，学校必须派出本专业优秀的教师，企业必须派出技术专家或技能大师担任；在班级管理人员的配备上，学校必须选择具有责任心强、高学历和高素质的学院优秀管理人员参与管理，作为学校教育的保障。企业管理人员选择要遵循阅历丰富、企业经验丰富和具有良好沟通能力的高层管理人员，同时有利于协调校企双方的各项事务的高素质管理人员参与管理，为订单培养提供重要保障和基本条件。

如，2013年4月，我校与全球著名食品公司亿滋国际（以下简称亿滋），就校企合作开办"亿滋"订单班达成共识。截至2016年6月，已开设四期8个订单班，受益学生近300名。在订单班教学过程中，由学校挑选的优秀教师，企业选派的管理专家、技术骨干、一线工程师，共同打造出了"亿滋"订单班优秀教学团队，共同开发出了"食品机械""食品工艺""技术英语""精益生产""工益工坊""企业价值观"等6门课程。三年多来，企业共派出22名技术及管理骨干来校讲课。在班级管理上，学校选拔优秀辅导员担任班主任，企业选派人力资源主管担任班级管理职务；顶岗实习期间，企业为学生配备导师、师傅、伙伴三级指导，学校由顶岗实习专业教师、班主任，全程全方位对学生进行指导。"亿滋"订单培养模式，方向明确，企业参与程度深，实现了校企双赢的良好局面，形成了办学有活力、学生有能力、企业有效益的局面，真正达到了学校与企业合作开设订单班的期望值。2014年与雅戈尔纺织控股有限公司（以下简称雅戈尔）共同开办的"雅戈尔"订单班，与西诺医疗器械集团有限公司共同开办"西诺"订单班，2015年与西安昕伦机电设备有限公司联合开办的"昕伦电梯"订单班，与绫致时装（天津）有限公司合作开办的"绫致时装订单班"，2016年与中航飞机汉中航空零组件制造有限公司共同开办的"飞机装配"订单班等，都采用类似方式。近几年来，我校通过走进企业，与企业洽谈合作相同模式的订单班32个，受益学生1 300多人，合作开发课程32门。

三、请进校园，开启合作之门

邀请有合作意向的企业领导和专业技术人员走进校园，深入了解学校的教学水平和办学实力，实地考察校园环境、师资队伍、实验实训条件、专业建设、技术技能人才培养等各个方面，让企业领导和专业技术人员对学校情况心中有数，心里有底，洽谈合作自然顺利。许多项目都是在企业对学校进行实地考察后立即进行了细节沟通和谈判，签订了合作协议。一些有合作意向的企业，原本对校企合作持犹豫怀疑态度，在实地考察学校后，也立即启动合作计划。这就是我们的第二步，请进校园，开启合作之门。典型案例有3个：

（1）2012年3月，学院与北京发那科机电有限公司和陕西法士特汽车传动集团有限责任公司共同出资建设了当时西部第一家FANUC数控系统应用中心。该中心建成后，不仅成为我校学生实习、实训基地，也成为企业职工和职业学校的师资培训基地，教师的教研科研平台。四年来，为陕西法士特汽车传动集团有限责任公司、西北医疗设备厂、宝鸡桥梁厂、宝光集团有限公司、宝鸡机车厂等企业进行了FANUC数控设备维修培训，共举办企业职工培训班6

期，培训职工近200人，举办国家级高职教师数控装调维修培训班2期共计56人，中职教师国家级培训班5期150多人，中职教师省级培训班6期200多人。教师利用此平台完成横向科研项目4项，发表论文3篇，完成教育部高职数控设备应用与维护专业教学资源库建设项目中的"数控设备改造"课程子项目建设任务。

（2）2012年5月，学院与西安七色光数字科技有限公司、西安数虎图像科技有限公司、无锡九久动画制作有限公司和咸阳朗盛同大广告有限公司等企业联合组建了图形图像制作设计工作室。以此工作室为平台，将企业正在进行的真实项目引入，企业派遣艺术总监指导创意规划和启发学生，学校专业教师为总监助理，既协助创意总监训练学生、开发创作意识，又按照企业管理模式，用绩效考核学生，用企业项目制作紧迫性锻炼学生，用团队意识和企业化服务理念考核学生。学生按照项目流程，从方案知晓会、创意思维风暴等9个环节全程参与，按时完成任务，提交项目经理审核，直至作品进入企业竞标流程。四年多来，学生在工作室完成企业项目20余项，科技创新项目20余项，在全国职业院校大学生技能竞赛中获得国家级奖项15项，省级奖项52项；2014年从工作室毕业的学生白文欢，现已创办了一家平面设计公司；图形图像制作专业成为陕西省2014年专业综合改革试点专业，以该专业为主体的基于工作室模式的专业建设的研究与实践获陕西省2015年教学成果一等奖。工作室的模式在兄弟院校得到推广，目前，已累计有32所省内外院校到我院信息工程学院参观交流考察，300名兄弟院校教师来校学习，培训陕西省中职师资人数累计1 500人次，为社会各界提供社会培训4 500余人次。

（3）2012年8月至今，学院与人人乐、布瑞琳、京东、小麦公社等企业合作，分时段建成校内实战型实训创业基地——连锁运营体验店（3个）、京东派校园体验店、物流仓储与配送技术训练中心（小麦公社）和营销策划工作室。按照"全真项目运营、课程内容嵌入、学生轮岗训练、工作学习交替"的运营模式，实行"学生经营，教师指导，月末核算，学院监督"管理办法的校园内集体创新创业经营性实训基地。三年多来，连锁运营体验店运营效果良好，年均营业额600万，实现年利润60万，学生中涌现出一批批创业者。目前物流学院在校学生中创业学生就有80多名，在今年7月6日进行的咸阳市青年创业大赛中，物流学院的学生创业项目基于移动互联网的云创电子商务、大地原点e出的茶香、C+创业空间、We change微创业、e代浣纱、基于互联网+的汽车快速救援分别荣获一等奖1项、二等奖1项、三等奖1项，优秀奖3项，一举囊括了大赛的半数奖项。

邀请企业领导和专业技术人员走进校园，除了洽谈合作，还为他们专门开设了企业文化大讲堂，邀请他们向学生介绍企业文化和工业技术发展，指导学生规划未来职业。同时，将被邀请企业的简介及企业文化制作成橱窗展板，在学校的主要楼宇走廊建成企业文化长廊进行展示。近三年来，学校已邀请到152位企业经理人和技术专家为不同专业的学生做了152场报告和技术讲座，350多家企业在学校文化长廊展示。这种做法不仅将企业的文化和技术渗透到了校园中，更是拉近了学校与企业的关系，为下一步紧密的合作奠定了基础。

四、激励机制，促合作深度和广度

为调动和鼓励各二级学院及广大教师积极开展和参与校企合作，将校企合作工作落到实处，学校制订出台了《陕西工业职业技术学院校企合作奖励办法》，每两年修订一次。在《奖励办法》中，学校对符合学校要求的校企合作项目给予一万元建设经费支持，项目验收合格后，再按《教育教学质量提升计划——教学建设与改革项目管理办法》予以奖励，并对在校企合作工作中有突出贡献的个人、集体和运行良好的合作项目，分别授予"校企合作先进个人""校企合作先进集体""优秀校企合作项目"等称号，并给予奖励。

在激励机制下，各二级学院积极行动，教师高度参与，校企合作不仅在深度上取得较大进展还在广度上进行了拓展。近几年，学校与企业合作成果较丰硕：共建专业教学资源库11个，共建实训室36个，共建课程32门；开展"现代学徒制"专业建设7个；"创新创业教育改革试点学院"2个；西诺医疗器械集团有限公司、北京发那科机电有限公司、富士康科技集团等企业捐赠实训设备200多台套，价值150多万元；雅戈尔、亿滋、广州市德善数控科技有限公司等企业在学校设立奖学金，企业每年设立的奖学金金额多达350多万元；学校每年为企业培训职工和开展的技术服务都在逐年递增，与企业开展的横向课题也越来越多。

五、结束语

学校通过"一走二请三激励"的做法，使学校与企业的合作呈现出良好的态势，形成了"企业有效益、学校有活力"的局面，实现了校企双赢。"一走二请三激励"方法可以简单理解为：走进企业，请企入校，以诚心和挚情打动企业；与企业寻求合作的"最大公约数"、利益共同点，最终达到合作；通过激励机制充分调动校内资源，加快深化校企合作的步伐。

参考文献

[1] 联手跨国名企共育一流人才[N]．光明日报，2014-08-02（07）．

[2] 祝战科．FANUC数控系统应用中心建设的实践与思考[J]．教育教学论坛，2013（28）：182-183．

[3] 校企合作工作室模式的实践探索．陕西职业教育校企合作典型案例汇编[M]．北京：北京理工大学出版社，2015．

深化校企合作，提升技术技能人才培养质量

——以陕西工业职业技术学院为例

陕西工业职业技术学院　王化冰

【摘　要】本文以陕西工业职业技术学院为例，介绍了近年来陕西工业职业技术学院以深化校企合作为基础，通过牵头成立陕西装备制造业职业教育集团、探索形成"工学六融合"专业指导思想、推进教育教学质量提升、开展订单培养、开展现代学徒制试点，促使人才培养质量、学生就业质量、办学实力、社会影响力不断提升，凸显了的办学特色，办学成效显著。

【关键词】职教集团；高职院校；校企合作；人才培养质量

新时期，党中央国务院高度重视我国制造业质量提升。习近平总书记提出了三个转变，特别是要由中国速度向中国质量转变；李克强总理在十二届全国人大四次会议的政府工作报告中明确提出了要"建设质量强国"；《中国制造2025》出台。高职教育的生命力在于不断满足行业企业对技术技能型人才的需求。从"制造大国"向"制造强国"转变，更需要培养大批的默默坚守、孜孜以求、追求职业技能的完美和极致的能工巧匠。那么摆在每一位职教人面前的问题是：如何培养满足行业企业的技术技能型人才，如何不断提升教育教学质量，传承文化，培养工匠精神，提高人才培养质量，稳定学生就业，提高就业质量；高职教育怎样才能让社会、企业行业、学生、家长满意。

面对新形势，新问题，作为国家示范性高职院校，陕西工业职业技术学院坚持依托陕西装备制造业职教集团，深化校企合作，推进产教融合，以内涵促发展，大力推进教育教学改革，稳步实施教育教学质量提升计划，持续加强实验实训条件建设，在专业建设、课程体系改革、人才培养模式创新等方面成效显著，教育教学质量不断提升，毕业生就业率稳定、就业质量不断提升。

一、牵头成立陕西装备制造业职业教育集团，为校企合作搭建平台

由陕西工业职业技术学院牵头，在陕西省教育厅和陕西省机械工业协会的领导和指导下，联合省内外高等职业院校、中等职业学校、装备制造业的科研院所、大中型骨干企业、行业学会参加，按照自愿平等、资源共享、优势互补、互惠共赢、共同发展的原则组成以联合办学为基础、以校企产学研合作为重点的陕西装备制造业职业教育集团。

集团成立之初有25家成员单位，现有成员单位52家，其中高职院校和职教中心12家、科研院所6家、大中型骨干企业34家。

陕西工业职业技术学院依托职教集团，多渠道引企入校，进行校企深度融合，为校企合作搭建平台：

（1）建立了集团内政府、行业、企业、院校的激励政策体系，鼓励企业资源、文化走进校园；

（2）优化学校内部管理，创建灵活工作环境，促进企业投入教学运行与管理；

（3）为适应产业升级，优化专业结构、创新人才培养模式，按企业需求革新教育教学内容和方法，吸引企业全程参与人才培养；

（4）根据产业发展对技术技能型人才的需求，按照"联手策划合作方案、量身定做培养计划、共同组建教学团队、协同实施双向管理"的原则，与企业联合举办订单班；

（5）为满足在职员工技术升级需求，将企业的员工培训中心搬迁至院校，吸引企业对学校培训中心的投入；

（6）对接企业产品生产要求，共建实训基地和产品试制车间，在完成企业生产任务的同时开展教学，促使企业利益融入校园；

（7）政府主导、依托行业，联合开发行业的技术标准，加快企业与院校技术标准的统一，力促企业培训包与课程的融合；

（8）兼顾企业用工与顶岗实习的要求，按企业生产计划，灵活安排教学，采用"灵活分段、多批轮换"的柔性顶岗模式，促使企业乐于接收学生顶岗实习，实现校企利益共享、深度融合。

二、依托校企合作，探索形成"工学六融合"专业指导思想

依托校企合作，紧紧围绕陕西支柱产业——现代装备制造业对技术技能型人才的需求，进行人才培养模式改革的探索。经过不断实践和完善，探索形成了基于工学结合、企业深度参与、具有装备制造行业特色的"工学六融合"人才培养模式。

"工学六融合"专业指导思想是指以"工学结合"为核心，以人才培养与企业需求相融合、专业教师与能工巧匠相融合、理论教学与技能培训相融合、教学内容与工作任务相融合、能力考核与技能鉴定相融合、校园文化与企业文化相融合。

通过"工学六融合"专业指导思想的推行，明确了技术技能人才培养必须与企业紧密结合、教育教学必须围绕企业需求，奠定了各专业建设和改革的思想基础；通过"工学六融合"专业指导思想的推行，在"校企一体"的办学格局下，重构人才培养体系，整合人才培养方案，进行课程建设和改革。

通过多年的办学实践，学院在教学中强化实践能力和职业技能培养，积淀形成了"校厂一体、产教并举、工学结合"的办学特色，通过"校内生产性实训基地"建设，学院建成了与专业结构、人才培养规格相匹配的生产性实训车间，让学生足不出校就零距离接触企业真实工作，并接受企业文化和环境的熏陶，从而培养学生良好的职业道德、职业精神和行为规范，使学院办学特色愈加鲜明，专业基础更显雄厚。

三、深化校企合作，推进教育教学质量提升

"十二五"期间，学院通过实施合作共建战略、质量特色战略、人才强校战略、品牌打造战略和国际发展战略等五大战略，以建设"省内领先、国内一流、国际知名"高职院校为目标，以提高教育教学质量为核心，以增强办学实力为重点，以合作办学、合作育人、合作就业、合作发展为主线，创新体制机制，深化教育教学改革，全力推进内涵建设，投入超过2亿元。

2011年，学院启动实施为期5年、包含8大项目32项基本任务的"教育教学质量提升计划"。按照产业升级对一流员工培养的要求，校企联手策划合作建立人才培养基地、引入技术培训包、引进产业文化、签订校企战略合作协议，开展合作育人；按照现代员工现场工作要求，校企联合制订培养方案。结合企业产品技术特点和专业人才培养要求，引入国际质量认证标准、生产现场管理标准等，修订人才培养方案；按照企业工作环境要求，共建共享实训基地。与企业合

作建成真实工作情境的实训基地，由企业提供技术支持建成企业技术与文化推广基地，为师生提供了解产品与训练实用技术的真实场所；按照企业岗位任职要求，合作构建评价体系。企业参与教学过程监控、技能考核、素质评价等订单培养的全过程，建立起一整套与国际质量体系、职业技能标准、员工素质要求、生产现场评价等相结合的人才培养质量评价体系。

学院全面深化教育教学改革，提升人才培养质量，取得了令人瞩目的辉煌业绩，办学活力和人才培养水平大幅提升，示范引领作用日益凸显，影响力不断增强，社会声誉显著提高。

四、深化校企合作，校企互利，开展订单培养，人才培养质量稳步提升

为满足产业发展对技能技术型人才的需求，兼顾政府、行业、企业、学校的各方要求，陕西工业职业技术学院与相关企业开展战略合作，开设多层次、多批次订单班，提升学生综合素质，实现校企文化融合，培育"一流员工"，促进高职教育与产业对接，有效带动区域职教协同发展。

与欧姆龙（日本）公司合办的"欧姆龙"订单班，按照国际员工的工作规范和标准进行培养。与亿滋国际（美国）公司开办了"亿滋"订单班，把订单培养纳入企业的"卡夫中国技术培训生项目"。与西安高新开发区、咸阳新兴纺织工业园等产业项目合作，面向园区主体企业提供定向培养。与南通东亚海事船舶服务有限公司、西安昕伦机电设备有限公司、北京朝林科技发展集团有限公司、新荣记集团、布瑞琳洗染服务有限公司、中航飞机汉中航空零组件制造有限公司等组建订单班。

以订单班为纽带，依托学院的优势资源，面向产业，培养适应岗位需求的大批一线人才；产业中最新的技术与文化走进校园，促进校园成为企业产品与技术的展示窗口；利用共建的实训基地，开展服务产业的技术培训与认证，促使学校成为区域内对接产业的技术推广中心。同时，学校吸引产业内的优势企业持续投入，打造优秀教学团队、优化人才培养方案、引进现代企业技术、促进校企文化融合，人才培养水平与就业质量不断提升，真正实现职业教育与服务产业的共赢发展

五、深化校企合作，开展现代学徒制试点，提高人才培养质量

2015年1月，陕西工业职业技术学院成为首批现代学徒制试点单位。作为陕西省重点高职院校，多年来积极与企业合作，探索与实践具有现代学徒制特色人才培养模式。

以电气自动化技术专业、酒店管理技术专业、物流管理专业、机电一体化技术专业、纺织品检验与贸易专业、服装设计专业（营销方向）、数控设备应用与维护专业七个专业现代学徒制试点工作为载体，不断深化校企合作，持续加强机制创新，将校企双主体育人指导思想贯穿在招生及人才培养过程中的每个环节。

（一）探索建立校企协同成本分担机制

以校企双主体人才培养成本共担思想为指导，统筹政府奖补、办学经费、行业捐赠、企业奖助学金、学校奖助学金等经费使用，不断拓展经费来源，以校企共同投入为主建立现代学徒制人才培养专项基金，确保导师带徒薪酬、学徒工作薪酬、双导师选拔激励、项目试点经费等落到实处，切实为现代学徒制人才培养提供坚实保障。

（二）探索建立校企协同招生招工长效机制

以自主招生、分类招生、注册入学等现有招生制度为基础，校企协同制订学生学徒考核录用标准，校企共同组织实施招生招工一体化过程，确保现代学徒身份从开始就落地生根。

（三）探索建立校企协同育人长效机制

试点专业与合作企业深入合作，协同开发由学校课程和企业课程共同支撑的现代学徒制人才培养方案，切实满足现代学徒培养目标。

（四）校企协同开发课程，协同制订课程标准，协同实施课程考核，协同组织人才培养质量评价

整合利用校内实训资源、企业实习等教学资源，以深化工学交替、分段育人为手段，以学校课程和企业课程教学内容为支撑，以校企协同双导师为保障，切实推进学徒学生身份一体化人才培养工作。

（五）建立校企双导师队伍协同建设长效机制

在现有校企人员双向兼职的基础上，以试点专业为龙头不断深化校企合作，建立健全双导师的选拔、培养、考核、激励制度，进一步明确双导师职责和待遇，充分发挥"双主体、双导师"育人优势，校企协同建成一支"业务水平高、工作能力强"双导师队伍。

（六）建立健全现代学徒制管理制度

通过试点专业与企业现代学徒培养，逐步建立健全《陕西工业职业技术学院现代学徒制试点学校与企业协议》《陕西工业职业技术学院现代学徒制试点学校、企业、家长三方协议》《陕西工业职业技术学院现代学徒制试点师傅与学徒协议》《陕西工业职业技术学院现代学徒制校内导师工作职责》《陕西工业职业技术学院现代学徒制企业导师工作职责》等各项管理制度。

六、深化校企合作，人才培养质量稳步提升

（一）深化校企合作，提升了学生技能

依托陕西装备制造业职业教育集团，学院携手省内外32家国家级骨干企业及科研院所，构筑起"校内实验实训基地—校办实习工厂—校外实训基地"三级配套成龙的实践教学体系与"基础训练—仿真锻炼—实际操练"三层递进的学生能力培养机制，积淀形成"校厂一体、产教并举、工学结合"的办学特色。大力实施"大学生素质拓展计划"，繁荣校园文化，倡导高雅艺术进校园，持续推进各项竞赛活动，促进学生个性发展和全面成长，人才培养质量稳步提升。近三年来，学生在各级各类技能大赛中共获595项奖项，其中国家级一等奖16项，二等奖89项，省级奖228项。

（二）深化校企合作，以人才培养质量提升促进就业。

学院构建起了遍布全国的毕业生就业网络。依凭厚实的行业基础，学院与国内600余家大中型企事业单位建立了长期、稳固的用人合作关系。毕业生就业面向装备制造、航天航空、石油化工、纺织服装等多个行业和领域，人才输出立足陕西覆盖全国31个省市。毕业生以其优良的素质、扎实的专业技术基础和娴熟的职业岗位技能深受用人单位的欢迎和好评，毕业生就业率稳定保持在97%以上，位居全省同类院校前列。学院连续多年被评为陕西省"高等学校毕业生就业工作先进集体"。

陕西工业职业技术学院依托陕西装备制造业职业教育集团，深化校企合作，兴学育才、求强思变，打造了一批全国装备制造业和纺织服装业的品牌专业；造就了一批国家级、省级教学名师和教学团队；人才培养质量不断提升，培养了一批综合素质优良，"下得去、留得住、用得上、干得好"的优秀毕业生。提升了办学实力，凸显了的办学特色，近年来办学成效显著，为培育新时期装备制造业和纺织服装业生产、建设、管理、服务一线需要的技术技能型人才做出了贡献。

参考文献

[1] 崔岩. 陕西装备制造业职业教育集团化办学的探索与实践[J]. 职教发展，2013.

[2] 苏宏志. 高职院校现代学徒制人才培养模式的探索与实践[J]. 机械职业教育，2016（6）.

[3] 崔岩. 以订单培养为突破口推进高职教育与产业对接[J]. 中国职业技术教育，2012（7）.

高职院校现代学徒制人才培养的实践与探索

——以长春汽车工业高等专科学校为例

长春汽车工业高等专科学校 郑 治 张 涛 李 禄 任 玲 陈 爽

【摘 要】中国"现代学徒制"自2015年实施以来,作为全国首批现代学徒制试点院校之一,长春汽车工业高等专科学校在实践探索中,有收获也有问题。基于此,本文从深入分析现代学徒制内涵及基本特征入手,对我校现代学徒制的发展现状进行了梳理,最后就我校推进现代学徒制人才培养提出了针对性建议。

【关键词】高职院校;现代学徒制;人才培养;顶岗实习

一、引言

《国务院关于加快发展现代职业教育的决定》中明确指出"加快现代职业教育体系建设,深化产教融合、校企合作,培养数以亿计的高素质劳动者和技术技能人才。"牢固确立职业教育在国家人才培养体系中的重要位置,统筹发展各级各类职业教育,坚持学校教育和职业培训并举。开展校企联合招生、联合培养的现代学徒制试点,完善支持政策,推进校企一体化育人。加强职业教育与普通教育沟通,为学生多样化选择、多路径成才搭建"立交桥"。[1]在我国探索并建立现代学徒制人才培养体系,对提高我国职业教育质量,服务我国社会经济发展方式转变和产业结构调整具有重要的战略意义。

二、现代学徒制内涵及基本特征

(一)现代学徒制内涵

现代学徒制,从字面意思来看是"现代"与"学徒制"的结合,但究其本质而言,是传统学徒制与现代职业教育相融合的一种现代职业教育制度,是企业岗位培训与学校学历教育不断深化的一种新形式,是产教融合的具体体现,采取的主要培养形式为工学交替、顶岗实习、校企联合培养等,旨在培养高素质劳动者和技术技能型的复合型人才。[2]

(二)基本特征

综合国内外所实施的学徒制培养模式,尽管因地区、经济及文化背景的差异各有特色,但主要呈现如下特点:

1. 工学交替

以我校学生为例,学制三年,大部分专业的学生实行"2+1"模式,即前两年在学校接受基本教育,第三年则在企业进行顶岗实习。此外,也有部分专业实行不定期企业实习,实行教学与企业实训相融合的方式。学生在顶岗实习前，学校会与企业签订校企合作协议，以保证双方的权力与义务，学生在实习期间，享受低于正式员工的学徒工资。

2. 学徒制人才培养较其他职业教育优势明显

首先，学徒制学生同就业紧密相关，学生就业前景较明朗，大部分学生经企业考核合格后，便可以留在实习企业；其次，学徒制实习内容是由企业和学校共同制订的，更加适应企业的需求，突出对学生实践能力的培养。最后，现代学徒制的教学模式有助于培养学生的独立能力，帮助学生适应未来的工作，并为其专业发展奠定基础。[3]

三、我校现代学徒制的发展现状

2015年，长春汽车工业高等专科学校成为全国首批现代学徒制试点单位名单。早在2015年之前，源于第一汽车集团公司的缘故，学校就已经形成了以学校为主体的职业教育，且一直在探索校企合作、工学结合的人才培养模式，并经历了顶岗实习、订单培养、工学交替等多种实现形式，培养了数以万计的技能型实用人才，部分已成长为行业的精英，如王洪军、李凯军、李黄玺、朱久安等，为我国职业教育的发展做出了重要贡献。

但随着我国经济发展方式的转型和东北地区产业结构的调整与升级，学校本位的职业教育模式已不能很好地满足行业企业对岗位技术技能型人才的需求，其根本原因是人才培养过程没能真正实现产教融合。以现代学徒制中重要的参与者——学生和企业为例，双方表现均较为冷淡。与我校合作的众多企业中，不排除我校学生较兄弟院校素养较高的可能，但也有不少企业是基于短期利益、用工荒甚至人情等考虑，积极性不高，参与度较低。[4]在我校物流管理专业的学徒制试点中，部分快递企业则存在上述现象。此外，由于学徒制的工作岗位大多偏于一线操作，工作环境较为艰苦，学生并不能如期完成学徒制任务，部分学生在学徒制期结束后就选择放弃，甚至有学生在学徒制期间就选择退出。学生的流失、毕业时学生是否留得住等问题，导致学徒"工"的时间不长、质量不高。我校2014—2015届各专业毕业半年后的离职率统计详见表1、表2。

表1　本校2014届各专业毕业半年内的离职人数比例

序　号	专　业　名　称	离职率（%）	学校平均水平（%）	全国示范性高职院校（%）
1	汽车技术服务与营销	54		
2	物流管理	48		
3	模具设计与制造	38		
4	汽车电子技术	38		
5	汽车制造与装配技术	34	34	42
6	电气自动化技术	31		
7	汽车检测与维修技术	29		
8	数控技术	27		
9	机电一体化技术	26		
10	机械制造与自动化	21		

资料来源：麦可思-中国2014届大学毕业生社会需求与培养质量调查。

表2 本校2015届各专业毕业半年内的离职人数比例

序 号	专业名称	离职率（%）	学校平均水平（%）	全国示范性高职院校（%）
1	汽车技术服务与营销	60		
2	物流管理	45		
3	汽车电子技术	43		
4	汽车检测与维修技术	42		
5	数控技术	25	32	43
6	机电一体化技术	20		
7	工业机器人技术	19		
8	模具设计与制造	10		
9	机械制造与自动化	9		
10	电气自动化技术	8		

资料来源：麦可思-中国2015届大学毕业生社会需求与培养质量调查。

通过上述资料，不难发现全校平均离职率高达30%左右，其中，离职率较高的专业是汽车技术服务与营销以及物流管理。尤其汽车技术服务与营销专业离职率高于50%。调查发现，离职率居高不下，不仅会影响到学校在用人单位的声誉，同时也会影响到校企双方学徒制试点工作的开展。针对学校各专业离职率偏高的现象，学校委托麦可思研究院就学生离职原因展开了调查，具体原因分布详见表3。

表3 本校2014—2015届毕业生主动离职的原因分布

序 号	离职原因	比例（%）	备 注
1	薪资福利偏低	50	
2	个人发展空间不够	48	
3	想改变职业或行业	37	
4	对单位管理制度和文化不适应	27	
5	工作要求高，压力大	20	
6	就业没有安全感	19	
7	缺少直接主管的指导和关怀	11	
8	准备求学深造	3	

资料来源：麦可思-中国2014—2015届大学毕业生社会需求与培养质量调查。

四、我校推进现代学徒制的关键点

为进一步加快我校学徒制人才培养体系的建立与完善，破解现代学徒制难题，为全国现代学徒制院校摸索新道路。学校借鉴国内外成功经验，依据学校现实情况，可以从以下几个关键点着手推进。

（一）尝试校企联合招生，分类重点培养

目前全国各高职院校的招生模式仍然是学校起主导作用。在现代学徒制人才培养体系中，学校可以尝试校企联合招生，这既可以有效保证校企双方的利益，同时也是学徒双重身份实现的重要途径，有利于校企双方从源头实施公共管理。分类重点培养是在学校统一教育原则的指导下，根据专业特点和企业实际岗位需求制订学徒制人才培养方案。[5]

目前我校虽没有实现校企联合招生，但在学徒的人才培养上已经取得了实质性的进展。我校根据不同专业，不同行业、企业的特点，校企共同开发出多种类型的学徒制人才培养类型：一是汽车检测与维修专业与一汽大众合作开展的双导师制合作模式，在大三顶岗实习期间，学校委派指导老师进驻企业跟踪实习。在企业，学生既可以获得企业师傅的技能指导，也可以及时获得理论指导，实现理论与实践的相融合。二是物流管理专业与百世物流科技（中国）有限

公司开展的合作模式为在大二期间选聘百世物流订单班学徒，大二在校学习为主，校企导师交替上课，为企业导师每学期安排不低于80学时的课程，在这期间学徒有去企业参观实践的机会。在大三期间学徒便正式进驻企业，开始真正的顶岗实习，主要由企业导师负责管理指导。三是物流管理专业与大连风神物流有限公司于2015—2016年开展的"在校学习—企业实践—在校学习—企业实践"的双循环合作模式，该模式的学习与实践周期以学期为单位，通过反复的理论与实践相结合，有效解决当前学生所凸显的理论与实践相脱节的问题。

（二）实施校企共同管理，多因素综合评价

基于现代学徒制的性质而言，学徒具备双重身份，兼有学习与工作的双重任务。这就要求学徒既要遵守学校规章制度，完成学校所规定的学业要求，同时也必须遵守企业生产管理制度，完成所在岗位的要求与考核。基于此，校企共同实施管理，建立多因素综合评价体系势在必行。首先需要学校与企业、学徒与企业签订对应的合作意向书，以保证各方的权益和履行的义务。其次，校企双方就学徒的共同培养制订柔性的管理制度和考评体系，以实施共同管理。[6]对于学徒的多因素综合评价主要是体现在毕业环节的考核。以毕业设计为例，学徒毕业设计的完成需要校企导师和学徒共同来制订，且必须结合其对应工作岗位来进行设计。学校导师负责理论架构的指导，企业导师负责技术路线的引导，在答辩环节，由企业导师、校内导师共同组成答辩评委，对学徒的毕业设计进行综合评价，并给出评价意见。

（三）加强双导师制培养，保证学徒在岗成才

自2015年开始，我校试运行"双导师"制。为加快现代学徒制人才培养体系的建立，采用双导师培养制度指导学徒完成学业意义重大。在双导师制的具体实施过程中，基本理论与基本技能是由学校导师完成；岗位核心课程和企业文化类的课程则由企业导师进驻学校或者在企业讲授。[7]学生只有通过双重导师相关课程的考核，才能完成最终学业。学校在"双导师"制推行过程中，首先应根据学校的基本章程制订现代学徒制双导师制的有关管理办法，在该办法的指导下，制订具体的选聘、管理与培养方法。此外，在双导师的培养过程中，所选导师应着重对学徒综合素养的培养，力争在有限的实践时间里，保证其在岗成才。最后，在课程设置方面，应更加灵活且有针对性。以物流管理为例，作为首批国家示范性建设重点专业，学校近几年在学徒制人才培养探索方面，已经做了不少功课，其课程设置（如图所示）就保证学徒在岗成才方面也是别具心裁。

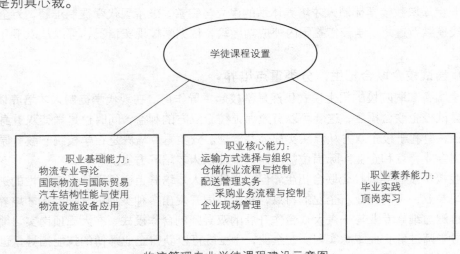

物流管理专业学徒课程建设示意图

五、结论

综上所述，现代学徒制的人才培养体系是传统学徒制与现代职业教育高度融合的人才培养模式，对于创新高职高专人才培养模式，提高人才培养质量意义重大。我校在实施现代学徒制时，应考虑吉林当地乃至全国的产业结构、专业性质，准确把握合作企业的诉求点，积极推进校企合作的深度，加强内涵建设，将我校现代学徒制人才培养推向新的高度。

参考文献

[1] 《国务院关于加快发展现代职业教育的决定》http://jycg.nvq.net.cn/htm/8541/191224.html.

[2] 赵鹏飞，陈秀虎．"现代学徒制"的实践与思考[J]．中国职业技术教育，2013（12）：38-44．

[3] 赵鹏飞．现代学徒制人才培养的实践与认识[J]．中国职业技术教育，2014（21）：150-154．

[4] 张启富．高职院校试行现代学徒制：困境与实践策略[J]．教育发展研究，2015（3）：45-50．

[5] 张阳，王虹．现代学徒制在高职院校人才培养中的实践与探索——基于"双导师"的视角[J]．中国职业技术教育，2014（33）：77-79．

[6] 杜启平，熊霞．高等职业教育实施现代学徒制的瓶颈与对策[J]．高教探索，2015（3）：74-76．

[7] 李梦玲．中西现代学徒制比较研究——基于政府职责视角[J]．VOCATIONAL AND TECHNICAL EDUCATION [J]. 2015（7）：29-32．

基于蒙特卡罗模拟的校企合作可行性分析

长春汽车工业高等专科学校　赵艳玲　李　博　智恒阳　许珊珊　谢荣飞

【摘　要】本文以人力资本理论为基础，以我校汽车定损与评估专业校企合作项目为例，采用蒙特卡罗模拟法，结合投资决策中的成本收益法，对校企合作可行性进行分析研究。

【关键词】校企合作；蒙特卡罗模拟法；净现值

一、引言

改革开放三十多年来，中国经济持续保持高速增长。在经济水平提高的同时，面临着人口红利减少和中等收入陷阱等问题。如何突破"刘易斯拐点"、跨越中等收入陷阱成为亟待解决的问题。在"工业革命4.0"时代，中国提出了要实现制造强国的战略目标，伴随着《中国制造2025》的规划，生产模式将从劳动密集型向技术密集型转变，而工业现代化技术的升级、生产模式的转变必然对技术技能人才有了更高的要求。

中共中央印发的《关于深化人才发展体制机制改革的意见》中提出，要大力培养支撑中国制造、中国创造的技术技能人才队伍，加快构建现代职业教育体系，深化技术技能人才培养体制改革。人社部《关于深入推进国家高技能人才振兴计划的通知》中提出，要培养造就一大批具有高超技艺、精湛技能和工匠精神的高技能人才，稳步提升我国产业工人队伍的整体素质，为推进供给侧结构性改革和"中国制造2025"提供技能人才支撑。《国家中长期教育改革和发展规划纲要（2010—2020年）》提出，发展职业教育是推动经济发展、促进就业的重要途径，是缓解劳动力供求结构矛盾的关键环节。职业教育要实施"校企合作、工学结合"的人才培养模式。教育部印发的《高等职业教育创新发展行动计划（2015—2018年）》提出，要深化校企合作发展，与企业合作办学、合作育人、合作发展，鼓励校企共建以现代学徒制培养为主的特色学院和应用技术协同创新中心建设。

发达国家的高等职业教育紧密结合企业的需求，校企联合培养已经或者正在成为一种稳定常态的合作机制，形成校企合作双赢的伙伴关系。德国"双元制"模式、美国"合作教育"模式、英国"工读交替"模式、日本"产学合作"模式、澳大利亚"TAFE"模式、俄罗斯"三合一"模式，这些模式从深层次展示了校企合作项目的长效性和紧密性。[1]

然而，在我国校企合作的实践中却存在"学校热、企业冷"的现象。究其原因，从政策方面，国家有关校企合作的政策法规与管理机制不完善，导致校企合作不深入、不稳定；从学校方面，大多职业院校还没有根据企业能力岗位要求建立独立的实践教学体系，校企联合培养机制没有形成；从学生方面，由于对行业和企业缺乏了解，易出现离职等问题，存在一定的随机性；从企业方面，企业是以盈利为目的的经济主体，并不关注职业教育人才培养过程，其对校企合作的风险缺乏定量分析，因而校企合作的意愿不足。[2]

本文以人力资源理论为基础，以我校汽车定损与评估专业同泛华保险公估股份有限公司的校企合作项目为例，采用蒙特卡罗模拟法，模拟企业对校企合作项目的投资和收益，结合企业财务管理所运用的投资决策方法——成本收益法，对校企合作进行可行性进行分析研究。

二、分析方法及校企合作项目介绍

（一）分析方法介绍

蒙特卡罗模拟法是一种结构化模拟的方法，通过产生一系列同模拟对象具有相同统计特性的随机数据来模拟未来风险因子的变动情况。蒙特卡罗模拟法进行风险分析，先进行变量的选取和先验分布模型的设定，利用计算机进行随机抽样模拟，得出变量的期望、标准差、概率分布等，从而对项目风险进行可行性分析。

项目风险决策中，常采用净现值法（NPV），内部收益率法（IRR）、决策树法、敏感性分析等。净现值法项目的全部现金流量并合理折线，操作简便易于推广。净现值为正值，表明投资方案是可以接受的；净现值为负值，投资方案就是不可接受的。净现值越大，投资方案越好。

（二）合作项目介绍

泛华保险公估股份有限公司是泛华保险服务集团旗下五大营业集团之一，公司总部设在深圳，总资产达1.3亿元。泛华保险服务集团是亚洲保险中介行业第一家在美国纳斯达克主板上市的企业（股票代码为CISG），目前拥有国内金融服务中介行业最大的销售及服务网络，占据市场领先地位。

我校汽车定损与评估专业与泛华保险公估股份有限公司从2010年开展校企合作，现已开设了六届定向培养班，学员主要从事汽车保险的查勘、定损、评估等工作，毕业生在保险公估行业得到了一致好评。通过校企合作，积累了丰富的教学及管理经验，培养了一批与专业建设相匹配的高素质教师，带动了我校专业建设。

三、项目风险分析

根据麦可思发布的《长春汽车工业高等专科学校应届毕业生培养质量跟踪评价报告（2016）》，我校汽车定损与评估专业学生离职率为24%，低于全国示范性高职平均水平43%，体现了学生较好的个人禀赋，能够忠诚于企业，持续为企业创造价值，对企业效益有正向的影响。企业对员工的激励会提高员工的工作动力，提升企业效益，与收益存在正相关，因此，企业对每名员工的收益满足如下关系：$ROI = f_1(STI) + f_2(GEN)$。其中，$ROI$表示校企合作中企业人力资本投资的收益，$STI$表示合作企业对员工的激励，$GEN$表示学生的个人禀赋。[3]

麦可思报告显示，汽车定损与评估专业学生平均月收入为3 593元，因此本文设定企业激励的先验分布为$STI \sim N(0.35, 0.25)$，单位万元。设定个人禀赋先验分布为$GEN \sim N(0.24, 0.18)$。通过到深圳泛华保险公估股份有限公司实地调研，得出企业对每位员工的支出近似服从正态分布，本文设定的先验分布为$CO \sim N(0.6, 0.1)$，企业从每位员工得到的收益近似满足：
$ROI = 3STI + 2GEN$

本文的净现值（NPV）的计算公式如下：

$$NPV = \sum_{t=1}^{n} Np^{t-1} \frac{ROI_t - CO_t}{(1+i)^t}$$

其中，N为校企合作项目学员数，p为离职率，ROI_t为第t期的收入，CO_t为第t期的支出，i为折现率，项目分析总期限数为4。折现率过高会使$NPV<0$，折现率过低会降低企业对教育投入的热情。本文考虑企业进行校企合作的机会成本，根据数据的可得性，参考泛华保险公估股份有限公司经审计的2014年利润率5.1%作为折现率。

根据以上假定，本文利用Crystal Ball软件进行蒙特卡罗模拟分析。通过模拟各风险因素的随机数，代入NPV的计算公式中，从而得到对应的NPV值。重复的次数越多精确度越高，根据经验本文进行1 000次模拟，得出的结果如表1、表2，图1、图2所示。

表1　净现值的蒙特卡罗模拟结果

实验	1 000
均值	106.65
中位数	103.57
标准差	92.58
偏度	0.0 973
峰度	2.96
变异系数	0.8 681
最小值	−157.79
最大值	418.87
平均误差	2.93

表2　蒙特卡罗模拟的净现值分位数分布

百分比	值
0%	−157.79
10%	−13.89
20%	27.86
30%	58.48
40%	83.46
50%	103.52
60%	129.09
70%	151.4
80%	183.82
90%	228.15
100%	418.87

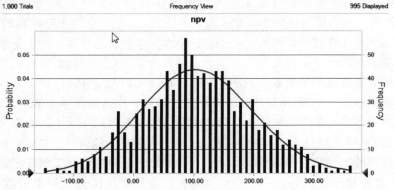

图1　蒙特卡罗模拟的净现值频率分布图

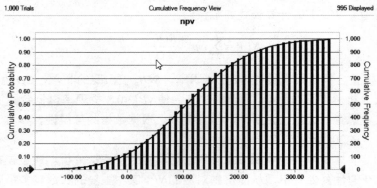

图2　蒙特卡罗模拟的净现值累计频率分布图

从以上图表可以看出，净现值的期望值为106.65，标准差为92.58，最小值为–157.79，最大值为418.87，从而得出NPV=0时的标准化正态分布Z值为：

$$Z = \frac{E(NPV)}{\sigma} = \frac{106.65}{92.58} = 1.15$$

根据正态分布的概率分布表得出：

$$P(NPV<0) = 12.51\%$$

净现值大于零的累计概率值为87.49%，说明该校企合作项目具有很强的抗风险能力，项目是可行的。

四、校企合作项目的实践探索

吉林省是中国汽车产业的发源地，汽车产业已经成为吉林省第一支柱产业，占据着工业总量的1/3。2015年，吉林省汽车产量达到224.88万辆，汽车制造产业实现增加值1 456亿元，实现利润611亿元。随着汽车产业的蓬勃发展，汽车后市场迎来发展的黄金时期，2015年我国汽车后市场规模接近8 000亿元。我校汽车定损与评估专业同多家国内国际知名企业建立长效联合培养机

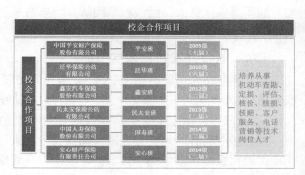

图3　汽车定损与评估专业校企合作项目

制，先后与中国平安财产保险股份有限公司、泛华保险公估股份有限公司、一汽金融鑫安汽车保险股份有限公司、民太安财产保险公估股份有限公司、中国人寿保险股份有限公司、安心财产保险有限责任公司开展校企合作，开发建设了校企合作项目6项（图3），培养的学生主要从事财产保险公司的出单员、汽车保险理赔员、机动车查勘定损员、保险协赔员，保险公估公司的公估员，汽车维修企业保险业务专员，售后服务，二手车鉴定评估等相关岗位工作，做到了"合作办学、合作育人、合作就业、合作发展"，为区域经济发展和经济增长做出了一份贡献。

（一）构建校企联合培养机制

我校汽车定损与评估专业与合作企业针对企业人才需求现状，合作构建校企协同育人平台，签订校企联合培养协议，成立校企合作项目领导小组，积极探索与合作企业建立一体化育人的长效机制。

（二）实行"1+1+1"的"双主体"人才培养模式

校企共同成立专业建设指导委员会，在对企业岗位任职资格进行深入分析的基础上，遵循企业岗位人才需求规律，确定专业人才培养目标。依据人才培养目标校企双方共同制订人才培养方案，确定"1+1+1"人才培养模式，即整个培养过程分为三个阶段：第一阶段：即学生在大学的第一学年，接受通用专业知识与技能的培养，培养学生专业基础能力；在第一学年期末，采取学生自愿报名，学校和企业共同选拔的方式成立相应的"定向班"；第二阶段：即学生在大学的第二学年，学校与企业共同制订针对企业实际的人才培养方案，进行一年的定向培训学习专业核心课程，培养学生职业核心能力；第三阶段：即学生到企业进行顶岗实习阶段，企业与学校、企业与学生、学校与学生之间签订协议，按照协议要求，企业安排学生在与专业相关的岗位进行顶岗实习，并进行必要的岗位轮换，定岗实习期间、实习结束后经考核合格，企业负责安排学生在本企业就业。

（三）创建校企共享实训平台

校企双方共同出资，按企业的标准，融入企业文化合作创建共用汽车保险实训中心，开展针对保险公司具体业务的相关训练及专业技能训练，为学生技能提升提供保障，满足保险行业对人才的需求。同时，承担企业员工的培训任务，实现资源的共建共享。

（四）搭建"校企交融"的课程体系

校企双方以企业人才需求为目标，以岗位核心能力为重点，以技能训练为主线，搭建符合人才成长规律及企业员工能力素质要求的学校培养模块及企业培养模块的"双线交融"的课程体系。

（五）建设"双师型"的教学团队

校企双方共同制订师资管理相关文件，制订专任教师及企业兼职教师选聘、培养、考核标准，共同选拔优秀人员组成教学团队，考核通过后颁发师资资格认证证书，作为互聘互认、上岗教学的依据。

（六）联合开发特色教学资源

教学团队把企业现场管理知识、安全操作知识、保险行业实用方法融为一体，将保险行业的职业标准、能力素养、企业文化、企业精神融入课程建设之中，依据保险行业岗位典型工作任务和工作流程，开发课程标准及教学内容，创建案例资源库及课程资源网站，为人才培养创造良好条件。

通过校企合作，与企业专家共同探讨专业人才培养目标、人才培养方案和课程体系，积累了丰富的校企合作办学经验，培养了一批与专业建设相匹配的专兼结合的"双师型"教师，为校企合作的开展奠定了坚实的基础。保险公司为学生安排顶岗实习，与学生签订就业协议，确保培养出来的学生适应保险行业的发展需要。校企合作培养出来的学生在保险行业从事汽车保险的定损、核损、核价、理算等工作，得到了企业的高度认可。几年来，汽车定损与评估专业校企合作订单率始终保持在83%以上，极大地提高了就业率，实现了人才培养与企业需求的对接，为学生高质量就业提供了保障。[4]

五、总结

中国经济的转型、供给侧结构性改革和"中国制造2025"的实施都离不开高技能、高素养的技术技能人才。以现代学徒制培养为主的校企合作可以将学校与企业的资源共享，既能发挥各自的优势，又能共同培养需要的人才，是职业教育发展的必由之路。蒙特卡罗模拟结合成本收益法可以有效地对校企合作项目进行风险的定量分析，明确校企合作的可行性，促进企业与学校合作办学的意愿。我校汽车定损与评估专业多年来，以市场需求为出发点，以创新人才培养模式为前提，以课程建设为核心，以师资建设为关键，以实训基地建设为保障，通过校企合作项目推动了专业建设，得到了学校及企业的高度评价，为区域经济发展和经济增长做出了一份贡献。

参考文献

[1] 赵艳玲，李博. 校企联合培养的研究与实践[J]. 产业与科技论坛，2015（21）.

[2] 程培堽，顾金峰. 校企合作的企业决策模型——基于成本和收益的理论分析[J]. 高教探索，2012（5）：117-123.

[3] Yang J，Gao Z. Study on the Education Investment Risk of Enterprise Human Capital Based on Monte Carlo Simulation Method[J]. Journal of Computers，2012，7（3）.

[4] 赵艳玲，许珊珊. 校企合作定向培养保险应用型人才[J]. 产业与科技论坛，2011，10（16）.

校企合作模式下学生培养与管理的探索与实践

——以长春汽车工业高等专科学校与一汽-大众汽车有限公司联合培养项目为例

长春汽车工业高等专科学校　李亚杰　赵　宇　王慧怡　王有坤　王立超

【摘　要】"校企合作"人才培养模式有助于培养学生良好的职业素养和专业岗位技能，有助于提升毕业生的就业质量，有助于培养企业"需要"的一线应用型高技能人才。学生培养与管理工作是"校企合作"模式培养过程控制的关键。有效合理地管理，可以促进学校的快速发展，为企业输送"有用"的人才。本文通过长春汽车工业高等专科学校与一汽-大众汽车有限公司联合培养项目实例，研究"校企合作"模式下学生培养与管理行之有效的新模式。

【关键词】校企合作；人才培养模式；学生培养；学生管理

高职"校企合作"是利用学校、行业和企业不同的教育资源和教育环境，校企双向参与、优势互补、紧密合作，以培养一线应用型人才为主要目标的教育模式。[1] "校企合作"培养模式有效地解决了企业一线对口人才的需求和高职院校毕业生的就业问题，得到了企业、学生、学校的认同，较好地实现了职业教育"以就业为导向"的宗旨。然而，施行"校企合作"培养模式时，对人才培养的过程控制应科学、合理，特别是对"校企合作"模式下学生的培养与管理更应科学、准确、到位，只有这样，才能达到既定目标。长春汽车工业高等专科学校与一汽-大众汽车有限公司联合培养项目，对"校企合作"模式下学生的培养与管理进行了有益的探索和实践。

一、"校企合作"学生培养与管理的现有工作模式

目前，高职院校"校企合作"学生管理多数处于摸索阶段，还没有形成合理有效的工作模式。大多院校采用以下两种管理方法：一种是采用专职辅导员，辅导员大多是非专业出身，仅能负责学生的思想政治教育和日常管理，并且一般要负责200名左右学生的管理工作；由于人数众多，很难顾及每一个学生，并且很难对学生开展专业教育。另一种是专职辅导员与兼职班主任相结合，学生既有辅导员又有班主任；一般是辅导员负责思想政治教育，班主任负责班级管理和专业引导，但由于两者之间的具体工作职责难以界定，经常出现互相推诿的现象。以上两种工作方法都存在着学生管理和教学工作互不干涉，企业与学校管理相对独立的现象。如学生管理者不了解学生学习的课程内容、学习方法，专业教师不了解学生的职业生涯规划、就业工作，企业不熟悉学生在校的综合表现、学生的特长以及将来适合的岗位，学生也不熟悉企业的情况、岗位技能等，这些都直接影响学生的培养质量。因此，建立和创新"校企合作"模式下学生的培养与管理模式，是

高职教育人才培养、校企人力资源建设、企业行业发展的共同需要。

二、"校企合作"学生培养与管理模式的创新与实践

创新"校企合作"学生培养与管理模式，能够大大提升"校企合作"模式的培养效果，提升高职院校的办学质量，提升企业对人才要求的满意度。基于这种发展思路，长春汽车工业高等专科学校与一汽-大众汽车有限公司协商决定成立校企双方共同组成的项目组，并选派学校专业指导教师10名和企业培训指导教师14名，共同负责2010级定向培养学生在一汽-大众汽车有限公司为期一年的联合培养指导与管理工作。

（一）学校专业指导教师入驻企业培养与管理学生

定向培养学生进入企业后，学生的学习与生活很大一部分脱离了学校。为了保证对定向培养学生进行持续的培养与管理，学校安排责任心强、专业基础好、善于沟通、具有较强学习能力的专业教师入驻企业，与定向培养学生一起在企业工作和学习。专业指导教师一方面负责定向培养学生的培训指导工作，解决学生实际存在的学习和工作问题；另一方面与企业人员一同管理学生，作为企业、学校、学生之间沟通、协调、联系的桥梁。同时，专业指导教师在企业与学生一起参加培训，提升专业教师自身的实践动手能力，为今后更好地推进校企合作，积累教学经验、提高教学质量，打下坚实的基础。

1．关注学生提出和遇到的问题，给予有效指导

"校企合作"模式下学生同时具备了校内学生和企业"准员工"的身份。这种模式下，学生不是都能很快地实现学生到"准员工"的转变，且在转变初期会出现一些不适之症。因此，进入企业后学校专业指导教师与学生一起在企业参加培训与学习，时刻陪在学生身边。对于学生提出和遇到的问题及时给予耐心地解答、指导与帮助。这样一方面可以使专业教师了解学生的学习内容和实际工作情况，便于指导和管理学生；另一方面通过参加企业培训，能够提升专业教师的企业知识和自身的实践动手能力，为以后的教学积累经验，为提高教学质量打下更加牢固的基础。

2．鼓励学生积极学习企业知识，提高职业技能

"校企合作"模式下学生的学习内容和方式都在不断地发生变化，这要求学生能够根据环境的不同，不断调整学习模式，将更多精力投入到技能学习和实践动手能力上。因此，在学生培训和实训过程中，学校专业指导教师利用企业休息时间，定期给学生开会，鼓励学生认真学习企业专业实操技能和企业文化知识，努力提高职业技能水平。

3．建立学生自我管理联系网，加强学生管理

由于进入企业的定向培养学生人数较多，个性差异较大，学生的行为和思想不尽相同，在企业培训的地点也比较分散，所以，学校专业指导教师建立了学生自我管理联系网，即将定向培养学生分成若干小组，然后选出品学兼优的学生，作为学生小组负责人。利用学生负责人，做专业教师的"眼睛"和"耳朵"，学生负责人时刻关注组内同学的思想动态，将发现的问题以及学生提出的问题，及时反馈给专业指导教师。专业指导教师及时跟进，开解引导学生，解决学生所提出的问题。通过这种方式，学校可以时刻关注学生的内心动向，掌握学生的思想动态，有利于消除学生当中的不安定因素。

4．健全学生信息化管理体系，提升管理效率

为了提升对定向培养学生的管理效率，学校专业指导教师还充分利用现代信息化网络平台，健全定向培养学生的信息化管理体系。[2]通过学生小组负责人，整理完善小组学生的个人信息，建立起一套以学生为主体，包含学生电话号码、QQ群、飞信的管理体系。通过信息化管理，可以将学校的最新信息、要求等及时、高效地传达给学生。此外，对学生提出的共性问

题，也可以在QQ群里沟通、解决；个性问题，通过面谈、电话沟通或飞信的方式解决。专业指导教师入驻企业对学生进行指导和管理，将过去的"管"变为现在的"管"和"导"双管齐下，对学生的培养与管理起到了补充和加强的作用。

（二）企业工程师参与共同培养与管理学生

定向培养学生在企业培训期间，企业委派培训指导教师和学校专业指导教师共同培养和管理学生。学校专业指导教师就定向培养学生在实习期间的学习、生活、表现等情况做出鉴定，并及时与企业沟通。企业培训指导教师负责学生的培训工作，帮助学生成长、帮助学校提高专业水平，解决学生培训过程中遇到的岗位技能问题。另外，企业个别工程师也参与到学生管理队伍中，对学生提出的技术性、专业性问题给予答疑解惑。企业培训指导教师和学校专业指导教师还共同走访学生实习培训车间，并就走访过程中学生提出的问题进行座谈，及时给予解答或给出解决办法。

（三）校企双方共同制订学生管理办法

"校企合作"模式下的学生管理由学校层面扩展到了企业层面。因此，对学生的管理也由学校管理办法扩展到企业管理办法，实行了"企业化"管理，即制订学生管理制度时，把企业的员工管理制度作为重要参考依据。校企双方对定向培养学生的管理与企业员工管理一视同仁，实现企业与学校管理制度的有机融合，模糊学校与企业的管理差异，提高学生的岗位适应力。

（四）考核评价与企业的录用提拔相结合

为了保证学生"今天所学"与"明天所用"之间的一致性，根据企业所需要的"高素质、高技能"人才标准的要求，在学生考核评价方面，采取与企业的录用提拔相结合的方式，注重学生的学习态度、学习能力、学习积极性、团队合作、安全意识等方面的考核。并且，在考核过程中，以企业人员的考核评价为主、学校专业指导教师评价为辅。这种过程化考核方法，一定程度上避免了"学非所用"，提高了教学效率，帮助学生明确了学习目的。同时，引起了学生的足够重视，也激发了学生在企业学习的积极性和主动性。根据此方式所评出的成绩，能最直接地反映出学生在企业培训期间的学习态度和工作能力，也能为合作企业人事部门的最终录用和提拔提供最直接的依据。

采用"校企合作"的方式培养与管理学生，和现有的工作模式比较，不仅可提高学生的学习积极性和教学效果，也可提高用人单位的满意度，实现了企业、学生和学校的三赢。

三、结论

对于多数高职院校而言，"校企合作"培养是学校与企业联合培养高技能型人才的一种有益探索。"校企合作"学校专业指导教师入驻企业进行学生管理，是一种积极的学生培养与管理模式。学校专业指导教师能够对学生实行"因材施教，因材引导"，极大调动学生学习的主动性和积极性，挖掘学生的最大潜力，促进学生获得理论知识和实践技能，并在此基础上进行创新。同时，企业培训指导教师、企业工程师参与学生管理，可以更为清楚地了解定向培养学生的学习状况，并有针对性地提出改进教学的意见，对企业合格准职业人才的培养做出积极贡献。

因此，长春汽车工业高等专科学校与一汽-大众汽车有限公司联合探索进行的"学校专业指导教师入驻企业进行学生管理、企业培训指导教师参与学生管理"的培养与管理模式必将成为高职院校"校企合作"学生培养与管理行之有效的新模式之一。

参考文献

[1] 姜大源. 职业教育学研究新论[M]. 北京：教育科学出版社，2007：132-133.

[2] 许均锐. 校企合作"订单式培养"学生管理模式的研究[J]. 广东交通职业技术学院 2011（02）：123-125.

依托FANUC数控系统应用中心创新数控技术专业人才培养模式的研究与实践

陕西工业职业技术学院　祝战科

【摘　要】数控技术是制造业实现智能化、自动化、柔性化、集成化生产的基础，数控技术的应用是提高制造业的产品质量和劳动生产率的重要手段。我院依托应用中心建设项目，紧跟数控技术领域世界先进技术，加强产学研合作、工学做结合，以真实工作任务为载体，努力创建"项目引领、情境真实、层次分明、分段递进"的工学结合的数控技术专业人才培养模式。在企业的技术支持下，制订数控技术专业发展规划、人才培养方案、专业培养计划，推进教学与课程改革；利用学院师资力量，协助企业解决技术难题，培养"双师型"师资队伍。

【关键词】数控技术；工学做结合；人才培养模式

一、概述

数控技术是制造业实现智能化、自动化、柔性化、集成化生产的基础，数控技术的应用是提高制造业的产品质量和劳动生产率的重要手段，是实现"中国制造2025"目标的前提；数控机床是国防工业现代化的重要战略装备，是关系到国家战略地位和体现国家综合国力水平的重要标志。陕西工业职业技术学院FANUC数控系统应用中心于2012年3月由陕西工业职业技术学院和北京发那科机电有限公司（以下简称发那科公司）、陕西法士特汽车传动集团有限责任公司（以下简称陕西法士特公司）共同出资建设。发那科公司是世界著名的数控系统生产商，其产品在我国高端数控市场有60%左右的占有率；陕西法士特公司是汽车变速器生产的著名企业，中国汽车工业50强企业，拥有3 000多台套世界先进的数控设备；陕西工业职业技术学院是在国内享有盛誉的高职院校。为促进装备制造业的发展，加强校企合作，产教融合，三方在教育部框架指导下签署协议，共建实训中心。

依托FANUC数控系统应用中心，我院加强产学研合作，工学做结合，以"数控加工设备使用与维修"岗位核心技能培养为重点，以真实工作任务为载体，努力创建**"项目引领、情境真实、层次分明、分段递进"**的工学结合的数控技术专业人才培养模式。"项目引领"是指在FANUC数控系统应用中心项目带动下，利用发那科公司及FANUC系统用户行业企业平台，校企深度融合，共育高技术技能人才。"情境真实"是指以企业典型产品零部件加工及典型维修改造案例作为学习情境，设计载体引入课堂；"层次分明"是指技能培养分四个层次，即普通设备使用能力、常见数控设备使用能力、高端数控设备使用能力、数控设备维护维修与改造能力；"分段递进"是指教学过程分为五个阶段，即基本操作与维护技能训练、两轴与三轴数控操作与维护技能训练、高端数控机床操作与维护技能训练、对外加工与服务训练、生产性顶岗实习。此模式一方面可以在发那科公司及其用户企业的技术支持下，制订数控技术专业发展规划、人才培养方案、专业培养计划，推进教学与课程改革；另一方面可利用学院师资力量，协助企业解决技术难题，培养"双师型"师资队伍。

二、拓展校企合作平台，丰富校企合作内容

（一）搭建实习实训基地平台

依托FANUC数控系统应用中心，学院与行业企业逐渐建立了良好的合作关系。先后与陕西秦川机床工具集团有限公司、宝鸡机床集团有限公司、陕西法士特汽车传动集团有限责任公司、陕西北人印刷机械有限责任公司等一大批省内外著名企业签订了校企合作协议；建立了校外实践、实习签约基地30多个，并与100多家FANUC系统用户行业企业建立了联系，开展多方位、多样化的校企合作。

（二）搭建专业建设管理平台

学院将FANUC系统用户行业企业专家视为促进学院建设和发展的重要资源。近年来先后建立了数控技术专业、数控设备应用与维护专业教学指导委员会，有近30名校外行业企业专家受聘担任专业指导委员会副主任或委员。该项举措使得行业企业参与学院人才培养全过程，共同承担培养工作。受聘专家参与制订专业发展规划、人才培养方案、专业培养计划，推进教学与课程改革，极大地促进了专业建设。

（三）搭建师资队伍管理平台

为了打造"上得了讲堂下得了车间"的双师结构教学团队，学院通过FANUC数控系统应用中心这个校企合作平台，坚持"走出去、请进来"。一是坚持"要上讲堂，先下企业"，要求专业教师下企业，带着任务到车间、带着技术去交流。为此学院建立了"教师实践锻炼质量监控管理体系"。二是坚持"优秀校外人才进课堂"，数控技术专业、数控设备应用与维护专业外聘了一批兼职教师。这些兼职教师主要来自校外实习基地——FANUC系统用户行业企业。他们大都具有行业中高级专业技术职务，主要负责专业性较强的实践教学环节，取得了良好的教学效果。

（四）搭建顶岗实习管理平台

学院与FANUC数控系统应用中心合作建设企业——陕西法士特公司建立战略合作伙伴关系，构建了顶岗实习管理平台。该企业有高度的社会责任感和品牌意识、创新意识。学生在完成学院正常教学活动的同时，由企业进行专业实践培训、岗位技能培训、企业文化教育等内容。这一培养模式使学生有机会在学校时就与企业挂钩，使专业学习变得更具现实意义。

三、深化校企合作领域，创新人才培养模式

（一）以"横向科研项目"建设为突破口，扎实推进校企合作建设

基于工作过程的教学改革需要教师带领学生走出校门，让学生参与到企业项目中，在实践中提高工程实践能力。数控技术专业必须重视加强学生数控设备调试与运行、维护等基本技能的培养，帮助毕业生在经过一定工作积累后，提升其职业空间。为此，学院出台相关政策，鼓励教师为企业进行技术服务，签订横向科研项目。我们先后与咸阳非金属矿研究设计院有限公司签订了横向科研项目"CC2000冲击式超细粉碎设备部分关键件的数控加工工艺设计与制造"，

"对撞式超细粉磨分级系统电气控制柜研制";与咸阳职业技术学院签署技术服务项目——"数控加工中心等设备故障诊断与维修";与咸阳市秦都区明鑫机械加工厂签署技术服务项目——"数控车床精度检验与恢复"等。通过这些项目的实施,我院教师带领学生进行机电设计、调试,FANUC系统机床维修、改造、零件加工等。学校和行业企业在校企合作、学生就业、顶岗实习、基地建设、社会服务及科技成果转化等方面取得了积极的成果。

（二）以"教学资源库"建设为平台，不断推进课程改革

2012年初,教育部高职教育数控技术专业和数控设备应用与维护专业教学资源库建设项目相继启动。我院承担了"数控设备改造"课程子项目建设任务。"数控设备改造"课程是12门核心课程之一,是专业提高类课程,主要由"专业级资源建设""课程级资源建设""素材级资源建设""在线测试平台资源建设""推广与更新"等项目组成。

课程建设依托FANUC数控系统应用中心平台,建立了"依据企业人才需求,基于工作过程的项目式"的职教课程,为我院和资源库应用院校培育了一批"做中学"项目式职教课程开发与教学资源研制师资队伍,通过他们带动了本地区示范辐射院校职教同行教学模式、教学方法和教学手段改革,聚集了一大批具有普适性的数控类专业数字化专业教学资源作品,资源共享成效显著,资源平台运行使专业教学资源在全国范围内迅速传播,有效促进了职业教育公平,为提升专业教学资源库社会服务能力和水平开辟了新局面。

项目建设在带动本地区同行"做中学"模式改革、教学方法和教学手段改革,校企合作共同开发职业教育课程,推广企业先进应用技术,专业教学资源共享等方面取得了重要进展,为我国构建终身学习社会、促进教育公平做出了有益探索。我院教师编著的《数控设备改造》课程项目教材获全国机械行业校本教材二等奖;主持的教育部高职教育数维专业教学资源库建设项目子项目"数控设备改造"课程在高职高专网上网。

在国家级资源库建设的带领下,近年来我们陆续进行了数控技术专业多门专业核心课程的综合改革。先后推出了"数控机床结构"等七门课程的精品资源共享课建设和"数控机床故障诊断与维修"等四门课程的MOOCS建设,课程资源不断丰富。

（三）以"FANUC系统培训工程师"培养为契机，培养国际化高技术人才

为进一步提升教师业务水平与国际交流能力,在FANUC公司统一组织下,学校多次选派优秀中青年教师去北京FANUC公司和日本FANUC公司进行业务进修,开展科研、培训、交流互访等多项合作。通过学习和交流,学院教师数控机床编程操作和数控系统装调维修技能进一步提高。

（四）以各级各类"数控技能大赛"为推手，培养数控专业高级技术技能人才

通过FANUC应用中心建设的推动,我院学生在2012—2014年连续3年的陕西省数控装调维修大赛上分别获得2个二等奖,6个三等奖。并两次代表陕西参加教育部在天津举办的职业院校技能大赛。在2014年在国家五部委举办的"第六届数控技能大赛陕西选拔赛"中获得"数控装调维修赛项"陕西省高职第一名,并代表陕西队参加全国大赛并获得优秀奖。

（五）以"请进来，走出去"为方法，持续推进人才培养质量提高

除了正常的企业兼职教师外,我们先后聘请中国机床再制造产业技术创新战略联盟副理事长、北京圣蓝拓数控技术有限公司总经理宋松高级工程师,陕西省机械工程学会数控自动化分会常务理事、数控维修专家黄万长高级工程师,陕西省机械研究院数控维修专家戴周社高级技师来我院讲课,为我院师生作专题讲座。校企共同构建专业课程体系,共同开发专业课程与实

施课程教学，加强学生顶岗实习管理。在教学上实现"教、学、做"一体化，为学生提供真实的工作环境和各类技能培训，让学生在感悟中学习理论，在实践中掌握技能。

（六）以"对外培训"为纽带，深化产教融合

近年来，学院先后以FANUC数控系统应用中心为平台，为陕西法士特公司、西北医疗器械有限公司、宝鸡桥梁厂、宝光集团有限公司、宝鸡机车厂等企业进行了FANUC数控设备维修培训，共举办企业职工培训班6期，并与企业技术人员就设备数控改造等技术问题进行了广泛交流与合作。举办国家级高职教师数控装调维修培训班2期，中职教师国家级培训班5期，中职教师省级培训班6期。通过培训，在提升教师教学水平的同时，大力推进了FANUC系统用户企业与学校的多方合作办学，发挥学校的人才技术和教育资源优势，利用FANUC应用中心的设备和实践条件，推动产学研结合与科技成果转化，建立以企业为主体的技术创新和以学校为主体的知识创新相融合的人才培养体系。深化产教融合、加强行业指导、完善校企合作制度，不断推进人才培养模式创新，为数控技术及相关专业的高端技术技能人才培养做出不懈的努力。

四、巩固校企合作成效，不断提高人才培养质量

（一）学生职业能力加强，就业质量不断提高

通过在FANUC数控系统应用中心进行的基于工作过程的理实一体化课程教学，学生在校期间已经对数控机床编程操作、数控机床精度检测、数控系统连接调试、数控机床故障诊断与维修等企业工作任务有了较深入的了解，职业能力较强。毕业生表现出较强的首岗适应能力、多岗迁移能力和可持续发展能力；毕业生就业率始终保持在98%以上，专业对口率上升到85%以上；用人单位对毕业生综合评价的称职率为99.84%，优秀率68.9%。本专业学生就业于北京凯恩帝数控技术有限责任公司、陕西法士特公司、秦川机床集团有限公司等国内著名高科技企业的数量逐年提高，学生在行业内就业优势明显。图1和图2分别为学生就业单位性质流向及薪资情况分布图。

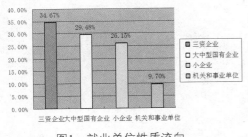

图1　就业单位性质流向

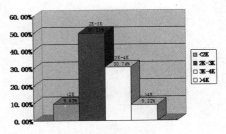

图2　薪资情况分布

（二）教学资源进一步丰富，服务产业能力提高

FANUC数控系统应用中心所建成的实验实训室及教学资源，通过为中航工业西控公司、陕西法士特公司等企业开展数控维修工种职业技能培训工作，已将其纳入数控车、数控铣、数控加工中心机械装调维修、电气装调维修等培训课程中，为相关专业学生、教师及企业员工为主体的社会学习者群体的终身学习创造了条件。

五、结束语

通过几年的实践，我们进一步完善了"项目引领、情境真实、层次分明、分段递进"数控技术专业人才培养模式，重构了以培养学生职业能力为主线的、基于工作过程的理实一体化课

程为基础的人才培养方案。从技术技能基础配养开始，到核心能力、综合能力培养课程，最后进行拓展能力培养课程学习，探索形成了以"课程建设为抓手、实验室建设为基础、资源库建设为手段、科研项目锻炼为辅助、各级大赛检验为推手"的学生职业能力提升五步骤，不断提高FANUC数控系统应用中心服务水平，增强FANUC数控系统应用中心的社会服务能力，扩大应用中心与FANUC公司及相关用户合作范围和领域，促进优势互补、资源共享，共同进行教学改革，建立职业教育改革与创新机制。

参考文献

[1] 祝战科．FANUC数控系统应用中心建设的实践与思考[J]．教育教学论坛，2013（28）：182-183．

[2] 陈解放．基于中国国情的工学结合人才培养模式实施路径选择[J]．中国高等教育，2007（7）．

[3] 耿淬．整合式机电一体化技术专业课程体系的构建及实施[J]．职教通讯，2012（12）．

[4] 祝战科．数控技术专业人才需求调研报告[J]．教育教学论坛，2014（44）：100-102．

校企合作共建基于虚拟技术的企业现场管理实训基地研究

长春汽车工业高等专科学校　陈　爽　朱先月　任　玲　郑　治　曲妍睿

【摘　要】目前，我国高职院校教学面临的最大"痛点"是学生职业素养的培养。职业素养包括了解企业文化，掌握生产标准等，因此如何实现学生在校学习与行业岗位需求"零接轨"则显得尤为重要。本文以长春汽车工业高等专科学校校企合作共建实训基地为例，探索基于信息技术条件下"理论知识→虚拟仿真→应用实践"结合的教学模式。通过企业专家、骨干教师、软件研发团队三方合作，优势互补、资源共享，打造基于虚拟仿真技术的企业现场管理实训基地，传承工匠精神，发挥引领示范作用。

【关键词】校企合作；虚拟仿真；企业现场管理；职业素养

高等职业教育是一种以职业能力培养为基础的教育，其目标是培养适应生产、建设、管理、服务第一线需要的高端技术技能型人才。[1]职业能力不仅仅包括专业技能，更重要的是职业素养。然而目前我国高职院校教学面临的最大"痛点"就是对学生职业素养的培养。

一、建立企业现场管理实训基地的必要性

职业素养包括了解企业文化，掌握生产基本常识、生产标准、行为规范、生产工序等，这些都是目前高职院校教育所缺失的、同样也是急需的。高职院校往往试图通过企业实习来弥补这一缺失，然而企业通常很难接纳大批量学生进厂实习，从而带来了学生进厂难、实习难的困扰，导致高职院校"职业性""技术性"属性难以体现。因此，高职院校迫切需要在校期间对学生进行全方位的企业现场管理教育，使学员在了解企业生产环节的过程中，逐步加强对人员、质量、成本、设备管理等的重视程度，为日后实习和工作过程中的实际与理论相结合提供保障。

因此，如何进行企业现场管理教育教学则显得尤为重要。单纯的理论教学显然不能达到教学效果，全方位的模拟企业现场作业流程则不切实际。校企合作共建企业现场管理实训基地则是一个可行的解决途径。

二、校企共建基于虚拟技术的企业现场管理实训基地的实践探索

长春汽车工业高等专科学校将虚拟仿真技术引入实践教学，营造虚拟的职场工作环境，以三维场景的教学程序设计还原企业生产现实工作情境，使学生能够身临其境，切身感受生产企业的现场状态，在一定程度上解决了高职院校学生实践技能训练薄弱的现实困境。同时将虚拟仿真技术与实训教具相结合，利用实训教具的穿戴、触摸达到真实体感的反馈，弥补虚拟仿真的不足，二者交互式进行，实现企业现场大场景在实训基地的微缩。一方面解决了高职高专教学（实验）"看不见、摸不着、进不去、动不了"的难题；另一方面解决了高校教学大系统、

高成本、高消耗的实验难题。

由于企业现场管理实训基地力求贴近企业现场实际，高度体现企业真实工作环境，单靠教师的努力难免势单力薄，因此长春汽车工业高等专科学校采取校企结合形式，建立产学研合作机制，共同进行实训基地建设。下面将针对工作团队组建、项目建设内容、预期收益三方面进行研究。

（一）校企合作打造高技能研发团队

为充分发挥企业专家咨询作用，长春汽车工业高等专科学校形成以专业骨干教师、企业技能专家、软件研发人员为核心的产学研联盟工作室，通过企业调研、专家论证、专题座谈等方式进行工作推进，逐步在吉林省内、国内形成企业现场管理产教融合生态型组织。

1. 企业专家提供现场技术支持

工作室聘请长春一汽国际物流有限公司、长春一汽富维汽车零部件股份有限公司的高级技术专家、长白山技能名师，共同进行项目研发。企业专家皆具有多年企业现场管理工作经验，掌握丰富的企业现场管理要点，能够为项目的推进提供专业技术支持。在企业专家的带领下，项目组深入长春、北京、成都、广州、佛山等多地进行企业调研，搜集真实数据、案例，避免闭门造车的局面，旨在还原更为真实的工作场景。

2. 骨干教师深度挖掘教学需求

工作室选拔相关专业骨干教师形成教学团队。团队教师皆为吉林省双师型教师，具有多年企业实习、工作经历，教学经验丰富，科研能力较强。教学团队深度挖掘教学需求，明确教学难点、重点，将企业工作情境合理转化为学习情境，结合学习目标设置学习任务，开发教学课件，布置课后作业，合理进行学习效果考评，以软件为载体实现教学资源与教学方法的传承和沉淀。

3. 研发人员实现系统开发设计

工作室吸纳专业软件研发人员负责系统开发。研发人员结合企业专家调研结果及教师教学设计，搭建仿真系统，虚拟生产企业现实环境，开发冲压车间、焊装车间、涂装车间、总装车间、物流科等软件模拟模块，结合虚拟头盔、虚拟步行设备、数据手套等虚拟现实设备实现全景漫游、步行漫游、肢体动作交互、汽车生产流程学习。

（二）模拟汽车生产流程，丰富实训基地建设内容

1. 开发企业现场管理虚拟仿真（VR）实训系统

企业现场管理实训基地VR系统采用虚拟现实技术，以汽车制造四大工艺为原型，模拟建设生产制造企业现场环境，并融入生产管理、生产物流、生产工艺等要素，营造虚拟职场环境，还原现实工作过程。在增强教学过程的实践性和应用性的同时，运用大数据处理技术开展学习情况分析和教学效果评价。

学生通过角色扮演、团队协同等形式，"亲临"生产现场，体验生产与管理过程，学习企业管理制度，掌握企业生产技术标准、业务规范，进而提升学生实操能力、一线管理能力和综合职业素养。

（1）研发业务支撑层

在该层仿真实现企业进行物质生产所必需的一切要素及其环境条件，以及生产岗位间、部门机构间、工艺工序间、人与作业对象间的生产关系，通过典型要素与生产关系来组建企业空间，为上层提供企业现场服务。

（2）研发业务应用层

在该层将实训技能点融合到企业空间中，进而形成主题实训环境与配套教学资源，并利用VR技术实现用户与企业空间、与实训技能点之间的互动操作，通过采集用户行为轨迹评判其操作规范性。

（3）研发业务辅助层

在该层提供统一的教学与评价手段，将有助于实训教学活动更有效地开展，有助于构建完整的实习实训教学体系。

2. 开发企业现场管理实训教具

模拟汽车生产四大工艺（冲压、焊装、涂装、总装）生产线以及为汽车生产提供保障的物流管理系统，建设一条汽车生产企业装配线，充分展现汽车精益生产工作环境，使学生在教学课堂中身临其境、亲身体验汽车生产过程及现场管理内容。以安全模块为例，基于VR-AUTO的生产环境，融合植入生产安全隐患源、隐患点等主题实训技能点，开发隐患识别、安全操作、持续改善等工作现场环境，个人或团队协同在工作现场开展隐患排查、安全生产等实训活动。

3. 建设虚拟仿真技术与实训教具交互式应用的实训基地

将虚拟仿真技术与实训教具相结合，通过虚拟仿真技术实现企业现场情境模拟，利用实训教具的穿戴、触摸达到真实体感的反馈。虚拟仿真与实训教具二者交互进行，使学生确实体验到企业的生产过程。同时通过角色扮演、任务驱动、体验式学习等模式，将现代汽车制造业生产运行相关要素、班组管理要素及物流配送方法等融入模拟实训中，面向职业院校相关专业学生开展与精益生产相关的生产现场改善与管理、5S管理、安全生产、质量控制、标准作业、目视管理、班组管理、生产物流等项目教学与培训，以提高学生的综合职业素养和生产一线管理能力，同时也可面向企业员工开展岗前培训。

三、预期效益

（一）推动虚拟现实技术在高职企业现场管理实践教学中的应用

目前高职院校学生面临进厂难、实习难的困扰，因为企业很难接纳大批量学生进厂实习。这就导致高职院校"职业性""技术性"属性难以体现。通过虚拟仿真（VR）实训系统的应用及实训基地的建设，可以营造虚拟的职场工作环境，以三维场景的教学程序设计还原企业生产现实工作情境，以职业能力培养为目标，注重学生工作技能与综合素养的提高，使学生身临其境，切身感受生产企业的现场状态，在一定程度上能够解决高职院校学生实践技能训练薄弱的现实困境，实现学生在校学习与行业岗位需求的"零接轨"。

另外高职院校学生的企业实习时间往往受企业方面的控制较大，很难根据学校教学任务进行灵活安排。若能将虚拟技术与实训教具相结合，打造交互式企业现场管理实训基地，能够很好解决这一问题，突显职业教育的职业性、技术性、先进性和前瞻性。

（二）虚实结合，为构建面向工作岗位情境的数字化教学资源打下坚实基础

创新实践教学模式，构建"理论、虚拟仿真、实践"三层次递进教学模型。该教学模式从学生现有的知识水平和基本能力的实际出发，针对学生的学习需求，设计有层次、有阶梯性、符合学生认知规律的VR系统，让不同层次的学生结合自身的学习能力在VR情境中反复练习。

企业现场管理实训基地将虚拟仿真与教学资源紧密捆绑，实现教学与软件的统一和对接。通过虚拟技术，打造面向企业工作岗位的"立体化"数字教学资源"雏形"，实现企业场景在

实训基地的微缩，在一定程度上解决实践技能训练受现实环境条件限制的困境；利用实物教具，达到学习者真实体感效应，为构建面向工作岗位情境的数字化教学资源体系打下坚实基础。

（三）产教深度融合，实现优势互补、资源共享

建立企业专家、骨干教师、研发人员三方合作模式，充分依托各自优势，以互利共赢为基础，以人才育成为出发点，共同进行项目研发与建设，深化产教融合。在合作过程中，企业专家可以借助高校教师的教学资源、软件研发人员的专业研发能力，实现企业经验向教学领域的转化，传承工匠精神；高校教师可借助企业专家资源，深入企业调研，丰富教学案例，捕捉前沿技术，整合教学内容，实现理论知识与企业实践的无缝对接；软件开发人员可发挥自身研发能力，将企业专家工作经验、高校教师教学经验充分融合，开发出一套实用、适用的教学系统，并结合虚拟仿真技术，打造全新实训模式。三方资源共享，形成产教研融合的生态系统。

（四）创新校企合作模式，打造双赢局面

虚拟仿真现场管理实训基地的建设工作主要体现"大工程观、系统集成、理论指导实际、校企平滑对接"思想。一方面解决了高职高专教学（实验）"看不见、摸不着、进不去、动不了"的难题，另一方面解决了高校教学大系统、高成本、高消耗的实验难题。企业生产现场仿真实训基地的建设不仅可以满足开设"现场管理"类课程的教学和实训需求，同时仿真实训基地可以实现对技术装配、技能操作、质量检查、产品设计与研究的现实仿真体现，对于即将进入到企业进行认识实习、跟岗实习和顶岗实习的职业院校学生同样适用。

对于企业而言，虚拟仿真现场管理实训基地可以为企业的新入职员工提供岗前培训，为在职员工提供安全培训、技能培训。以安全教育为例，在培训过程中无法通过过程重现的模式进行模拟教育，故虚拟仿真实训基地的建设为企业员工培训提供了一个崭新的载体。

校企合作，共同进行企业现场管理实训基地建设，将填补国内职业教育领域以企业现场管理为主题的虚拟仿真实训空白，实现互利共赢局面。

综上所述，通过虚拟仿真技术与企业现场管理实训教具交互式应用的研究，建立虚实结合的企业现场管理实训基地，能够有效解决高职院校学生进厂难、实习难的困境，探索基于信息技术条件下的"理论知识➜虚拟仿真➜应用实践"的教学模式。改变传统教学中学生只能听、只能看的被动格局，实现学生主动参与生产管理全过程，针对性地解决教学"无法调动学生学习兴趣"和"实习和实践环节不够"的现状。另外，通过建设虚实结合实训基地能够有效提升企业专家、骨干教师的课程资源开发与实践水平，有利于服务我省高职院校学生职业素养教育和企业、社会员工的相关培训及服务项目，推广相关经验，发挥其示范引领作用。

参考文献

[1] 吴万敏，张辉，蔡建平．产学合作培养高等职业技术人才的实践与探索[C]．全国高职高专教育产学研结合经验交流会．2002年．

浅析企业职工培训的有效性

北京金隅科技学校　常　健

【摘　要】在多次企业职工培训和企业调研的基础上，本文探讨了校企合作开展企业职工培训的意义，以及目前企业职工培训中存在的问题，分析探讨了提高企业职工培训质量有效性的方法措施。

【关键词】职工培训；校企合作；有效性

众所周知，职工是企业的基本要素，职工素质的高低直接决定了企业的成功与否。企业竞争归根到底是人才的竞争，因此职工培训成了企业发展的重中之重。中职院校开展企业职工培训是职业学校服务企业重要的形式之一，也是企业最迫切、最需要的服务形式。近几年来，职工培训作为企业与职业学校合作的一项基础工作，越来越受到企业和学校重视。广泛开展企业职工培训，是发挥学校自身资源优势、拓宽生存和发展空间的重要手段。

一、校企合作开展企业职工培训的意义

职业技术教育是国家教育事业的重要组成部分。职业技术教育的职能是进行学历教育和职业培训，两者缺一不可，开展有效的企业职工培训有利于达到校企互利双赢。

对于企业来说，职业培训无论是企业职工个人发展方面，还是对企业发展方面，都有极其重要的作用。主要体现在以下几个方面：（1）有效的培训能够使员工学习到工作中所需要的知识，可以提升其员工的职业能力，充分发挥其人力资源的潜力，增强员工归属感和责任感，转变企业职工的意识，以便更好地服务于企业发展。（2）有效的培训可以减少潜在的事故，降低生产成本，提高效率和经济效益，增强企业的市场竞争力。因此，进行有效的培训，可以使企业能够在竞争中占得先机，增强企业的盈利能力，保持可持续发展。

对于学校来说，开展企业职工培训的重要性主要体现在以下几个方面：（1）通过企业职工培训有利于了解学校自身发展的方向与趋势。企业的发展中一项必不可少的宗旨是："以市场为导向，按需求谋发展"，这项宗旨同样也适合于职业学校。通过职工培训，能加强学校与企业之间的沟通和联系，学校就能了解企业的生产现状和发展趋势，了解设备和工艺的使用和发展情况，了解职工相应岗位需求及变化，从而完善教学目标，合理设置课程，开发教学内容，使学校培养的学生更适应企业的要求。（2）开展企业职工培训有利于建立"双师型"教师队伍。企业职工培训主要是岗位知识与技能培训，校企合作开展职工培训，作为学校来讲首要条件就是要有胜任培训工作的教师。目前，学校的教师大多是毕业后直接任教的，多数没有在企业工作的经历，对企业的设备和工艺缺乏了解，尤其在技能方面难以胜任企业职工培训的需要。要使培训工作取得成果，参与培训的教师就要深入企业，了解职工生产岗位需求，全方位地提高自己的实践能力。通过实践提高实际动手能力和解决生产问题的能力，从而达到"双师型"教师的要求，从师资上满足职工培训的需要。（3）随着生源的萎缩，对于职业学校而言，开

展企业职工培训是一个不容忽视的效益增长点。同时，开展职业培训有利于充分利用教学资源和提升学校的品牌效应，提升学校的认可程度，拓宽学校生存和发展空间，达到校企互利双赢及促进校企深度合作。

二、企业职工培训存在的不足与问题

企业职工培训的有效性是职业培训的关键。职工培训紧密联系生产实际，通过有效的培训，可以提高企业职工素质，使职业培训的经济效益能够更好地发挥出来，也使学校声誉得到提升。目前，企业职工培训存在的不足与问题主要表现如下。

1. 企业培训需求调研不充分，培训内容缺乏实效性

培训工作缺乏与企业的深入沟通，参与培训的教师对培训对象和岗位需求了解不够，使培训内容与岗位工作实际存在差异，企业职工培训存在走过场、赶形式的应付现象，从而导致培训效果不佳。

2. 难以适应培训多层次需求

职工培训是一种以提高岗位能力为目的的教育培训活动，培训工作面向全体学员，全面提高培训质量。由于职工来源复杂，素质水平参差不齐，文化基础不同，接受能力有差异等条件的影响，决定了职工教育培训必须是一种多学科、多层次的教育，不能"一刀切"。针对不同的培训对象，培训未能兼顾学员的个体差异，按需施教，合理安排教学内容。对于培训人员来说，不仅不能学到最新的知识和技能，而且不利于相互沟通，无法调动职工参与的积极性。目前，虽然学校对企业职工培训投入了相当大的人力、物力，但在这种情况下，职工培训的实效并不尽人意。

3. 培训内容的实用性和发展性不足

职工培训要密切结合企业职工的生产工作实际，需要什么培训什么，用什么学什么，发挥职工培训针对性强、见效快的特点，通过培训，职工能较快地将知识应用到生产实际中去。同时，培训要面向未来。职工培训要紧跟行业发展的前瞻，增强超前意识。由于培训教师对职工岗位及行业发展了解不足，在培训计划安排、培训教材及培训内容处理方面缺乏针对性和前瞻性，造成培训质量有效性较差。

4. 企业培训教材开发不足

企业培训的教材既要切合行业生产的特点，又要紧跟企业发展的步伐，具备行业性和发展性。目前，我校职工培训还没有完善的教材体系，还需学校投入人力与企业合作开发编写培训教材，提高职工培训效果。

三、提高企业职工培训质量有效性的对策措施

企业的发展和进步，对职工提出了新的要求，也对学校开展企业职工培训工作管理水平提出了更高要求，要求其能够提高职工培训工作的针对性、有效性，以适应企业的发展战略和发展过程。只有职工快速地适应不断发展的岗位要求，才能帮助企业创造更大的经济效益。同时，提升学校的认可程度，拓宽学校生存和发展空间，达到校企互利双赢及促进校企深度合作。

（1）深入企业进行培训需求调研，针对不同需求，制订切实可行的方案，增加培训的有效性。学校要积极与企业沟通与协调，有计划地组织走访调研，深入了解企业职工培训目的需求、培训类型、培训层次，受训职工在哪些方面不足，并希望在本次培训中得到哪些方面的提高等。针对企业的不同需求，制订出不同的培训方案。

（2）根据企业不同岗位特点和要求，明确重点培训内容，精心策划培训内容。提高培训工作的有效性，关键是根据企业的实际情况和职工的现状制订切实可行的培训内容。职工培训内容应始终以企业岗位需求为中心，坚持按需施教、学用结合、学以致用的原则，突出针对性、实用性和灵活性，紧贴企业生产岗位实际，为企业的发展服务。在培训内容方面既要加强对职工进行岗位基础理论的培训又要强化对岗位技能的培训，培训内容必须按照生产工艺和岗位要求进行安排，保证足够的"深度"，以满足岗位的需要。

（3）随着企业的发展，建立层次化的培训课程体系的要求不断增长。培训课程层次化是学校企业培训突出的特色之一。根据培训对象、学员层次的不同进行细分课程，针对不同层级、不同岗位需求特点制订培训课程体系，精心准备教学培训内容和培训项目。使不同层级的人员都可以通过参加培训有所收获，更好地胜任所在岗位的工作，获得更好的培训效果。

（4）从长远发展来看，学校与企业合作开发网络培训平台，充分利用现代培训技术手段可以起到事半功倍的效果。通过采用网络技术、多媒体、微课等现代培训技术手段，可以提高职工学习的积极性，增大培训的信息量，改善教学条件，有利于培训个性化。这样既解决了职工分散不易组织集中培训，也可满足不同岗位、不同层次人员的需求。通过网络培训平台，为企业员工提供培训、自学、交流和资料查询等功能。师生也可以互动讨论，教师能给予学生个性化的辅导，切实提高职工培训效果，以提高培训的灵活性和实效性。通过网络培训平台增强学校品牌效应，扩大学校声誉及影响力。

（5）做好培训信息反馈和评估工作，根据培训结果来全面地评价培训活动的有效性。培训评价不仅考查职工是否掌握了某种技能，也能全面地反映出企业培训中存在的诸多问题，使培训工作始终处在与企业的沟通中。通过调查企业相关人员对培训项目、内容的不同看法，以及职工参加培训后的变化，判断出培训工作是否达到了预期目标，利于校企双方对今后职工培训工作安排更加科学、合理。培训教师通过培训信息反馈和评估查找不足，提高自身能力，使培训效果更好、更有效。

（6）学校应加强培训教师队伍建设，应注意引导教师在培训过程中查找不足、改进工作，不断提高培训教学质量和工作能力。师资是企业职工培训的"生命线"，师资水平的高低，决定了企业职工培训的质量。学校对参与培训的教师，在新技术、新工艺、新设备等方面进行多渠道培训，形成一支强有力的培训骨干队伍。使教师能始终站在企业高新技术的前沿，掌握当前企业设备及生产工艺中的发展方向，进而在培训工作中运用，使培训贴紧企业岗位实际、更加有效。

四、结束语

企业职工培训是一件双赢的工作，也是校企合作的基础工作。针对培训工作中的不足，加强校企之间的相互沟通，积极采取措施解决培训偏差，增强培训的有效性，使企业获得更大的经济效益，满足企业发展的需要。使学校声誉不断增强提升，拓宽学校生存与发展空间。

基于"工作站"的校企合办成人"学历提升班"研究

常州机电职业技术学院　裴智民

【摘　要】校企合作是职业教育的主旋律。当今校企双方合作举办成人函授"学历提升班",迎合了高校、企业、员工的各方需求,有较大的市场,但在实践中面临一系列困境。常州机电职业技术学院抓住成人函授教育的现实需求,发挥校企合作"工作站"[⊖]的平台优势,加大函授教育在硬件和软件方面的投入,突破了成人教育办学的瓶颈,在激烈的生源招生大战中逆势增长,凸显独特之处。这种成人"学历提升班"秉承高等教育服务社会的功能,充分兼顾学校、企业、员工三方利益,促进了成人函授教育的良性循环。

【关键词】学历提升班;工作站;校企合作;成人教育

由于当今中国学信网加大对假文凭的鉴别,极力维护学历文凭的权威,极大地涤荡了学历文凭市场。因此,企业界将学历文凭与职业能力评判相"识"、与职业资历认可相"通"的惯性,仍然"激励"一批批错过学历教育的职业人。校企合作倍受职业教育推崇,"校企对接、产教融合"的办学模式得到用人企业的高度认可,他们愿意建立更为紧密的合作关系。其中,学历提升教育成为校企合作办学的重要路径之一。

一、校企合办"学历提升班"的机遇

现代企业在快速成长和产业升级转换进程中,要求劳动者不断进行知识更新、技术进步、技能提高。而"继续教育作为国民教育的延伸,是将潜在的人力资本转化为现实生产力的重要驱动源,是学习型社会建设的两轮之一"[1]。因此,结合高校的教学资源和教育环境,对企业员工进行成人继续教育,既是高校履行服务社会的功能之所在,也是企业承担对在职员工的教育责任之体现,二者的结合正是校企合作办学的基础。

况且,高校具有知识、信息、科技成果等资源优势,且获得的文凭具有成本低、通过率高、社会认可度也高的特点。校企合办"学历提升班"既涵盖校企双方在招生、教学、就业方面的全过程,也涉及基础管理、师资整合、专业课程设置等硬件和软件人才建设。对于校企双方而言,频繁的教学交往加深了彼此间的了解,因而受到企业的特别"青睐"。

实际上,无论校、企、员(工)三方,均各有裨益。基层员工因个人学历偏低、专业技能不足、全日制学习深造机会不多,有强烈提升自己学历的愿望;而一些公司有申请高新科技企业(或上市)规划,员工整体素质标志(大学专、本科及以上学历)是其中重要的量化指标之

⊖ 校企合作"工作站",是指常州机电职业技术学院在学生实习、就业相对集中的区域内,设立的一个常设工作机构,负责企业联系、岗位落实、实习生教育及管理、预就业,以及学历提升教育、技能培训、"四技"服务等校企合作事宜,由工作站长和若干二级学院每年派驻企业轮流锻炼的专职教师组成。

一。同时，企业也想充分利用高校的教育信息资源，将行业、企业发展的专业理论前沿，传递到企业，并与企业亟须解决的某些工艺流程、工序相结合，为企业所用，既能实现产学双赢，又能"留人""留心"。对于高校而言，一方面全日制生源下降，要求高校决策层将办学由"职前教育为中心"向"职前教育和职后教育"双中心转变。另一方面，当前我国成人教育培训机构假冒伪劣充斥市场、办学实力和服务品质良莠不齐、生源无序竞争的尴尬现状，严重干扰高校成人继续教育的可持续发展。在这种混沌的成人教育面前，迫切需要高校另辟蹊径，厘清成人教育脉络，校企合办成人"学历提升班"。

二、校企合办"学历提升班"的困境

当前诸多高校与企业合办"学历提升班"，却不能合作深入、持续和长久，体现为四大困境。

（一）学历提升目的单一

大部分员工个体提升学历的目的出于整个社会唯文凭用人大气候的影响，或出于工作单位对人才职务晋升、职级薪酬、评优评奖等素质需求，于员工职业素养提升无关；企业仅为申请高新科技企业减税（或上市规划），于公司核心业务提升无益，不能对公司的企业文化带来整体的提高。因而，"成人函授学员入学动机多样性，其中为获取文凭占主导，带有明显的功利性。"[2]

（二）学历提升内容滞后

高校教师由于缺乏对成人教育的全面了解，认为企业学员层次低，容易"对付"而不愿花时间和精力认真备课，一些教师甚至教案、备课笔记都是普教现成的。总体上，他们都是照搬普通全日制高校的教学模式照本宣科，完全没有适合企业特点、个性化的教学内容，也缺少操作性强的实践指导课程。而且，多数教师使用的是普通高校教材，或者自己主编的大学生教材，理论性强、实践性弱。

（三）学历提升过程形式化

由于企业生产任务重，被安排的授课时间一再受到挤压，一些到企业授课的教师也"明白"企业员工的现状，根本少讲或不授，而是匆匆描画考试要点提纲，帮助学生找考试内容，有些教学过程中必设的自学、作业、实践环节都形同虚设。正是由于多数学员是"为文凭而文凭"、缺乏教学信息反馈机制，所以社会上存在那些"学校兜售文凭，学员花钱买文凭的有课不讲、有师不授、有生不学的成人教学方式"[3]的"学历工厂"也就见怪不怪了。

（四）学历提升质量控制不力

当前，由于一般面授教师在课程授课结束后，即进行书面考试（查），考核内容多为所画重难点，多数学员抄抄答案便轻松过关，即使是严格的学位课程考试，由于校企合作的缘故，企业员工也经常得到任课老师的"悉心关照"，使得诸多本应严格的教育教学过程流于形式。高校对企业学历教育的日常管理、课程考核办法、教师聘任方案等核心环节尚无健全的规章制度，国家对各办学主体缺乏科学评估检测体系，也就无法及时考量成人函授教育质量的状况。

三、校企合办"学历提升班"的突破

常州机电职业技术学院继续教育学院以八个校企合作"工作站"为招生、教学、教育管理和后续跟踪服务等"端点"，瞄准现代智能装备、新能源、信息化产业的发展方向，积聚机电类企业人才培养的需求，选择"联合""配合""融合"的校企合作办学模式，促进校企资源共享，采取多方措施，突破函授成人教育一纸"文凭"的目标、突破成教办学的瓶颈。在当前诸多高校继续教育的办学规模、招生比例在急剧下降（萎缩）的形势下，该校成人函授教育却逆势增长，尤其是校企合作举办"学历提升班"数量逐年上升（2015年23个企业班800余人），成为成人函授教育里一朵靓丽的奇葩。

（一）以"工作站"为校外企业联络点，组建专（兼）职招生队伍，突破企业成教招生瓶颈

继续教育学院与校企合作暨就业处联动，由各工作站站长牵头，将各二级学院（系）分管学生就业的书记、就业辅导员、班主任和负责顶岗实习教育管理的专职教师纳入兼职招生队伍，定期培训更新成教招生知识，积极宣传、搜集招生信息，拓展招生市场。继续教育学院出台物质奖励、招生出差补贴等多项制度（方法），各"工作站"协助继续教育学院开发、完善成人高等教育预报名系统，掌控年度成人招生进展，及时调整招生策略。

其中，各"工作站"负责顶岗实习教育管理的专职教师，因为每年有半年以上的时间服务管理并实地走访实习生，在长期的企业接触中，他们搜集企业学历提升信息，解读高校成教招生章程，组织成教咨询会，跟踪成教报名、教学、考试、毕业答辩等服务流程，在组建企业"学历提升班"方面独具匠心，他们能够"瞄准企业扩大生源市场，调动企业的积极性和参与性，在企业员工中大力开展学历教育，探索出成人高等教育持续发展的一条重要途径"[4]，也成为当前突破招生瓶颈的一大功臣。

（二）以"工作站"为区域成人教育服务点，主动"送教到岗""送考至企""送证上门"，突破传统高教服务模式

组建"学历提升班"后，由各工作站长担任"学历提升班"班主任，兼顾到员工学习要求和公司生产紧、任务重的实际，与区域内企业落实教学计划，服务授课教师，主动"送教到岗""送考至企""送证上门"，省略了员工路途劳碌之苦，省去了手续之烦。这种时间、空间上的便利，简化了学员非学习环节，便于企业错位、灵活机动地调整学习时间和生产工作安排，以"一闲对百忙"，做到尽量避开企业生产高峰，生产、教学两不误。

（三）利用互联网+，突破函授教育的教学和考试方式

企业学员因为各自岗位职责与职业发展的错位性，对于学历提升知识学习的个性化需求较强烈。因此，"应构建以学员为中心的教学模式，充分激发学员学习的积极主动性，以实现学历教育的实际效果"[5]。通过"工作站"与企业多次沟通、探讨，对企业的人才结构、岗位需求进行深层次分析，在课程设置、教学计划、教学内容等方面，梳理职业标准，兼顾企业拓展、员工职业生涯发展规划，创新"以企业需求"为指挥棒的教学模式。

继续教育学院教务部利用互联网+，加大前期教学投入，建设成人函授教学资源库（人文素养基础课、专业基础课、含技能考证与职业资格鉴定的专业方向课）。针对企业学历提升教学班，人文素养课教师仅面授方法，学员依据分配的账号，适时上网自修授课视频、PPT等，完成作业，最后接受考核。

专业基础课依据企业生产实际，面授几次，每次课后均留下授课PPT和相关教学资料，学员仍需要上网通过视频自修专业基础课，参与网上课堂对答交流。教师结合面授情况、作业和自修课时数，综合评价学员。

专业方向课，校企双方根据岗位培养目标和岗位能力结构，修订教学计划，调整专业方向

课程课时权重，加强公司核心技术课程的理论学习与研讨。高校派出的专业教师必须"待企业"一个月左右的时间，既是根植于企业帮助解决生产中的工艺改造、新产品研发等"锻炼"之职责，也是充当学员参与技能鉴定或职业资格认定的"教练"。开展个性化的实践操作指导，让学员毕业前一定要拿到一项技能证书或职业资格认定。学员可根据自己日常工作岗位中碰到的问题，譬如一道工艺流程、工序改进，进行毕业论文（设计）选题，写作论文期间与深入"待企业"的指导教师沟通合作。这种学历提升教学，"改变理论教学和实践教学的比例，加大实践性教学的比重，重视人才培养的综合性训练，使培养的人才具有专业经验和实践能力"[6]。

（四）"工作站"邀请企业参与教学质量监控，突破高校单方教学质量责任主体位置

企业参与教学质量监控，办学高校和企业同处一个责任主体位置。

1. 高校保证授课质量

企业注重人力资源持续发展的长期利益是不容置疑的。各"工作站"协助继续教育学院，为企业"学历提升班"设计教育项目和学历提升核心课程，教学过程实时监测学员自学、定时作业、集中面授、零星辅导答疑、考试、实验实训、毕业设计等环节的质量，并根据学员、企业反馈信息进行剖析，对教学进程调整、完善和改进，全面提高成人教育质量，使学员学有所获，学有所长。

2. 企业保证听课质量

企业将学员参与的教学考勤、作业完成、毕业设计等情况，设计一个学习绩效值，与优秀学员奖励、学费、技能（职业资格）鉴定费用报销挂钩，以监督、检查、指导企业学员参与成人高等学历函授学习效率，将学历提升教育纳入企业人力资源发展长远利益的培训体系之中，作为日后员工职称晋升、职务提拔的参考值之一。"工作站"将收集的信息向校、企双方反馈。

这种校企双方"责任主体意识的加强，有利于整合校企继续教育资源，有利于提高校企合作层次，有利于推动终身教育体系的构建"[7]，有利于突破高校单方教学质量的责任主体位置。

（五）以"工作站"为毕业服务窗，为成教毕业生继续教育和职业发展规划搭建"立交桥"

一般而言，学历提升的企业员工获得一纸文凭后，便与母校无关。但是，如果将那些成教的毕业生纳入继续教育学院开发的"毕业生跟踪服务"联系网，开设专栏，以"工作站"为毕业服务窗，为其提供较高质量的就业岗位信息、创业政策咨询、职业技能鉴定、职业资格认定、专利申报、专业技术职称评聘等服务，为成教毕业生继续教育和职业发展规划搭建了"立交桥"，为其自觉成为"校友"、凝练聚集"母校情结"打下了坚实的基础。

四、校企合办学历提升教育的沉思

当今成人招生市场的混乱、办学资质与能力的质疑、培训师资的缺乏，必然带来过程管理的随意。各高校继续教育部门要深知：提高服务质量，切不可像一些无资质的培训机构一样，利用市场暂时的"无序""真空"而放弃自己的社会责任。否则，伤筋动骨的便是高等教育自己多年拼下的社会信誉。

（一）校企合作办成人教育，仍需遵循高等教育的规律

一切向"钱"看的社会风气，使许多校企合作办学流于形式。一些高校（培训办学机构）见利忘义，丧失了职业道德和基本的师德，没有履行踏踏实实的教书育人职责，而是悉心迎合少数企业学员的蒙混过关心理，省略基础的教学环节和根本的教书育人流程。虽然学员都拿到

了毕业文凭，但其内心对成人教育的评价往往嗤之以鼻。

"修手""修脑"，更要"养心"。一两门技术、技能可以集中精力，在一段时间习得，但文化素养的提升非一日之功。因此，对于"学历提升班"的企业员工，有时不得不要进行基础文化、礼仪等"补偿性教育"，仍要遵循育人之根本，"教育的本质就是立德树人，坚持立德树人是大学的正道"[8]。

（二）校企合作办成人教育，应秉承可持续发展之路

教育是有自己独特的规律的，成人教育同样有自己的规律。要去认真调研成人教育需求市场，了解"我国成人高等教育已从教育需求向需求教育、从纯学历提升教育向多种培训、从追求规模效益向精品效益、从指定培训课程向协商课程等方向转型"[3]的规律，高校只有牢记自己的社会责任，主动进行成人高等教育教学改革，"随着社会的发展和科技进步，终身受用的一次性教育模式已不能适应快速增长的知识，可持续发展才能顺应时代潮流"[7]。

（三）校企合作办成人高等教育，校、企、员三方应均受益

校企合作办"学历提升班"可以解决四大问题，校、企、员三方应均受益。

1．企业学员提升的实用性

按照校企合作办学协议，学员毕业时得到的不仅有物化"硬件"——一纸文凭，还有企业文化和自身职业素养实实在在的提升。学历提升后的员工收入将相应得到增加，为日后得到提升而争取的机会大大增多。

2．学院"教练型"师资锻炼的实效性

高职院校规定专业课教师"待企业"时期，既是教学任务所置，更是自身赴企业锻炼提升的最佳时机，"教练型"教师既能完成教学任务，又能参加企业部分项目的咨询和服务，因而最受企业器重，最受学生欢迎、尊重。

3．合作办学企业留住人才

校企合作办学过程中，企业专业技术人员通过"学历提升班"学习，自身对机器性能、工艺流程、产品质量等方面是一个理解和感悟加深的过程，也会闪出对某些新工艺、程序的创新火花（灵感）。另外，由于员工学历提升期间需要在企业学习，会增加员工服务企业的时间和稳定性，间接地解决了企业招工难与用工稳定的矛盾。

简言之，"企业通过规范的学历教育提高员工素质，加强企业的人才储备优势，最终提高企业的核心竞争力，校企合作办学，使学校可持续发展与企业人才储备实现优势互补各得其所的完美结合"[8]，校、企、员三方应均受益。

参考文献

[1] 丁红玲，孙景昊．《成人教育培训服务三项国家标准》价值分析[J]．职教论坛，2014（36）：50．

[2] 李明善．论成人高等函授教育的质量管理[J]．中国成人教育 2014（8）：35．

[3] 阮朝辉．我国成人高等教育发展的视域转型探索[J]．中国成人教育，2010（8）：9-10．

[4] 刘建东，等．校企成人学历教育合作办学初探[J]．中国成人教育．2011（12）：45-46．

[5] 张曼晶．成人学历教育质量提升探索[J]．中国成人教育．2013（15）：15．

[6] 乐颖．校企合作的成人教育人才培养模式的探索[J]．继续教育研究，2011（09）：26．

[7] 顾明华，魏洪．信息化时代校企合作开展继续教育的新模式探索[J]．继续教育研究，2013（6）：27-30．

[8] 郑吉春．立德树人：回归教育本质的实践与探索[J]．北京教育（高教版）2014（11）：55．

校企深度融合　助推科技创新

福建信息职业技术学院　徐　宁　翁　伟

福建骏鹏通信科技有限公司　郭进东

【摘　要】福建信息职业技术学院与福建骏鹏通信科技有限公司的校企合作本着"合作、创新、共赢"的原则，开展人才培养—项目合作—技术研发—产业升级，通过校企深度融合，联合成立工业自动化事业部，开展智能制造和工业自动化升级改造，不断推动企业科技创新。

【关键词】校企融合；技术研发；产业升级；科技创新

福建骏鹏通信科技有限公司（以下简称骏鹏公司）是一家以舞台灯光产品为支柱产业，以精密钣金加工、工业自动化设计为辅，集产品研发、设计、制造、销售为一体的综合性高新科技企业。公司自成立起与福建信息职业技术学院机电工程系开展校企合作，从人才培养入手，到合作申报产学研项目，合作开展技术研发，再到合作成立工业自动化事业部，推动企业智能制造产业升级，不断实现科技创新。校企合作的范围和内容不断扩大和深化，已形成了我中有你、你中有我的深度融合模式。

一、以人才培养为基础，创新校企合作模式

2007年，学院与骏鹏公司合作，开展了100人的"骏鹏班"订单式人才培养探索与实践，由校企双方共同制订人才培养方案，共同开发企业需要的专业课程，共同编写工学结合教材，共同开展教学和实践，共同培养高技能人才。"骏鹏班"从一年级开始，根据企业的需要分成若干个实习小班，实施校内学习与企业实习不间断的工学交替模式。一年级开展企业认识实习和轮岗实习；二年级开展企业生产实习；三年级开展顶岗实习。该班实行"学生+学员+员工"的管理模式。由于学生在三年的学习过程中对企业的生产、工艺、管理等比较熟悉，毕业后直接上岗，很快就成为企业的骨干，其中骏鹏公司新成立的灯光事业部主要技术和管理骨干几乎全部是"骏鹏班"毕业学生组成。

"骏鹏模式"的特色是"两个不间断，三个零距离"，既在人才培养过程中通过与骏鹏公司的合作，使学生实现"认识—实践—理论—再实践—再认识—提高"的不间断，和企业认识实习、企业轮岗实习、企业生产性实习、企业顶岗实习的工学交替的不间断。实现"学校与企业的零距离""教学与生产的零距离""毕业与就业的零距离"。

学院对于"骏鹏模式"的探索与研究获福建省第六届教学成果"一等奖"。该课题经历了四年的研究与实践，在人才培养模式、校企合作、以工作过程为导向的课程体系建设、精品专业和精品课程建设、学生综合实践能力的提高等方面开展了深入的探索与实践，取得了可喜成果，得到省教育厅的充分肯定，被确定为福建省高职教育首批十项教学改革综合实验项目之一。"骏鹏班"订单式人才培养"骏鹏模式"的典型案例，多次在《中国教

二、以产学合作为纽带，申报技术创新项目

学院在与骏鹏公司开展校企合作人才培养的同时，积极开展产学研项目合作。

2005年，骏鹏公司采购了两台美国产的具有全方位保护的铆钉机，该铆钉机具有电导识别安全系统，工作时当上模接触到工件（导电材料）时，液压缸完全释放压力完成压铆，当上模接触到高阻导电体，如塑料或人的手指等，液压缸反向，上模立即返回，能有效保证操作人员的安全。但进口设备比较昂贵，公司与学院合作成立技术研发攻关小组，通过消化吸收进口产品技术，进行改进和再创新，研制出新型压铆机的机械结构、电气控制及传动系统，具有智能电导识别安全系统的节能型压铆机，并生产了20多台用于企业生产，其制造成本只有进口铆压机的三分之一，为公司节约设备采购成本800多万元。该"液压推进式压铆机研制"项目在2007年获批福建省经贸委企业技术创新重点项目，获20万元经费支持。

2009年，学院与骏鹏公司合作申报福州市科技计划项目"紧凑型立式自助售货终端机"。该项目应用了多项自主知识产权的专利技术，迎合了自助销售网络管理的营运发展趋势，解决了在传统自助产品中存在的营运管理分散，人工成本投入高的问题，通过无线网络管理实现产品的最大效用。该产品作为上海世博会指定产品，在世博园内和机场、宾馆、商场、渡轮码头等众多场所布机运营，极大地方便了客户的短期应用需求。近几年"自助式售货终端机"作为公司的主要产品之一快速发展，目前已独立成立一家新公司。

2015年5月，学院与骏鹏公司合作申报省教育厅科技类课题"工业机器人在数控折弯机的应用开发"。该课题对数控折弯工艺进行分析研究，协同数控折弯机，开发电气控制装置，编制工业机器人自动控制程序，研制不同产品的夹具，将数控折弯机人工折弯操作改为由工业机器人自动折弯，从而大大提高生产效率和产品质量，降低生产成本与工人劳动强度，减少安全隐患，实现产业升级。

三、以技术研发为抓手，增强企业创新能力

近年来，骏鹏公司通过引进消化、产学联合、技术研发和再创新等方式，开发的具有国际领先技术的高档舞台灯光，目前已成为骏鹏公司的支柱产品之一。该产品原是引进德国技术，起初公司只是为德国公司做代工，随着校企合作人才培养的不断深入，在"骏鹏班"的学生中培养了一批技术骨干，并由企业技术人员、学院老师和"骏鹏班"学生组成研发团队，在消化吸收德国产品技术的同时，开始对产品进行技术研发和攻关。2011年起已基本掌握主要结构设计。2014年基本实现该系列产品的电路设计、控制部分和应用软件的自主研发，并申报了多项技术专利和软件著作权。近几年骏鹏公司不断加大技术研发投入，购置了大量的灯光实验和测试设备，根据市场需求不断推出具有国际竞争力的新产品。目前已研发出80多种灯光系列产品，生产的系列产品全部销往国外，销售收入由2014年的4 000多万元增加到2015年的7 000多万元，同比增长52%。2016年计划销售收入过亿。随着技术研发水平的不断提高，企业创新能力也不断增强，公司基本掌握舞台灯光从新品研发到设计制造的全部技术，并于2015年与这家德国公司结成战略联盟，德国公司主要负责产品的销售与新品策划，骏鹏公司负责产品的研发、试制、生产等具体工作。

四、以科技创新为动力，推动产业转型升级

随着"工业4.0""中国制造2025"和"智能制造"概念的提出，我国制造业正在迎来一个转型升级、创新发展的重大机遇。骏鹏公司同样面临着转型升级的问题，公司想把原来的数控

折弯全部升级改造为工业机器人自动折弯。福建信息职业技术学院了解公司需求后，立即与公司沟通，帮助制订升级改造方案，并着手实施改造。经过一个月左右的时间，学院技术团队就完成了一台工业机器人数控折弯的技术改造试制，并取得了较好的效果，得到了公司认可。

2014年3月，公司与学院合作成立工业自动化事业部，主要从事企业智能制造和工业自动化升级改造。事业部首先完成骏鹏公司内部的自动化改造，然后作为骏鹏公司一个新的经济增长点，对外开展技术升级改造服务。事业部经理由学院老师担任，并以经济独立核算的方式，全面负责事业部的管理。短短两年时间内，事业部由7人发展到40多人，形成了一支高素质的涵括电子硬件设计、软件开发、电气设计、机械设计等在内的完整技术和产品开发队伍，具备钣金行业工业机器人系统研发、集成、生产、销售的能力，成为公司的科技创新研发中心，主要研发智能折弯机器人系统、智能焊接机器人系统、智能压铆机器人系统、智能搬运+码垛机器人系统等产品，已有多项具有自主知识产权的核心技术。

事业部成立后，两年内公司投入技改资金5 000多万元，新增工业机器人70多台，完成了数控折弯、自动焊接等五条自动化生产线建设。由于公司抓住了工业自动化升级改造的机遇，生产产能不断扩大，且大大提高了生产效率和产品质量，降低了生产成本与工人劳动强度，减少了安全隐患，实现了产业升级。2014年下半年，公司承接了新能源汽车电池箱体的加工制造业务，其钣金部的产值由2014年的8 000多万元，迅速增加到2015年1.6亿元，同比增长102%，同时减少操作人员约500人。

事业部的成立，不仅为企业带来新的经济增长点，同时也成为学院及周边院校学生的实习、实训、研发培训基地。作为本校校外实训基地的同时，先后与福州大学、福建工程学院建立校外实训基地。使参训学生第一时间接触到最新设备，了解到现实生产中最新的工艺及工业机器人技术的发展。事业部也是学院双师型师资的培养基地，除了自动化事业部经理外，学院有多名老师在自动化事业部挂职，有的还担任了部门经理，专业水平和能力大大提高。

骏鹏公司通过校企深度融合推动科技创新，为钣金加工行业探索一条如何将传统加工改造成为智能制造的成功之路，实现钣金业智能制造的转型升级在业内产生了一定的影响。江苏银河电子股份有限公司是一家集广播电视/互联网、军工、新能源、钣金制造四大产业于一体的多元化上市公司，其新能源和钣金制造业务与骏鹏公司相似。在了解到骏鹏公司的转型升级技术的成功案例后，该公司邀请骏鹏公司工业自动化事业部为其进行钣金智能制造的升级改造，一次投入工业机器人60多台。正是由于二者的合作，2015年下半年江苏银河电子股份有限公司成功收购骏鹏公司，骏鹏公司成为江苏银河电子股份有限公司的全资子公司，骏鹏公司也因此实现了股份公司的华丽转身。

参考文献

[1] 徐宁. 开展校企合作的实践与思考[J]. 福建信息技术教育，2007（04）.

[2] 徐宁，王翠凤. "两个不间断，三个零距离"人才培养模式的探索与实践[J]. 天津职业大学学报，2009（03）.

[3] 王翠凤，徐宁. 高职院校工学结合与订单培养模式改革浅探[J]. 福建信息技术教育，2009（04）.

[4] 徐宁，王翠凤. 校企合作机制创新的探索与实践[J]. 天津职业大学学报，2011（05）.

[5] 徐宁，陈熹. 依托校企合作平台，共建双师型教学团队[J]. 课程教育研究，2013（22）.

[6] 王翠凤，徐宁. 校企合作背景下模具设计与制造专业课程开发与实践[J]. 模具工业，2014（02）.

我校与大众-一汽发动机共推
人才评价与认证

长春汽车工业高等专科学校　胡正乙　袁瑞仙　孙　峰　杨　妙　王惠卿

【摘　要】文章对学校与大众一汽发动机（大连）有限公司共推人才评价与认证工作的目标与思想、内容与特色、组织实施与运行管理、成效等方面进行了论述。

【关键词】校企深度合作；人才评价与认证；标准建设

一、校企合作的背景

我校起源于1952年一汽建立的长春汽车技术学校。经过多年的探索与实践，学校形成了"校企融合、教培一体"的办学特色。先后与德国五大汽车公司（奔驰、宝马、保时捷、奥迪、大众）、博世公司、英国捷豹路虎、日本丰田、日本本田、一汽-大众、一汽技术中心、一汽进出口公司、一汽新能源分公司等国内外知名企业开展校企合作。

2009年3月学校由一汽集团公司移交长春市政府主办，由长春市政府携手中国一汽集团公司，共建长春汽车工业高等专科学校教育培训新基地，成为"中国第一汽车集团公司培训基地""国家安全生产二级资质培训机构""国家职业师资培训示范基地""国家职业教育示范基地""职业技能鉴定基地"。职业培训年均培训8万人日。

大众一汽发动机（大连）有限公司（以下简称大众一汽发动机公司）是由大众汽车（中国）投资有限公司和中国第一汽车集团公司共同投资组建的一家中德合资企业。产品用户为长春一汽一大众汽车有限公司，部分产品向海外出口。生产线包括四大零部件生产线和总成装配线，即缸体、缸盖、曲轴三大机加生产线；缸盖分装线、短发装配线和长发装配线。另外，生产工艺还包含完善的冷试、热试和测功等，并有完善的测量体系。

从历史背景上来看，合作双方有很深厚的历史渊源，又由于我校专业设置依循汽车产业价值链相关环节，从相关技术技能的角度来看，与我校的很多专业的培养目标一致。这些都为合作双方后续工作的顺利进行，提供了有力的保障。

2015年3月，双方签订了校企实习合作协议书。随着双方合作的深入，企业方提出了对各岗位现有一线人员进行等级鉴定的需求，2015年6月校企双方就人才评价与认证展开合作。

二、目标与思想

随着双方从学生到企业实习相对浅层次合作，到学校为企业进行一线各岗位鉴定标准的制订、针对性培训、考核等工作的转变，双方进入更深层次的校企合作模式。学校结合一汽培训基地多年的相关工作经验和大众一汽发动机公司的实际需求，制订了相关合作框架与目标，确定了以平台培训和等级资格培训为依托，以专业技能和职业素质提升为驱动开展人员培训及技能竞赛活动，校企协同推进公司员工素质提升工程，满足企业人力资源开发战略需要。

三、内容与特色

具体合作内容主要有：双方在两年时间内，确定机修钳工、维修电工、发动机装调工、加工中心操作工、汽车试验工、长度计量检定工、质量检验员的技能等级鉴定标准、理论考试题库、实际操作试题。同时，为企业员工进行理论考试、实际操作考试的考前培训。

这次以一线人员技能鉴定为主的合作，与国家现有鉴定模式最大区别是以企业需求为主体。合作之初，我们详细参考了国家现行技能鉴定标准，发现现有国家鉴定体系已经严重与实际脱节，很多考核内容还停留在传统机械制造水平。同时，通过调研我们发现企业实际的装备状态大多以数控专用机床为主，如果沿用现有的技能鉴定内容的话，很难满足大众一汽发动机公司对企业员工素质提升的需要。所以，我们确定了以实际生产设备为考核载体的基本方针。

四、组织实施与运行管理

我校主要教学单位分为五大学院，分别是电气工程学院、机械工程学院、汽车运用学院、汽车工程学院、汽车营销学院。同时设置有培训学院，前身为一汽培训中心，主要负责与集团公司及各子公司开展相关的培训任务，包括主要一线技术技能培训、中层管理培训、特种作业培训三大块业务。其中，培训学院只负责相关项目的前期接触，如协议的签订、具体的分工、运行与管理。实际的组织实施，根据工种的不同，由五大学院相关专业承担。

本次合作，机修钳工、维修电工、质量检验员由电气工程学院承担；加工中心操作工、长度计量检定工由机械工程学院承担；发动机装调工、汽车试验工由汽车工程学院承担。

考虑到学校学历教育的教学压力以及本项目的特殊性，本项目具体实施分成两个阶段：第一阶段主要是进行机械钳工、维修电工、发动机装调工、加工中心操作工这四个工种的相关技能鉴定工作。这几个工种在一汽集团其他子公司有过类似项目，有很多非常成熟的经验可参照，所以放在第一阶段实施，以保证前期工作的顺利进行。第二阶段主要进行质量检验员、长度计量检定工、汽车试验工的技能鉴定工作。由于国家标准的缺失或者可参照性不够，这三个工种的技能鉴定标准都需要大量的前期准备工作，所以放在第二阶段，以保证其最终能满足企业的实际需求。下面以机修钳工为例，说明其具体实施过程。

（1）组织人员去大众一汽发动机公司进行实地考察，考察人员主要是机电一体化技术相关专业教师，同时还邀请了大众一汽发动机公司相应车间的相关技术专家，以保证前期了解情况的全面性与准确性。

（2）根据考察结果，设计调查问卷，组织企业人员填写，在此基础上形成调研报告。问卷内容主要包括员工的基本信息（如学历、年龄、专业）、员工在实际生产中对专业知识的应用情况（如电主轴、液压、气动）等。

（3）根据实地考察、问卷调查后，参考现有的机修钳工技能鉴定国家标准、一汽集团标准，以及企业本身的要求，制订第一稿的技能鉴定标准。标准主要分为职业概况、基本要求、工作内容三部分，其中工作内容是标准的主要部分。然后反复与企业沟通，最终确定技能鉴定标准的终稿。

（4）根据制订的技能鉴定标准，确定具体考核内容，制作培训PPT，收集整理复习题，对企业员工进行理论培训、实际操作培训。

（5）以最终技能鉴定标准为基础，结合员工培训的结果反馈，生成理论考试试卷、进行理论考试。理论考试通过人员，再进行实际操作考试。

（6）企业通过最终的考试成绩，对员工进行等级评定等相关企业人员管理工作，满足企业人才发展战略需要。

五、主要成果与体会

第一阶段机修钳工、维修电工、发动机装调工、加工中心操作工的相关工作已圆满完成。完成了企业级技能鉴定标准、考核认证题库的制订，深受企业好评。第二阶段的相关工作已经启动，汽车试验工、长度计量检定工、质量检验员的前期考察、问卷调查、调研反馈等前期环节都已完成，为后续工作的顺利展开打下了坚实的基础。

团队在机修钳工的具体实施过程中收获很大。首先是了解了企业一线的实际需要，对以后的培训、教学工作都有很大修正。同时也了解到企业很多一线员工，由于具体工作与在学校所学专业并不一致，基础理论知识系统性比较缺乏。我们将相关信息对企业进行了反馈，为与企业后续合作项目做好充分的准备。

依托学生社团 培养创新型人才

西安航空职业技术学院 王航宇 潘晶莹 汪宏武

【摘 要】高职教育的一项重要内容是培养具有创新型人才，本文介绍了如何培养学生的创新能力。结合我院电子俱乐部成员近几年的科技活动、开放实验室等一些措施，学员将所学的知识应用于实践，在多项电子技术类竞赛中取得了优异成绩。依托学生社团，提高了学员的创新能力，培养了许多创新型人才。

【关键词】学生社团；电子俱乐部；创新能力；人才

一、培养创新型人才是高职教育的重要内容

高等职业教育的任务是培养适应社会主义市场经济需要，具有创新精神和实践能力，在生产、建设、服务和管理第一线工作的高等技术应用型专门人才。高职人才虽然大都是工作在生产第一线或工作现场，但他们不是绝对化的执行人才。高职人才不但应具备熟练的职业技能，还应有适应职业岗位变化的能力，更需要创新精神和开拓能力，以适应工艺的革新、加工技术的改造和管理形式的变革。所以，培养创新型人才是高职教育的重要内容，它既是社会发展的需要，更是高职教育自身发展的需要。

二、创新型人才的培养

创新型人才是指具有创新性思维、能够创造性地解决问题的人才。

创新型人才的培养不是教出来的，它需要实践教学作为保障。通过提高实验开课率来加强学生的动手能力；通过设置综合性、设计性实验项目来提高学生对知识的综合运用能力和独立钻研能力；通过查找资料、拟定设计方案，完成制作全过程，培养学生获取知识的能力、应用知识创新的能力；通过设置开放实验项目来鼓励学生到开放实验室进行科研或技术攻关；通过网上教学平台，为学生自主学习创造条件；通过"第二课堂"活动提高学生的整体素质，改善学生的思维方式及综合能力。下图所示为创新型人才培养模式的示意。

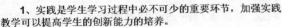

1、实践是学生学习过程中必不可少的重要环节，加强实践教学可以提高学生的创新能力的培养。

2. 发挥教师指导作用，激发学生创造潜能

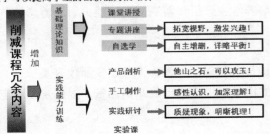

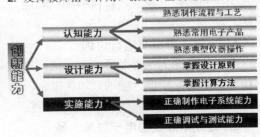

创新型人才培养模式图

三、依托学生社团，培养创新型人才

如何在有限的师资、实训条件下，培养出更多的创新型、工程型人才呢？通过电子工程系实验实训教学团队几年来的实践与探索，构建了"以电子俱乐部学生社团为载体，以创新实验室为平台的实践创新训练模式，形成社团成员无界化、专业交叉互补性、社团活动多样性"的特色。

电子俱乐部2003年5月成立，是在原来便民服务小组基础上发展起来的，本着"服务大家，提高自己"为宗旨，以锻炼为主导、以求知为目标、发扬雷锋精神和充实自己、服务于人的思想，适时开展义务维修活动，普及电子科普知识。社团经过9年多的发展，现拥有创作部、维修部、电脑部、宣传部、技术团等5个部门，200多名社员。

（1）通过开展电子技术类课程的理论培训、仪器仪表的操作培训，组织校园、社区义务维修、实验室仪器设备维护和三下乡活动，提高了学生的学习积极性，增强了专业技能（仪器仪表使用、电路剖析、故障定位、分析测试等）。

（2）组织校园创意大赛和设计制作大赛，提高了学生学习的主动性，通过查找资料、拟定设计方案、完成制作的全过程，培养了学生的知识获取和应用能力。

（3）鼓励优秀学生参加省级、国家级等多项电子技术类竞赛活动，针对设计项目，通过功能模块的知识运用、参数的合理配置、电路的搭配、总体电路的调试和改进等环节，提升了学生的工程制图能力、电路设计创新能力。

四、具体措施

（一）开放实验室为学生创新能力培养提供平台

开放了电子仪器、嵌入式实训室、电子创新实训室等实验实训室。对实验室进行开放，打破了以往实验室单位分割的封闭状态，实行一定条件下的资源共享，充分利用实验室的物质条件、学术和技术优势，将实验室的资源（包括实验场地、仪器设备、技术人员、各种材料和资料等）部分或全部地提供给实验教学、实验技术研究、科研和社会服务的实验者（包括学生、教师、实验技术人员）。实验室对学生开放，能够最大限度地发挥实验室资源效益，为学生提供自主发展和实践锻炼的空间，激发学生的创新观念和培养学生的科学作风、创新思维、创业能力和实践动手能力。开放性实验室可作为课内实验的延伸，为实验教学改革后的设计性、开放性实验提供了弹性的发展空间，从而使实验教学改革的求真务实落到实处，有效地保证了设计性、开放性实验课的教学质量。实验室进行开放也可以大大提高资源的共享程度，满足不同学科不同专业学生的多层次需求，实验仪器设备的使用效率也将明显提高。

（二）"科技创新"活动为学生创新能力提供了载体

强烈的创新欲望是培养创新意识和创新能力的内在动力。为了克服大学生已经形成的思维惯性，必须以科技创新活动为载体，通过内容丰富、形式多样的活动激发学生强烈的创新欲望，培养学生的创新思维、创新精神和创新能力，培养学生分析和解决问题的能力，培养学生的动手能力。

1．对俱乐部成员进行培训

电子俱乐部的指导教师、老成员定期对新成员进行电子技术类课程、仪器仪表类操作、电子技术类创新习题进行培训，为学生创新能力的培养提供了基础的知识储备，提高学生对电子技术知识的兴趣。

2．定期举办校园电子创意大赛

举办校园电子创意大赛丰富了我院大学生的校园文化生活，特别是在电子设计方面的形式和内容方面，推动电子类专业教学、课程体系建设，促进我院各专业、各年级大学生之间的交流，同时提高广大学生的学习积极性、创新意识和勇于实践的科学精神，培养大学生对电子创新制作的兴趣，将所学的专业知识应用于实践，解决实际问题。例如2012年校园创意大赛最佳创意奖作品"笔记本电脑无线防盗锁"。

3．组织丰富多彩的科技宣传活动

组织学生多次进行电子技术类科技知识宣传，包括板报、"校园电子世界"宣传单，对周边的师生、群众宣传安全用电、科学用电常识等。

4．多次进行各种形式的电器义务维修

每年都在校园、阎良周边社区、三下乡扶贫地区进行数次电器义务维修，多次义务维修我院师生员工的家电产品，以及实验室、办公室仪器设备。通过电器维修活动，电子俱乐部成员们进一步掌握了一些电器的工作原理及维修方法，增强了同学们对于科学技术的浓厚兴趣，提高了俱乐部成员的服务意识。

5．竞赛的赛前集训

为了能够保证在电子技术类竞赛中取得较好成绩，在竞赛前1个月左右时间，通过面试、笔试、现场答辩与制作等方式，选出优秀学员，根据竞赛文件对学员进行全面、系统的培训，学员通过培训进一步提高了自身的创新能力。

五、具体的一些工作

2003年5月，电子俱乐部在学院内第一次承办义务维修活动，这是社团成立以来第一次对外"亮相"，得到全院老师的充分认可。

2004年9月，社团组织发行《便民简报》，后改为《校园电子世界》，向全院师生及机关单位发放，并保持每月一期。

2005年5月，电子俱乐部第一次走出学院，到竹苑小区搞义务维修活动，得到了小区居民的热烈欢迎及高度好评，同时也锻炼了社员的动手能力；同年9月社团6名专业精英代表学院参加了"索尼杯全国大学生电子设计大赛"，获得了"优秀参与奖"。

2006年社团获得"省级优秀社团"的光荣称号。

2007年社团成员在全国大学生电子设计大赛中获省二等奖1项、省三等奖1项；社团获得了"院级优秀社团"的光荣称号。

2008年社团在全院成功举办了"电子知识科普竞赛"；社团成员在陕西省第一届TI杯电路设计大赛中获得省二等奖1项，三等奖1项。

2009年社团成员在全国大学生电子设计大赛中获得国家二等奖1项，省级一等奖2项；11月义务维修了我院新校区路口的移动交通灯。

2010年社团成功举办了首届"校园电子技能大赛"；社团成员在第二届全国TI杯电路设计大赛中获得省一等奖1项，二等奖2项，三等奖2项，同时获得了"优秀组织奖"。社团成员在院团委老师的带领下赴榆林佳县完成了三下乡义务维修活动。社团获得了2010年"院级优秀社团"的光荣称号。

2011年5月社团成员在全国职业院校技能大赛高职组"光伏发电系统安装与调试"比赛中获得省一等奖1项、省二等奖1项；7月社团成员在院团委老师的带领下赴商洛市镇安县，完成了三下乡义务维修活动。2011年9月社团成员在2011年全国大学生电子设计竞赛中获得

国家二等奖1项、省一等奖2项、省二等奖1项、省三等奖1项的优异成绩，总成绩位于全省高校前列。

2012年4月社团成功举办了第二届"校园电子创意大赛"；4～5月社团成员在全国职业院校技能大赛高职组"风光互补发电系统安装与调试""电子产品设计与制作"比赛中获得省一等奖1项、省二等奖2项、省三等奖2项的优异成绩，同时获得了省教育厅领导的高度赞扬；7月社团成员在院团委老师的带领下赴西安蓝田县完成了三下乡义务维修活动。8月社团成员在陕西省第三届TI杯电路设计大赛中获得"德州仪器杯"1项、省一等奖2项，省二等奖2项，省三等奖3项的优异成绩，同时还获得了"优秀组织奖"。

社团的成员在毕业后得到了许多用人单位的好评。

六、取得的成绩

电子俱乐部自成立以来，在学院、团委、电子工程系等部门的领导及指导教师的关怀下，以及全体社员的共同努力下，多次在校园、社区开展便民电器义务维修活动，多次进行三下乡电器义务维修、支教活动；以电子俱乐部成员为核心多次参加校园、省级、国家级电子技术类竞赛，取得了骄人的成绩。

2006年电子俱乐部获得了"省级优秀社团"的光荣称号，2007年电子俱乐部获得"院级优秀社团"的光荣称号，2010年电子俱乐部获得"院级优秀社团"的光荣称号。

近几年参加省级、国家级电子类竞赛获奖统计表

年度	参加比赛项目	获奖等级	获奖数量（项）
2014	陕西省大学生德州仪器（TI）杯模拟及模数混合电路应用设计竞赛	德州仪器杯	1
		省级一等奖	3
		省级二等奖	4
		省级三等奖	3
2013	全国大学生电子设计竞赛	国家一等奖	1
		国家二等奖	1
		省级一等奖	2
		省级二等奖	2
		省级三等奖	2
2013	全国职业院校技能大赛（风光互补发电系统安装与调试）（电子产品设计与制作）（LTE组网与维护）	省级二等奖	3
		省级三等奖	2
2012	陕西省大学生德州仪器（TI）杯模拟及模数混合电路应用设计竞赛	德州仪器杯	1
		省级一等奖	2
		省级二等奖	2
		省级三等奖	3
		优秀组织奖	1

年度	参加比赛项目	获奖等级	获奖数量（项）
2012	全国职业院校技能大赛 （风光互补发电系统安装与调试） （电子产品设计与制作）	省级一等奖	2
		省级二等奖	3
		省级三等奖	2
2011	全国大学生电子设计竞赛	国家二等奖	1
		省级一等奖	2
		省级二等奖	1
		省级三等奖	1
2011	全国职业院校技能大赛 （光伏发电系统安装调试项目）	省级一等奖	1
		省级二等奖	1
2010	陕西省大学生德州仪器（TI）杯模拟及模数混合电路应用设计竞赛	省级一等奖	1
		省级二等奖	2
		省级三等奖	2
		优秀组织奖	1
2009	全国大学生电子设计竞赛	国家二等奖	1
		省级一等奖	2
		省级三等奖	2

七、总结与思考

教育的基本意义在于激发人的自觉意识，每个学生都具有创新或创造的潜能，我们要善于为学生成长营造宽松、开放的环境，让大学真正成为个性发展和想象力飞翔的家园，成为人才成长的助推器。

在取得以上成绩的前提下，以后的电子俱乐部的发展不仅仅局限于培训电子俱乐部成员，更要思考如何推广至电子工程系乃至全院范围，进而提高我院学生电子技术的创新能力，以及多学科知识的融合。让电子俱乐部的师生带动社团之外的学生，激励他们的学习兴趣，加强学生动手能力的培养和工程实践的训练，提升现场问题的分析与处理能力、团队协作和创新能力。

参考文献

[1] 黄朝志，刘宏，王祖麟，等．以实践创新能力培养为导向的电子创新中心建设[J]．实验技术与管理，2010，27（12）：148-150．

[2] 胡鹤玖．大学生创新能力培养[J]．中国高教研究，2003，18（6）：75-76．

[3] 廖继红．从电子设计竞赛谈实验教学改革与创新能力的培养[J]．教育与职业，2007，91（2）：132-133．

[4] 张家栋，路勇．加强实验室开放管理，促进创新型人才培养[J]．实验室研究与探索，2009，28（8）：167-168．